Vorwort

Die Neuordnung der Elektroberufe war Anlass, das seit vielen Jahren in mehreren Auflagen bewährte Werk „Fachrechnen Elektrotechnik" weiter zu entwickeln und zu verbessern. Der Wunsch nach Mobilität wurde dabei durch getrennte Bände für die Grundstufe und die Fachstufen erfüllt.
Diese Werke werden jetzt in neu bearbeiteter Form und in einem veränderten Format vorgelegt. Durch neue Organisationsformen an den beruflichen Schulen hat sich ergeben, dass die Mehrzahl der Schüler während der gesamten Ausbildungszeit in ihrem Klassenverband verbleiben. Die Teilung des Lehrstoffes auf zwei Bände konnte deshalb entfallen.

Der jetzt vorliegende Gesamtband „Technische Mathematik Elektrotechnik" enthält beide Teile des gleichnamigen Vorgängerwerkes. Er umfasst den Stoff der energietechnischen Elektroberufe von Handwerk und Industrie auf der Basis der derzeitig gültigen Rahmenlehrpläne der Bundesländer. Gegenüber den Teilbänden wurden die Aufgaben an die technischen Veränderungen angepasst.

Die praxisnahen Aufgaben erleichtern dem Lernenden den Zugang zu seinem Fachgebiet und wecken sein Interesse. Mit Hilfe der Berechnungen sollen elektrotechnische Sachverhalte veranschaulicht und Zusammenhänge verständlich gemacht werden.

Auf ergänzenden Lehrtext wurde weitgehend verzichtet. Jedem Kapitel sind typische Musteraufgaben mit ausführlichen Lösungsbeispielen vorangestellt, die in Verbindung mit einer angepassten Formelsammlung den Lernenden zu handlungsorientierten Lösungswegen führen sollen. Der Umgang mit technischen Nachschlagewerken kann durch die Tabellen und Diagramme innerhalb der Aufgaben und in einem gesonderten Anhang eingeübt werden.

Die neuesten Ausgaben der Normblätter und der VDE-Bestimmungen sind berücksichtigt.

Rolf A. Mayer

Inhaltsverzeichnis

Formelsammlung . . . 7

1 Mathematische Grundbegriffe

1.1 Algebra . . . 65
1.2 Satz des Pythagoras, Winkelfunktionen . . . 69
1.3 Funktionen . . . 72

2 Elektrische Grundbegriffe

2.1 Grundgrößen . . . 76
2.2 Ohmsches Gesetz . . . 79
2.3 Leiterwiderstand . . . 81
2.4 Widerstand und Temperatur . . . 84
2.5 Leistung . . . 86

3 Widerstandsschaltungen

3.1 Reihenschaltung . . . 89
3.2 Parallelschaltung . . . 91
3.3 Gruppenschaltung . . . 95
3.4 Spannungsteiler . . . 99
3.5 Brückenschaltungen . . . 102
3.6 Ersatzspannungsquelle, Ersatzstromquelle . . . 106

4 Arbeit, Leistung, Wirkungsgrad

4.1 Elektrische Arbeit und Leistung . . . 113
4.2 Mechanische Arbeit und Leistung, Energiewandlung . . . 116
4.3 Elektrowärme . . . 120
4.4 Kosten elektrischer Energie . . . 123

5 Messtechnik

5.1 Direktes Messen . . . 125
5.2 Indirektes Messen . . . 130

6 Grundlagen der Elektronik

6.1 Diagramme . . . 134
6.2 Nichtlineare Widerstände . . . 136
6.3 Arbeitsgerade und Arbeitspunkt . . . 140
6.4 Statischer und differenzieller Widerstand . . . 143

7 Grundlagen der Digitaltechnik

7.1 Zahlensysteme . . . 145
7.2 Wahrheitstabelle . . . 147
7.3 Logische Verknüpfungen . . . 150

8 Grundlagen des Wechselstroms

8.1 Sinusförmiger Wechselstrom . . . 154
8.2 Nichtsinusförmige Spannungen . . . 157

9 Spule und Kondensator

9.1 Reihen- und Parallelschaltung . . . 160
9.2 Elektrisches Feld, Kondensator an Gleichspannung . . . 162
9.3 Induktivität und Kapazität im Wechselstromkreis . . . 165
9.4 Magnetisches Feld . . . 167

10 Wechselstromkreis

10.1 Zeigerdiagramme . . . 170
10.2 Kapazität und Wirkwiderstand . . . 172
10.3 Induktivität und Wirkwiderstand . . . 177
10.4 RLC-Schaltungen . . . 182
10.5 Resonanz und Kompensation . . . 185
10.6 Filterschaltungen . . . 191

11 Drehstrom

11.1 Spannung, Strom, Wirkleistung . . . 194
11.2 Wirkleistung und Blindleistung . . . 196
11.3 Kompensation bei Drehstrom . . . 198
11.4 Unsymmetrische Last . . . 201

12 Elektrische Maschinen

12.1 Transformatoren und Wandler . . . 203
12.2 Drehstrom-Motoren . . . 210
12.3 Gleichstrom-Motoren . . . 214

13 Elektrische Anlagen

13.1 Leitungsberechnungen . . . 220
13.2 Beleuchtungstechnik . . . 229
13.3 Wärme- und Kältetechnik . . . 233

14 Schutzmaßnahmen

14.1 Auslösekennlinien . . . 236
14.2 Überlastschutz . . . 239
14.3 Kurzschlussschutz . . . 241
14.4 Körperströme . . . 243

15 Dioden

15.1 Kennwerte und Kennlinien . . . 247
15.2 Gleichrichtung . . . 250
15.3 Glättung und Siebung . . . 253
15.4 Stabilisierung mit Z-Dioden . . . 257

16 Transistoren, Operationsverstärker

16.1 Kennwerte bipolarer Transistoren . . . 259
16.2 Arbeitspunkt und Arbeitsgerade . . . 262
16.3 Stabilisierung mit Transistoren . . . 266
16.4 Wechselstrom-Verstärkung . . . 269
16.5 Transistor als Schalter . . . 271
16.6 Kippschaltungen . . . 274
16.7 Feldeffekt-Transistoren . . . 279
16.8 Operationsverstärker . . . 282

17 Digitaltechnik

17.1 KV-Diagramme 286
17.2 Zahlensysteme, Codes 292
17.3 Schaltnetze und Schaltwerke 296

18 Regelungstechnik 303

19 Leistungselektronik 308

Anhang

Tabellen und Kennlinien zu den Kapiteln 13, 14, 15 und 16 312

Formelsammlung

Vorsätze für Einheiten

Zeichen	Name	Zehnerpotenz		Zahl
T	Tera	10^{12}	=	1 000 000 000 000
G	Giga	10^{9}	=	1 000 000 000
M	Mega	10^{6}	=	1 000 000
k	Kilo	10^{3}	=	1 000
h	Hekto	10^{2}	=	100
–	–	10^{0}	=	1
d	Dezi	10^{-1}	=	0,1
c	Zenti	10^{-2}	=	0,01
m	Milli	10^{-3}	=	0,001
µ	Mikro	10^{-6}	=	0,000 001
n	Nano	10^{-9}	=	0,000 000 001
p	Piko	10^{-12}	=	0,000 000 000 001

1 Mathematische Grundbegriffe

1.1 Algebra

Zahlen und Buchstaben

Zehnerziffer Einerziffer

32*m* Variable (kursiv)

32m Einheit (nicht kursiv)

32; 25; 15	Zahlen, bestimmte Zahlen	$32+25-15$
m, b, x	Variable, allgemeine Zahlen	$(32\cdot m+25\cdot b-15\cdot x)$
m; A	Einheitenzeichen	$2\,\text{m}+3\,\text{m}=5\,\text{m}$ $2\,\text{A}+3\,\text{A}=5\,\text{A}$

Termumformungen

Vorzeichen

$$\frac{+6}{-3}=-2$$ Operationszeichen

Vereinfachungen

$$1a=a$$
$$+3a=3a$$
$$+(-3a)=-3a$$
$$-(-3a)=+3a$$

Vorzeichenregeln

Multiplikation	Division
$+\cdot+=+$	$+:+=+$
$+\cdot-=-$	$+:-=-$
$-\cdot+=-$	$-:+=-$
$-\cdot-=+$	$-:-=+$

Addition

Gleiche Variable $3a+5a=8a$

Verschiedene Variable $3a+5b=3a+5b$

Subtraktion

Gleiche Variable $3a-5a=-2a$

Verschiedene Variable $8m-3x=8m-3x$

Klammern

$$3a+5b+(+3b-2c)=3a+5b+3b-2c$$
$$3a+5b-(+3b-2c)=3a+5b-3b+2c$$

Vorzeichen

Operationszeichen

$$a\cdot(2b-c)=2ab-ac$$
$$(2b-c):a=\frac{2b-c}{a}=\frac{2b}{a}-\frac{c}{a}$$

1.1

1.1 Algebra (Fortsetzung)

Vorzeichenregeln

Multiplikation

$+ \cdot + = +$
$+ \cdot - = -$
$- \cdot + = -$
$- \cdot - = +$

Division

$+ : + = +$
$+ : - = -$
$- : + = -$
$- : - = +$

Brüche

Erweitern $\frac{3a \cdot d}{b \cdot d} - \frac{2c \cdot b}{d \cdot b} = \frac{3ad - 2bc}{bd}$

Kürzen $\frac{18ab}{3b} = \frac{6a \cdot 3b}{3b} = 6a$

Multiplikation $\frac{2w}{3x} \cdot \frac{4y}{5z} = \frac{2w \cdot 4y}{3x \cdot 5z}$

Division $\frac{2w}{3x} : \frac{4y}{5z} = \frac{2w \cdot 5z}{3x \cdot 4y}$

Division durch Null nicht zulässig – Error

Gleichungen

linker Term rechter Term

$3a + 4a = 5b + 2a$

Operationszeichen

Lösen von Gleichungen durch Umformungen (Äquivalenzumformung), d.h. auf beiden Seiten der Gleichung werden die gleichen Rechenoperationen durchgeführt.

$$\frac{2x^2 + 4a}{3} = 2a + 4b \qquad | \cdot 3$$
$$2x^2 + 4a = 6a + 12b \qquad | -4a$$
$$2x^2 = 2a + 12b \qquad | :2$$
$$x^2 = a + 6b \qquad | \sqrt{\ }$$
$$x_{1/2} = \pm\sqrt{a + 6b}$$

Angabe der Rechenoperation

Potenzen

Exponent (Hochzahl)

$a^3 \qquad x^m$

Basis (Grundzahl)

$2^3 = 2 \cdot 2 \cdot 2 = 8$

$2 \cdot (4a)^n$ Exponent

Vorzahl Basis

$(a^k)^m$ Potenz mit Exponent m, Basis a^k

Potenz mit Exponent k, Basis a

Sonderfälle

$a^0 = 1; \quad a^{-m} = \frac{1}{a^m}$

Addition

Basis und Exponent gleich	$3a^k + 2a^k = 5a^k$
Basis verschieden	$a^k + b^k = a^k + b^k$
Exponent verschieden	$a^k + a^m = a^k + a^m$

Subtraktion

Basis und Exponent gleich	$3a^k - 2a^k = a^k$
Basis verschieden	$a^k - b^k = a^k - b^k$
Exponent verschieden	$a^k - a^m = a^k - a^m$

Multiplikation

Basis gleich	$a^k \cdot a^m = a^{k+m}$
Exponent gleich	$a^m \cdot b^m = (a \cdot b)^m$

Division

Basis gleich	$a^k : a^m = a^{k-m}$
Exponent gleich	$a^m : b^m = \left(\frac{a}{b}\right)^m$

Potenzieren $(a^k)^m = a^{k \cdot m} = a^{m \cdot k}$

1.1 Algebra (Fortsetzung)

Wurzeln

Wurzelexponent

$\sqrt[n]{a^m}$ – Radikand

Zeichen für Rechenoperation

Quadratwurzel	$\sqrt[2]{x^2} = \sqrt{x^2} = \pm x$ (Kurzschreibweise)
Kubikwurzel	$\sqrt[3]{x}$
Multiplikation	$\sqrt{a} \cdot \sqrt{b} = \sqrt{a \cdot b}$
Division	$\dfrac{\sqrt{a}}{\sqrt{b}} = \sqrt{\dfrac{a}{b}}$
Potenzieren	$\sqrt[n]{a^m} = a^{\frac{m}{n}} = (\sqrt[n]{a})^m$

Wurzeln aus negativen Radikanden nicht zulässig – Error

Logarithmen

$10^x = a$

Wert von Logarithmus a – Zeichen für Rechenoperation

$x = \log_{10} a = \lg a$

Basis

Logarithmus (von) a zur Basis 10

Zehnerlogarithmus	Kurzschreibweise $\lg x$
	$\lg 10 = 1$
Produkt	$\lg(a \cdot b) = \lg a + \lg b$
Quotient	$\lg(a : b) = \lg a - \lg b$
Potenz	$\lg(a^x) = x \cdot \lg a$

Logarithmische Umformungen sind erforderlich, wenn die Variable im Exponenten steht.

Natürliche Zahl e

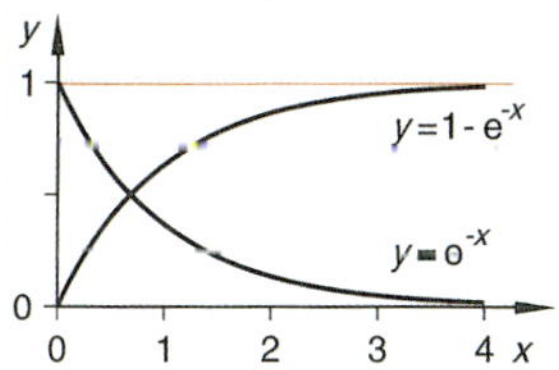

Eulersche Zahl (Naturkonstante) $e = 2{,}71828\ldots$

Natürlicher Logarithmus $\log_e a = \ln a$ (Kurzschreibweise)

$\ln e = 1$

$e^x = a$

$x = \ln a$

1.2 Satz des Pythagoras, Winkelfunktionen

Satz des Pythagoras

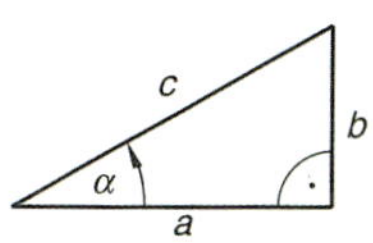

a Ankathete
b Gegenkathete
c Hypotenuse
α Winkel

$c^2 = a^2 + b^2$

Winkelfunktionen

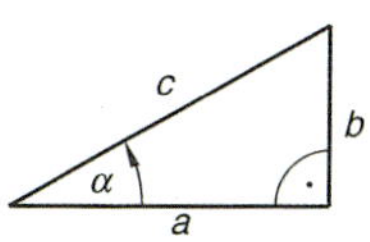

	*
$\sin\alpha = \dfrac{b}{c}$	$\alpha = \arcsin \dfrac{b}{c}$
$\cos\alpha = \dfrac{a}{c}$	$\alpha = \arccos \dfrac{a}{c}$
$\tan\alpha = \dfrac{b}{a}$	$\alpha = \arctan \dfrac{b}{a}$

* Taschenrechner Taste [$\sin^{-1}$], [$\cos^{-1}$], [$\tan^{-1}$]
oder [INV] + [sin], [cos], [tan]

1.3

1.3 Funktionen

Teilung der Achsen

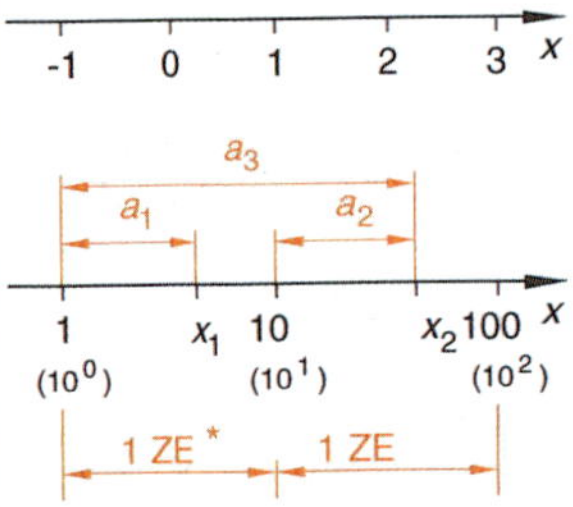

* ZE: Zeicheneinheit

Gleichmäßige Teilung
Zeichenmaßstab 1 ZE* ≙ ... Ω, A, cm

Logarithmische Teilung
1 ZE* ≙ Abstand zwischen 10^0, 10^1, 10^2 usw.

a_1, a_3	Abstände vom Ursprung $10^0 = 1$	$a_2 = a_1$
		$a_3 = a_2 + 1\ \text{ZE}$
a_2	Abstand von $10^1 = 10$	$= a_1 + 1\ \text{ZE}$
x_1, x_2	Bezifferung der Achse	$x_2 = 10 \cdot x_1$
		$a_1 = \lg x_1 \cdot 1\ \text{ZE}$
		$x_1 = 10^{\frac{a_1}{1\ \text{ZE}}}$

Steigung

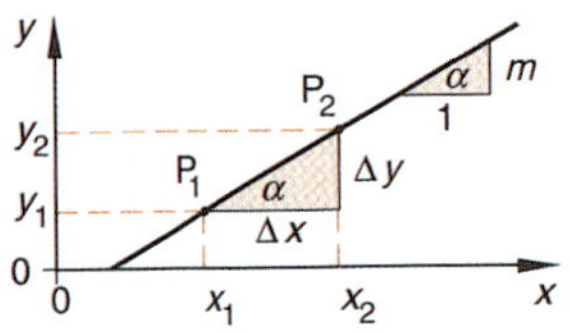

$P_1(x_1/y_1)$ $P_2(x_2/y_2)$	Punkt P_1 bzw. P_2 festgelegt durch Wertepaar (x_1/y_1) bzw. (x_2/y_2)	
m	Steigungsfaktor	$m = \tan\alpha$
		$m = \dfrac{\Delta y}{\Delta x}$
		$m = \dfrac{y_2 - y_1}{x_2 - x_1}$

Funktionsgleichungen

Gerade

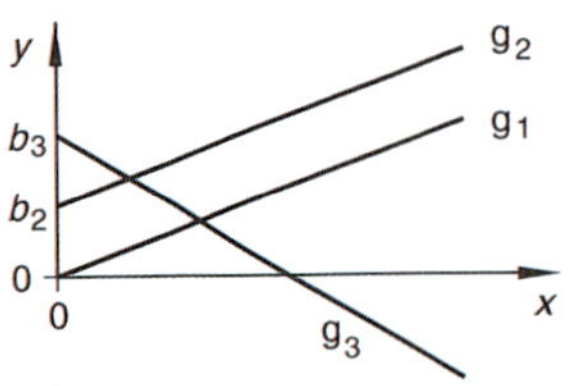

g_1	Ursprungsgerade	$y = m_1 \cdot x$
g_2	Gerade parallel zu g_1	$y = m_1 \cdot x + b_2$
g_3	Fallende Gerade	$y = m_3 \cdot x + b_3$
b_2, b_3	Abschnitte auf der y-Achse (Ordinatenabschnitte) Abstand der Schnittpunkte vom Ursprung (0/0)	
	Steigende Gerade	$m > 0$
	Fallende Gerade	$m < 0$

Parabel

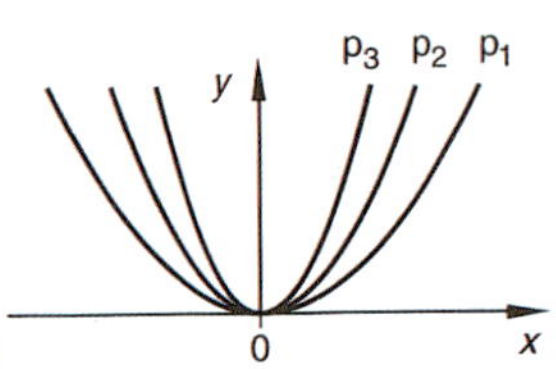

a_1, a_2, a_3	Parameter der Parabeln p_1, p_2, p_3	$a_1 < a_2 < a_3$
Ursprungsparabel		$y = a \cdot x^2$

1.3

1.3 Funktionen (Fortsetzung)

Hyperbel

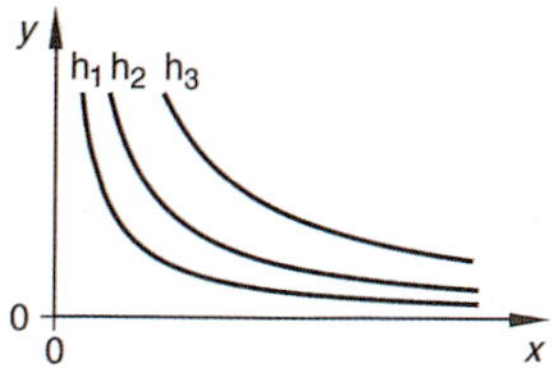

a_1, a_2, a_3 Parameter der Hyperbeln h_1, h_2, h_3 $\quad a_1 < a_2 < a_3$

$$y = a \cdot \frac{1}{x}$$

Kurven im 3. Quadranten spiegelbildlich zum Ursprung

Sinus, Cosinus

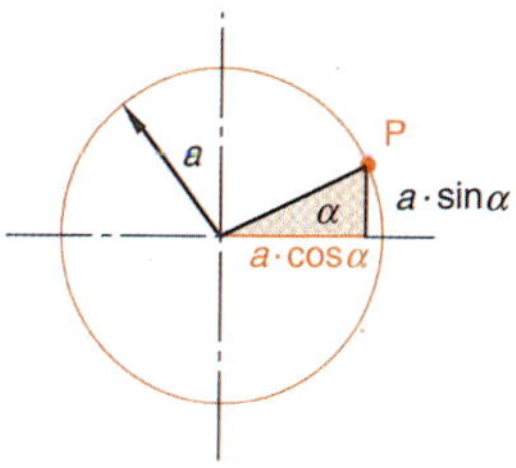

α Drehwinkel
a Amplitude, Scheitelwert (Parameter)

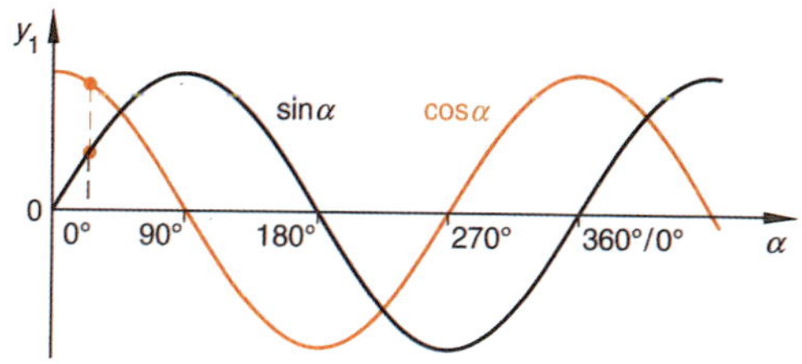

Sinusfunktion $\quad y = a \cdot \sin\alpha$
Cosinusfunktion $\quad y = a \cdot \cos\alpha$

Polarkoordinaten

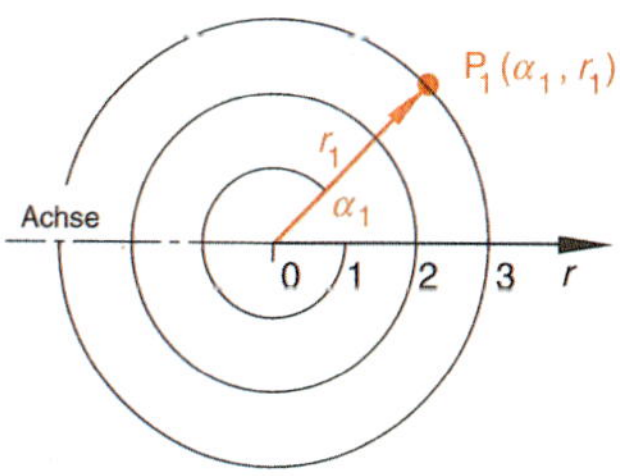

α Winkel, unabhängig Veränderliche

r Abstand vom Nullpunkt, abhängig Veränderliche

$$r = f(\alpha)$$

2.1 ▼ 2.4

2 Elektrische Grundbegriffe

2.1 Grundgrößen des elektrischen Stromkreises

Stromstärke

$e = 1{,}602 \cdot 10^{-19}\ \text{As}$

$1\ \text{As} = 6{,}24 \cdot 10^{18}\ \text{e}$

I	Elektrische Stromstärke
Q	Ladung
t	Zeit
n	Anzahl der Ladungsträger
e	Elektrische Elementarladung

$$I = \frac{Q}{t}$$

$$n = \frac{Q}{e}$$

Stromdichte

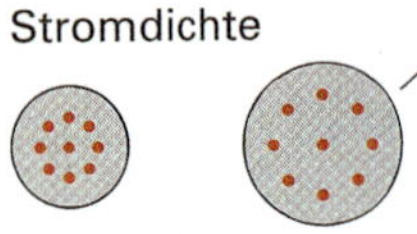

J	Elektrische Stromdichte
I	Elektrische Stromstärke
A	Leiterquerschnitt

$$J = \frac{I}{A}$$

Leitwert und Widerstand

G	Elektrischer Leitwert
R	Elektrischer Widerstand

$$G = \frac{1}{R}$$

2.2 Ohmsches Gesetz

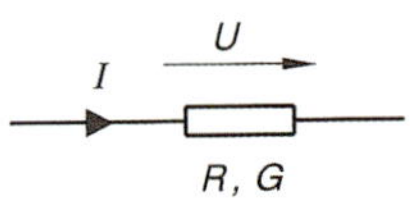

I	Elektrische Stromstärke
U	Elektrische Spannung
R	Elektrischer Widerstand
G	Elektrischer Leitwert

$$I = \frac{U}{R}$$

$$G = \frac{I}{U}$$

2.3 Leiterwiderstand

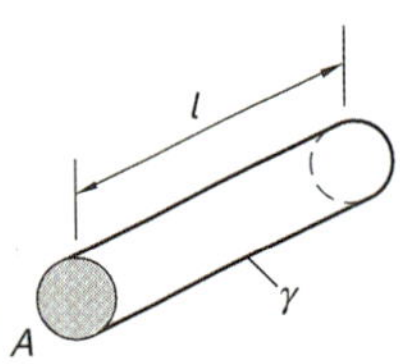

R	Elektrischer Widerstand
l	Leiterlänge
A	Leiterquerschnitt
γ	Elektrische Leitfähigkeit
ϱ	Spezifischer Widerstand

$$R = \frac{l}{\gamma \cdot A}$$

$$R = \frac{\varrho \cdot l}{A}$$

$$\gamma = \frac{1}{\varrho}$$

2.4 Widerstand und Temperatur

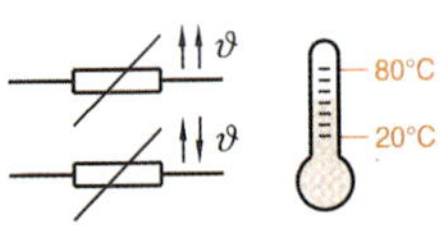

R_{20}	Widerstand bei 20 °C
R_ϑ	Widerstand bei Temperatur ϑ
ΔR	Widerstandsänderung
α	Temperaturbeiwert
ϑ_{20}	Temperatur bei 20 °C
ϑ	Endtemperatur
$\Delta\vartheta$	Temperaturänderung

$$\Delta R = \alpha \cdot \Delta\vartheta \cdot R_{20}$$

$$R_\vartheta = R_{20} + \Delta R$$

$$R_\vartheta = R_{20}\,(1 + \alpha \cdot \Delta\vartheta)$$

$$\Delta\vartheta = \vartheta - \vartheta_{20}$$

2.5 Leistung

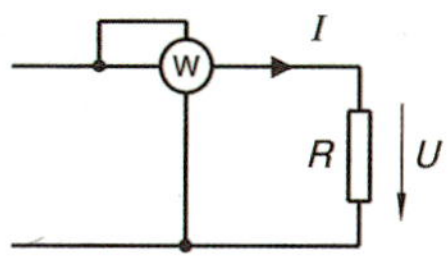

P Elektrische Leistung
U Elektrische Spannung
I Elektrische Stromstärke
R Elektrischer Widerstand

$$P = U \cdot I$$

$$P = I^2 \cdot R$$

$$P = \frac{U^2}{R}$$

3 Widerstandsschaltungen

3.1 Reihenschaltung

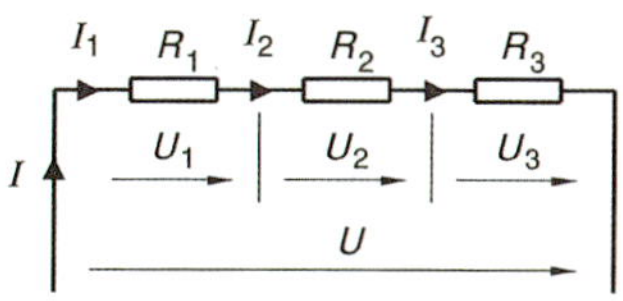

U Gesamtspannung
U_1, U_2, U_3 Teilspannungen
R Gesamtwiderstand
R_1, R_2, R_3 Einzelwiderstände

$$U = U_1 + U_2 + U_3$$

$$R = R_1 + R_2 + R_3$$

Die Spannungen verhalten sich wie die zugehörigen Widerstände.

$$\frac{U_1}{U_2} = \frac{R_1}{R_2}$$

Durch jeden Widerstand fließt derselbe Strom.

$$I = I_1 = I_2 = I_3$$

n Anzahl gleiche Widerstände

$$R = n \cdot R_1$$

3.2 Parallelschaltung von Widerständen

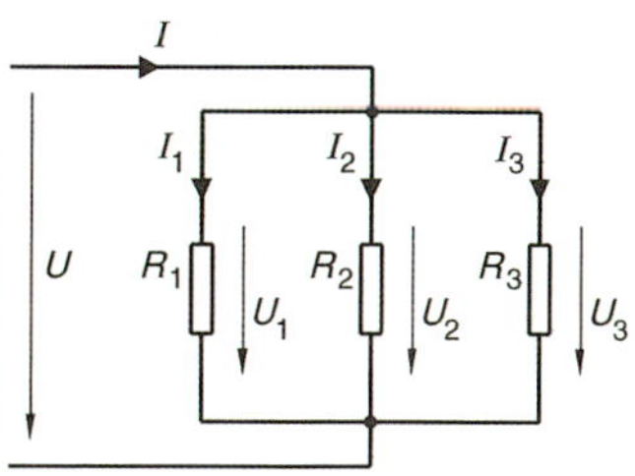

I Gesamtstrom
I_1, I_2, I_3 Teilströme

$$I = I_1 + I_2 + I_3$$

R Ersatzwiderstand
R_1, R_2, R_3 Einzelwiderstände

$$\frac{1}{R} = \frac{1}{R_1} + \frac{1}{R_2} + \frac{1}{R_3}$$

G Gesamtleitwert
G_1, G_2, G_3 Einzelleitwerte

$$G = G_1 + G_2 + G_3$$

Die Ströme verhalten sich umgekehrt wie die zugehörigen Widerstände.

$$\frac{I_1}{I_2} = \frac{R_2}{R_1}$$

An jedem Widerstand liegt dieselbe Spannung.

$$U = U_1 = U_2 = U_3$$

n Anzahl gleiche Widerstände

$$R = \frac{R_1}{n}$$

3.2 Parallelschaltung von Widerständen (Fortsetzung)

Für 2 Widerstände

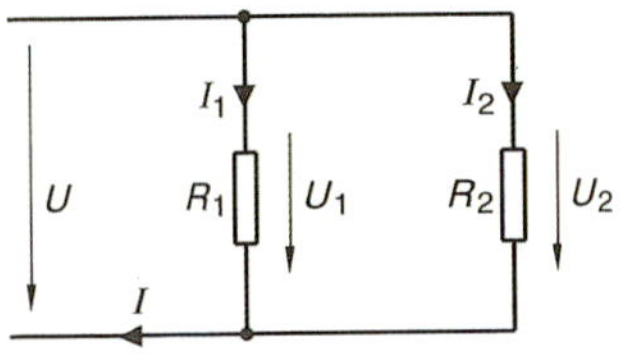

$$R = \frac{R_1 \cdot R_2}{R_1 + R_2}$$

$$R_1 = \frac{R_2 \cdot R}{R_2 - R}$$

$$I_1 = \frac{R_2}{R_1 + R_2} \cdot I$$

$$I_2 = \frac{R_1}{R_1 + R_2} \cdot I$$

3.3 Gruppenschaltung von Widerständen

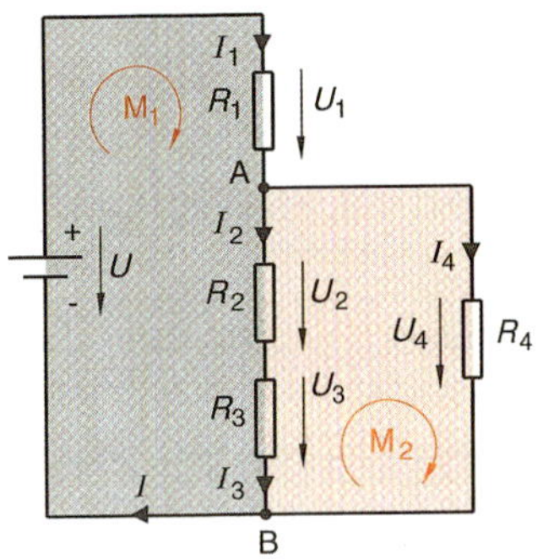

Gruppenschaltungen werden berechnet, indem man sie in Reihen- und Parallelschaltungen zerlegt.

Maschenregel $$\sum U = 0$$

Masche 1: $U_1 + U_2 + U_3 - U = 0$
Masche 2: $U_4 - U_2 - U_3 = 0$

Knotenregel $$\sum I = 0$$

Knoten A: $I_1 - I_2 - I_4 = 0$
Knoten B: $I_3 + I_4 - I = 0$

3.4 Spannungsteiler

unbelastet $I_L = 0$

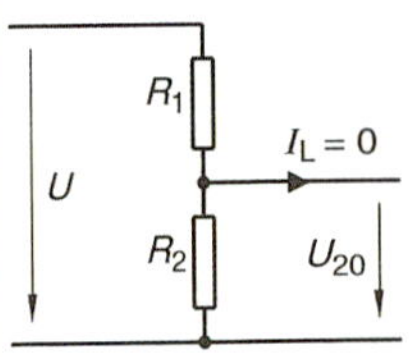

U Gesamtspannung
U_{20} Teilspannung ohne Belastung
R_1, R_2 Teilwiderstände

$$U_{20} = \frac{R_2}{R_1 + R_2} \cdot U$$

belastet $I_L \neq 0$

Der belastete Spannungsteiler wird wie eine Gruppenschaltung berechnet.

$$U_L = \frac{R_p}{R_1 + R_p} \cdot U$$

3.4 ▼ 3.5

3.4 Spannungsteiler (Fortsetzung)

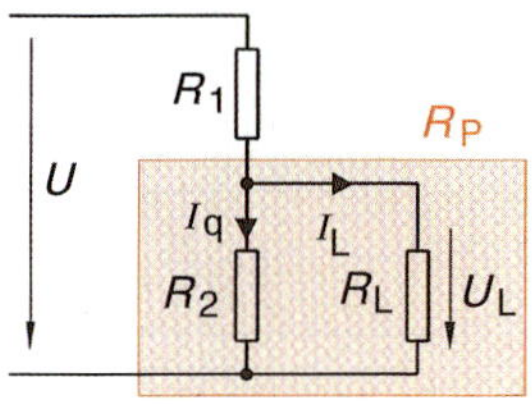

U_L Teilspannung bei Belastung
R_L Belastungswiderstand
R_p Ersatzwiderstand von $R_2 \| R_L$

$$R_p = \frac{R_2 \cdot R_L}{R_2 + R_L}$$

$$U_L = \frac{R_2 \cdot R_L}{R_1 \cdot R_2 + R_1 \cdot R_L + R_2 \cdot R_L} \cdot U$$

I_q Querstrom
q Querstromverhältnis
I_L Laststrom

$$q = \frac{I_q}{I_L} = \frac{R_L}{R_2}$$

$$q = \frac{R_1}{R_1 + R_2} \cdot \frac{1}{\frac{U_{20}}{U_L} - 1}$$

$$\frac{U_L}{U_{20}} = \frac{R_1 + R_2}{R_1 + R_2 + \frac{R_1}{q}}$$

3.5 Brückenschaltung

unbelastet $I_{AB} = 0$

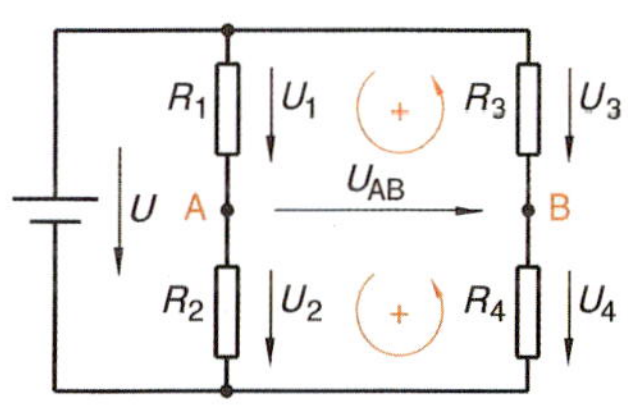

R_1, R_2, R_3, R_4 Brückenwiderstände

U_1, U_2, U_3, U_4 Teilspannungen

U_{AB} Brückenspannung

Abgleichbedingung $U_{AB} = 0$

$$\frac{R_1}{R_2} = \frac{R_3}{R_4}$$

Maschenregel bei $U_{AB} \neq 0$

$$U_1 + U_{AB} - U_3 = 0$$

$$U_2 - U_4 - U_{AB} = 0$$

$$U_1 + U_{AB} + U_4 - U = 0$$

belastet $I_{AB} \neq 0$

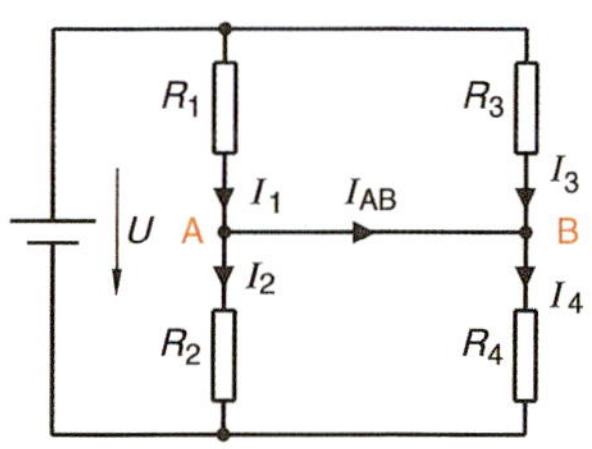

I_1, I_2, I_3, I_4 Teilströme
I_{AB} Brückenstrom

Knotenregel bei Knoten A

$$I_1 - I_{AB} - I_2 = 0$$

Knoten B

$$I_3 + I_{AB} - I_4 = 0$$

3.6

3.6 Ersatzspannungsquelle, Ersatzstromquelle

Galvanische Elemente
Kenngrößen

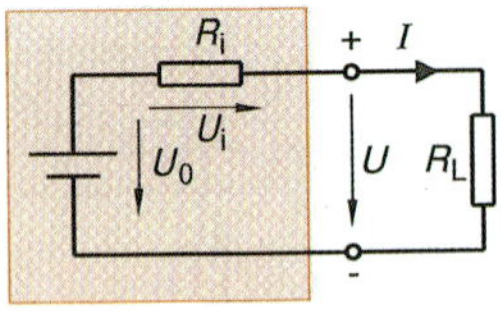

U_0 Leerlaufspannung, Urspannung (Quellenspannung)
U Klemmenspannung
U_i Spannungsfall am Innenwiderstand
I Elektrische Stromstärke
R_i Innenwiderstand
R_L Lastwiderstand
I_k Kurzschlussstrom

$$U_0 = U + U_i$$

$$U_i = I \cdot R_i$$

$$I = \frac{U_0}{R_i + R_L}$$

$$I_k = \frac{U_0}{R_i}$$

Reihenschaltung

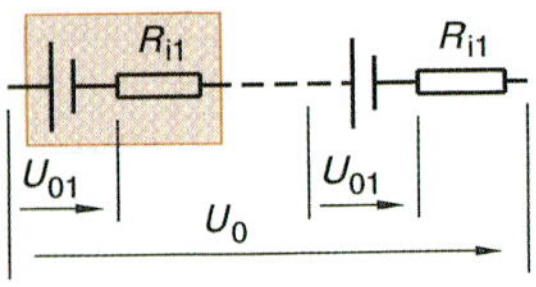

U_0 Leerlaufspannung
U_{01} Leerlaufspannung einer Zelle
n Anzahl gleicher Zellen
R_i Gesamtinnenwiderstand
R_{i1} Innenwiderstand einer Zelle

$$U_0 = n \cdot U_{01}$$

$$R_i = n \cdot R_{i1}$$

Parallelschaltung

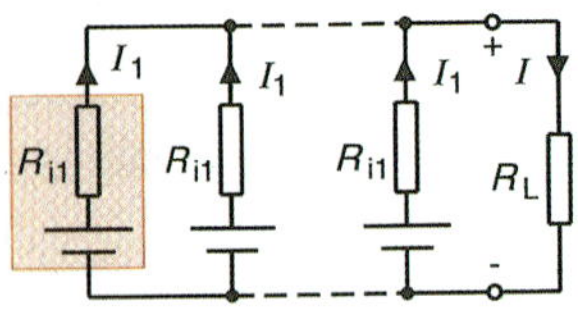

I Gesamtstrom
I_1 Strom einer Zelle
n Anzahl gleicher Zellen
R_i Ersatzinnenwiderstand
R_{i1} Innenwiderstand einer Zelle

$$I = n \cdot I_1$$

$$R_i = \frac{R_{i1}}{n}$$

Ersatzspannungsquelle
Spannungsteiler

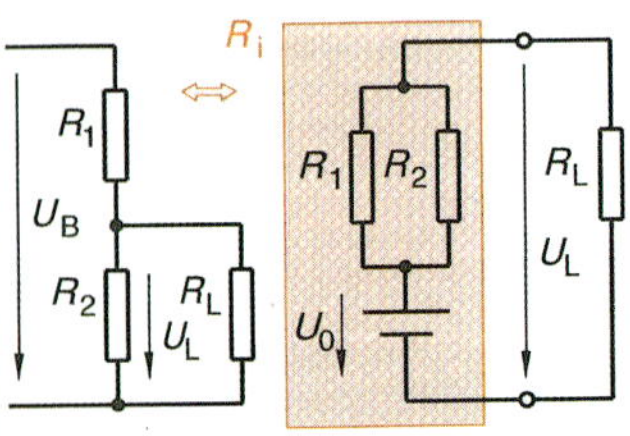

U_B Betriebsspannung
U_0 Leerlaufspannung, Quellenspannung der Ersatzspannungsquelle
R_1, R_2 Teilwiderstände
R_i Innenwiderstand der Ersatzspannungsquelle

$$U_0 = \frac{R_2}{R_1 + R_2} \cdot U_B$$

$$R_i = \frac{R_1 \cdot R_2}{R_1 + R_2}$$

3.6 Ersatzspannungsquelle, Ersatzstromquelle (Fortsetzung)

Brückenschaltung

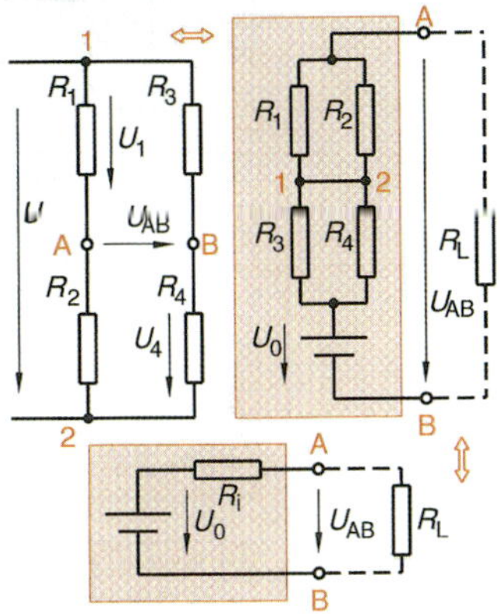

U Betriebsspannung
U_{AB} Spannung zwischen den Klemmen A und B
$R_1 \dots R_4$ Brückenwiderstände
U_0 Quellenspannung der Ersatzspannungsquelle
R_i Innenwiderstand der Ersatzspannungsquelle

$$U_0 = U_{AB} = U - U_1 - U_4$$

$$U_1 = \frac{R_1}{R_1 + R_2} \cdot U$$

$$U_4 = \frac{R_4}{R_3 + R_4} \cdot U$$

$$R_i = \frac{R_1 \cdot R_2}{R_1 + R_2} + \frac{R_3 \cdot R_4}{R_3 + R_4}$$

Ersatzstromquelle

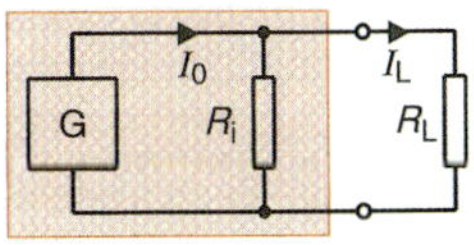

I_L Laststrom
R_i Innenwiderstand der Ersatzstromquelle
R_L Lastwiderstand
I_0 Ersatzstrom

$$I_L = \frac{R_i}{R_i + R_L} \cdot I_0$$

$I_0 = \text{const.}$

4 Arbeit, Leistung, Wirkungsgrad

4.1 Elektrische Arbeit und Leistung

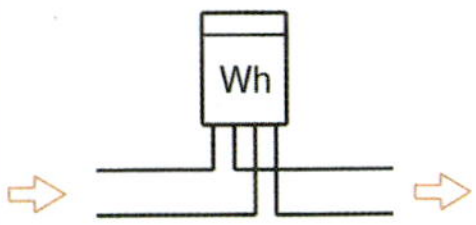

W Elektrische Arbeit
P Elektrische Leistung
t Zeit

$$W = U \cdot I \cdot t$$

$$W = P \cdot t$$

4.2 ▼ 4.4

4.2 Mechanische Arbeit und Leistung

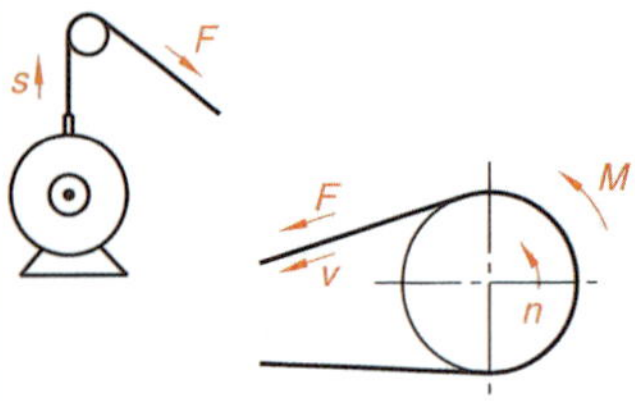

- W Arbeit
- F Kraft
- s Weg
- P Leistung
- t Zeit

- v Geschwindigkeit
- M Moment
- n Drehzahl

$$W = F \cdot s$$

$$P = \frac{W}{t}$$

$$v = \frac{s}{t}$$

$$P = F \cdot v$$

$$P = 2\pi \cdot n \cdot M$$

Energiewandlung, Wirkungsgrad

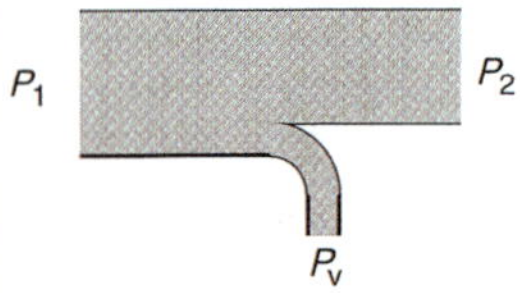

- P_1 Zugeführte Leistung
- P_2 Abgegebene Leistung
- P_v Verlustleistung
- W_1 Zugeführte Arbeit (Energie)
- W_2 Abgegebene Arbeit (Energie)
- η Wirkungsgrad Gesamtwirkungsgrad
- η_1, η_2 Einzelwirkungsgrade

$$\eta = \frac{P_2}{P_1}$$

$$\eta = \frac{W_2}{W_1}$$

$$P_v = P_1 - P_2$$

$$\eta = \eta_1 \cdot \eta_2$$

4.3 Elektrowärme

Wasser: $c = 4{,}19 \frac{\text{kJ}}{\text{kg} \cdot \text{K}}$

Kupfer: $c = 0{,}381 \frac{\text{kJ}}{\text{kg} \cdot \text{K}}$

Aluminium: $c = 0{,}896 \frac{\text{kJ}}{\text{kg} \cdot \text{K}}$

Öle: $c = 1{,}5 \ldots 2{,}0 \frac{\text{kJ}}{\text{kg} \cdot \text{K}}$

- Q Wärmemenge
- Q_1 Stromwärme (zugeführte Wärmemenge)
- Q_2 Nutzwärme (abgegebene Wärmemenge)
- c Spezifische Wärmekapazität
- m Stoffmenge
- $\Delta\vartheta$ Temperaturänderung
- η Wärmewirkungsgrad
- P_1 zugeführte Leistung

$$Q = c \cdot m \cdot \Delta\vartheta$$

$$\eta = \frac{Q_2}{Q_1}$$

Zugeschnittene Größengleichung:

$$P_1 = \frac{c \cdot m \cdot \Delta\vartheta}{\eta \cdot 3600 \cdot t}$$

(P_1 in kW; c in $\frac{\text{kJ}}{\text{kg} \cdot \text{K}}$; m in kg; $\Delta\vartheta$ in K; t in h)

4.4 Kosten elektrischer Energie

- K Kosten für elektrische Arbeit
- W Elektrische Arbeit
- T Tarif

$$K = W \cdot T$$

5.1 ▼ 5.2

5 Messtechnik

5.1 Direktes Messen

Messunsicherheit

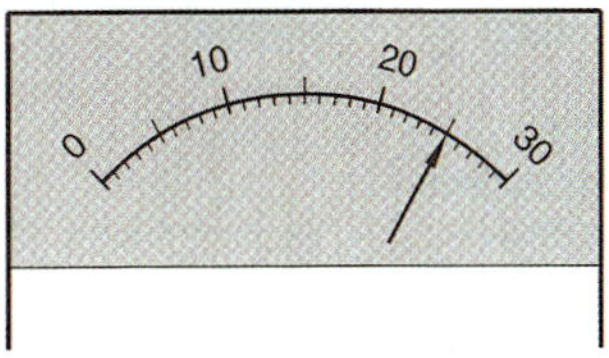

u	Messunsicherheit, möglicher Fehler bezogen auf den Messbereich-Endwert
$u_{\%}$	Prozentuale Messunsicherheit bezogen auf den Messwert
I	Gemessene Stromstärke (Gilt auch für Spannungen)

$$u_{\%} = \pm \frac{u \cdot 100\%}{I}$$

Messbereichserweiterung

Spannungsmesser

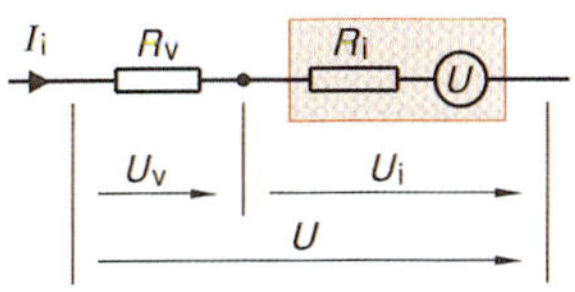

Strommesser

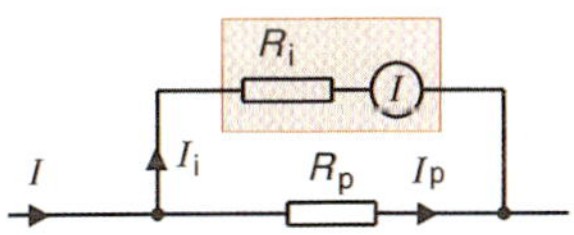

U	Gesamtspannung
U_i	Spannung am Messwerk
I	Gesamtstromstärke
I_i	Strom durch das Messwerk
R_i	Innenwiderstand des Messwerks
R_v	Vorwiderstand
R_p	Parallelwiderstand
n	Faktor der Messbereicherweiterung

$$R_v = \frac{U - U_i}{I_i}$$

$$R_v = (n-1) \cdot R_i$$

$$n = \frac{U}{U_i}; \quad n = \frac{I}{I_i}$$

$$R_p = \frac{U}{I - I_i}$$

$$R_p = \frac{R_i}{n-1}$$

5.2 Indirektes Messen

Widerstandsbestimmung

Spannungsfehlerschaltung

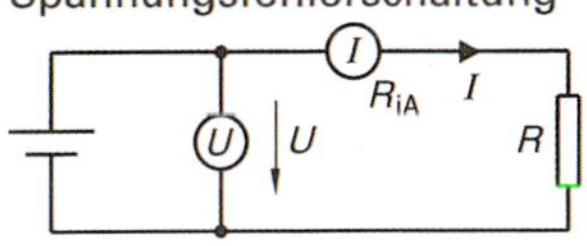

Stromfehlerschaltung

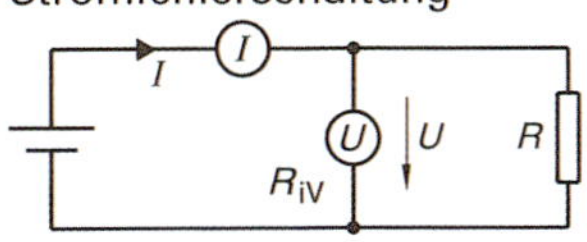

U	Gemessene Spannung
I	Gemessene Stromstärke
R	Korrigierter Widerstandswert
R_{iA}	Innenwiderstand des Strommessers
R_{iV}	Innenwiderstand des Spannungsmessers

$$R = \frac{U}{I} - R_{iA}$$

$$R = \frac{1}{\frac{I}{U} - \frac{1}{R_{iV}}}$$

$$\frac{1}{R} = \frac{I}{U} - \frac{1}{R_{iV}}$$

Leistungsbestimmung mit dem Zähler

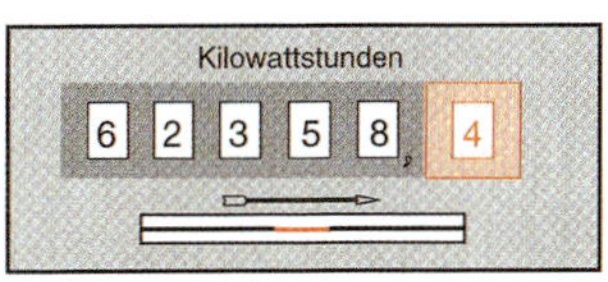

P	Leistung
n	Drehzahl der Zählerscheibe
C_z	Zählerkonstante
N	Umdrehungen der Zählerscheibe in der Messzeit
t	Messzeit

$$P = \frac{n}{C_z}$$

$$P = \frac{N}{t \cdot C_z}$$

6 Grundlagen der Elektronik

6.1 Diagramme

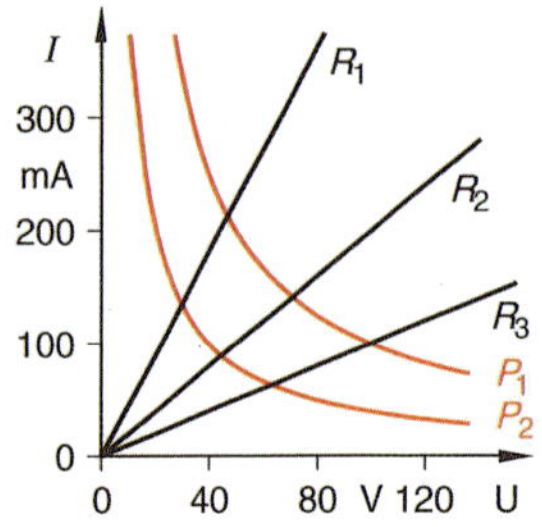

U	Spannung, unabhängig Veränderliche
I	Stromstärke, abhängig Veränderliche
R_1, R_2, R_3	Widerstand, Parameter
P_1, P_2	Leistung, Parameter

Widerstandsgerade

$$I = \frac{1}{R} \cdot U$$

Leistungshyperbel

$$I = P \cdot \frac{1}{U}$$

6.2 Nichtlineare Widerstände

NTC-Widerstand

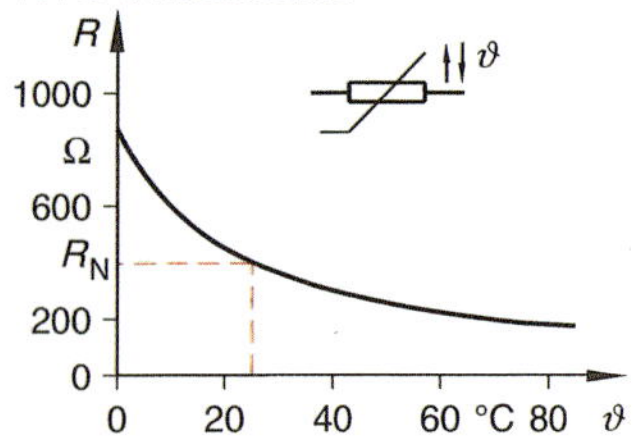

Heißleiter, Thermistor

NTC	Negativer Temperaturkoeffizient α
R_N	Nennwert des Widerstands bei 25 °C

Übliche Werte

$$\alpha = -2 \ldots -7 \frac{\%}{\mathrm{K}}$$

PTC-Widerstand

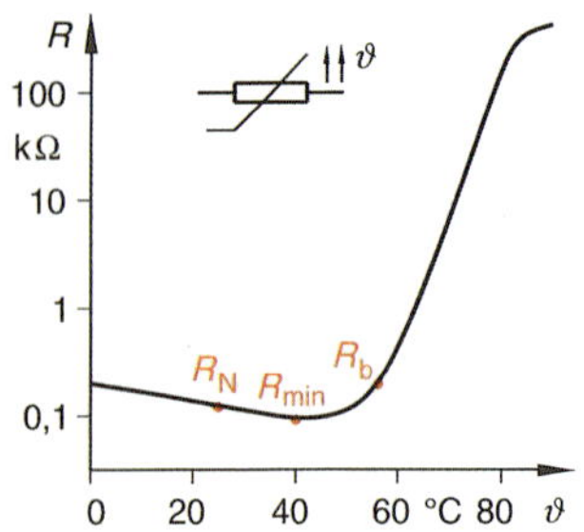

Kaltleiter

PTC	Positiver Temperaturkoeffizient α
R_N	Nennwert des Widerstands bei 25 °C
R_{min}	Kleinster Widerstandswert
R_b	Bezugswert des Widerstands, Beginn des steilen Anstiegs

$$R_b = 2 \cdot R_{min}$$

Übliche Werte im steilen Bereich

$$\alpha = +7 \ldots +70 \frac{\%}{\mathrm{K}}$$

VDR-Widerstand

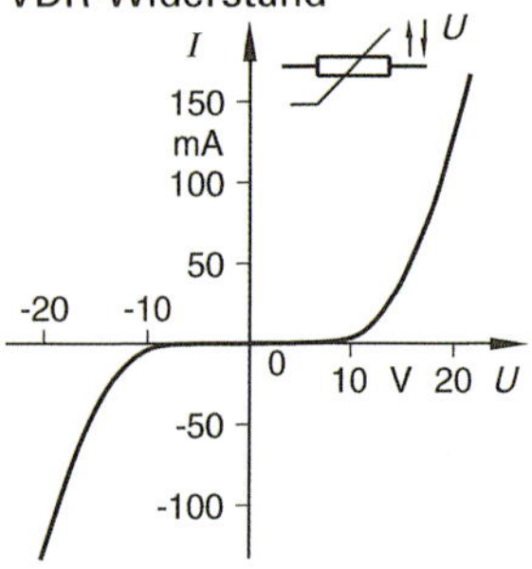

Varistor

VDR	Voltage Dependent Resistor
U	Spannung
I	Stromstärke
c	Formkonstante, Spannung bei 1 A
β	Werkstoffkonstante, Regelfaktor

$$U = c \cdot I^{\beta}$$

Übliche Werte

$c = 10 \ldots 2000$

$\beta = 0{,}14 \ldots 0{,}35$

6.3 Arbeitsgerade, Arbeitspunkt

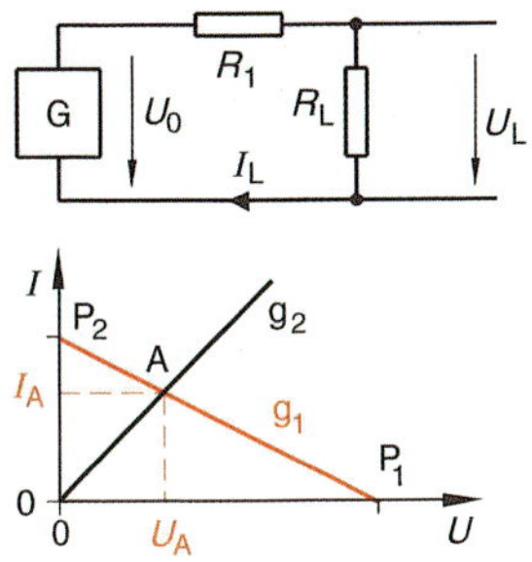

- g_1 Arbeitsgerade von R_1
- g_2 Widerstandsgerade von R_L
- U_0 Leerlaufspannung, Quellenspannung
- P_1 Leerlaufpunkt $U_1 = U_0$; $I_1 = 0$ (R_L nicht angeschlossen, Klemmen offen)
- P_2 Kurzschlusspunkt $U_2 = 0$; $I_2 = I_k = \frac{U_0}{R_1}$ (R_L überbrückt)
- A Arbeitspunkt $U_A = U_L$; $I_A = I_L$

6.4 Statischer und differenzieller Widerstand

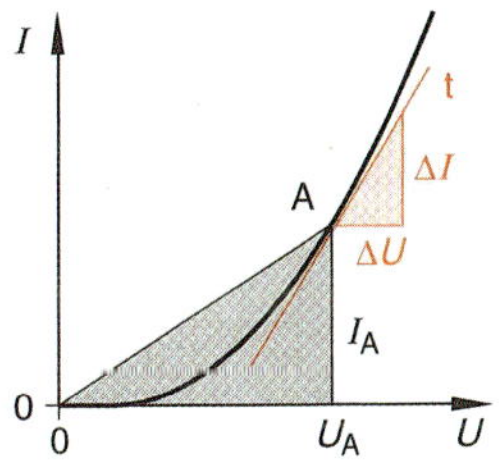

- A Arbeitspunkt (U_A / I_A)
- t Tangente im Arbeitspunkt an die Kennlinie
- R Statischer Widerstand im Arbeitspunkt (Gleichstromwiderstand)
- r Differenzieller Widerstand (Dynamischer Widerstand; Wechselstrom-Widerstand)

$$R = \frac{U_A}{I_A}$$

$$r = \frac{\Delta U}{\Delta I}$$

7 Grundlagen der Digitaltechnik

7.1 Zahlensysteme

Vergleich

System	Basis	Stellenwert	Ziffern	Beispiel für Umwandlung
Dual	2	$\dots 2^2\ 2^1\ 2^0$ $\dots 4\ \ 2\ \ 1$	0, 1	101 ≙ 5 $1 \cdot 2^2 + 0 \cdot 2^1 + 1 \cdot 2^0 = 4 + 0 + 1$
Oktal	8	$\dots 8^2\ 8^1\ 8^0$ $\dots 64\ 8\ 1$	0, 1, 2, 3, 4, 5, 6, 7	254 ≙ 172 $2 \cdot 8^2 + 5 \cdot 8^1 + 4 \cdot 8^0 = 128 + 40 + 4$
Dezimal	10	$\dots 10^2\ 10^1\ 10^0$ $\dots 100\ 10\ 1$	0, 1, 2 … 7, 8, 9	189 ≙ 189 $1 \cdot 10^2 + 8 \cdot 10^1 + 9 \cdot 10^0 = 100 + 80 + 9$
Hexadezimal (Sedezimal)	16	$\dots 16^2\ 16^1\ 16^0$ $256\ 16\ 1$	0, 1, 2 … 7, 8, 9 A, B, C, D, E, F 10 11 12 13 14 15	2D3 ≙ 723 $2 \cdot 16^2 + 13 \cdot 16^1 + 3 \cdot 16^0$ $2 \cdot 256 + 13 \cdot 16 + 3 \cdot 1$ $512 + 208 + 3$

7.1 ▼ 7.3

7.1 Zahlensysteme (Fortsetzung)

Dualsystem

Dezimal	Dual	Dezimal	Dual	Dezimal	Dual	Dezimal	Dual	Dezimal	Dual
0	0	4	100	8	1000	12	1100	16	10000
1	1	5	101	9	1001	13	1101	17	10001
2	10	6	110	10	1010	14	1110	18	10010
3	11	7	111	11	1011	15	1111	19	10011

Im Dualsystem werden nur die beiden Ziffern 0 und 1 verwendet.
Dualzahlen können als Summen von Potenzen mit der Basis 2 dargestellt werden.

Rechenregeln

Addition	$0+0=0$	$0+1=1$	$1+0=1$	$1+1=10$
Subtraktion	$0-0=0$	$1-0=1$	$1-1=0$	$10-1=1$

7.2 Wahrheitstabelle

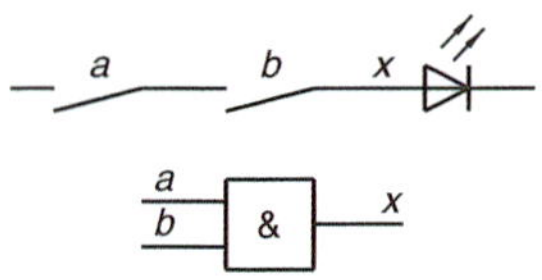

a, *b* Schaltvariable am Eingang, z. B. Signal, Kontakt
x Schaltvariable am Ausgang, z. B. Ausgangssignal, Leuchtdiode
1 Schaltbedingung erfüllt
0 Schaltbedingung nicht erfüllt

a	b	x
0	0	0
0	1	0
1	0	0
1	1	1

7.3 Logische Verknüpfungen

Verknüpfungsart	Zeichen	Funktionsgleichung	Schaltung	Schaltzeichen
NOT (NICHT) einfach: doppelt:	¬ ¯ =	$\neg a \quad \bar{a}$ $\bar{\bar{a}}=a$	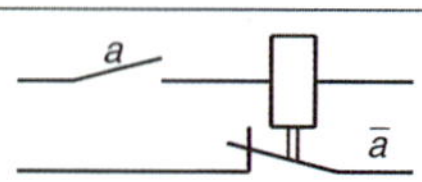	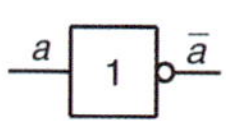
AND (UND)	∧	$a \wedge b$ Sonderfälle: 1. $a \wedge \bar{a}=0$ 2. $a \wedge a=a$ 3. $a \wedge 1=a$ 4. $a \wedge 0=0$	 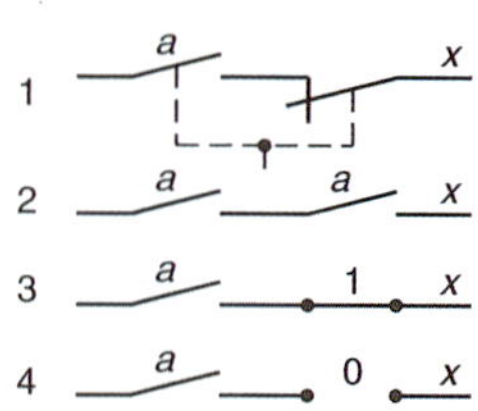	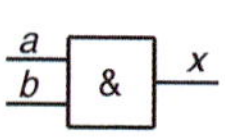

7.3 **Logische Verknüpfungen** (Fortsetzung)

Verknüpfungsart	Zeichen	Funktionsgleichung	Schaltung	Schaltzeichen
OR (ODER)	$\vee$	$a \vee b$	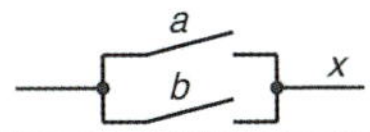	
		Sonderfälle: 1. $a \vee \bar{a} = 1$ 2. $a \vee a = a$ 3. $a \vee 1 = 1$ 4. $a \vee 0 = a$	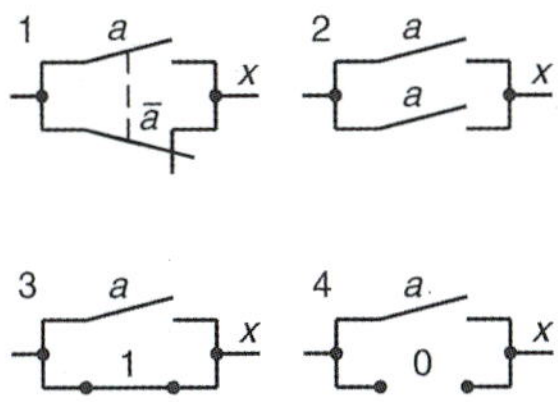	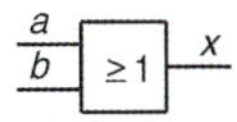
NAND	$\bar{\wedge}$ bzw. $\overline{\wedge}$	$a \bar{\wedge} b$ $\overline{a \wedge b}$	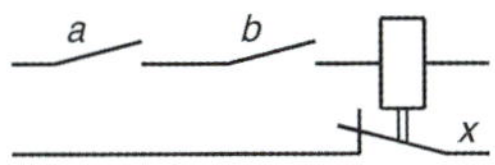	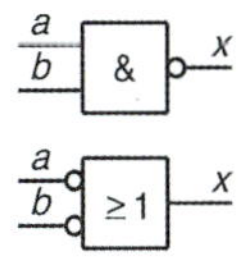
NOR	$\bar{\vee}$ bzw. $\overline{\vee}$	$a \bar{\vee} b$ $\overline{a \vee b}$	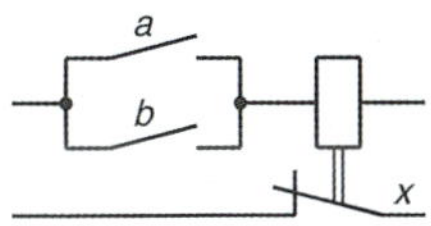	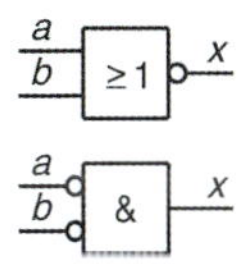
Distributiv-Gesetze	1. $a \wedge (b \vee c) = (a \wedge b) \vee (a \wedge c)$ Oder $a(b \vee c) = ab \vee ac$ 2. $a \vee (b \wedge c) = (a \vee b) \wedge (a \vee c)$ Oder $a \vee bc = (a \vee b)(a \vee c)$			
Gesetze von de Morgan	1. $a \bar{\vee} b = \bar{a} \wedge \bar{b}$ $\overline{a \vee b \vee c} = \bar{a} \wedge \bar{b} \wedge \bar{c}$ 2. $a \wedge b = \bar{a} \vee \bar{b}$ $\overline{a \wedge b \wedge c} = \bar{a} \vee \bar{b} \vee \bar{c}$			

8 Grundlagen des Wechselstroms

8.1 Sinusförmiger Wechselstrom

Frequenz und Wellenlänge

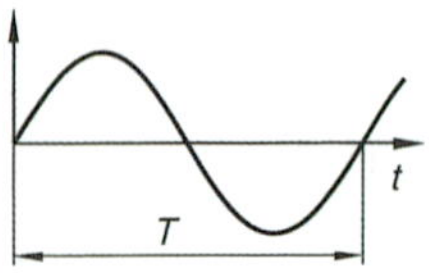

- T Periodendauer (Schwingungsdauer)
- f Frequenz
- λ Wellenlänge
- c Ausbreitungsgeschwindigkeit
- ω Kreisfrequenz
- p Polpaarzahl
- n Drehzahl

$$T = \frac{1}{f}$$

$$\lambda = \frac{c}{f}$$

$$\omega = 2 \cdot \pi \cdot f$$

$$f = p \cdot n$$

Effektivwert und Scheitelwert

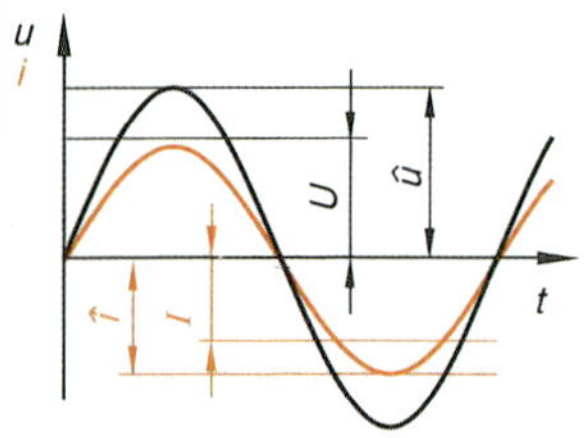

- U_{eff}, U Effektivwert der Spannung
- $\hat{u}$ Scheitelwert der Spannung
- I_{eff}, I Effektivwert des Stromes
- $\hat{i}$ Scheitelwert des Stromes

$$U_{eff} = U = \frac{1}{\sqrt{2}} \cdot \hat{u}$$

$$U = 0{,}707 \cdot \hat{u}$$

$$I_{eff} = I = \frac{1}{\sqrt{2}} \cdot \hat{i}$$

$$I = 0{,}707 \cdot \hat{i}$$

8.2 Nichtsinusförmige Spannungen

Wechselspannungen

Einpuls-Gleichrichtung

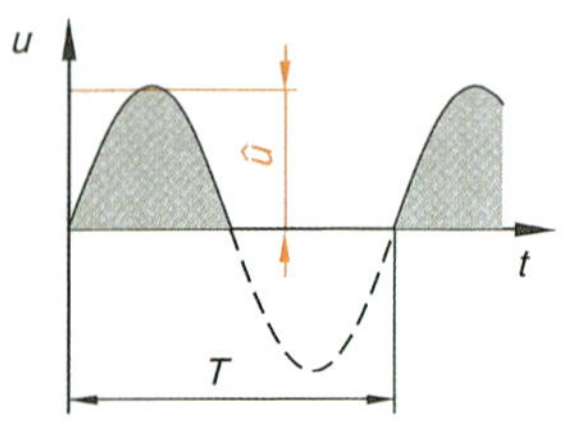

- $\bar{u}$ Arithmetischer Mittelwert
- $\hat{u}$ Scheitelwert
- $U_{eff} = U$ Effektivwert

Der Kurvenverlauf der Halbwellen ist sinusförmig.

$$\bar{u} = \frac{\hat{u}}{\pi}$$

$$U = \frac{\sqrt{2} \cdot \hat{u}}{4}$$

Zweipuls-Gleichrichtung

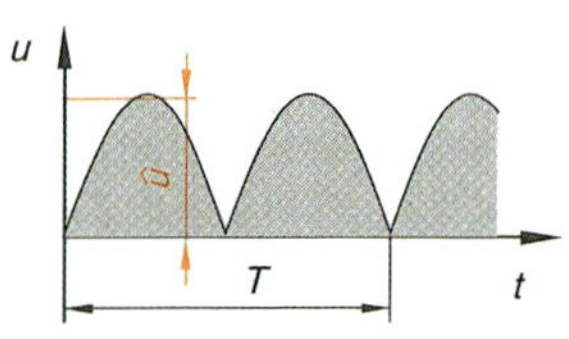

- $\bar{u}$ Arithmetischer Mittelwert
- $\hat{u}$ Scheitelwert
- U Effektivwert

Der Kurvenverlauf der Halbwellen ist sinusförmig.

$$\bar{u} = \frac{2 \cdot \hat{u}}{\pi}$$

$$U = \frac{\sqrt{2} \cdot \hat{u}}{2}$$

8.2 Nichtsinusförmige Spannungen (Fortsetzung)

Rechteckspannungen

Tastgrad $g = 1:2$

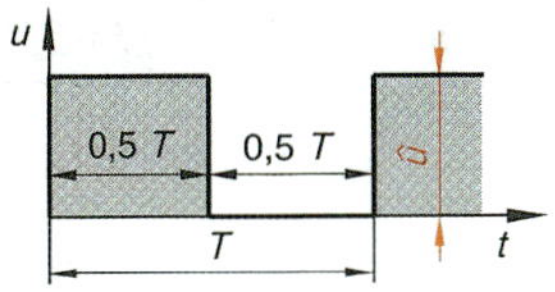

$\bar{u}$ Arithmetischer Mittelwert
$\hat{u}$ Höchstspannung des Impulses
U Effektivwert

Tastgrad

$$g = \frac{\text{Impulsdauer}}{\text{Puls-Periodendauer}}$$

$$\bar{u} = \frac{\hat{u}}{2}$$

$$U = \frac{\sqrt{2} \cdot \hat{u}}{2}$$

Tastgrad, $g \neq 1:1$

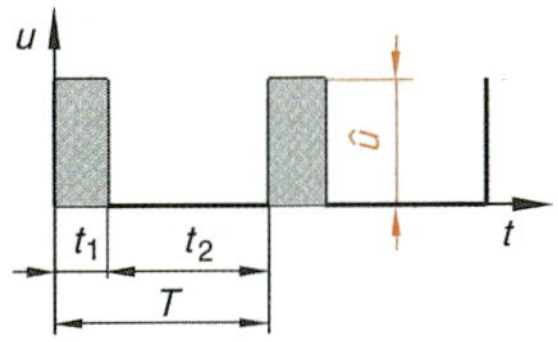

$\bar{u}$ Arithmetischer Mittelwert
$\hat{u}$ Höchstspannung des Impulses
T Periodendauer
t_1 Impulsdauer
t_2 Pausendauer
U Effektivwert

$$T = t_1 + t_2$$

$$\bar{u} = \frac{\hat{u} \cdot t_1}{T}$$

$$U = \hat{u} \sqrt{\frac{t_1}{T}}$$

Symmetrisch, $g = 1:1$

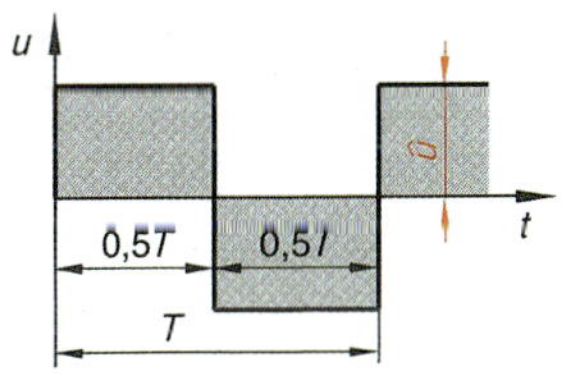

$\bar{u}$ Arithmetischer Mittelwert
U Effektivwert
$\hat{u}$ Höchstwert der Impulse

Eine Periode besteht aus einem positiven und einem gleich großen negativen Impuls.

$$\bar{u} = 0$$

$$U = \hat{u}$$

Unsymmetrisch, $g \neq 1:1$

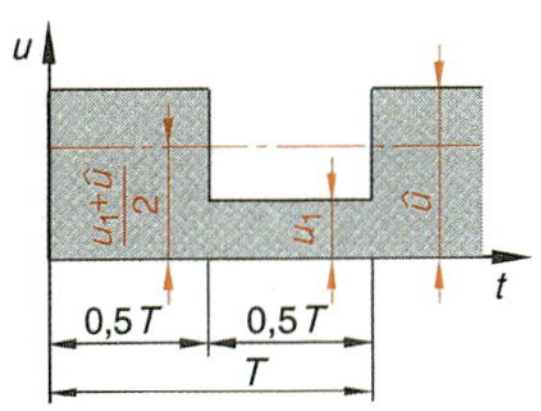

$\bar{u}$ Arithmetischer Mittelwert
U_1 Spannung während der Pause
$\hat{u}$ Höchstspannung des Impulses
U Effektivwert

Der Gleichspannung $\frac{U_1 + \hat{u}}{2}$ ist eine symmetrische Rechteckspannung überlagert.

$$\bar{u} = \frac{U_1 + \hat{u}}{2}$$

$$U = \sqrt{\frac{U_1^2 + (\hat{u})^2}{2}}$$

Sägezahnspannung

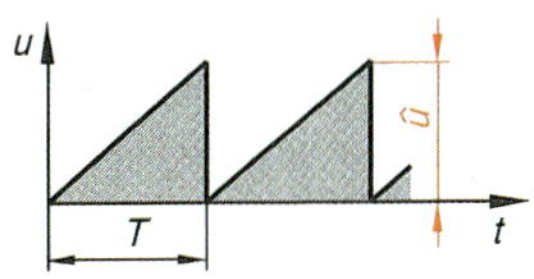

$\bar{u}$ Arithmetischer Mittelwert
$\hat{u}$ Spannung Spitze–Spitze
U Effektivwert

$$\bar{u} = \frac{\hat{u}}{2}$$

$$U = \frac{\sqrt{3} \cdot \hat{u}}{3}$$

9 Spule und Kondensator

9.1 Reihen- und Parallelschaltung

Induktivitäten

Reihenschaltung

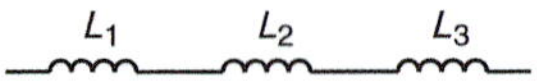

L Gesamtinduktivität
L_1, L_2, L_3 Einzelinduktivitäten
n Anzahl gleicher Induktivitäten

$$L = L_1 + L_2 + L_3$$

$$L = n \cdot L_1$$

Parallelschaltung

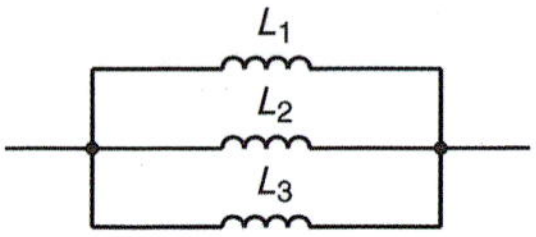

L Ersatzinduktivität
L_1, L_2, L_3 Einzelinduktivitäten
n Anzahl gleicher Induktivitäten

$$\frac{1}{L} = \frac{1}{L_1} + \frac{1}{L_2} + \frac{1}{L_3}$$

$$L = \frac{L_1}{n}$$

Kapazitäten

Parallelschaltung

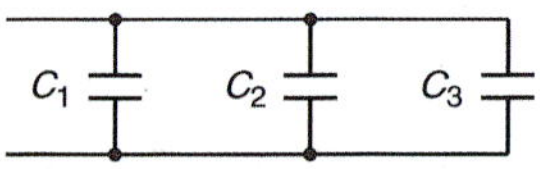

C Gesamtkapazität
C_1, C_2, C_3 Einzelkapazitäten
n Anzahl gleicher Kapazitäten

$$C = C_1 + C_2 + C_3$$

$$C = n \cdot C_1$$

Reihenschaltung

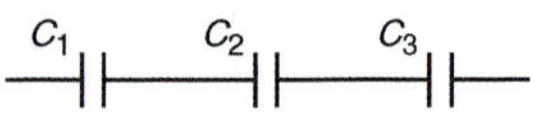

C Ersatzkapazität
C_1, C_2, C_3 Einzelkapazitäten
n Anzahl gleicher Kapazitäten

$$\frac{1}{C} = \frac{1}{C_1} + \frac{1}{C_2} + \frac{1}{C_3}$$

Für 2 Kapazitäten

$$C = \frac{C_1 \cdot C_2}{C_1 + C_2}$$

Für n gleiche Kapazitäten

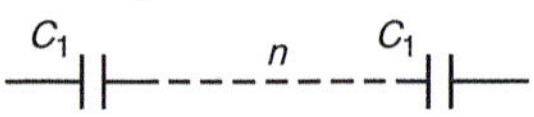

$$C = \frac{C_1}{n}$$

9.2 Kondensator im Gleichstromkreis

Ladung

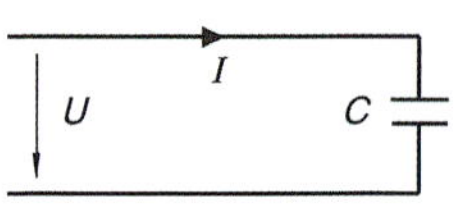

Q Elektrische Ladung
C Kapazität
U Spannung
I Stromstärke
t Zeit

$$Q = C \cdot U$$

$$Q = I \cdot t$$

Kapazität

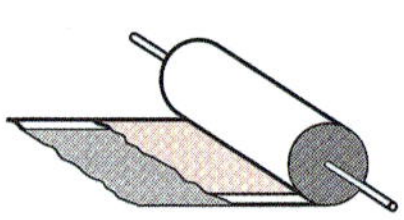

C Kapazität
ε_o elektrische Feldkonstante
ε_r Permittivitätszahl (Dielektrizitätszahl)
A Plattenfläche
l Plattenabstand

$$C = \frac{\varepsilon_o \cdot \varepsilon_r \cdot A}{l}$$

9.2 Kondensator im Gleichstromkreis (Fortsetzung)

Zeitkonstante

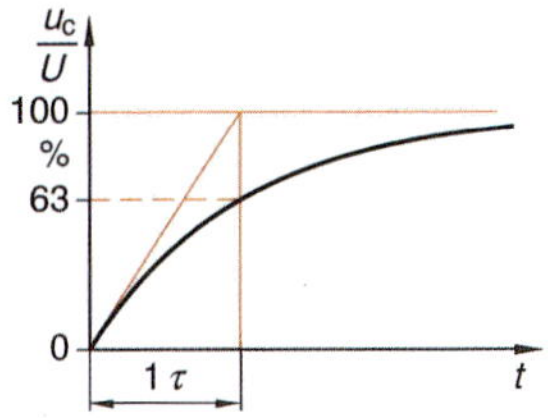

τ	Zeitkonstante
R	Widerstand
C	Kapazität

$$\tau = R \cdot C$$

Laden von Kondensatoren

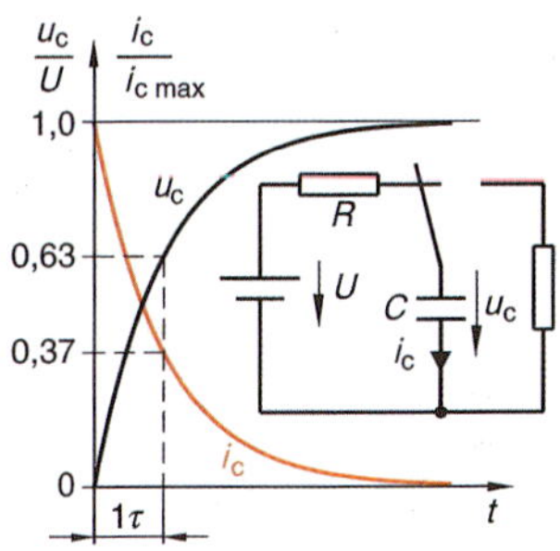

u_c	Spannung am Kondensator
U	Ladespannung
t	Zeit
τ	Zeitkonstante
i_c	Ladestrom
R	Ladewiderstand

$$u_c = U\left(1 - e^{-\frac{t}{\tau}}\right)$$

$$t = \tau \cdot \ln \frac{U}{U - u_c}$$

$$i_c = \frac{U}{R} \cdot e^{-\frac{t}{\tau}}$$

$$t = \tau \cdot \ln \frac{U}{i_c \cdot R}$$

Entladen von Kondensatoren

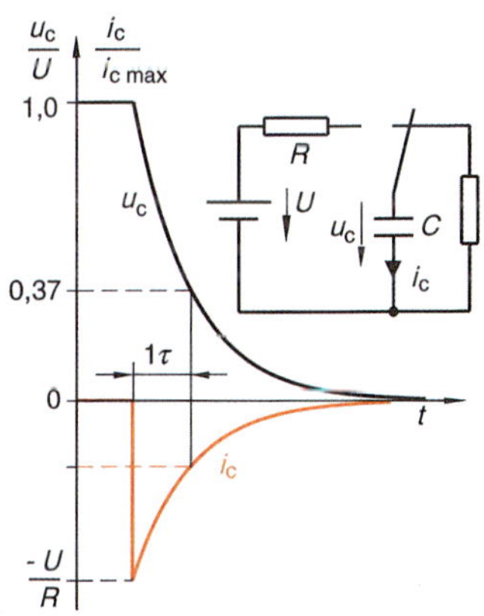

u_c	Spannung am Kondensator
U	Ladespannung
t	Zeit
τ	Zeitkonstante
i_c	Entladestrom
R	Entladewiderstand

$$u_c = U \cdot e^{-\frac{t}{\tau}}$$

$$t = \tau \cdot \ln \frac{U}{u_c}$$

$$i_c = -\frac{U}{R} \cdot e^{-\frac{t}{\tau}}$$

$$t = \tau \cdot \ln \frac{U}{i_c \cdot R}$$

9.3 Induktivität und Kapazität im Wechselstromkreis

Induktivität

X_L Induktiver Blindwiderstand
ω Kreisfrequenz
L Induktivität der Spule

$$X_L = \omega \cdot L$$

Kapazität

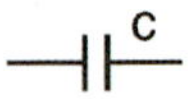

X_c Kapazitiver Blindwiderstand
ω Kreisfrequenz
C Kapazität

$$X_c = \frac{1}{\omega \cdot C}$$

9.4 Magnetisches Feld

Magnetisierungskennlinien

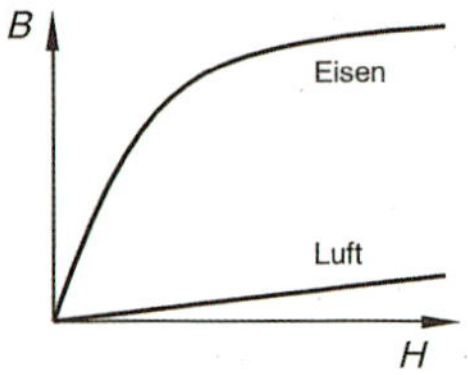

Permeabilitätskennlinie

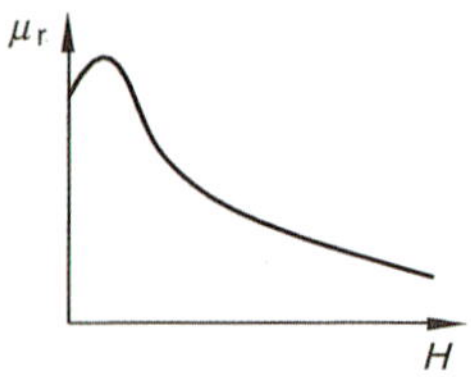

B Magnetische Flussdichte (magnetische Induktion)
Φ Magnetischer Fluss
A Polfläche
Θ Durchflutung
I Stromstärke
N Windungszahl
l_m Mittlere Feldlinienlänge
H Magnetische Feldstärke
μ_0 Magnetische Feldkonstante
μ_r Permeabilitätszahl
R_m Magnetischer Widerstand

$$\mu_0 = 1{,}257 \cdot 10^{-6}\,\frac{\mathrm{V\,s}}{\mathrm{A\,m}} = 4\pi \cdot 10^{-7}\,\frac{\mathrm{V\,s}}{\mathrm{A\,m}}$$

$$B = \frac{\Phi}{A}$$

$$\Theta = I \cdot N$$

$$H = \frac{I \cdot N}{l_m}$$

$$B = \mu_0 \cdot \mu_r \cdot H$$

$$R_m = \frac{l_m}{\mu_0 \cdot \mu_r \cdot A}$$

$$\Phi = \frac{\Theta}{R_m}$$

Haltekraft von Magneten

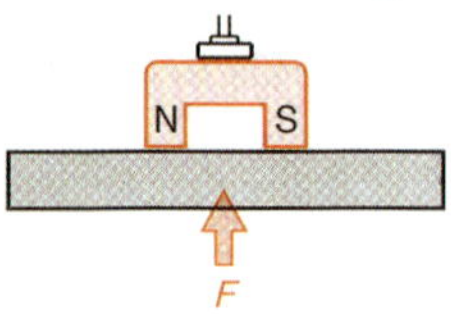

F Haltekraft
B Magnetische Flussdichte (magnetische Induktion)
A Polfläche
μ_0 Magnetische Feldkonstante

$$F = \frac{B^2 \cdot A}{2\,\mu_0}$$

Zeitkonstante

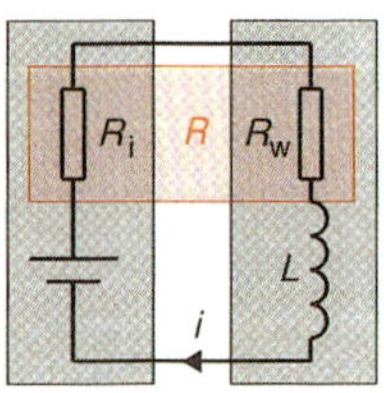

τ Zeitkonstante der Schaltung
L Induktivität
R Widerstand der Schaltung
i Stromstärke
U Spannung
t Zeitpunkt nach dem Einschalten
R_i Innenwiderstand der Spannungsquelle
R_w Wirkwiderstand

$$\tau = \frac{L}{R}$$

$$i = \frac{U}{R}\left(1 - e^{-\frac{t}{\tau}}\right)$$

10 Wechselstromkreis

10.1 Zeigerdiagramme

Spannungsdreieck

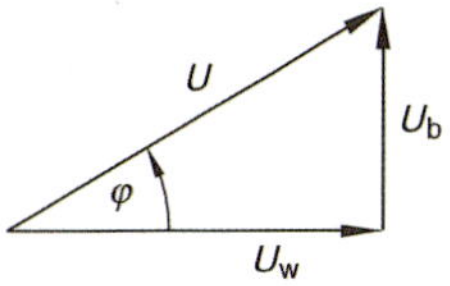

Stromdreieck

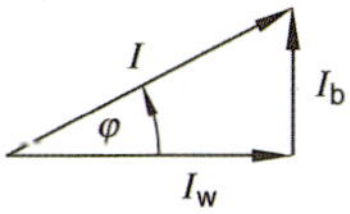

Leistungsdreieck

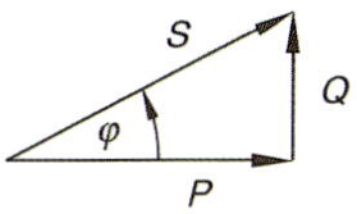

Widerstandsdreieck

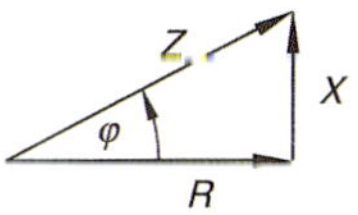

U	Gesamtspannung
U_w	Wirkspannung
U_b	Blindspannung
φ	Phasenverschiebungswinkel
$\cos\varphi$	Leistungsfaktor
$\sin\varphi$	Blindfaktor
I	Gesamtstrom
I_w	Wirkstrom
I_b	Blindstrom
S	Scheinleistung
P	Wirkleistung
Q	Blindleistung
Z	Scheinwiderstand
R	Wirkwiderstand
X	Blindwiderstand

$$U^2 = U_w^2 + U_b^2$$

$$\cos\varphi = \frac{U_w}{U}$$

$$\sin\varphi = \frac{U_b}{U}$$

$$\tan\varphi = \frac{U_b}{U_w}$$

*

$$\varphi = \arccos\frac{U_w}{U}$$

$$\varphi = \arcsin\frac{U_b}{U}$$

$$\varphi = \arctan\frac{U_b}{U_w}$$

* Taschenrechner:

[$\sin^{-1}$] [$\cos^{-1}$] [$\tan^{-1}$]

oder [INV] + [sin]; [cos]; [tan]

Die Formeln sind auf Strom-, Leistungs- und Widerstandsdreiecke entsprechend anwendbar.

10.2 Kapazität und Wirkwiderstand

Reihenschaltung

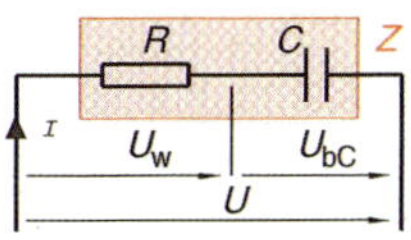

Spannungsdreieck

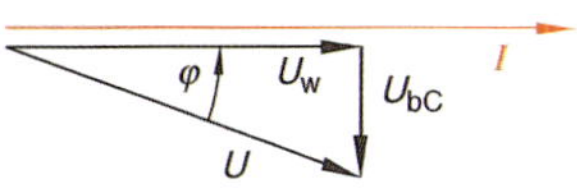

Z	Scheinwiderstand
U	Spannung
I	Stromstärke

$$Z = \frac{U}{I}$$

U	Gesamtspannung
U_w	Wirkspannung
U_{bC}	Kapazitive Blindspannung
$\cos\varphi$	Wirkfaktor (Leistungsfaktor)
$\sin\varphi$	Blindfaktor

$$U^2 = U_w^2 + U_{bC}^2$$

$$U_w = U \cdot \cos\varphi$$

$$U_{bC} = U \cdot \sin\varphi$$

10.2

10.2 Kapazität und Wirkwiderstand (Fortsetzung)

Widerstandsdreieck

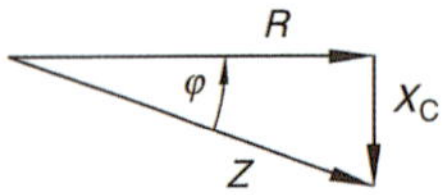

Z	Scheinwiderstand
R	Wirkwiderstand
X_c	Kapazitiver Blindwiderstand
$\cos\varphi$	Wirkfaktor (Leistungsfaktor)
$\sin\varphi$	Blindfaktor

$$Z^2 = R^2 + X_C{}^2$$

$$R = Z \cdot \cos\varphi$$

$$X_c = Z \cdot \sin\varphi$$

Leistungsdreieck

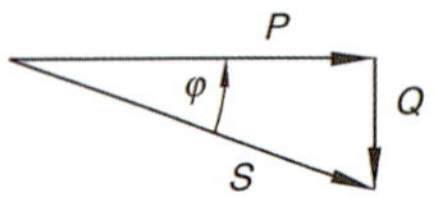

S	Scheinleistung
P	Wirkleistung
Q	Blindleistung
U	Spannung
I	Stromstärke
$\cos\varphi$	Leistungsfaktor
$\sin\varphi$	Blindfaktor

$$S^2 = P^2 + Q^2$$

$$S = U \cdot I$$

$$P = U \cdot I \cdot \cos\varphi$$

$$P = I^2 \cdot R$$

$$Q = U \cdot I \cdot \sin\varphi$$

$$Q = I^2 \cdot X_c$$

Parallelschaltung

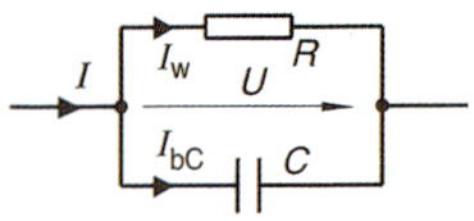

Z	Scheinwiderstand
U	Spannung
I	Stromstärke

$$Z = \frac{U}{I}$$

Stromdreieck

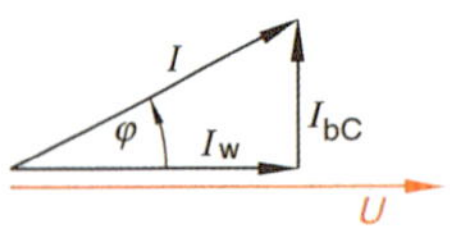

I	Gesamtstrom
I_w	Wirkstrom
I_{bC}	Kapazitiver Blindstrom
$\cos\varphi$	Wirkfaktor (Leistungsfaktor)
$\sin\varphi$	Blindfaktor

$$I^2 = I_w{}^2 + I_{bC}{}^2$$

$$I_w = I \cdot \cos\varphi$$

$$I_{bC} = I \cdot \sin\varphi$$

Leitwertdreieck

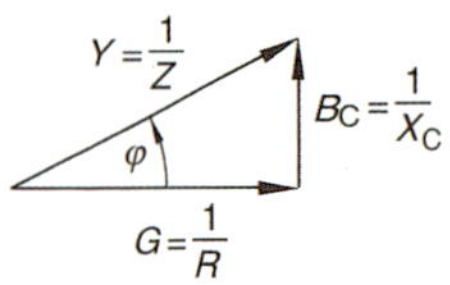

Z	Scheinwiderstand
R	Wirkwiderstand
X_c	Kapazitiver Blindwiderstand
$\cos\varphi$	Wirkfaktor (Leistungsfaktor)
$\sin\varphi$	Blindfaktor

$$\frac{1}{Z^2} = \frac{1}{R^2} + \frac{1}{X_C{}^2}$$

$$R = \frac{Z}{\cos\varphi}$$

$$X_C = \frac{Z}{\sin\varphi}$$

10.2 ▼ 10.3

10.2 Kapazität und Wirkwiderstand (Fortsetzung)

Parallelschaltung

Leistungsdreieck

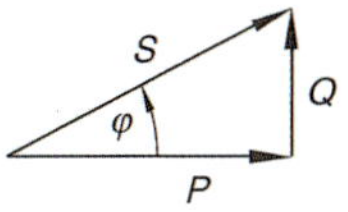

S	Scheinleistung
P	Wirkleistung
Q	Blindleistung
$\cos\varphi$	Leistungsfaktor
$\sin\varphi$	Blindfaktor

$$S^2 = P^2 + Q^2$$

$$S = U \cdot I$$

$$P = U \cdot I \cdot \cos\varphi$$

$$P = \frac{U^2}{R}$$

$$Q = U \cdot I \cdot \sin\varphi$$

$$Q = \frac{U^2}{X_C}$$

Verlustwinkel

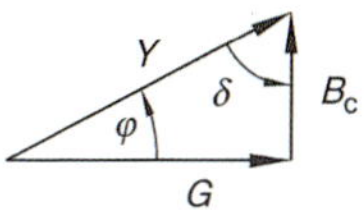

δ	Verlustwinkel
X_C	Kapazitiver Blindwiderstand
R	Wirkwiderstand

$$\tan\delta = \frac{X_C}{R} = \frac{I_w}{I_{bC}}$$

Umwandlung einer Parallelschaltung in eine Reihenschaltung und umgekehrt

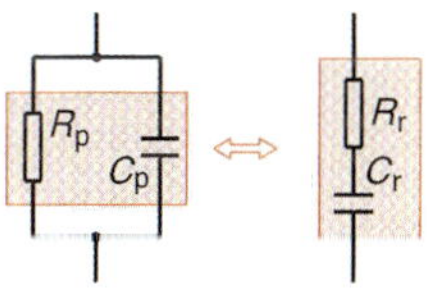

Z_p	Scheinwiderstand der Parallelschaltung
Z_r	Scheinwiderstand der Reihenschaltung
$\cos\varphi_p$	Leistungsfaktor der Parallelschaltung
$\cos\varphi_r$	Leistungsfaktor der Reihenschaltung
R_r	Wirkwiderstand der Reihenschaltung
R_p	Wirkwiderstand der Parallelschaltung
X_r	Blindwiderstand der Reihenschaltung
X_p	Blindwiderstand der Parallelschaltung

Bei gleicher Frequenz:

$$Z_p = Z_r = Z$$

$$\cos\varphi_p = \cos\varphi_r$$

$$R_r = \frac{Z^2}{R_p}$$

$$X_r = \frac{Z^2}{X_p}$$

$$Z^2 = R_r \cdot R_p$$

$$Z^2 = X_r \cdot X_p$$

10.3 Induktivität und Wirkwiderstand

Reihenschaltung

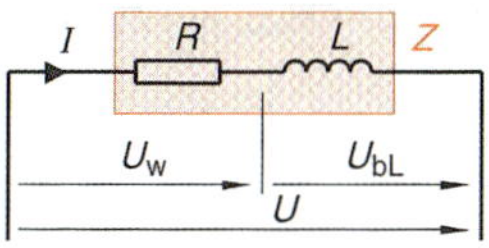

Z	Scheinwiderstand
U	Spannung
I	Stromstärke

$$Z = \frac{U}{I}$$

10.3 Induktivität und Wirkwiderstand (Fortsetzung)

Spannungsdreieck

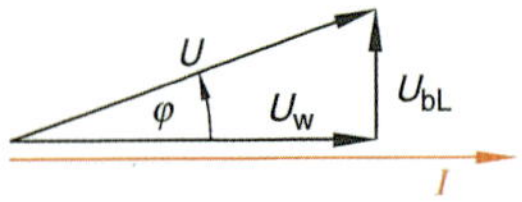

U	Gesamtspannung
U_w	Wirkspannung
U_{bL}	Induktive Blindspannung
$\cos\varphi$	Wirkfaktor (Leistungsfaktor)
$\sin\varphi$	Blindfaktor
I	Stromstärke
R	Wirkwiderstand
X_L	Induktiver Blindwiderstand

$$U^2 = U_w^2 + U_{bL}^2$$

$$U_w = U \cdot \cos\varphi$$

$$U_{bL} = U \cdot \sin\varphi$$

$$U_w = I \cdot R$$

$$U_{bL} = I \cdot X_L$$

Widerstandsdreieck

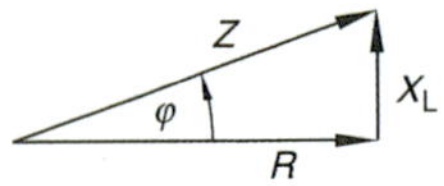

Z	Scheinwiderstand
R	Wirkwiderstand
X_L	Induktiver Blindwiderstand
$\cos\varphi$	Wirkfaktor (Leistungsfaktor)
$\sin\varphi$	Blindfaktor

$$Z^2 = R^2 + X_L^2$$

$$R = Z \cdot \cos\varphi$$

$$X_L = Z \cdot \sin\varphi$$

Leistungsdreieck

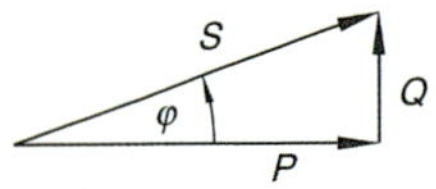

S	Scheinleistung
P	Wirkleistung
Q	Blindleistung
U	Spannung
I	Stromstärke
$\cos\varphi$	Leistungsfaktor
$\sin\varphi$	Blindfaktor
U_w	Wirkspannung
U_{bL}	Induktive Blindspannung
R	Wirkwiderstand
X_L	Induktiver Blindwiderstand

$$S^2 = P^2 + Q^2$$

$$S = U \cdot I$$

$$P = S \cdot \cos\varphi$$

$$Q = S \cdot \sin\varphi$$

$$P = U_w \cdot I$$

$$Q = U_{bL} \cdot I$$

$$P = \frac{U_w^2}{R}$$

$$Q = \frac{U_{bL}^2}{X_L}$$

Erweiterte Reihenschaltung

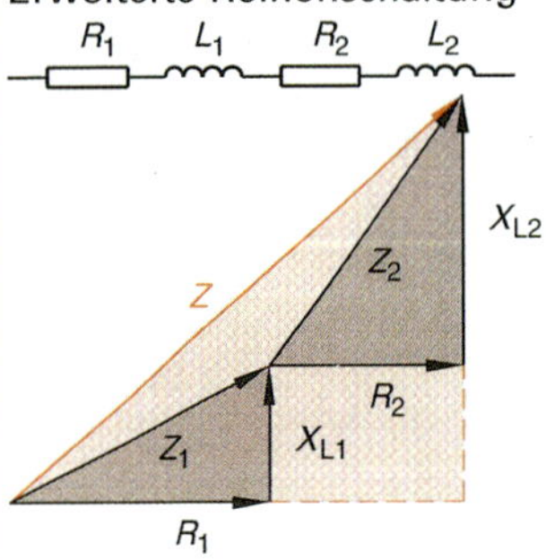

Z	Gesamtscheinwiderstand
R_1, R_2	Wirkwiderstände
X_{L1}, X_{L2}	Induktive Blindwiderstände
$\Sigma \ldots$	Summe aller …

$$Z^2 = (R_1 + R_2)^2 + (X_{L1} + X_{L2})^2$$

allgemein:

$$Z^2 = (\Sigma R)^2 + (\Sigma X_L)^2$$

10.3 Induktivität und Wirkwiderstand (Fortsetzung)

Parallelschaltung

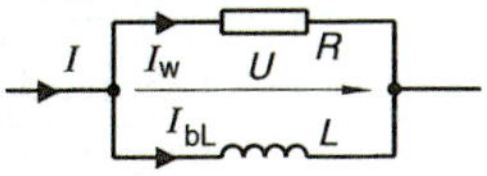

Z	Scheinwiderstand
U	Spannung
I	Stromstärke

$$Z = \frac{U}{I}$$

Stromdreieck

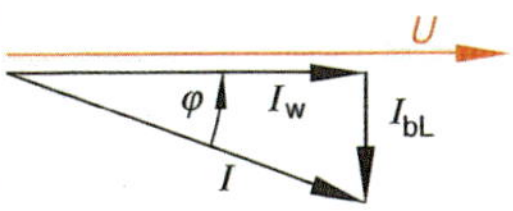

I	Gesamtstrom
I_w	Wirkstrom
I_{bL}	Induktiver Blindstrom
$\cos\varphi$	Wirkfaktor (Leistungsfaktor)
$\sin\varphi$	Blindfaktor
R	Wirkwiderstand
X_L	Induktiver Blindwiderstand

$$I^2 = I_w^{\,2} + I_{bL}^{\,2}$$

$$I_w = I \cdot \cos\varphi$$

$$I_{bL} = I \cdot \sin\varphi$$

$$I_w = \frac{U}{R}$$

$$I_{bL} = \frac{U}{X_L}$$

Leitwertdreieck

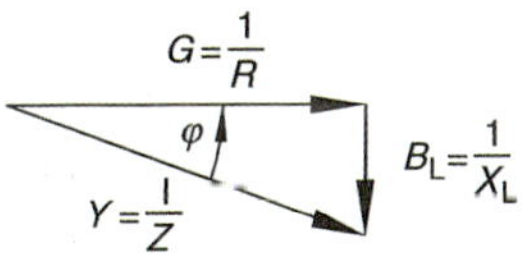

Z	Scheinwiderstand
R	Wirkwiderstand
X_L	Induktiver Blindwiderstand
$\cos\varphi$	Wirkfaktor (Leistungsfaktor)
$\sin\varphi$	Blindfaktor

$$\frac{1}{Z^2} = \frac{1}{R^2} + \frac{1}{X_L^{\,2}}$$

$$R = \frac{Z}{\cos\varphi}$$

$$X_L = \frac{Z}{\sin\varphi}$$

Leistungsdreieck

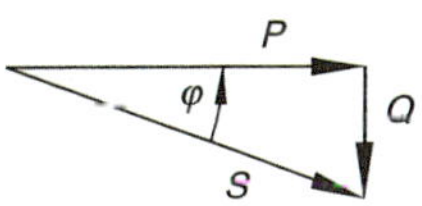

S	Scheinleistung
P	Wirkleistung
Q	Blindleistung
U	Spannung
I	Stromstärke
$\cos\varphi$	Wirkfaktor (Leistungsfaktor)
$\sin\varphi$	Blindfaktor
I_w	Wirkstrom
I_{bL}	Induktiver Blindstrom
R	Wirkwiderstand
X_L	Induktiver Blindwiderstand

$$S^2 = P^2 + Q^2$$

$$S = U \cdot I$$

$$P = S \cdot \cos\varphi$$

$$Q = S \cdot \sin\varphi$$

$$P = U \cdot I_w$$

$$Q = U \cdot I_{bL}$$

$$P = I_w^{\,2} \cdot R$$

$$Q = I_{bL}^{\,2} \cdot X_L$$

10.3 ▼ 10.4

10.3 Induktivität und Wirkwiderstand (Fortsetzung)

Erweiterte Parallelschaltung

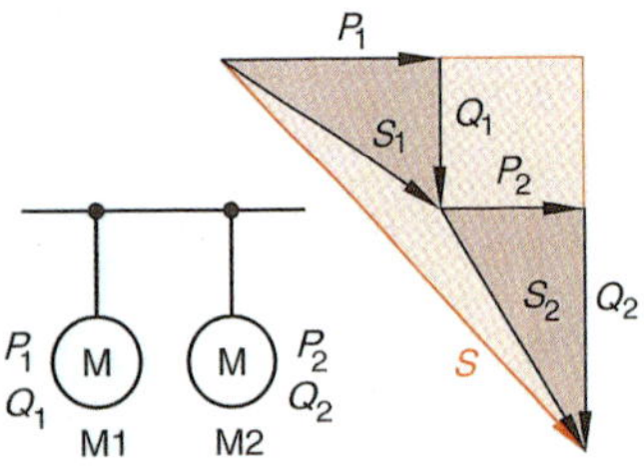

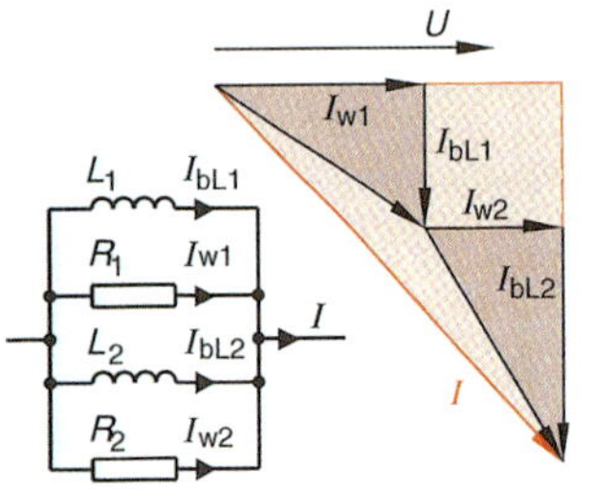

- S Gesamtscheinleistung
- P_1, P_2 Wirkleistungen
- Q_1, Q_2 Blindleistungen
- I Gesamtstrom
- I_{w1}, I_{w2} Wirkströme
- I_{bL1}, I_{bL2} Induktive Blindströme
- Σ … Summe aller …

$$S^2 = (P_1 + P_2)^2 + (Q_1 + Q_2)^2$$

$$S^2 = (\Sigma P)^2 + (\Sigma Q)^2$$

$$I^2 = (I_{w1} + I_{w2})^2 + (I_{bL1} + I_{bL2})^2$$

$$I^2 = (\Sigma I_w)^2 + (\Sigma I_{bL})^2$$

Umwandlung einer Parallelschaltung in eine Reihenschaltung und umgekehrt

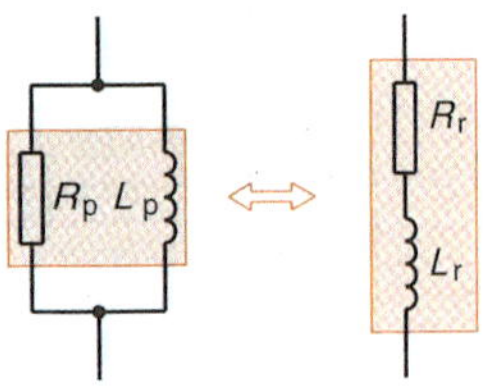

- Z_p Scheinwiderstand der Parallelschaltung
- Z_r Scheinwiderstand der Reihenschaltung
- $\cos\varphi_p$ Leistungsfaktor der Parallelschaltung
- $\cos\varphi_r$ Leistungsfaktor der Reihenschaltung
- R_p Wirkwiderstand der Parallelschaltung
- R_r Wirkwiderstand der Reihenschaltung
- X_p Induktiver Blindwiderstand der Parallelschaltung
- X_r Induktiver Blindwiderstand der Reihenschaltung

Bei gleicher Frequenz

$$Z_p = Z_r = Z$$

$$\cos\varphi_p = \cos\varphi_r$$

$$Z^2 = R_r \cdot R_p$$

$$Z^2 = X_r \cdot X_p$$

10.4 RLC-Schaltungen

Reihenschaltung

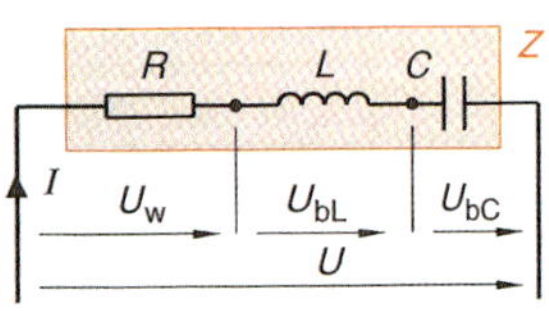

- U Gesamtspannung
- U_w Wirkspannung
- U_{bL} Induktive Blindspannung
- U_{bC} Kapazitive Blindspannung

$$U^2 = U_w^{\,2} + (U_{bL} - U_{bC})^2$$

10.4 RLC-Schaltungen (Fortsetzung)

Zeigerbild der Spannungen

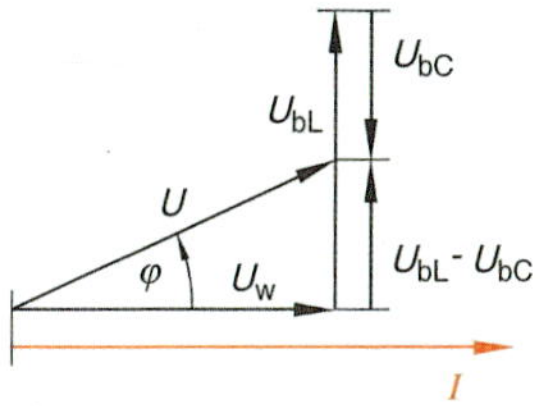

- Z Scheinwiderstand
- R Wirkwiderstand
- X_L Induktiver Blindwiderstand
- X_C Kapazitiver Blindwiderstand

$$Z^2 = R^2 + (X_L - X_C)^2$$

- S Scheinleistung
- P Wirkleistung
- Q_L Induktive Blindleistung
- Q_C Kapazitive Blindleistung

$$S^2 = P^2 + (Q_L - Q_C)^2$$

Parallelschaltung

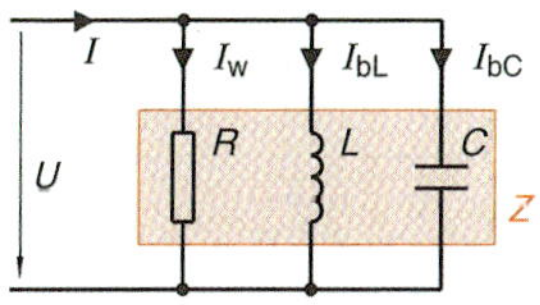

- I Gesamtstrom
- I_w Wirkstrom
- I_{bL} Induktiver Blindstrom
- I_{bC} Kapazitiver Blindstrom

$$I^2 = I_w^2 + (I_{bL} - I_{bC})^2$$

Zeigerbild der Ströme

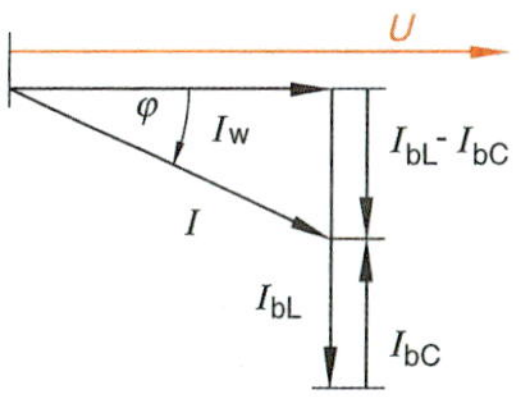

- Z Scheinwiderstand
- R Wirkwiderstand
- X_L Induktiver Blindwiderstand
- X_C Kapazitiver Blindwiderstand

$$\left(\frac{1}{Z}\right)^2 = \left(\frac{1}{R}\right)^2 + \left(\frac{1}{X_L} - \frac{1}{X_C}\right)^2$$

- S Scheinleistung
- P Wirkleistung
- Q_L Induktive Blindleistung
- Q_C Kapazitive Blindleistung

$$S^2 = P^2 + (Q_L - Q_C)^2$$

10.5 Resonanz und Kompensation

Reihenschwingkreis

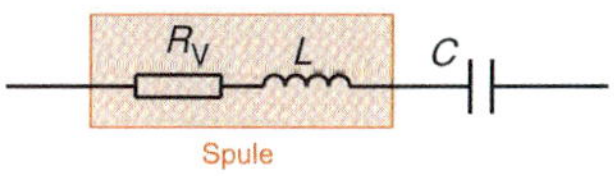

Resonanzkurve

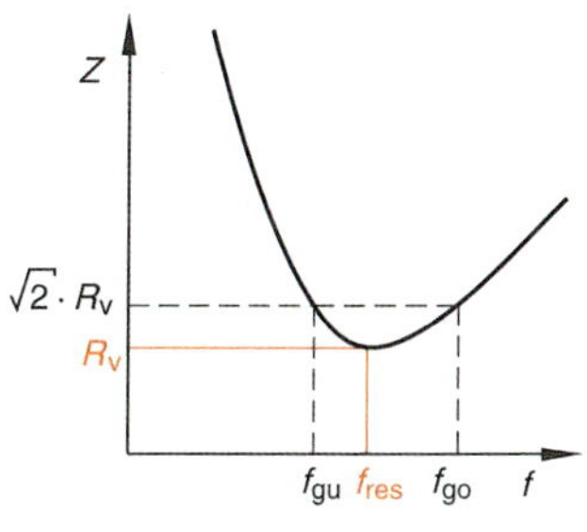

- X_L Induktiver Blindwiderstand
- X_C Kapazitiver Blindwiderstand
- ω_0 Kreisfrequenz bei Resonanz
- L Induktivität
- C Kapazität
- f_{res} Resonanzfrequenz
- Z Scheinwiderstand
- R_V Verlustwiderstand der Spule
- R_{res} Resonanzwiderstand
- Q Güte

$$X_L = X_C$$

$$\omega_0 \cdot L = \frac{1}{\omega_0 \cdot C}$$

$$f_{res} = \frac{1}{2\pi \cdot \sqrt{L \cdot C}}$$

$$Z = \sqrt{R_V^2 + (X_L - X_C)^2}$$

$$R_{res} = R_V$$

$$Q = \frac{1}{R_V} \cdot \sqrt{\frac{L}{C}}$$

$$Q = \frac{\omega \cdot L}{R_V} = \frac{1}{\omega \cdot C \cdot R_V}$$

10.5

10.5 Resonanz und Kompensation (Fortsetzung)

Parallelschwingkreis

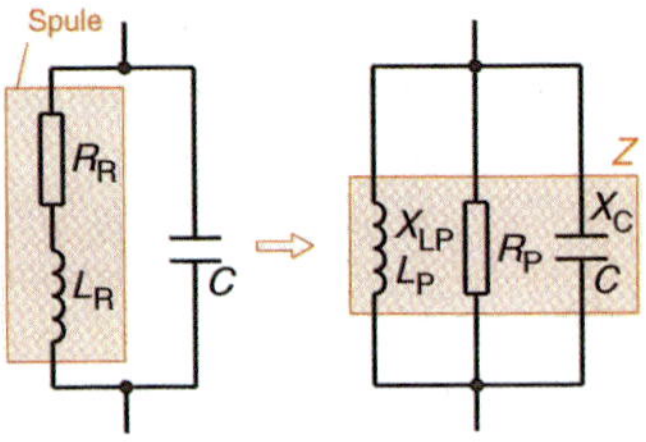

- X_L Induktiver Blindwiderstand
- X_C Kapazitiver Blindwiderstand
- ω_0 Kreisfrequenz bei Resonanz
- L Induktivität
- C Kapazität
- f_{res} Resonanzfrequenz
- Z Scheinwiderstand
- R_p Parallelwiderstand

Resonanzbedingung

$$X_L = X_C$$

$$\omega_0 \cdot L = \frac{1}{\omega_0 \cdot C}$$

$$f_{res} = \frac{1}{2\pi \cdot \sqrt{L \cdot C}}$$

$$\frac{1}{Z} = \sqrt{\frac{1}{R_p{}^2} + \left(\frac{1}{X_L} - \frac{1}{X_C}\right)^2}$$

Resonanzkurve

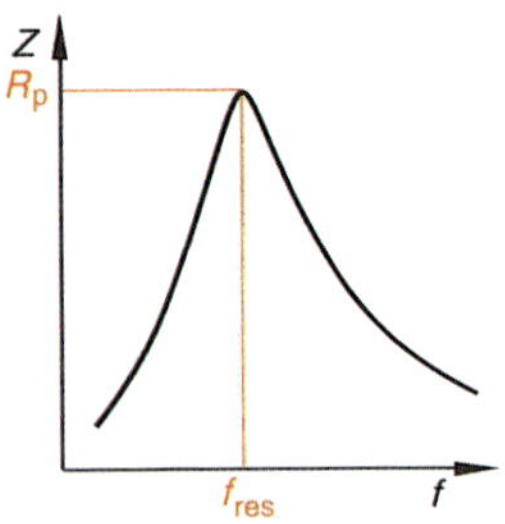

- R_{res} Resonanzwiderstand
- R_V Verlustwiderstand der Spule
- Q Güte

Bei der Berechnung von R_p vereinfacht: $L_r = L_p$

$$R_{res} = R_p$$

$$R_p \approx \frac{L}{C \cdot R_V}$$

$$Q = \frac{R_p}{\omega \cdot L} = R_p \cdot \omega \cdot C$$

$$R_{res} \approx Q^2 \cdot R_V$$

Bandbreite

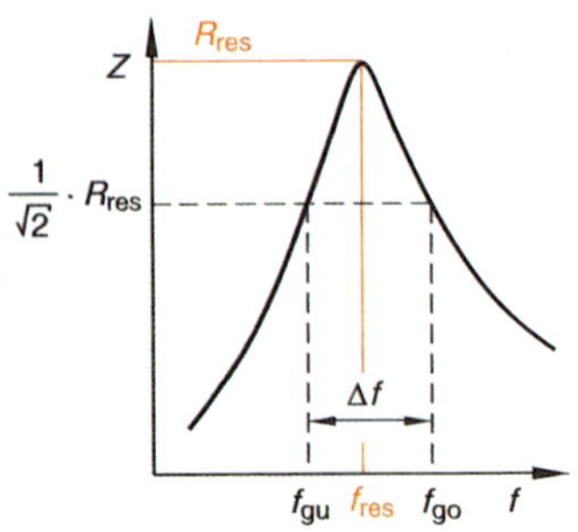

- X Blindwiderstand
- R Wirkwiderstand
- Z Scheinwiderstand
- R_V Resonanzwiderstand des Reihenschwingkreises
- R_p Resonanzwiderstand des Parallelschwingkreises
- Δf Bandbreite
- f_{go} Obere Grenzfrequenz
- f_{gu} Untere Grenzfrequenz
- f_{res} Resonanzfrequenz
- Q Güte

Bei der Grenzfrequenz

$$X = R$$

$$Z = \sqrt{2} \cdot R_V$$

$$Z = \frac{1}{\sqrt{2}} \cdot R_p$$

$$\Delta f = f_{go} - f_{gu}$$

$$\Delta f = \frac{f_{res}}{Q}$$

Kompensation

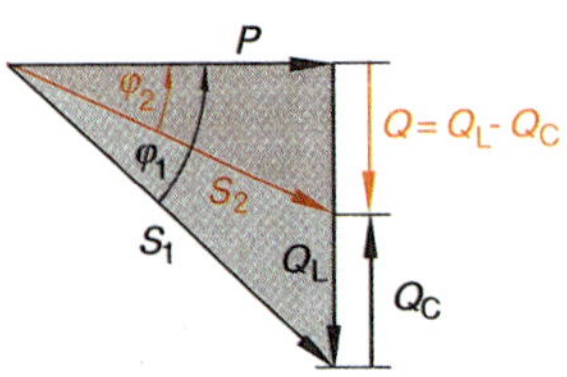

- Q_C Kapazitive Blindleistung
- P Wirkleistung
- φ_1 Phasenverschiebungswinkel vor der Kompensation
- φ_2 Phasenverschiebungswinkel nach der Kompensation
- C Kapazität

$$Q_C = P \cdot (\tan\varphi_1 - \tan\varphi_2)$$

$$C = \frac{Q_C}{\omega \cdot U^2}$$

- ω Kreisfrequenz
- U Spannung

10.5 Resonanz und Kompensation (Fortsetzung)

Mehrere induktive Verbraucher

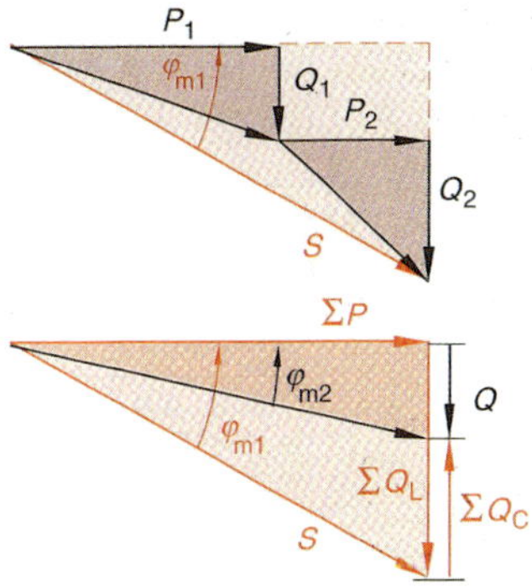

φ_{m1}	Mittlerer Phasenverschiebungswinkel vor der Kompensation	$\tan\varphi_{m1} = \dfrac{\Sigma Q_L}{\Sigma P}$
φ_{m2}	Mittlerer Phasenverschiebungswinkel nach der Kompensation	$Q_C = \Sigma P \cdot (\tan\varphi_{m1} - \tan\varphi_{m2})$
S	Gesamtscheinleistung	$S^2 = (\Sigma P)^2 + (\Sigma Q)^2$
P	Wirkleistung	$Q = \Sigma Q_L - \Sigma Q_C$
Q_L	Induktive Blindleistung	
Q_C	Kapazitive Blindleistung	
Q	Gesamtblindleistung	
Σ	… Summe aller …	

Zur Kompensation von 1 kvar wird bei 230 V ~ 50 Hz eine Kapazität von 60 µF benötigt.

10.6 Filterschaltungen

Tiefpass

RC-Tiefpass

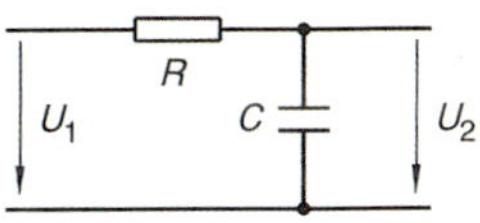

RL-Tiefpass

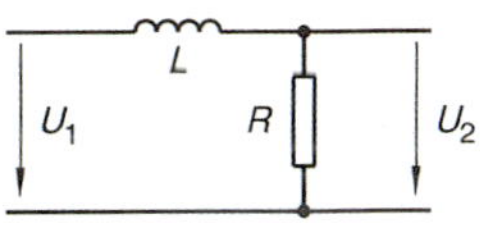

X_C	Kapazitiver Blindwiderstand	Für f_g gilt:
R	Wirkwiderstand	$X_C = R = X_L$
X_L	Induktiver Blindwiderstand	$f_g = \dfrac{1}{2\pi \cdot R \cdot C}$
f_g	Grenzfrequenz	$f_g = \dfrac{R}{2\pi \cdot L}$
C	Kapazität	$\dfrac{U_2}{U_1} = \dfrac{1}{\sqrt{\left(\dfrac{f}{f_g}\right)^2 + 1}}$
L	Induktivität	$\cos\varphi = \dfrac{U_2}{U_1}$
U_2	Ausgangsspannung	$\tan\varphi = R \cdot \omega \cdot C$
U_1	Eingangsspannung	$\tan\varphi = \dfrac{\omega \cdot L}{R}$
f	Frequenz	
φ	Phasenverschiebungswinkel zwischen U_2 und U_1	

Durchlasskurve

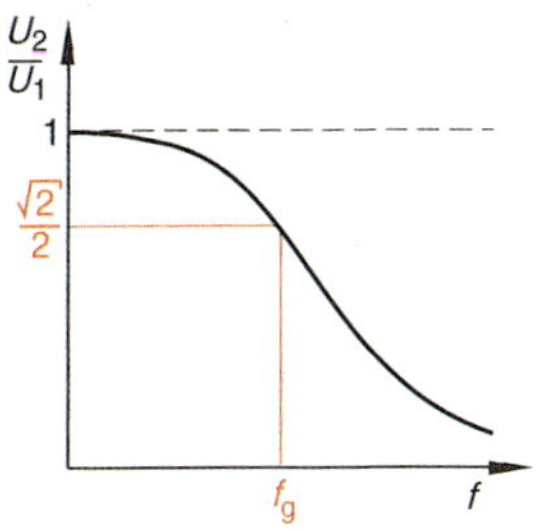

Tiefpass-π-Filter

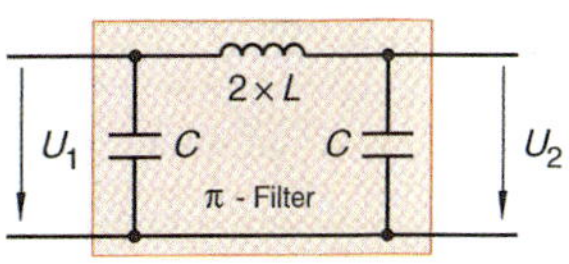

f_g	Grenzfrequenz	$f_g = \dfrac{1}{2\pi \cdot \sqrt{L \cdot C}}$
L	Induktivität	
C	Kapazität	
Z	Schwingungswiderstand oder Wellenwiderstand des Tiefpass-π-Filters	$Z = \sqrt{\dfrac{L}{C}}$

10.6

10.6 Filterschaltungen (Fortsetzung)

Anpassung

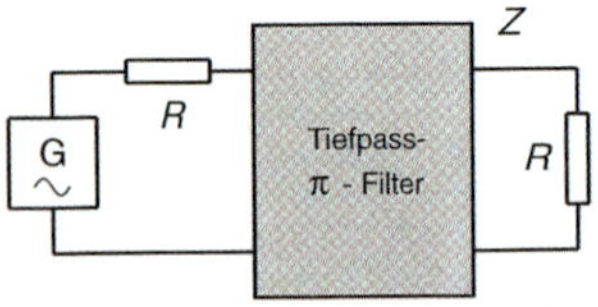

R Eingangs- bzw. Abschlusswiderstand

Häufige Anpassung:
$R = 0{,}8\,Z$

$$f_g = \frac{Z}{2\pi \cdot L}$$

$$f_g = \frac{1}{2\pi \cdot C \cdot Z}$$

Hochpass

RC-Hochpass

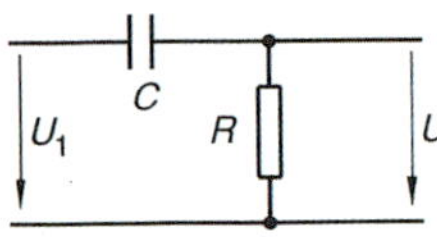

- X_C Kapazitiver Blindwiderstand
- R Wirkwiderstand
- X_L Induktiver Blindwiderstand
- f_g Grenzfrequenz
- C Kapazität
- L Induktivität

Für f_g gilt:

$$X_C = R = X_L$$

$$f_g = \frac{1}{2\pi \cdot R \cdot C}$$

$$f_g = \frac{R}{2\pi \cdot L}$$

RL-Hochpass

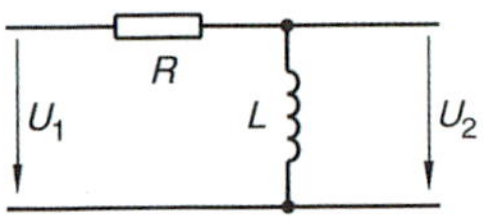

- U_2 Ausgangsspannung
- U_1 Eingangsspannung
- f Frequenz
- φ Phasenverschiebungswinkel zwischen U_2 und U_1

$$\frac{U_2}{U_1} = \frac{1}{\sqrt{\left(\frac{f_g}{f}\right)^2 + 1}}$$

$$\cos\varphi = \frac{U_2}{U_1}$$

$$\tan\varphi = \frac{1}{R \cdot \omega \cdot C}$$

$$\tan\varphi = \frac{R}{\omega \cdot L}$$

Durchlasskurve

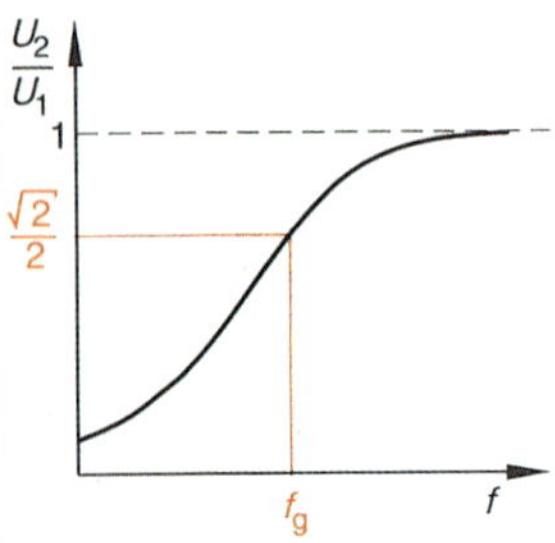

Dämpfung

- D Dämpfungsfaktor
- U_1 Eingangsspannung
- U_2 Ausgangsspannung
- a Dämpfungsmaß in dB

$$D = \frac{U_1}{U_2}$$

$$a = 20 \cdot \lg \frac{U_1}{U_2}$$

11 Drehstrom

11.1 Spannung, Strom, Wirkleistung

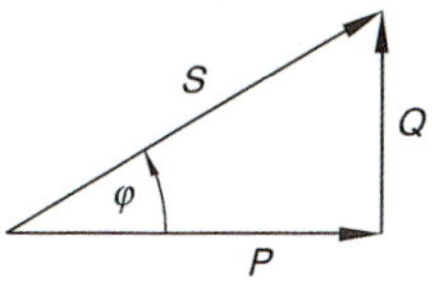

S	Scheinleistung
U	Außenleiterspannung
I	Außenleiterstrom
P	Wirkleistung
$\cos\varphi$	Leistungsfaktor
Q	Blindleistung
$\sin\varphi$	Blindfaktor
P_{Str}	Wirkleistung in einem Strang
U_{Str}	Strangspannung
I_{Str}	Strangstrom

$$S = \sqrt{3} \cdot U \cdot I$$

$$P = \sqrt{3} \cdot U \cdot I \cdot \cos\varphi$$

$$Q = \sqrt{3} \cdot U \cdot I \cdot \sin\varphi$$

$$P = 3 \cdot P_{Str}$$

$$P_{Str} = U_{Str} \cdot I_{Str} \cdot \cos\varphi$$

Sternschaltung

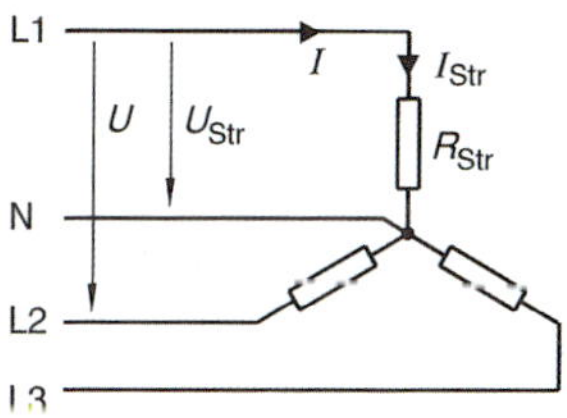

U	Außenleiterspannung
U_{Str}	Strangspannung
I	Außenleiterstrom
I_{Str}	Strangstrom

$$U = \sqrt{3} \cdot U_{Str}$$

$$I = I_{Str}$$

Dreieckschaltung

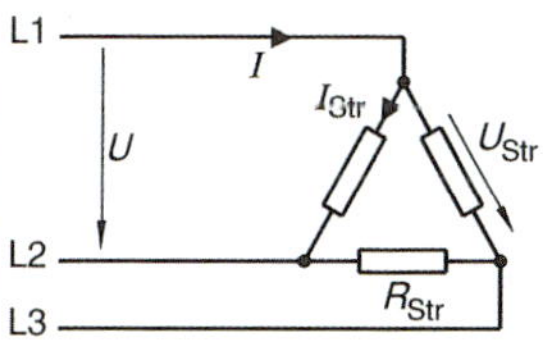

U	Außenleiterspannung
U_{Str}	Strangspannung
I	Außenleiterstrom
I_{Str}	Strangstrom

$$U = U_{Str}$$

$$I = \sqrt{3} \cdot I_{Str}$$

11.2 Wirkleistung und Blindleistung

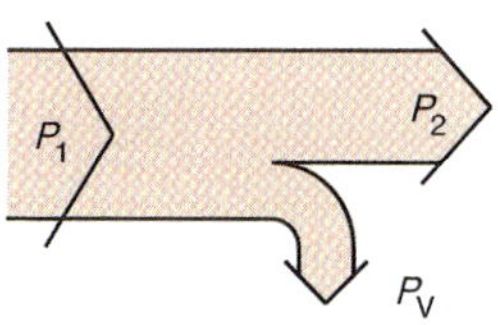

P_1	Aufgenommene Leistung
P_2	Abgegebene Leistung
η	Wirkungsgrad
M	Moment
n	Motor-Umdrehungsfrequenz

$$\eta = \frac{P_2}{P_1}$$

$$P_2 = 2\pi \cdot n \cdot M$$

11.3 ▼ 11.4

11.3 Kompensation

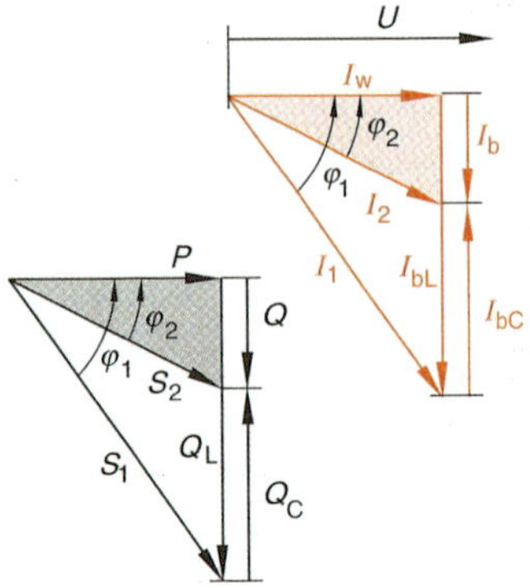

Q_C Blindleistung der Kondensatorbatterie
U_C Spannung am Kondensator
C Gesamtkapazität
C_{Str} Strangkapazität
φ_1 Phasenverschiebungswinkel vor der Kompensation
φ_2 Phasenverschiebungswinkel nach der Kompensation
I_1 Strom vor der Kompensation
I_2 Strom nach der Kompensation

$$Q_C = P \cdot (\tan\varphi_1 - \tan\varphi_2)$$

$$Q_C = \frac{U_C^2}{X_C}$$

$$C = \frac{Q_C}{\omega \cdot U_C{}^2}$$

$$C = 3 \cdot C_{Str}$$

$$I_1 \cdot \cos\varphi_1 = I_2 \cdot \cos\varphi_2$$

Zur Kompensation von 1 kvar wird bei 400 V 3~50 Hz eine Kapazität von 3×6,63 μFΔ benötigt.

11.4 Unsymmetrische Belastung

Sternschaltung

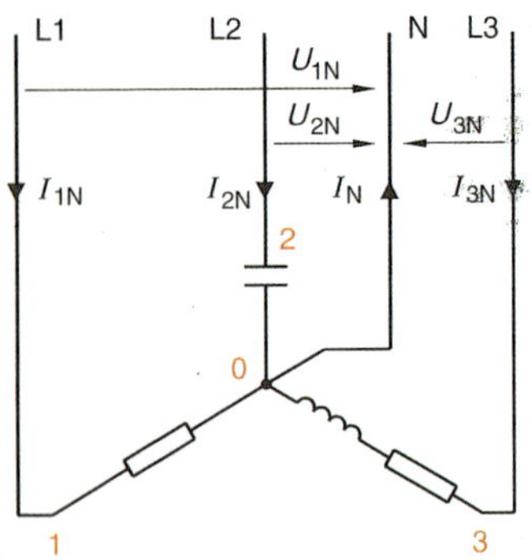

Arbeitsschritte

1. Einzeichnen der Strangspannungen U_{1N}, U_{2N}, U_{3N}, die jeweils um 120° zueinander phasenverschoben sind.

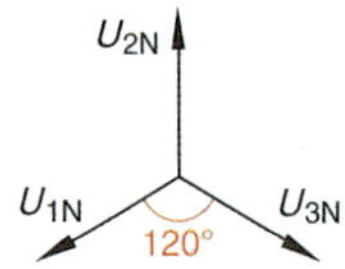

2. Berechnen der Strangströme.

$$I_{1N} = \frac{U_{1N}}{Z_1} \qquad I_{2N} = \frac{U_{2N}}{Z_2} \qquad I_{3N} = \frac{U_{3N}}{Z_3}$$

3. Einzeichnen der Ströme; dabei muss jeweils die Phasenverschiebung zur entsprechenden Strangspannung beachtet werden.

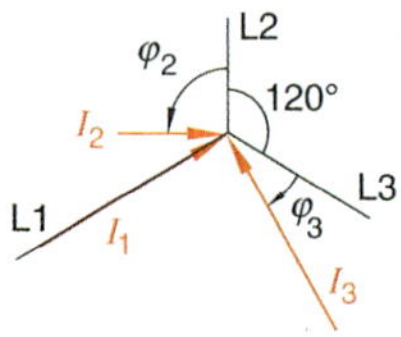

4. Geometrische Addition der Stromzeiger.

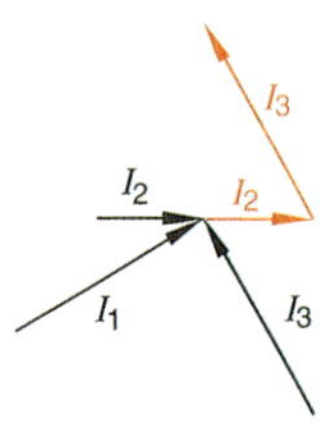

11.4

11.4 Unsymmetrische Belastung (Fortsetzung)

Sternschaltung

5. Der Stromzeiger des N-Leiters schließt den Linienzug (Stromfluss aus dem Sternpunkt)

$$\vec{I}_{1N} = \vec{I}_1 + \vec{I}_2 + \vec{I}_3$$

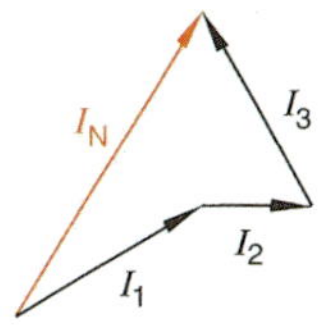

Dreieckschaltung

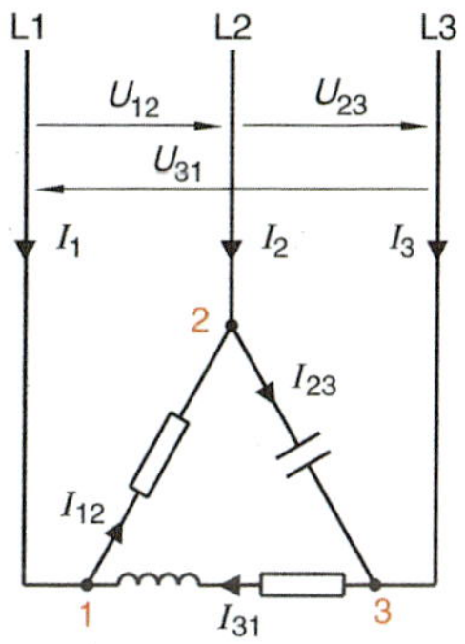

Arbeitsschritte

1. Einzeichnen der Leiterspannungen U_{12}, U_{23}, U_{31}.

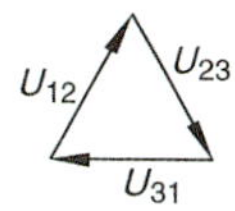

2. Berechnen der Strangströme.

$$I_{12} = \frac{U_{12}}{Z_1} \qquad I_{23} = \frac{U_{23}}{Z_2} \qquad I_{31} = \frac{U_{31}}{Z_3}$$

3. Einzeichnen der Ströme unter Berücksichtigung der jeweiligen Phasenverschiebung.

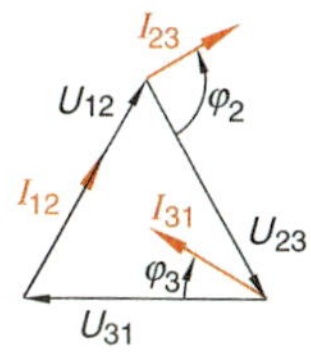

4. Geometrische Addition der Strangströme ergibt die jeweiligen Leiterströme.

$$\vec{I}_1 = \vec{I}_{12} - \vec{I}_{31}$$

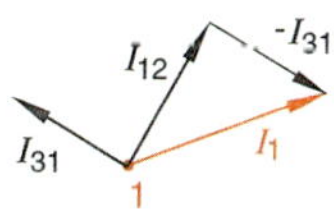

$$\vec{I}_2 = \vec{I}_{23} - \vec{I}_{12}$$

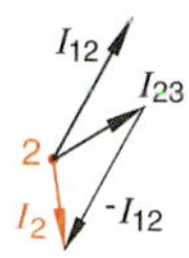

$$\vec{I}_3 = \vec{I}_{31} - \vec{I}_{23}$$

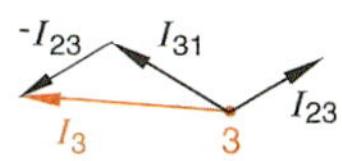

12.1

12 Elektrische Maschinen

12.1 Transformatoren und Wandler

Einphasen-Wechselstrom-Transformator *ohne* Verluste

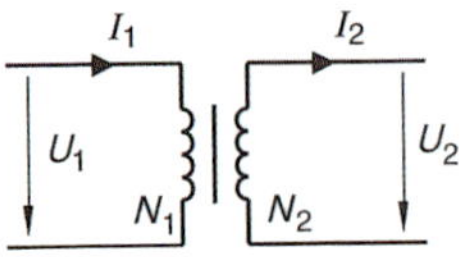

- $\ddot{u}$ Übersetzungsverhältnis
- U_1 Spannung an der Eingangswicklung
- U_2 Spannung an der Ausgangswicklung
- N_1 Windungszahl der Eingangswicklung
- N_2 Windungszahl der Ausgangswicklung
- I_1 Strom in der Eingangswicklung
- I_2 Strom in der Ausgangswicklung
- Z_1 Eingangsimpedanz
- Z_2 Ausgangsimpedanz

$$\ddot{u} = \frac{\text{Eingangsspannung}}{\text{Ausgangsspannung}}$$

$$\ddot{u} = \frac{U_1}{U_2} = \frac{N_1}{N_2} = \sqrt{\frac{Z_1}{Z_2}}$$

$$\ddot{u} = \frac{I_2}{I_1} = \frac{N_1}{N_2} = \sqrt{\frac{Z_1}{Z_2}}$$

$$\frac{U_1}{U_2} = \frac{I_2}{I_1}$$

Transformator *mit* Verlusten

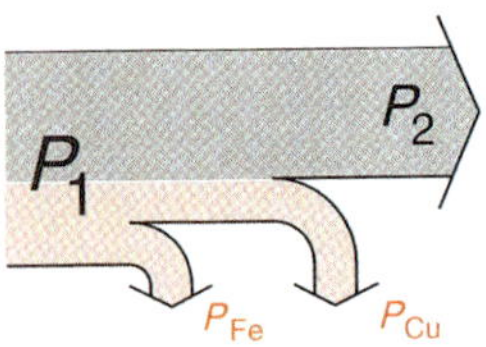

- P_1 Zugeführte Leistung
- P_2 Abgegebene Leistung
- P_{Cu} Kupferverluste
- P_{Fe} Eisenverluste
- η Wirkungsgrad

$$P_1 = P_2 + P_{Cu} + P_{Fe}$$

$$\eta = \frac{P_2}{P_2 + P_{Cu} + P_{Fe}}$$

Transformator im Kurzschluss

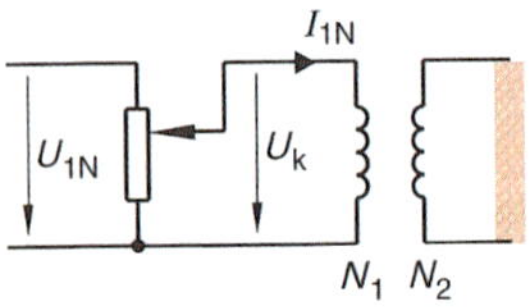

- u_k Kurzschlussspannung in %
- U_k Kurzschlussspannung in V
- U_{1N} Nennspannung an der Eingangswicklung
- I_{1k} Kurzschlussstrom in der Eingangswicklung
- I_{1N} Nennstrom in der Eingangswicklung

$$u_k = \frac{U_k \cdot 100\%}{U_{1N}}$$

$$I_{1k} = \frac{I_{1N} \cdot 100\%}{u_k}$$

Parallelschalten von Transformatoren

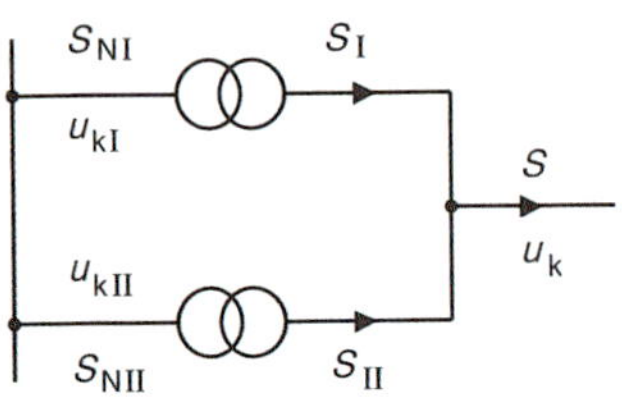

- S_{NI}, S_{NII} Nennlasten
- S Gesamtlast
- S_I, S_{II} Lastanteile
- u_{kI}, u_{kII} Nennkurzschluss-spannungen in %
- u_k Resultierende Kurzschlussspannung in %

$$\frac{S_I}{S} = \frac{S_{NI}}{S_{NI} + S_{NII}}$$

alle u_k gleich groß

$$\frac{S_I}{S} = \frac{u_k}{u_{kI}} \cdot \frac{S_{NI}}{S_{NI} + S_{NII}}$$

$$u_k = \frac{S_{NI} + S_{NII}}{\frac{S_{NI}}{u_{kI}} + \frac{S_{NII}}{u_{kII}}}$$

12.2 Drehstrom-Motoren

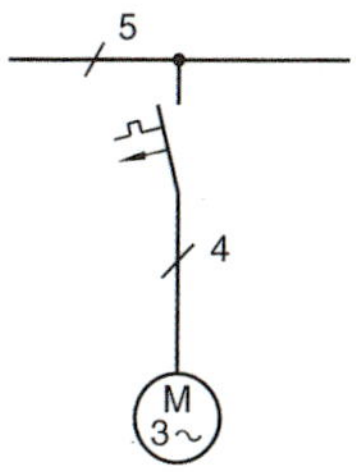

- s Schlupf
- n_s Schlupf-Umdrehungsfrequenz (-Drehzahl)
- n_1 Drehfeld-Umdrehungsfrequenz (-Drehzahl) (synchrone Drehzahl)
- n Läufer-Umdrehungsfrequenz (-Drehzahl)
- f_2 Läuferfrequenz
- p Polpaarzahl
- U_2 Läuferspannung
- U_{20} Läufer-Stillstandsspannung

$$s = \frac{n_s}{n_1} \cdot 100\%$$

$$n_s = n_1 - n$$

$$f_2 = n_s \cdot p$$

$$f_2 = \frac{f_1 \cdot s}{100\%}$$

$$U_2 = \frac{s \cdot U_{20}}{100\%}$$

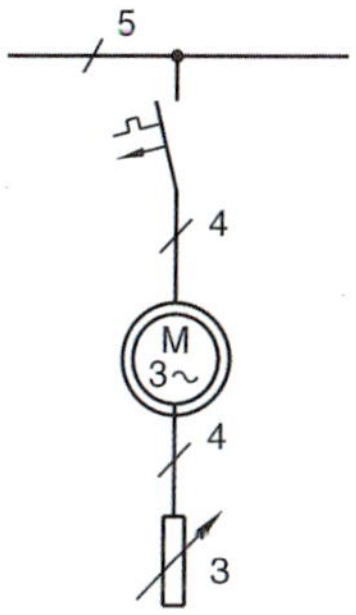

- U_a Läufer-Strangspannung
- R_2 Läufer-Strangwiderstand (incl. Anlasserleitungen)
- R_V Anlasser-Strangwiderstand
- I_{2N} Läufer-Nennstrom
- I_Z Zulässiger Läufer-Anlassspitzenstrom
- η Wirkungsgrad

$$U_a \approx \frac{2}{3} \cdot \frac{U_{20}}{\sqrt{3}} \cdot (1 - \eta)$$

$$R_2 = \frac{U_a}{I_{2N}}$$

$$R_V = \frac{U_{20}}{\sqrt{3} \cdot I_Z} - R_2$$

Üblicher Wert des zulässigen Läufer-Anlassspitzenstroms

$$I_Z \approx 1{,}5\, I_{2N}$$

12.3 Gleichstrom-Motoren

Reihenschlussmotor

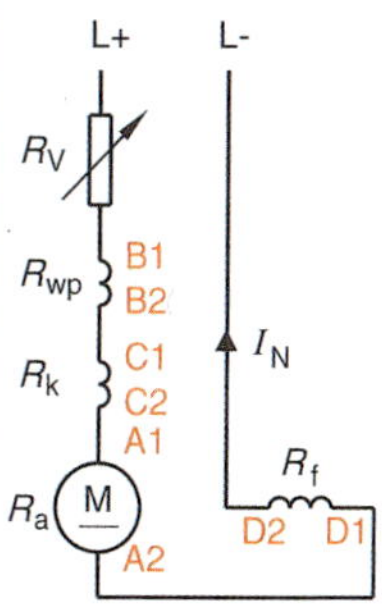

- U Netzspannung
- U_B Spannungsfall an den Bürsten
- U_i Induktionsspannung im Anker
- I_N Nennstrom
- I_{max} Maximaler Anlassstrom

$$U = I \cdot R_M + U_i + U_B$$

$$R_M = R_a + R_{wp} + R_k + R_f$$

$$R_{ges} = R_M + R_V$$

$$I_{max} = \frac{U - U_B}{R_M}$$

12.3

12.3 Gleichstrom-Motoren (Fortsetzung)

Bestimmung der Anlasserstufen

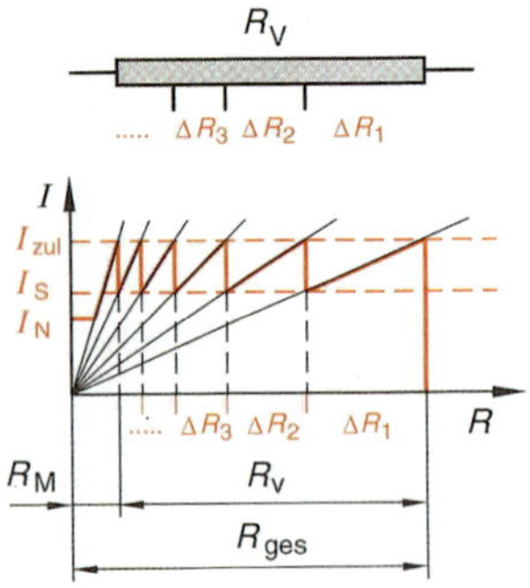

I_{zul}	Zulässiger Anlassstrom
I_s	Schaltstrom
R_a	Ankerwiderstand
R_{wp}	Wendepolwiderstand
R_k	Widerstand der Kompensationswicklung
R_{ges}	Gesamter Widerstand mit Anlasser
R_f	Widerstand der Feldwicklung
R_M	Motorwiderstand zwischen den Anschlussklemmen
R_V	Anlasserwiderstand
R_n	Anlasser-Teilwiderstände
ΔR_n	Widerstand der Anlasser-Schaltstufen
k	Anlassfaktor
λ	Schaltverhältnis

$$I_{zul} = \frac{U - U_B}{R_{ges}} = k \cdot I_N$$

$$\lambda = \frac{I_{zul}}{I_s} > 1$$

$$\lambda = \frac{R_{ges}}{R_1} = \frac{R_1}{R_2} \ldots$$

$$\Delta R_n = R_{n-1} - R_n$$

$\Delta R_1 = R_{ges} - R_1$
$\Delta R_2 = R_1 - R_2$

Wenn $R_n \leq R_M$, dann auf $R_V = 0\ \Omega$ schalten

Nebenschlussmotor

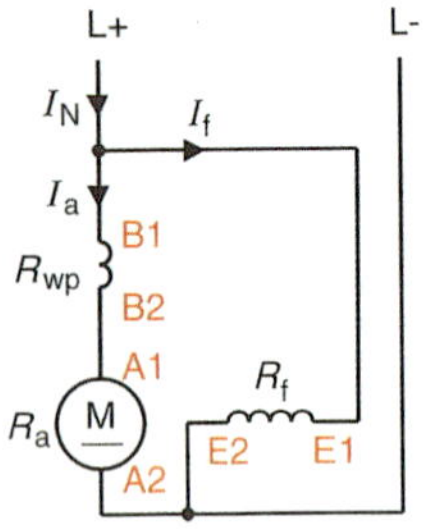

U_f	Spannung an der Feldwicklung
I_N	Nennstrom
I_a	Ankerstrom
I_f	Erregerstrom
$I_{a\,max}$	Maximaler Ankerstrom
P_f	Leistung in der Feldwicklung
P_a	Leistung in der Ankerwicklung

$$I_{a\,zul} = I_{zul} - I_f$$

$$I_f = \frac{U_f}{R_f}$$

$$I_a = I_N - I_f$$

$$I_{a\,max} = \frac{U - U_B}{R_a + R_{wp}}$$

$$I_{max} = I_{a\,max} + I_f$$

$$P_f = \frac{U_f^2}{R_f}$$

$$P_a = I_a^2 \cdot R_a$$

13 Elektrische Anlagen

13.1 Leitungsberechnungen

Gleichstrom

Unverzweigte Leitung

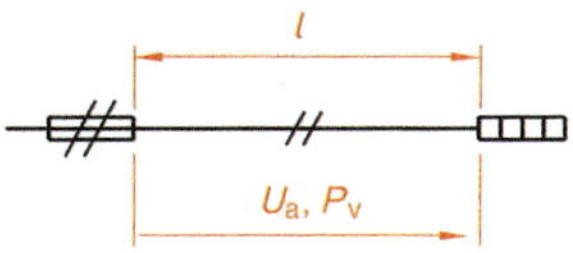

A Leitungsquerschnitt
l Länge der Zuleitung
I Stromstärke
γ Elektrische Leitfähigkeit
U_a Spannungsfall
u_a Spannungsfall in %
U Nennspannung
P_v Leistungsverlust
P Leistung am Verbraucher
p_v Leistungsverlust in %

$$A = \frac{2 \cdot l \cdot I}{\gamma \cdot U_a}$$

$$A = \frac{2 \cdot l \cdot I^2}{\gamma \cdot P_v}$$

$$P_v = U_a \cdot I$$

$$u_a = \frac{U_a}{U} \cdot 100\%$$

$$p_v = \frac{P_v}{P} \cdot 100\%$$

Verzweigte Leitung

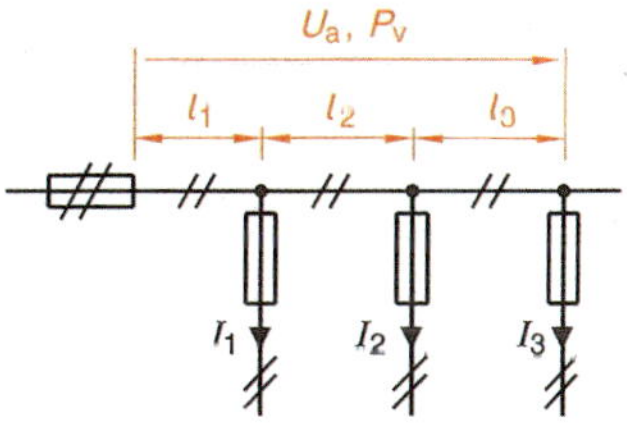

$$A = \frac{2 \cdot \sum (l \cdot I)}{\gamma \cdot U_a}$$

$\sum (l \cdot I)$ Summe aller $(l \cdot I)$

$$\sum (l \cdot I) = l_1 \cdot (I_1 + I_2 + I_3) + l_2 \cdot (I_2 + I_3) + l_3 \cdot I_3$$

l_1, l_2, l_3 Teillängen der Zuleitungen
I_1, I_2, I_3 Teilströme in den Zuleitungen

$$A = \frac{2 \cdot \sum (l \cdot I^2)}{\gamma \cdot P_v}$$

$$\sum (l \cdot I^2) = l_1 \cdot (I_1 + I_2 + I_3)^2 + l_2 \cdot (I_2 + I_3)^2 + l_3 \cdot I_3^2$$

Wechselstrom

Unverzweigte Leitung

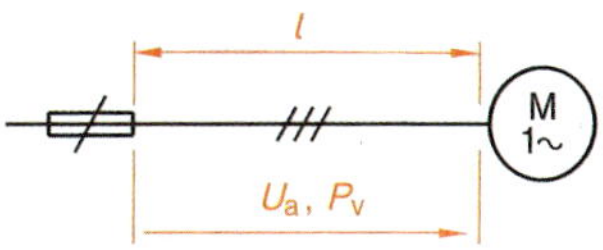

A Leitungsquerschnitt
l Länge der Zuleitung
I Stromstärke
$\cos\varphi$ Leistungsfaktor
γ Elektrische Leitfähigkeit
U_a Spannungsfall
u_a Spannungsfall in %
P_v Leistungsverlust
p_v Leistungsverlust in %

$$A = \frac{2 \cdot l \cdot I \cdot \cos\varphi}{\gamma \cdot U_a}$$

$$A = \frac{2 \cdot l \cdot I^2}{\gamma \cdot P_v}$$

$$P_v = \frac{U_a \cdot I}{\cos\varphi}$$

$$p_v = \frac{u_a}{\cos^2\varphi}$$

13.1

13.1 Leitungsberechnungen (Fortsetzung)

Verzweigte Leitung

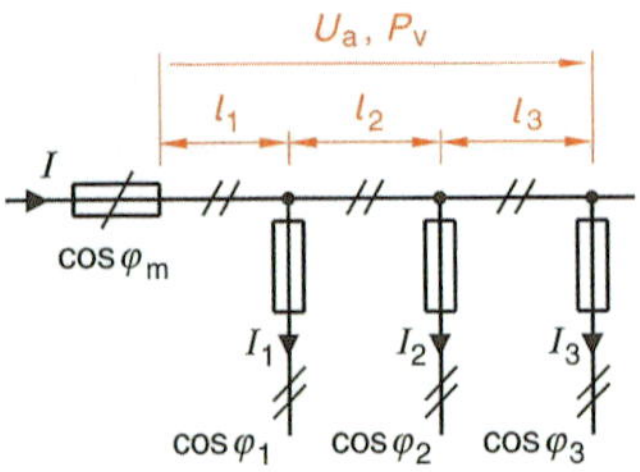

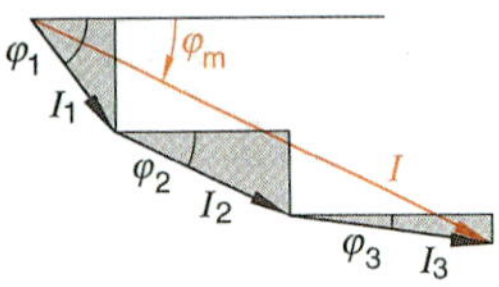

$\cos\varphi = 1$

$$A = \frac{2 \cdot \sum (l \cdot I)}{\gamma \cdot U_a}$$

$$A = \frac{2 \cdot \sum (l \cdot I^2)}{\gamma \cdot P_v}$$

$\cos\varphi_m$ Mittlerer Leistungsfaktor

Querschnitt A nur näherungsweise berechenbar

$\cos\varphi \neq 1$

$$A \approx \frac{2 \cdot \cos\varphi_m \cdot \sum (l \cdot I)}{\gamma \cdot U_a}$$

$$A \approx \frac{2 \cdot \sum (l \cdot I^2)}{\gamma \cdot P_v}$$

Drehstrom

Unverzweigte Leitung

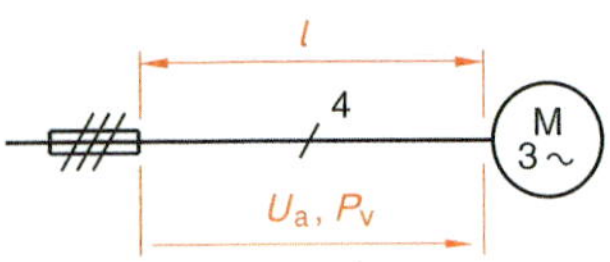

A	Leitungsquerschnitt
l	Länge der Zuleitung
I	Stromstärke
$\cos\varphi$	Leistungsfaktor
γ	Elektrische Leitfähigkeit
U_a	Spannungsfall
u_a	Spannungsfall in %
P_v	Leistungsverlust
p_v	Leistungsverlust in %

$$A = \frac{\sqrt{3} \cdot l \cdot I \cdot \cos\varphi}{\gamma \cdot U_a}$$

$$A = \frac{3 \cdot l \cdot I^2}{\gamma \cdot P_v}$$

$$P_v = \frac{\sqrt{3} \cdot U_a \cdot I}{\cos\varphi}$$

$$p_v = \frac{u_a}{\cos^2\varphi}$$

Verzweigte Leitung

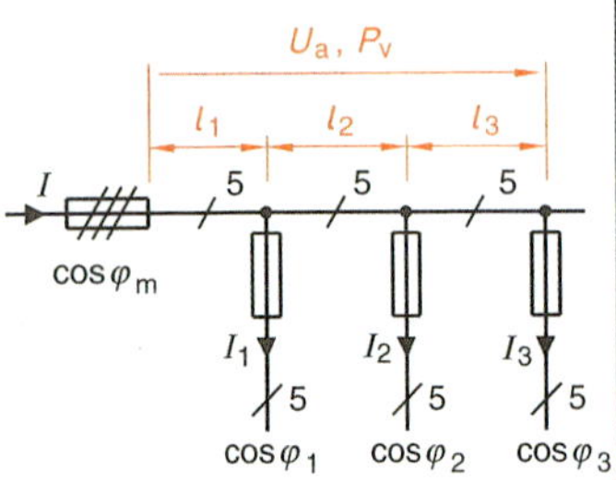

Querschnitt A nur näherungsweise berechenbar

$$A \approx \frac{\sqrt{3} \cdot \cos\varphi_m \cdot \sum (l \cdot I)}{\gamma \cdot U_a}$$

$$A \approx \frac{3 \cdot \sum (l \cdot I^2)}{\gamma \cdot P_v}$$

13.2 Beleuchtungstechnik

Beleuchtungsstärke

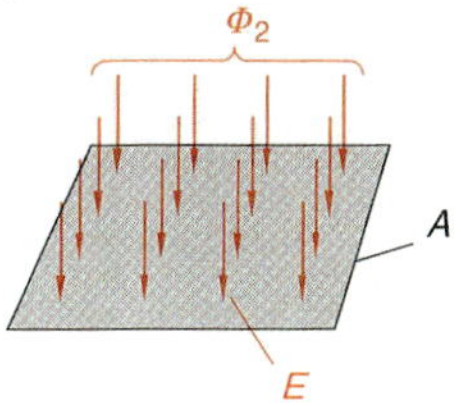

Φ_1	Nennlichtstrom
Φ_2	Nutzlichtstrom
E	Nennbeleuchtungsstärke (Mittelwert, senkrecht auftreffend)
A	Beleuchtete Grundfläche
η_B	Beleuchtungswirkungsgrad

$$E = \frac{\Phi_2}{A}$$

$$\eta_B = \frac{\Phi_2}{\Phi_1}$$

Beleuchtungswirkungsgrad
η_B meist 0,3 … 0,5

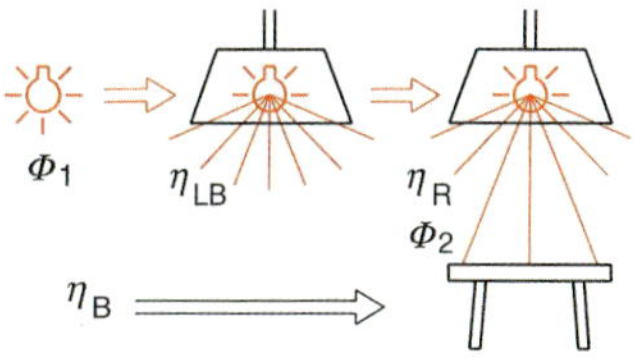

η_R	Raumwirkungsgrad
η_{LB}	Leuchten-Betriebswirkungsgrad (Bauform)
n	Anzahl der Lampen
Φ_{L1}	Nennlichtstrom einer Lampe
η	Lichtausbeute
P_1	Aufgenommene Leistung
P_2	Nennleistung einer Lampe
P_{VG}	Verlustleistung im Vorschaltgerät

$$\eta_B = \eta_R \cdot \eta_{LB}$$

$$P_1 = P_2 + P_{VG}$$

$$\eta = \frac{\Phi_1}{P_1}$$

$$n = \frac{E \cdot A \cdot p}{\Phi_{L1} \cdot \eta_B}$$

Lichtausbeute

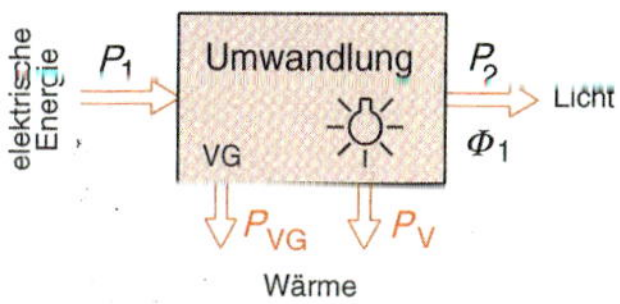

Planungsfaktor
DIN 5035 empfiehlt $p \approx 1{,}25$

Raumindex

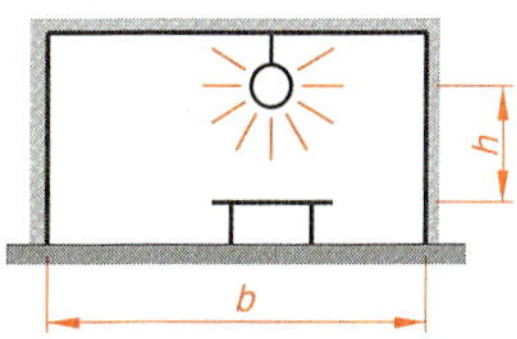

P_A	Spezifische Anschlussleistung
v	Verminderungsfaktor
p	Planungsfaktor wegen Alterung und Verschmutzung
k	Raumindex
l	Länge des Raumes
b	Breite des Raumes
h	Abstand der beleuchteten Fläche von der Lichtquelle

$$P_A = \frac{P_1}{A}$$

$$v = \frac{1}{p}$$

$$v = \frac{E_{alt}}{E_{neu}}$$

$$k = \frac{l \cdot b}{h \cdot (l + b)}$$

13.3

13.3 Wärme- und Kältetechnik

Wärmemenge

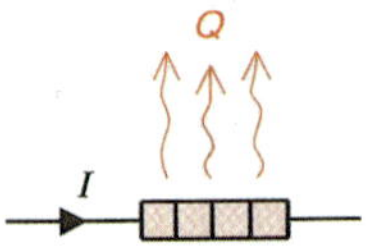

Q	Wärmemenge
Q_1	Stromwärme
Q_2	Nutzwärme
c	Spezifische Wärmekapazität
m	Stoffmenge
ϑ	Temperatur
$\Delta\vartheta$	Temperaturänderung

$$Q = c \cdot m \cdot \Delta\vartheta$$

$$\eta = \frac{Q_2}{Q_1}$$

Mischung

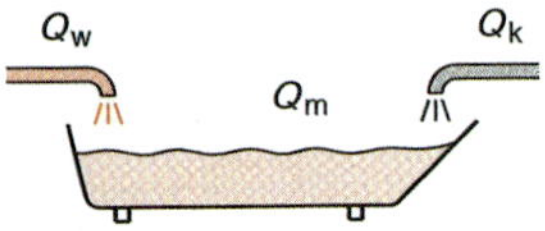

Indizes:

m	Mischung
k	kalt
w	warm

$$Q_m = Q_k + Q_w$$

$$m_m = m_k + m_w$$

Bei Stoffen mit gleicher spezifischer Wärmekapazität gilt:

$$m_m \cdot \vartheta_m = m_k \cdot \vartheta_k + m_w \cdot \vartheta_w$$

$$\frac{m_k}{m_w} = \frac{\vartheta_w - \vartheta_m}{\vartheta_m - \vartheta_k}$$

Ausdehnung

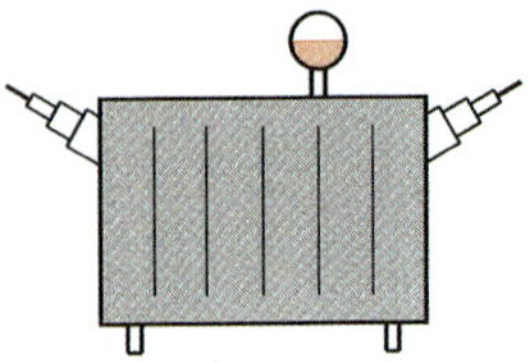

m	Stoffmenge, Masse
V	Volumen
ϱ	Dichte
Δl	Längenänderung
α	Längen-Ausdehnungskoeffizient
l	Länge
$\Delta\vartheta$	Temperaturänderung
ΔV	Volumenänderung
γ	Volumen-Ausdehnungskoeffizient

$$m = V \cdot \varrho$$

$$\Delta l = \alpha \cdot l \cdot \Delta\vartheta$$

$$\Delta V = \gamma \cdot V \cdot \Delta\vartheta$$

$$\gamma \approx 3 \cdot \alpha$$

14.1 ▼ 14.2

14 Schutzmaßnahmen

14.1 Kennlinien

Überstrom-Schutzeinrichtungen

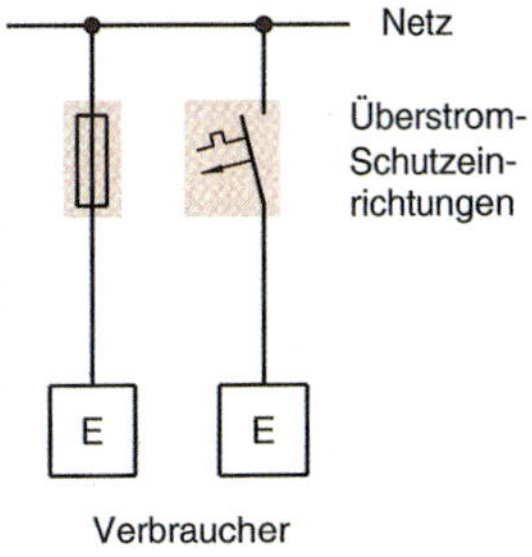

I_n Nennstrom der Überstrom-Schutzeinrichtung
I_p Prüfstrom
I_1 Kleiner Prüfstrom
I_2 Großer Prüfstrom
I_h Haltestrom
I_a Auslösestrom (Schmelzstrom)
f_h Haltefaktor
f_a Auslösefaktor

$$I_h \geq f_h \cdot I_n$$

$$I_a \leq f_a \cdot I_n$$

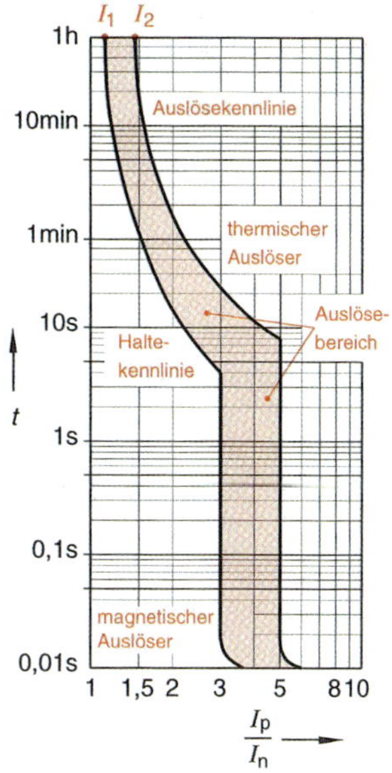

Selektivität

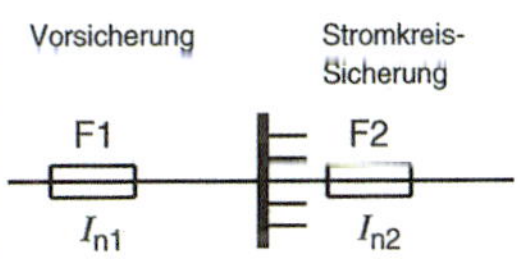

I_{n1} Nennstrom der Vorsicherung F1
I_{h1} Haltestrom von F1
I_{n2} Nennstrom der Stromkreis-Sicherung F2
I_{a2} Auslösestrom von F2

$$I_{n1} \approx 1{,}6 \cdot I_{n2}$$

$$I_{h1} \geq I_{a2}$$

14.2 Überlastschutz

Fall 1 ($f_a = 1{,}45$)
Leitungsschutzschalter
Typ B oder Typ C

Zuordnung der Überstrom-Schutzorgane zu den Leitungsquerschnitten und den Verlegebedingungen nach Anhang Tabelle 4 ($\vartheta_u \leq 25\,°C$) bzw. Tabelle 5 ($\vartheta_u \leq 30\,°C$)

I_Z Strombelastbarkeit der Leitung
I_n Nennstrom des Überstromschutzorgans

$$I_Z \geq I_n$$

Fall 2 ($f_a \neq 1{,}45$)
Leitungsschutzschalter
Typ L, G, K
Schmelzsicherungen
Funktionsklasse gL

f_a Auslösefaktor bei 1 h (I_2-Faktor, siehe Tabelle 8)

$$I_Z \geq \frac{f_a}{1{,}45} \cdot I_n$$

Hinweis
Auch bei G- bzw. K-Charakteristik kann vereinfachend $I_Z \leq I_n$ gesetzt werden. Dadurch wird jedoch die Strombelastbarkeit der Leitung nicht voll ausgenutzt.

14.2 **Überlastschutz** (Fortsetzung)

Korrektur wegen Häufung und/oder Temperatur $\vartheta_u \neq 30\,°C$

k (Gesamt-)Korrekturfaktor
k_1 Korrekturfaktor Temperatur (Tabelle 7)
k_2 Korrekturfaktor Häufung (Tabelle 8)

$$k = k_1 \cdot k_2$$

Fall 1

$$I_Z \geq \frac{I_n}{k}$$

Fall 2

$$I_Z \geq \frac{f_a}{k \cdot 1{,}45} \cdot I_n$$

14.3 **Kurzschluss**

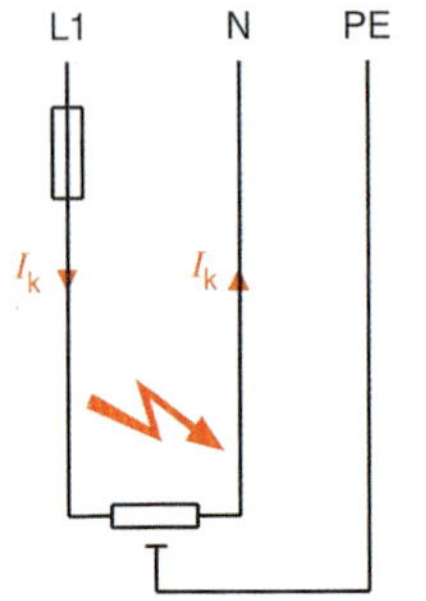

Einpoliger Kurzschluss

t_a Abschaltdauer
t_w Erwärmungsdauer
A Leiterquerschnitt
I_k Kurzschlussstrom, Abschaltstrom
k Materialbeiwert

Abschaltbedingung (Bedingung 1)

$$t_a \leq 5\,s$$

Erwärmungsbedingung (Bedingung 2)

$$t_a \leq t_w$$

$$t_w = \left(k \cdot \frac{A}{I_k}\right)^2$$

Materialbeiwert k

Isolierstoff	Cu	Al
PVC	115	76
Gummi	141	87
Butylkautschuk	134	89
Vernetztes Polyethylen	143	94

k in $\frac{A \cdot \sqrt{s}}{mm^2}$

U_0 Spannung gegen Neutralleiter/Erde
Z_s Netzimpedanz, Schleifenwiderstand
R_L Rechnerischer Widerstand eines Leiters
l Leiterlänge
ϱ Spezifischer Widerstand der erwärmten Leitung

$\varrho = 0{,}027\,\frac{\Omega\,mm^2}{m}$ (Cu)

Z_N Impedanz des vorgeschalteten Netzes

$$I_k = \frac{U_0}{Z_s}$$

$$R_L = \frac{\varrho \cdot l}{A}$$

Einpoliger Kurzschluss

$$I_k \approx \frac{0{,}8 \cdot U_0}{2\,R_L}$$

$$I_k \approx \frac{0{,}8 \cdot U_0}{Z_N + 2\,R_L}$$

14.4 Körperströme

Schutzmaßnahmen sind erforderlich, wenn die Nennspannung 50 V~/120 V₋ überschreitet; für Sonderfälle, wie landw. Betriebe, Unterrichtsräume, Spielzeuge, gilt 25 V~/60 V₋.

TN-Netz

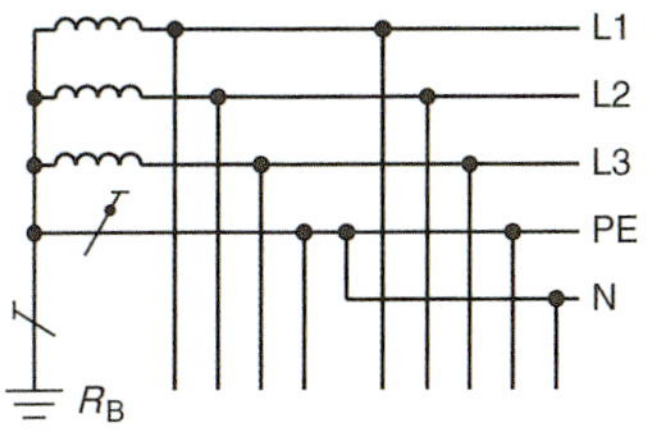

Z_s Netzimpedanz, Schleifenwiderstand
I_a Abschaltstrom der Schutzeinrichtung
U_0 Nennspannung gegen N/PEN

$$Z_s \cdot I_a \leq U_0$$

Abschaltzeiten t_a

Steckdosenstromkreise bis 35 A	$t_a \leq 0{,}2$ s
Ortsveränderliche Geräte der Schutzklasse I	$t_a \leq 0{,}2$ s
Andere Geräte und Stromkreise	$t_a \leq 5$ s

TT-Netz

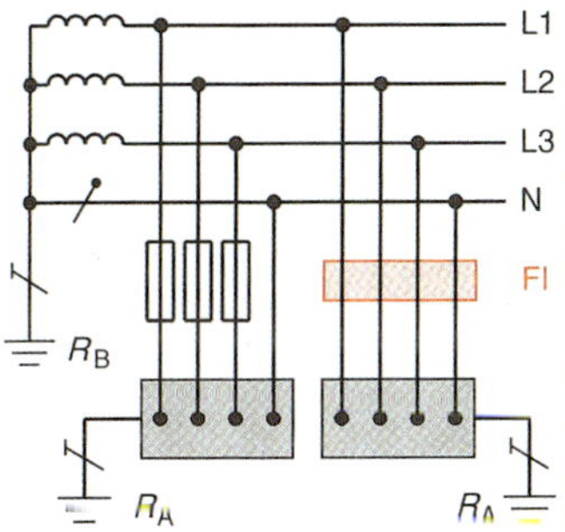

R_A Erdungswiderstand
I_a Abschaltstrom der Schutzeinrichtung
U_L Zulässige Berührungsspannung

$$R_A \cdot I_a \leq U_L$$

Abschaltzeiten t_a

Alle Stromkreise $t_a \leq 5$ s

Hinweis für TN- und TT-Netz:
Bei FI-Schutzschaltung ist
$I_{\Delta n}$ Nennfehlerstrom $I_{\Delta n} = I_a$

Schleifenwiderstand

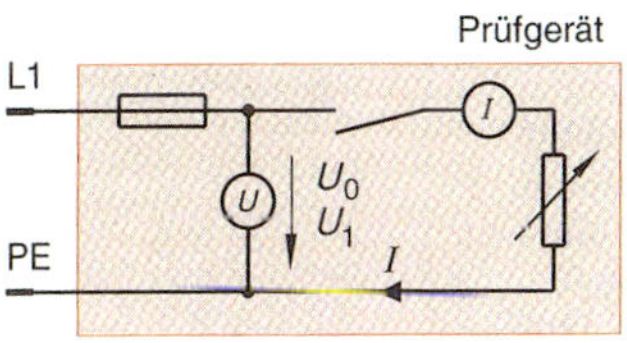

Z_s Netzimpedanz, Schleifenwiderstand
U_0 Spannung bei geöffnetem Schalter
U_1 Spannung bei geschlossenem Schalter
I Messstrom
I_k Kurzschlussstrom

$$Z_s = \frac{U_0 - U_1}{I}$$

$$I_k = \frac{U_0}{Z_s}$$

Erdungswiderstand

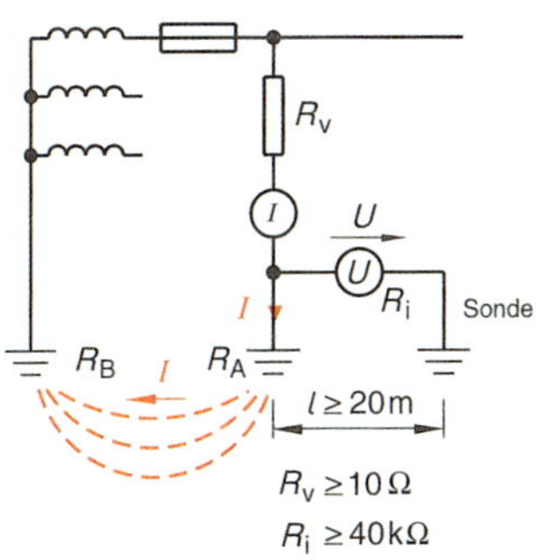

R_A Erdungswiderstand
U Messwert der Spannung
I Messwert des Stroms

$$R_A = \frac{U}{I}$$

14.4 ▼ 15.1

14.4 Körperströme (Fortsetzung)

Erdungswiderstand

Spez. Bodenwiderstand ϱ

Lehm, Ackerboden	$\approx 70\ \Omega\,\text{m}$
Feuchter Sand	$\approx 200\ \Omega\,\text{m}$
Trockener Sand	$\approx 1000\ \Omega\,\text{m}$
Felsen	$\approx 10000\ \Omega\,\text{m}$

Staberder ∅ 25 mm
l Länge des Erders

$$R_A \approx \frac{\varrho}{l}$$

Banderder 30 mm × 3,5 mm
l Länge des Erders

$$R_A \approx \frac{2 \cdot \varrho}{l}$$

Fundamenterder
V Betonvolumen um Fundamenterder

$$R_A \approx \frac{0{,}2 \cdot \varrho}{\sqrt[3]{V}}$$

15 Dioden

15.1 Kennwerte und Kennlinien

Durchlassrichtung

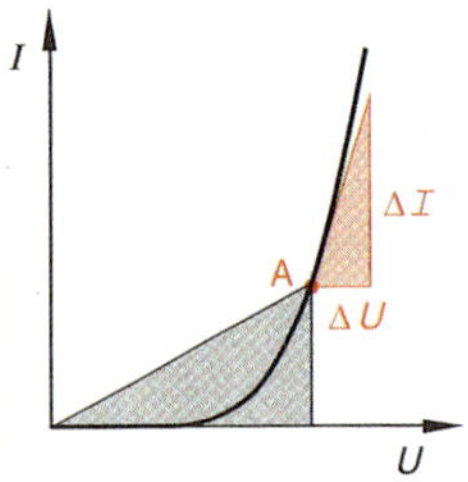

U Spannungsfall an der Diode
I Strom durch die Diode
R Statischer Widerstand (Gleichstromwiderstand)
r Dynamischer Widerstand (Wechselstromwiderstand)
ΔU Spannungsdifferenz
ΔI Stromdifferenz

$$R = \frac{U}{I}$$

$$r = \frac{\Delta U}{\Delta I}$$

Sperrichtung (Z-Diode)

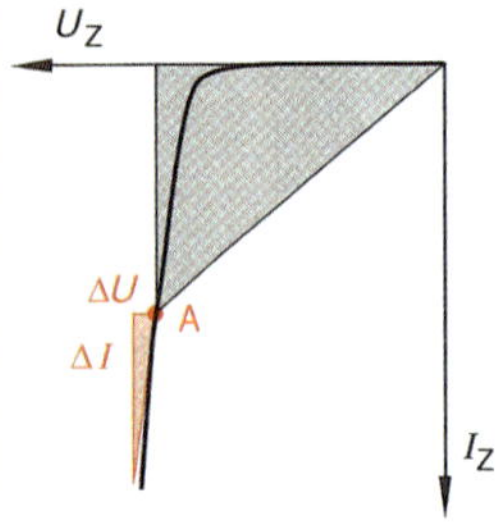

P_v Verlustleistung
P_{tot} Maximal zulässige Gesamtverlustleistung ($\vartheta_U = 25\,°C$)
P_ϑ Verlustleistung bei Umgebungstemperatur ϑ_U
R_{th} Thermischer Widerstand (Wärmewiderstand)
ϑ_J Maximal zulässige Sperrschichttemperatur
ϑ_U Umgebungstemperatur

$$P_v = U \cdot I$$

$$R_{th} = \frac{\vartheta_J - \vartheta_U}{P_{tot}}$$

$$P_\vartheta = \frac{\vartheta_J - \vartheta_U}{\vartheta_J - 25\,°C} \cdot P_{tot}$$

$$P_\vartheta = \frac{\vartheta_J - \vartheta_U}{R_{th\,25}}$$

Wärmewiderstand

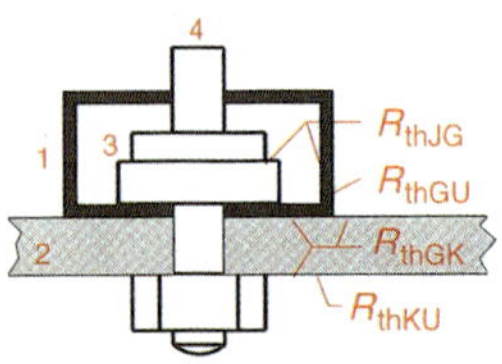

1 Gehäuse 3 Halbleiter – Platine
2 Kühlblech 4 Anschlüsse

$R_{th\,JU}$ Thermischer Gesamtwiderstand Sperrschicht – Umgebung
$R_{th\,JG}$ Thermischer Widerstand Sperrschicht – Gehäuse
$R_{th\,GK}$ Thermischer Widerstand Gehäuse – Kühlkörper
$R_{th\,KU}$ Thermischer Widerstand Kühlkörper – Umgebung

$$R_{th\,JU} \approx R_{th\,JG} + R_{th\,GK} + R_{th\,KU}$$

15.2 Gleichrichtung

Einpuls-Mittelpunktschaltung (M1U)

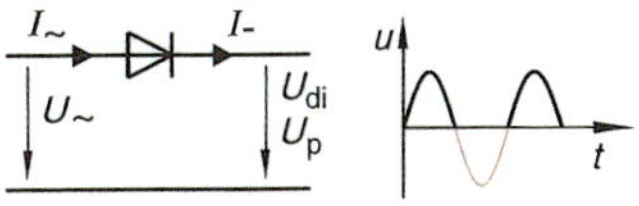

Zweipuls-Mittelpunktschaltung (M2U)

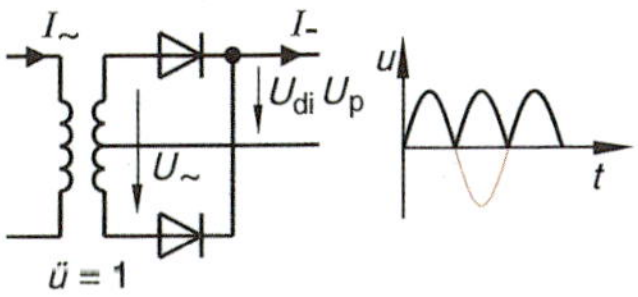

Zweipuls-Brückenschaltung (B2U)

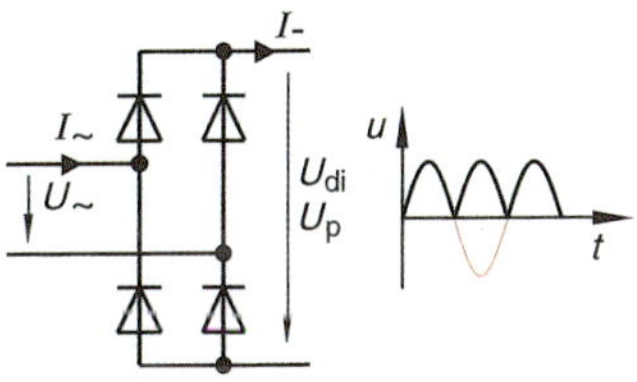

Dreipuls-Mittelpunktschaltung (M3U)

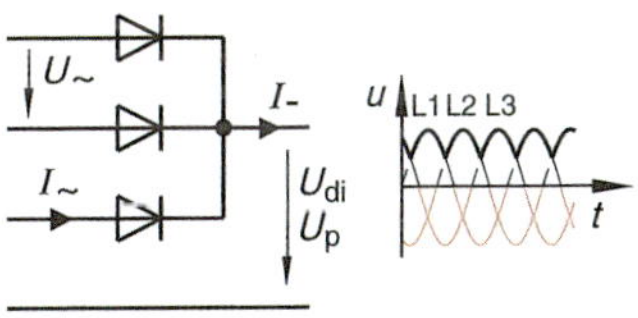

Sechspuls-Brückenschaltung (B6U)

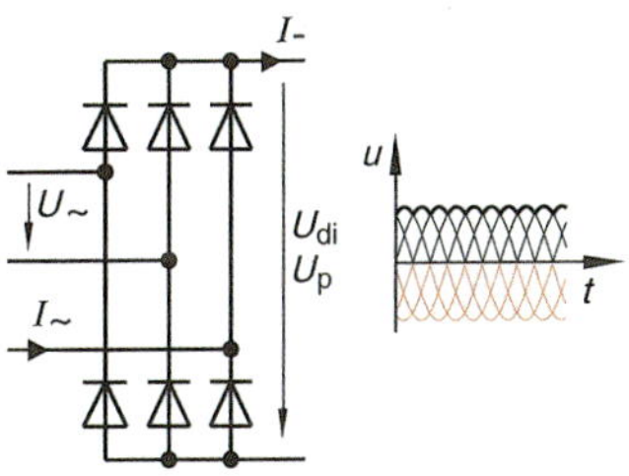

Schaltung	$\frac{U_{di}}{U_{\sim}}$	$w = \frac{U_p}{U_{di}}$	w'	$\frac{f_p}{f}$	$\frac{I_{di}}{I_{\sim}}$	$\frac{P_T}{P_d}$
M1U	$\frac{\sqrt{2}}{\pi} = 0{,}450$	1,21	$\frac{\pi \cdot \sqrt{2}}{4} = 1{,}11$	1	$\frac{2}{\pi} = 0{,}637$	$\frac{\pi^2}{2 \cdot \sqrt{2}} = 3{,}48$
M2U	$\frac{\sqrt{2}}{\pi} = 0{,}450$	0,483	$\frac{\sqrt{2}}{3} = 0{,}471$	2	$\frac{4}{\pi} = 1{,}27$	$\frac{\pi^2}{4 \cdot \sqrt{2}} = 1{,}75$
B2U	$\frac{2 \cdot \sqrt{2}}{\pi} = 0{,}90$	0,483	$\frac{\sqrt{2}}{3} = 0{,}471$	2	$\frac{2 \cdot \sqrt{2}}{\pi} = 0{,}90$	$\frac{\pi^2}{8} = 1{,}23$
M3U	$\frac{3 \cdot \sqrt{2}}{2\pi} = 0{,}675$	0,187	$\frac{\sqrt{2}}{8} = 0{,}177$	3	$\sqrt{3} = 1{,}73$	$\frac{\sqrt{2} \cdot \pi}{3} = 1{,}48$
B6U	$\frac{3 \cdot \sqrt{2}}{\pi} = 1{,}350$	0,042	$\frac{\sqrt{2}}{35} = 0{,}040$	6	$\frac{\sqrt{3}}{\sqrt{2}} = 1{,}22$	$\frac{\pi}{3} = 1{,}05$

- $U_{\sim}$ Effektivwert der Eingangswechselspannung
- U_{di} Arithmetischer Mittelwert der ideellen Leerlauf-Gleichspannung
- U_p Effektivwert des Wechselstromanteils der Mischspannung (Brummspannung)
- w Welligkeit
- w' Welligkeit der Grundschwingung
- f Frequenz der Eingangswechselspannung
- f_p Frequenz der überlagerten Grundschwingung
- $I_{\sim}$ Effektivwert des Wechselstroms
- I_{di} Arithmetischer Mittelwert des gleichgerichteten Stroms
- P_T Ideelle Transformator-Scheinleistung (Transformator-Bauleistung)
- P_d Ideelle Gleichstromleistung

$$P_d = U_{di} \cdot I_{di}$$

15.3 Glättung und Siebung

Glättung

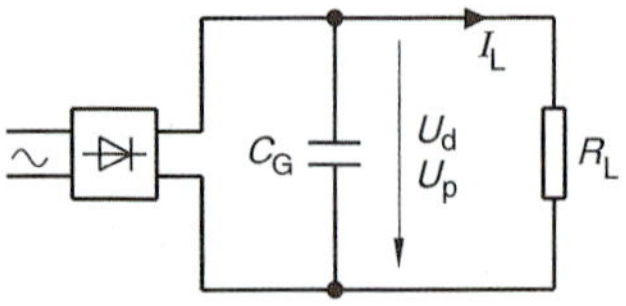

- U_d Gleichspannung (arithm. Mittelwert)
- U_p Wechselspannungsanteil Brummspannung (Effektivwert)
- I_L Laststrom
- R_L Lastwiderstand
- k Schaltungskonstante
- C_G Glättungskondensator

$$U_p \approx \frac{k \cdot I_L}{C_G}$$

Bei Schaltung M1
$k = 4{,}8 \cdot 10^{-3}\,\mathrm{s}$

Bei Schaltung M2, B2
$k = 1{,}8 \cdot 10^{-3}\,\mathrm{s}$

$$I_L = \frac{U_d}{R_L}$$

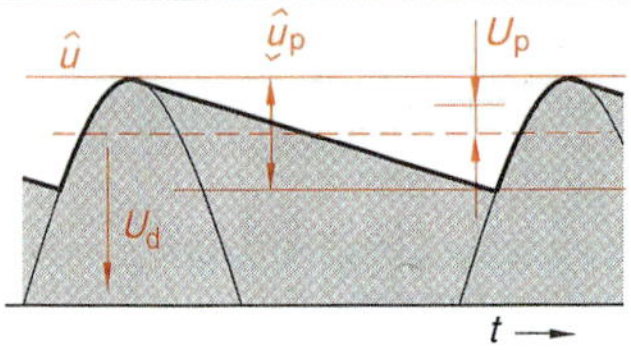

- U_p Wechselspannungsanteil, Brummspannung (Effektivwert)
- $\hat{\check{u}}_p$ Spitze-Tal-Wert der Brummspannung
- $\hat{u}$ Scheitelwert der Mischspannung

$$\hat{\check{u}}_p \approx 2\sqrt{3} \cdot U_p$$

$$\hat{u} \approx U_d + 0{,}5 \cdot \hat{\check{u}}_p$$

$$\hat{u} \approx U_d \cdot \left(1 + \frac{k \cdot \sqrt{3}}{C_G \cdot R_L}\right)$$

RC-Siebung

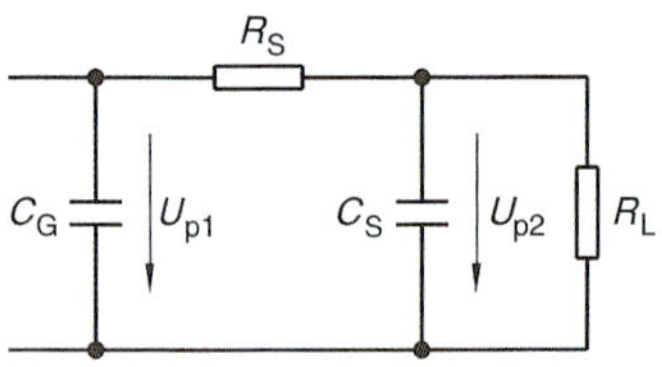

- R_S Siebwiderstand
- R_L Lastwiderstand
- C_G Glättungskondensator
- C_S Siebkondensator
- U_{p1} Brummspannung vor dem Siebwiderstand
- U_{p2} Brummspannung nach dem Siebwiderstand
- s Siebfaktor
- X_S Kapazitiver Blindwiderstand des Siebkondensators
- ω_p Kreisfrequenz der Brummspannung, Pulskreisfrequenz

$$s = \frac{U_{p1}}{U_{p2}}$$

$$s = \frac{\sqrt{R_S^2 + X_S^2}}{X_S}$$

Wenn $X_S \ll R_S$, gilt näherungsweise

$$s \approx \frac{R_S}{X_S}$$

$$s \approx \omega_p \cdot R_S \cdot C_S$$

15.4 Stabilisierung

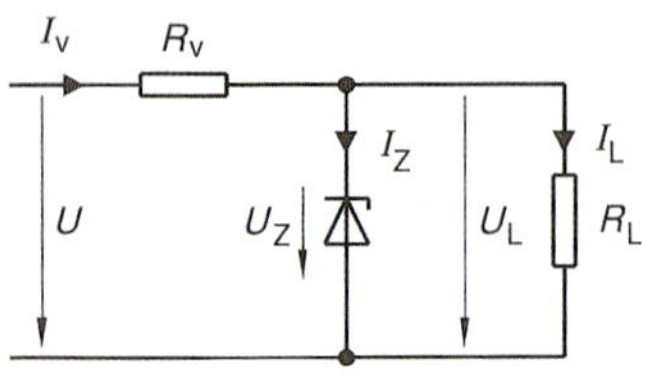

- I_L Laststrom
- I_Z Strom in der Z-Diode
- I_V Strom im Vorwiderstand
- U_Z Z-Spannung der Z-Diode
- U_L Spannung am Lastwiderstand
- U Eingangsspannung
- P_{tot} Maximal zulässige Verlustleistung

$$I_V = I_Z + I_L$$

$$I_{Z\,max} = \frac{P_{tot}}{U_Z}$$

Bei Stabilisierung

$$U_L = U_Z$$

▶

15.4 Stabilisierung (Fortsetzung)

$I_{Z\,max}$ Max. Z-Strom
$I_{Z\,min}$ Min. Z-Strom
U_{max} Max. Eingangsspannung
U_{min} Min. Eingangsspannung
$I_{L\,max}$ Max. Laststrom
$I_{L\,min}$ Min. Laststrom
$R_{V\,max}$ Max. Vorwiderstand
$R_{V\,min}$ Min. Vorwiderstand

Üblicher Wert

$$I_{Z\,min} = 0{,}1 \cdot I_{Z\,max}$$

$$R_{V\,max} = \frac{U_{1\,min} - U_Z}{I_{Z\,min} + I_{L\,max}}$$

$$R_{V\,min} = \frac{U_{1\,max} - U_Z}{I_{Z\,max} + I_{L\,min}}$$

16 Transistor, Operationsverstärker

16.1 Kennwerte

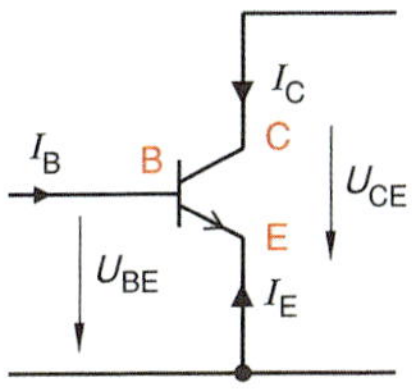

I_B Basisstrom
I_C Kollektorstrom
I_E Emitterstrom
B Gleichstromverstärkung
U_{BE} Basis-Emitter-Spannung
U_{CE} Kollektor-Emitter-spannung
P_v Gesamtverlustleistung

$$-I_E = I_C + I_B$$

$$B = \frac{I_C}{I_B}$$

$$P_v = I_C \cdot U_{CE} + I_B \cdot U_{BE}$$

Wenn $I_C \gg I_B$, gilt näherungsweise

$$I_E \approx -I_C$$

$$P_v \approx I_C \cdot U_{CE}$$

16.2 Arbeitspunkt und Arbeitsgerade

Emitterschaltung ohne Emitterwiderstand

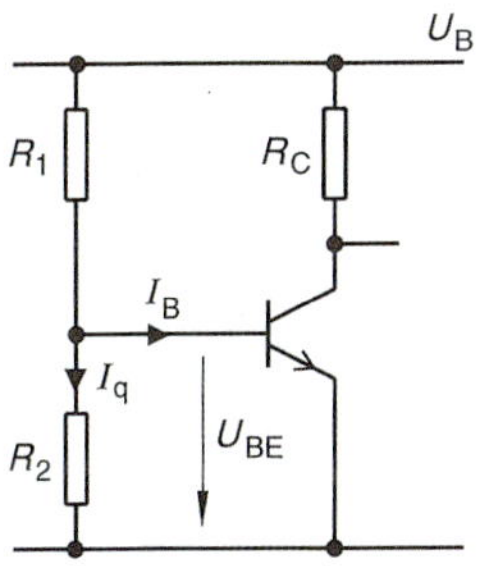

R_1, R_2 Basisspannungsteiler
R_C Kollektorwiderstand (Arbeitswiderstand)
I_1 Strom im Widerstand R_1
I_q Querstrom im Widerstand R_2
I_B Basisstrom
U_B Betriebsspannung
U_{BE} Basis-Emitter-Spannung
U_{CE} Kollektor-Emitter-Spannung
q Querstromverhältnis

$$I_q = q \cdot I_B$$

$$I_1 = I_q + I_B$$

$$I_1 = (q+1) \cdot I_B$$

$$R_1 = \frac{U_B - U_{BE}}{(q+1) \cdot I_B}$$

$$R_2 = \frac{U_{BE}}{q \cdot I_B}$$

Wenn $I_C \gg I_B$, gilt näherungsweise

$$R_C \approx \frac{U_B - U_{CE}}{I_C}$$

16.2 ▼ 16.4

16.2 Arbeitspunkt und Arbeitsgerade (Fortsetzung)

Emitterschaltung mit Emitterwiderstand

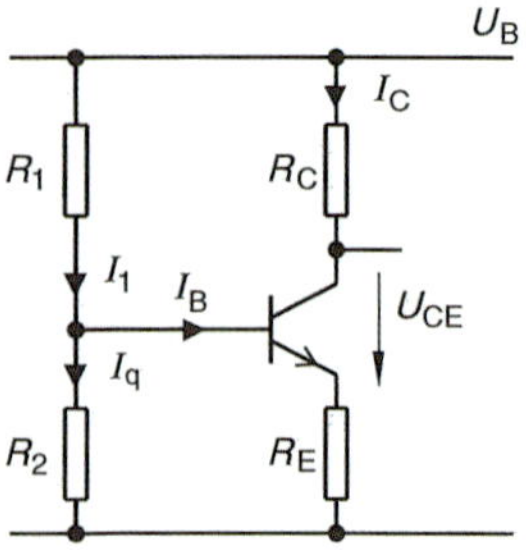

R_E	Emitterwiderstand
k	Gegenkopplungsfaktor
m	Widerstandsverhältnis

$$k = \frac{1}{m} = \frac{R_E}{R_C}$$

Wenn $I_C \gg I_B$, gilt näherungsweise

$$R_C \approx \frac{U_B - U_{CE}}{(1+k) \cdot I_C}$$

16.3 Stabilisierung mit Transistor

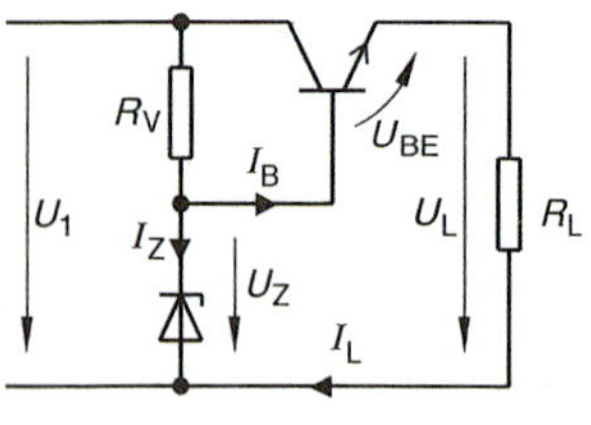

U_1	Eingangsspannung
U_Z	Z-Spannung
U_L	Lastspannung
U_{BE}	Basis-Emitter-Spannung
I_Z	Strom in der Z-Diode
I_B	Basisstrom
I_L	Laststrom
R_V	Vorwiderstand
$R_{V\,max}$	Maximal zulässiger Vorwiderstand
$R_{V\,min}$	Mindestens erforderlicher Vorwiderstand
R_L	Lastwiderstand

$$U_L = U_Z - U_{BE}$$

$$R_{V\,max} = \frac{U_{1\,min} - U_Z}{I_{Z\,min} + I_{B\,max}}$$

$$R_{V\,min} = \frac{U_{1\,max} - U_Z}{I_{Z\,max} + I_{B\,min}}$$

16.4 Wechselstromverstärkung

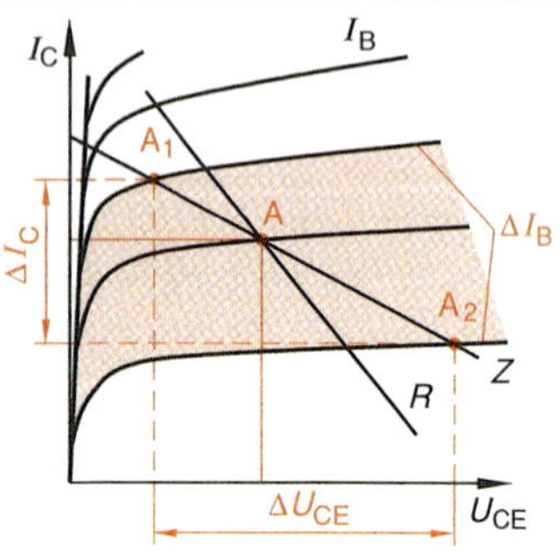

V_u	Spannungsverstärkungsfaktor
V_i	Stromverstärkungsfaktor
V_p	Leistungsverstärkungsfaktor

$$V_u = \frac{\Delta U_{CE}}{\Delta U_{BE}}$$

$$V_i = \frac{\Delta I_C}{\Delta I_B}$$

$$V_p = V_u \cdot V_i$$

ΔU_{BE}	Änderung der Eingangsspannung U_e
ΔI_B	Änderung des Eingangsstroms
ΔU_{CE}	Änderung der Ausgangsspannung U_a
ΔI_C	Änderung des Ausgangsstroms

16.4 Wechselstromverstärkung (Fortsetzung)

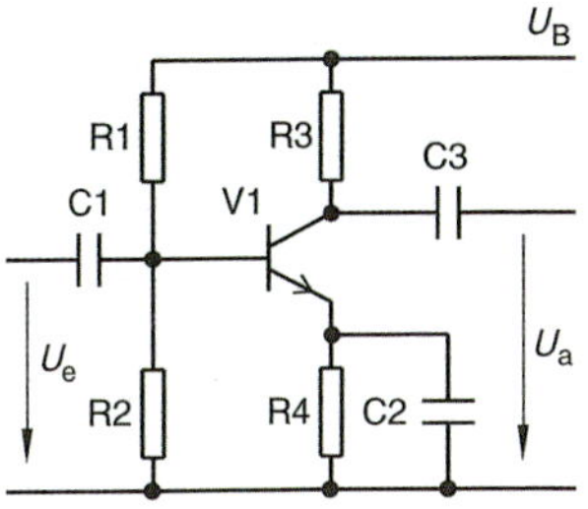

Die Wechselspannungswiderstände der Kondensatoren C1, C2 und C3 sind für die Rechnung der Verstärkungsfaktoren vernachlässigbar klein.

16.5 Transistor als Schalter

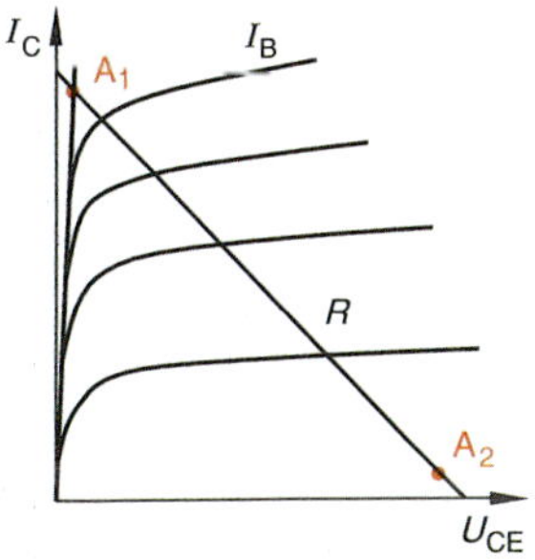

Betriebszustand EIN
Arbeitspunkt A_1 (U_{CEsat}/I_C)

Betriebszustand AUS
Arbeitspunkt A_2 (U_{CES}/I_{CES})

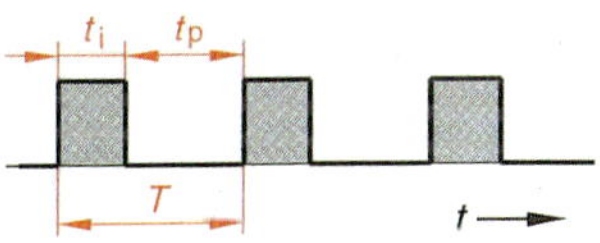

$ü$	Übersteuerungsfaktor	$I_C = \frac{B \cdot I_B}{ü}$
B	Stromverstärkungsfaktor	
P	Schaltleistung	$P = U_L \cdot I_L$
P_v	Schalter-Verlustleistung	$P_v = I_C \cdot U_{CEsat}$
P_{St}	Steuer-Verlustleistung	$P_{St} = U_{BE} \cdot I_B$
U_{CEsat}	Kollektor-Emitter-Sättigungsspannung (Transistor durchgesteuert)	
I_{CES}	Kollektor-Emitter-Reststrom (Transistor gesperrt, Basis-Emitter verbunden)	
U_L	Lastspannung	
I_L	Laststrom	
t_i	Einschaltdauer (Impulszeit)	$P_m = P_v \cdot \frac{t_i}{T}$
t_p	Pausendauer (Pausenzeit)	$g = \frac{t_i}{T}$
T	Periodendauer	$T = t_i + t_p$
P_m	Mittlere Schalter-Verlustleistung	
g	Tastgrad	

16.6 Kippschaltungen

Impulspause am Ausgang A_2

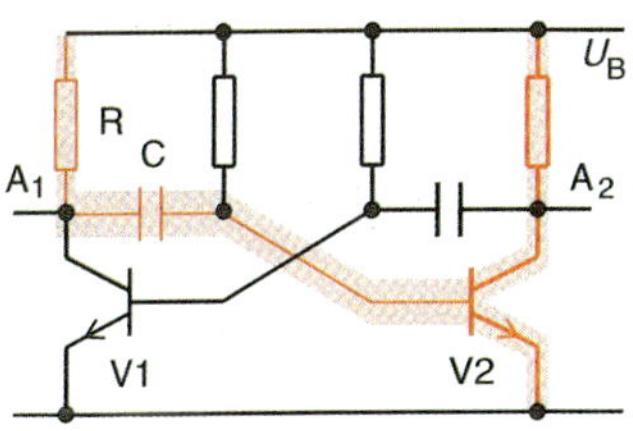

R	Ladewiderstand	$t = 5 \cdot \tau$
C	Koppelkondensator	$t = 5 \cdot R \cdot C$
t	Zeitdauer (Vorbereitungsdauer t_v, Pausendauer t_p)	Transistor V1 gesperrt Transistor V2 durchgesteuert
τ	Zeitkonstante	

16.6 ▼ 16.7

16.6 Kippschaltungen (Fortsetzung)

Impuls am Ausgang A_2

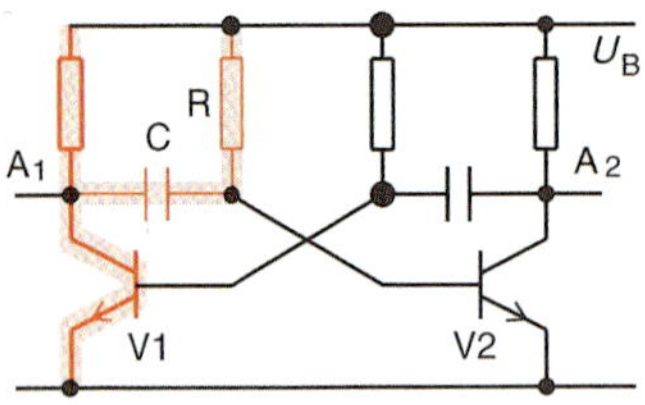

R	Entladewiderstand	$t = R \cdot C \cdot \ln 2$
C	Koppelkondensator	
t	Zeitdauer (Impulsdauer t_i)	Transistor V1 durchgesteuert Transistor V2 gesperrt

Tastgrad

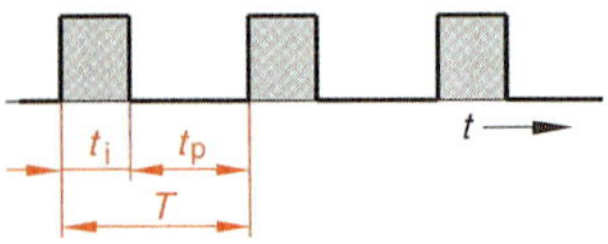

t_i	Impulsdauer	$T = t_i + t_p$
t_p	Pausendauer	
T	Periodendauer	$g = \frac{t_i}{T}$
g	Tastgrad	
P_v	Verlustleistung im Transistor	$P_v = \frac{t_i}{t_p} \cdot U_{CE} \cdot I_C$
U_{CE}	Kollektor-Emitter-Spannung	
I_C	Kollektorstrom	

16.7 Feldeffekt-Transistoren

Kennwerte

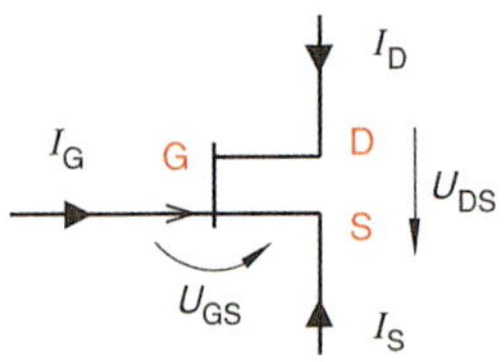

		Näherungsweise
I_G	Gatestrom	$I_G \approx 0$
I_D	Drainstrom	
I_S	Sourcestrom	$I_S = -I_D$
I_{GSS}	Gate-Source-Reststrom	
U_{GS}	Gate-Source-Spannung	$R_{GS} = R_e = \frac{U_{GS}}{I_{GSS}}$
U_{DS}	Drain-Source-Spannung	
$U_{GS(OFF)}$	Abschnürspannung (U_P, U_T)	
U_{DSsat}	Drain-Source-Sättigungsspannung (Knie-, Rest-Spannung)	$U_{DSsat} = U_{GS} - U_{GS(OFF)}$
R_{DS}	Statischer Drain-Source-Widerstand	$R_{DS} = \frac{U_{DS}}{I_D}$
R_{GS}	Statischer Gate-Source-Widerstand	
R_e	Statischer Eingangswiderstand	$r_{DS} = \frac{\Delta U_{DS}}{\Delta I_D}$
r_{DS}	Differenzieller Drain-Source-Widerstand (Diff. Innenwiderstand)	$S = \frac{\Delta I_D}{\Delta U_{GS}}$
r_{GS}	Differenzieller Gate-Source-Widerstand (Diff. Eingangswiderstand)	$V_u = \frac{\Delta U_{DS}}{\Delta U_{GS}}$
S	Steilheit	
V_u	Spannungsverstärkung	
P_v	Verlustleistung	$P_v = U_{DS} \cdot I_D$

16.7 Feldeffekt-Transistoren (Fortsetzung)

Verstärker

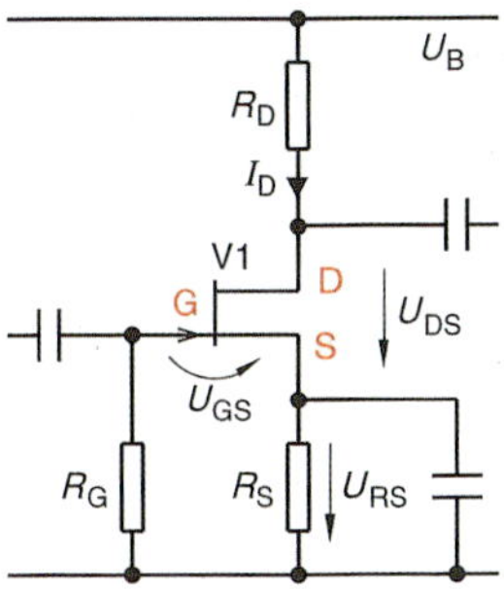

R_S Source-Widerstand
R_D Drain-Widerstand (Arbeitswiderstand)
R_G Gate-Widerstand (üblich 1 MΩ bis 10 MΩ)
r_e Differenzieller Eingangswiderstand des Verstärkers
r_a Differenzieller Ausgangswiderstand des Verstärkers

$$U_{RS} = -U_{GS}$$

$$R_S = \frac{U_{RS}}{I_D} = \frac{-U_{GS}}{I_D}$$

$$R_D = \frac{U_B - U_{DS} - U_{RS}}{I_D}$$

$$R_D = \frac{U_B - U_{DS} + U_{GS}}{I_D}$$

$$r_e \approx R_G$$

$$r_a \approx R_D$$

16.8 Operationsverstärker

Unbeschalteter Operationsverstärker

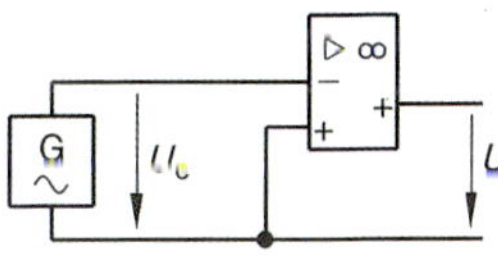

V_0 Leerlaufverstärkungsfaktor
U_a Ausgangsspannung
U_e Eingangsspannung
v_0 Leerlaufverstärkungsmaß in dB (Dezibel)

$$V_0 = \frac{U_a}{U_e}$$

$$v_0 = 20 \cdot \lg \frac{U_a}{U_e}$$

Invertierender Verstärker

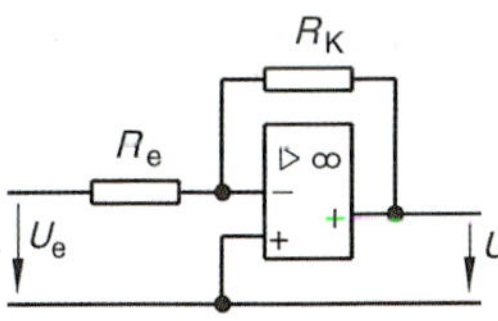

V Verstärkungsfaktor
v Verstärkungsmaß in dB
R_K Rückkopplungswiderstand
R_e Eingangswiderstand
U_a Ausgangsspannung
U_e Eingangsspannung

$$V = \frac{R_K}{R_e}$$

$$v = 20 \cdot \lg \frac{R_K}{R_e}$$

$$U_a = -\frac{R_K}{R_e} \cdot U_e$$

Summierverstärker

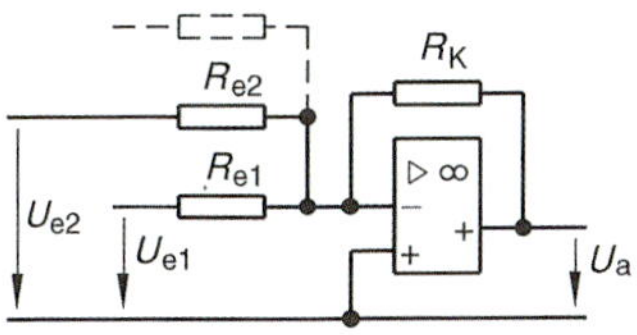

U_a Ausgangsspannung
U_{e1}, U_{e2} Eingangsspannungen
R_K Rückkopplungswiderstand
R_{e1}; R_{e2} Eingangswiderstände

$$-U_a = \frac{R_K}{R_{e1}} \cdot U_{e1} + \frac{R_K}{R_{e2}} \cdot U_{e2}$$

16.8 ▼ 17.1

16.8 Operationsverstärker (Fortsetzung)

Nichtinvertierender Verstärker

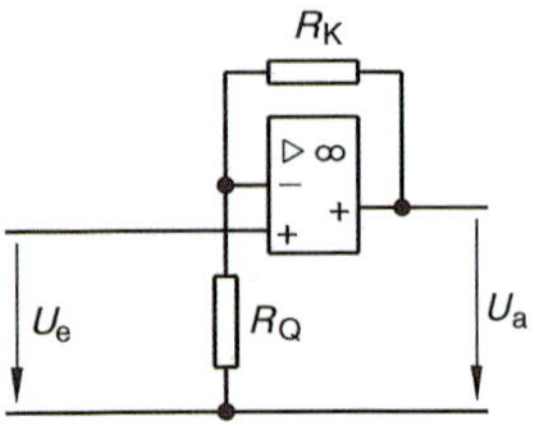

V Verstärkungsfaktor
R_K Rückkopplungswiderstand
R_Q Eingangs-Querwiderstand
U_a Ausgangsspannung
U_e Eingangsspannung

$$V = 1 + \frac{R_K}{R_Q}$$

Für $\frac{R_K}{R_Q} \ll V_0$

$$V = \frac{U_a}{U_e}$$

Differenzverstärker

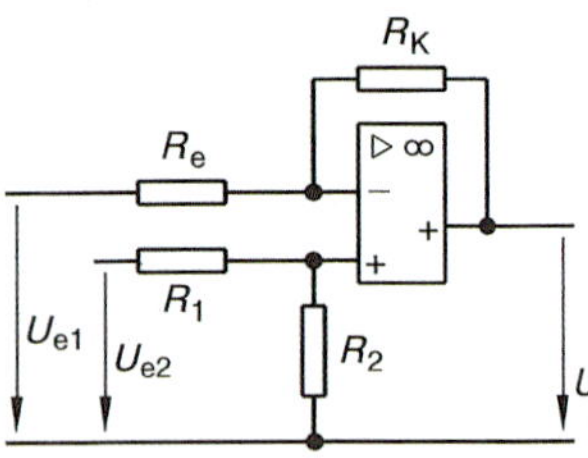

V_1; V_2 Verstärkungsfaktoren
R_K Rückkopplungswiderstand
R_e Eingangswiderstand
R_1; R_2 Widerstände am invertierenden Eingang
U_a Ausgangsspannung
U_{e1} Eingangsspannung am nicht invertierenden Eingang
U_{e2} Eingangsspannung am invertierenden Eingang

$$V_1 = \frac{R_K}{R_e}$$

$$V_2 = \frac{1 + \frac{R_K}{R_e}}{1 + \frac{R_1}{R_2}}$$

$$U_a = V_2 \cdot U_{e2} - V_1 \cdot U_{e1}$$

17 Digitaltechnik

17.1 KV-Diagramme

KV-Schema

a, b

c, d	q	00	01	11	10
	00				
	01				
	11				
	10	0010			

a, b, c, d Eingangsvariable
q Ausgangsvariable
0010 Belegung des rot gerasterten Feldes
▒ Nachbar-Felder des rot gerasterten Feldes

Benachbarte Felder sind Felder, die sich in ihrer Belegung nur an einer Stelle unterscheiden.

17.1 KV-Diagramme (Fortsetzung)

Funktionsgleichungen

a, b → columns; c, d → rows

q	00	01	11	10
00	0	1	1	0
01	0	1	x	0
11	1	0	0	1
10	1	1	0	1

Gruppen: $b \wedge \overline{c}$; $\overline{a} \wedge c \wedge \overline{d}$; $\overline{b} \wedge c$

0, 1, x   Einträge

2^n benachbarte Felder mit gleichem Eintrag werden in Gruppen zusammengefasst. Dabei kann der Eintrag der mit x gekennzeichneten Felder beliebig gewählt werden. Die Gruppen untereinander werden mit ∨ verknüpft.

$q = (b \wedge \overline{c}) \vee (\overline{b} \wedge c) \vee (\overline{a} \wedge c \wedge \overline{d})$

Distributivgesetze

1. $a \wedge (b \vee c) = (a \wedge b) \vee (a \wedge c)$
2. $a \vee (b \wedge c) = (a \vee b) \wedge (a \vee c)$

Gesetze von de Morgan

1. $\overline{a \vee b} = \overline{a} \wedge \overline{b}$
2. $\overline{a \wedge b} = \overline{a} \vee \overline{b}$

Gatter — Funktionsgleichung — Wertetabelle

NOT (NICHT)

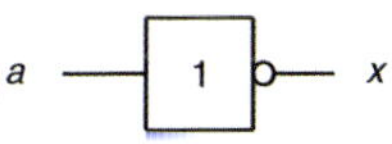

$x = \overline{a}$

a	x
0	1
1	0

AND (UND)

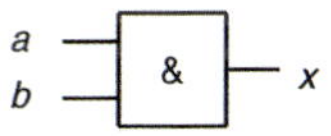

$x = a \wedge b$

a	b	x
0	0	0
0	1	0
1	0	0
1	1	1

OR (ODER)

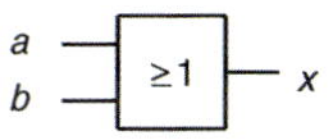

$x = a \vee b$

a	b	x
0	0	0
0	1	1
1	0	1
1	1	1

Gatter — Funktionsgleichung — Wertetabelle

NAND

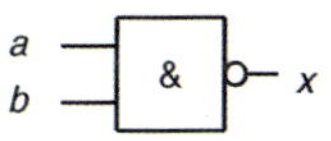

$x = a \wedge b$

a	b	x
0	0	1
0	1	1
1	0	1
1	1	0

17.1 KV-Diagramme (Fortsetzung)

NOR

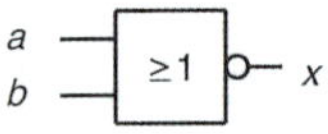

$x = \overline{a \vee b}$

a	b	x
0	0	1
0	1	0
1	0	0
1	1	0

XOR

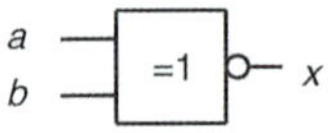

$x = a \oplus b$

a	b	x
0	0	0
0	1	1
1	0	1
1	1	0

17.2 Zahlensysteme, Codes

Rechenregeln im Dualsystem

Addition

0+0=0	0+1=1	1+0=1	1+1=10

Subtraktion

0−0=0	1−0=1	1−1=0	10−1=1

1-Bit-Halbaddierer

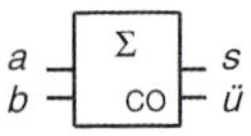

a, b Eingänge
s Ausgang (Summe)
ü Ausgang (Übertrag)

a	b	s	ü
0	0	0	0
0	1	1	0
1	0	1	0
1	1	0	1

1-Bit-Volladdierer

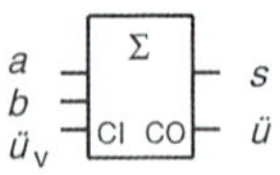

a, b, $ü_v$ Eingänge
s Ausgang (Summe)
ü Ausgang (Übertrag)

$ü_v$	a	b	s	ü
0	0	0	0	0
0	0	1	1	0
0	1	0	1	0
0	1	1	0	1
1	0	0	1	0
1	0	1	0	1
1	1	0	0	1
1	1	1	1	1

17.3 Schaltnetze und Schaltwerke

JK-Flipflop

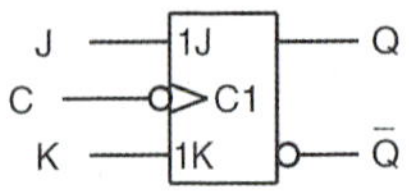

J J-Eingang
K K-Eingang
C Takteingang
Q, $\overline{Q}$ Ausgänge

J	K	Q_n
0	0	Q_v bleibt erhalten
0	1	0
1	0	1
1	1	Q_v wird invertiert

Q_v: Ausgangspegel *vor* dem Takt
Q_n: Ausgangspegel *nach* dem Takt

18 Regelungstechnik

Regelkreis

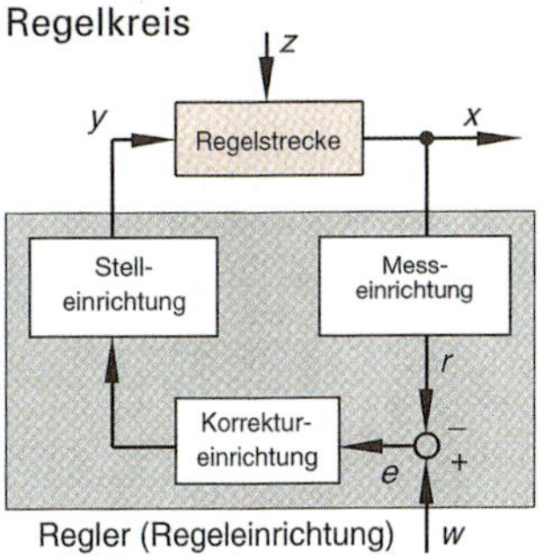

Die Ausgangsgröße der Regelstrecke wird über eine Messeinrichtung ständig erfasst und mit der Führungsgröße verglichen. Falls Abweichungen auftreten, werden die Korrektur- und Stelleinrichtung veranlasst, eine Stellgröße zu erzeugen, welche die Regelstrecke so beeinflusst, dass die Regelgröße dem Sollwert angeglichen wird.

x	Regelgröße	y	Stellgröße
w	Führungsgröße	r	Rückführgröße
z	Störgröße	e	Regeldifferenz

Übertragungsglieder

Proportionalglied
P-Glied

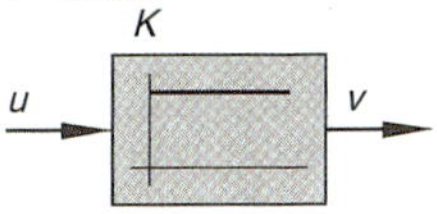

u Eingangsgröße
v Ausgangsgröße
K Proportionalbeiwert

$$v = K \cdot u$$

Summierglied

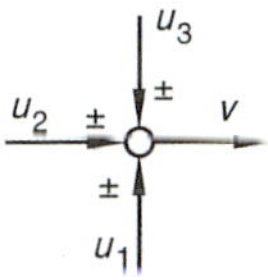

u_1, u_2, u_3 Eingangsgrößen
v Ausgangsgröße

$$v = \pm u_1 \pm u_2 \pm u_3$$

Regelkreis mit P-Regler

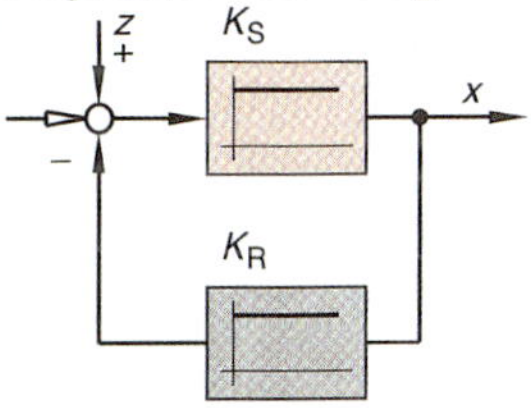

V_0 Kreisverstärkung
K_S Proportionalbeiwert der Regelstrecke
K_R Proportionalbeiwert des Reglers
x Regelgröße
z Störgröße

$$V_0 = K_R \cdot K_S$$

Bleibende Regelabweichung

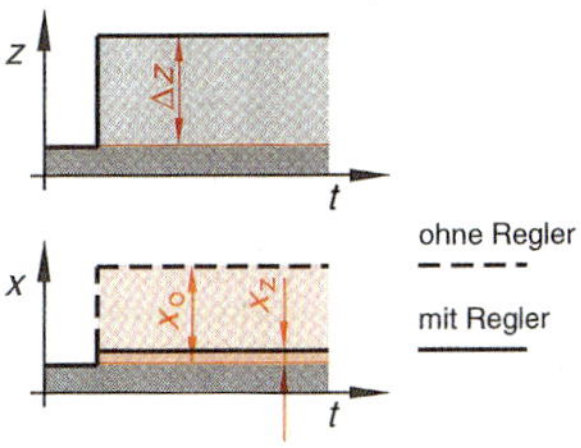

z Störgröße
Δz Störgrößenänderung
x Regelgröße
x_0 Bleibende Regelabweichung ohne Regeleinrichtung
x_z Bleibende Regelabweichung mit Regeleinrichtung
R Regelfaktor

$$x_0 = K_S \cdot \Delta z$$

$$x_z = \frac{K_S \cdot \Delta z}{1 + K_R \cdot K_S}$$

$$R = \frac{x_z}{x_0}$$

$$R = \frac{1}{1 + V_0}$$

19 Leistungselektronik

Thyristor

Zündung

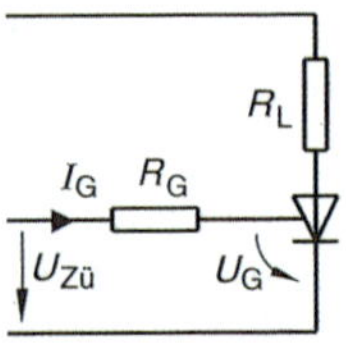

$U_{Zü}$ Zündspannung
U_G Gatespannung
I_G Gatestrom (Zündstrom)
R_G Gatewiderstand
R_L Lastwiderstand
P_G Steuerleistung

$$R_G = \frac{U_{Zü} - U_G}{I_G}$$

$$P_G = I_G \cdot U_G$$

Einschaltverhalten

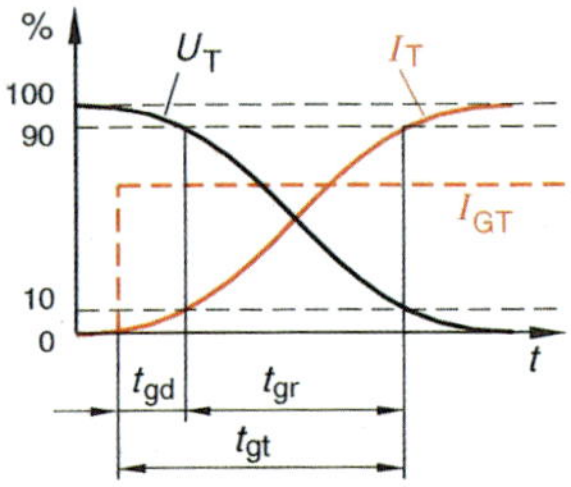

t_{gt} Zündzeit
t_{gd} Zündverzugszeit
t_{gr} Durchschaltzeit

$$t_{gt} = t_{gd} + t_{gr}$$

Ersatzgerade

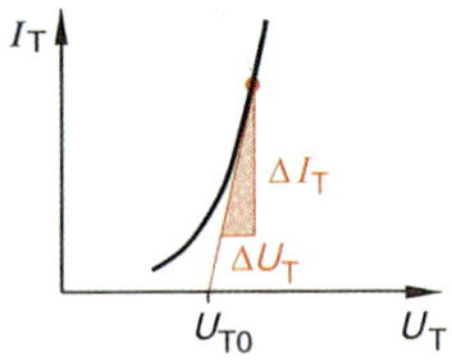

U_T Durchlassspannung
ΔU_T Spannungsdifferenz
U_{T0} Schleusenspannung
I_T Durchlassstrom
ΔI_T Stromdifferenz
I_{GT} Oberer Zündstrom
r_T Ersatzwiderstand

$$r_T = \frac{\Delta U_T}{\Delta I_T}$$

$$U_T = U_{T0} + r_T \cdot I_T$$

Wechselsteller

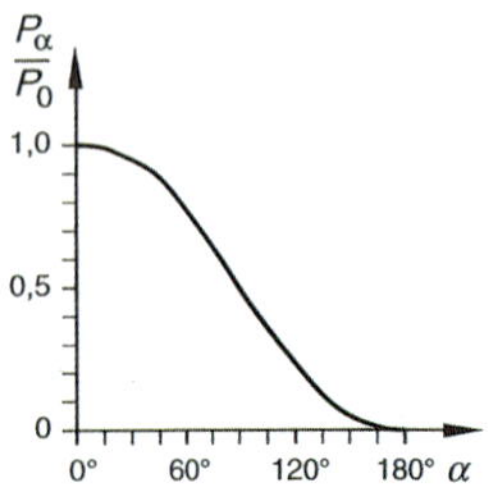

α Zündwinkel
U_0, I_0, P_0 Werte am Lastwiderstand bei $\alpha = 0°$

$$\frac{P_\alpha}{P_0} = 1 - \frac{\alpha}{180°} + \frac{1}{2\pi}\sin(2\alpha)$$

U_α, I_α, P_α Werte am Lastwiderstand bei Zündwinkel α

$$\frac{U_\alpha}{U_0} = \frac{I_\alpha}{I_0} = \sqrt{1 - \frac{\alpha}{180°} + \frac{1}{2\pi}\sin(2\alpha)}$$

1.1 Algebra

Beispiele:

1. Termumformungen

a) $(13x-7y)-(5x+4y)=13x-7y-5x-4y=\mathbf{8x-11y}$

b) $6a\cdot(3b+4-7c)=\mathbf{18ab+24a-42ac}$

c) $(4c-3m)\cdot(7s-2)=\mathbf{28cs-8c-21ms+6m}$

d) $12ax-6bx+3mx=\mathbf{3x\cdot(4a-2b+m)}$

e) $\frac{3x^3-x^2y^2}{x^2}-\frac{4x^2-8xy^2}{2x}=\frac{3x^3}{x^2}-\frac{x^2y^2}{x^2}-\frac{4x^2}{2x}+\frac{8xy^2}{2x}=3x-y^2-2x+4y^2=\mathbf{x+3y^2}$

f) $\frac{9rt-6r}{3t}-\frac{6rs-14r}{2s}=\frac{(9rt-6r)\cdot 2s}{3t\cdot 2s}-\frac{(6rs-14r)\cdot 3t}{2s\cdot 3t}=\frac{18rst-12rs}{6st}-\frac{18rst-42rt}{6st}$

Hauptnenner $2\cdot 3\cdot s\cdot t$

$=\frac{18rst-12rs-18rst+42rt}{6st}=\frac{42rt-12rs}{6st}=\frac{6\cdot(7rt-2rs)}{6st}$

$=\mathbf{\frac{7rt-2rs}{st}}$

2. Gleichungen

$\frac{x+3}{5}=12$	$\mid\cdot 5$	Rechenoperation Multiplikation der Gleichung mit 5
$\frac{(x+3)\cdot 5}{5}=12\cdot 5$		
$x+3=60$	$\mid -3$	Rechenoperation Subtraktion von 3 auf beiden Seiten
$x+3-3=60-3$		
$\mathbf{x=57}$		

Hinweis

Häufig vorkommende Reihenfolge

1. Nenner beseitigen
2. Klammern auflösen
3. Ordnen
4. Zusammenfassen

3. Potenzen

a) $9x^2+9x^m+3x^2-6x^m=\mathbf{12x^2+3x^m}$ — Addition/Subtraktion von gleichen Potenzen

b) $2a^4\cdot 3a^2+6a^{m-2}\cdot 2a^2=6a^{4+2}+12a^{m-2+2}$
$=\mathbf{6a^6+12a^m}$ — Multiplikation bei gleicher Basis

c) $\frac{10a^3\cdot 12b^{Z+2}}{8a\cdot 5b^Z}=\frac{10\cdot 12\cdot a^{3-1}\cdot b^{Z+2-Z}}{8\cdot 5}=\mathbf{3a^2b^2}$ — Division bei gleicher Basis

4. Wurzeln

a) $\sqrt[2]{a^8}=\sqrt[2]{a^{2\cdot 4}}=(\sqrt[2]{a^2})^4=(a)^4=\mathbf{a^4}$ oder $\sqrt[2]{a^8}=a^{\frac{8}{2}}=\mathbf{a^4}$ **Hinweis:** $\sqrt[2]{\ }=\sqrt{\ }$

b) $\sqrt[3]{27x^6}=\sqrt[3]{27}\cdot\sqrt[3]{x^6}=\sqrt[3]{3^3}\cdot x^{\frac{6}{3}}=\mathbf{3x^2}$

5. Logarithmen

a) $\lg(3\cdot 10^6)=\lg 3+\lg 10^6=\lg 3+6\cdot\lg 10=0{,}477+6\cdot 1=\mathbf{6{,}477}$

b)

$3^x=6$	$\mid \lg$	Rechenoperation Logarithmieren, Basis 10
$\lg(3^x)=\lg 6$		
$x\cdot\lg 3=\lg 6$	$\mid :\lg 3$	Rechenoperation Division durch lg
$x=\dfrac{\lg 6}{\lg 3}$		
$x=\dfrac{0{,}778}{0{,}477}$		
$\mathbf{x=1{,}631}$		

c)

$e^x=10$	$\mid \ln$	Rechenoperation Logarithmieren, Basis e
$x\cdot\ln e=\ln 10$		
$x\cdot 1=\ln 10$		**Hinweis:** e = 2,71828
$\mathbf{x=2{,}303}$		

Aufgaben

1. Fassen Sie zusammen.

a	$2a+a+3a+6a$	b	$8c+5c+3c+2c$	c	$14d+3d+25e+2e$
d	$5p+3r-r-2p$	e	$8t+12u-t-14u$	f	$x-z+y+z$

2. Lösen Sie die Klammern auf und fassen Sie dann zusammen.

a	$a+(b+c)$	d	$a-(-b+c)$
b	$a+(b-c)$	e	$(7a-4b)-(3a+6b)$
c	$a-(b+c)$	f	$(16x-9y)+(4y-8x)-(7x-6y)$

3. Multiplizieren Sie und fassen Sie dann zusammen.

a	$5\cdot(3+4)$	b	$5\cdot 3+4$	c	$2\cdot(3a+4b-5c)$
d	$3a(4b+3-2b)$	e	$(3y+8x-15x)\cdot 5x$	f	$-3y\cdot(2a+3b-4c)$

4. Multiplizieren Sie.

a	$(a+b)\cdot(a\cdot b)$	b	$(a+b)\cdot(a-b)$	c	$(a+b)(a-2b)$
d	$(2a+3b)\cdot(4a+5b)$	e	$(3a-4x)(5+2c)$	f	$(5u-3v)(4x-2y)$

5. Kürzen Sie.

a	$\dfrac{21x\cdot 18y}{9\cdot 7x}$	b	$\dfrac{12g\cdot 4e}{24g}$	c	$\dfrac{35ab\cdot 8ax\cdot 9z}{14b\cdot 45az}$

6. Vereinfachen Sie.

a	$\dfrac{4ab-12ax}{2a}$	c	$\dfrac{45mx+15my}{3m}+\dfrac{48xt-32yt}{16t}$
b	$\dfrac{36x^2y+12y^3-12x^2y}{4y}$	d	$\dfrac{51px^2z^4-68p^5x^2}{17x^2p}-\dfrac{39z^4ab-65p^4ab}{13ab}$

7. Klammern Sie aus und kürzen Sie dann.

a	$\frac{2x+2xy}{x-xy}$	b	$\frac{a^2-ab}{ax-bx}$	c	$\frac{25m^2-15m^2p^2}{15m^2x+5m^2y}$	d	$\frac{x^2-6y}{6y-x^2}$

8. Fassen Sie die Brüche zu einem Term zusammen.

a	$\frac{a+b}{x}+\frac{b-a}{x}$	c	$\frac{4x}{a+b}+\frac{2x}{a+b}-\frac{x}{a+b}$
b	$\frac{12x+3y}{5a}-\frac{7x-7y}{5a}$	d	$\frac{4r+10s}{r+s}+\frac{6r-2s}{r+s}-\frac{4r-2s}{r+s}-\frac{4s}{r+s}$

9. Machen Sie die Brüche gleichnamig und fassen Sie dann zusammen.

a	$\frac{x}{z}-\frac{x}{y}$	c	$\frac{9a}{8ab}+\frac{2a}{12b}-\frac{2a}{3b}$
b	$\frac{1}{a}+\frac{1}{b}+\frac{1}{c}$	d	$\frac{3m-5n}{5mn}-\frac{m-6p}{2mp}-\frac{2}{m}$

10. Berechnen Sie *x*. Geben Sie bei jeder Umformung der Gleichung die Rechenoperation an.

a	$13+x=20$	d	$x\cdot 120=960$	g	$\frac{x}{4}-3=13$
b	$12=x-10$	e	$\frac{x}{44}-11$	h	$19=\frac{x+2}{2}$
c	$x-11=10$	f	$27=\frac{8}{x}$	i	$\frac{2}{4x+7}=1$

11. In den Formeln sind die gesuchten Größen fett gedruckt. Stellen Sie nach diesen Größen um.

a	$R=\boldsymbol{R_1}+R_2+R_3$	d	$P=U\cdot\boldsymbol{I}$	g	$R_v=\boldsymbol{R_i}(n-1)$
b	$U_2=U-\boldsymbol{U_1}$	e	$I=\frac{\boldsymbol{U}}{R}$	h	$U_2=\frac{R_2\cdot U}{\boldsymbol{R_1}+R_2}$
c	$I=I_1+I_2+\boldsymbol{I_3}$	f	$R=\frac{\boldsymbol{l}}{\gamma\cdot\boldsymbol{A}}$	i	$R_w=R_{20}\cdot(1+\alpha\cdot\boldsymbol{\Delta\vartheta})$

12. Schreiben Sie als Zehnerpotenzen in technischer Form.

a	84000	b	840000	c	0,012	d	0,0000024

13. Fassen Sie zusammen.

a	$3a^4+4a^3+7a^4-3a^3$	c	$25e^2f^2-5e^2+5f^2-20e^2f^2$
b	$2xy^2+x^2y-3xy^2+4x^2y$	d	$2\cdot(2ab-b+9a)-4ab-a\cdot\left(17-\frac{2b}{a}-5c\right)$

14. Multiplizieren und dividieren Sie die Potenzen mit gleicher Basis.

a	$b^3\cdot b^2\cdot b^4$	e	$\frac{b^3}{b^5}$	i	$5a^4b^2\cdot 3ab$
b	$3a^2\cdot 4a^3$	f	$\frac{1}{a^2}$	k	$x^n\cdot 2y^2\cdot 3y^m\cdot 2x^n$
c	$5y\cdot 2y^3\cdot y^{-2}$	g	$\frac{8u^4}{12u^{-7}}$	l	$\frac{(-a)^2\cdot b^4\cdot 3x^n}{3a^4b^2\cdot 4x}$
d	$\frac{3p^2\cdot 4p\cdot 5p^3}{6p^4\cdot 10p}$	h	$\frac{15w^{-2}}{5w^{-4}}$	m	$\frac{4e^4\cdot 12f^2\cdot 5g^n}{15f^{-2}\cdot 8g^2}$

15. Ziehen Sie die Quadratwurzeln und vergleichen Sie einander entsprechende Zahlen.

a	$\sqrt{16}$	b	$\sqrt{9}$	c	$\sqrt{0{,}0025}$	d	$\sqrt{20}$
	$\sqrt{160}$		$\sqrt{0{,}9}$		$\sqrt{0{,}025}$	e	$\sqrt{55}$
	$\sqrt{1600}$		$\sqrt{0{,}09}$		$\sqrt{0{,}25}$	f	$\sqrt{0{,}40}$
	$\sqrt{16000}$		$\sqrt{0{,}009}$		$\sqrt{2{,}5}$	g	$\sqrt{37{,}259}$

16. Schreiben Sie die Radikanden als Quadratzahlen und ziehen Sie nur aus diesen die Wurzel.

a	$\sqrt{81\cdot 10^4}$	c	$\sqrt{27\cdot 10^4}$	e	$\sqrt{0{,}0036}$	g	$\sqrt{4{,}9\cdot 10^{-5}}$
b	$\sqrt{8{,}1\cdot 10^3}$	d	$\sqrt{250\cdot 10^2}$	f	$\sqrt{0{,}064\cdot 10^{-3}}$	h	$\sqrt{36\cdot 10^{-5}}$

17. Bestimmen Sie die Werte der dekadischen Logarithmen.

a	$\lg 4{,}32$	c	$\lg 432$	e	$\lg 3{,}6\cdot 10^4$	g	$\lg 0{,}0835$
b	$\lg 43{,}2$	d	$\lg 0{,}432$	f	$\lg 675$	h	$\lg 2{,}45\cdot 10^{-3}$

18. Bestimmen Sie die Werte der natürlichen Logarithmen.

a	$\ln 4{,}32$	c	$\ln 432$	e	$\ln 2{,}7183$	g	$\ln 3{,}65\cdot 10^3$
b	$\ln 43{,}2$	d	$\ln 0{,}432$	f	$\ln 1{,}56$	h	$\ln 1{,}23\cdot 10^{-3}$

19. Bestimmen Sie durch Logarithmieren den Exponenten.

a	$2^x=8$	c	$3{,}5^z=6$	e	$e^x=7{,}3891$	g	$e^z=1{,}2581$
b	$3^y=81$	d	$10^x=100$	f	$e^y=2{,}7183$	h	$e^m=0{,}365$

20. Bestimmen Sie die Unbekannte mit Hilfe des Taschenrechners.

a	$\lg a=1$	c	$\lg c=1{,}5$	e	$\ln w=1$	g	$\ln y=1{,}5$
b	$\lg b=3$	d	$\lg d=0{,}5$	f	$\ln x=3$	h	$\ln z=0{,}5$

1.2 Satz des Pythagoras, Winkelfunktionen

Beispiel:

In einem rechtwinkligen Dreieck ist die Hypotenuse 16 cm und die Ankathete 12,8 cm lang.

Berechnen Sie
a) die Gegenkathete, b) alle Winkel

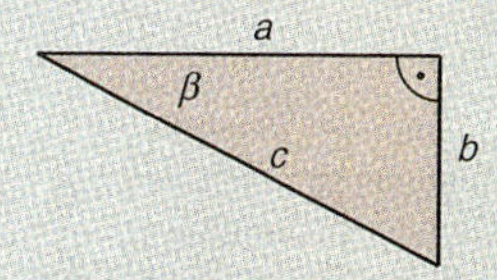

Lösung

Gegeben: $c=16$ cm; $a=12{,}8$ cm Gesucht: b; α; β

$$c^2=a^2+b^2$$

$$b=\sqrt{c^2-a^2}=\sqrt{(16\text{ cm})^2-(12{,}8\text{ cm})^2}=\sqrt{256\text{ cm}^2-163{,}84\text{ cm}^2}=\sqrt{92{,}16\text{ cm}^2}=\mathbf{9{,}6\text{ cm}}$$

$$\cos\beta=\frac{a}{c}=\frac{12{,}8\text{ cm}}{16\text{ cm}}=0{,}8\rightarrow\beta=\mathbf{36°\,52'}\qquad\alpha=90°-\beta=90°-36°\,52'=\mathbf{53°\,8'}$$

Aufgaben

1. Berechnen Sie die fehlenden Werte des rechtwinkligen Dreiecks in Abb. 1.2.1.

	a	b	c	d	e	f
Seite *a*	12	?	0,7	140	?	14,3
Seite *b*	17	60	?	?	33	8,1
Seite *c*	?	100	1,2	220	65	?

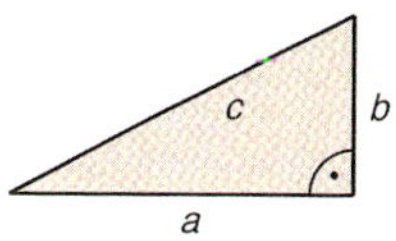

Abb. 1.2.1

2. Zwei Balken sollen rechtwinklig zueinander befestigt werden. Zu diesem Zweck werden in je 1 m Abstand Marken nach Abb. 1.2.2 angezeichnet.

Welches Maß *x* muss eingestellt werden?

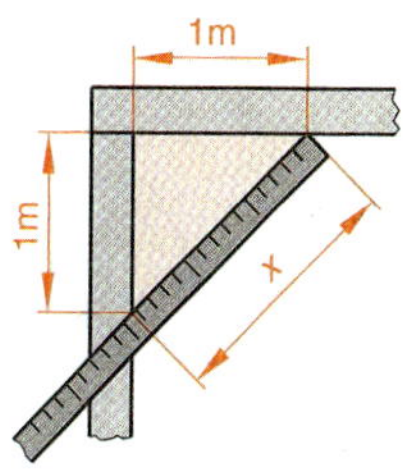

Abb. 1.2.2

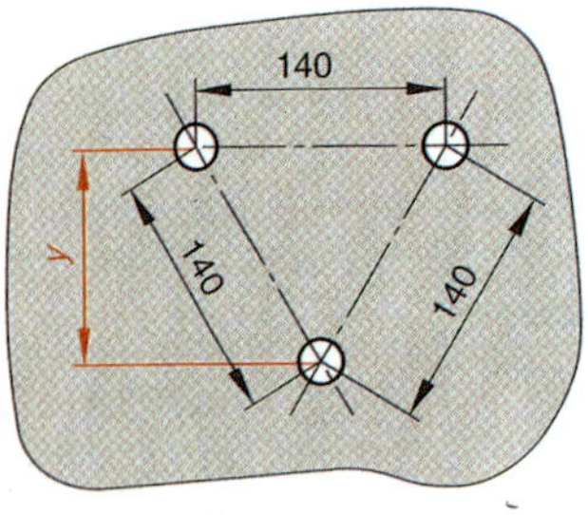

Abb. 1.2.3

3. Mit einem Koordinatenbohrwerk sollen drei Löcher gebohrt werden (Abb. 1.2.3).

Berechnen Sie das Maß *y*.

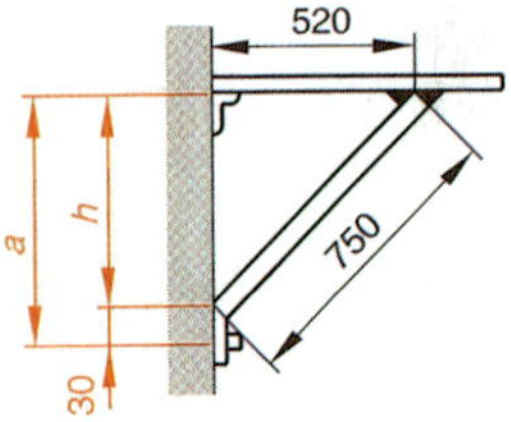

Abb. 1.2.4

4. Eine Wandkonsole soll durch eine schräge Strebe nach Abb. 1.2.4 versteift werden.

In welchem Abstand *a* von der Platte sind Dübel zu setzen?

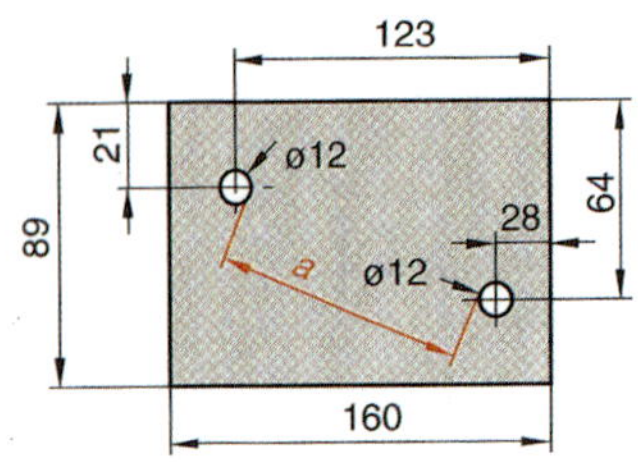

Abb. 1.2.5

5. In eine Platte wurden zwei Löcher nach den Maßen von Abb. 1.2.5 gebohrt.

Berechnen Sie das Kontrollmaß *a*.

6. Ermitteln Sie die Werte der Winkelfunktionen $\sin\alpha$, $\cos\alpha$, $\tan\alpha$ für die Winkel $\alpha = 30°$; 17°; 48°; 87,5°; 12° 10′; 30° 30′; 62° 40′.

7. Bestimmen Sie die Winkel α von $\sin\alpha = 0{,}9613$; $\sin\alpha = 0{,}3987$; $\cos\alpha = 0{,}5878$; $\cos\alpha = 0{,}9038$; $\tan\alpha = 0{,}7813$; $\tan\alpha = 3{,}1084$.

Geben Sie die Zahlenwerte sowohl in Winkelgraden mit 2 Dezimalstellen als auch in Grad und Minuten an.

8. Ermitteln Sie die fehlenden Werte.

Aufgabe	a	b	c	d	e	f
$\sin\alpha$	0,3420	0,9063	?	?	?	?
$\cos\alpha$	?	?	0,8090	0,7193	?	?
$\tan\alpha$	?	?	?	?	0,4279	2,0809

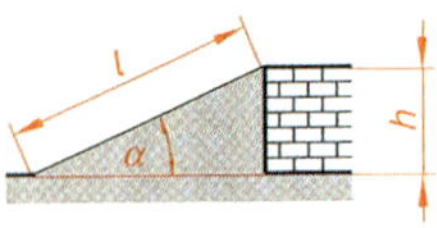

Abb. 1.2.9

9. Eine Rampe hat die Länge $l = 12$ m und eine Höhe $h = 1{,}3$ m (Abb. 1.2.9).

Ermitteln Sie den Steigungswinkel.

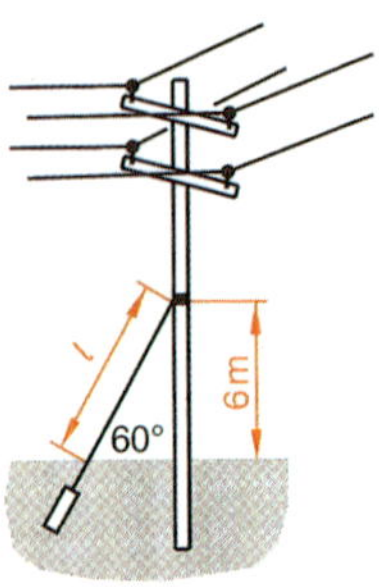

Abb. 1.2.10

10. Ein Abspannseil ist in 6 m Höhe über dem Erdboden an einem Mast nach Abb. 1.2.10 befestigt. Das Seil verläuft unter 60° gegen die Waagrechte.

Berechnen Sie Seillänge *l*.

Abb. 1.2.11

11. An einer Passstraße ist ein Hinweisschild (Abb. 1.2.11) für die Steigung der Strecke angebracht.

Berechnen Sie den Steigungswinkel.

12. Berechnen Sie das Kontrollmaß x in Abb. 1.2.12.

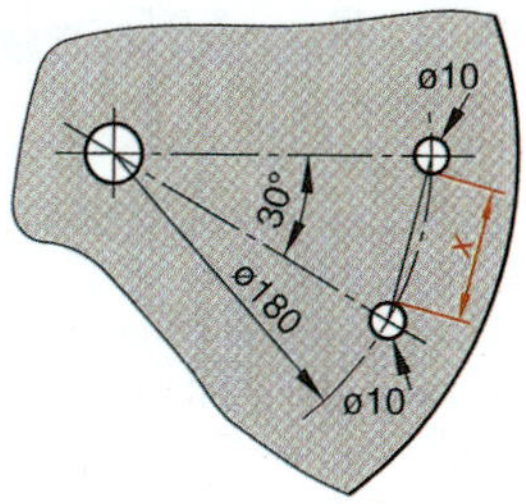

Abb. 1.2.12

13. Für den Schiefen Turm zu Pisa (Abb. 1.2.13) wird zur Zeit eine durchschnittliche Neigung von 5,6° angegeben. An diesem Turm seiner Vaterstadt hat Galileo Galilei seine berühmten Fallgesetze erprobt.

Wie weit vom Fuß des Turmes entfernt trifft ein Körper auf dem Boden auf, der von der Plattform in 45 m Höhe herabfällt?

Abb. 1.2.13

14. Bestimmen Sie durch Zeichnung mit Hilfe der Abb. 1.2.14
a) $\sin\alpha$ aus $\cos\alpha = 0{,}85$,
b) $\cos\alpha$ aus $\sin\alpha = 0{,}4$.

Prüfen Sie die Ergebnisse mit Hilfe eines Taschenrechners.

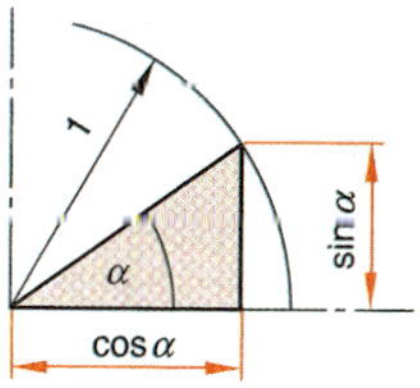

Abb. 1.2.14

15. Bestimmen Sie zeichnerisch aus $\tan\alpha = 1{,}3$ die Werte von $\sin\alpha$ und $\cos\alpha$. Vergleichen Sie die Ergebnisse mit den Zahlenwerten des Taschenrechners.

1.3 Funktionen

Beispiele:

1. Logarithmische Skalen

In einem rechtwinkligen Koordinatensystem ist die x-Achse logarithmisch geteilt. Der Ursprung hat den Wert $x_0 = 10$. Der Abstand der Dekaden (1 ZE) beträgt 40 mm.

a) In welchem Abstand a_1 vom Ursprung ist der Wert $x_1 = 50$ einzutragen?

b) Bestimmen Sie den Zahlenwert x_2 des Punktes, der 20 mm vom Ursprung entfernt ist.

Lösung:

a) $a_1 = 1\,\text{ZE} \cdot \lg \frac{a_1}{x_0} = 40\,\text{mm} \cdot \lg \frac{50\,\text{mm}}{10\,\text{mm}} = 40\,\text{mm} \cdot 0{,}70 = \mathbf{28\,mm}$

b) $x_2 = x_0 \cdot 10^{\frac{a_2}{\text{ZE}}} = 10 \cdot 10^{\frac{20\,\text{mm}}{40\,\text{mm}}} = 10 \cdot 10^{0{,}5} = 10 \cdot 3{,}16 = \mathbf{31{,}6}$

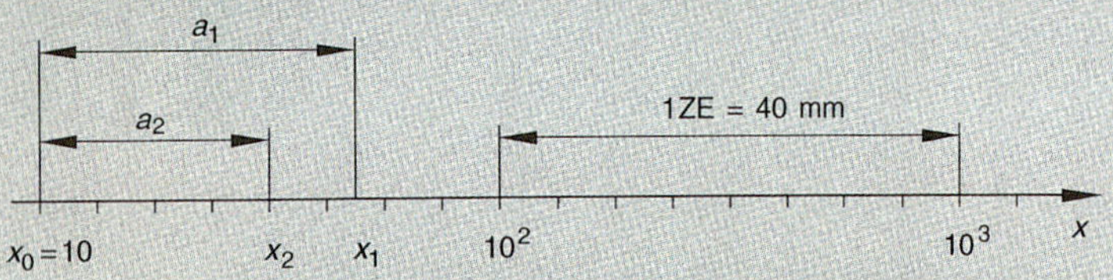

2. Gerade und Hyperbel

Eine Gerade schneidet die y-Achse eines rechtwinkligen Koordinatensystems an der Stelle $y_0 = 2$ und geht durch den Punkt P_1 ($x_1 = 6$; $y_1 = 5$).

a) Bestimmen Sie den Steigungsfaktor der Geraden und geben Sie ihre Gleichung an.

b) Berechnen Sie mit Hilfe der Winkelfunktionen den Schnittpunkt P_2 der Geraden mit der x-Achse.

c) Ermitteln Sie zeichnerisch die Koordinaten des Schnittpunkts P_3 der Geraden mit der Hyperbel $y = \frac{6}{x}$. Überprüfen Sie das Ergebnis durch Rechnung.

Lösung:

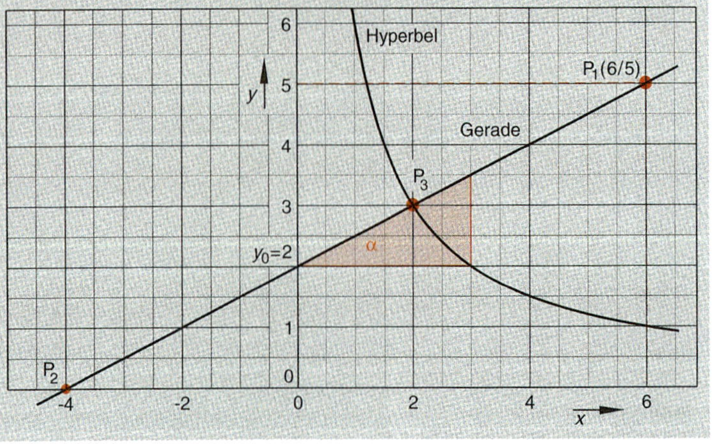

Lösung:

a) Steigungsdreieck: $m = \tan\alpha = \frac{1,5}{3} = \mathbf{0,5}$ Gleichung der Geraden: $\mathbf{y = 0,5\,x + 2}$

b) Für P_2 (Schnitt mit der x-Achse) gilt die Gleichung: $0 = 0,5\,x_2 + 2 \Rightarrow x_2 = \mathbf{-4}$

c) Die Hyperbel $y = \frac{6}{x}$ wird mit Hilfe einer Wertetafel gezeichnet.

x	0,5	1	1,5	2	3	4	6	12
y	12	6	4	3	2	1,5	1	0,5

Der Schnittpunkt P_3 hat die Koordinaten $\mathbf{x_3 = 2;\ y_3 = 3}$

Die Kontrolle erfolgt durch Einsetzen der Zahlenwerte (x_3/y_3) in beide Gleichungen; dies muss zu wahren Aussagen führen.

Geradengleichung: $3 = 0,5 \cdot 2 + 2$ **wahre Aussage**

Hyperbelgleichung: $3 = \frac{6}{2}$ **wahre Aussage**

Aufgaben

1. Auf einer linear geteilten Abszissenachse sollen Spannungen von 0 V bis 50 V abgetragen werden.

Zeichnen Sie drei Abszissenachsen mit verschiedenen normgerechten Achsenbezeichnungen und verschiedenen Achsenbezifferungen.

2. Bei zeichnerischen Darstellungen in Koordinatensystemen müssen gegebene Größen, z. B. Spannung U, in Längenmaße bzw. Längenmaße in gesuchte Größen umgerechnet werden.

Führen Sie diese Umrechnungen durch.

Aufgabe	a	b	c	d
Abbildungsmaßstab	1 cm ≙ 5 V	2 cm ≙ 1 V	1 cm ≙ 0,2 V	1 cm ≙ 3 mA
Größe	23,8 V	4,83 V	? **V**	? **mA**
Abstand a vom Ursprung	? **mm**	? **mm**	126 mm	4,85 cm

3. Die Achse in einem Koordinatensystem soll mit Widerstandswerten von 10 Ω bis 1 kΩ beziffert werden. Dazu wird eine logarithmische Teilung mit der Zeicheneinheit pro Dekade von 1 ZE = 60 mm gewählt (Abb. 1.3.3).

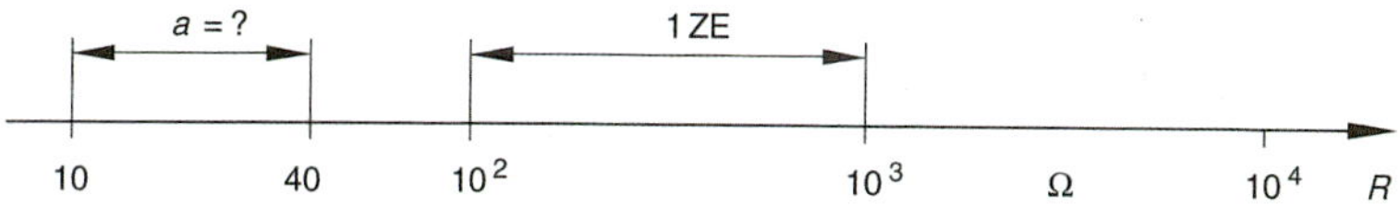

Abb. 1.3.3

a) Bestimmen Sie innerhalb der Dekade von 10 Ω bis 100 Ω die Abstände a vom Anfangspunkt der Dekade für R = 10 Ω; 15 Ω; 20 Ω; 30 Ω; 40 Ω; 50 Ω; 60 Ω; 80 Ω; 100 Ω.

b) Zeichnen Sie die Werte ein.

4. An den logarithmisch bezifferten Achsen von drei verschiedenen Koordinatensystemen werden die Abstände a_1 bis a_6 vom Ursprung abgelesen (Abb. 1.3.4).

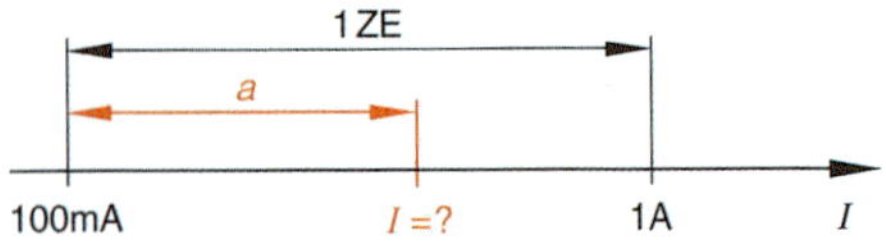

Abb. 1.3.4

Achse	1		2		3	
Ursprung	100 Ω		10 V		0,1 mA	
ZE der Dekade	30 mm		50 mm		100 mm	
Abstand a	25 mm	46,3 mm	30 mm	18,7 mm	80 mm	250 mm

Bestimmen Sie die Zahlenwerte x_1 bis x_6.

5. Die Funktionsgleichung einer Geraden hat die Form $y = m \cdot x + b$. Für die Parameter m und b sollen die angegebenen Werte eingesetzt werden:

Aufgabe	1	2	3	4	5	6
Parameter m	1	0,5	0,5	−2	1/3	−0,5
Parameter b	0	0	2	5	−2	5

a) Geben Sie die Bedeutung der Parameter m und b an und beschreiben Sie den Verlauf der Geraden.
b) Konstruieren Sie die Geraden mit Hilfe der Steigung oder durch Berechnen je eines Funktionswerts.

6. In einem rechtwinkligen Koordinatensystem sind die beiden Punkte $P_1(3/4)$ und $P_2(8/5)$ bekannt.
a) Zeichnen Sie die Gerade durch die beiden Punkte.
b) Bestimmen Sie die Schnittpunkte mit den beiden Achsen und ermitteln Sie daraus Steigungsfaktor m und Ordinatenabschnitt b.
c) Prüfen Sie nach, ob die Koordinaten der beiden Punkte P_1 und P_2 mit der Geradengleichung zu einer wahren Aussage führen.

7. Die Funktionsgleichung einer Parabel hat die Form $y = a \cdot x^2$.
a) Beschreiben Sie die Lage der Parabel für $a > 0$. Begründen Sie die Antwort.
b) Welchen Einfluss hat der Parameter a auf die Form der Parabel?
c) Zeichnen Sie Parabeln mit $a_1 = 2$; $a_2 = 0{,}5$ und $a_3 = -1$. Wählen Sie auf beiden Achsen den Maßstab 1 ZE = 1 cm.

8. Hyperbeln mit der Gleichung $y = a \cdot \frac{1}{x}$ verlaufen für $x > 0$ im ersten Quadranten.
a) Zeichnen Sie die beiden Hyperbeln mit $a_1 = 1$ und $a_2 = 2$ in dasselbe rechtwinklige Koordinatensystem mit der linearen Teilung 1 ZE = 2 cm.
b) Zeichnen Sie beide Hyperbeln in ein Achsenkreuz mit logarithmischer Teilung beider Achsen (1 ZE = 2 cm). Legen Sie den Schnittpunkt der Achsen in den Punkt (0,1/0,1).

9. Bei der Winkelfunktion $y = \sin\alpha$ ist die unabhängige Variable α in Winkelgraden angegeben.
a) Stellen Sie eine Wertetafel für $\alpha = 0°$ bis $\alpha = 90°$ auf.

b) Zeichnen Sie die Wertepaare in ein rechtwinkliges Koordinatensystem mit linear geteilten Achsen ein.
c) Übertragen Sie die Werte durch Achsen- bzw. Punktspiegelung auf den Bereich von $\alpha=90°$ bis $\alpha=360°$.
d) Zeichnen Sie die Sinuslinie.

10. Die Winkelfunktion $y=a\cdot\cos\alpha$ hat den Parameter $a=2$.
a) Bestimmen Sie die Funktionswerte für $\alpha=0°$; 30°; 45°; 60° und 90° mit dem Taschenrechner.
b) Bilden Sie durch Überlegung weitere Wertepaare bis $\alpha=360°$.
c) Zeichnen Sie den Graph.

11. Die Lichtstärke-Verteilungskurve (Abb. 1.3.11) einer Einbauleuchte (Downlight) mit einem Abblendwinkel von 40° ist in Polarkoordinaten dargestellt. Die Leuchte ist mit zwei Kompakt-Leuchtstofflampen 9 W bestückt, die einen Lichtstrom von je 600 Lumen haben.
a) Beschreiben Sie die Lichtverteilung.
b) Entnehmen Sie dem Diagramm die Lichtstärke pro Kilolumen (cd/klm) für die Winkel $\alpha=0°$; 10°; 20°; 30° und 40°.
c) Rechnen Sie die Zahlenwerte aus dem Diagramm auf die tatsächliche Lichtstärke I_v bei der Bestückung mit 2×9 W um.

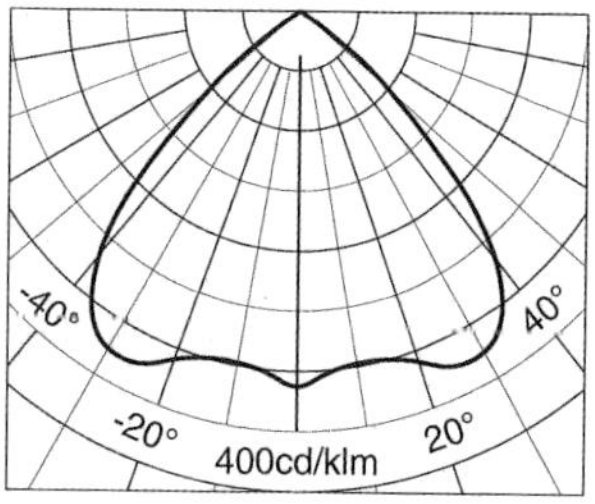

Abb. 1.3.11

2.1 Grundgrößen

Beispiele:

1. Ladung

Ein MP-Kondensator wurde 9,5 s lang mit durchschnittlich 2,1 mA aufgeladen.

Berechnen Sie

a) die Ladung des Kondensators,

b) die Elektronenzahl beim Ladevorgang.

Lösung:

Gegeben: $t=9{,}5\ \text{s}$; $I=2{,}1\ \text{mA}$
Gesucht: Q; n

a) $Q=I\cdot t=2{,}1\ \text{mA}\cdot 9{,}5\ \text{s}=\mathbf{19{,}95\ mAs}$

b) $n=\frac{Q}{e}=\frac{19{,}95\ \text{mAs}}{1{,}602\cdot 10^{-19}\ \text{As}}=\mathbf{1{,}245\cdot 10^{17}}$

2. Stromdichte und Leitwert

Ein Kupferdraht von 10 m Länge und 1,5 mm² Querschnitt hat einen Widerstand von 119 mΩ. Er wird von 8 A durchflossen.

a) Wie groß ist die Stromdichte?

b) Berechnen Sie den Leitwert.

Lösung:

Gegeben: $l=10\ \text{m}$; $A=1{,}5\ \text{mm}^2$; $R=119\ \text{m}\Omega$; $I=8\ \text{A}$
Gesucht: J; G

a) $J=\frac{I}{A}=\frac{8\ \text{A}}{1{,}5\ \text{mm}^2}=\mathbf{5{,}33\ \frac{A}{mm^2}}$

b) $G=\frac{1}{R}=\frac{1}{0{,}119\ \Omega}=\mathbf{8{,}4\ S}$

Aufgaben

1. Wandeln Sie die Spannungsangaben um.

a	b	c	d	e
3 kV	10 mV	230 V	0,6 V	400 kV
? **V**	? **V**	? **kV**	? **mV**	? **V**

2. Wandeln Sie die Stromangaben um.

a	b	c	d	e
75 mA	0,32 A	600 A	0,8 mA	900 µA
? **A**	? **mA**	? **kA**	? **µA**	? **mA**

3. Wandeln Sie die Widerstandsangaben aus der Normreihe E6 um.

a	b	c	d	e
100 mΩ	1,5 Ω	220 Ω	3,3 kΩ	470 kΩ
? **Ω**	? **mΩ**	? **kΩ**	? **Ω**	? **MΩ**

4. Wandeln Sie die Leitwertangaben um.

a	b	c	d	e
735 S	0,0045 S	4320 S	0,05 S	3,2 kS
? **kS**	? **mS**	? **kS**	? **mS**	? **S**

5. Geben Sie die Ladung in Potenzschreibweise an.

a	b	c	d	e
0,61 As	120 mC	3,2 µAs	0,4 nC	51 mAs
? **As**	? **C**	? **As**	? **C**	? **As**

6. Addieren Sie

a) 3,84 V + 780 mV + 0,03 kV
b) 8,59 A + 0,421 A + 3,5 mA
c) 5,1 kΩ + 39 Ω − 0,75 kΩ
d) 0,932 kS − 86,3 S − 560 mS

7. Ein Bleiakkumulator wird 8 Stunden lang mit 3,2 A geladen.

Berechnen Sie

a) die Ladung,
b) die Elektronenzahl der Ladung.

8. Der Kondensator eines Elektronenblitzgeräts hat eine Ladung von 450 mAs. Er wird durch eine Blitzlampe in einer tausendstel Sekunde entladen.

Berechnen Sie

a) den mittleren Entladestrom,
b) die Elektronenzahl bei der Entladung.

9. In einer Zeitschaltung wird der Kondensator aus einer Konstantstromquelle geladen. Es fließt ein Strom von 12 mA.

Wie groß ist die Ladung des Kondensators nach 150 ms?

10. In einem Schalter ist als Orientierungsbeleuchtung eine Glimmlampe (Abb. 2.1.10) eingebaut. Es fließt ein Strom von 0,5 mA.

Berechnen Sie die elektrische Ladung, die innerhalb eines Tages transportiert wird.

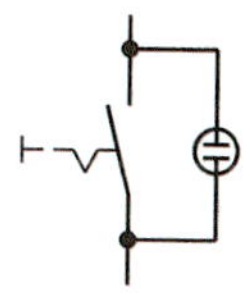

Abb. 2.1.10

11. Ein Steuertransformator 230 V/24 V nimmt 0,77 A auf und gibt 6,2 A ab. Die Stromdichte in der Eingangswicklung soll 2,3 $\frac{\text{A}}{\text{mm}^2}$, in der Ausgangswicklung 2,7 $\frac{\text{A}}{\text{mm}^2}$ nicht überschreiten.

Berechnen Sie die erforderlichen Querschnitte.

12. In der Zuleitung NYM 3 × 1,5 mm^2 zu einer Glühlampe 60 W/230 V fließen 0,27 A. Der Querschnitt des Glühfadens beträgt 0,0004 mm^2.

Berechnen Sie die Stromdichte

a) in der Zuleitung,
b) im Glühfaden.

13. Die Stromdichte in einem Heizleiter mit 0,4 mm Durchmesser beträgt 25 $\frac{A}{mm^2}$.
Welcher Strom fließt im Heizleiter?

14. Berechnen Sie die Stromdichten.

Aufgabe		a	b	c	d	e	f	g
Querschnitt A in mm^2		1,5	2,5	4	6	10	16	25
Nennstrom des Überstromschutzorgans I_N in A Typ B mit 2 belasteten Adern	Verlegeart A	16	20	25	35	40	63	80
	Verlegeart B1	16	25	32	40	50	80	100
	Verlegeart C	20	25	35	40	63	80	100
Stromdichte J in $\frac{A}{mm^2}$	Verlegeart A	?	?	?	?	?	?	?
	Verlegeart B1	?	?	?	?	?	?	?
	Verlegeart C	?	?	?	?	?	?	?

15. Rechnen Sie Widerstandswerte in Leitwerte um.

a	b	c	d	e
2,2 Ω	4,7 kΩ	25 Ω	900 mΩ	160 Ω
? **S**	? **µS**	? **mS**	? **S**	? **mS**

16. Ein Bügeleisen hat einen Widerstand von 48,2 Ohm. Der Widerstand der Zuleitung beträgt 0,32 Ohm.

Berechnen Sie den Leitwert
a) der Heizwicklung,
b) der Zuleitung.

17. Der Leitwert eines 1 m langen Kupferdrahtes mit 1 mm^2 Querschnitt beträgt 56 S.
Berechnen Sie den Widerstand des Kupferleiters.

18. Das Leistungsschild eines Anlasswiderstandes trägt die Aufschrift 1,5 Ω/25 A.
Berechnen Sie den Leitwert des Anlasswiderstandes.

19. Eine Widerstandsschaltung hat einen Ersatzleitwert von 8 mS.
Berechnen Sie den Ersatzwiderstand der Schaltung.

2.2 Ohmsches Gesetz

Beispiel:

Ein verstellbarer Widerstand liegt an einer Spannung von 42 V. Durch Messen wird ein Strom von 140 mA festgestellt.

Berechnen Sie

a) den eingestellten Widerstand,
b) den Leitwert.

Lösung:

Gegeben: $U = 42\,V$; $I = 140\,mA$
Gesucht: R; G

a) $I = \frac{U}{R}$; $R = \frac{U}{I} = \frac{42\,V}{140\,mA} = \frac{42\,V}{0{,}14\,A} = \mathbf{300\,\Omega}$

b) $G = \frac{1}{R} = \frac{1}{300\,\Omega} = 0{,}00333\,S = \mathbf{3{,}33\,mS}$

Aufgaben

1. Eine Heizspirale hat einen Widerstand von 40 Ω und liegt an einer Spannung von 230 V.

Berechnen Sie den Strom.

2. Eine Glühlampe 60 W nimmt bei 230 V einen Strom von 261 mA auf.

Wie groß sind Widerstand und Leitwert der Glühlampe?

3. Ein Strommesser mit dem Messbereichendwert 6 A hat einen Innenwiderstand von 60 mΩ.

Welcher Spannungsabfall tritt bei Vollausschlag auf?

4. Die Schnellkochplatte eines Elektroherdes 230 V/2 kW hat einen Widerstand von 26,5 Ω.

Berechnen Sie die Stromaufnahme.

5. Am Sockel einer Zwerglampe sind folgende Angaben eingeprägt: 6 V/0,3 A.

Berechnen Sie den Widerstand und den Leitwert des Glühfadens bei Nennspannung.

6. Welche Spannung liegt an einem Schichtwiderstand 1,8 kΩ/0,25 W, der von 11 mA durchflossen wird?

7. Ein Reisetauchsieder 230 V/600 W nimmt einen Strom von 2,61 A auf.

Berechnen Sie

a) den Widerstand der Heizspirale,
b) den Leitwert der Heizspirale.

8. Bei einem 80 l-Speicher 230 V/4 kW beträgt der Widerstand der Heizwicklung 12,1 Ohm.

Berechnen Sie den Strom in der Zuleitung.

9. Ein Widerstand trägt die Aufschrift 3,3 kΩ/5 W. In der Zuleitung wird ein Strom von 30,2 mA gemessen.

Berechnen Sie die Spannung am Widerstand.

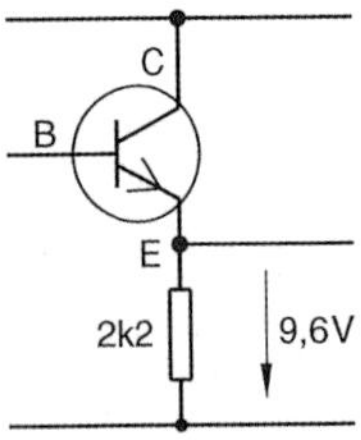

Abb. 2.2.11

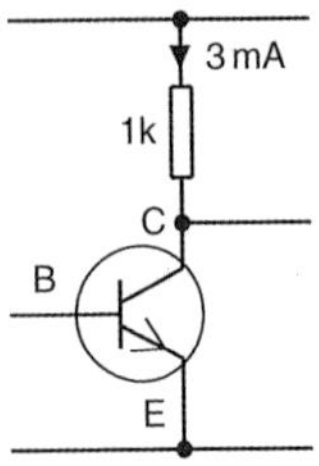

Abb. 2.2.12

10. An einem Beleuchtungskörper mit der Nennspannung 230 V tritt ein Kurzschluss auf. Der Widerstand der Leitung beträgt 280 mΩ.

Wie groß ist der rechnerische Kurzschlussstrom?

11. Am Arbeitswiderstand 2,2 kΩ eines Transistors (Abb. 2.2.11) liegen 9,6 V.

Berechnen Sie den Emitterstrom des Transistors.

12. Berechnen Sie die Spannung am Lastwiderstand des NPN-Transistors (Abb. 2.2.12).

13. Aus der Kennlinie eines Heißleiters (NTC-Widerstand) werden folgende Werte entnommen: $U_1 = 30$ V, $I_1 = 2{,}1$ mA
$U_2 = 52$ V, $I_2 = 4{,}7$ mA

Berechnen Sie den jeweiligen Widerstandswert des Heißleiters.

14. Der PTC-Widerstand (Kaltleiter) eines Temperaturfühlers hat bei 80 °C einen Widerstand von 90 Ω, bei 150 °C einen Widerstand von 170 kΩ. Er liegt an 1,5 V–.

Berechnen Sie die Stromaufnahme bei 80 °C und bei 150 °C.

15. Der Zusammenhang zwischen dem Strom I und der angelegten Spannung U eines Widerstandes soll in einem Diagramm dargestellt werden. Der Widerstand beträgt 15 Ω, die Spannung kann zwischen 0 V und 60 V verändert werden.

a) Berechnen Sie die Ströme und tragen Sie die Ergebnisse in eine Wertetafel ein.
b) Zeichnen Sie den Graph. Verwenden Sie dazu folgende Maßstäbe:

waagrechte Achse 10 V ≙ 1 cm
senkrechte Achse 1 A ≙ 1 cm

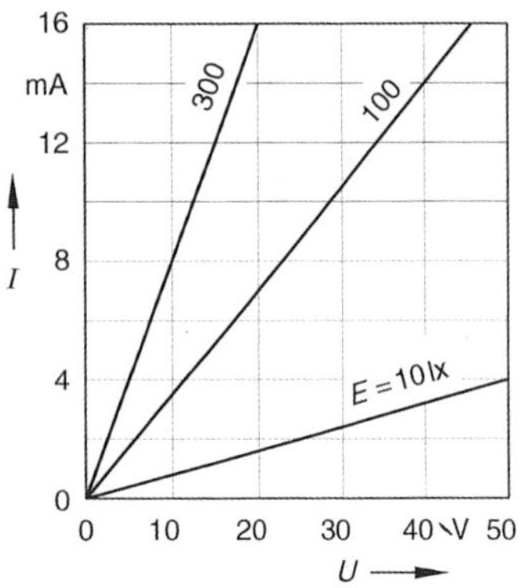

Abb. 2.2.16

16. An einem Fotowiderstand liegt eine Spannung von 40 V. Die Beleuchtungsstärke E beträgt 100 lx. (Abb. 2.2.16)

a) Ermitteln Sie aus dem Kennlinienfeld den fließenden Strom.
b) Berechnen Sie den Widerstand.

17. Ein 68 Ω-Widerstand liegt an 230 V.

a) Berechnen Sie den Strom.
b) Zeichnen Sie die Widerstandskennlinie in einem I-U-Diagramm.

18. Die Widerstände R_1, R_2 und R_3 sind in einem I-U-Kennlinienfeld dargestellt. (Abb. 2.2.18)

Wie groß sind die drei Widerstände?

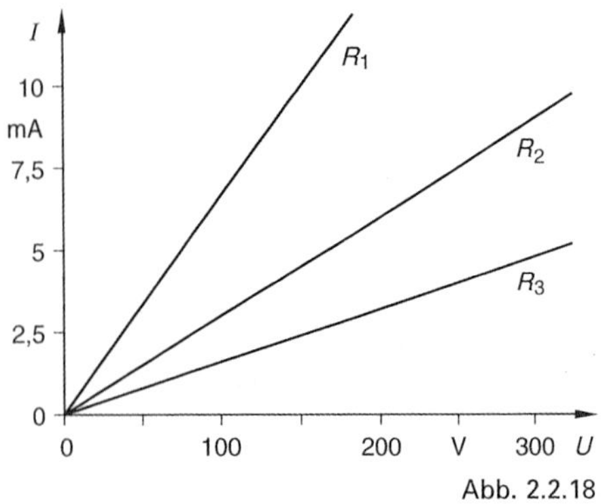

Abb. 2.2.18

2.3 Leiterwiderstand

Beispiel:

Ein temperaturunabhängiger Widerstandsdraht aus Konstantan $\left(\text{Kurzzeichen CuNi 44, } \varrho = 0{,}49\,\frac{\Omega\text{mm}^2}{\text{m}}\right)$ hat einen Durchmesser von 0,3 mm und ist 76 m lang. Er soll an eine Spannung von 16 V angeschlossen werden. Die Stromdichte darf $0{,}5\,\frac{\text{A}}{\text{mm}^2}$ nicht übersteigen.

Berechnen Sie

a) den Werkstoffquerschnitt,
b) den Leiterwiderstand,
c) die tatsächliche Stromdichte.

Lösung:

Gegeben: $\varrho = 0{,}49\,\frac{\Omega\text{mm}^2}{\text{m}}$; $d = 0{,}3$ mm; $l = 76$ m; $U = 16$ V; $S \leq 0{,}5\,\frac{\text{A}}{\text{mm}^2}$

Gesucht: A; R; J

a) $A = \frac{d^2 \cdot \pi}{4} = \frac{(0{,}3\text{ mm})^2 \cdot \pi}{4} = \mathbf{0{,}0707\ mm^2}$

b) $R = \frac{\varrho \cdot l}{A} = \frac{0{,}49\,\frac{\Omega\text{mm}^2}{\text{m}} \cdot 76\text{ m}}{0{,}0707\text{ mm}^2} = \frac{0{,}49\,\Omega\text{mm}^2 \cdot 76\text{ m}}{\text{m} \cdot 0{,}0707\text{ mm}^2} = \mathbf{527\ \Omega}$

c) $I = \frac{U}{R} = \frac{16\text{ V}}{527\,\Omega} = \frac{16\text{ V}}{527\,\frac{\text{V}}{\text{A}}} = \frac{16\text{ V} \cdot \text{A}}{527\text{ V}} = 0{,}0304\text{ A}$

$J = \frac{I}{A} = \frac{0{,}0304\text{ A}}{0{,}0707\text{ mm}^2} = \mathbf{0{,}43\,\frac{A}{mm^2}}$

Die zulässige Stromdichte wird nicht überschritten.

Aufgaben

1. Ein Kupferleiter mit einem Querschnitt von 1,5 mm² ist 100 m lang.
Wie groß ist der Widerstand des Leiters?

2. Der Heizleiterwerkstoff Cronifer III (Kurzzeichen NiCr 30 20) hat einen spezifischen Widerstand von $1{,}04\,\frac{\Omega\text{mm}^2}{\text{m}}$. Die Stromdichte im Heizleiter soll $20\,\frac{\text{A}}{\text{mm}^2}$ nicht überschreiten.
Ein Heizleiter aus diesem Werkstoff ist 2,5 mm breit und 0,2 mm dick (Abb. 2.3.2). Er hat eine Länge von 18 m.

Berechnen Sie
a) den Widerstand,
b) den höchstzulässigen Strom.

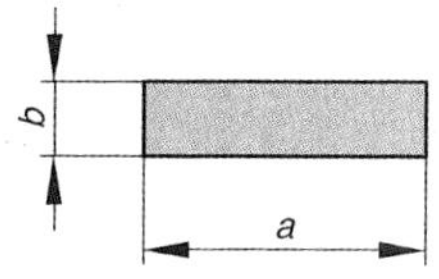

Abb. 2.3.2

3. Für einen Gleichstrommotor ist ein Anlasswiderstand mit 10 Ω erforderlich. Verwendet wird Widerstandswerkstoff $\left(\varrho = 1{,}1\,\frac{\Omega\text{mm}^2}{\text{m}}\right)$ mit 1,6 mm Durchmesser.

Berechnen Sie die Drahtlänge.

4. Ein Aluminiumseil mit 25 mm^2 Querschnitt ist 3,6 km lang.

Berechnen Sie den Widerstand.

5. Auf einer Rolle befindet sich Draht mit 0,4 mm Durchmesser. Zwei Meter davon haben einen Widerstand von 6,7 Ω.

Berechnen Sie den spezifischen Widerstand und bestimmen Sie daraus den Werkstoff.

6. Die dreiadrige Zuleitung NYY zu einem Gartenhaus ist 43 m lang. Der Spannungsfall darf 3,3 V bei einem Strom von 16 A nicht übersteigen.

Wie groß ist

a) der höchstzulässige Widerstand der Leitung,
b) der erforderliche Mindestquerschnitt,
c) der wegen des Spannungsfalls zu verlegende Normquerschnitt?

7. Eine einlagige Spule ist mit Kupferlackdraht 0,6 CuL dicht bewickelt. Die Dicke der Isolierung wird nicht berücksichtigt (Abb. 2.3.7).

Berechnen Sie den Widerstand der Spule.

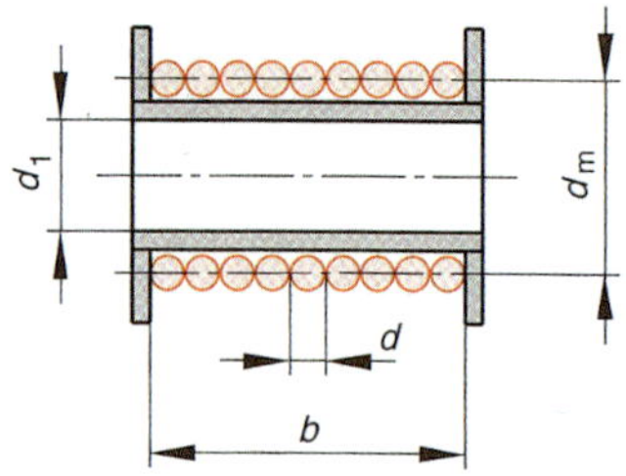

Buchst.	Zahlenwert
d	0,6 mm
d_1	32 mm
b	80 mm

Abb. 2.3.7

8. Ein Heimwerker schließt eine Bohrmaschine 600 W/230 V über eine 40 m lange Leitung H05RR-F Cu 3 × 1,0 an. Die Bohrmaschine nimmt einen Strom von 2 A auf.

Berechnen Sie

a) den Leitungswiderstand,
b) den Spannungsverlust in V und %.

9. Am Anfang eines 100 m langen Netzausläufers Cu 2×50^2 wird eine Spannung von 228 V gemessen. In der Leitung fließen 54 A.

Berechnen Sie

a) den Spannungsverlust in der Leitung,
b) den Spannungsverlust in %,
c) die Spannung am Ende der Leitung.

10. Die Zuleitung zu einem schutzisolierten Studioscheinwerfer 230 V/2 kW ist in H07RN-F2 × 1,5 ausgeführt. Bei Nennstrom 9,1 A darf der Spannungsfall 1,5% nicht übersteigen.

Berechnen Sie die höchstzulässige Leitungslänge.

11. Ein Messwiderstand soll 133 Ω haben. Zur Verfügung steht Manganin CuMn 12 Ni $\left(\varrho = 0{,}43\ \frac{\Omega mm^2}{m}\right)$ mit 0,2 mm Durchmesser.

Welche Drahtlänge ist erforderlich?

12. Eine Relaisspule mit Kupferlackdraht (CuL 0,36) ist an 24 V angeschlossen. Die Stromdichte beträgt $2{,}5\,\frac{\text{A}}{\text{mm}^2}$.

Berechnen Sie
a) den Strom,
b) den Widerstand,
c) die Länge des Spulendrahtes.

Werkstoff	γ in $\frac{\text{m}}{\Omega\text{mm}^2}$	ϱ in $\frac{\text{kg}}{\text{dm}^3}$
Aluminium	36	2,7
Stahl	8	7,85

13. Aluminiumstahlseil Al/St44/32 besteht aus 14 Aluminiumdrähten mit je 2 mm Durchmesser und 7 Stahldrähten mit je 2,4 mm Durchmesser.

Berechnen Sie den Widerstand und die Masse von 1 km Seil.

14. Eine mehrlagige Spule (Abb. 2.3.14) für 24 V ist mit 0,4 CuL bewickelt. Die Isolation wird nicht berücksichtigt. Die Stromdichte soll $2{,}5\,\frac{\text{A}}{\text{mm}^2}$ nicht überschreiten.

Berechnen Sie
a) die erforderliche Drahtlänge,
b) den Drahtwiderstand,
c) den Strom,
d) die tatsächliche Stromdichte.

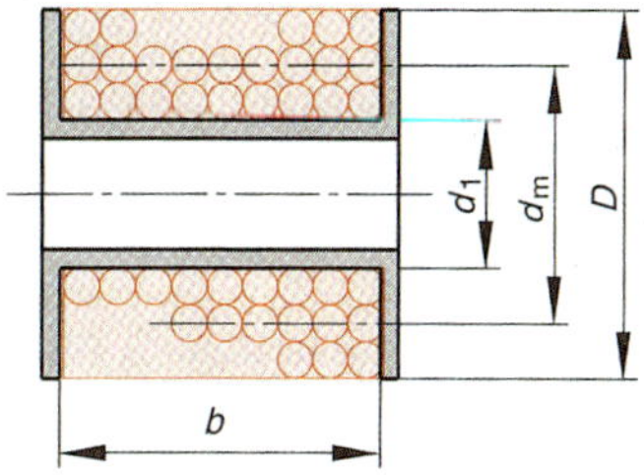

Buchst.	Zahlenwert
D	60 mm
d_1	40 mm
b	60 mm

Abb. 2.3.14

2.4 Widerstand und Temperatur

Beispiel:

Die Wicklung einer Magnetspule hat bei 20 °C einen Widerstand von 160 Ω. Bei Dauerbetrieb erreicht die Wicklung eine Temperatur von 65 °C.

Bei Kupfer beträgt der Temperaturbeiwert $\alpha = 0{,}0039\,\frac{1}{\text{K}}$.

Berechnen Sie

a) die Widerstandszunahme

b) den Leiterwiderstand der Spule bei 65 °C

Lösung:

Gegeben: $\vartheta_{20} = 20\,°\text{C}$; $\vartheta = 65\,°\text{C}$; $R_{20} = 160\,\Omega$

Gesucht: ΔR; R

a) $\Delta\vartheta = \vartheta - \vartheta_{20} = 65\,°\text{C} - 20\,°\text{C} = 45\,\text{K}$

$\Delta R = \alpha \cdot \Delta\vartheta \cdot R_{20} = 0{,}0039\,\frac{1}{\text{K}} \cdot 45\,\text{K} \cdot 160\,\Omega = \mathbf{28\,\Omega}$

b) $R_\vartheta = R_{20} + \Delta R = 160\,\Omega + 28\,\Omega = \mathbf{188\,\Omega}$

Aufgaben

1. Eine Kupferleitung hat bei Raumtemperatur (20 °C) einen Widerstand von 14,7 Ω.

Berechnen Sie den Widerstand, wenn sich die Leitung auf 55 °C erwärmt.

2. Die Wicklung eines Elektromagneten erwärmt sich nach langer Betriebsdauer von 20 °C auf 65 °C. Die Widerstandszunahme der Kupferwicklung beträgt dabei 4,5 Ω.

Wie groß ist der Kaltwiderstand?

3. Die Erregerwicklung eines Gleichstrom-Nebenschlussmotors nimmt bei 230 V einen Strom von 750 mA auf. Nach dreistündigem Betrieb ist der Strom auf 650 mA abgesunken.

Berechnen Sie die Temperatur der warmen Wicklung.

4. Eine Schützspule hat bei 20 °C einen Widerstand von 120 Ω. Sie ist aus 0,6 CuL hergestellt. Nach längerem Betrieb hat sich die Spule auf 50 °C erwärmt.

Berechnen Sie

a) die Länge des Spulendrahtes,

b) den Warmwiderstand.

5. Der spezifische Widerstand eines Kupferdrahtes beträgt in warmem Zustand $0{,}0210\,\frac{\Omega\text{mm}^2}{\text{m}}$.

Bestimmen Sie die Temperaturzunahme.

6. Eine Schützspule mit der Nennspannung 230 V nimmt bei Raumtemperatur einen Strom von 75 mA auf. Nach längerer Betriebszeit sinkt der Strom auf 65 mA ab.

Wird die zulässige Wicklungstemperatur von 80 °C überschritten?

7. Ein Präzisionsmesswiderstand hat bei 20 °C einen Widerstand von 2 kΩ und ist aus CuMn 12 Ni $\left(\text{Manganin, } \alpha = 0{,}00001\,\frac{1}{\text{K}}\right)$ hergestellt. Sein Widerstandswert darf sich im Betrieb höchstens um 0,5‰ ändern.

Auf welche Temperatur darf sich der Messwiderstand erwärmen?

8. Ein Drehstromgenerator hat bei 20 °C einen Strangwiderstand von 9,4 Ω. Im Betrieb steigt die Temperatur der Wicklung auf 75 °C (Abb. 2.4.8).

Welchen Widerstand hat ein Wicklungsstrang in warmem Zustand?

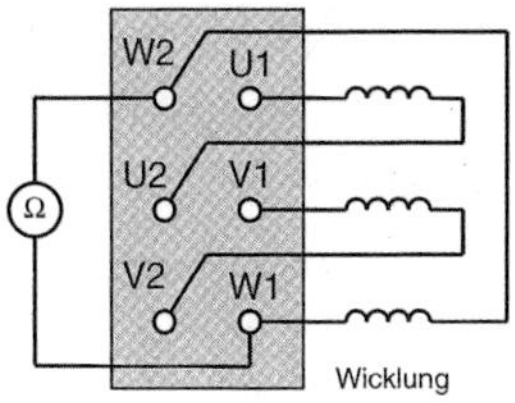

Abb. 2.4.8

9. Ein NTC-Widerstand hat bei 30 °C einen Widerstandswert von 630 Ω, bei 95 °C geht der Widerstand auf 45 Ω zurück.

Berechnen Sie den Temperaturbeiwert.

10. Der Fühler eines Flüssigkeitsstand-Anzeigers ist ein Kaltleiter. Dieser PTC-Widerstand hat bei 20 °C einen Wert von 200 Ω; bei 50 °C beträgt der Widerstand 900 Ω.

Welchen mittleren Temperaturbeiwert hat der Widerstand?

11. Aus der Kennlinie eines NTC-Widerstands wird bei 25 °C ein Widerstand von 47 kΩ und bei 45 °C ein Widerstand von 18 kΩ entnommen.

Berechnen Sie für diesen Temperaturbereich den mittleren Temperaturbeiwert.

12. An einem Bauelement wird bei 20 °C Raumtemperatur und einer Anschlussspannung von 230 V ein Strom von 2,1 A gemessen. Nach 10 Minuten beträgt der Strom nur noch 900 mA $\left(\alpha = 0{,}004\,\frac{1}{\mathrm{K}}\right)$.

Berechnen Sie die erreichte Temperatur.

13. Der Temperaturfühler eines Widerstandsthermometers besteht aus Platin $\left(\alpha = 0{,}00385\,\frac{1}{\mathrm{K}}\right)$. Er hat bei 0 °C einen Widerstand $R = 100\ \Omega$. Bei einer Temperaturmessung fließt im Messkreis ein Strom von 9,2 mA (Abb. 2.4.13).

Berechnen Sie die Temperatur an der Messstelle.

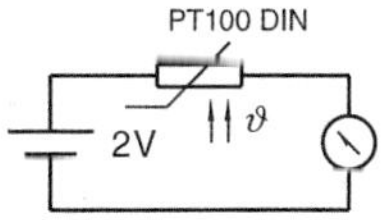

Abb. 2.4.13

14. Eine Spule für 16 V mit 2 200 Windungen 0,6 CuL ist durchgebrannt und muss neu gewickelt werden (Abb. 2.4.14).

Berechnen Sie

a) den mittleren Durchmesser der Wicklung,
b) die erforderliche Drahtlänge,
c) den Widerstand bei 20 °C,
d) die Temperatur, wenn nach mehrstündigem Betrieb der Strom auf 800 mA abgesunken ist.

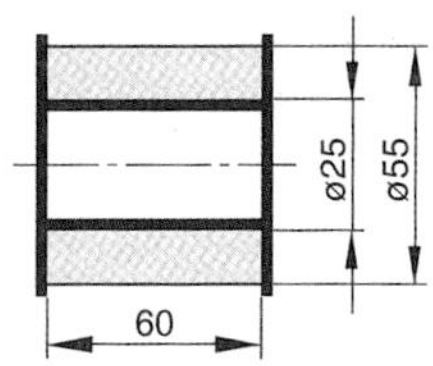

Abb. 2.4.14

15. Eine Freileitung aus Aluminium-Stahlseil Al/St70/12 ist 1,6 km lang. Die Temperatur der Leitung schwankt zwischen 50 °C im Sommer und minus 30 °C im Winter $\left(\gamma_{\mathrm{Fe}} = 10\,\frac{\mathrm{m}}{\Omega \cdot \mathrm{mm}^2};\ \alpha_{\mathrm{Al}} \approx \alpha_{\mathrm{Fe}} \approx 0{,}004\,\frac{1}{\mathrm{K}}\right)$.

Berechnen Sie den Widerstand eines Leiters

a) bei 20 °C b) bei 50 °C c) bei −30 °C

16. In einem Drehspulmessgerät wird ein Vorwiderstand von 12 kΩ benötigt. Zur Verringerung des Temperaturkoeffizienten wird eine Kupferspule mit 2 kΩ $\left(\alpha=0{,}0039\,\frac{1}{\mathrm{K}}\right)$ und ein NTC-Widerstand mit 10 kΩ $\left(\alpha=-0{,}4\cdot10^{-3}\,\frac{1}{\mathrm{K}}\right)$ in Reihe geschaltet (Abb. 2.4.16). Der Arbeitsbereich liegt zwischen 20 °C und 50 °C.

Berechnen Sie
a) den Widerstand bei 50 °C,
b) den Temperaturbeiwert der Reihenschaltung.

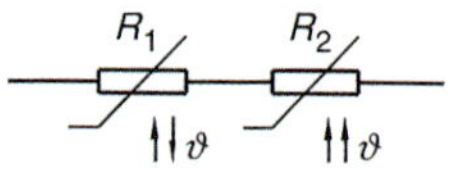

Abb. 2.4.16

17. Der Motor des Ventilators in einer Wärmekammer hat die Isolierstoffklasse B und darf deshalb die Betriebstemperatur von 135 °C nicht überschreiten. Ist der Motor längere Zeit ausgeschaltet, so nimmt er die Temperatur der Wärmekammer von 50 °C an, sein Wicklungswiderstand beträgt dann 11,4 Ω. Nach längerer Einschaltzeit des Ventilators steigt sein Wicklungswiderstand auf 13,5 Ω an. (Abb. 2.4.17)

Berechnen Sie die Wicklungstemperatur.

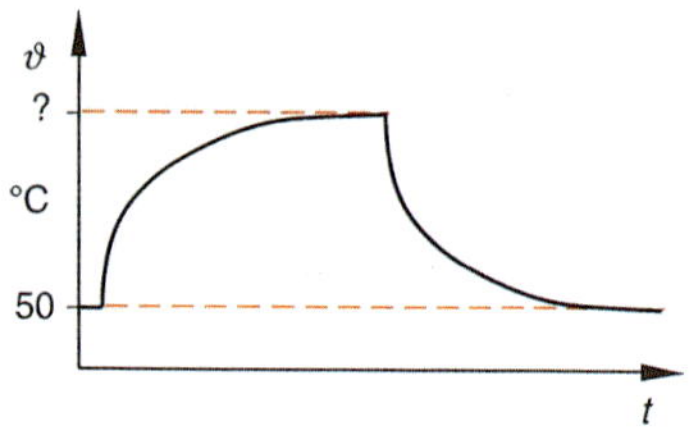

Abb. 2.4.17

2.5 Leistung

Beispiel:

Ein einstellbarer Widerstand trägt die Aufschrift 1,5 kΩ/0,08 A.
Wie groß ist seine Nennleistung?

Lösung:

Gegeben: $R=1{,}5\ \mathrm{k\Omega}$; $I=0{,}08\ \mathrm{A}$
Gesucht: P

$U=R\cdot I=1500\ \Omega\cdot0{,}08\ \mathrm{A}=120\ \mathrm{V}$
$P=U\cdot I=120\ \mathrm{V}\cdot0{,}08\ \mathrm{A}=\mathbf{9{,}6\ W}$ oder $P=I^2\cdot R=(0{,}08\ \mathrm{A})^2\cdot1500\ \Omega=\mathbf{9{,}6\ W}$

Aufgaben

1. Wandeln Sie die Leistungsangaben um.

a	b	c	d	e	f
25 mV	0,3 W	500 W	1,5 kW	800 kW	1,7 MW
? **W**	? **mW**	? **kW**	? **W**	? **MW**	? **kW**

2. In elektrischen Anlagen sind Überstromschutzorgane mit folgenden Nennströmen zu finden:

Aufgabe	a	b	c	d	e	f
Nennstrom I	10 A	16 A	20 A	25 A	35 A	50 A
Nennleistung P	?	?	?	?	?	?

Welche Nennleistungen entsprechen den angegebenen Nennströmen bei Netzspannung 230 V?

3. Handelsübliche Glühlampen für die Nennspannung 230 V haben folgende Leistungen:

Aufgabe	a	b	c	d	e	f
Nennleistung P	25 W	40 W	60 W	75 W	100 W	150 W
Strom I	?	?	?	?	?	?

Berechnen Sie die Stromaufnahme.

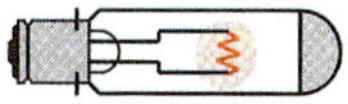

Abb. 2.5.4

4. Eine Projektorlampe mit Prefocussockel (Abb. 2.5.4) trägt die Aufschrift 250 W/5 A.

Berechnen Sie die Nennspannung.

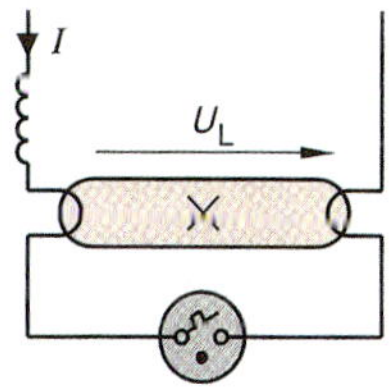

Abb. 2.5.5

5. Durch eine Leuchtstofflampe 65 W (Abb. 2.5.5) fließt ein Strom von 0,7 A.

Wie groß ist die Spannung U_L an der Lampe?

6. Ein Reisetauchsieder 230 V/300 W wird an ein Netz mit 110 V Nennspannung angeschlossen. Die Widerstandsänderung durch Temperatureinfluss bleibt unberücksichtigt.

Wie groß ist die Leistungsaufnahme?

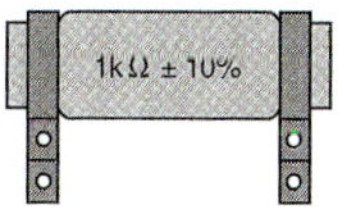

Abb. 2.5.7

7. Ein glasierter Festwiderstand 1 kΩ (Abb. 2.5.7) liegt an 230 V.

Berechnen Sie die Leistung.

8. Die Widerstandswerte nach der internationalen Reihe E6 sind folgendermaßen abgestuft:

Aufgabe	a	b	c	d	e	f
Widerstand R	1,0	1,5	2,2	3,3	4,7	6,8
Spannung $U \leq$	?	?	?	?	?	?

Berechnen Sie die höchstzulässigen Spannungen für die Widerstände 1 kΩ bis 6,8 kΩ mit der Belastbarkeit von $\frac{1}{4}$ W.

9. Welche Leistung nimmt ein Widerstand von 1,6 MΩ auf, der von 0,32 mA durchflossen wird?

10. In einem Stockwerk-Abzweigkasten tritt an einer Kontaktstelle wegen mangelhafter Verschraubung ein Übergangswiderstand von 0,15 Ω auf. In der Abzweigleitung fließen 30 A.

Berechnen Sie den Leistungs- und Spannungsverlust an der Kontaktstelle.

11. Zum Experimentieren mit Gleichspannung stehen folgende Magnetspulen zur Verfügung:

Aufgabe	a	b	c	d	e	f
Windungszahl	150	300	600	1200	1800	12000
Strom I in A	4	4	2	1	0,3	0,05
Widerstand R in Ω	0,4	0,8	2,5	12	150	3000
Spannung U in V	?	?	?	?	?	?
Leistung P in W	?	?	?	?	?	?

Berechnen Sie die höchstzulässige Anschlussspannung und die dabei aufgenommene Leistung.

12. Ein Bügeleisen nimmt an 230 V eine Leistung von 1 kW auf.

Wie groß ist der Widerstand der Heizwicklung?

13. Ein Reisebügeleisen 500 W nimmt einen Strom von 2,3 A auf.

Wie groß ist der Widerstand der Heizwicklung?

14. Die Halogen-Glühlampen der Start- und Landebahnbefeuerung eines Flughafens tragen die Aufschrift 200 W/6,6 A.

Wie groß ist der Widerstand der glühenden Wendel?

15. Berechnen Sie die höchstzulässigen Ströme für die folgenden Widerstände.

Aufgabe	a	b	c	d	e	f
Widerstand R	560 Ω	680 kΩ	4,7 MΩ	22 kΩ	15 Ω	3,3 kΩ
Belastbarkeit P	3 W	$\frac{1}{2}$ W	$\frac{1}{4}$ W	1 W	2 W	$\frac{1}{10}$ W
Strom I	?	?	?	?	?	?

16. Die Aluminiumschienen einer Galvanisier-Anlage werden mit 1500 A belastet. Die beiden Schienen sind je 16 m lang und haben einen rechteckigen Querschnitt von 100 mm × 10 mm.

Berechnen Sie

a) die Verlustleistung,
b) die Stromdichte.

3.1 Reihenschaltung

Beispiel:

Die Widerstände $R_1=8\ \Omega$, $R_2=4\ \Omega$ und $R_3=12\ \Omega$ liegen in Reihe an 48 V. Zeichnen Sie das Schaltbild und tragen Sie die elektrischen Größen ein.

Berechnen Sie

a) den Gesamtwiderstand,
b) den Strom,
c) die Teilspannungen.

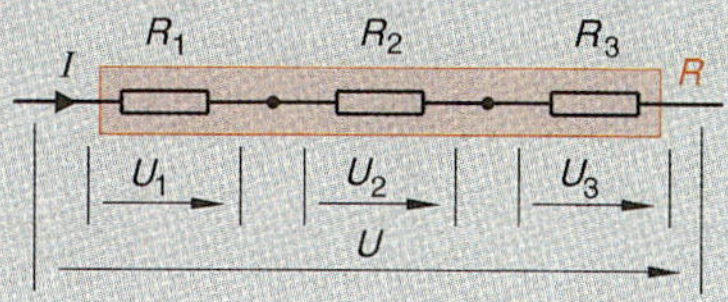

Lösung:

Gegeben: $R_1=8\ \Omega$; $R_2=4\ \Omega$; $R_3=12\ \Omega$; $U=48$ V
Gesucht: R; I; U_1; U_2; U_3

a) $R=R_1+R_2+R_3=8\ \Omega+4\ \Omega+12\ \Omega=\mathbf{24\ \Omega}$

b) $I=\frac{U}{R}=\frac{48\ \text{V}}{24\ \Omega}=\mathbf{2\ A}$

c) $U_1=I\cdot R_1=2\ \text{A}\cdot 8\ \Omega=2\ \text{A}\cdot 8\ \frac{\text{V}}{\text{A}}=\mathbf{16\ V}$

$U_2=I\cdot R_2=2\ \text{A}\cdot 4\ \Omega=\mathbf{8\ V}$

$U_3=I\cdot R_3=2\ \text{A}\cdot 12\ \Omega=\mathbf{24\ V}$

Aufgaben

1. Drei Widerstände $R_1=8\ \Omega$, $R_2=12\ \Omega$ und $R_3=20\ \Omega$ sind in Reihe geschaltet.
Wie groß ist der Gesamtwiderstand?

2. Eine Reihenschaltung aus drei Widerständen hat einen Gesamtwiderstand von 6 kΩ.
Wie groß ist R_2, wenn R_1 einen Widerstand von 800 Ω und R_3 einen Widerstand von 400 Ω hat?

3. Die Widerstände $R_1=250\ \Omega$ und $R_2=500\ \Omega$ liegen in Reihe an 230 V.
Berechnen Sie
a) den Gesamtwiderstand, b) den Strom, c) die Teilspannungen.

4. Der Ersatzwiderstand einer Reihenschaltung aus 3 Widerständen beträgt 300 Ω. Bekannt sind $R_1=80\ \Omega$, $R_2=180\ \Omega$. Es fließt ein Strom von 200 mA.
Berechnen Sie
a) die angelegte Spannung, b) den Widerstand R_3, c) die Teilspannungen.

5.

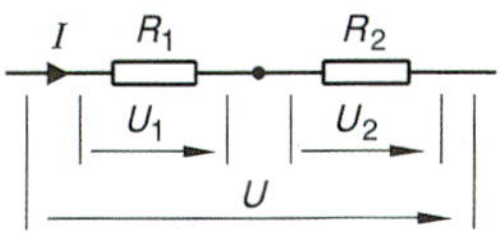

$U=6$ V
$U_2=2$ V
$I=0{,}3$ A
Berechnen Sie U_1, R_1, R_2.

6.

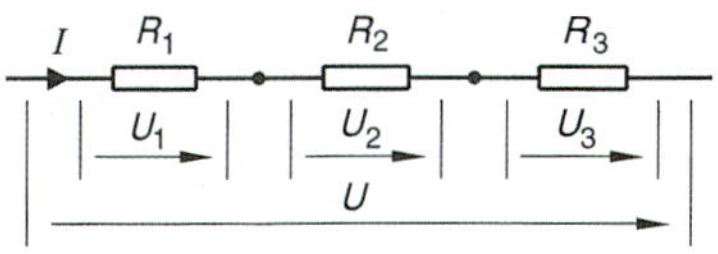

$I=10$ mA
$R_1=200\ \Omega$
$R_2=0{,}12\ \text{k}\Omega$
$R_3=0{,}008\ \text{M}\Omega$
Berechnen Sie R, U, U_1, U_2, U_3.

7.

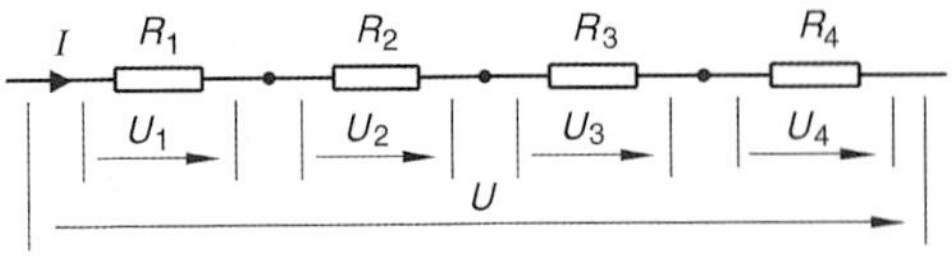

$U = 120\ \text{V}$
$R_1 = 700\ \Omega$
$R_2 = 2{,}4\ \text{k}\Omega$
$R_3 = 0{,}036\ \text{M}\Omega$
$R_4 = 900\ \Omega$

Berechnen Sie R, I, U_1, U_2, U_3, U_4.

8.

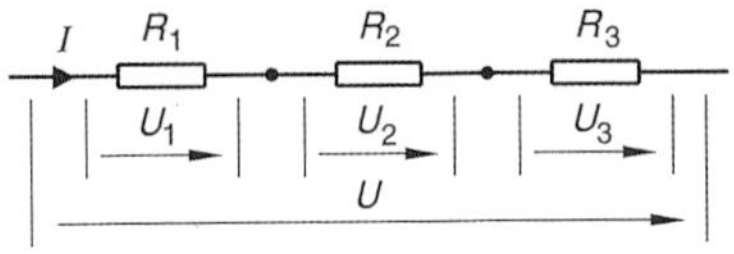

$U = 60\ \text{V}$
$U_3 = 20\ \text{V}$
$R_2 = 60\ \Omega$
$I = 0{,}5\ \text{A}$

Berechnen Sie U_2, U_1, R_1, R_3, R.

9.

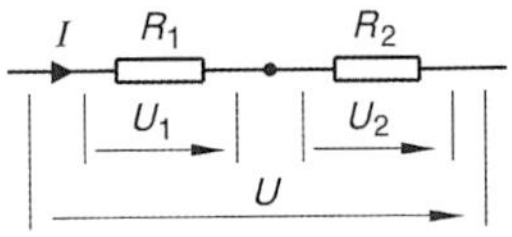

$I = 4\ \text{A}$
$R_1 = 20\ \Omega$
$U_2 = 10\ \text{V}$

Berechnen Sie R_2, U_1, U.

10.

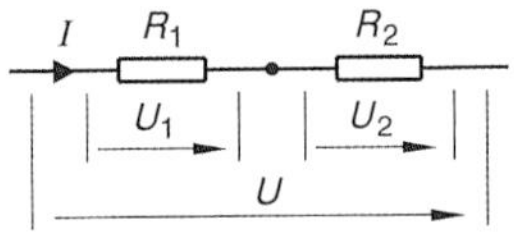

$U = 12\ \text{V}$
$U_1 = 3\ \text{V}$
$R_2 = 90\ \Omega$

Berechnen Sie U_2, I, R_1.

11. Eine Glühlampe 110 V/40 W nimmt 0,36 A auf. Sie soll an ein 230 V-Netz gelegt werden.

Wie groß muss der Vorwiderstand sein?

12. Eine Lichtbogenlampe hat eine Brennspannung von 60 V. Der Nennstrom beträgt 12 A. Die Lampe soll an 230 V betrieben werden.

Wie groß ist

a) der Vorwiderstand,
b) der Drahtquerschnitt des Vorwiderstands, wenn die Stromdichte $4 \frac{\text{A}}{\text{mm}^2}$ betragen soll?

13. Ein Heizofen 230 V/2 kW hat einen Widerstand von 24 Ω. Die Zuleitung NYM Cu $3 \times 1{,}5^2$ ist 30 m lang. Am Anfang der Leitung wird eine Spannung von 222 V gemessen.

Berechnen Sie

a) den Leitungswiderstand
b) den Gesamtwiderstand
c) den Strom
d) den Spannungsverlust in der Leitung
e) die Spannung am Verbraucher

14. Der Anlasswiderstand eines Gleichstrommotors für 110 V ist aus Nickelin $\left(\text{CuNi30Mn},\ \varrho = 0{,}4 \frac{\Omega\text{mm}^2}{\text{m}}\right)$ gewickelt. Der Draht hat eine Länge von 32 m und einen Querschnitt von 2,5 mm². Der Anlasswiderstand liegt in Reihe mit dem Motor, der einen Widerstand von 1 Ω hat.

Wie groß ist der Anlaufstrom des Motors?

15. Durch eine Messreihe soll die Durchlass-Kennlinie einer Siliziumdiode aufgenommen werden. Als Spannungsquelle steht ein einstellbares Netzgerät mit $U_{max} = 30$ V zur Verfügung. Der höchstzulässige Durchlassstrom der Diode beträgt 100 mA. Zum Schutz der Diode wird ein Vorwiderstand eingebaut.

a) Skizzieren Sie die Messschaltung.
b) Berechnen Sie den benötigten Vorwiderstand.
c) Welcher Widerstand der Reihe E12 wird verwendet?

16. Vier gleiche Widerstände sind in Reihe geschaltet. Der Strom soll in dieser Reihenschaltung halb so groß sein, wie wenn einer der Widerstände an 12 V liegen würde.

Welche Spannung muss an die Reihenschaltung angelegt werden?
Annahme: $R_1 = 10\ \Omega$

17. Drei Widerstände verhalten sich wie 1:2:3. Sie liegen an 24 V.

Berechnen Sie die Teilspannungen.

3.2 Parallelschaltung

Beispiele:

1. Widerstände und Ströme

Die Widerstände $R_1 = 60\ \Omega$, $R_2 = 30\ \Omega$ und $R_3 = 20\ \Omega$ liegen parallel an 60 V.
Zeichnen Sie das Schaltbild und tragen Sie die elektrischen Größen ein.

Berechnen Sie

a) den Ersatzwiderstand,
b) den Gesamtleitwert,
c) den Gesamtstrom,
d) die Teilströme.

Lösung:

Gegeben: $R_1 = 60\ \Omega$; $R_2 = 30\ \Omega$; $R_3 = 20\ \Omega$; $U = 60$ V

Gesucht: R; G; I; I_1; I_2; I_3

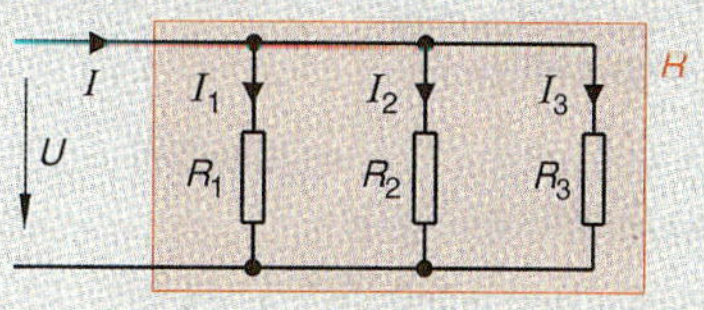

a) $\frac{1}{R} = \frac{1}{R_1} + \frac{1}{R_2} + \frac{1}{R_3} = \frac{1}{60\ \Omega} + \frac{1}{30\ \Omega} + \frac{1}{20\ \Omega} = \frac{6}{60\ \Omega}$ $\qquad R = \frac{60\ \Omega}{6} = \mathbf{10\ \Omega}$

b) $G = \frac{1}{R} = \frac{1}{10\ \Omega} = 0{,}1\ \text{S} = \mathbf{100\ mS}$

c) $I = \frac{U}{R} = \frac{60\ \text{V}}{10\ \Omega} = \mathbf{6\ A}$

d) $I_1 = \frac{U}{R_1} = \frac{60\ \text{V}}{60\ \Omega} = \mathbf{1\ A}$ $\qquad I_2 = \frac{U}{R_2} = \frac{60\ \text{V}}{30\ \Omega} = \mathbf{2\ A}$ $\qquad I_3 = \frac{U}{R_3} = \frac{60\ \text{V}}{20\ \Omega} = \mathbf{3\ A}$

2. Stromverhältnisse

In einer Parallelschaltung fließt ein Strom von 2 A.
Die Widerstände betragen $R_1 = 50\ \Omega$ und $R_2 = 100\ \Omega$.

a) Bilden Sie die Stromverhältnisse $\frac{I_1}{I}$ und $\frac{I_2}{I}$.

b) Berechnen Sie die Teilströme.

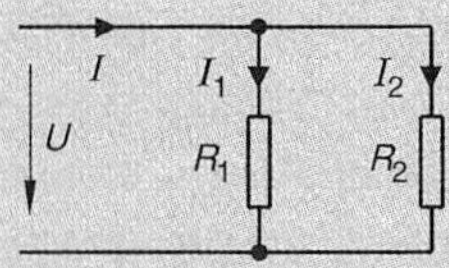

Lösung:

Gegeben: $I = 2\ \text{A}$; $R_1 = 50\ \Omega$; $R_2 = 100\ \Omega$

Gesucht: $\frac{I_1}{I}$; $\frac{I_2}{I}$; I_1; I_2

a) $$\frac{I_1}{I} = \frac{R}{R_1} = \frac{\frac{R_1 \cdot R_2}{R_1 + R_2}}{R_1} = \frac{R_1 \cdot R_2}{(R_1 + R_2) \cdot R_1} = \frac{R_2}{R_1 + R_2}$$

$$\frac{I_2}{I} = \frac{R}{R_2} = \frac{\frac{R_1 \cdot R_2}{R_1 + R_2}}{R_2} = \frac{R_1 \cdot R_2}{(R_1 + R_2) \cdot R_2} = \frac{R_1}{R_1 + R_2}$$

b) $$I_1 = \frac{R_2 \cdot I}{R_1 + R_2} = \frac{100\ \Omega \cdot 2\ \text{A}}{50\ \Omega + 100\ \Omega} = \mathbf{1{,}33\ A} \qquad I_2 = \frac{R_1 \cdot I}{R_1 + R_2} = \frac{50\ \Omega \cdot 2\ \text{A}}{50\ \Omega + 100\ \Omega} = \mathbf{0{,}667\ A}$$

Aufgaben

1. Zwei Widerstände, $R_1 = 8\ \Omega$ und $R_2 = 12\ \Omega$, sind parallel geschaltet.

Wie groß ist
a) der Ersatzwiderstand
b) der Gesamtleitwert?

2. Die Widerstände $R_1 = 36\ \Omega$, $R_2 = 48\ \Omega$ und $R_3 = 60\ \Omega$ sind parallel geschaltet.

Berechnen Sie
a) den Ersatzwiderstand
b) den Gesamtleitwert

3. Die Parallelschaltung von zwei Widerständen hat einen Ersatzwiderstand von 40 Ω. Einer der Widerstände hat 60 Ω.

Wie groß ist der andere Widerstand?

4. Drei Widerstände sind parallel geschaltet. Der Ersatzwiderstand beträgt 2,6 kΩ. Die Widerstände $R_1 = 8\ \text{k}\Omega$ und $R_3 = 10\ \text{k}\Omega$ sind bekannt.

Wie groß ist R_2?

5. Ein Widerstand mit 60 Ω ist mit einem Widerstand von 120 Ω parallel an 230 V geschaltet.

Berechnen Sie
a) die Teilströme
b) den Gesamtstrom
c) den Ersatzwiderstand
d) den Gesamtleitwert

6. Eine Parallelschaltung besteht aus $R_1 = 50\ \text{M}\Omega$, $R_2 = 800\ \text{k}\Omega$ und $R_3 = 4{,}8\ \text{M}\Omega$. Sie ist an eine Spannung von 24 V angeschlossen.

Berechnen Sie

a) den Gesamtleitwert
b) den Ersatzwiderstand
c) die Teilströme
d) den Gesamtstrom

7. Drei Widerstände $R_1 = 250\ \Omega$, $R_2 = 120\ \Omega$ und $R_3 = 80\ \Omega$ sind parallel geschaltet. In der Zuleitung fließt ein Strom von 300 mA.

Berechnen Sie

a) den Gesamtleitwert b) den Ersatzwiderstand c) die Teilströme

8.

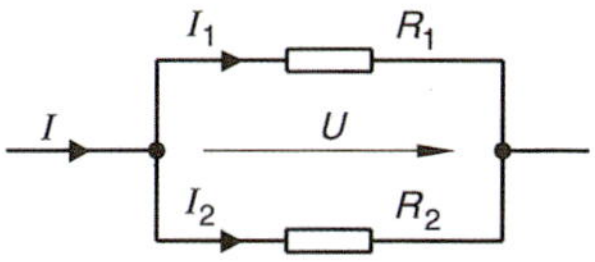

$U = 24$ V
$I = 2$ A
$I_2 = 0{,}8$ A
Berechnen Sie I_1, R_1, R_2, R.

9.

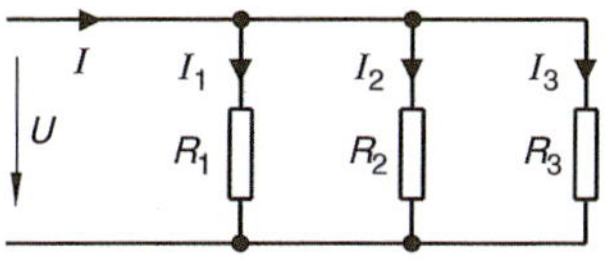

$I_1 = 0{,}5$ A
$I_2 = 0{,}2$ A
$R_1 = 24\ \Omega$
$R_3 = 10\ \Omega$
Berechnen Sie U, R_2, I_3, I, R.

10. In einer Kochplatte 230 V/2 kW sind zwei Heizspiralen mit je 52,9 Ω eingebaut. Durch einen 4-Takt-Schalter werden folgende Schaltzustände erreicht:

Stellung 1: beide Spiralen in Reihe.
Stellung 2: eine Spirale allein.
Stellung 3: beide Spiralen parallel.
Wie groß sind Widerstand und Stromaufnahme in jeder Stufe?

11. Eine Deckenleuchte (Abb. 3.2.11) hat zwei Strompfade mit je drei parallel geschalteten Glühlampen 230 V/25 W. Bei Nennbetrieb hat jede Lampe einen Widerstand von 2120 Ω.

Berechnen Sie

a) den Ersatzwiderstand eines Strompfades,
b) die Stromaufnahme der Leuchte.

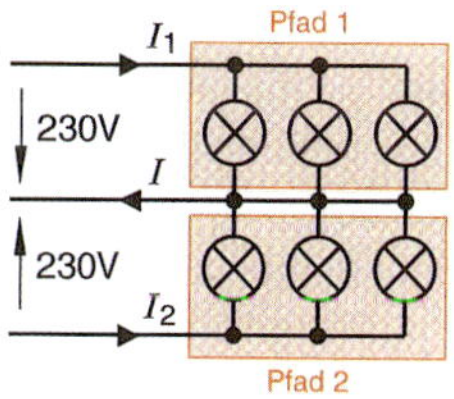

Abb. 3.2.11

12. Die Hochleistungsplatte 230 V/2 kW eines Elektroherdes wird über einen 7-Takt-Schalter gesteuert. Die Widerstandswerte der drei eingebauten Heizkörper (Abb. 3.2.12) betragen $R_1 = 88\ \Omega$, $R_2 = 118\ \Omega$, $R_3 = 56\ \Omega$.

Wie groß sind Widerstand und Stromaufnahme bei

a) Stufe 6: Drei Heizkörper parallel,
b) Stufe 5: R_2 und R_3 parallel,
c) Stufe 4: R_3 allein,
d) Stufe 3: R_2 allein,
e) Stufe 2: R_2 und R_3 in Reihe,
f) Stufe 1: R_1, R_2 und R_3 in Reihe?

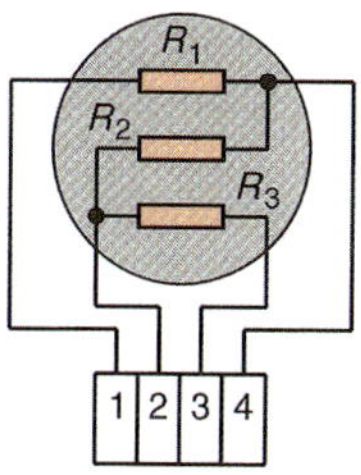

Abb. 3.2.12

13. Drei Widerstände verhalten sich wie 1:2:4. Sie liegen parallel an einer Spannung von 12 V. R_2 nimmt einen Strom von 120 mA auf.

Berechnen Sie

a) R_1, R_2 und R_3, b) den Ersatzwiderstand.

14. Drei gleiche Widerstände sollen in Parallelschaltung den doppelten Gesamtstrom aufnehmen, wie einer dieser Widerstände, der an einer Spannung von 24 V liegt.

Berechnen Sie die notwendige Spannung. Annahme: $R_1 = 12\ \Omega$

15. Durch eine Strom-Spannungsmessung soll der Widerstandswert eines Kohleschichtwiderstands ermittelt werden.
Es werden $I = 12$ mA und $U = 14$ V gemessen.
Innenwiderstände: Strommesser 1 Ω; Spannungsmesser 10 kΩ.
Die Messung erfolgt in Stromfehlerschaltung.

a) Skizzieren Sie die Messschaltung.
b) Berechnen Sie den Strom I_i durch den Spannungsmesser.
c) Wie groß ist der gesuchte Widerstandswert?

16. Eine Parallelschaltung besteht aus zwei Widerständen $R_1 = 47\ \Omega$ und $R_2 = 75\ \Omega$. Der Gesamtstrom der Schaltung beträgt 7,6 A.

Berechnen Sie die Teilströme I_1 und I_2.

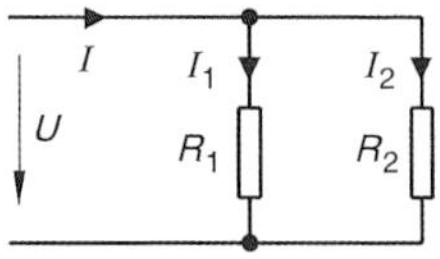

Abb. 3.2.17

17. In Abb. 3.2.17 beträgt $R_1 = 120\ \Omega$, $R_2 = 300\ \Omega$ u. $I_2 = 160$ mA.

Berechnen Sie den Gesamtstrom und den Teilstrom I_1.

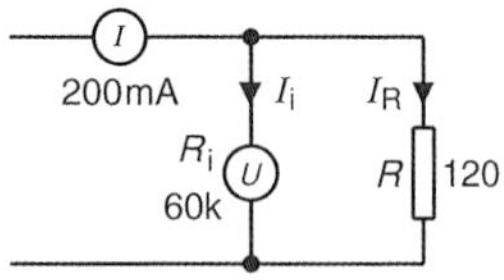

Abb. 3.2.18

18. Berechnen Sie den Strom I_i durch den Spannungsmesser (Abb. 3.2.18) und den Strom I_R durch den Widerstand R.

19. In der Zuleitung zu zwei parallel geschalteten Heizwiderständen $R_1 = 90\ \Omega$ und $R_2 = 240\ \Omega$ fließt ein Gesamtstrom von 3,36 A.

Berechnen Sie die Teilströme der Widerstandsschaltung.

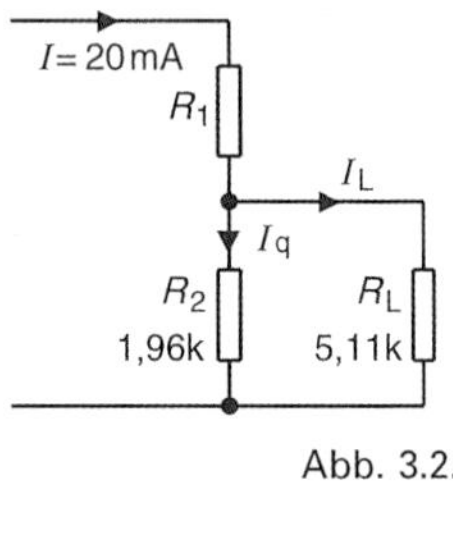

Abb. 3.2.20

20. Berechnen Sie für einen belasteten Spannungsteiler (Abb. 3.2.20) mit Widerständen der Normreihe E48 den Querstrom I_q und den Laststrom I_L.

3.3 Gruppenschaltung

Beispiel:

Der Widerstand $R_1 = 20\,\Omega$ liegt in Reihe zu der Parallelschaltung von $R_2 = 60\,\Omega$ und $R_3 = 120\,\Omega$. Die Klemmenspannung beträgt 120 V.
Zeichnen Sie das Schaltbild und tragen Sie die elektrischen Größen ein.

Berechnen Sie
a) den Ersatzwiderstand,
b) den Gesamtstrom,
c) die Teilspannungen und die Teilströme.

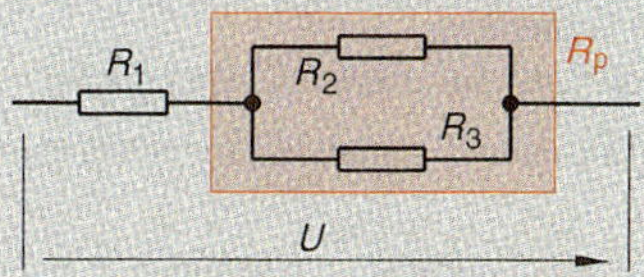

Lösung:

Gegeben: $R_1 = 20\,\Omega$; $R_2 = 60\,\Omega$; $R_3 = 120\,\Omega$; $U = 120$ V
Gesucht: R; I; U_1; U_2; U_3; I_2; I_3

a) $R_p = \frac{R_2 \cdot R_3}{R_2 + R_3} = \frac{60\,\Omega \cdot 120\,\Omega}{60\,\Omega + 120\,\Omega} = 40\,\Omega$

$R = R_1 + R_p = 20\,\Omega + 40\,\Omega = \mathbf{60\,\Omega}$

b) $I = \frac{U}{R} = \frac{120\text{ V}}{60\,\Omega} = \mathbf{2\text{ A}}$

c) $U_1 = I \cdot R_1 = 2\text{ A} \cdot 20\,\Omega = \mathbf{40\text{ V}}$

$U_2 = U_3 = U - U_1 = 120\text{ V} - 40\text{ V} = \mathbf{80\text{ V}}$

$I_2 = \frac{U_2}{R_2} = \frac{80\text{ V}}{60\,\Omega} = \mathbf{1{,}33\text{ A}}$

$I_3 = \frac{U_3}{R_3} = \frac{80\text{ V}}{120\,\Omega} = \mathbf{0{,}667\text{ A}}$

Aufgaben

1.

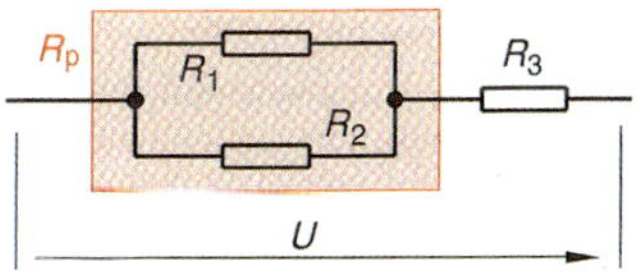

$R_1 = 24\,\Omega$
$R_2 = 12\,\Omega$
$R_3 = 10\,\Omega$
Berechnen Sie den Ersatzwiderstand.

2.

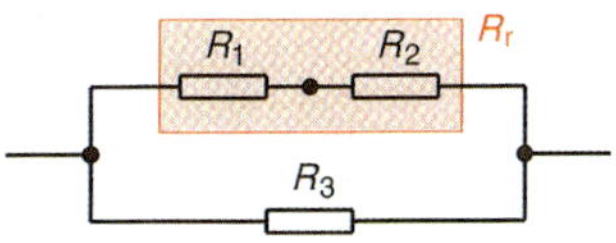

$R_1 = 24\,\Omega$
$R_2 = 36\,\Omega$
$R_3 = 60\,\Omega$
Berechnen Sie den Ersatzwiderstand.

3. Die Widerstände $R_1 = 8\,\Omega$ und $R_2 = 12\,\Omega$ sind parallel geschaltet, in Reihe dazu liegt der Widerstand $R_3 = 25{,}2\,\Omega$. Die Klemmenspannung beträgt 30 V.
Zeichnen Sie das Schaltbild.

Berechnen Sie
a) den Ersatzwiderstand,
b) den Gesamtstrom,
c) die Teilspannungen und die Teilströme.

4. Die Widerstände $R_1 = 60\ \Omega$ und $R_2 = 240\ \Omega$ liegen in Reihe. Der Widerstand $R_3 = 600\ \Omega$ ist dazu parallel geschaltet. Die Netzspannung beträgt 230 V.
Zeichnen Sie das Schaltbild.

Berechnen Sie

a) den Ersatzwiderstand
b) den Strom in der Zuleitung
c) die Teilströme
d) die Teilspannungen

5. Aus vier Widerständen von je 12 Ω können acht verschiedene Gruppenschaltungen aufgebaut werden.
Zeichnen Sie diese Schaltungen.

Berechnen Sie den Ersatzwiderstand jeder Schaltung.

6.

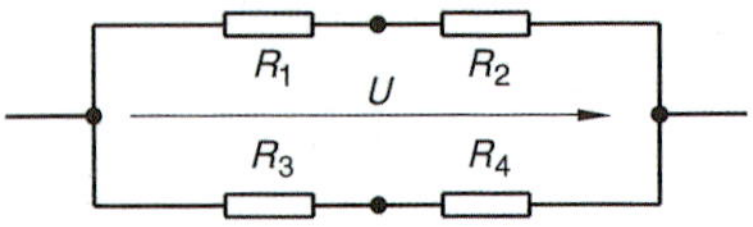

$R_1 = 80\ \Omega$
$R_2 = 140\ \Omega$
$R_3 = 20\ \Omega$
$R_4 = 60\ \Omega$
$U = 24\ V$

Berechnen Sie

a) den Ersatzwiderstand,
b) den Gesamtstrom,
c) die Teilströme,
d) die Teilspannungen.

7. Die parallel geschalteten Widerstände $R_1 = 2\ k\Omega$ und $R_2 = 3\ k\Omega$ liegen in Reihe mit den parallel geschalteten Widerständen $R_3 = 6\ k\Omega$ und $R_4 = 10\ k\Omega$. Die Schaltung liegt an 60 V.
Zeichnen Sie eine Schaltskizze.

Berechnen Sie

a) den Ersatzwiderstand
b) den Strom in der Zuleitung
c) die Teilspannungen
d) die Teilströme

8.

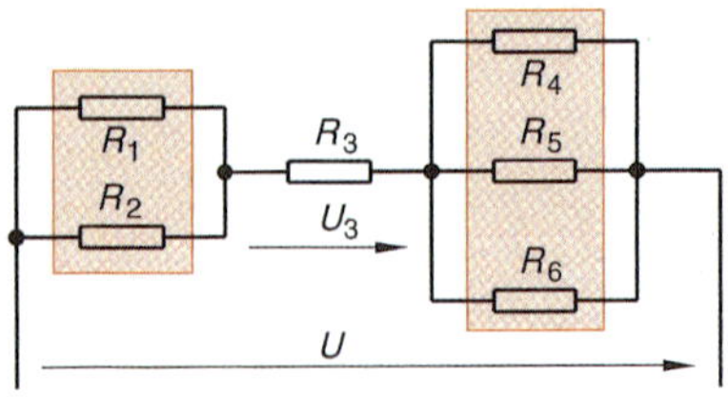

$R_1 = 4\ \Omega$
$R_2 = 10\ \Omega$
$R_3 = 16\ \Omega$
$R_4 = 20\ \Omega$
$R_5 = 40\ \Omega$
$R_6 = 60\ \Omega$
$U = 120\ V$

Berechnen Sie

a) den Ersatzwiderstand,
b) den Gesamtstrom,
c) die Teilspannung U_3.

9.

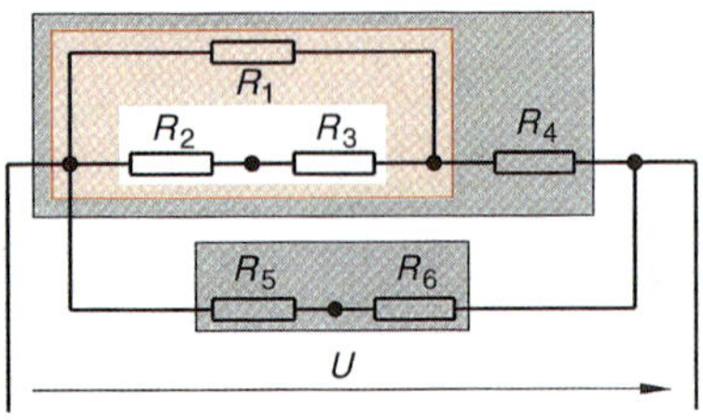

$U = 24\ V$
$R_1 = 12\ \Omega$
$R_2 = 4\ \Omega$
$R_3 = 8\ \Omega$
$R_4 = 14\ \Omega$
$R_5 = 5\ \Omega$
$R_6 = 15\ \Omega$

Berechnen Sie

a) den Ersatzwiderstand,
b) den Gesamtstrom,
c) die Teilspannungen und die Teilströme.

10.

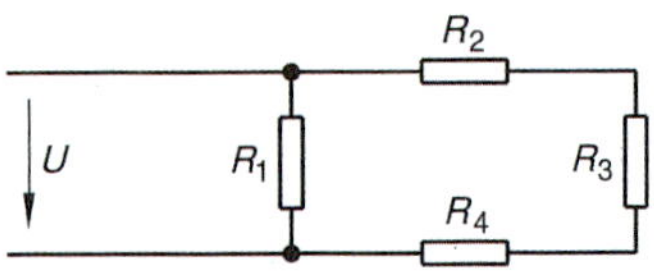

$U = 12\ V$
$R_1 = 24\ \Omega$
$R_2 = 16\ \Omega$
$R_3 = 12\ \Omega$
$R_4 = 8\ \Omega$

Berechnen Sie

a) den Ersatzwiderstand,
b) den Gesamtstrom,
c) die Teilströme,
d) die Teilspannungen.

11.

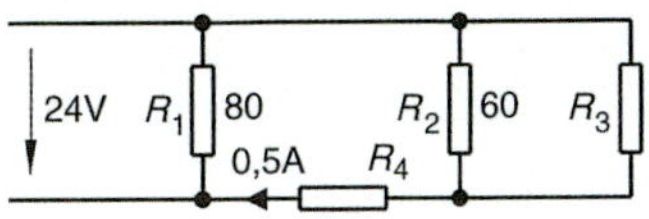

Berechnen Sie den Einzelwiderstand R_4 und den Ersatzwiderstand.

12.

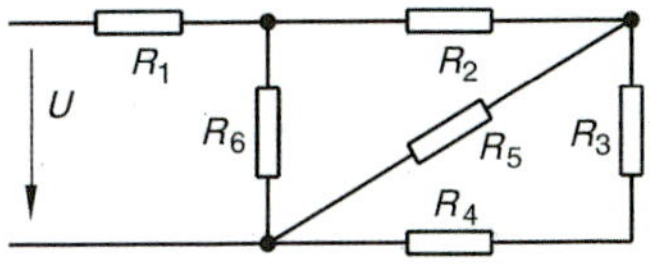

$U = 24\ V$
$R_1 = 14\ \Omega$
$R_2 = 5\ \Omega$
$R_3 = 12\ \Omega$
$R_4 = 18\ \Omega$
$R_5 = 30\ \Omega$
$R_6 = 20\ \Omega$

Berechnen Sie
a) den Ersatzwiderstand,
b) den Gesamtstrom,
c) die Spannung an R_6.

13.

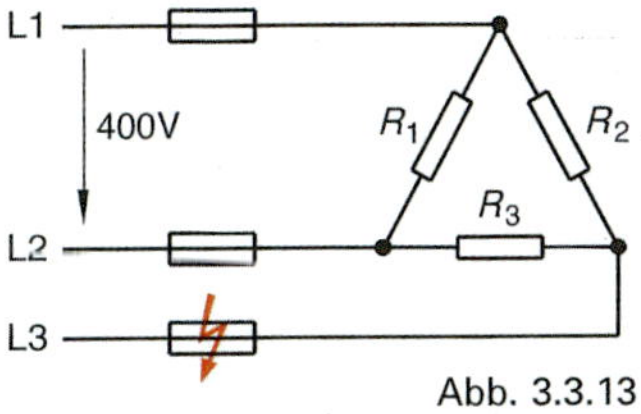

Abb. 3.3.13

Die drei Heizwiderstände eines Nachtspeicherofens nehmen in Dreieck-Schaltung an einem Drehstromnetz 400 V einen Strom von 15,7 A auf. Der Strangwiderstand beträgt 44 Ω (Abb. 3.3.13).

Berechnen Sie den Strom im Leiter L1, wenn das Überstromschutzorgan im Leiter L3 auslöst.

14.

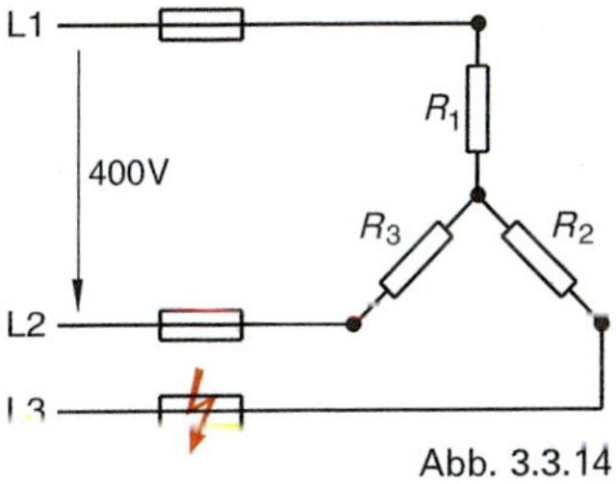

Abb. 3.3.14

Die drei Heizwiderstände eines Warmwasserspeichers mit je 53 Ω nehmen in Stern-Schaltung an einem Drehstromnetz 400 V einen Strom von 4,36 A auf (Abb. 3.3.14).

Berechnen Sie den Strom im Leiter L1, wenn das Überstromschutzorgan im Leiter L3 auslöst.

15.

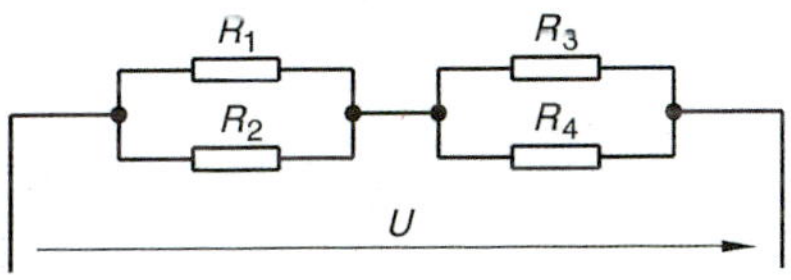

$U = 225\ V$
$I = 2\ A$
$R_1 = 120\ \Omega$
$R_2 = 200\ \Omega$
$R_3 = 60\ \Omega$

Wie groß ist der Widerstand R_4?

16.

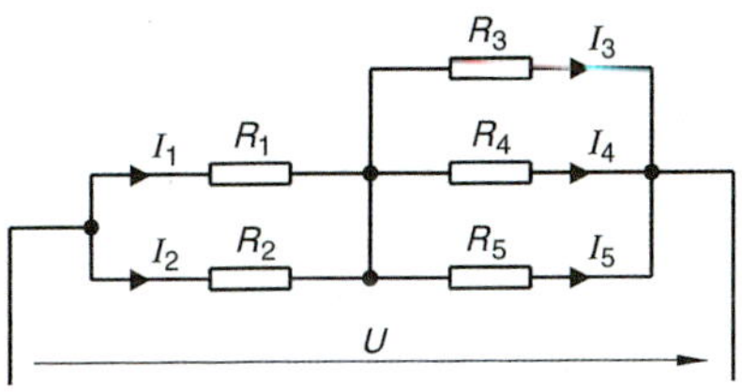

$U = 6\ V$
$I_1 = 0{,}5\ A$
$I_3 = 0{,}2\ A$
$I_5 = 0{,}35\ A$
$R_2 = 10\ \Omega$
$R_3 = 20\ \Omega$

Berechnen Sie R_1, I_2, I_4, R_4, R_5.

17. Zwei Glühlampen (L1 110 V/40 W und L2 110 V/60 W) werden in Reihe an 230 V gelegt.

a) In welcher Weise muss die Schaltung erweitert werden, damit beide Lampen Nennleistung aufnehmen?
b) Welche Widerstandswerte haben die zwei benötigten Widerstände?

18. Drei Zwerglampen (6 V/0,1 A; 4 V/0,2 A; 12 V/0,3 A) sind in Reihe geschaltet. Die Schaltung soll an 60 V angeschlossen werden.

Welche zusätzlichen Widerstände sind erforderlich, damit die Lampen mit ihren Nennwerten betrieben werden können?

19. Berechnen Sie
a) den Ersatzwiderstand,
b) den Gesamtstrom,
c) die Teilspannung U_{AB}.

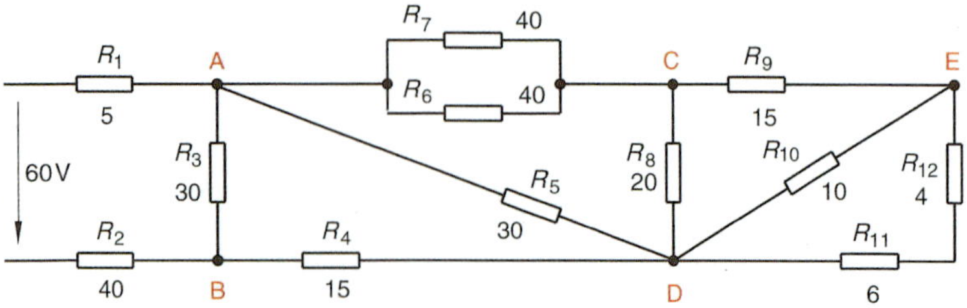

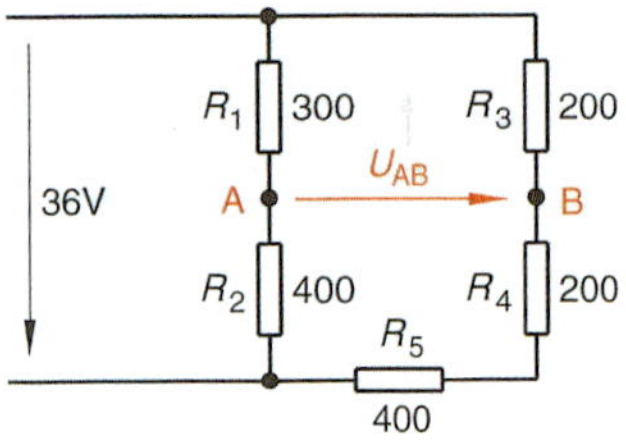

Abb. 3.3.20

20. Ein Widerstandsnetzwerk (Abb. 3.3.20) besteht aus 5 bekannten Widerständen und ist an eine Spannung von 36 V angelegt.

Bestimmen Sie Größe und Richtung der Spannung (U_{AB}) zwischen den Punkten A und B.

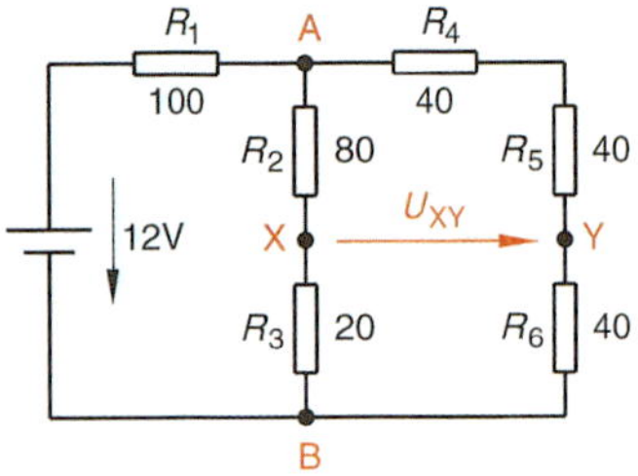

Abb. 3.3.21

21. Bestimmen Sie in der Brückenschaltung Abb. 3.3.21
a) die Ströme I_1, I_2 und I_4 im Knotenpunkt A,
b) Größe und Richtung der Spannung U_{XY} zwischen den Punkten X und Y.

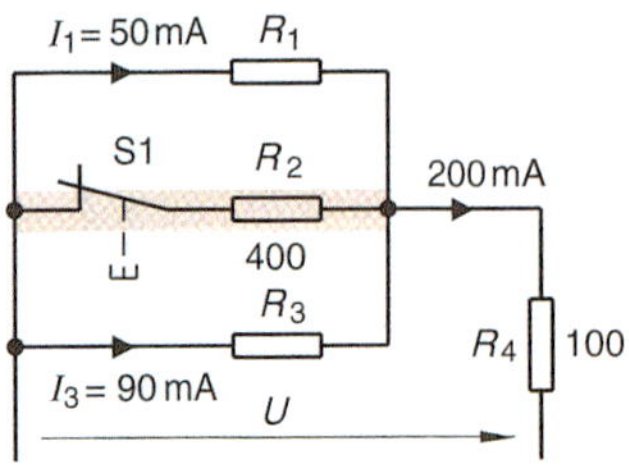

Abb. 3.3.22

22. In dem dargestellten Widerstandsnetzwerk (Abb. 3.3.22) ist ein Schalter S1 eingebaut, der geschlossen ist.
a) Wie groß ist die Eingangsspannung?
b) Wie groß sind die Widerstände R_1 und R_3?
c) Wie verändern sich die vorgegebenen Ströme, wenn der Schalter S1 geöffnet wird?

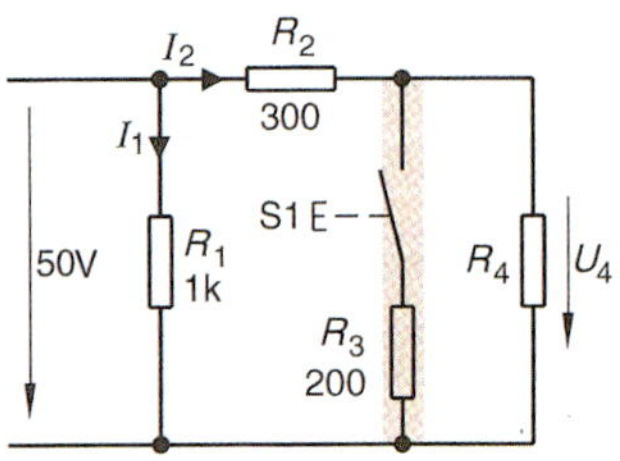

Abb. 3.3.23

23. In einem Widerstandsnetzwerk (Abb. 3.3.23) kann ein Schalter S1 den Widerstand R_3 abtrennen. Bei geöffnetem Schalter ist $I_2 = 2 \cdot I_1$.

Berechnen Sie
a) U_4 bei geöffnetem Schalter und R_4,
b) U_4' bei geschlossenem Schalter,
c) den prozentualen Spannungsrückgang ΔU_4 an R_4, wenn S1 geschlossen wird.

3.4 Spannungsteiler

Beispiel:

Ein Spannungsteiler mit den Widerständen $R_1 = 100\ \Omega$ und $R_2 = 10\ \Omega$ liegt an einer Spannung von $U = 60$ V. Er wird mit einem Widerstand von 80 Ω belastet.

Berechnen Sie

a) die Spannung U_{20} an Widerstand R_2 bei Leerlauf,
b) die Spannung U_L bei Belastung,
c) das Querstromverhältnis q,
d) den Laststrom I_L,
e) den Gesamtstrom I.

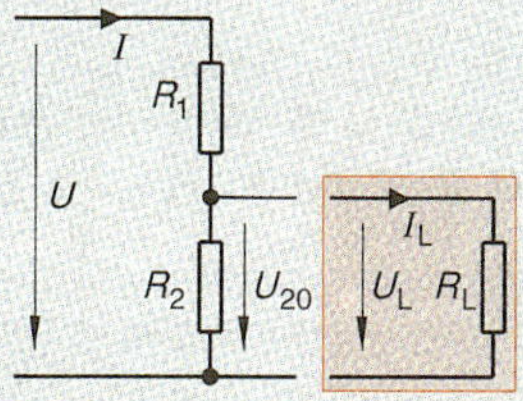

Lösung:

Gegeben: $R_1 = 100\ \Omega$; $R_2 = 10\ \Omega$; $U = 60$ V; $R_L = 80\ \Omega$
Gesucht: U_{20}; U_L; q; I_L; I

a) $U_{20} = \frac{R_2}{R_1 + R_2} \cdot U = \frac{10\,\Omega}{100\,\Omega + 10\,\Omega} \cdot 60\,\text{V} = \mathbf{5{,}45\,V}$

b) $R_p = \frac{R_2 \cdot R_L}{R_2 + R_L} = \frac{10\,\Omega \cdot 80\,\Omega}{10\,\Omega + 80\,\Omega} = 8{,}89\,\Omega$

$U_L = \frac{R_p}{R_1 + R_p} \cdot U = \frac{8{,}89\,\Omega}{100\,\Omega + 8{,}89\,\Omega} \cdot 60\,\text{V} = \mathbf{4{,}9\,V}$

c) $q = \frac{R_L}{R_2} = \frac{80\,\Omega}{10\,\Omega} = \mathbf{8}$

d) $I_L = \frac{U_L}{R_L} = \frac{4{,}9\,\text{V}}{80\,\Omega} = \mathbf{61{,}3\,mA}$

e) $I_q = q \cdot I_L = 8 \cdot 61{,}3\,\text{mA} = 490\,\text{mA}$

$I = I_L + I_q = 61{,}3\,\text{mA} + 490\,\text{mA} = \mathbf{551\,mA}$

Aufgaben

1. Die Widerstände $R_1 = 100\ \Omega$ und $R_2 = 50\ \Omega$ sind zu einem Spannungsteiler (Abb. 3.4.1) zusammengeschaltet. Die angelegte Spannung beträgt 20 V.

Berechnen Sie die Teilspannung U_{20}.

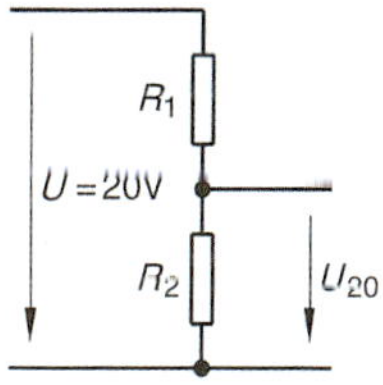

Abb. 3.4.1

2. Ein Spannungsteiler (Abb. 3.4.2) mit den Widerständen $R_1 = 22\ \text{k}\Omega$ und $R_2 = 10\ \text{k}\Omega$ ist an 22 V angeschlossen.

a) Berechnen Sie den Strom.
b) Wie groß sind die Teilspannungen?

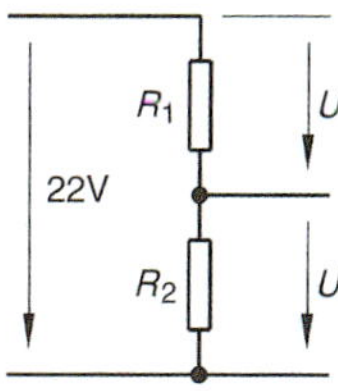

Abb. 3.4.2

3. Ein verstellbarer Widerstand 300 Ω/1 A (Abb. 3.4.3) wird als Spannungsteiler benutzt. Die angelegte Spannung von 12 V soll auf 2,5 V herabgesetzt werden.

Berechnen Sie die Teilwiderstände R_1 und R_2.

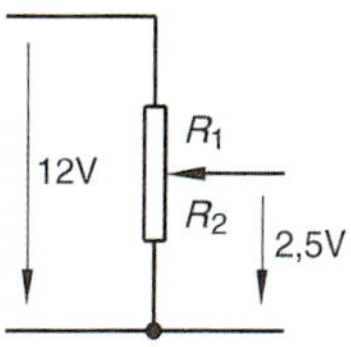

Abb. 3.4.3

4. Eine Spannung von 24 V soll auf 6 V vermindert werden. Dazu werden zwei Widerstände in Reihe geschaltet. R_1 ist ein Schichtwiderstand 1,8 kΩ/1 W.

Welchen Wert muss R_2 haben?

5. Bei einem Spannungsteiler verhalten sich die Widerstände $R_1 : R_2 = 3 : 7$.

In welchem Verhältnis stehen die Spannungen $U : U_2$?

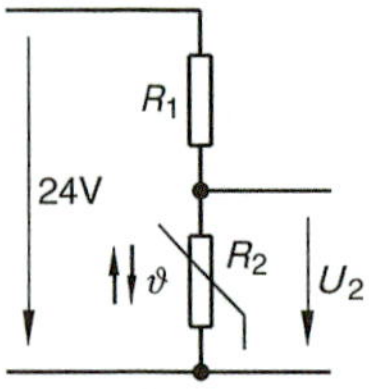

Abb. 3.4.6

6. Ein Spannungsteiler (Abb. 3.4.6) besteht aus dem Festwiderstand $R_1 = 48\ \text{k}\Omega$ und dem temperaturabhängigen Widerstand R_2 mit dem Temperaturkoeffizient $\alpha = -0{,}003$ 1/K. Bei 20 °C hat der NTC einen Widerstand von $R_2 = 25\ \text{k}\Omega$.

Bestimmen Sie

a) die Spannung U_2 bei 20 °C,
b) die Spannung U_2' bei 100 °C,
c) die Temperatur, wenn die Spannung an R_2 auf 6 V absinkt.

7. Die Reihenschaltung aus dem Kohleschichtwiderstand $R_1 = 10\ \text{k}\Omega$, $\alpha_1 = -0{,}2 \cdot 10^{-3}$ 1/K und dem Metallfilmwiderstand $R_2 = 10\ \text{k}\Omega$, $\alpha_2 = +0{,}1 \cdot 10^{-3}$ 1/K liegt an 6 V.

a) Bestimmen Sie die Spannungen U_2 an R_2 für die Temperaturen 20 °C, 40 °C, ..., 100 °C.
b) Stellen Sie die prozentuale Änderung der Spannung $\Delta U_2/U_2$ als Funktion der Temperatur ϑ in einem Graph dar.

8. Ein Spannungsteiler (Abb. 3.4.8) mit $R_1 = 560\ \Omega$ und $R_2 = 220\ \Omega$ ist an 6 V angeschlossen.

a) Berechnen Sie die Teilspannung U_{20} im Leerlauf.
b) Wie verändert sich U_{20}, wenn parallel zu R_2 der Belastungswiderstand $R_L = 180\ \Omega$ angeschlossen wird?

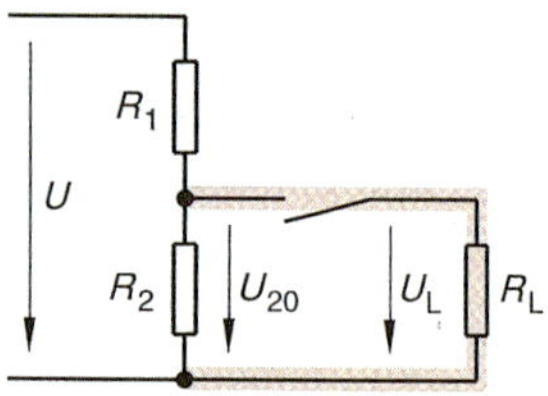

Abb. 3.4.8

9. Ein Spannungsteiler hat die Teilwiderstände $R_1 = 15\ \text{k}\Omega$ und $R_2 = 3{,}9\ \text{k}\Omega$. Er liegt an einer Spannung von 250 V und wird mit 6,8 kΩ belastet.

Berechnen Sie

a) die Spannung U_{20} im Leerlauf,
b) die Spannung U_L bei Belastung.

10. Der Spannungsteiler für eine elektronische Schaltung besteht aus den Widerständen $R_1 = 220\ \text{k}\Omega$ und $R_2 = 150\ \text{k}\Omega$. Die Eingangsspannung beträgt 270 V.

Berechnen Sie

a) die Leerlaufspannung U_{20},
b) die Spannung U_L bei Belastung mit den Widerständen $R_{L1} = 1\ \text{M}\Omega$, $R_{L2} = 100\ \text{k}\Omega$ und $R_{L3} = 10\ \text{k}\Omega$.

11. Die Spannungsteilerschaltung (Abb. 3.4.11) mit $R_1 = 1{,}2\ \text{k}\Omega$ und $R_2 = 820\ \Omega$ wird mit 4,7 kΩ belastet. Die Schaltung liegt an 50 V.

Berechnen Sie

a) die Leerlaufspannung U_{20} und den Leerlaufstrom I_0,
b) die Spannung U_L bei Belastung,
c) den Querstrom I_q.

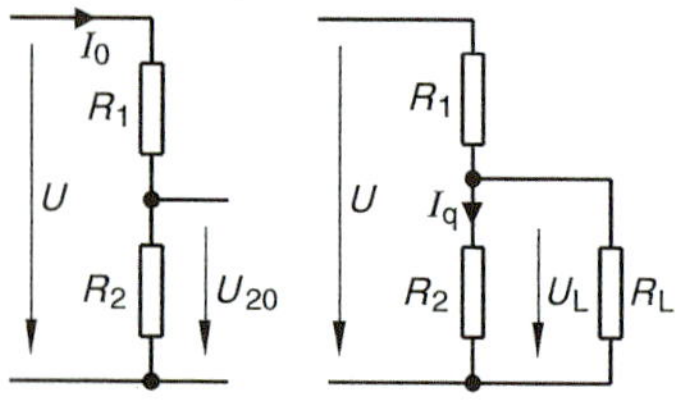

Abb. 3.4.11

12. Das Potentiometer (Abb. 3.4.12) mit $R = 100\ \Omega$ ist so eingestellt, dass die Spannung $U = 18$ V auf $U_{20} = 3$ V im Leerlauf herabgesetzt wird. Der Lastwiderstand beträgt 50 Ω.

Berechnen Sie

a) die Teilwiderstände R_1 und R_2,
b) das Querstromverhältnis q,
c) den prozentualen Rückgang der Spannung an R_2 bei Belastung,
d) die Spannung U_L am Lastwiderstand.

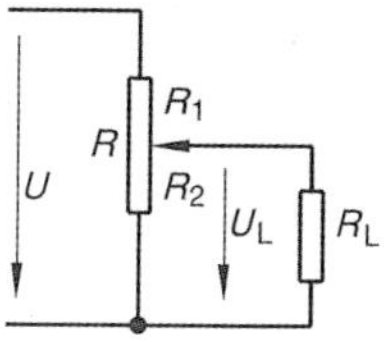

Abb. 3.4.12

13. Ein Spannungsteiler aus $R_1 = 2\ \mathrm{k\Omega}$ und $R_2 = 1\ \mathrm{k\Omega}$ ist an ein stabilisiertes Netzgerät mit $U = 30\ \mathrm{V}$ angeschlossen. Für diesen Spannungsteiler soll untersucht werden, welche Belastungswiderstände R_L angeschlossen werden dürfen, wenn die Spannung U_L auf die Werte $0{,}9 \cdot U_{20}$; $0{,}8 \cdot U_{20}$; …; $0{,}3 \cdot U_{20}$ absinken darf.

a) Berechnen Sie die Leerlaufspannung U_{20}.
b) Bestimmen Sie die Lastwiderstände R_L.
c) Zeichnen Sie das Diagramm R_L abhängig von U_L/U_{20}.

14. Ein Widerstand R_L ist an den Abgriff eines Potentiometers R (Abb. 3.4.14) angeschlossen, dessen Skale gleichmäßig in 100 Skalenteile eingeteilt ist. Die Kennlinien dieses Spannungsteilers bei Belastung mit verschiedenen Widerständen R_L sollen ermittelt werden.

a) Berechnen Sie die Lastspannung U_L für die beiden Belastungsfälle $R_L = \infty$ (Leerlauf) und $R_L = 0{,}5\,R$. Nehmen Sie die Werte $U = 100\ \mathrm{V}$ und $R = 1\ \mathrm{k\Omega}$ an und führen Sie die Berechnung für 6 Schleiferstellungen von $R_2 = 0\ \Omega$ bis $R_2 = 1\ \mathrm{k\Omega}$ durch. Stellen Sie für beide Belastungsfälle eine Wertetafel der Ergebnisse auf.
b) Zeichnen Sie die beiden Kennlinien in ein Koordinatensystem mit folgenden Festlegungen:

Waagrechte Achse: $\frac{R_2}{R}$ von 0 bis 1,0

Senkrechte Achse: $\frac{U_L}{U}$ von 0 bis 1,0

Parameter: $\frac{R}{R_L} = 0$ (Leerlauf) bzw. $\frac{R}{R_L} = 2$.

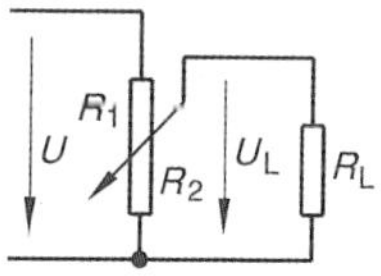

Abb. 3.4.14

15. Widerstandsnetzwerke in Dickschichttechnik sind wie IC-Bausteine in DIL-Gehäusen eingebaut und werden bei gedruckten Schaltungen verwendet. Alle Widerstände eines derartigen Netzwerks sind gleich groß.

Im vorliegenden Fall (Abb. 3.4.15) sind die einen Anschlüsse aller 15 Widerstände mit Pin 16 verbunden, die anderen Anschlüsse auf separate Pins herausgeführt. Jeder Widerstand hat $1{,}5\ \mathrm{k\Omega}/0{,}15\ \mathrm{W}$; die Gesamtleistung beträgt $2{,}25\ \mathrm{W}$. Neun dieser Widerstände sind über Leiterbahnen auf der Platine zu einem Spannungsteiler geschaltet, der an einer Versorgungsspannung von 6 V liegt.

a) Zeichnen Sie das Ersatzschaltbild.
b) Berechnen Sie die Spannung U_{20} des Spannungsteilers zwischen Stift 16 und Stift 8.
c) Auf welchen Wert sinkt die Spannung ab, wenn an die beiden Stifte ein Belastungswiderstand von $10\ \mathrm{k\Omega}$ angeschlossen wird?
d) Wie groß ist die Verlustleistung des Spannungsteilers im Leerlauf bzw. bei Belastung?
e) Warum werden 9 Widerstände verwendet, obwohl U_{20} auch mit nur 3 Widerständen erzeugt werden könnte?

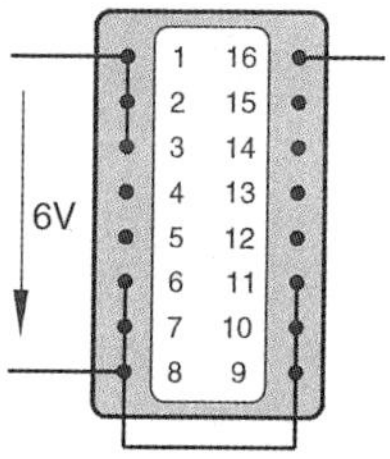

Abb. 3.4.15

3.5 Brückenschaltungen

Beispiel:

In einer Brückenschaltung, die an der Betriebsspannung $U = 9$ V liegt, haben die beiden Festwiderstände $R_1 = 1{,}5$ kΩ und $R_2 = 2{,}0$ kΩ.

a) Bestimmen Sie den Widerstand R_4, wenn die Brücke durch $R_3 = 850$ Ω abgeglichen ist.

b) Der Widerstand R_4 wird durch den unbekannten Widerstand R_X ersetzt. Es tritt dann die Brückenspannung $U_{AB} = 440$ mV auf. Wie groß ist R_X?

c) Wie groß ist der Strom I_{AB} der nicht abgeglichenen Brücke mit R_X, wenn zwischen A und B eine Drahtbrücke mit vernachlässigbarem Widerstand eingebaut wird?

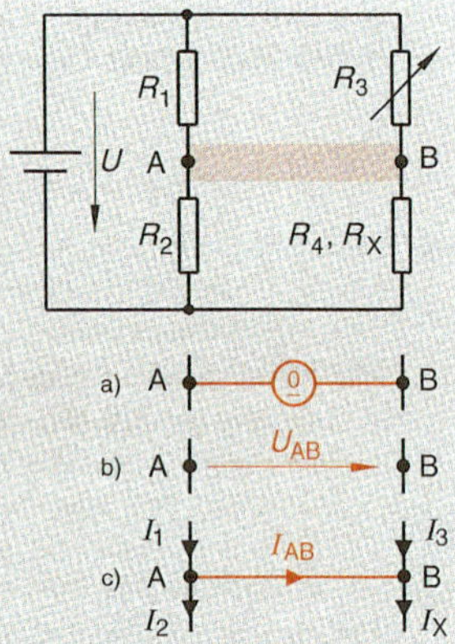

Lösung:

Gegeben: $U = 9$ V; $R_1 = 1{,}5$ kΩ; $R_2 = 2{,}0$ kΩ; $R_3 = 850$ Ω; $U_{AB} = 440$ mV

Gesucht: R_4; R_X; I_{AB}

a) $$R_4 = \frac{R_2 \cdot R_3}{R_1} = \frac{2{,}0\ \text{k}\Omega \cdot 850\ \Omega}{1{,}5\ \text{k}\Omega} = \mathbf{1130\ \Omega}$$

b) $$U_1 = \frac{R_1}{R_1 + R_2} \cdot U = \frac{1{,}5\ \text{k}\Omega \cdot 9\ \text{V}}{3{,}5\ \text{k}\Omega} = 3{,}86\ \text{V}$$

$$U_1 + U_{AB} - U_3 = 0 \Rightarrow$$

$$U_3 = U_1 + U_{AB} = 3{,}86\ \text{V} + 0{,}44\ \text{V} = 4{,}30\ \text{V}$$

$$U_X = U - U_3 = 9\ \text{V} - 4{,}30\ \text{V} = 4{,}70\ \text{V}$$

$$R_X = \frac{U_X}{U_3} \cdot R_3 = \frac{4{,}70\ \text{V} \cdot 850\ \Omega}{4{,}30\ \text{V}} = \mathbf{929\ \Omega}$$

c) Durch die Verbindung AB ändern sich die Teilspannungen.

$$R_{p1} = \frac{R_1 \cdot R_3}{R_1 + R_3} = \frac{1{,}5\ \text{k}\Omega \cdot 850\ \Omega}{2350\ \Omega} = 543\ \Omega$$

$$R_{p2} = \frac{R_2 \cdot R_X}{R_2 + R_X} = \frac{2{,}0\ \text{k}\Omega \cdot 929\ \Omega}{2929\ \Omega} = 634\ \Omega$$

$$U_{p1} = \frac{R_{p1}}{R_{p1} + R_{p2}} \cdot U = \frac{543\ \Omega \cdot 9\ \text{V}}{543\ \Omega + 634\ \Omega}$$

$$= 4{,}15\ \text{V} = U_1 = U_3$$

$$U_2 = U - U_1 = 9\ \text{V} - 4{,}15\ \text{V} = 4{,}85\ \text{V}$$

$$I_1 = \frac{U_1}{R_1} = \frac{4{,}15\ \text{V}}{1{,}5\ \text{k}\Omega} = 2{,}77\ \text{mA}$$

$$I_2 = \frac{U_2}{R_2} = \frac{4{,}85\ \text{V}}{2{,}0\ \text{k}\Omega} = 2{,}42\ \text{mA}$$

$$I_{AB} = I_1 - I_2 = 2{,}77\ \text{mA} - 2{,}42\ \text{mA} = \mathbf{0{,}35\ mA}$$

Aufgaben

1. Ein Drahtwiderstand aus CuNi44 (Konstantan) wird mit einer Wheatstone-Brücke (Abb. 3.5.1) gemessen. Die Widerstände der abgeglichenen Brücke betragen $R_1 = R_2 = 10$ Ω; $R_3 = 12{,}3$ kΩ.

Berechnen Sie den Widerstandswert.

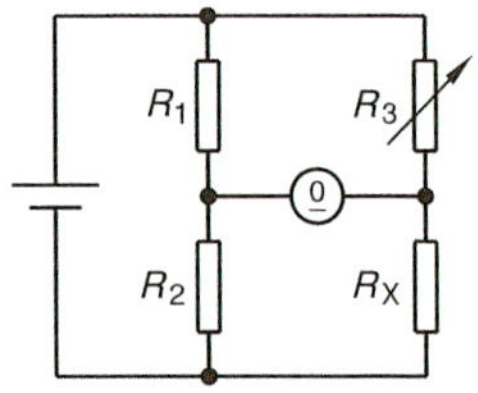

Abb. 3.5.1

2. Eine Messbrücke (Abb. 3.5.1) ist abgeglichen, das Messinstrument ist also stromlos. Die Widerstandswerte betragen: $R_1 = 37$ Ω; $R_2 = 370$ Ω; $R_3 = 467$ Ω.

Berechnen Sie R_X.

3. In einer Brückenschaltung (Abb. 3.5.3) sind für die Festwiderstände R_1 und R_2 Präzisionswiderstände mit einer Toleranz von ±0,1% eingebaut. Der einstellbare Widerstand hat bei Brückenabgleich R_3=3,65 kΩ; seine zulässige Abweichung beträgt ±5%.

a) Wie groß ist der Wert des unbekannten Widerstands R_X?

b) Wie groß kann die Abweichung vom Wert R_X sein, wenn die Toleranz des einstellbaren Widerstands berücksichtigt wird?

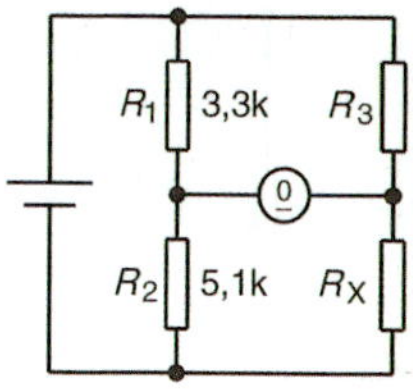

Abb. 3.5.3

4. Bei Abgleich einer Messbrücke (Abb. 3.5.4) betragen die Widerstände R_1=2,0 kΩ; R_2=3,0 kΩ; R_3=1,3 kΩ. Ihre Toleranz ist mit ±1% angegeben.

a) Berechnen Sie den Wert des Widerstands R_4?

b) Bestimmen Sie die prozentuale Abweichung vom Wert R_4, wenn die Toleranz der Messwiderstände berücksichtigt wird.

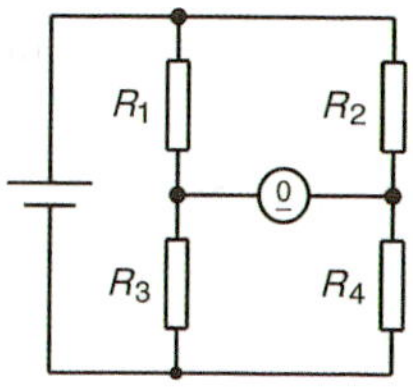

Abb. 3.5.4

5. Der Innenwiderstand R_i des Spannungsmessers P1, der auf den Messbereich 10 V eingestellt ist, wird mit einer Messbrücke (Abb. 3.5.5) bestimmt. Dazu wird die Widerstandsdekade R_N so lange verändert, bis sich der Ausschlag am Instrument P1 beim Tippen des Tastschalters S1 nicht mehr verändert. Die Festwiderstände haben die Werte R_1=20 kΩ und R_2=40 kΩ; bei Abgleich wird für R_N der Wert 16,5 kΩ abgelesen.

a) Wie groß ist der Widerstand R_i bei Messbereich 10 V?

b) Geben Sie den Kennwiderstand R_i' des Spannungsmessers in Ohm pro Volt an.

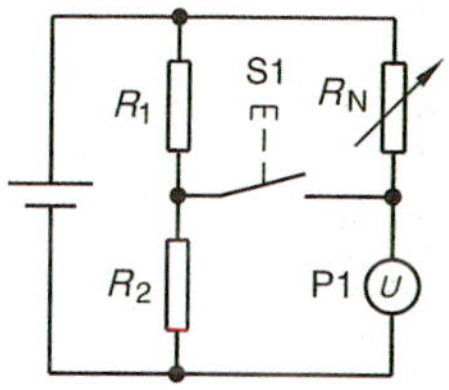

Abb. 3.5.5

6. Mit einer Messbrücke wird der Innenwiderstand R_1 eines Widerstandsnetzwerks (hier: Spannungsteiler) bestimmt. Dazu wird die Eingangsseite des Netzwerks kurzgeschlossen und die Messbrücke an die Ausgangsseite angelegt (Abb. 3.5.6). Bei Abgleich ist
R_A=2,2 kΩ; R_B=4,7 kΩ; R_C=936 Ω.

a) Bestimmen Sie den Innenwiderstand des Netzwerks.

b) Berechnen Sie den Widerstand R_2 des Spannungsteilers, wenn R_1=22 kΩ beträgt.

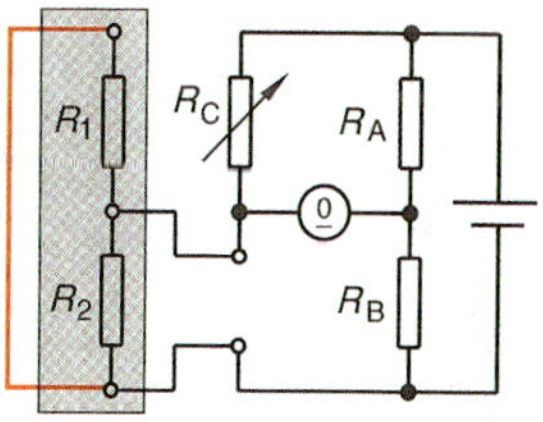

Abb. 3.5.6

7. Mit einer Brückenschaltung wird der Innenwiderstand einer Spannungsquelle bestimmt. Dazu wird der Widerstand R_3 so lange verändert, bis beim Tippen des Tastschalters S1 der Zeigerausschlag des Instruments im Brückenzweig unverändert bleibt. Nach diesem Abgleich werden die Widerstände R_1=1,6 kΩ; R_2=3,3 kΩ; R_3=184 Ω festgestellt.

Bestimmen Sie den Innenwiderstand R_i der Spannungsquelle in Abb. 3.5.7.

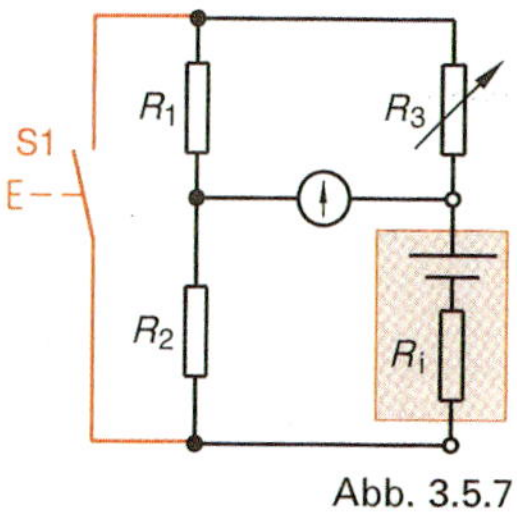

Abb. 3.5.7

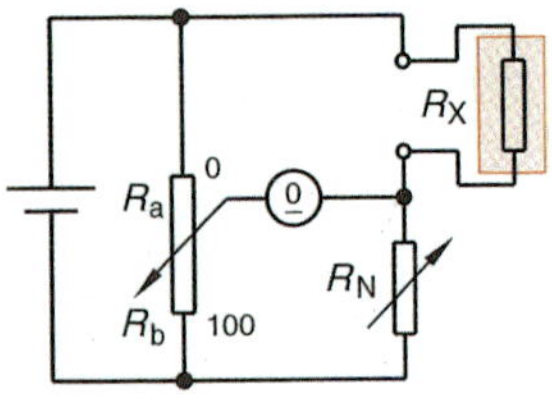

Abb. 3.5.8

8. Mit einer Brückenschaltung sollen Widerstände R_X nach ihrer Abweichung vom Sollwert sortiert werden. Dazu wird der geeichte Widerstand R_N auf den Sollwert der Prüflinge eingestellt. Mit dem Potentiometer wird die Messbrücke (Abb. 3.5.8) abgeglichen.

Welchen Werten auf der Skale des Potentiometers entspricht die Toleranz ±10%?

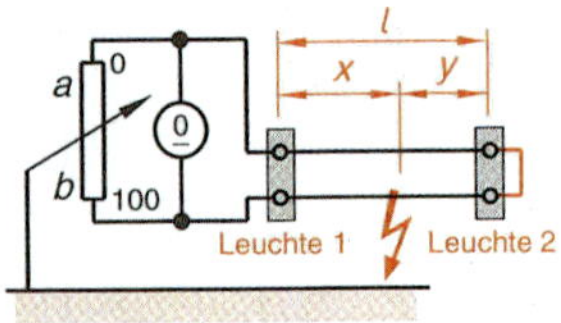

Abb. 3.5.9

9. Für die Beleuchtung einer Gartenanlage ist ein Erdkabel Cu 3×4 mm² verlegt. Zwischen zwei Leuchten, die $l = 10$ m voneinander entfernt sind, hat eine Ader Erdschluss. Zur Bestimmung des Fehlerorts wird der gestörte Kabelabschnitt beiderseits abgeklemmt und entsprechend der angegebenen Schaltung (Abb. 3.5.9) zu einer Brückenschaltung ergänzt. Bei Abgleich der Brücke steht der Abgriff des Spannungsteilers auf 72 Skt.

Wie weit ist der Erdschluss von der Leuchte 1 entfernt?

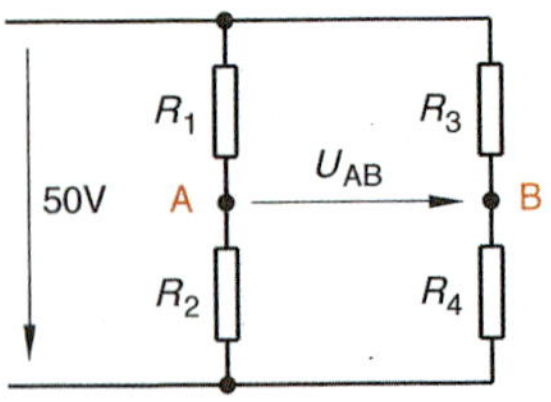

Abb. 3.5.10

10. Die Widerstände $R_1 = 2$ kΩ; $R_2 = 6$ kΩ; $R_3 = 3$ kΩ; $R_4 = 4$ kΩ sind zu einer Brückenschaltung nach Abb. 3.5.10 verbunden. Die Betriebsspannung beträgt 50 V.

a) Prüfen Sie, ob die Brücke abgeglichen ist.
b) Berechnen Sie die Brückenspannung U_{AB}, falls die Brücke nicht abgeglichen ist.

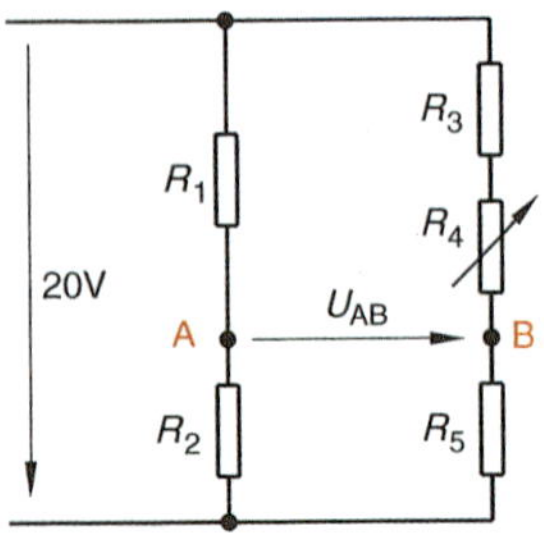

Abb. 3.5.11

11. In der Brückenschaltung (Abb. 3.5.11) mit den Festwiderständen $R_1 = 750$ Ω; $R_2 = 560$ Ω; $R_3 = 470$ Ω und $R_5 = 430$ Ω dient der veränderliche Widerstand $R_4 = 150$ Ω zum Feinabgleich der Brücke.

Zwischen welchen Werten schwankt die Brückenspannung U_{AB}, wenn R_4 auf Werte zwischen 0 Ω und 150 Ω eingestellt wird?

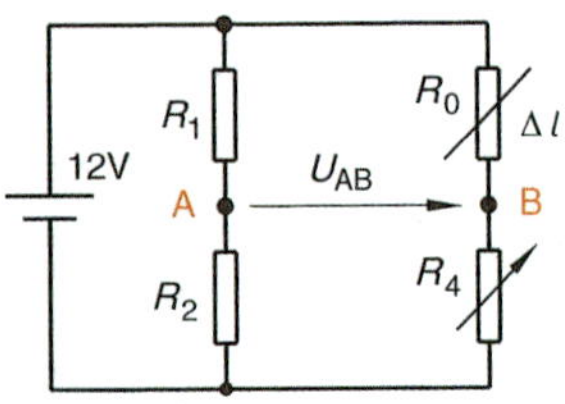

Abb. 3.5.12

12. Zur Bestimmung von Längenänderungen an Bauteilen infolge von Zug- oder Druckbeanspruchungen werden Dehnungsmessstreifen (DMS) mit der Länge l_0 auf die Prüfflächen der Bauteile aufgeklebt. Diese Streifen bestehen aus Widerstandsdraht in Kunststoffolie mit dem Anfangswiderstand R_0. Bei Zugbeanspruchung steigt der Drahtwiderstand um ΔR infolge der Verlängerung des Drahts, bei Druckbeanspruchung sinkt der Widerstand um ΔR. Für die sehr kleinen Längenänderungen Δl gilt näherungsweise

$$\Delta R = 2 \cdot \frac{\Delta l}{l_0} \cdot R_0$$

Fortsetzung Aufgabe 12

Im unbelasteten Zustand hat der verwendete Dehnungsmessstreifen 250 Ω; die Widerstände des Spannungsteilers betragen $R_1 = R_2 = 270\ \Omega$.

a) Wie groß ist der Widerstand R_4 bei abgeglichener Brücke (Abb. 3.5.12) und unbelastetem Dehnungsmessstreifen?

b) Ermitteln Sie die Brückenspannung U_{AB}, wenn der Dehnungsmessstreifen mit $l_0 = 100$ mm um $\Delta l = 0{,}1$ mm verändert wird.

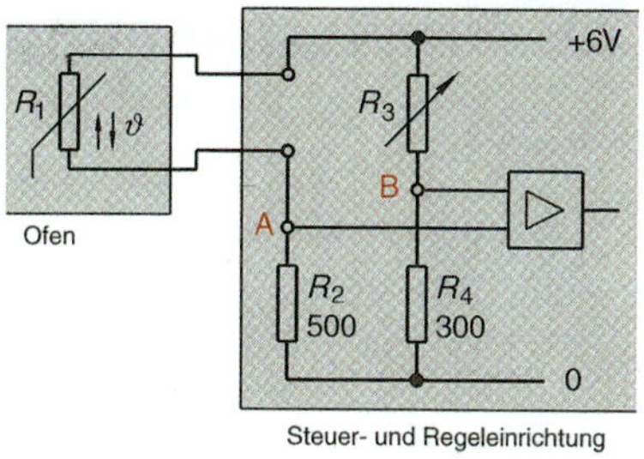

Abb. 3.5.13A

13. Die Temperatur in einem Aufwärmofen wird über den Heißleiter R_1 geregelt (Abb. 3.5.13A). Eine Temperaturänderung im Ofen führt zu einer Widerstandsänderung bei R_1 (Abb. 3.5.13B) und damit zu einer Brückenspannung U_{AB}. Diese wird verstärkt und als Regelgröße der Steuer- und Regeleinrichtung zugeführt, die eine Ansprechschwelle von $U_{AB} = \pm 0{,}1$ V hat. Der Widerstand R_3 ist auf 300 Ω eingestellt.

a) Bei welcher Temperatur (Sollwert) ist die Brückenschaltung abgeglichen?

b) Bei welcher Abweichung vom Sollwert spricht die Regelung an?

c) Auf welchen Widerstandswert muss R_3 eingestellt werden, wenn der Sollwert der Ofentemperatur 50 °C betragen soll?

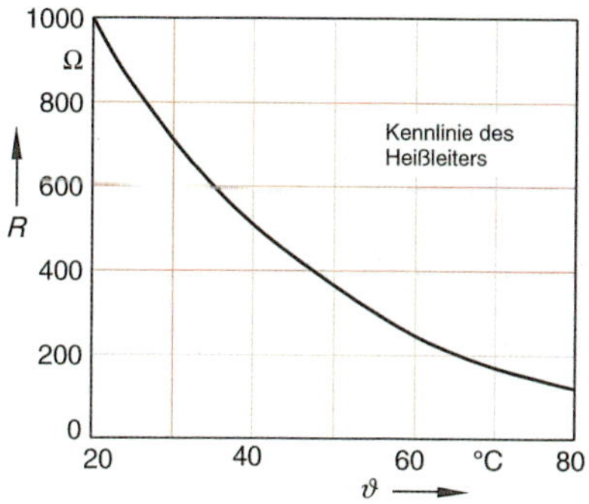

Abb. 3.5.13B

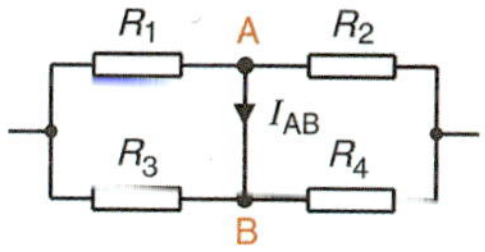

Abb. 3.5.14

14. Der Brückenzweig AB einer Brückenschaltung (Abb. 3.5.14) ist kurzgeschlossen. Die Schaltung liegt an $U = 12$ V; die Widerstände betragen $R_1 = 300\ \Omega$; $R_2 = 120\ \Omega$; $R_3 = 150\ \Omega$; $R_4 = 180\ \Omega$.

Bestimmen Sie Größe und Richtung des Stromes im Brückenzweig AB.

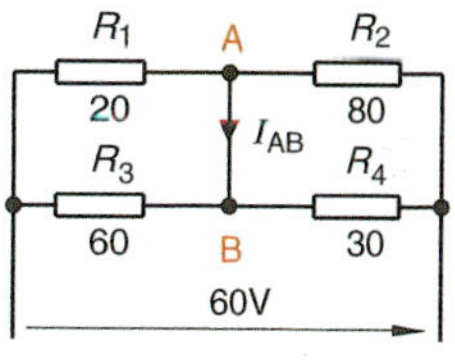

Abb. 3.5.15

15. Berechnen Sie den Brückenstrom I_{AB} der Schaltung nach Abb. 3.5.15.

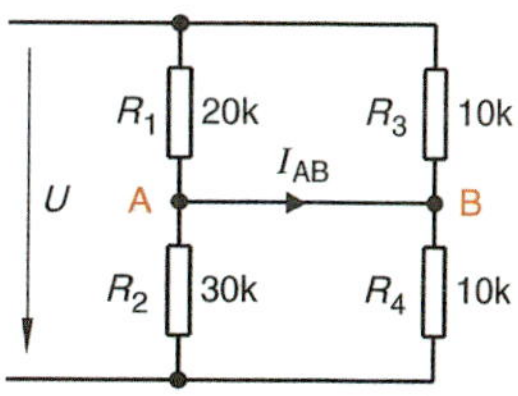

Abb. 3.5.16

16. Eine Brückenschaltung (Abb. 3.5.16) liegt an der Versorgungsspannung $U = 100$ V.

a) Wie groß ist der Brückenstrom I_{AB}?

b) Auf welchen Wert muss die Versorgungsspannung eingestellt werden, wenn der Brückenstrom 1 mA betragen soll?

3.6 Ersatzspannungsquelle, Ersatzstromquelle

Beispiele:

1. Spannungsquelle

Kohle-Zink-Monozellen haben eine Leerlaufspannung von 1,5 V und einen Innenwiderstand von 0,3 Ω. Zwei in Reihe geschaltete Monozellen werden mit einem Widerstand $R_L = 6\ \Omega$ belastet.

Berechnen Sie

a) die Leerlaufspannung,
b) den Gesamtinnenwiderstand,
c) den Strom,
d) die Klemmenspannung.

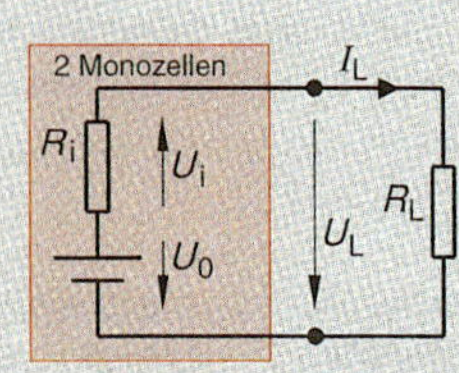

Lösung:

Gegeben: $U_{01} = 1{,}5\ \text{V};\ R_{i1} = 0{,}3\ \Omega;\ n = 2;\ R_L = 6\ \Omega$
Gesucht: $U_0;\ R_i;\ I_L;\ U_L$

a) $U_0 = n \cdot U_{01} = 2 \cdot 1{,}5\ \text{V} = \mathbf{3\ V}$

b) $R_i = n \cdot R_{i1} = 2 \cdot 0{,}3\ \Omega = \mathbf{0{,}6\ \Omega}$

c) $I_L = \dfrac{U_0}{R_i + R_L} = \dfrac{3\ \text{V}}{0{,}6\ \Omega + 6\ \Omega} = \mathbf{0{,}455\ A}$

d) $U_L = I_L \cdot R_L = 0{,}455\ \text{A} \cdot 6\ \Omega = \mathbf{2{,}73\ V}$

2. Spannungsteiler als Ersatzspannungsquelle

Ein Spannungsteiler mit den Widerständen R_1 und R_2 liegt an der Spannung U_B und wird mit dem Widerstand R_L belastet.

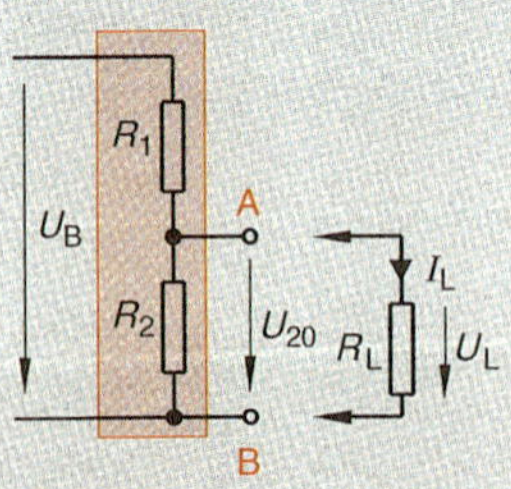

$R_1 = 400\ \Omega$
$R_2 = 100\ \Omega$
$R_L = 50\ \Omega$
$U_B = 10\ \text{V}$

Ersatzspannungsquelle

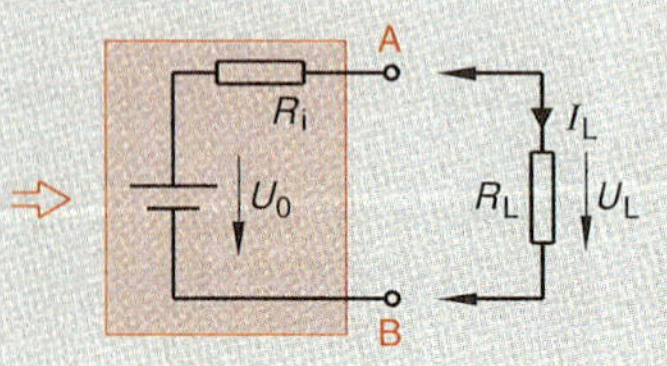

Ermitteln Sie

a) den Ersatzinnenwiderstand R_i,
b) die Leerlaufspannung des Spannungsteilers U_{20} bzw. die Quellenspannung U_0 der Ersatzspannungsquelle,
c) den Laststrom I_L,
d) die Spannung U_L an den Klemmen bei Belastung.

Hinweis:

Den Ersatzinnenwiderstand R_i ermittelt man, indem man sich die Eingangsklemmen des Spannungsteilers kurzgeschlossen denkt und dann den Widerstand zwischen den Klemmen A und B ohne den Lastwiderstand R_L misst.

Die Quellenspannung U_0 der Ersatzspannungsquelle ist gleich groß wie die Leerlaufspannung U_{20} des Spannungsteilers.

Lösung:

Ermittlung von R_i

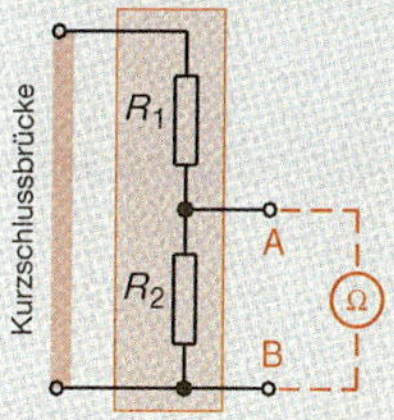

$$R_i = \frac{R_1 \cdot R_2}{R_1 + R_2}$$

Ermittlung von U_0

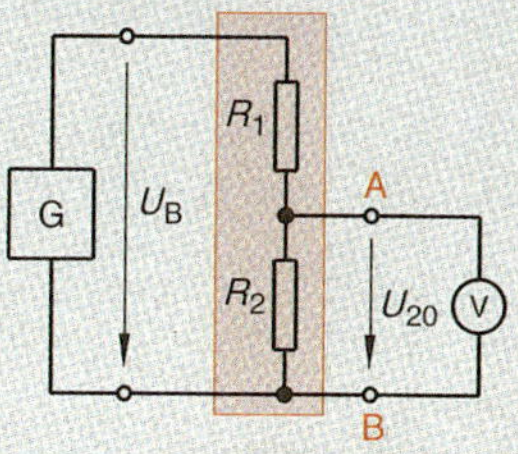

$$U_0 = U_{20} = \frac{R_2}{R_1 + R_2} \cdot U_B$$

a) $R_i = \frac{R_1 \cdot R_2}{R_1 + R_2} = \frac{400\ \Omega \cdot 100\ \Omega}{400\ \Omega + 100\ \Omega} = \mathbf{80\ \Omega}$

b) $U_{20} = \frac{R_2}{R_1 + R_2} \cdot U_B = \frac{100\ \Omega}{400\ \Omega + 100\ \Omega} \cdot 10\ \text{V} = \mathbf{2\ V = U_0}$

c) $I_L = \frac{U_0}{R_i + R_L} = \frac{2\ \text{V}}{80\ \Omega + 50\ \Omega} = \mathbf{15{,}4\ mA}$

d) $U_L = U_0 - I_L \cdot R_i = 2\ \text{V} - 0{,}0154\ \text{A} \cdot 80\ \Omega = 2\ \text{V} - 1{,}23\ \text{V} = \mathbf{0{,}77\ V}$

3. Brückenschaltung als Ersatzspannungsquelle

Bei einer nicht abgeglichenen Brückenschaltung soll die Brückenspannung U_{AB} ohne Belastung und mit Belastung durch den Widerstand R_L ermittelt werden. Die Brückenschaltung ist dazu als Ersatzspannungsquelle zu betrachten.

Gegeben: $R_1 = 100\ \Omega$; $R_2 = 200\ \Omega$; $R_3 = 150\ \Omega$;
$R_4 = 400\ \Omega$; $R_L = 1000\ \Omega$; $U = 12\ \text{V}$.

Gesucht: a) Ersatzinnenwiderstand R_i,
b) Urspannung der Ersatzspannungsquelle U_0,
c) Strom durch den Lastwiderstand I_L,
d) Lastspannung U_L.

Lösung:

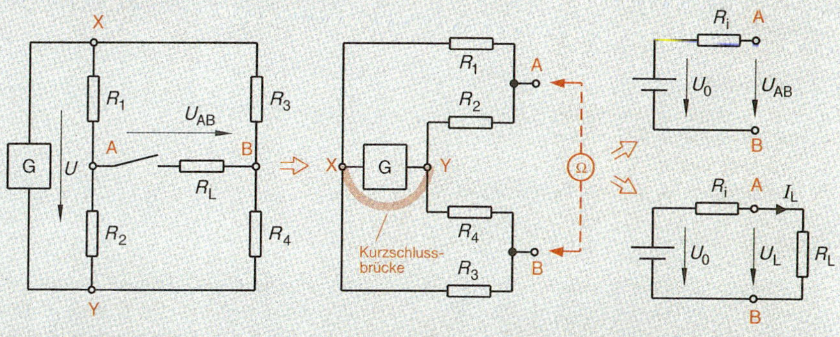

Bestimmung von R_i. Man denkt sich die Spannungsquelle der Wheatstone-Brücke kurzgeschlossen und misst dann den Widerstand zwischen den Klemmen A und B der unbelasteten Brücke.

$$R_i = \frac{R_1 \cdot R_2}{R_1 + R_2} + \frac{R_3 \cdot R_4}{R_3 + R_4}$$

Die Urspannung U_0 der Ersatzspannungsquelle ist gleich groß wie die Spannung U_{AB} zwischen den Klemmen A und B der unbelasteten Brückenschaltung.

$U = U_1 + U_{AB} + U_4 \Rightarrow U_{AB} = U - U_1 - U_4$

oder $U = U_3 - U_{AB} + U_2 \Rightarrow U_{AB} = U_3 + U_2 - U$

a) $$R_i = \frac{R_1 \cdot R_2}{R_1 + R_2} + \frac{R_3 \cdot R_4}{R_3 + R_4} = \frac{100\,\Omega \cdot 200\,\Omega}{100\,\Omega + 200\,\Omega} + \frac{150\,\Omega \cdot 400\,\Omega}{150\,\Omega + 400\,\Omega} = 66{,}7\,\Omega + 109{,}1\,\Omega = \mathbf{175{,}8\,\Omega}$$

b) $$U_1 = \frac{R_1}{R_1 + R_2} \cdot U = \frac{100\,\Omega}{100\,\Omega + 200\,\Omega} \cdot 12\,\text{V} = 4\,\text{V}$$

$$U_4 = \frac{R_4}{R_3 + R_4} \cdot U = \frac{400\,\Omega}{150\,\Omega + 400\,\Omega} \cdot 12\,\text{V} = 8{,}73\,\text{V}$$

$$U_{AB} = U - U_1 - U_4 = 12\,\text{V} - 4\,\text{V} - 8{,}73\,\text{V} = \mathbf{-0{,}73\,V}$$

$$U_0 = U_{AB} = \mathbf{-0{,}73\,V}$$

Hinweis: Das Minuszeichen bedeutet Pluspol von U_{AB} in Punkt B
Minuspol von U_{AB} in Punkt A.

c) $$I_L = \frac{U_0}{R_i + R_L} = \frac{-0{,}73\,\text{V}}{175{,}8\,\Omega + 1000\,\Omega} = \mathbf{-0{,}62\,mA}$$

d) $$U_L = I_L \cdot R_L = -0{,}62\,\text{mA} \cdot 1000\,\Omega = \mathbf{-0{,}62\,V}$$

oder: $$U_L = \frac{R_L}{R_i + R_L} \cdot U_0 = \frac{1000\,\Omega}{175{,}8\,\Omega + 1000\,\Omega} \cdot (-0{,}73\,\text{V}) = \mathbf{-0{,}62\,V}$$

4. Ersatzstromquelle

Ein Spannungsteiler mit den Widerständen R_1 und R_2 liegt an der Spannung U_B und wird mit dem Widerstand R_L belastet. Er soll als Ersatzstromquelle betrachtet werden.

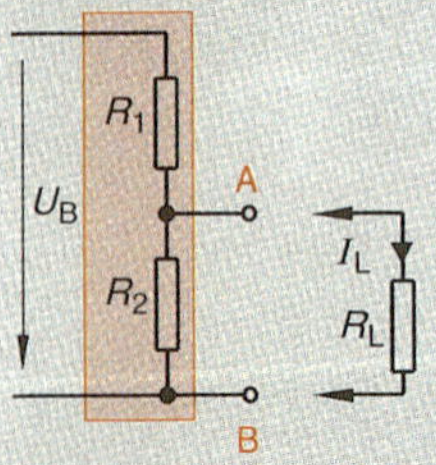

$R_1 = 400\,\Omega$
$R_2 = 100\,\Omega$
$R_L = 50\,\Omega$
$U_B = 10\,\text{V}$

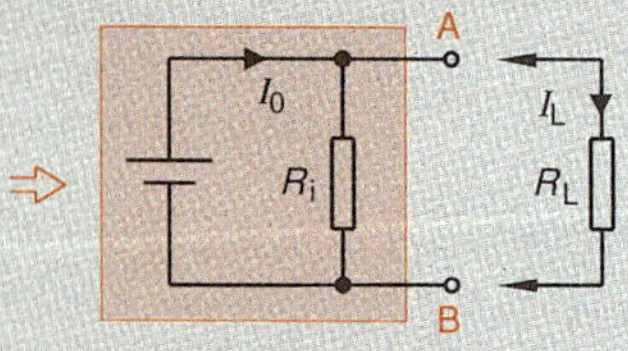

Ermitteln Sie
a) den Ersatzinnenwiderstand R_i,
b) den Ersatzstrom I_0,
c) den Laststrom I_L,
d) die Spannung U_L am Widerstand R_L.

Hinweis:

Jede Widerstandsschaltung, die an einer Spannungsquelle liegt und Ausgangsklemmen besitzt, kann als Ersatzspannungs- oder Ersatzstromquelle betrachtet werden. Die Betrachtung als Ersatzstromquelle wird man dann wählen, wenn der Ausgangsstrom bei der Betrachtung eines Problems vorrangig ist. Bei der Ersatzstromquelle ist der Ersatzstrom I_0, der aus der Ersatzstromquelle fließt, eine konstante Größe. Der Innenwiderstand R_i, der rechnerisch gleich groß ist wie der Ersatzwiderstand der Ersatzspannungsquelle, liegt jedoch parallel zur Stromquelle.

Ermittlung von R_i:

$$R_i = \frac{R_1 \cdot R_2}{R_1 + R_2}$$

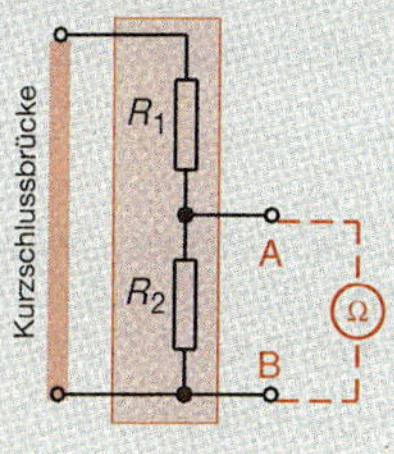

Ermittlung von I_0:

$$I_0 = \frac{U_B}{R_1}$$

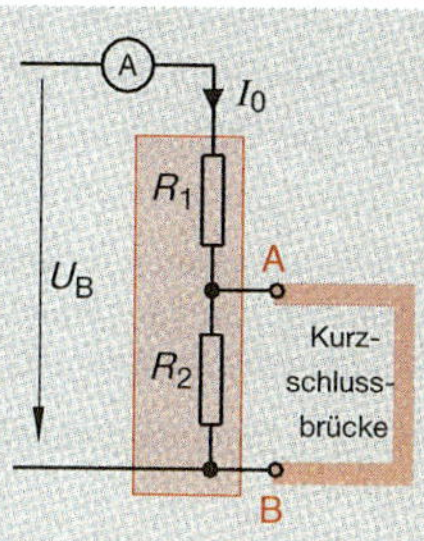

Lösung:

a) $R_i = \frac{R_1 \cdot R_2}{R_1 + R_2} = \frac{400\,\Omega \cdot 100\,\Omega}{400\,\Omega + 100\,\Omega} = \mathbf{80\,\Omega}$

b) $I_0 = \frac{U_B}{R_1} = \frac{10\text{ V}}{400\,\Omega} = \mathbf{0{,}025\text{ A}}$

c)

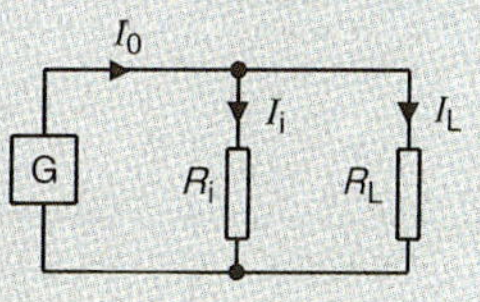

$$\begin{aligned}
R_L \cdot I_L &= R_i I_i \\
R_L \cdot I_L &= R_i (I_0 - I_L) \\
R_L \cdot I_L &= R_i I_0 - R_i I_L \\
I_L (R_L + R_i) &= R_i I_0 \\
\Rightarrow I_L &= \frac{R_i}{R_i + R_L} \cdot I_0 = \frac{80\,\Omega}{80\,\Omega + 50\,\Omega} \cdot 0{,}025\text{ A} = 0{,}0154\text{ A} \\
&= \mathbf{15{,}4\text{ mA}}
\end{aligned}$$

d) $U_L = I_L \cdot R_L = 0{,}0154\text{ A} \cdot 50\,\Omega = \mathbf{0{,}77\text{ V}}$

Vergleich der Ergebnisse von Beispiel 2 und Beispiel 4

Spannungsteiler betrachtet als	Quellenspannung	Ersatzstrom	Ersatzinnenwiderstand	Laststrom bei $R_L = 50\,\Omega$	Spannung an R_L
Ersatzspannungsquelle	$U_0 = 2$ V	———	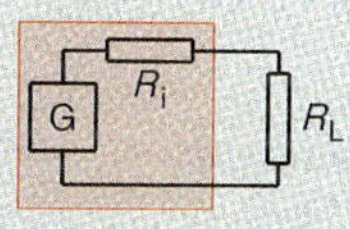 $R_i = 80\,\Omega$	$I_L = 15{,}4$ mA	$U_L = 0{,}77$ V
Ersatzstromquelle	———	$I_0 = 25$ mA	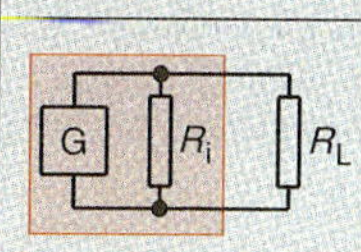 $R_i = 80\,\Omega$	$I_L = 15{,}4$ mA	$U_L = 0{,}77$ V

Aufgaben

1. Eine Babyzelle hat eine Quellenspannung von 1,5 V und einen Innenwiderstand von 0,14 Ω.
   a) Wie groß ist die Klemmenspannung, wenn ihr ein Strom von 500 mA entnommen wird?
   b) Welcher Strom fließt bei Kurzschluss?

2. Eine Normalbatterie 3R12 hat eine Urspannung von 4,5 V. Bei Belastung mit einem Widerstand $R_L = 10\ \Omega$ sinkt die Klemmenspannung auf $U_L = 4{,}35$ V ab.

   Berechnen Sie den Innenwiderstand der Batterie.

3. Eine Flachbatterie besteht aus 3 hintereinander geschalteten Zellen mit einer Quellenspannung von je 1,5 V und einem Innenwiderstand von je 0,18 Ω.
   Die Klemmenspannung darf bei Belastung höchstens um 0,1 V absinken.

   Welchen Widerstandswert darf der Lastwiderstand R_L besitzen?

4. Eine Normalbatterie 3R12 hat eine Nennspannung von 4,5 V. Sie besitzt einen Innenwiderstand von 1 Ω; ihr soll ein Strom von maximal 0,42 A entnommen werden. Zum Betrieb eines Kleinverbrauchers mit einer Nennspannung von 4,5 V müssen drei Batterien parallel geschaltet werden.
   a) Wie groß ist der Innenwiderstand der parallel geschalteten Flachbatterien?
   b) Welcher Strom I_L fließt in der Zuleitung zum Verbraucher, wenn dieser einen Widerstand von 4,1 Ω hat?
   c) Wie groß ist die Klemmenspannung U_L bei Belastung?

5. Eine Monozelle hat eine Urspannung von 1,6 V. Bei Belastung mit einem Widerstand $R_L = 2{,}7\ \Omega$ sinkt die Klemmenspannung in 30 Minuten von $U_{L1} = 1{,}5$ V auf $U_{L2} = 1{,}2$ V ab.

   Berechnen Sie
   a) den Anfangsentladestrom I_{L1},
   b) den Innenwiderstand R_{i1} zu Beginn der Entladung,
   c) den Entladestrom I_{L2} nach 30 Minuten,
   d) den Innenwiderstand R_{i2} am Ende der Entladung.

6. Monozellen R20 haben eine Nennspannung von 1,5 V und einen Innenwiderstand von 0,08 Ω. Zur Speisung eines Elektromagneten, der einen Widerstand von 4 Ω hat, werden zwei Monozellen parallel geschaltet.

   Berechnen Sie
   a) die Leerlaufspannung
   b) den Innenwiderstand der Batterie
   c) den Gesamtwiderstand
   d) den Strom
   e) die Klemmenspannung

7. Ein Nickel-Kadmium-Akkumulator besteht aus 2 Zweigen zu je 5 in Reihe geschalteten Zellen. Die Nennspannung je Zelle beträgt 1,2 V; der Innenwiderstand 0,02 Ω/Zelle. Der Akkumulator wird mit einer Scheinwerferlampe 6 V/15 W belastet.

   Berechnen Sie
   a) die Leerlaufspannung
   b) den Innenwiderstand
   c) den Strom
   d) die Klemmenspannung

8. Durch eine Zwerglampe mit einem Warmwiderstand von 6 Ω soll ein Strom von 1 A fließen. Als Spannungsquelle dienen Apparate-Monozellen R20 mit einer Nennspannung von 1,5 V und einem Innenwiderstand von 0,2 Ω. Der Entladestrom der Zellen soll 0,5 A nicht überschreiten.

   Berechnen Sie
   a) die Anzahl der in Reihe geschalteten Zellen
   b) die Anzahl der parallel geschalteten Zellen
   c) die Gesamtzahl der Zellen
   d) den Gesamtinnenwiderstand der Batterie
   e) den Strom
   f) die Klemmenspannung

9. Ein Spannungsteiler mit $R_1 = 100\ \Omega$ und $R_2 = 50\ \Omega$ ist an eine Spannung $U_B = 6$ V angeschlossen. Er wird mit einem Widerstand $R_L = 30\ \Omega$ belastet.

Berechnen Sie

a) den Ersatzinnenwiderstand des Spannungsteilers,
b) die Ausgangsspannung U_{20} im Leerlauf,
c) den Strom durch den Lastwiderstand,
d) die Lastspannung U_L.

10. Ein Spannungsteiler mit $R_1 = 80\ \Omega$ und $R_2 = 20\ \Omega$ ist an $U_B = 12$ V angeschlossen. Bei Belastung darf die Ausgangsspannung um 0,5 V gegenüber der Leerlaufspannung absinken.

Mit welchem Widerstand R_L darf er höchstens belastet werden?

11. Ein Spannungsteiler mit $R_1 = 1\ \text{k}\Omega$ und $R_2 = 200\ \Omega$ (Abb. 3.6.11) ist an $U_B = 2$ V angeschlossen. Er wird mit einem Widerstand R_L belastet, dessen Widerstandswert zwischen 800 Ω und 2 kΩ verändert wird.

Wie groß ist die Spannungsschwankung an den Ausgangsklemmen AB?

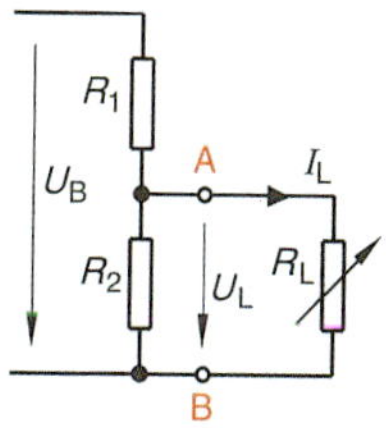

Abb. 3.6.11

12. Der Basisspannungsteiler einer Transistorstufe (Abb. 3.6.12) besteht aus den Widerständen $R_1 = 22\ \text{k}\Omega$ und $R_2 = 6{,}8\ \text{k}\Omega$. Die Betriebsspannung beträgt $U_B = 6$ V.

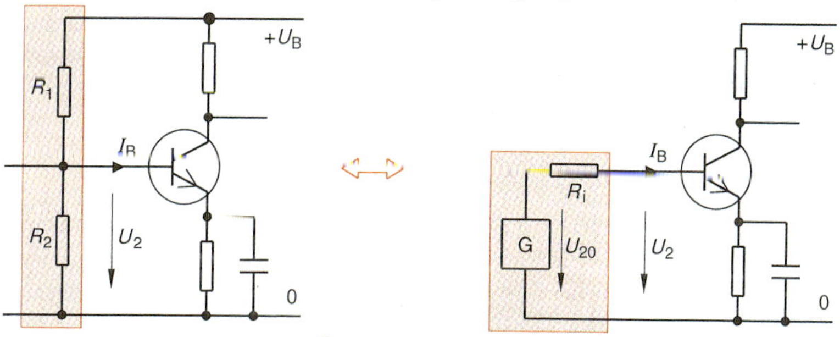

Abb. 3.6.12

Welche Spannungsänderung ΔU_2 hat eine Änderung des Basisstroms um $\Delta I_B = 30\ \mu$A zur Folge?

13. Die Basisvorspannung für eine Transistorstufe (Abb. 3.6.13) wird über einen Spannungsteiler erzeugt.

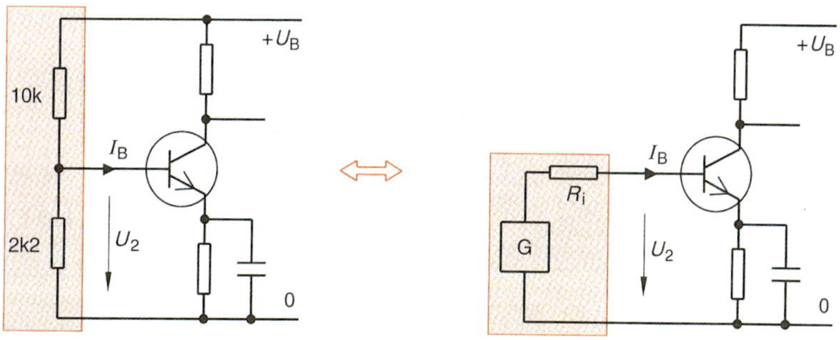

Abb. 3.6.13

Welche Basisstromänderung ΔI_B ist nötig, damit sich die Basisvorspannung um $\Delta U_2 = 0{,}15$ V ändert?

14. Eine Brückenschaltung (Abb. 3.6.14) soll als Ersatzspannungsquelle betrachtet werden.

Berechnen Sie

a) den Ersatzinnenwiderstand R_i,
b) die Urspannung U_0 der Ersatzspannungsquelle,
c) den Strom I_L im Lastwiderstand R_L,
d) den Strom I_k, wenn die Klemmen XY kurzgeschlossen werden.

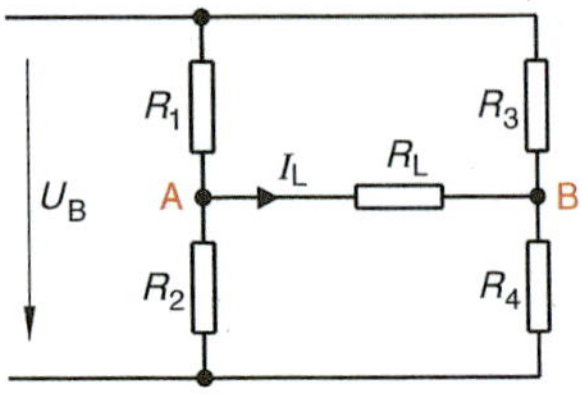

Abb. 3.6.14

$R_1 = R_2 = R_3 = 1\ \text{k}\Omega$
$R_4 = 500\ \Omega$
$R_L = 2\ \text{k}\Omega$
$U_B = 100\ \text{V}$

15. Eine Brückenschaltung (Abb. 3.6.15) dient als Temperatur-Messgerät. Bei 20 °C wurde die Brücke mit Hilfe des veränderbaren Widerstands R_3 abgeglichen.

Infolge des Temperaturanstiegs ist der Widerstandswert des Heißleiters auf $R_4' = 120\ \Omega$ abgesunken.

Das Instrument im Brückenzweig hat einen Messbereich von $U_m = 3\ \text{V}$ und einen Innenwiderstand $R_{iV} = 3\ \text{k}\Omega$.

Welchen Spannungswert U_i zeigt das Instrument als Folge der Temperaturerhöhung an?

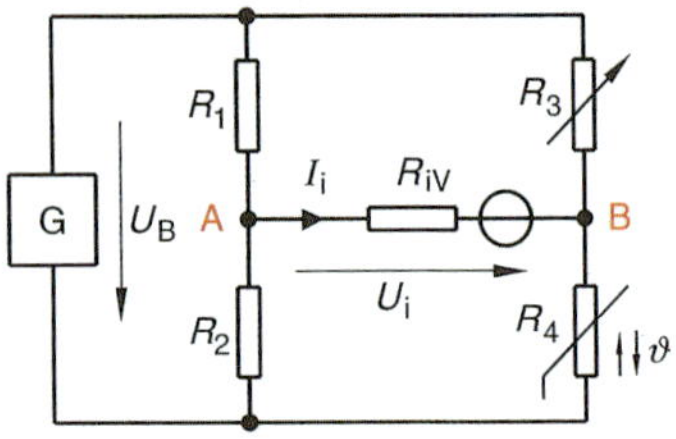

Abb. 3.6.15

$R_1 = R_2 = 200\ \Omega$
$R_3 = R_4 = 240\ \Omega$
$U_B = 10\ \text{V}$

16. Ein Spannungsregler wird als Ersatzstromquelle betrachtet. Durch eine Messung ist der Ersatzinnenwiderstand $R_i = 20\ \Omega$ ermittelt worden. Der Ersatzstrom I_0 beträgt bei kurzgeschlossenem Ausgang 1 A.

Berechnen Sie die Lastströme $I_{L1} \dots I_{L6}$ für $R_{L1} = 5\ \Omega$, $R_{L2} = 10\ \Omega$, $R_{L3} = 15\ \Omega$, $R_{L4} = 20\ \Omega$, $R_{L5} = 25\ \Omega$ und $R_{L6} = 30\ \Omega$.

17. Ein Spannungsteiler mit $R_1 = 10\ \text{k}\Omega$ und $R_2 = 2\ \text{k}\Omega$ liegt an $U_B = 12\ \text{V}$. Er wird als Ersatzstromquelle betrachtet.

Berechnen Sie

a) den Ersatzstrom I_0,
b) den Ersatzinnenwiderstand R_i,
c) den Laststrom I_L durch den Widerstand $R_L = 100\ \Omega$, der parallel zu R_2 liegt.

18. Eine Widerstandsschaltung (Abb. 3.6.18) liegt an der Spannung U. Die Schaltung wird als Ersatzstromquelle aufgefasst.
Durch den Lastwiderstand $R_L = 300\ \Omega$ fließt ein Strom $I_L = 0{,}125\ \text{A}$.

Berechnen Sie

a) den Ersatzinnenwiderstand,
b) den Ersatzstrom.

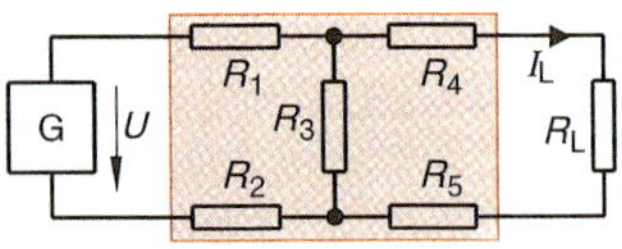

Abb. 3.6.18

$R_1 = R_2 = 50\ \Omega$
$R_3 = 100\ \Omega$
$R_4 = R_5 = 25\ \Omega$

4.1 Elektrische Arbeit und Leistung

Beispiel:

Ein Rundfunkgerät für eine Spannung von 230 V nimmt einen Strom von 130 mA auf. Die tägliche Betriebsdauer des Gerätes beträgt durchschnittlich 6 Stunden.

Berechnen Sie

a) die täglich benötigte elektrische Energie,
b) die Energiekosten im Monat (30 Tage), wenn im Tarif H 13,7 cts für 1 kWh verrechnet werden.

Lösung:

Gegeben: $U = 230\ \text{V};\ I = 0{,}13\ \text{A};\ t = 6\ \text{h};\ T = 13{,}7\ \text{cts}$

Gesucht: $W_T;\ W_M;\ K$

$W_T = U \cdot I \cdot t = 230\ \text{V} \cdot 0{,}13\ \text{A} \cdot 6\ \text{h} = \mathbf{179\ Wh}$

$W_M = W_T \cdot 30 = 179\ \text{Wh} \cdot 30 = \mathbf{5382\ Wh = 5{,}38\ kWh}$

$K = W_M \cdot T = 5{,}38\ \text{kWh} \cdot 13{,}7\ \frac{\text{cts}}{\text{kWh}} = \mathbf{74\ cts = 0{,}74\ €}$

Aufgaben

1. Wandeln Sie die Energieangaben um.

a	b	c	d	e	f
3540 Wh	26,3 kWh	11520 Ws	16 Wh	86400 kWh	160 MWh
? **kWh**	? **Wh**	? **Wh**	? **Ws**	? **MWh**	? **kWh**

2. Berechnen Sie die fehlenden Werte.

Aufgabe	a	b	c	d	e	f
Leistung P	25 W	?	40 W	1,5 kW	?	500 W
Zeit t	2 h	20 h	?	25 min	3 h 10 min	?
Arbeit W	?	300 Wh	70 Wh	?	0,19 kWh	7,1 kWh

3. Eine Flurbeleuchtung nimmt bei 230 V einen Strom von 174 mA auf. Sie ist versehentlich während der Nacht 7 Stunden lang eingeschaltet.

   Wie groß ist die elektrische Leistung und der Verbrauch an elektrischer Arbeit?

4. Eine Schnellkochplatte 230 V/2 kW nimmt einen Strom von 8,7 A auf. Die Platte ist 20 Minuten lang eingeschaltet.

   Berechnen Sie die elektrische Leistung und Arbeit.

5. Durch Unachtsamkeit wurde ein Personenauto 70 Minuten mit eingeschalteter Beleuchtung geparkt. Folgende Lampen waren eingeschaltet:

Abblendlicht	2 Halogenlampen H4	12 V/55 W		
Standlicht	2 Lampen 12 V/4 W		Kennzeichenbeleuchtung	2 Lampen 12 V/5 W
Schlussleuchte	2 Lampen 12 V/5 W		Instrumentenbeleuchtung	5 Lampen 12 V/2 W

Berechnen Sie

a) die Leistungsaufnahme der eingeschalteten Beleuchtung,
b) die aus der Batterie während des Parkens entnommene elektrische Energie,
c) die Stromaufnahme der Beleuchtung.

6. Der Absorberkühlschrank eines Wohnwagens hat die Nennspannung von 12 V und nimmt einen Strom von 4,2 A auf.

In welcher Zeit verbraucht er 1 kWh?

7. Ein Gleichstrommotor 220 V/1,5 kW nimmt durchschnittlich 7,2 A auf. Er ist 6 Stunden und 15 Minuten eingeschaltet. Die Zuleitung NYM Cu $3 \times 1{,}5^2$ ist 14 m lang.

Berechnen Sie

a) die verbrauchte elektrische Arbeit,
b) den Spannungsverlust in der Zuleitung.

8. Ein Spannungsmesser mit einem Innenwiderstand von 3333 Ω/V ist während einer Messreihe 2,5 Stunden an 230 V gelegt. Der eingestellte Messbereich beträgt 300 V.

Berechnen Sie

a) den Innenwiderstand,
b) die Leistungsaufnahme,
c) den Eigenverbrauch während der Messung.

9. In der Zuleitung zu einem Gleichstrommotor 440 V/3 kW fließt ein Strom von 8,5 A. Der Spannungsverlust in der Zuleitung darf 3% nicht überschreiten. Der Motor ist täglich 6 Stunden in Betrieb.

Berechnen Sie

a) den Spannungsverlust in der Zuleitung,
b) den Energieverlust in der Zuleitung je Tag,
c) die Leistungsaufnahme des Motors,
d) den täglichen Energieverbrauch des Motors.

10. Ein Transistorgerät wird mit Monozellen R 20 betrieben. Die Spannung beträgt 9 V, die Stromaufnahme 282 mA. Das Gerät ist durchschnittlich 4 Stunden am Tag eingeschaltet.

Berechnen Sie

a) die Kapazität, die den Batterien in einer Woche entnommen wird,
b) die elektrische Leistung,
c) die verbrauchte elektrische Energie.

11. In einer Meldeleuchte wurde die defekte Bienenkorb-Glimmlampe 230 V/15 mA durch eine Allgebrauchslampe 230 V/15 W ersetzt.

a) In welcher Zeit hat die Glimmlampe 1 kWh verbraucht?
b) Wie lange kann die Glühlampe eingeschaltet sein, bis sie 1 kWh verbraucht hat?

12. Durch den Betrieb eines Gleichstrommotors 440 V ändert sich der Zählerstand von 8274 kWh auf 8315,6 kWh. Der Motor ist 4,5 Stunden in Betrieb.

Berechnen Sie

a) die elektrische Arbeit,
b) die Stromaufnahme des Motors.

13. Eine Kochplatte 230 V/1500 W (Abb. 4.1.13) wird über einen 4-Takt-Schalter gesteuert. Laut Angabe des Herstellers nimmt sie 1500 W/1200 W/240 W auf.

a) Berechnen Sie die Stromaufnahme der 3 Heizstufen.

b) Wie groß sind die Widerstände R_1 und R_2?

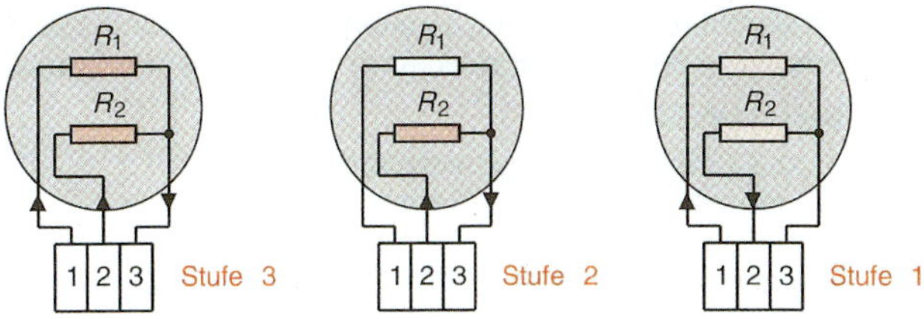

Abb. 4.1.13

14. Zwei Glühlampen 6 V/15 W sind in Reihe an 12 V angeschlossen. Eine der beiden Lampen ist durchgebrannt und wird durch eine Glühlampe 6 V/25 W ersetzt.

a) Welche Folge hat diese Maßnahme?

b) Begründen Sie Ihre Meinung durch Rechnung.

c) Durch welche Maßnahmen können die Glühlampen auf ihre Nennleistungen gebracht werden?

15. Ein Gleichstromrelais 60 V/14,8 Ω/29500 Windungen soll an einer Gleichspannung 220 V betrieben werden.

a) Bestimmen Sie Widerstandswert und Verlustleistung des Vorwiderstandes.

b) Welchen Normwiderstand der Reihe E12 wählen Sie?

16. Für zwei Kohleschichtwiderstände 100 Ω/2 W und 200 Ω/2 W soll jeweils die höchstzulässige Spannung und der höchstzulässige Strom ermittelt werden.

Lösen Sie die Aufgabe zeichnerisch mit Hilfe der Leistungshyperbel und der Widerstandsgeraden im $U-I$-Kennlinienfeld.

17. Infolge Ausfall einer Hochspannungsleitung sinkt die Spannung in einem Versorgungsnetz kurzzeitig um 20% ab.

Um wie viel % sinkt dadurch die Heizleistung einer Kochplatte?
Die Temperaturänderung bleibt unberücksichtigt.

18. Eine Silizium-Diode hat einen Nennstrom von 400 mA (Abb. 4.1.18).

Wie groß ist die Verlustleistung

a) bei Nennstrom,

b) bei halbem Nennstrom,

c) in Sperr-Richtung bei 500 V Spannung?

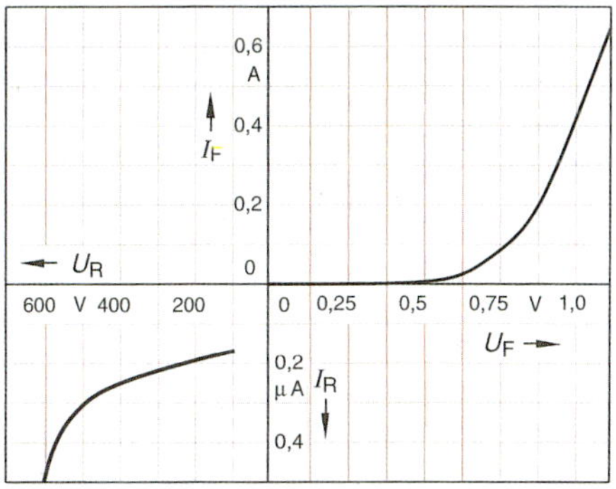

Abb. 4.1.18

19. Ein Badezimmer wird mit einer Fußbodenspeicherheizung ausgerüstet. Die Einbaufläche beträgt 6 m², die mit $180\,\frac{\text{W}}{\text{m}^2}$ beheizt werden soll. Der Heizleiter hat einen Widerstand von $0{,}6\,\frac{\Omega}{\text{m}}$ und wird an 230 V angeschlossen. Der Strom im Heizleiter darf 6,8 A nicht überschreiten.

Berechnen Sie

a) die installierte Leistung, b) die Stromaufnahme, c) die Länge des Heizleiters.

20. An der Steckvorrichtung zu einer Waschmaschine 230 V/3 kW sind die Steckerstifte durch schlechten Kontakt angeschmort. Der gesamte Übergangswiderstand beträgt 0,3 Ω.

Berechnen Sie

a) die tatsächliche Stromaufnahme,
b) den Leistungsverlust in der Steckvorrichtung.

21. Nennen Sie den Leistungsbedarf und die Stromaufnahme folgender elektrischer Betriebsmittel:

Haushaltgeräte	P in W	I in A	Haushaltgeräte	P in W	I in A
Backofen	?	?	Gefriertruhe	?	?
Bügeleisen	?	?	Geschirrspüler	?	?
Bügelmaschine	?	?	Heißwasserspeicher	?	? ?
Durchlauferhitzer	?	?	Kühlschrank	?	?
Elektroherd o. Backofen	?	? ?	Staubsauger	?	?
Fernsehgerät	?	?	Waschmaschine	?	?

4.2 Mechanische Arbeit und Leistung, Energiewandlung

Beispiele:

1. Mechanische Arbeit

Mit Hilfe eines Rollenprüfstandes wird die Leistungsabgabe an den Hinterrädern eines Pkw gemessen. Der höchste Wert von 61 kW tritt bei einer Drehzahl von $3500\,\frac{1}{\text{min}}$ auf. Dies entspricht im 4. Gang einer Fahrgeschwindigkeit von $80\,\frac{\text{km}}{\text{h}}$.

Wie groß ist die Antriebskraft der Räder?

Lösung:

Gegeben: $P = 61\text{ kW};\ n = 3500\,\frac{1}{\text{min}};\ v = 80\,\frac{\text{km}}{\text{h}}$

Gesucht: F

$$P = 61\text{ kW} = 61\,000\,\frac{\text{Nm}}{\text{s}}$$

$$F = \frac{P}{v} = \frac{61\,000\,\frac{\text{Nm}}{\text{s}}}{80\,\frac{\text{km}}{\text{h}}} = \frac{61\,000\text{ Nm}\cdot\text{h}\cdot 3600\,\frac{\text{s}}{\text{h}}}{80\text{ km}\cdot\text{s}\cdot 1000\,\frac{\text{m}}{\text{km}}} = \mathbf{2745\ N}$$

2. Energiewandlung

Ein Gleichstrommotor für 220 V nimmt einen Strom von 16,4 A auf. Seine Nennleistung beträgt 2,6 kW.

Berechnen Sie
a) die aufgenommene Wirkleistung des Motors,
b) den Wirkungsgrad,
c) die Verlustleistung des Motors.

Lösung:

Gegeben: $U = 220\ \text{V}$; $I = 16{,}4\ \text{A}$; $P_2 = 2{,}6\ \text{kW}$
Gesucht: P_1; η; P_v

a) $P_1 = U \cdot I = 220\ \text{V} \cdot 16{,}4\ \text{A} = \mathbf{3{,}61\ kW}$

b) $\eta = \frac{P_2}{P_1} = \frac{2{,}6\ \text{kW}}{3{,}61\ \text{kW}} = \mathbf{0{,}72 = 72\%}$

c) $P_v = P_1 - P_2 = 3{,}61\ \text{kW} - 2{,}6\ \text{kW} = \mathbf{1{,}01\ kW}$

Aufgaben

1. Berechnen Sie die fehlenden Werte.

Aufgabe	a	b	c	d	e	f
Kraft *F* in N	785	?	294	1175	?	245000
Weg *s* in m	1,5	12	?	2,4	4	?
Arbeit *W* in J	?	35300	735	?	5140	16650

2. Zum Ziehen eines Wagens mit einer Masse von 130 kg muss auf einer ebenen Straße eine Kraft von 350 N aufgewendet werden. Der zurückgelegte Weg beträgt 2 km.

Welche mechanische Arbeit ist dazu erforderlich?

3. Ein Elektromotor wiegt 125 kg. Er wird mit einem Flaschenzug 2,2 m hoch auf eine Konsole gehoben.

Wie groß ist die verrichtete Arbeit?

4. Berechnen Sie die fehlenden Werte.

Aufgabe	a	b	c	d	e
Kraft *F* in N	16700	5100	588	3920	—
Weg *s* in m	10,5	—	?	1,8	12,5
Zeit *t* in s	35	—	2	?	75
Geschwindigkeit *v* in $\frac{m}{s}$	—	2,5	—	—	?
Arbeit *W* in J	—	—	—	?	343000
Leistung *P* in kW	?	?	1,176	1,47	?

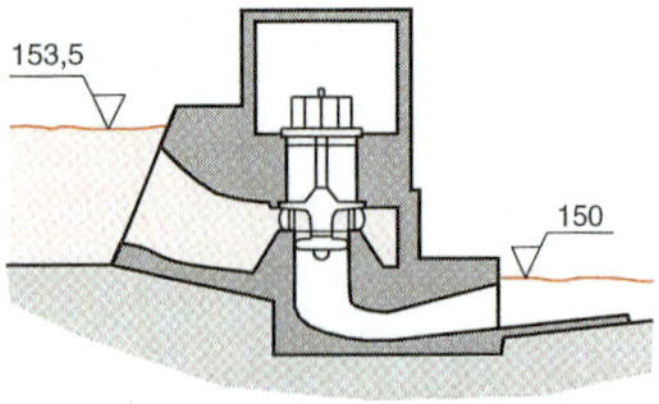

Abb. 4.2.5

5. Ein Laufwasserkraftwerk hat eine nutzbare Stauhöhe von 3,5 m. Der Zufluss beträgt 120 m^3 je Sekunde (Abb. 4.2.5).

Wie groß ist die der Turbine zugeführte Leistung?

6. Die beiden Triebköpfe eines ICE (Abb. 4.2.6) können eine Dauerleistung von jeweils 4800 kW aufbringen; sie sind für eine Geschwindigkeit von 280 km/h ausgelegt.

Berechnen Sie die maximale Zugkraft bei Höchstgeschwindigkeit.

Abb. 4.2.6

7. Das Pumpwerk einer Trinkwasserversorgung fördert stündlich 450 m^3 Wasser 27 m hoch.

Berechnen Sie die Nennleistung der Pumpe.

8. In einem Hochhaus mit 20 Stockwerken zu je 2,8 m Höhe ist ein Aufzug mit 600 kg Tragkraft eingebaut. Das Gegengewicht gleicht außer dem Gewicht der Kabine noch die Hälfte der Tragkraft aus. Die Aufzugsgeschwindigkeit beträgt 1,5 $\frac{m}{s}$.

Berechnen Sie die erforderliche Antriebsleistung, wenn der Aufzug voll beladen ist.

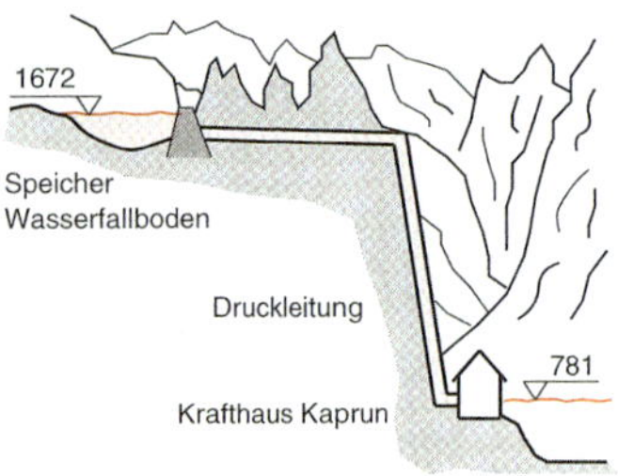

Abb. 4.2.9

9. Die 4 Freistrahlturbinen der Hauptstufe Kaprun des Tauernkraftwerkes erhalten in jeder Sekunde aus dem Speicher Wasserfallboden (Stauziel 1672 m) insgesamt 32 m^3 Wasser. Die Turbinen sind im Krafthaus Kaprun (781 m Höhe) installiert. Der Wirkungsgrad beträgt 80% (Abb. 4.2.9).

Welche Leistung geben die 4 Turbinen zusammen ab?

10. Berechnen Sie die fehlenden Werte.

Aufgabe	a	b	c	d	e
zugeführte Leistung P_1	3 kW	? **kW**	150 kW	? **W**	200 W
abgegebene Leistung P_2	2200 W	9,4 kW	? **kW**	150 W	? **W**
Verlustleistung	? **W**	? **kW**	? **kW**	? **W**	194 W
Wirkungsgrad	?	0,752	98%	32%	?

11. Ein Elektromotor nimmt 2,85 kW auf und gibt an der Riemenscheibe 2,35 kW ab.
Wie groß ist der Wirkungsgrad?

12. Ein Notstromaggregat besteht aus einem Dieselmotor und einem Gleichstromgenerator. Auf dem Leistungsschild des Dieselmotors ist die Nennleistung mit 300 PS, auf dem Generator mit 185 kW angegeben.

Berechnen Sie

a) den Verlust im Generator
b) den Wirkungsgrad des Generators

13. Ein Motor mit einer Nennleistung von 5,5 kW ist täglich 8 Stunden in Betrieb. Sein Wirkungsgrad beträgt 80%. Berechnen Sie den täglichen Verlust an elektrischer Energie.

14. Eine Wasserpumpe mit einer Leistung von 2,7 kW hat einen Wirkungsgrad von 63%. Sie wird durch einen Gleichstrommotor angetrieben, der bei 440 V einen Strom von 12,2 A aufnimmt.

Berechnen Sie

a) den Wirkungsgrad des Motors
b) den Gesamtwirkungsgrad

15. Ein Scheibenwischermotor 12 V nimmt in Stufe 1 einen Strom von 4,4 A auf. Der Motorwirkungsgrad beträgt 0,75. Das angebaute eingängige Schneckengetriebe hat einen Wirkungsgrad von 0,5.

Berechnen Sie

a) den Gesamtwirkungsgrad
b) die Leistungsabgabe des Scheibenwischers

16. Der Gesamtwirkungsgrad eines Getriebemotors wird mit 63% angegeben, der Wirkungsgrad des Motors allein mit 82%.

Berechnen Sie den Wirkungsgrad des Getriebes.

17. Eine Turbine mit einer Nennleistung von 45 kW treibt einen Generator an. Im Generator gehen 12% der Nennleistung als Wärme verloren.

Berechnen Sie

a) die an das Netz abgegebene Generatorleistung
b) den Wirkungsgrad des Generators

18. Ein Gleichstrommotor 7,5 kW hat bei Nennleistung einen Wirkungsgrad von 80%. Der Leistungsverlust in der Zuleitung beträgt 3%.

Wie groß ist der gesamte Wirkungsgrad?

19. Ein Elektromotor 400 V/3 ~ 50 Hz/2,2 kW hat einen Wirkungsgrad von 0,84. Im Gewerbetarif II kostet eine Kilowattstunde 15,7 cts.

Berechnen Sie den Arbeitspreis einer Betriebsstunde.

20. Berechnen Sie den Gesamtwirkungsgrad bei Parallelschaltung (Abb. 4.2.20) der beiden verschieden versorgten Lampen.

Schaltung 1:

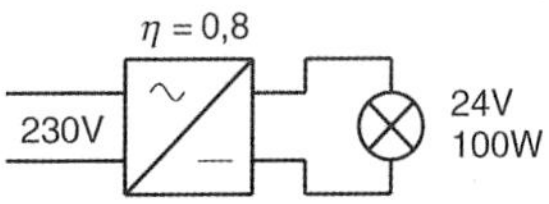

Schaltung 2:

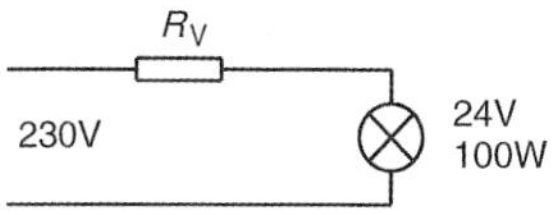

Abb. 4.2.20

4.3 Elektrowärme

Beispiel:

Mit einem Tauchsieder 230 V/1 000 W sollen 2 l Wasser zum Kochen (100 °C) gebracht werden. Die Anfangstemperatur beträgt 14 °C. Der Wirkungsgrad wird mit 90% angenommen. $\left(\text{Spezifische Wärmekapazität von Wasser: } c = 4{,}19\ \frac{\text{kJ}}{\text{kg} \cdot \text{K}}\right)$

Berechnen Sie die Aufheizzeit.

Lösung:

Gegeben: $U = 230\ \text{V};\ P = 1\,000\ \text{W};\ m = 2\ \text{kg};\ \vartheta_k = 14\,°\text{C};\ \vartheta_w = 100\,°\text{C}$

$\eta = 0{,}9;\ c = 4{,}19\ \frac{\text{kJ}}{\text{kg} \cdot \text{K}}$

Gesucht: t

$$\Delta\vartheta = \vartheta_w - \vartheta_k = 100\,°\text{C} - 14\,°\text{C} = 86\ \text{K}$$

$$Q_2 = c \cdot m \cdot \Delta\vartheta = 4{,}19\ \frac{\text{kJ}}{\text{kg} \cdot \text{K}} \cdot 2\ \text{kg} \cdot 86\ \text{K} = 721\ \text{kJ}$$

$$Q_1 = \frac{Q_2}{\eta} = \frac{721\ \text{kJ}}{0{,}9} = 801\ \text{kJ} = 801\ \text{kWs}$$

$$W = 801\ \text{kWs} \cdot \frac{1}{3600}\ \frac{\text{h}}{\text{s}} = 0{,}222\ \text{kWh}$$

$$t = \frac{W}{P} = \frac{0{,}222\ \text{kWh}}{1\ \text{kW}} = 0{,}222\ \text{h} \cdot 60\ \frac{\text{min}}{\text{h}} = 13{,}3\ \text{min} = \mathbf{13\ min\ 20\ s}$$

Aufgaben

1. In einem Warmwasserspeicher werden 30 l Wasser von 12 °C auf 80 °C erwärmt.
   Berechnen Sie die dem Wasser zugeführte Wärmemenge.

2. Berechnen Sie die fehlenden Werte.

Aufgabe	a	b	c	d	e
Wärmemenge Q in kJ	?	8800	13400	967	?
Stoffmenge m in kg	4	60	?	3,5	4
Temperaturunterschied $\Delta\vartheta$ in K	53	?	38	600	82
Spezifische Wärmekapazität c in $\frac{\text{kJ}}{\text{kg} \cdot \text{K}}$	4,19	4,19	1,89	?	4,19

3. Die Spitze eines Lötkolbens aus Kupfer wiegt 60 g und wird von 18 °C auf 350 °C erwärmt. Die spezifische Wärmekapazität beträgt $0{,}39\ \frac{\text{kJ}}{\text{kg} \cdot \text{K}}$.

   Berechnen Sie die der Spitze zugeführte Wärmemenge. (Die Wärmeabgabe der Lötspitze bleibt unberücksichtigt.)

4. Ein elektrischer Heizofen 230 V/2 kW ist drei Stunden in Betrieb.

Wie groß ist die erzeugte Wärmemenge?

5. Ein Tauchsieder 230 V/750 W ist 11 Minuten lang eingeschaltet. Er erwärmt 3 l Wasser. Die Anfangstemperatur beträgt 18 °C. Die Wärmeverluste bleiben unberücksichtigt.

Berechnen Sie die Endtemperatur des Wassers.

6. Die Wassertemperatur im Zulauf eines Durchlauferhitzers beträgt 12 °C. Es sollen 25 l Wasser in 5 Minuten auf 62 °C erwärmt werden. Der Wirkungsgrad beträgt 97%.

Berechnen Sie

a) die Nutzwärme, b) die Leistungsaufnahme.

7. Eine Heizdecke für 230 V hat einen Heizleiterwiderstand von 800 Ω.

Welche Wärmemenge wird in zwei Stunden abgegeben?

8. Ein Druckspeicher 230 V hat den Anschlusswert 1 kW/4 kW. Er soll 80 l Wasser von 14 °C auf 85 °C erwärmen.

Wie lange dauert die Aufheizung

a) nachts, mit Grundheizung 1 kW bei $\eta = 0{,}88$,
b) tags, mit Schnellheizung 4 kW bei $\eta = 0{,}94$?

9. Auf einer Kochplatte 230 V/2 kW werden 1,5 l Wasser von 16 °C in 7 Minuten zum Kochen gebracht.

Wie groß ist der Wärmewirkungsgrad?

10. Im Heizleiter eines Heizkissens 230 V fließt ein Strom von 270 mA. Das Heizkissen ist 45 Minuten eingeschaltet.

Berechnen Sie die erzeugte Wärmemenge.

11. Ein Druckspeicher 230 V/4 kW hat 120 l Inhalt. Er ist 2 Stunden 20 Minuten in Betrieb bei einem Wirkungsgrad von 90%.

Berechnen Sie die Endtemperatur des Wassers, wenn die Zulauftemperatur 15 °C beträgt.

12. In einem Expresskocher 230 V wird in 20 Minuten ein Liter Wasser von 12 °C zum Kochen gebracht (100 °C). Der Wirkungsgrad beträgt 77%.

Berechnen Sie

a) die Nutzwärme,
b) die Stromwärme,
c) die Nennleistung des Elektrokochtopfes,
d) den Strom in der Zuleitung,
e) den Widerstand der Heizwicklung.

13. Ein 200-l-Heißwasserspeicher für 230 V ist von 22.00 Uhr bis 5.30 Uhr eingeschaltet. Dabei erwärmt sich das Wasser von 12 °C auf 80 °C. Der Wärmewirkungsgrad beträgt 83%.

Berechnen Sie

a) den Anschlusswert, b) die Stromaufnahme.

14. Eine Schnellkochplatte 230 V nimmt 2,1 kW auf und bringt in 11 Minuten 2,5 l Wasser von 16 °C zum Kochen.

Berechnen Sie

a) die Nutzwärme, b) die Stromwärme, c) den Wirkungsgrad.

15. Ein elektrisch beheiztes Zinnbad hat einen Anschlusswert von 600 W. Das Zinn soll in 10 Minuten von 20 °C auf 240 °C erwärmt werden. Der Wärmewirkungsgrad beträgt 72%, die spezifische Wärmekapazität $0{,}23\,\frac{\text{kJ}}{\text{kg}\cdot\text{K}}$.

Welche Zinnmenge kann erwärmt werden?

16. Der Anschlusswert für ein Ölhärtebad mit 200 l beträgt 5 kW. Das Öl hat eine Temperatur von 18 °C, eine Dichte von $0{,}91\,\frac{\text{kg}}{\text{dm}^3}$ und eine spezifische Wärmekapazität von $1{,}68\,\frac{\text{kJ}}{\text{kg}\cdot\text{K}}$. Der Wärmewirkungsgrad beträgt 86%. Die Heizung ist eine halbe Stunde eingeschaltet.

Berechnen Sie

a) die zu erwärmende Ölmenge, b) die Endtemperatur des Bades.

17. Ein Durchlauferhitzer mit 24 kW soll zum Füllen einer Badewanne Wasser von 14 °C auf 38 °C erwärmen. Sein Wirkungsgrad beträgt 99%. Für ein Vollbad sind 180 l Wasser erforderlich.

Wie lange dauert eine Füllung der Wanne?

4.4 Kosten elektrischer Energie

Beispiel:

Ein Farb-Fernsehgerät nimmt an 230 V eine Leistung von 65 W auf. Die tägliche Betriebsdauer beträgt durchschnittlich 4 Stunden.

a) Wie groß ist der tägliche Verbrauch an elektrischer Arbeit?
b) Wie hoch sind die täglichen Kosten bei Tarif H (16,5 cts je kWh einschließlich Steuern)?
c) Wie hoch sind Energieverbrauch und Kosten im Monat (30 Tage)?
d) Wie lange kann das Fernsehgerät für 0,50 € betrieben werden?

Lösung:

Gegeben: $U = 230\text{ V}$; $P = 65\text{ W}$; $t = \frac{4\text{ h}}{\text{Tag}}$; $T = 16{,}5\,\frac{\text{cts}}{\text{kWh}}$

Gesucht: W_{Tag}; K_{Tag}; $W_{\text{Mon.}}$; $K_{\text{Mon.}}$; $t_{50\text{ cts}}$;

a) $W_{\text{Tag}} = P \cdot t = 65\text{ W} \cdot 4\text{ h} = \mathbf{260\text{ Wh}}$

b) $K_{\text{Tag}} = W_{\text{TAG}} \cdot T = 0{,}26\text{ kWh} \cdot 16{,}5\,\frac{\text{cts}}{\text{kWh}} = \mathbf{5{,}94\text{ cts}}$

c) $W_{\text{Mon.}} = 0{,}26\text{ kWh} \cdot 30 = 7{,}8\text{ kWh}$

$K_{\text{Mon.}} = W_{\text{M}} \cdot T = 7{,}8\text{ kWh} \cdot 16{,}5\,\frac{\text{cts}}{\text{kWh}} = \mathbf{128{,}7\text{ cts} = 1{,}29\text{ €}}$

d) $W = \frac{K_{\text{A}}}{T} = \frac{50\text{ cts}}{16{,}5\,\frac{\text{cts}}{\text{kWh}}} = 3{,}03\text{ kWh}$ $\quad t = \frac{W}{P} = \frac{3030\text{ Wh}}{65\text{ W}} = \mathbf{46{,}6\text{ h}}$

Bei einer täglichen Einschaltdauer von 4 Stunden ergibt sich eine Betriebszeit von 11 Tagen und 2,6 Stunden.

Anmerkung:

Für Kostenberechnungen werden folgende nicht genormte Formelzeichen verwendet:

K_{A} Kosten für elektrische Arbeit
K_{J} Kosten für elektrische Energie im Jahr
K_{M} Verrechnungspreis für Mess- und Schalteinrichtungen
K Gesamtkosten
T Arbeitspreis je kWh (Tarif)

Aufgaben:

1. Die Energiekosten eines Waschvorgangs in einem Vollautomaten sollen festgestellt werden. Dazu wird der Zählerstand vorher (5 794,1 kWh) und nachher (5 797,3 kWh) abgelesen.

   Berechnen Sie
   a) die verbrauchte elektrische Arbeit,
   b) die Kosten bei einem Arbeitspreis von 16,5 cts je kWh.

2. Eine Glühlampe 3,5 V/0,2 A kann bei aussetzendem Betrieb mit einer Taschenlampenbatterie 4,5 V (Flachbatterie) durchschnittlich 10 Stunden betrieben werden. Infolge des Spannungsabfalls in der Batterie wird mit einer durchschnittlichen Klemmenspannung von 3,5 V gerechnet. Die Batterie kostet 1,50 €.

   Berechnen Sie die Kosten für 1 kWh.

3. Ein 80 l-Zweikreis-Heißwasserspeicher hat die Nennleistungen 1 kW/4 kW. Die Zuleitung NYM Cu $3 \times 1{,}5^2$ ist 8 m lang. Die Aufheizung während der Nacht dauert mit der Grundheizung durchschnittlich 6 Stunden. Der Verbrauchspreis während der Niedertarifzeit beträgt 10,1 cts je kWh.

   Berechnen Sie

   a) die Kosten für eine Aufheizung, b) den Strom, c) den Leistungswiderstand,
   d) den Verlust an elektrischer Arbeit in der Zuleitung während einer Aufheizung.

4. Eine Vierzimmer-Wohnung mit Wohnzimmer, Esszimmer, Schlafzimmer, Kinderzimmer, Küche, Bad, Toilette und Flur wird vom zuständigen Elektrizitäts-Versorgungsunternehmen (EVU) unter folgenden Bedingungen (Abb. 4.4.4) mit elektrischer Energie versorgt:

   Der monatliche Verbrauch in dieser Wohnung beträgt durchschnittlich 410 kWh.

   Berechnen Sie

   a) die monatlichen Verbrauchskosten für elektrische Energie nach dem Haushalt-Tarif,
   b) die jährlichen Gesamtkosten,
   c) die monatliche Abschlagszahlung.

	Haushalt und Landwirtschaft	Gewerbe und Sonstiges
Verbrauchspreis je kWh	16,1 cts	19,2 cts
Grundpreis im Jahr bei Wechselstromzähler Drehstromzähler	 90,00 € 92,50 €	 90,00 € 92,50 €
Verbrauchspreise einschließlich Stromsteuer und MwSt.		

Abb. 4.4.4

5. Ein Hausbesitzer möchte den billigen Niedertarif von 6,6 cts je kWh ausnützen. Er bezieht elektrische Energie nach Tarif Haushalt (16,1 cts je kWh), die Mehrkosten für eine Zweitarif-Messeinrichtung betragen im Jahr 25,50 €

   Wie groß muss sein Verbrauch an elektrischer Energie während der Niedertarifzeit mindestens sein, damit sich die Zweitarif-Messeinrichtung lohnt (Abb. 4.4.5)?

Haushalt und Landwirtschaft	HT	NT
Verbrauchspreis je kWh	16,1 cts	10,1 cts
Grundpreis im Jahr bei Eintarif-Drehstromzähler Zweitarif-Drehstromzähler	 92,50 € 	 118,00 €
einschließlich Stromsteuer und MwSt.		

Abb. 4.4.5

6. Eine vierköpfige Familie wohnt in einem Einfamilienhaus mit Küche und 5 Wohnräumen und verbraucht durchschnittlich jeden Monat 280 kWh. Durch Ablesen des Zählers wurde der Verbrauch während der tariflichen Nachtzeit von 21 Uhr bis 6 Uhr monatlich mit 90 kWh ermittelt. Das EVU hat Tarifpreise nach Abb. 4.4.5.

   Berechnen Sie die Kosten

   a) bei reinem Hochtarif (HT), b) bei Kombination (HT/NT).

5.1 Direktes Messen

Beispiele:

1. Bestimmung des Messwerts und des Messfehlers

Mit einem Mehrfach-Messinstrument soll ein Gleichstrom gemessen werden. Es wird ein Strom von etwa 200 mA erwartet, deshalb wird der Messbereich 300 mA gewählt. Der Zeigerausschlag beträgt 19,5 Skalenteile.

a) Wie groß ist der Messwert?
b) Wie groß ist die prozentuale Messunsicherheit *u* bei Vollausschlag?
c) Wie groß ist der absolute Fehler?
d) Bestimmen Sie die Fehlergrenzen beim angezeigten Messwert.
e) Wie groß ist der prozentuale Fehler?

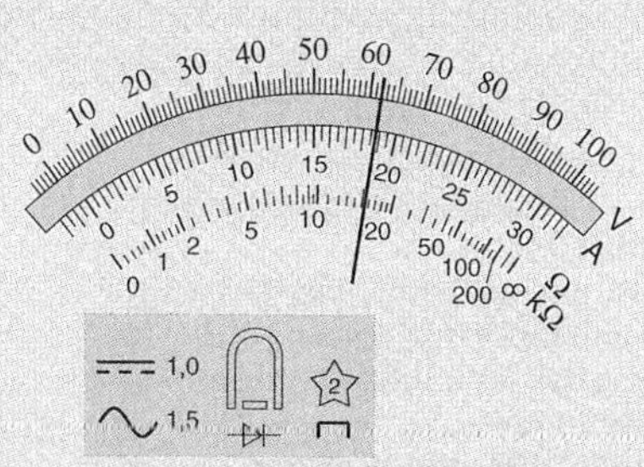

Lösung:

a) $I = \frac{19{,}5}{30} \cdot 300\ \text{mA} = \mathbf{195\ mA}$

b) Genauigkeitsklasse bei Gleichstrom 1,0 ⇒ $u = \pm$**1%**

c) $u = \pm \frac{1}{100} \cdot 300\ \text{mA} = \mathbf{\pm 3\ mA}$

d) Fehlergrenzen: **192 mA/198 mA**

e) $u_{\%} = \frac{\Delta F}{I} \cdot 100\% = \frac{\pm 3\ \text{mA}}{195\ \text{mA}} \cdot 100\% = \mathbf{\pm 1{,}54\%}$

2. Messbereich-Erweiterung

Ein Einbauinstrument mit Drehspulmesswerk hat einen Innenwiderstand von 500 Ω und einen Eigenmessbereich von 100 mV. Der Messbereich ist so zu erweitern, dass eine Spannung von 6 V gemessen werden kann.

Berechnen Sie den erforderlichen Vorwiderstand.

Lösung:

Gegeben: $U = 6\ \text{V}$; $R_i = 500\ \Omega$; $U_i = 100\ \text{mV}$

Gesucht: R_v

$$n = \frac{U}{U_i} = \frac{6\ \text{V}}{0{,}1\ \text{V}} = 60$$

$$R_v = (n-1) \cdot R_i = (60-1) \cdot 500\ \Omega = 59 \cdot 500\ \Omega = \mathbf{29\,500\ \Omega = 29{,}5\ k\Omega}$$

Aufgaben

1. Ein Drehspulinstrument hat einen Messbereichendwert von 60 mA (Abb. 5.1.1).

   Geben Sie die absolute Messunsicherheit in mA und die prozentuale Messunsicherheit abhängig vom angezeigten Messwert an.

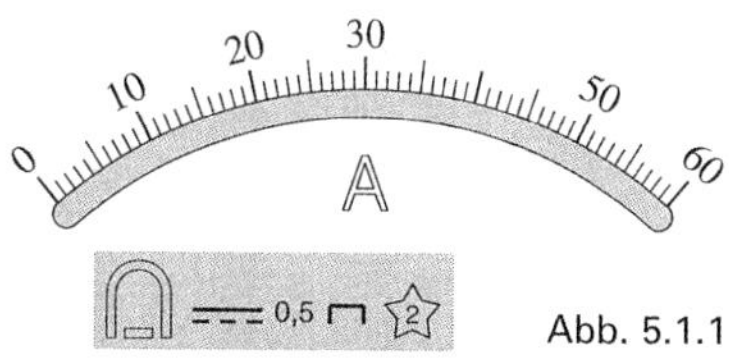

Abb. 5.1.1

Zeigerstellung	60	50	40	30	20	10	Skt.
Absolute Messunsicherheit	?	?	?	?	?	?	mA
Prozentuale Messunsicherheit	?	?	?	?	?	?	%

2. Das Drehspulinstrument (Abb. 5.1.2) ist durch einen Parallelwiderstand auf den Messbereichendwert 0,3 A erweitert worden. Bei verschiedenen Messungen steht der Zeiger auf 60; 42; 35; 21; 14 Skalenteilen.

a) Welche Stromstärke wurde bei der jeweiligen Zeigerstellung gemessen?
b) Zwischen welchen Werten liegt der wirkliche Messwert?
c) Wie groß ist dabei der mögliche Messfehler in %?
Tragen Sie die Ergebnisse in eine Tabelle ein.

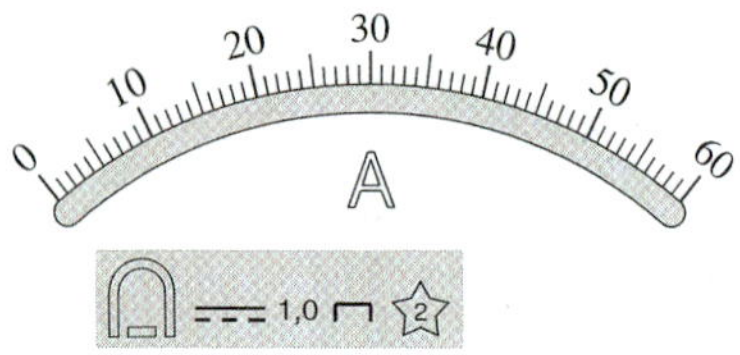

Abb. 5.1.2

Zeigerstellung	60	42	35	21	14	Skt.
Gemessene Stromstärke	**300**	?	?	?	?	mA
Oberer Messwert	**303**	?	?	?	?	mA
Unterer Messwert	**297**	?	?	?	?	mA
Prozentualer Fehler	?	?	?	?	?	%

3. Ein Einbauinstrument quadratischer Bauform (Abb. 5.1.3) hat einen Messbereichendwert von 25 V. Durch einen Vorwiderstand ist der Messbereich auf 100 V erweitert worden. Beide Messbereiche sind über einen Schalter einstellbar.

In beiden Messbereichen werden Spannungen von 12 V, 18 V und 24 V gemessen.

a) Auf welchem Skalenteil steht jeweils der Zeiger?
b) Wie groß ist die prozentuale Messunsicherheit bei jeder Messung?

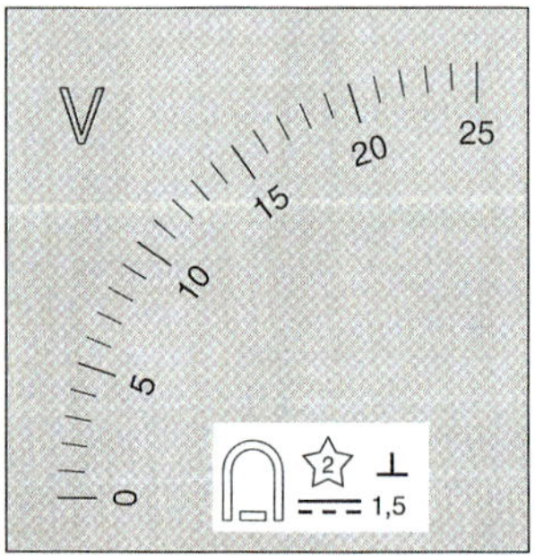

Abb. 5.1.3

Messbereich	25			100			V
Spannung	12	18	24	12	18	24	V
Zeigerstellung	?	?	?	?	?	?	Skt.
Messunsicherheit	?	?	?	?	?	?	%

4. Ein Dreheisenmessgerät mit Doppelskale (Abb. 5.1.4) hat die Messbereiche 65 V – 130 V – 260 V. Bei Wechselspannungsmessungen hat es die Genauigkeitsklasse 0,5 (Anzeigefehler ±0,5% vom Messbereich-Endwert), bei Gleichspannungs-Messungen die Klasse 1,0.

Geben Sie für den eingestellten Messbereich und den sich bei der Messung ergebenden Zeigerausschlag die gemessene Spannung und die prozentuale Messunsicherheit an.

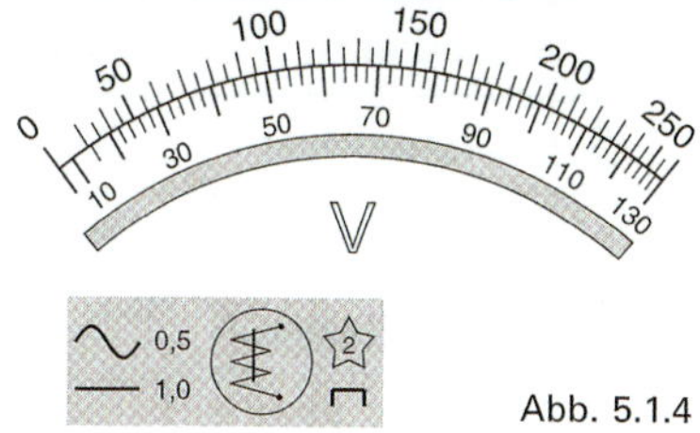

Abb. 5.1.4

Messbereich	260 V_	65 V_	260 V~	130 V_	65 V~	
Zeigerstellung	152	96	218	72	34	Skt.
Messwert	?	?	?	?	?	V
Messunsicherheit	?	?	?	?	?	%

5. Zwei Drehspulinstrumente haben denselben Messbereich-Endwert 10 mA, aber die unterschiedlichen Genauigkeitsklassen 1,5 und 2,5.

a) Berechnen Sie die relative Messunsicherheit u in % abhängig vom Zeigerausschlag für beide Instrumente.

b) Zeichnen Sie die errechneten Werte in ein Schaubild (Abb. 5.1.5) ein.

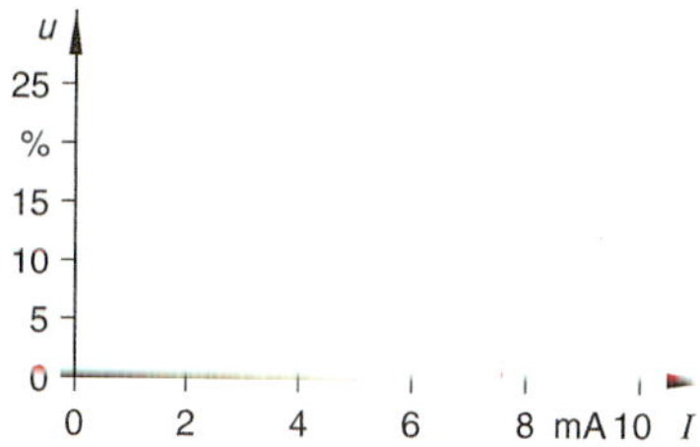

Abb. 5.1.5

6. Bei einem Mehrfach-Messinstrument mit Doppelskale (Abb. 5.1.6) und der Genauigkeitsklasse 1,5 bei Gleich- und Wechselstrom können die Messbereiche über einen Drehschalter eingestellt werden.

a) Bestimmen Sie den geeigneten Messbereich für die zu messende Größe.

b) Ermitteln Sie den Messwert.

c) Wie groß ist die jeweilige Messunsicherheit?

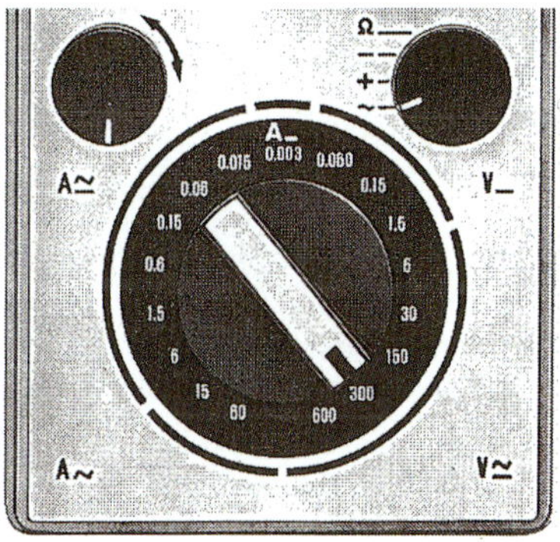

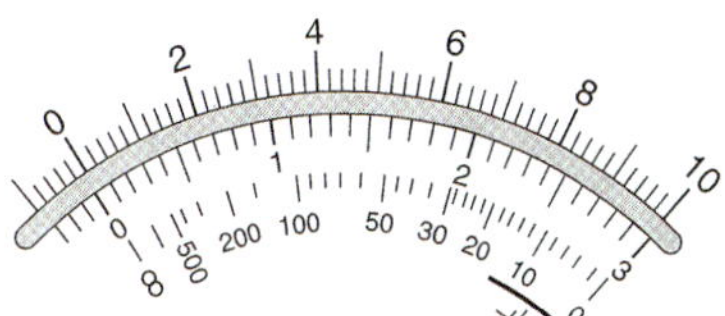

Abb. 5.1.6

Erwarteter Messwert	≈50 mA	15 … 30 V	≈190 V	1 … 1,5 A	≈70 mV	≈250 mA
Messbereich	? **mA**	? **V**	? **V**	? **A**	? **V**	? **mA**
Zeigerausschlag	4,2	2,1	1,8	1,2	7,8	2,4
Messwert	? **mA**	? **V**	? **V**	? **A**	? **mV**	? **mA**
Messunsicherheit	?	?	?	?	?	?

7. Mit dem Vielfachinstrument aus der Aufgabe 5.1.6 sollen folgende Spannungen bzw. Ströme gemessen werden.

1.	2.	3.	4.	5.	6.	7.
15 mA	125 V	47 mA	230 V	1,2 A	0,7 V	24 V

a) Welcher Messbereich ist jeweils besonders geeignet?
b) Welcher Zeigerausschlag in Skalenteilen ist bei der Messung zu erwarten?

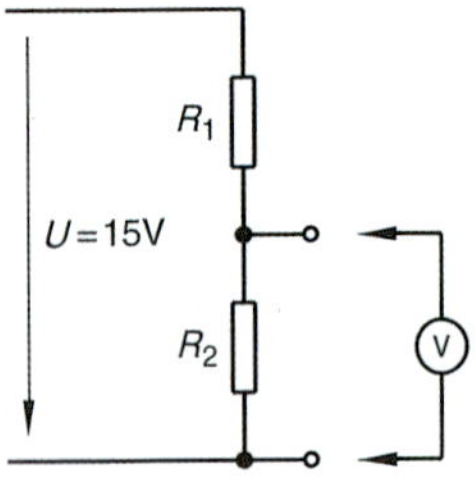

Abb. 5.1.8

8. Bei einem Spannungsteiler (Abb. 5.1.8) mit den Widerständen $R_1 = 15$ kΩ und $R_2 = 3$ kΩ soll die Spannung am Widerstand R_2 gemessen werden. Zur Verfügung steht ein Spannungsmesser mit dem Messbereich $U_m = 3$ V.

Der spezifische Innenwiderstand des Drehspulgeräts beträgt $R_i = 5$ kΩ/V.

a) Welche Spannung U_2 liegt am Widerstand R_2 ohne angeschlossenes Instrument?
b) Welche Spannung zeigt das Instrument an?
c) Wie groß ist die prozentuale Messunsicherheit?
d) Wodurch könnte der Messfehler kleiner gehalten werden?

9. Ein Spannungsmesser hat einen Messbereich von 300 V und einen inneren Widerstand von 6 MΩ.

Welcher Strom fließt bei Vollausschlag?

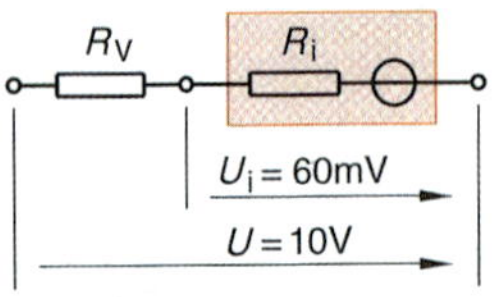

Abb. 5.1.10

10. Ein Drehspulmesswerk (Abb. 5.1.10) hat bei einem Messbereich von 60 mV einen Innenwiderstand von 60 Ω. Durch Vorschalten eines Widerstands soll der Messbereich auf 10 V erweitert werden.

Berechnen Sie den Vorwiderstand.

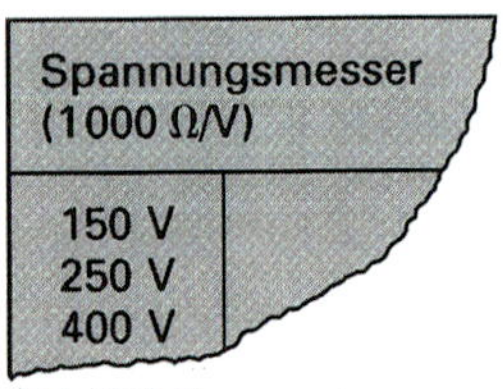

Abb. 5.1.11

11. Einem Katalog (Abb. 5.1.11) über Einbaumessinstrumente ist zu entnehmen:

a) Berechnen Sie den Innenwiderstand der Instrumente.
b) Wie groß ist der Strom bei Vollausschlag?

12. Ein Spannungsmesser mit einem inneren Widerstand von 5 kΩ nimmt bei Vollausschlag einen Strom von 25 mA auf.

Berechnen Sie den Messbereich-Endwert.

13. Für ein Netzgerät wird ein Spannungsmesser mit einem Messbereich-Endwert von 250 V benötigt. Es ist ein Instrument mit Drehspulmesswerk vorhanden. Durch das Messwerk fließen bei Vollausschlag 2 mA. Der Spannungsabfall am Messwerk beträgt 100 mV.

a) Wie groß ist der Innenwiderstand des Messwerks?
b) Welcher Vorwiderstand muss eingebaut werden?

14. Ein Mehrbereich-Spannungsmesser (Abb. 5.1.14) hat ein Messwerk mit 100 mV. Der Innenwiderstand beträgt 1000 Ω/V.

Berechnen Sie die erforderlichen Widerstände R_1, R_2, R_3.

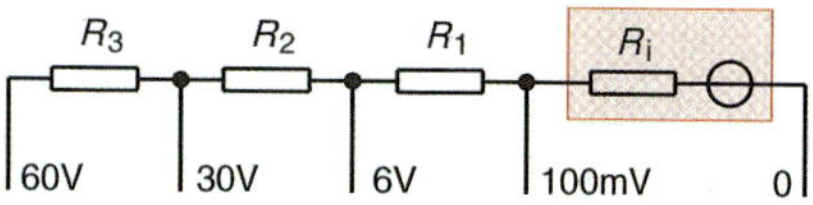

Abb. 5.1.14

15. Ein Strommesser mit einem Messbereich von 6 A hat einen inneren Widerstand von 0,01 Ω.

Berechnen Sie den Spannungsabfall am Instrument.

16. Ein Strommesser mit Drehspulmesswerk (Abb. 5.1.16) hat einen Messbereich von 1 A und einen inneren Widerstand von 0,15 Ω. Der Messbereich soll durch einen Parallelwiderstand auf 6 A erweitert werden.

Berechnen Sie den Widerstand.

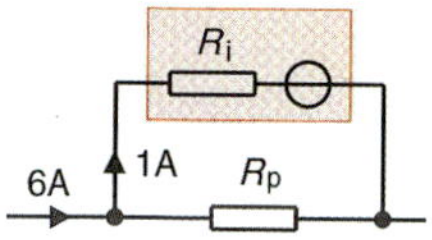

Abb. 5.1.16

17. Bei einem Drehspulinstrument 20 mA, $R_i = 3\ \Omega$ soll der Messbereich erweitert werden.

Berechnen Sie die Parallelwiderstände

a) für den 25fachen Messbereich-Endwert,
b) für den 125fachen Messbereich-Endwert.

18. Ein Strommesser hat einen Spannungsabfall von 60 mV bei einem Messbereich-Endwert von 25 mA. Durch einen Parallelwiderstand wurde der Messbereich auf 1 A erweitert.

a) Wie groß ist der Innenwiderstand des Messwerks?
b) Wie groß ist der Parallelwiderstand?

19. Ein Strommesser mit einem Drehspulmesswerk hat mit Parallelwiderstand einen Messbereich von 300 mA bei $R = 0{,}33\ \Omega$. Ohne Parallelwiderstand fließen bei Vollausschlag 2 mA durch das Messwerk.

Berechnen Sie den Widerstand des Messwerks.

5.2 Indirektes Messen

Beispiele:

1. Widerstandsbestimmung mit Strom-Spannungsmessung

Bei einem glasierten Drahtwiderstand ist der aufgedruckte Widerstandswert nicht mehr lesbar. Er soll durch eine Strom-Spannungsmessung bestimmt werden.

1. Messung

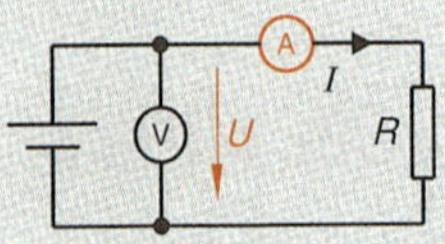

Messwerte:
$U = 4\,\text{V}$
$I = 38\,\text{mA}$
$R_{iA} = 3{,}3\,\Omega$

Spannungsfehlerschaltung

Lösung:

Berechnung aus den Messwerten:

$$R = \frac{U}{I} = \frac{4\,\text{V}}{0{,}038\,\text{A}} = \mathbf{105{,}6\,\Omega}$$

Berücksichtigung des Spannungsfalls am Strommesser:

$$R = \frac{U}{I} - R_{iA}$$

$$= \frac{4\,\text{V}}{0{,}038\,\text{A}} - 3{,}3\,\Omega$$

$$= 105{,}3\,\Omega - 3{,}3\,\Omega = \mathbf{102\,\Omega}$$

2. Messung

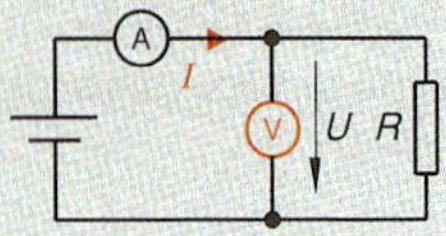

Messwerte:
$U = 4\,\text{V}$
$I = 39\,\text{mA}$
$R_{iV} = 60\,\text{k}\Omega$

Stromfehlerschaltung

Berechnung aus den Messwerten:

$$R = \frac{U}{I} = \frac{4\,\text{V}}{0{,}039\,\text{A}} = \mathbf{102{,}6\,\Omega}$$

Berücksichtigung des Stroms durch den Spannungsmesser:

$$R = \frac{1}{\frac{I}{U} - \frac{1}{R_{iV}}}$$

$$= \frac{1}{\frac{0{,}039\,\text{A}}{4\,\text{V}} - \frac{1}{60\,000\,\Omega}}$$

$$= \frac{1}{0{,}00975 - 0{,}0000167}\,\Omega$$

$$= \frac{1}{0{,}009733}\,\Omega = \mathbf{102{,}7\,\Omega}$$

2. Leistungsmessung mit Zähler

Beim Betrieb eines Heizlüfters macht die Zählerscheibe eines Wechselstromzählers 7 Umdrehungen in 20 Sekunden. Die Zählerkonstante beträgt 600 Umdrehungen je kWh.

Wie groß ist die Leistungsaufnahme des Geräts?

Lösung:

$$n = \frac{N}{t} = \frac{7}{20\,\text{s}} = 0{,}35\,\frac{1}{\text{s}} = 0{,}35 \cdot \frac{1}{\text{s}} \cdot 3600\,\frac{\text{s}}{\text{h}} = 1260\,\frac{1}{\text{h}}$$

$$P = \frac{N}{t \cdot C_z} = \frac{n}{C_z} = \frac{1260\,\frac{1}{\text{h}}}{600\,\frac{1}{\text{kWh}}} = \mathbf{2{,}1\,kW}$$

Aufgaben

1. Ein Kohleschichtwiderstand trägt die Aufschrift 39 Ω ± 10%. Der Widerstandswert ist durch eine Strom-Spannungsmessung (Abb. 5.2.1) möglichst genau zu bestimmen. Der Strommesser hat einen Innenwiderstand von 2 Ω.

a) Berechnen Sie den Widerstand aus den Messwerten.
b) Korrigieren Sie den durch die Schaltung bedingten Messfehler.

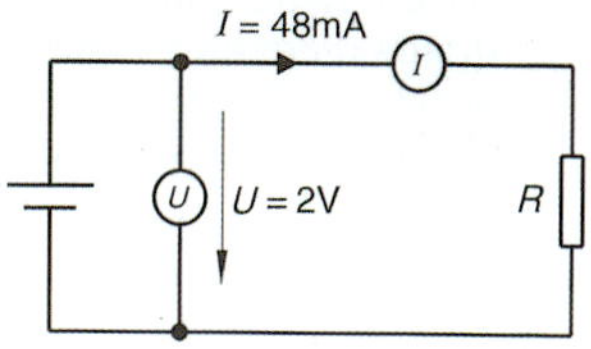

Spannungsfehler-Schaltung

Abb. 5.2.1

2. Ein Widerstand soll mit einer Strom-Spannungsmessung (Abb. 5.2.2) möglichst genau ermittelt werden.

Der Spannungsmesser hat einen Innenwiderstand von 5000 Ω.

a) Berechnen Sie den Widerstand aus den Messwerten.
b) Korrigieren Sie den durch die Schaltung bedingten Messfehler.

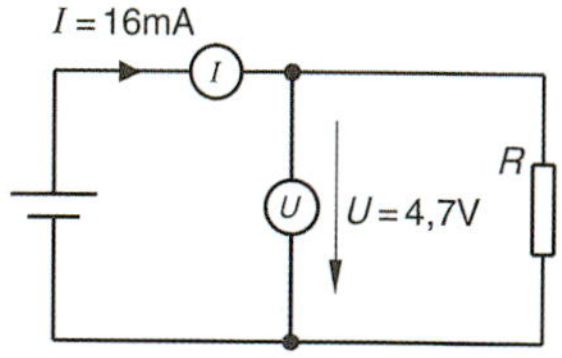

Stromfehler-Schaltung

Abb. 5.2.2

3. Ein Widerstand soll durch eine Strom-Spannungsmessung bestimmt werden.

Messspannung:	10 V	
Strommesser:	Messbereich 30 mA,	$R_i = 3{,}3\ \Omega$
Spannungsmesser:	Messbereich 10 V,	$R_i = 330\ \Omega/V$

Schaltung 1:

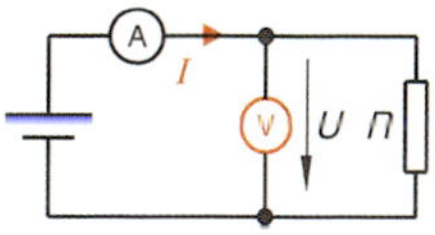

Abb. 5.2.3A

$U = 10$ V, $I = 28$ mA

Schaltung 2:

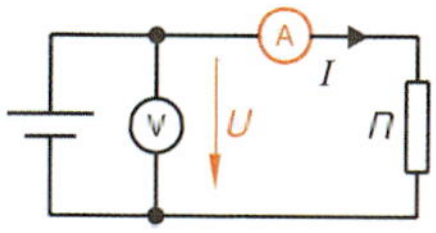

Abb. 5.2.3B

$U = 10$ V, $I = 25$ mA

a) Berechnen Sie aus den Messwerten bei jeder Schaltung (Abb. 5.2.3) den Widerstand und korrigieren Sie das Ergebnis.
b) Welche Schaltung eignet sich ohne Korrektur für diesen Fall besser?

4. Bei einer Widerstandsbestimmung mit einer Strom-Spannungsmessung in Stromfehlerschaltung werden Instrumente der Genauigkeitsklasse 1,5 verwendet.

Messwerte: $U = 4{,}4$ V; $I = 57$ mA

Messgeräte:

Spannungsmesser	Messbereich-Endwert 10 V	$R_{iV} = 60\ k\Omega$
Strommesser	Messbereich-Endwert 100 mA	$R_{iA} = 3{,}3\ \Omega$

a) Welcher Widerstand R_1 ergibt sich aus den Messwerten?
b) Welchen Widerstand R_2 erhält man mit Hilfe der Korrekturrechnung?
c) Welche Widerstandswerte R_3 und R_4 ergeben sich aus der Messung, wenn man die größtmöglichen Instrumentenfehler berücksichtigt (Ablesefehler, z. B. durch Parallaxe, bleiben unberücksichtigt)?
d) Wie groß sind die prozentualen Fehler der Widerstandswerte R_1, R_3 und R_4 bezogen auf R_2?

5. Mit einem Strommesser, Messbereichendwert 10 mA, sollen Widerstände gemessen werden. Als Spannungsquelle dient eine Flachbatterie mit $U = 4{,}5$ V. Mit dem Widerstand R_v wird der Strom so verändert, dass für $R_x = 0\ \Omega$ Vollausschlag am Instrument erzielt wird (Abb. 5.2.5).

Auf welchen Wert muss R_v eingestellt werden?

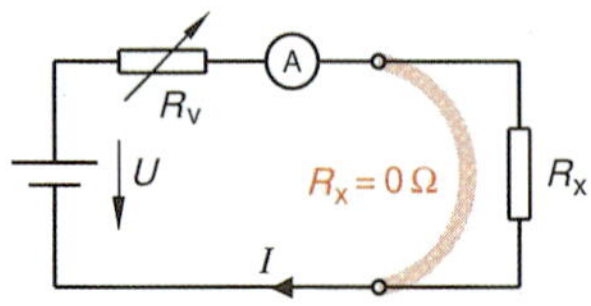

Abb. 5.2.5

6. Der Vorwiderstand des Widerstandsmessgeräts ist in einen Festwiderstand R_{v1} und einen veränderbaren Widerstand R_{v2} aufgeteilt (Abb. 5.2.6). Dadurch wird verhindert, dass der Strom durch das Instrument unzulässig groß wird.

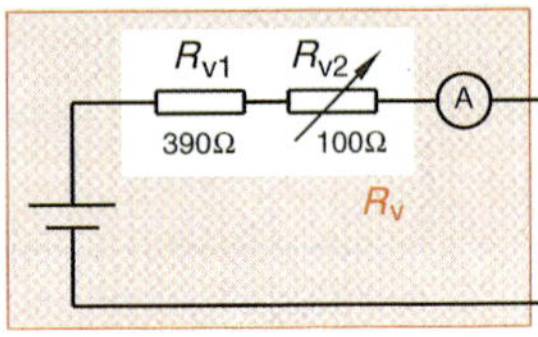

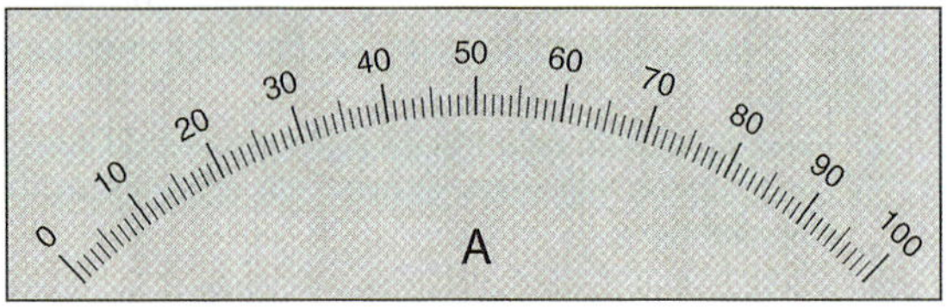

Spannungsquelle: $U = 4{,}5$ V
Instrument: $I = 10$ mA
$R_i = 1{,}2\ \Omega$

Abb. 5.2.6

a) Auf welchen Wert muss R_{v2} beim Eichvorgang ($R_x = 0$) eingestellt werden?
b) Wie groß ist der Strom, wenn R_{v2} versehentlich auf $0\ \Omega$ eingestellt worden ist?
c) Zeichnen Sie die Widerstandsskale mit Hilfe einer Wertetafel.

Hinweis: Die Innenwiderstände von Spannungsquelle und Instrument bleiben unberücksichtigt.

7. Bei dem Widerstandsmessgerät nach Aufgabe 6. ist die Batteriespannung infolge Alterung von $U = 4{,}5$ V auf $U' = 4{,}1$ V abgesunken. Das Messgerät muss mit Hilfe des veränderbaren Widerstands R_{v2} neu geeicht werden.

a) Auf welchen Wert R'_{v2} muss der veränderbare Widerstand nun eingestellt werden?
b) Welcher Strom I' fließt, wenn an die Klemmen ein Widerstand $R_x = 200\ \Omega$ angeschlossen wird?
c) Lesen Sie auf der für die volle Batteriespannung 4,5 V gezeichneten Skale den zu I' gehörenden Widerstandswert R'_x ab.
d) Berechnen Sie den Wert von R'_x.
e) Wie groß ist der Fehler infolge Absinkens der Batteriespannung und der dadurch erforderlichen Nacheichung?

8. Sinkt bei dem Widerstandsmessgerät nach Aufgabe 6. die Batteriespannung weiter ab, so kann durch erneutes Verändern von R_{v2} eine neue „Nulleichung" durchgeführt werden.

a) Bei welcher Spannung der Batterie ist eine Nacheichung nicht mehr möglich, weil für $R'_{v2} = 0\ \Omega$ kein Vollausschlag mehr erreicht wird?
b) Wie groß ist der Fehler für $R_x = 200\ \Omega$ und $R'_{v2} = 0\ \Omega$?
c) Wie groß muss der feste Vorwiderstand R'_{v1} sein, damit bereits bei Absinken der Spannung auf 4,3 V keine Nulleichung mehr möglich ist?
d) Welchen Widerstand aus der Normreihe E 6 würden Sie für den veränderbaren Widerstand R''_{v2} wählen?

9. Für den Werkstattgebrauch soll mit einem Strommesser (Abb. 5.2.9) die Leistungsaufnahme von Geräten bis 1000 W und der Nennspannung $U = 230$ V ermittelt werden. Dazu wird ein Dreheiseninstrument mit dem Messbereich 5 A benützt.

a) Stellen Sie eine Tabelle auf, mit deren Hilfe der angezeigte Stromwert in Leistung umgerechnet werden kann.
b) Wie groß ist die absolute Messunsicherheit?
c) Wie groß ist die prozentuale Messunsicherheit bei 200 W?
d) Wie groß ist der Messfehler bei 200 W, wenn die Spannung bei der Messung um 3% absinkt? (Der Instrumentenfehler bleibt unberücksichtigt.)

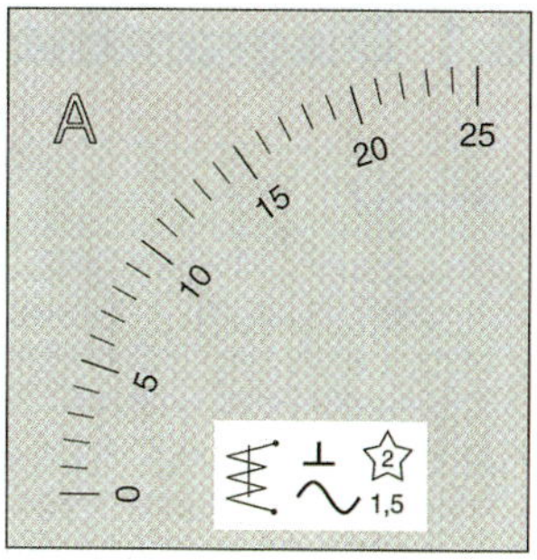

Abb. 5.2.9

10. Zur Bestimmung der Leistung eines Heizlüfters wird dieser als einziger Verbraucher an einen Zähler mit der Zählerkonstanten $1200\,\frac{1}{\text{kWh}}$ angeschlossen. In einer halben Minute werden 20 Umdrehungen der Scheibe gezählt.

Wie groß ist die Leistungsaufnahme des Lüfters?

11. Das Leistungsschild eines Badestrahlers ist nicht mehr lesbar. Zur Bestimmung seiner Leistung wird der Zähler benützt. In 30 Sekunden macht die Zählerscheibe 4 Umdrehungen. Die Zählerkonstante beträgt $480\,\frac{1}{\text{kWh}}$.

Berechnen Sie die Leistung.

12. Die Leistungsaufnahme einer Leuchte mit einer Leuchtstofflampe 230 V/40 W soll mit einem Elektrizitätszähler festgestellt werden. Die Zählerscheibe dreht sich in 5½ Minuten dreimal. Die Zählerkonstante beträgt $600\,\frac{1}{\text{kWh}}$.

Wie groß ist die Leistungsaufnahme der Leuchte?

13. Die Heizleistung einer Kochplatte 230 V/1500 W soll mit Hilfe eines Zählers $\left(C_z = 300\,\frac{1}{\text{kWh}}\right)$ überprüft werden.

Wie oft muss sich die Zählerscheibe bei voller Heizleistung in 2 Minuten drehen?

14. Mit Hilfe eines Zählers $\left(C_z = 600\,\frac{1}{\text{kWh}}\right)$ sollen die Betriebskosten eines Kühlschranks festgestellt werden. Die Zählerscheibe dreht sich in 2½ Minuten viermal. Der Arbeitspreis beträgt 9,5 cts je kWh.

Wie lange kann der Motor des Kühlschranks für 0,50 € eingeschaltet sein?

15. a) Erläutern Sie die Angaben auf dem Zählerschild (Abb. 5.2.15).
b) Welche Zeit benötigt die Zählerscheibe für eine Umdrehung bei Nennstrom (10 A) und bei Grenzstrom (40 A)?

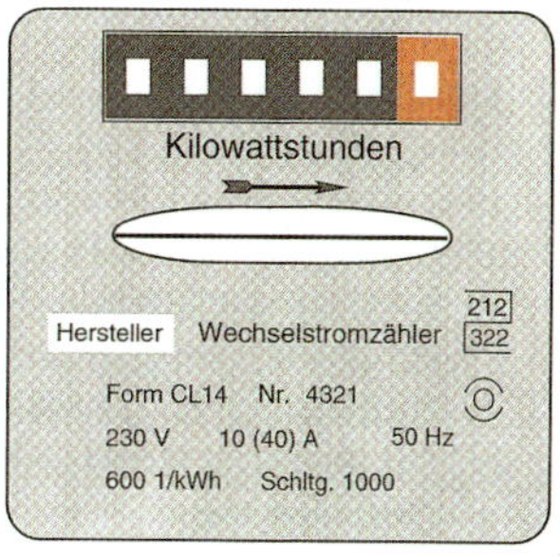

Abb. 5.2.15

6.1 Diagramme

Beispiel:

Die zwei Widerstände $R_1 = 200\,\Omega$ und $R_2 = 300\,\Omega$ liegen in Reihe an $U = 150$ V. Der Strom und die Teilspannungen sollen graphisch ermittelt werden.

a) Erklären Sie die Darstellung der Widerstandsgeraden in dem Diagramm.

b) Entnehmen Sie dem Diagramm die Stromstärke, bei der die Spannungsregel der Reihenschaltung $U_1 + U_2 = U$ erfüllt ist und geben Sie die Teilspannungen U_1 und U_2 an.

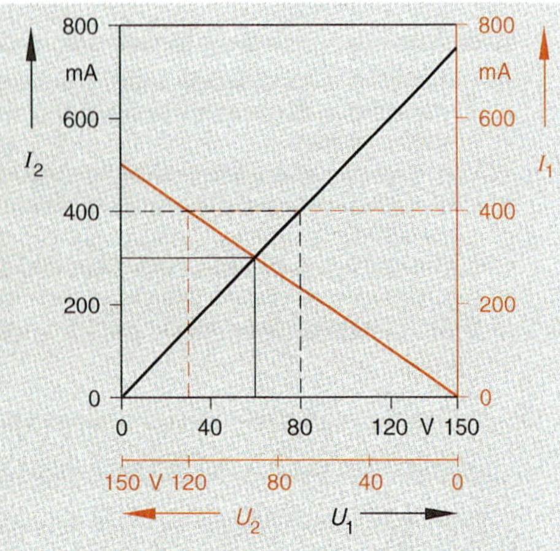

Lösung:

a) Die Widerstandsgerade von R_1 ist schwarz gezeichnet und verläuft in dem schwarz gezeichneten Koordinatensystem von links unten nach rechts oben. Die Widerstandsgerade von R_2 und das zugehörende Koordinatensystem sind rot gezeichnet. Die Gerade verläuft von rechts unten nach links oben.

b) Aus dem Diagramm können z. B. entnommen werden:

für $I = 400$ mA $\quad U_1 = 80$ V, $\quad U_2 = 120$ V $\quad U_1 + U_2 > 150$ V

für $I = 300$ mA $\quad U_1 = 60$ V, $\quad U_2 = 90$ V $\quad U_1 + U_2 = 150$ V

Beim Schnittpunkt der beiden Widerstandsgeraden ist die Summe der Teilspannungen so groß wie die Betriebsspannung; dies ist die gesuchte Lösung.

Ergebnis: $U_1 = 60$ V, $U_2 = 90$ V, $I = 300$ mA.

Aufgaben

1. Ein Widerstand von $R = 100\,\Omega$ ist an eine einstellbare Spannung von 0 V bis 10 V angeschlossen. Die Abhängigkeit des Stromes von der Spannung soll in einem Diagramm dargestellt werden.

a) Stellen Sie eine Wertetafel auf.

b) Zeichnen Sie den Graph; verwenden Sie die Abbildungsmaßstäbe waagrechte Achse: 1 cm ≙ 1 V; senkrechte Achse: 1 cm ≙ 10 mA.

c) Zeichnen Sie einen zweiten Graph mit dem veränderten Abbildungsmaßstab 1 cm ≙ 40 mA auf der I-Achse.

d) Vergleichen Sie beide Diagramme und machen Sie eine Aussage über geeignete Abbildungsmaßstäbe.

2. Drei Widerstände $R_1 = 1\,\text{k}\Omega$; $R_2 = 680\,\Omega$ und $R_3 = 1{,}5\,\text{k}\Omega$ werden an einer veränderbaren Spannungsquelle von 10 V betrieben.

a) Zeichnen Sie die drei I-U-Kennlinien (Parameter R) mit Hilfe von möglichst wenig Wertepaaren.

b) Bestimmen Sie aus den Kennlinien die fehlenden Zahlen der Wertepaare:

R_1: (2 V/?); (?/4,5 mA); (5,3 V/?); (?/8,7 mA); (10 V/?)
R_2: (4 V/?); (?/5,5 mA); (8 V/?); (?/9,5 mA); (10 V/?)
R_3: (5,5 V/?); (?/1,5 mA); (7,5 V/?); (?/4,3 mA); (8,8 V/?).

c) Um welchen Betrag muss die Spannung erhöht werden, damit der Strom jeweils um 2 mA ansteigt?

3. Bestimmen Sie aus der Kurvenschar des dargestellten *I*-*U*-Diagramms (Abb. 6.1.3) die Werte der Widerstände aus der Normreihe E 24.

4. Die Reihenschaltung (Abb. 6.1.4A) besteht aus dem Festwiderstand R_1 und dem veränderbaren Widerstand R_2, der eine Skale von 0 bis 100 Skalenteilen hat. Der Gesamtwiderstand der Schaltung wird mit einem Ohmmeter bestimmt; er ist abhängig vom eingestellten Widerstand R_2.
   a) Zeichnen Sie die Kennlinie der Widerstandskombination mit Hilfe der 3 Wertepaare der Abb. 6.1.4B als *R*-α-Diagramm.
   b) Bestimmen Sie aus dem Graph die Werte der Widerstände R_1 und R_2.

5. Der Widerstand eines Leiters hängt von der Leiterlänge l, dem Leiterquerschnitt A und der Leitfähigkeit γ des Leiterwerkstoffs ab. Andere Einflussgrößen, z. B. Temperatur, bleiben hier unberücksichtigt.

   Zeichnen Sie die Abhängigkeit des Leiterwiderstands R von der Leiterlänge l für Kupferleitungen mit Querschnitten von 1,5 mm²; 2,5 mm²; 4 mm²; 6 mm² und 10 mm².

   Maßstäbe: waagrechte Achse 1 cm ≙ 100 m;
   senkrechte Achse 1 cm ≙ 1 Ω.

6. Das *R*-l-Diagramm (Abb. 6.1.6) mit dem Parameter A soll in ein *R*-*A*-Diagramm mit dem Parameter l umgezeichnet werden.
   a) Entnehmen Sie dem Diagramm die Leiterwiderstände für die Querschnitte 1,5 mm² bis 10 mm² bei den Leiterlängen $l_1 = 600$ m und $l_2 = 1000$ m.
   Tragen Sie diese Zahlenwerte in eine Wertetafel ein.
   b) Zeichnen Sie die beiden Kurven mit dem Parameter l in ein Koordinatensystem ein.

7. Ein Widerstand mit $R = 100\ \Omega$ ist an eine einstellbare Spannungsquelle mit $U = 200$ V angeschlossen.
   a) Berechnen Sie die Leistung am Widerstand bei verschiedenen Spannungen und tragen Sie die Wertepaare in eine Wertetafel ein.
   b) Zeichnen Sie das *P*-*U*-Diagramm mit linearer Teilung der Achsen.
   c) Zeichnen Sie den Graph der Leistung in ein neues Koordinatensystem mit logarithmischer Teilung der Achsen ein.
   d) Beschreiben Sie den Unterschied zwischen linearer und logarithmischer Teilung der Achsen. In welchen Fällen ist die logarithmische Teilung vorteilhafter?

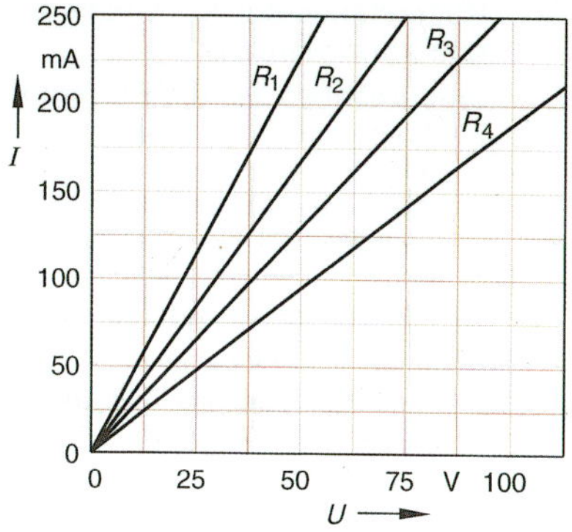

Abb. 6.1.3

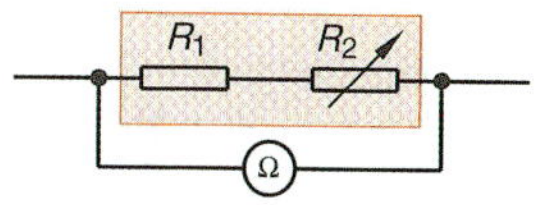

Abb. 6.1.4A

Einstellung α	Gesamtwiderstand R
28 Skt	2,7 kΩ
55 Skt	3,2 kΩ
83 Skt	3,7 kΩ

Abb. 6.1.4B

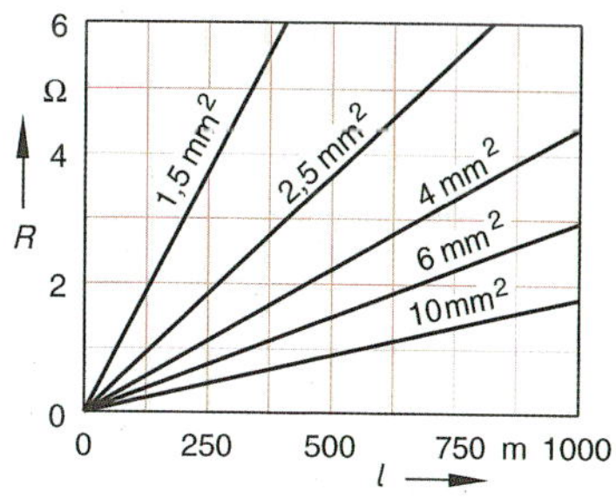

Abb. 6.1.6

8. Widerstände der Normreihe E6 von 100 Ω bis 1 kΩ sollen an einer Spannung von 10 V betrieben werden.

a) Berechnen Sie die Belastung der Widerstände.
b) Tragen Sie die berechneten Werte in ein *P-R*-Schaubild mit linear geteilten Achsen ein.
c) Zeichnen Sie das Diagramm auch mit logarithmischer Teilung beider Achsen und vergleichen Sie beide Graphen.

9. Drei Widerstände mit $R_1 = 470\ \Omega$; $R_2 = 1\ \text{k}\Omega$ und $R_3 = 2{,}2\ \text{k}\Omega$ sind jeweils mit 2 W belastbar.

a) Zeichnen Sie die Leistungshyperbel für $P = 2$ W in ein *I-U*-Koordinatensystem mit linearen Achsen ein.
b) Schraffieren Sie den Bereich, in dem die Widerstände überlastet sind (verbotener Bereich).
c) Zeichnen Sie in dasselbe Koordinatensystem die Widerstandsgeraden ein und geben Sie für jeden Widerstand die höchstzulässige Spannung an.

10. Ein belasteter Spannungsteiler liegt an der Betriebsspannung $U_B = 12$ V (Abb. 6.1.10).

a) Berechnen Sie die Lastspannung U_L in Abhängigkeit vom Lastwiderstand R_L.
b) Zeichnen Sie das U_L-R_L-Diagramm.

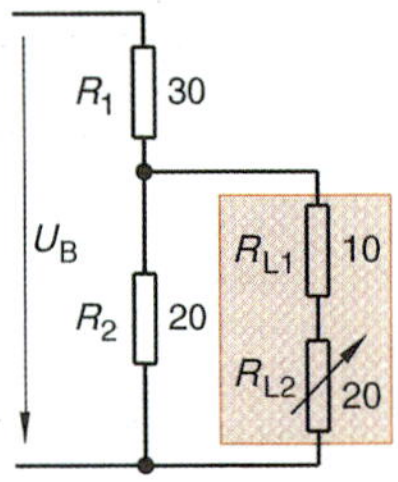

Abb. 6.1.10

6.2 Nichtlineare Widerstände

Beispiel:

Im Sockel der elektrischen Kerzen 14 V/3 W einer Christbaumbeleuchtung liegt parallel zur Glühwendel ein Widerstand. Sein Widerstandsverhalten bei Erwärmung ist in einem Labor untersucht worden.

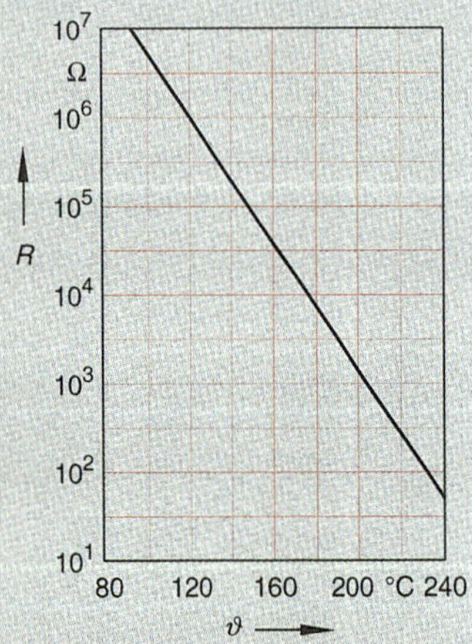

Die Ergebnisse sind als Diagramm dargestellt.

a) Beschreiben Sie das Koordinatensystem, das Temperaturverhalten des Widerstands und die Wirkungsweise des Widerstands in elektrischen Kerzen.
b) Entnehmen Sie dem Diagramm die Widerstandswerte bei 100 °C, 120 °C, ..., 200 °C und tragen Sie die Zahlenwerte in eine Tabelle ein.
c) Übertragen Sie die Zahlenwerte in ein Koordinatensystem mit linearer Teilung der Achsen.
d) Wie hoch steigt die Temperatur im Widerstand nach Ausfall der Glühwendel an, wenn die anderen Kerzen weiterhin mit den Nennwerten 14 V/3 W betrieben werden?

Lösung:

a) Die waagerechte ϑ-Achse ist linear, die senkrechte R-Achse ist logarithmisch geteilt. Bei dieser Teilung der Achsen ist der Graph eine Gerade. Der Widerstand nimmt bei steigender Temperatur ab (NTC). Bei Kerzen mit unterbrochener Glühwendel erwärmt der durchfließende Strom den NTC-Widerstand so lange, bis ein Gleichgewicht zwischen Wärmezufuhr und Abkühlung erreicht ist. Die Widerstände werden so ausgewählt, dass in diesem Zustand die anderen Kerzen der Reihenschaltung weiterhin etwa mit den Nennwerten betrieben werden und der NTC-Widerstand die defekte Kerze voll ersetzt.

c) Linear geteilte Achsen

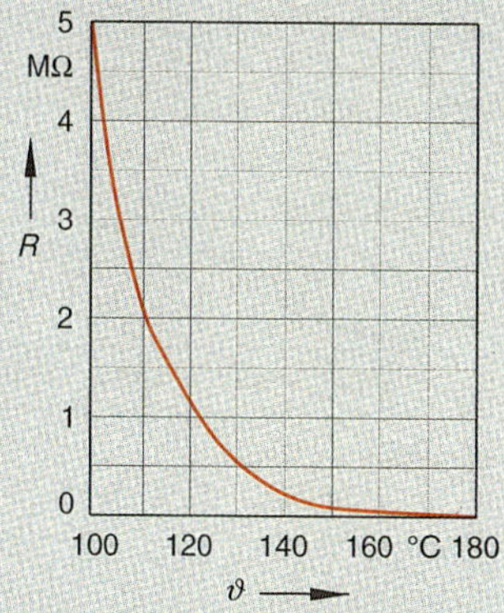

b) Aus dem Diagramm können folgende Werte entnommen werden:

ϑ in °C	100	120	140	160	180	200	240
lg a/ZE	5,7	5,0	4,25	3,5	2,8	2,15	0,7
Zahlenwert	$5{,}0\cdot10^5$	$1{,}0\cdot10^5$	$1{,}8\cdot10^4$	$3{,}2\cdot10^3$	$6{,}3\cdot10^2$	$1{,}4\cdot10^2$	$5{,}0\cdot10^0$
R in Ω	$\mathbf{5{,}0\cdot10^6}$	$\mathbf{1{,}2\cdot10^6}$	$\mathbf{1{,}8\cdot10^5}$	$\mathbf{3{,}2\cdot10^4}$	$\mathbf{6{,}3\cdot10^3}$	$\mathbf{1{,}4\cdot10^3}$	**50**

d) Wenn der NTC-Widerstand die Nennwerte der Kerze annimmt, so ist

$$R=\frac{U^2}{P}=\frac{(14\,\text{V})^2}{3\,\text{W}}=65\,\Omega \;\Rightarrow\; \lg R=1{,}8 \;\Rightarrow\; \vartheta=\mathbf{238\,°C}$$

Aufgaben

1. Die Abbildung 6.2.1 zeigt die Abhängigkeit des Widerstands eines Kupferleiters und einer Siliziumdiode von der Temperatur.

Ermitteln Sie aus dem Diagramm

a) die Widerstände der beiden Werkstoffe bei 20 °C, 30 °C und 40 °C,

b) die Temperaturbeiwerte α_1 und α_2 aus dem Graph für Kupfer bei Erwärmung von 20 °C auf 30 °C bzw. von 20 °C auf 40 °C,

c) die mittleren Temperaturbeiwerte α_3 und α_4 aus dem Graph für Silizium bei den gleichen Temperaturunterschieden.

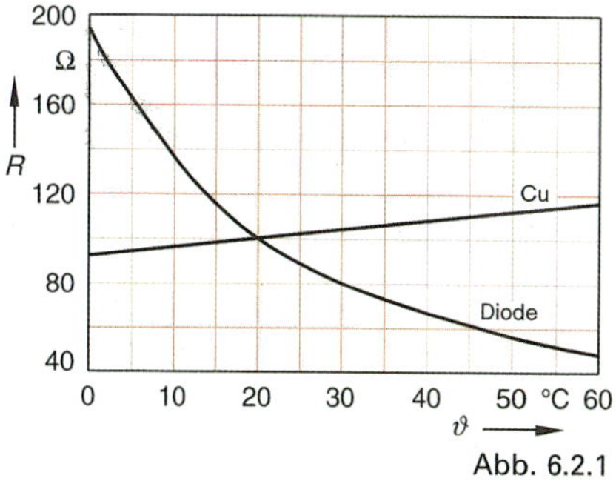

Abb. 6.2.1

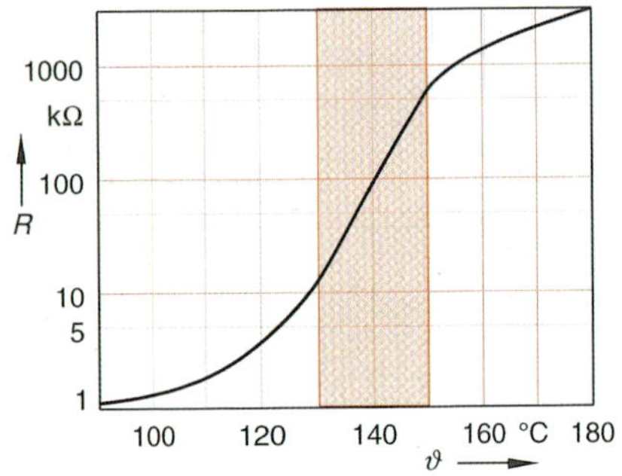

Abb. 6.2.3

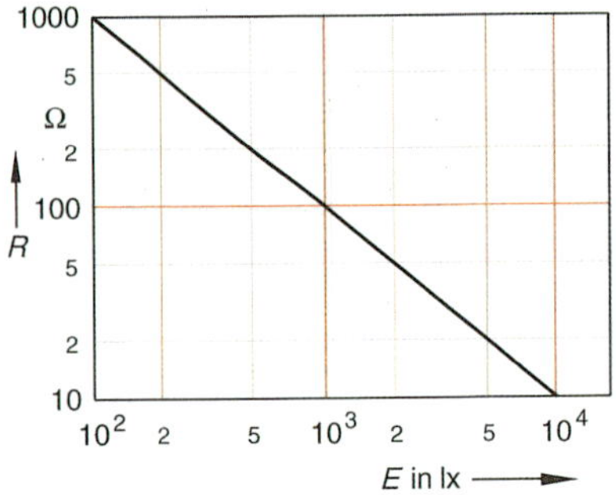

Abb. 6.2.4

2. In dem Datenblatt für NTC-Temperaturfühler gibt der Hersteller folgende Abhängigkeit des Widerstands von der Temperatur an:

ϑ in °C	−20	0	20	40	60	80	100
R in Ω	2300	1040	500	265	153	89	56

a) Übertragen Sie die Werte der Tabelle in ein Koordinatensystem mit linearer Teilung der Achsen und zeichnen Sie den Graph.
b) Ermitteln Sie die fehlenden Werte und zeichnen Sie eine zweite Kennlinie. Verwenden Sie dazu ein zweites Koordinatensystem mit der gleichen linearen Teilung auf der waagrechten Achse, aber logarithmischer Teilung auf der senkrechten Achse.
c) Beschreiben Sie das Widerstandsverhalten und den Kurvenverlauf beider Kennlinien.

3. Zur Temperaturüberwachung im Bereich zwischen 130 °C und 150 °C dient ein PTC-Widerstand mit einem Temperaturkoeffizienten von +26% pro Kelvin bei 140 °C (Mitte des steilen Anstiegs).

a) Bestimmen Sie aus dem Diagramm Abb. 6.2.3 die Widerstände R_{130}, R_{140}, R_{150} bei 130 °C, 140 °C und 150 °C.
b) Berechnen Sie mit Hilfe der Widerstände die mittleren Temperaturkoeffizienten α_1 und α_2 für die Bereiche von 10 °C über bzw. unter 140 °C.
c) Nehmen Sie Stellung zu den Abweichungen.

4. In einem Lesegerät für Lochstreifen ist eine Fotodiode eingebaut. Sie wird in Sperrichtung betrieben. Ihr Widerstand ist von der Beleuchtungsstärke E (Einheit Lux, Abkürzung lx) abhängig. Die Kennlinie ist bei der Darstellung im doppelt-logarithmischen Maßstab linear (Abb. 6.2.4).

a) Ermitteln Sie aus der Kennlinie die Widerstände bei den Beleuchtungsstärken 100 lx, 500 lx, 1000 lx und 5000 lx.
b) Zeichnen Sie das R-E-Diagramm mit linearer Teilung beider Achsen.
c) Beschreiben Sie das Widerstandsverhalten der Fotodiode.

5. Niederohmige Kaltleiter werden in die Zuleitung von Verbrauchern geschaltet und dienen dort infolge ihrer Eigenerwärmung als Überlastschutz. Ein Hersteller gibt für einen PTC-Widerstand in seinem Datenbuch das Widerstands-Temperatur-Verhalten Abb. 6.2.5A und das Strom-Spannungs-Verhalten (Statische Kennlinien) Abb. 6.2.5B an.

Bestimmen Sie aus den beiden Diagrammen

a) den Widerstand R_{25} bei 25 °C,
b) den niedrigsten Widerstand R_{min} und die dazugehörende Temperatur ϑ_1,
c) die Bezugstemperatur ϑ_b, bei der $R_b = 2 \cdot R_{min}$ ist und bei der die R-ϑ-Kennlinie deutlich in den Bereich des positiven Temperaturkoeffizienten übergeht,
d) den höchsten Widerstandswert R_{max} und die dazugehörende Temperatur ϑ_2,
e) die Temperaturen im PTC-Widerstand, wenn an diesem Spannungsverluste von 1 V, 2 V, 3 V, 6 V, 10 V und 20 V gemessen werden.

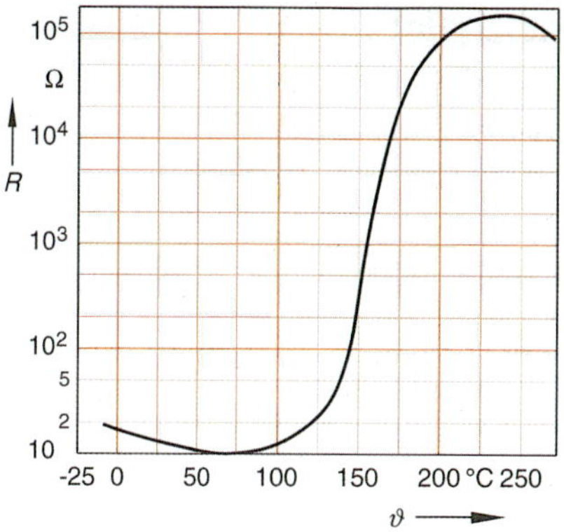

Abb. 6.2.5A

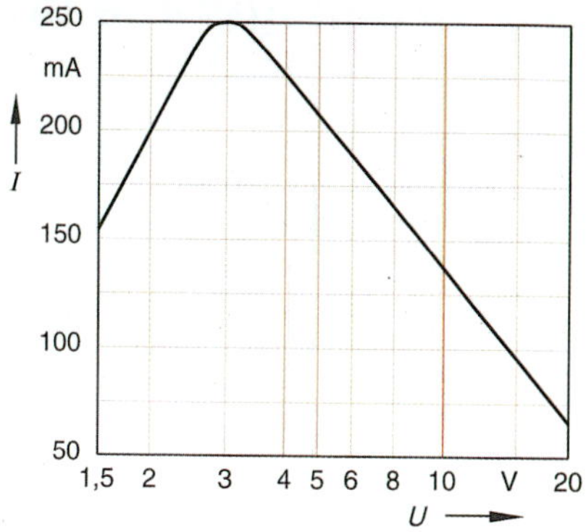

Abb. 6.2.5B

6. Zur Begrenzung der Induktionsspannung beim Abschalten einer Relaisspule wird parallel zu ihr ein spannungsabhängiger Widerstand (VDR) geschaltet.
Im Datenblatt des Herstellers sind die Strom-Spannungs-Kennlinien im ersten Quadranten dargestellt und die Kennwerte der zugehörenden Gleichung

$$U = c \cdot I^{\beta}$$

angegeben (Abb. 6.2.6).

a) Entnehmen Sie der Kennlinie *U*-*I*-Wertepaare, berechnen Sie daraus die Widerstände und geben Sie in einem Diagramm die Abhängigkeit des Widerstands von der Spannung an.
b) Berechnen Sie mit Hilfe der Formel und den angegebenen Kennwerten *U*-*I*-Wertepaare und zeichnen Sie das *I*-*U*-Diagramm mit logarithmischer Teilung beider Achsen.
c) Vergleichen Sie das aufgezeichnete Diagramm mit dem vorgegebenen Diagramm.

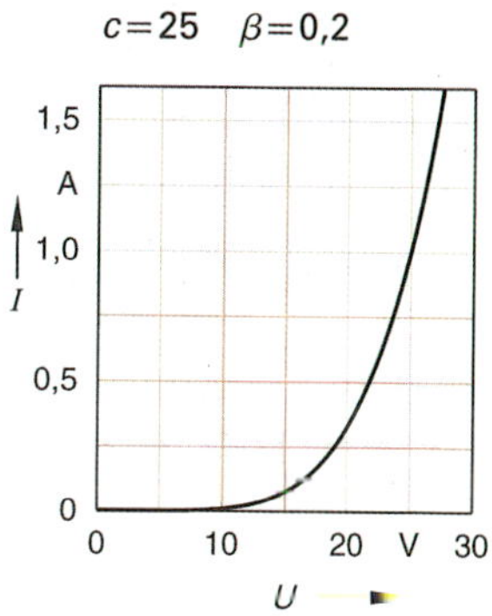

Abb. 6.2.6

7. In einem Näherungsschalter ist eine Feldplatte eingebaut. Sie ändert bei der Annäherung eines Magneten ihren Widerstand [MDR*)]. Das Diagramm Abb. 6.2.7 zeigt die Abhängigkeit des Widerstands von der magnetischen Flussdichte *B* (Einheit Tesla, Abkürzung T).

a) Beschreiben Sie den Kennlinienverlauf.
b) Zeichnen Sie in ein Koordinatensystem die Abhängigkeit der Stromstärke *I* von der magnetischen Flussdichte *B* bei einer Klemmenspannung von 2 V. Entnehmen Sie dazu aus dem *R*-*B*-Diagramm die Widerstandswerte bei verschiedenen Flussdichten und berechnen Sie daraus die zugehörenden Ströme.

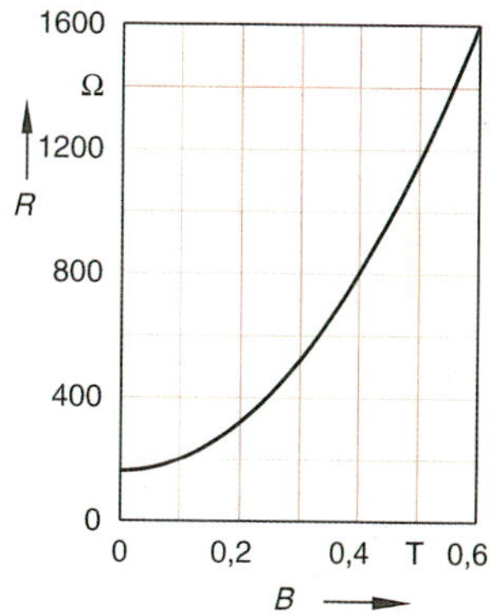

Abb. 6.2.7

*) MDR: Magnetic Dependent Resistor

6.3 Arbeitsgerade und Arbeitspunkt

Beispiel:

An einer Spannungsquelle mit einem Innenwiderstand $R_i = 100\ \Omega$ und einer Leerlaufspannung von 10 V liegt ein Lastwiderstand $R_L = 150\ \Omega$.

a) Tragen Sie die Punkte P_1 (Spannungsquelle im Leerlauf) und P_2 (Spannungsquelle kurzgeschlossen) in ein Koordinatensystem ein.
b) Zeichnen Sie die Arbeitsgerade g ein, die sich durch den Innenwiderstand ergibt.
c) Zeichnen Sie die Widerstandskennlinie des Lastwiderstands R_L ein.
d) Bestimmen Sie aus dem Diagramm die Koordinaten des Arbeitspunkts A dieser Schaltung.
e) Kontrollieren Sie das zeichnerische Ergebnis durch Rechnung.

Lösung:

a) Leerlauf P_1: 10 V/0 mA
Kurzschluss P_2: 0 V/100 mA
b) Arbeitsgerade g der Spannungsquelle: Verbindung P_1 P_2
c) Die Widerstandsgerade ist eine Ursprungsgerade
1. Wertepaar: 0 V/0 mA; 2. Wertepaar: 10 V/66,7 mA
d) Der Arbeitspunkt ist der Schnittpunkt der Arbeitsgeraden g der Spannungsquelle ($R_i = 100\ \Omega$) mit der Widerstandsgeraden ($R_L = 150\ \Omega$)
Arbeitspunkt: $U \triangleq 24$ mm $\Rightarrow U = 6$ V
$I \triangleq 16$ mm $\Rightarrow I = 40$ mA
A (6 V/40 mA)

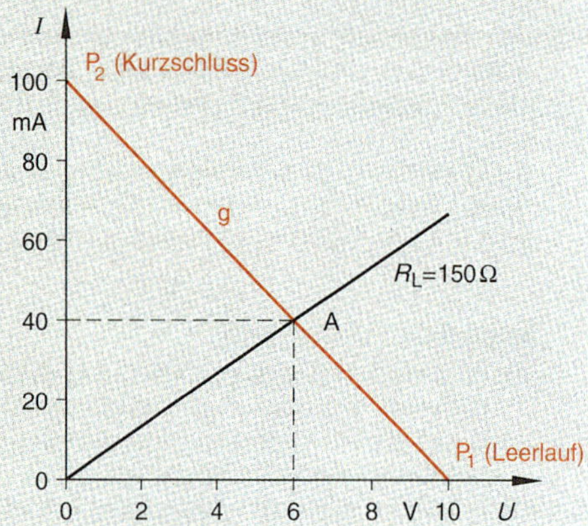

e) Kontrolle

$$U_L = \frac{R_L}{R_i + R_L} \cdot U_0 = \frac{150\ \Omega \cdot 10\ \text{V}}{100\ \Omega + 150\ \Omega} = \mathbf{6\ V} \qquad I = \frac{U_L}{R_L} = \frac{6\ \text{V}}{150\ \Omega} = \mathbf{40\ mA}$$

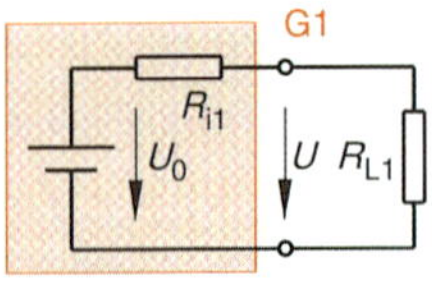

Abb. 6.3.1

Aufgaben

1. Eine Spannungsquelle G 1 (Abb. 6.3.1) hat die Leerlaufspannung $U_0 = 30$ V und den Innenwiderstand $R_{i1} = 1{,}2\ \text{k}\Omega$. An ihr ist der Lastwiderstand $R_{L1} = 1{,}5\ \text{k}\Omega$ angeschlossen.
   a) Zeichnen Sie die Widerstandsgerade von R_{L1} und die Arbeitsgerade für R_{i1}.
   b) Bestimmen Sie den Arbeitspunkt A_1 als Schnittpunkt der beiden Geraden.
   c) Prüfen Sie das Ergebnis durch Rechnung.

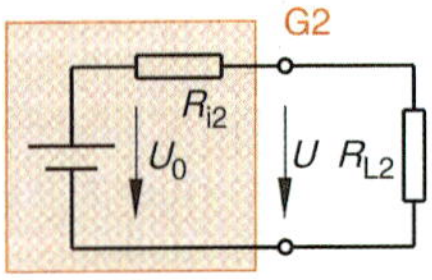

Abb. 6.3.2

2. Der Lastwiderstand $R_{L2} = 1{,}2\ \text{k}\Omega$ liegt an der Spannungsquelle G 2 (Abb. 6.3.2) mit der Leerlaufspannung $U_0 = 30$ V und dem Innenwiderstand $R_{i2} = 1{,}5\ \text{k}\Omega$.
   a) Bestimmen Sie den Arbeitspunkt A_2 mit Hilfe der Widerstandsgeraden von R_{L2} und der Arbeitsgeraden von R_{i2}.
   b) Vergleichen Sie das Ergebnis mit der Lösung von Aufgabe 6.3.1.

3. In einer Versuchsschaltung können zwei Babyzellen R 14 durch Umstecken entweder in Reihe oder parallel geschaltet werden. Sie haben jeweils eine Leerlaufspannung von 1,5 V und einen Innenwiderstand von 3 Ω. Der Belastungswiderstand R_L beträgt 10 Ω.

a) Bestimmen Sie die Klemmenspannung und den Innenwiderstand beider Schaltungen.
b) Zeichnen Sie die beiden Arbeitsgeraden (g_1 bei Reihenschaltung und g_2 bei Parallelschaltung) und die Widerstandsgerade von R_L in ein I-U-Koordinatensystem ein.
c) Bestimmen Sie aus dem Diagramm die Koordinaten der beiden Arbeitspunkte A_1 und A_2.
d) Berechnen Sie Laststrom und Lastspannung in beiden Schaltungen und vergleichen Sie die Ergebnisse von Frage c) und d).

4. Die drei Monozellen einer Stabbatterie sind in Reihe geschaltet. Jede Zelle hat eine Quellenspannung von $U_0 = 1{,}5$ V. An der Glühlampe liegt eine Spannung von 3,5 V; es fließt ein Strom von 0,25 A.

a) Bestimmen Sie den Arbeitspunkt A_1 der Glühlampe und tragen Sie diesen und die Widerstandsgerade der Glühlampe in ein Koordinatensystem ein.
b) Zeichnen Sie mit Hilfe der Leerlaufspannung die Arbeitsgerade.
c) Bestimmen Sie aus dem Diagramm den Kurzschlussstrom und den Innenwiderstand der Spannungsquelle.

5. Nach einiger Betriebsdauer ist der Innenwiderstand der Spannungsquelle aus Aufgabe 6.3.4 durch Entladung auf 2 Ω pro Zelle angestiegen.

a) Zeichnen Sie die Widerstandsgerade der Glühlampe und die neue Arbeitsgerade der Spannungsquelle.
b) Bestimmen Sie den Arbeitspunkt A_2 und geben Sie die Betriebswerte der Glühlampe an.

6. Eine Reihenschaltung aus $R_1 = 100$ Ω und $R_2 = 200$ Ω ist an eine einstellbare Spannungsquelle angeschlossen, deren Innenwiderstand vernachlässigt werden soll. Die Schaltung wird an 5 V, 10 V, 15 V bzw. 20 V angeschlossen.

a) Bestimmen Sie die Arbeitspunkte A_1 bis A_4, wenn R_1 als Innenwiderstand und R_2 als Lastwiderstand betrachtet wird.
b) Welche Arbeitspunkte A_1' bis A_4' ergeben sich, wenn R_2 als Innenwiderstand und R_1 als Lastwiderstand aufgefasst werden.

7. Die beiden Widerstände $R_1 = 1$ kΩ und $R_2 = 10$ kΩ liegen in Reihe an einer Spannung von 10 V. Die zeichnerische Ermittlung des Arbeitspunkts kann nach Diagramm 1 oder Diagramm 2 erfolgen (Abb. 6.3.7).

a) Welche zeichnerischen Nachteile haben beide Konstruktionen?
b) Zeichnen Sie ein Koordinatensystem mit den Abbildungsmaßstäben 1 cm ≙ 0,5 V bzw. 1 cm ≙ 0,2 mA für Spannungen bis 4 V und Stromstärken bis 1 mA.
c) Tragen Sie die Widerstandsgerade von $R_1 = 1$ kΩ nach Diagramm 1 ein.
d) Zeichnen Sie die Arbeitsgerade von R_2 mit Hilfe einer Hilfsgeraden ein, die parallel zur Arbeitsgeraden verläuft.
e) Geben Sie die Koordinaten des Arbeitspunkts an.

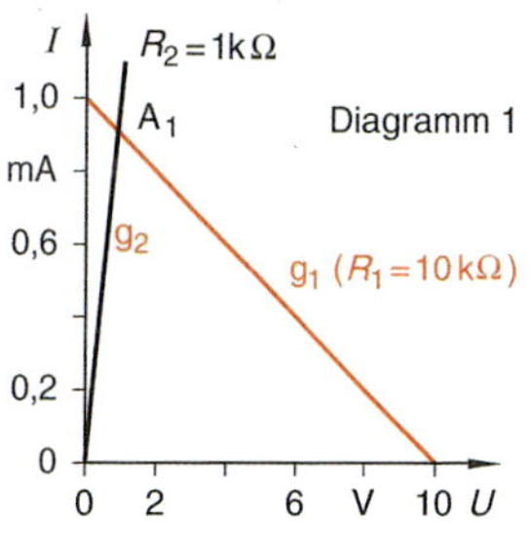

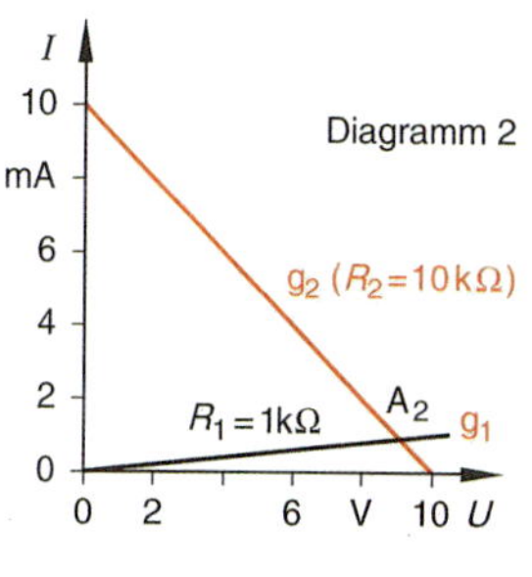

Abb. 6.3.7

8. Für den Aufbau einer Schaltung stehen 2-Watt-Widerstände der Normreihe E 6 von 470 Ω bis 2,2 kΩ zur Verfügung. Sie sollen jedoch nur mit 1 W belastet werden.

a) Tragen Sie die *I*-*U*-Kennlinien der Widerstände (Parameter *R*) für $U \leq 100$ V und $I \leq 100$ mA ein.

b) Zeichnen Sie auch die Leistungshyperbeln für 1 W und 2 W (Parameter *P*) in das Koordinatensystem.

c) Entnehmen Sie dem Diagramm die Arbeitspunkte.

9. Eine Gleichrichterdiode liegt in Reihe mit dem Widerstand $R_1 = 250$ Ω an einer Betriebsspannung von 6 V.

a) Zeichnen Sie die Durchlass-Kennlinie der Diode Abb. 6.3.9 (Widerstandskennlinie) in etwa vierfacher Größe im Bereich $U \leq 1{,}2$ V.

b) Konstruieren Sie mit einer Hilfsgeraden die Arbeitsgerade und den Arbeitspunkt.

c) Bestimmen Sie den Stromfluss in der Diode und die Teilspannung an der Diode bzw. am Widerstand.

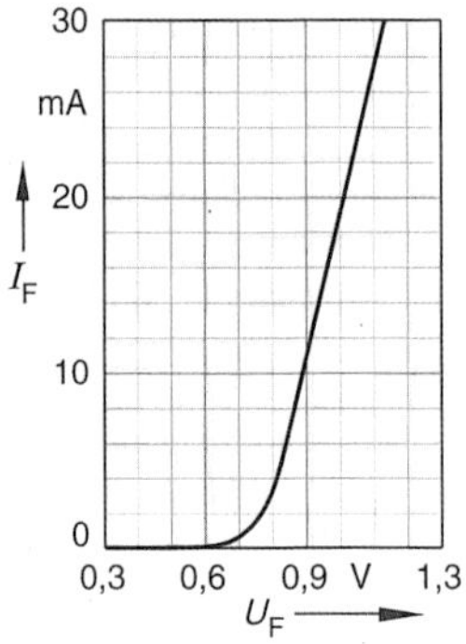

Abb. 6.3.9

10. Der Metallfilmwiderstand $R_1 = 1$ kΩ/0,5 W liegt mit einem NTC-Widerstand $R_2 = 10$ kΩ bei 25 °C in Reihe an einer Betriebsspannung von 12 V. Das *I*-*U*-Verhalten des Heißleiters ist in folgender Tabelle dargestellt.

I in mA	0,5	1	1,5	2	3	4	7	10	15	20
U in V	3,1	4,9	6,6	7,4	7,3	7,0	6,3	5,6	4,7	4,0

a) Tragen Sie die *I*-*U*-Kennlinie des NTC-Widerstands mit Hilfe der Wertetabelle in ein Koordinatensystem ein.

b) Zeichnen Sie die Arbeitsgerade von R_1 und geben Sie die Koordinaten des Arbeitspunkts an.

c) Kontrollieren Sie die Zahlenwerte durch Rechnung.

6.4 Statischer und differenzieller Widerstand

Beispiel:

Ein Schichtwiderstand $R_1 = 100\ \Omega$ und eine Siliziumdiode mit dem dargestellten Widerstandsverhalten sind in Reihe geschaltet. Die Klemmenspannung beträgt 3 V.

a) Tragen Sie die Arbeitsgerade g von R_1 in das Koordinatensystem ein.
b) Bestimmen Sie den Arbeitspunkt A und geben Sie seine Koordinaten an.
c) Zeichnen Sie durch den Arbeitspunkt A die Widerstandsgerade. Sie entspricht dem statischen Widerstand (Gleichstromwiderstand) der Diode im Arbeitspunkt A. Geben Sie den Widerstandswert an.
d) Legen Sie an die Kennlinie der Diode im Arbeitspunkt A eine Tangente. Wählen Sie auf ihr zwei beliebige Hilfspunkte und geben Sie deren Koordinaten an.
e) Bestimmen Sie mit Hilfe des Steigungsdreiecks den differenziellen (dynamischen) Widerstand der Diode im Arbeitspunkt A.

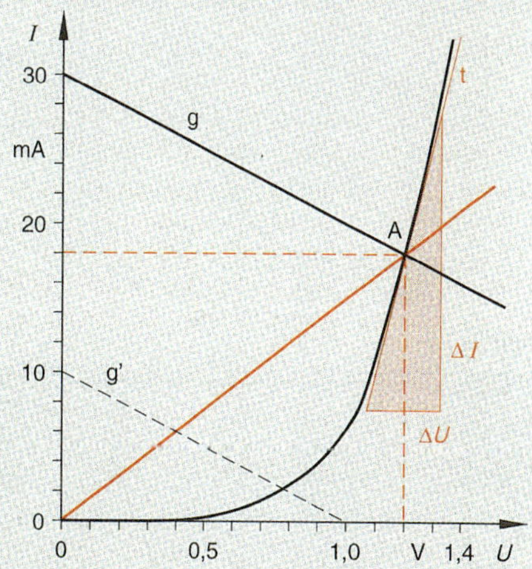

Lösung:

a) Arbeitsgerade g mit Hilfsgerade g′ zeichnen. Schnittpunkt mit der I-Achse bei 30 mA.
b) Arbeitspunkt A: $U = 1{,}2\ \text{V} / I = 18\ \text{mA}$
c) Statischer Widerstand

$$R = \frac{U}{I} = \frac{1{,}2\ \text{V}}{18\ \text{mA}} = \mathbf{66{,}7\ \Omega}$$

d) Differenzieller Widerstand aus dem Steigungsdreieck

$$r = \frac{\Delta U}{\Delta I} = \frac{0{,}25\ \text{V}}{20\ \text{mA}} = \mathbf{12{,}5\ \Omega}$$

Aufgaben

1. Auf einem Datenblatt ist die U-I-Kennlinie eines NTC-Widerstands (Abb. 6.4.1) und sein Widerstand bei 25 °C mit $R = 100\ \Omega$ angegeben.

a) Zeichnen Sie die Kennlinie in etwa doppeltem Maßstab.
b) Bestimmen Sie die Arbeitspunkte A_1 bis A_3 für $I_1 = 100$ mA, $I_2 = 300$ mA und $I_3 = 500$ mA.
c) Zeichnen Sie die Widerstandsgeraden durch die drei Arbeitspunkte ein und ermitteln Sie die statischen Widerstände.

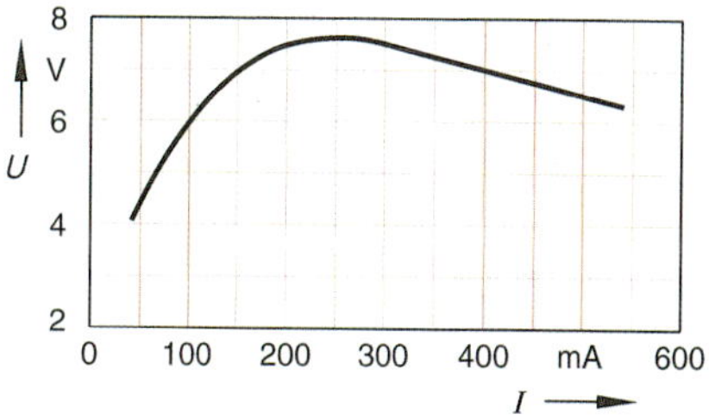

Abb. 6.4.1

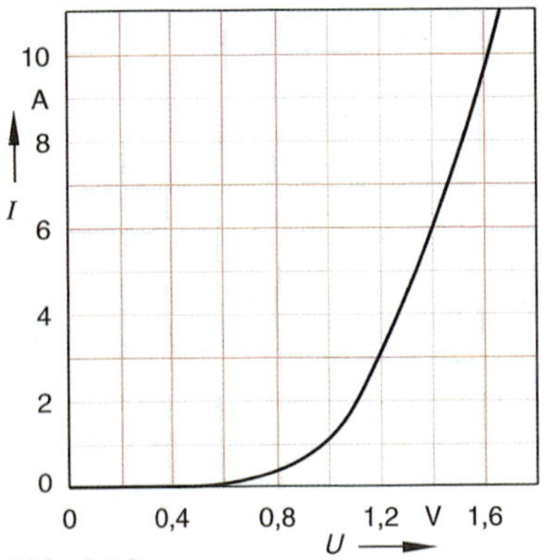

Abb. 6.4.2

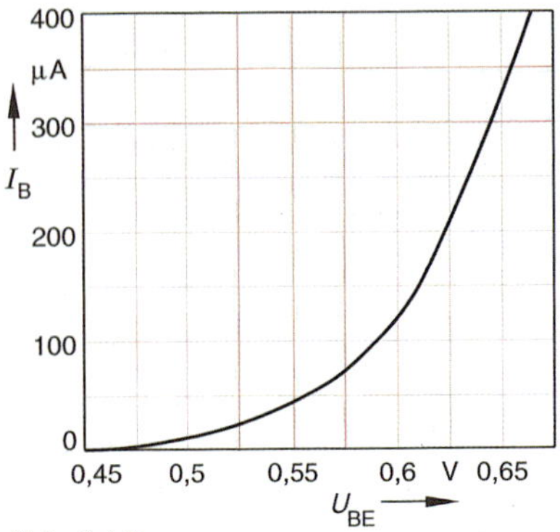

Abb. 6.4.3

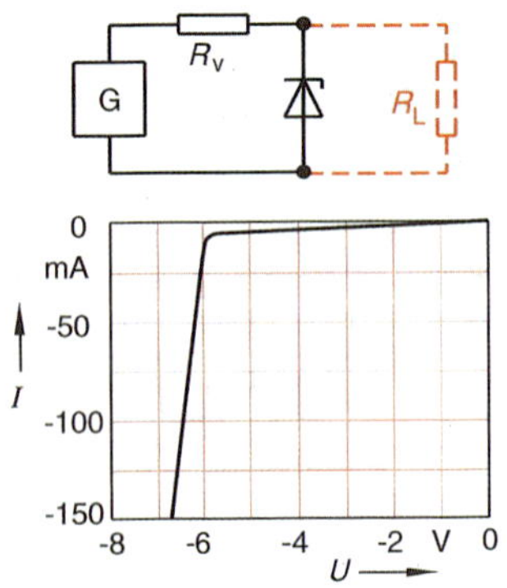

Abb. 6.4.4

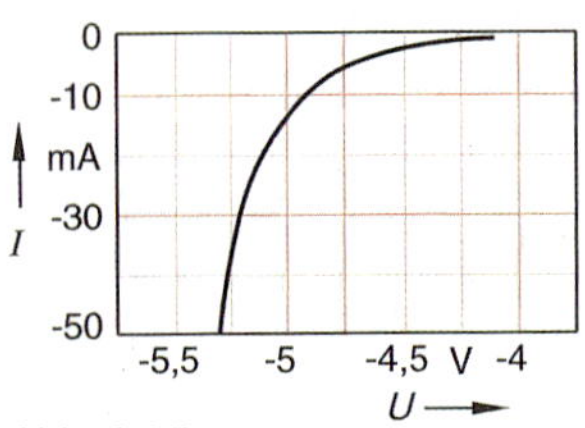

Abb. 6.4.5

2. Für die Siliziumdiode BY 527 sollen die statischen und die differenziellen Widerstände für $I_{d1} = 3$ A und $I_{d2} = 7{,}4$ A aus Abb. 6.4.2 ermittelt werden.

a) Zeichnen Sie die Kennlinie in etwa doppelter Größe und tragen Sie die Arbeitspunkte A_1 und A_2 ein.

b) Bestimmen Sie die statischen Widerstände in den beiden Arbeitspunkten.

c) Wählen Sie einen Punkt A_1' unterhalb von A_1 und einen Punkt A_1'' oberhalb von A_1 etwa im Abstand von 0,1 V; bestimmen Sie mit Hilfe der Koordinaten dieser Punkte den differenziellen Widerstand r_1 im Punkt A_1.

d) Bestimmen Sie in gleicher Weise den differenziellen Widerstand r_2 im Punkt A_2.

3. Von einem Transistor in Emitterschaltung ist in Abb. 6.4.3 die I_B-U_{BE}-Kennlinie (Eingangskennlinie) dargestellt.

Bestimmen Sie

a) den Arbeitspunkt für $U_{BE} = 0{,}6$ V,

b) den statischen Widerstand R,

c) den differenziellen Widerstand r mit Hilfe einer Tangente.

4. Die Spannung U_L an einem Lastwiderstand R_L wird mit Hilfe einer Z-Diode mit $U_z = 6{,}2$ V und dem Widerstand $R_v = 68\ \Omega$ stabilisiert (Abb. 6.4.4A).

a) Bestimmen Sie bei nicht angeschlossenem Belastungswiderstand ($I_L = 0$)
- den Arbeitspunkt A_0,
- den statischen Widerstand R_0,
- die Verlustleistung P_0 in der Diode,
- näherungsweise den differenziellen Widerstand.

b) Wird der Lastwiderstand R_L angeschlossen, so sinkt der Strom in der Z-Diode auf $I_z = 20$ mA.

Bestimmen Sie
- den Arbeitspunkt A_1,
- den statischen Widerstand R_1,
- die Verlustleistung P_1 in der Diode.

5. Für die Z-Diode BZY 88/C4V7 ist die Kennlinie im Bereich des Durchbruchs dargestellt (Abb. 6.4.5). Dem Datenblatt können für diesen Bereich noch die drei Wertepaare $-4{,}1$ V/-1 mA; $-4{,}7$ V/-5 mA; $-5{,}1$ V/-20 mA entnommen werden.

a) Zeichnen Sie die Kennlinie in etwa doppelter Größe und tragen Sie die drei Arbeitspunkte A_1, A_2 und A_3 mit den drei vorgegebenen Wertepaaren ein.

b) Ermitteln Sie mit Hilfe von Tangenten die differenziellen Widerstände in den drei Arbeitspunkten.

7.1 Zahlensysteme

Beispiele:

1. Dualzahl in Dezimalzahl

Wandeln Sie die Dualzahl 1001010 in eine Dezimalzahl um.

Lösung:

Zweierpotenz	2^6	2^5	2^4	2^3	2^2	2^1	2^0	
Potenzwert	64	32	16	8	4	2	1	
Dualzahl	1	0	0	1	0	1	0	
Dezimalzahl	$1\cdot2^6+0\cdot2^5+0\cdot2^4+1\cdot2^3+0\cdot2^2+1\cdot2^1+0\cdot2^0$							**=74**
	$64+0+0+8+0+2+0$							

2. Dezimalzahl in Dualzahl (Resteverfahren):

Schreiben Sie die Dezimalzahl 43 als Dualzahl.

Lösung:

43 : 2 = 21 Rest 1
21 : 2 = 10 Rest 1
10 : 2 = 5 Rest 0
5 : 2 = 2 Rest 1
2 : 2 = 1 Rest 0
1 : 2 = 0 Rest 1

1 0 1 0 1 1 ≙ 43

Probe: $1\cdot2^5+0\cdot2^4+1\cdot2^3+0\cdot2^2+1\cdot2^1+1\cdot2^0$

$32+0+8+0+2+1=43$

3. Addition und Subtraktion von Dualzahlen

a) Addieren Sie die Zahlen **11** und **18**,
b) Subtrahieren Sie die Zahlen **27** und **12**.

Lösung:

a)
11 ≙ 1 0 1 1
18 ≙ 1 0 0 1 0
29 ≙ 1 1 1 0 1

b)
27 ≙ 1 1 0 1 1
12 ≙ 1 1 0 0
15 ≙ 1 1 1 1

4. Wandeln Sie die Hexadezimalzahl 2BF8 in eine Dezimalzahl um.

Lösung:

2 B F 8

$8\cdot16^0 = 8\cdot1 = 8$
$15\cdot16^1 = 15\cdot16 = 240$
$11\cdot16^2 = 11\cdot256 = 2816$
$2\cdot16^3 = 2\cdot4096 = 8192$

11256 ≙ 2BF8

5. Wandeln Sie die Dezimalzahl 4853 in eine Hexadezimalzahl um.

Lösung:

4853 : 16 = 303 Rest 5
303 : 16 = 18 Rest 15 (F)
18 : 16 = 1 Rest 2
1 : 16 = 0 Rest 1

1 2 F 5 ≙ **4853**

Probe: $1 \cdot 16^3 + 2 \cdot 16^2 + 15 \cdot 16^1 + 5 \cdot 16^0$
$= 1 \cdot 4096 + 2 \cdot 256 + 15 \cdot 16 + 5 \cdot 1$
$= 4096 + 512 + 240 + 5$ = **4853**

Aufgaben

1. Wandeln Sie folgende Dualzahlen in Dezimalzahlen um.

a	1011	c	10111	e	100011	g	110011
b	10001	d	111001	f	101010	h	1000101

2. Wandeln Sie folgende Dualzahlen in Dezimalzahlen um.

a	1011001	c	1100001	e	10011011	g	11001010
b	11110010	d	10001101	f	100100111	h	1101100110

3. Wandeln Sie folgende Dezimalzahlen in Dualzahlen um.

a	19	c	28	e	82	g	125
b	25	d	67	f	86	h	287

4. Wandeln Sie folgende Dezimalzahlen in Dualzahlen um.

a	99	c	134	e	257	g	657
b	109	d	163	f	383	h	1828

5. Addieren Sie und machen Sie die Probe im Dezimalsystem.

a	10101 + 1001	c	1111001 + 111101
b	10111 + 1110	d	100011111 + 110010000

6. Wandeln Sie in Dualzahlen um und addieren Sie diese.

a	21 + 14 + 11 + 12
b	15 + 22 + 9 + 21 + 11 + 5
c	17 + 23 + 27 + 42 + 61

7. Subtrahieren Sie und machen Sie die Probe im Dezimalsystem.

a	1011111 – 1000001	c	1111001 – 100111
b	10110 – 1110	d	110011 – 101110

8. Wandeln Sie folgende Hexadezimalzahlen in Dezimalzahlen um.

a	D	c	8F	e	7BE	g	A7C
b	1B	d	245	f	3FF	h	2FCB

9. Wandeln Sie folgende Dezimalzahlen in Hexadezimalzahlen um.

a	19	c	38	e	285	g	1022
b	28	d	466	f	838	h	8141

10. Stellen Sie die Dezimalzahlen von 1 ... 20 in einer Tabelle als Dual-, Oktal- und Hexadezimalzahlen dar.

7.2 Wahrheitstabelle

Beispiel:

Mechanische Schaltglieder in Steuerungen werden immer mehr von elektronischen Schaltgliedern (Gattern) verdrängt. Für diese Bauteile wird nur der Signalfluss angegeben, nicht jedoch die technische Realisierung und die Energiezufuhr.

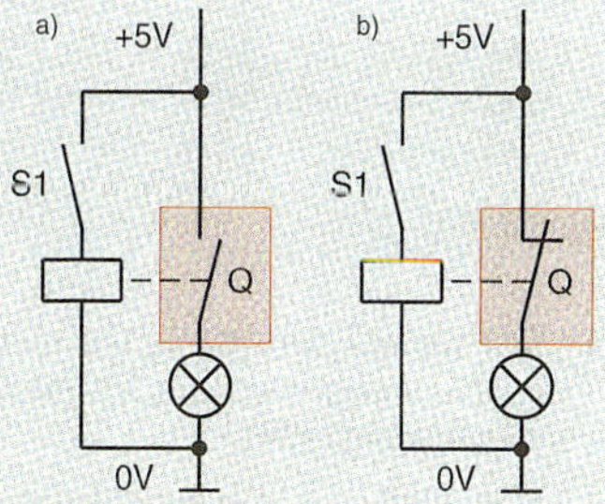

Geben Sie die Wahrheitstabelle für ein Relais an, das

a) einen Schließkontakt,
b) einen Öffnerkontakt enthält.

Verwenden Sie dazu folgende Symbole

0 Tastschalter nicht betätigt bzw. kein Signal am Ausgang des Relais
1 Tastschalter betätigt bzw. Signal am Ausgang des Relais.

Lösung: a)

S1	Q
0	0
1	1

b)

S1	Q
0	1
1	0

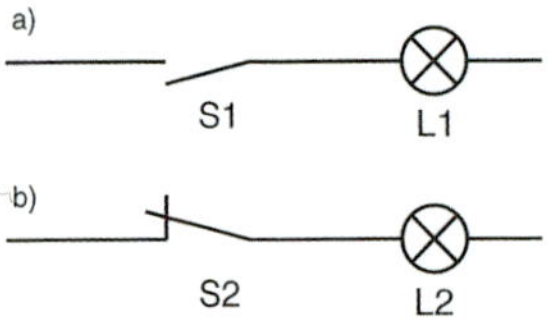

Abb. 7.2.1

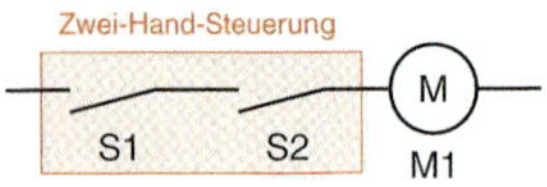

Abb. 7.2.2

Aufgaben

1. Eine Lampe wird über einen Tastschalter ein- bzw. ausgeschaltet (Abb. 7.2.1).

   Geben Sie die Schalt- und Betriebszustände der Lampe und des Tastschalters in einer Wahrheitstabelle an, wenn der Tastschalter

   a) einen Schließkontakt, b) einen Öffnerkontakt hat.

2. Aus Sicherheitsgründen müssen Pressen mit einer Zwei-Hand-Steuerung ausgerüstet sein, die sehr vereinfacht dargestellt ist (Abb. 7.2.2).

   a) Stellen Sie eine Wahrheitstabelle auf.
   b) Unter welchen Bedingungen erhält der Motor „1-Signal"?

3. Zur Darstellung der Verknüpfungsmöglichkeiten von Schaltgeräten sollen die angegebenen Schaltungen Abb. 7.2.3 untersucht werden.

   Stellen Sie für jede Schaltung eine Wahrheitstabelle auf.

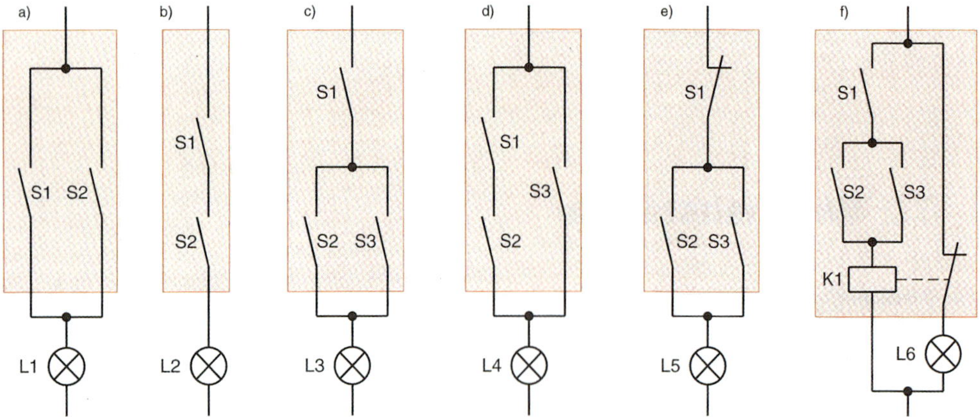

Abb. 7.2.3

Signal 1: Tastschalter betätigt bzw. Licht eingeschaltet.

4. Der Befehl zum Absenken eines Hubtores wird über den Tastschalter S1 gegeben. Sobald das Tor seine untere Endstellung erreicht hat, wird der Motor M1 über einen Endschalter S2 abgeschaltet.

   Für die Signale bzw. Betriebszustände sind folgende Symbole zu verwenden:

Zustand	Tastschalter S1	Endschalter S2	Motor M1
1	Startbefehl	Einschalt-Freigabe	Motor läuft
0	Kein Startbefehl	Keine Freigabe	Motor läuft nicht

   a) Wie viel Signalkombinationen gibt es bei zwei Befehlsgeräten?
   b) Stellen Sie die Wahrheitstabelle auf.
   c) Unter welchen Bedingungen erhält der Motor das Signal „1" (Motor läuft)?

5. Bei dem Hubtorantrieb von Aufgabe 7.2.4 wird aus Sicherheitsgründen zusätzlich eine Lichtschranke L eingebaut. Sie hat die Signalzustände

1 keine Lichtunterbrechung
0 Lichtunterbrechung.

a) Wie viel verschiedene Signalkombinationen sind möglich?
b) Tragen Sie alle Schaltkombinationen in eine Wahrheitstabelle ein und stellen Sie jeweils fest, ob der Motor eingeschaltet ist.

6. Mit einer Pumpe wird Wasser aus einem Brunnen in einen Vorratsbehälter gefüllt. Die Wasserstände im Brunnen und im Behälter werden durch Schwimmerschalter überwacht, deren Signale in einem Gatter verarbeitet werden. Je nach Bedeutung der 1-Signale am Eingang des Gatters müssen andere Befehlskombinationen zum Einschaltbefehl Q des Motors führen.

a) Stellen Sie eine Wahrheitstabelle auf, wenn das 1-Signal des Schwimmerschalters A *Brunnen voll* und des Schwimmerschalters B *Behälter voll* bedeutet.
b) Stellen Sie eine zweite Wahrheitstabelle auf, wenn das 1-Signal des Schwimmerschalters B *Brunnen leer* und des Schwimmerschalters D *Behälter leer* bedeutet.
c) Stellen Sie eine dritte Wahrheitstabelle auf, bei der das 1-Signal *Brunnen leer* (B) bzw. *Behälter voll* (C) bedeutet.

7. Auf die Steuerung eines Hubtorantriebs wirken folgende Steuerbefehle:

A Schalter *Abwärts*	D Freigabe unterer Endschalter
B Schalter *Aufwärts*	E Freigabe oberer Endschalter
C Schalter *Halt*	F Freigabe durch Lichtschranke.

a) Welche Steuerbefehle dürfen auf den Steuerbefehl *Halt* keinen Einfluss haben?
b) Stellen Sie in einer Wahrheitstabelle alle Kombinationen an Steuerbefehlen dar, die auf den Befehl *Halt* Einfluss haben.

7.3 Logische Verknüpfungen

Beispiel:

Eine Schaltung mit den Kontakten *a*, *b* und *c* soll mit Gattern realisiert werden.

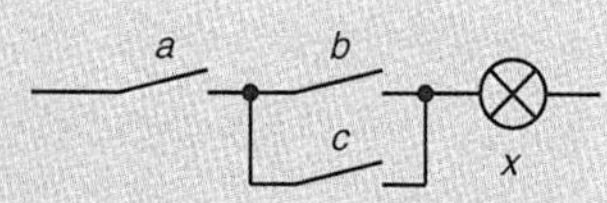

a) Zeichnen Sie die Schaltung mit digitalen Bauteilen.
b) Geben Sie die Funktionsgleichung an.
c) Entwerfen Sie die Wahrheitstabelle.
d) Zeichnen Sie das Zustandsdiagramm.

Lösung:

a)

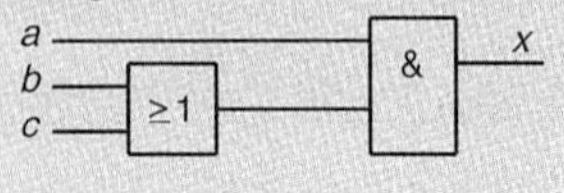

b) $x = (\boldsymbol{b} \vee \boldsymbol{c}) \wedge \boldsymbol{a}$

Oder in anderer Schreibweise:

$x = (\boldsymbol{b} \vee \boldsymbol{c})\, \boldsymbol{a}$

c)

a	*b*	*c*	$b \vee c$	$x = (b \vee c) \wedge a$
0	0	0	0	**0**
0	0	1	1	**0**
0	1	0	1	**0**
0	1	1	1	**0**
1	0	0	0	**0**
1	0	1	1	**1**
1	1	0	1	**1**
1	1	1	1	**1**

d)

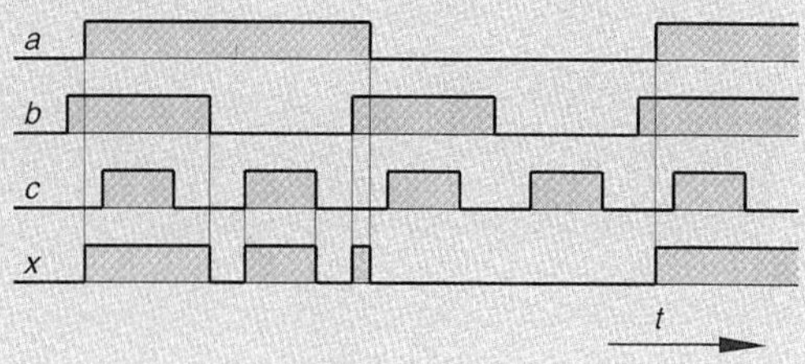

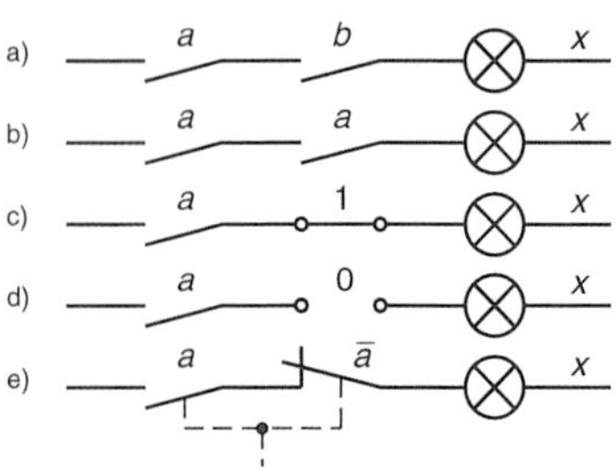

Abb. 7.3.2

Aufgaben

1. Ein Tastschalter soll mit Hilfe eines Relais negiert werden.

   Schalter unbetätigt → Lampe leuchtet
   Schalter betätigt → Lampe leuchtet nicht.

   Zeichnen Sie

   a) die Relaisschaltung.
   b) ein entsprechendes digitales Schaltglied.
   c) die Wahrheitstabelle.
   d) ein Zustandsdiagramm.

2. Untersuchen Sie die fünf Reihenschaltungen (Abb. 7.3.2) auf ihr Schaltverhalten.

   Geben Sie jeweils die Wahrheitstabelle, die Funktionsgleichung und das digitale Schaltzeichen an.

3. Untersuchen Sie die fünf Parallelschaltungen (Abb. 7.3.3) auf ihr Schaltverhalten.

Geben Sie jeweils die Wahrheitstabelle, die Funktionsgleichung und das digitale Schaltzeichen an.

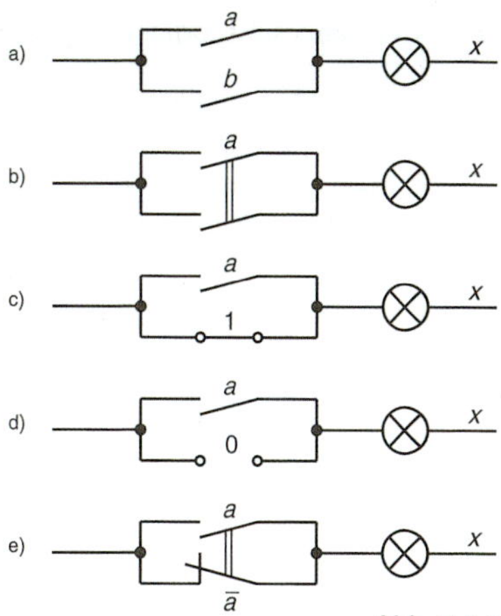

Abb. 7.3.3

4. Ein Relais wird über
a) die Reihenschaltung (Abb. 7.3.4 A),
b) die Parallelschaltung (Abb. 7.3.4 B)

von zwei Schließern an Spannung gelegt. Es betätigt einen Öffner, mit dem ein Leuchtmelder geschaltet wird.
Geben Sie für beide Schaltungen die Wahrheitstabelle, die Funktionsgleichung und das digitale Schaltzeichen an.

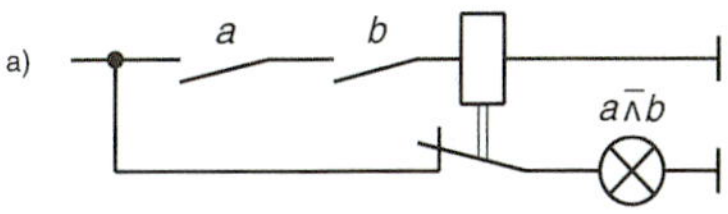

Abb. 7.3.4 A

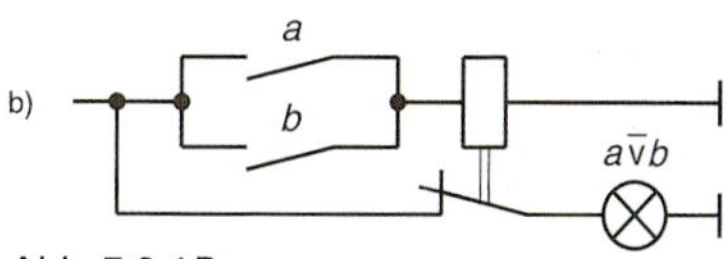

Abb. 7.3.4 B

5. Drei Eingangssignale *a*, *b* und *c* (Abb. 7.3.5) sollen durch eine UND-Funktion verknüpft werden. Vorhanden sind UND-Gatter mit jeweils nur zwei Eingängen.

a) Zeichnen Sie drei Schaltungen, die diese Bedingung erfüllen.
b) Geben Sie jeweils die Funktionsgleichung an.
c) Vereinfachen Sie die Gleichungen mit Hilfe des Assoziativgesetzes und des Kommutativgesetzes.

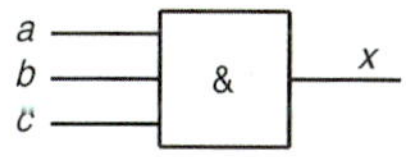

Abb. 7.3.5

6. Drei Eingangssignale *a*, *b* und *c* (Abb. 7.3.6) sollen durch eine ODER-Funktion verknüpft werden. Vorhanden sind ODER-Gatter mit jeweils zwei Eingängen.

a) Zeichnen Sie drei Schaltungen, die diese Bedingung erfüllen.
b) Geben Sie jeweils die Funktionsgleichung an.
c) Vereinfachen Sie die Gleichungen mit Hilfe des Assoziativgesetzes und des Kommutativgesetzes.

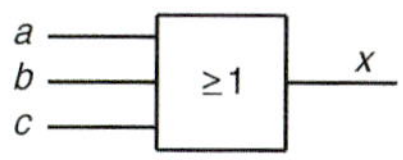

Abb. 7.3.6

7. Wandeln Sie mit Hilfe des Distributivgesetzes um.

1	2	3	4
$a \vee (b \wedge c)$	$(x \vee y) \wedge (x \vee z)$	$a \wedge (b \vee c)$	$(x \wedge a) \vee (x \wedge b)$

8. Gegeben sind logische Schaltungen mit UND- und ODER-Gattern (Abb. 7.3.8).

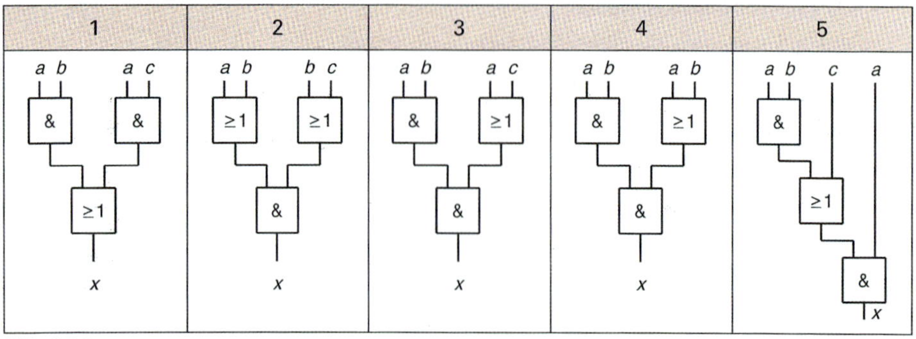

Abb. 7.3.8

Geben Sie jeweils die Funktionsgleichung an und vereinfachen Sie diese. Skizzieren Sie die neuen Schaltungen.

9. Gegeben sind Gatter (Abb. 7.3.9), bei denen ein Eingang negiert ist und deren Ausgang teilweise auch negiert ist.

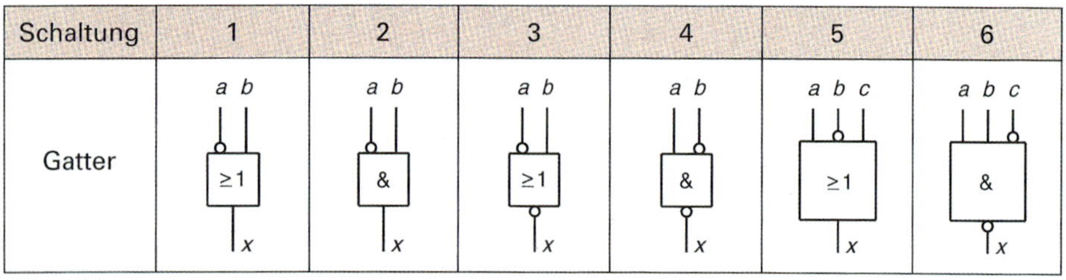

Abb. 7.3.9

a) Geben Sie die Funktionsgleichung der Gatter an.
b) Realisieren Sie die Schaltung mit UND-, ODER- bzw. NOT-Gattern.
c) Stellen Sie die Wahrheitstabelle auf.

10. Mit verschiedenen Gattern (z. B. Abb. 7.3.10 A) können zwei Eingangssignale *a* und *b* 16 unterschiedliche Ausgangssignale *x* erzeugen, wie in Abb. 7.3.10 B dargestellt.

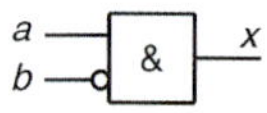

$x_3 = a \wedge \bar{b}$

Abb. 7.3.10 A

a	b	$\bar{b}$	x
0	0	1	0
0	1	0	0
1	0	1	1
1	1	0	0

a	b	x_1	x_2	x_3	x_4	x_5	x_6	x_7	x_8	x_9	x_{10}	x_{11}	x_{12}	x_{13}	x_{14}	x_{15}	x_{16}
0	0	0	0	0	0	1	0	0	1	0							
0	1	0	0	0	1	0	0	1									
1	0	0	0	1	0	0											
1	1	0	1	0	0												

Abb. 7.3.10 B

1. Vervollständigen Sie die Tabelle.
2. Untersuchen Sie die Tabelle; vergleichen Sie dabei die Ausgangssignale $x_1 \ldots x_{16}$ mit den Eingangssignalen *a* und *b*.
3. Geben Sie für die Ausgangssignale $x_2 \ldots x_{15}$ jeweils die Funktionsgleichung an.

11. Bei den dargestellten Gattern (Abb. 7.3.11) sind entweder die beiden Eingänge oder aber der Ausgang negiert.

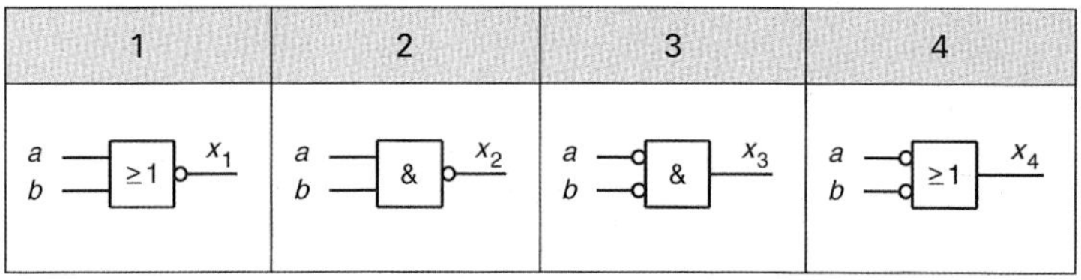

Abb. 7.3.11

a) Geben Sie die Funktionsgleichung an.
b) Stellen Sie die Funktionstabelle auf. Vergleichen Sie die Ausgangsgrößen $x_1 \ldots x_4$ miteinander.
c) Formen Sie die Funktionsgleichungen mit Hilfe der Regeln von de Morgan um.

12. Wandeln Sie mit Hilfe der de Morgan'schen Regeln um.

1	2	3	4	5
$\bar{a} \vee \bar{b}$	$a \bar{\wedge} b$	$\overline{a \vee b \vee \bar{c}}$	$(a \bar{\wedge} b) \vee (a \bar{\vee} c)$	$(a \bar{\wedge} b) \vee (\bar{a} \vee \bar{b})$

13. Gegebene Logikschaltungen (Abb. 7.3.13) sollen durch NAND-Glieder verwirklicht werden.

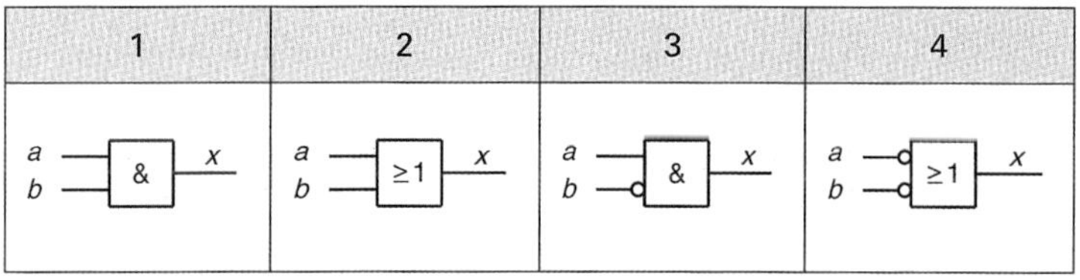

Abb. 7.3.13

a) Geben Sie die Funktionsgleichung an und formen Sie diese so um, dass sie mit NAND-Gattern realisierbar ist.
b) Geben Sie jeweils die Wahrheitstabelle an.
c) Zeichnen Sie die Logikschaltung mit NAND-Gattern.

14. Gegebene Logikschaltungen (Abb. 7.3.14) sollen durch NOR-Glieder verwirklicht werden.

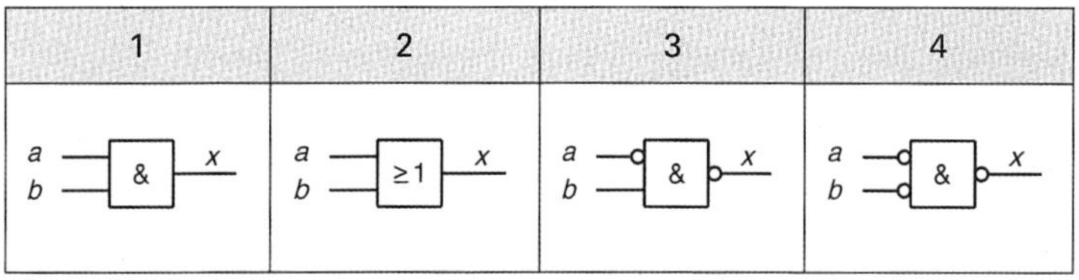

Abb. 7.3.14

a) Geben Sie die Schaltfunktion an und formen Sie diese so um, dass sie mit NOR-Gliedern realisierbar ist.
b) Geben Sie jeweils die Wahrheitstabelle an.
c) Zeichnen Sie die Logikschaltung mit NOR-Gliedern.

8.1 Sinusförmiger Wechselstrom

Beispiel:

Der achtpolige Wechselstromgenerator eines Notstromaggregats hat eine Drehzahl von $750\,\frac{1}{\text{min}}$. Die Nennspannung beträgt 230 V.

Berechnen Sie

a) die Frequenz des erzeugten Wechselstromes
b) die Kreisfrequenz
c) die Schwingungsdauer
d) die Wellenlänge
e) den Scheitelwert der Spannung

Lösung:

Gegeben: $p=4$; $n=750\,\frac{1}{\text{min}}$; $U=230\text{ V}$; $c=300\,000\,\frac{\text{km}}{\text{s}}$

Gesucht: $f, \omega, T, \lambda, \hat{u}$

a) $f = p\cdot n = 4\cdot 750\,\frac{1}{\text{min}} = \frac{4\cdot 750}{\text{min}\cdot 60\,\frac{\text{s}}{\text{min}}} = \mathbf{50\,\frac{1}{s} = 50\text{ Hz}}$

b) $\omega = 2\cdot\pi\cdot f = 2\cdot 3{,}14\cdot 50\,\frac{1}{\text{s}} = \mathbf{314\,\frac{1}{s}}$

c) $T = \frac{1}{f} = \frac{2}{50\,\frac{1}{\text{s}}} = \mathbf{0{,}02\text{ s}}$

d) $\lambda = \frac{c}{f} = \frac{300\,000\,\frac{\text{km}}{\text{s}}}{50\,\frac{1}{\text{s}}} = \frac{300\,000\text{ km}\cdot\text{s}}{\text{s}\cdot 50} = \mathbf{6000\text{ km}}$

e) $U = 0{,}707\cdot\hat{u}$

$\hat{u} = \frac{U}{0{,}707} = \frac{230\text{ V}}{0{,}707} = \mathbf{325\text{ V}}$

Anmerkung: In den nachfolgenden Lösungen wird die Umrechnung $1\text{ Hz} = 1\,\frac{1}{\text{s}}$ verwendet.

Aufgaben

1. Wandeln Sie die Frequenzangaben um.

Aufgabe	a	b	c	d	e	f
gegeben	300 Hz	3,4 kHz	285 kHz	26 MHz	1250 MHz	40 GHz
gesucht	? **kHz**	? **Hz**	? **MHz**	? **kHz**	? **GHz**	? **MHz**

2. Der technische Wechselstrom hat eine Frequenz von 50 Hz.

Berechnen Sie

a) die Kreisfrequenz, b) die Periodendauer.

3. Die Signalspannung in einer Rundsteueranlage hat eine Schwingungsdauer von 2,5 ms.

Wie groß ist die Signalfrequenz?

4. Der Fahrstrom der Deutschen Bundesbahn hat eine Frequenz von 16⅔ Hz.

Berechnen Sie

a) die Kreisfrequenz b) die Periodendauer c) die Wellenlänge

5. In den USA hat der technische Wechselstrom eine Kreisfrequenz von $377 \frac{1}{s}$.

Berechnen Sie

a) die Frequenz b) die Periodendauer

6. Ein sechspoliger Wechselstromgenerator hat eine Drehzahl von $1000 \frac{1}{min}$.

Welche Frequenz hat die erzeugte Wechselspannung?

7. Die Einphasen-Wechselstromgeneratoren im Walchensee-Kraftwerk liefern für die Deutsche Bundesbahn Wechselstrom mit einer Frequenz von 16⅔ Hz. Die Generatorendrehzahl beträgt $250 \frac{1}{min}$.

Berechnen Sie die Polpaarzahl des Generators.

8. Ein achtpoliger Synchronmotor wird an ein Drehstromnetz 50 Hz angeschlossen.

Wie groß ist die Drehzahl des Motors?

9. Die 20-poligen Drehstromgeneratoren eines Laufwasser-Kraftwerkes und die 12-poligen Drehstromgeneratoren eines Dampfkraftwerkes speisen in ein Verbundnetz mit der Frequenz 50 Hz.

Berechnen Sie die Drehzahlen der Generatoren.

10. Berechnen Sie die fehlenden Werte.

Sender	Wellenbereich		Frequenz	Wellenlänge
Deutschlandfunk	Langwelle	LW	151 kHz	? **km**
BR – München	Mittelwelle	MW	801 kHz	? **m**
Radio Luxemburg	Kurzwelle	KW	? **MHz**	49 m
MDR1 – Thüringen	Ultra-Kurzwelle	UKW	91,7 MHz	? **m**
Deutsches Fernsehen	ARD	VHF	210,7 MHz	? **m**
Deutsches Fernsehen	ZDF	UHF	? **MHz**	0,63 m
Deutsches Fernsehen	3. Programm	UHF	682 MHz	? **dm**

11. Mit welchem Scheitelwert der Spannung wird die Leitungsisolation in einem Wechselstromnetz 230 V beansprucht (Abb. 8.1.11)?

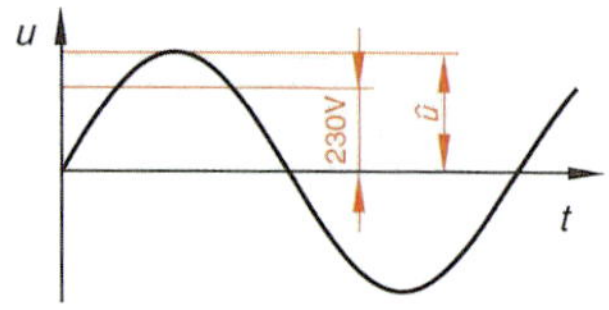

Abb. 8.1.11

12. Ein Wechselstrommotor für 230 V/3 kW nimmt 7,1 A auf.

Berechnen Sie

a) den Scheitelwert der Spannung,
b) den Scheitelwert des Stromes.

13. Eine Wechselspannung hat einen Effektivwert von 100 V.

a) Wie groß ist der Scheitelwert der Spannung?
b) Um wie viel Prozent ist der Scheitelwert größer als der Effektivwert?

14. Der Scheitelwert einer Wechselspannung beträgt 100 V.

a) Wie groß ist der Effektivwert der Spannung?
b) Um wie viel Prozent ist der Effektivwert kleiner als der Scheitelwert?

15. Die Wicklung eines Hochspannungsmotors 500 V/1 000 kW wird mit 2,5facher Nennspannung geprüft.

Berechnen Sie

a) den Scheitelwert der Nennspannung
b) den Scheitelwert der Prüfspannung

16. Mit einem Oszilloskop wird eine sinusförmige Wechselspannung gemessen. Der Verstärker ist auf 10 V je cm eingestellt. Die Zeitablenkung beträgt 2,5 ms je cm (Abb. 8.1.16).

Bestimmen Sie

a) den Scheitelwert der Spannung
b) den Effektivwert der Spannung
c) die Spannung Spitze-Spitze
d) die Frequenz

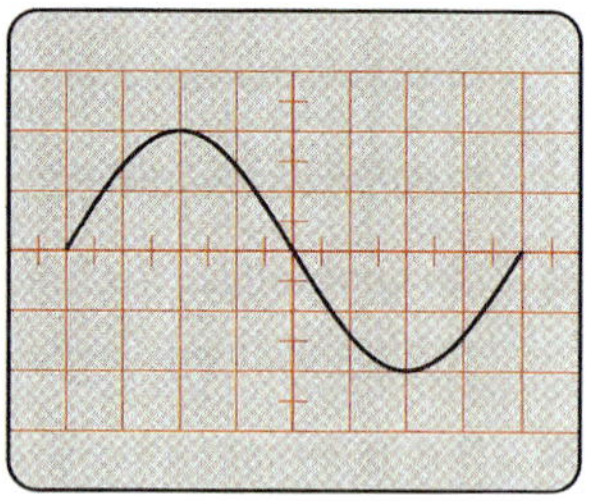
Abb. 8.1.16

8.2 Nichtsinusförmige Spannungen

Beispiel:

Die vier Wechselspannungen u_1, u_2, u_3 und u_4 haben den gleichen Maximalwert $\hat{u}$.

Das Tastverhältnis der Rechteckspannung u_3 ist $a = t_1 : t_2 = 1 : 2$.

In welchem Verhältnis stehen die Effektivwerte $U_1 \dots U_4$ zueinander?

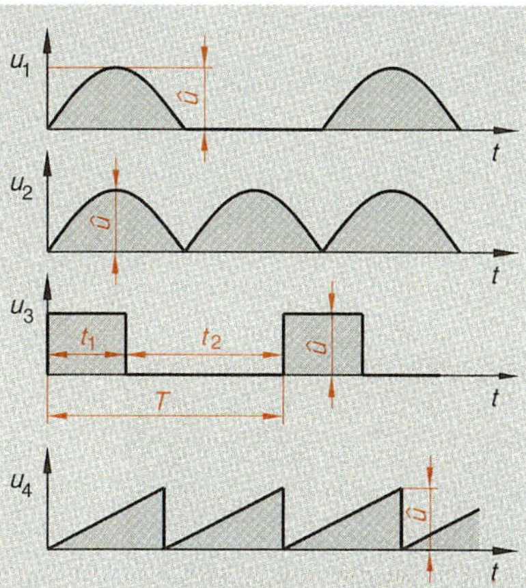

Lösung:

$$U_1 = \frac{\sqrt{2} \cdot \hat{u}}{4}$$

$$U_2 = \frac{\sqrt{2} \cdot \hat{u}}{2}$$

$$U_3 = \hat{u} \cdot \sqrt{\frac{t_1}{T}} = \hat{u} \cdot \sqrt{\frac{t_1}{t_1 + t_2}} = \hat{u} \cdot \sqrt{\frac{t_1}{t_1 + 2\,t_1}} = \hat{u} \cdot \sqrt{\frac{1}{3}} = \frac{\sqrt{3} \cdot \hat{u}}{3}$$

$$U_4 = \frac{\sqrt{3} \cdot \hat{u}}{3}$$

$$U_1 : U_2 : U_3 : U_4 = \frac{\sqrt{2} \cdot \hat{u}}{4} : \frac{\sqrt{2} \cdot \hat{u}}{2} : \frac{\sqrt{3} \cdot \hat{u}}{3} : \frac{\sqrt{3} \cdot \hat{u}}{3}$$

$$= \frac{\sqrt{2}}{4} : \frac{\sqrt{2}}{2} : \frac{\sqrt{3}}{3} : \frac{\sqrt{3}}{3} = \frac{3\sqrt{2}}{12} : \frac{6\sqrt{2}}{12} : \frac{4\sqrt{3}}{12} : \frac{4\sqrt{3}}{12}$$

$$= 3\sqrt{2} : 6\sqrt{2} : 4\sqrt{3} : 4\sqrt{3} = 1 : \frac{6\sqrt{2}}{3\sqrt{2}} : \frac{4\sqrt{3}}{3\sqrt{2}} : \frac{4\sqrt{3}}{3\sqrt{2}}$$

$$= \mathbf{1 : 2 : 1{,}63 : 1{,}63}$$

Aufgaben

1. Eine Einpulswechselspannung hat einen Scheitelwert von 325 V.

   Der Spannungsverlauf der Halbperiode ist sinusförmig.

   Berechnen Sie den Mittelwert und den Effektivwert.

2. Bei einer Zweipuls-Gleichrichterschaltung wird mit einem Dreheiseninstrument der Effektivwert der Spannung $U = 127$ V gemessen.

   Dreheiseninstrumente zeigen unabhängig von der Kurvenform den Effektivwert an.

   Wie groß sind
   a) der Scheitelwert der Spannung,
   b) der Mittelwert?

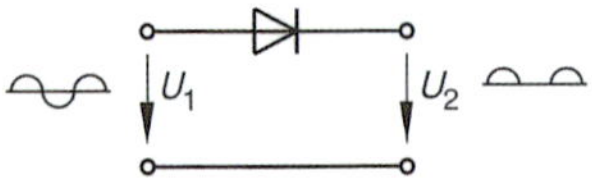

Abb. 8.2.3

3. Eine Wechselspannung von $U_1 = 230$ V wird mit einer Einpulsschaltung (Abb. 8.2.3) gleichgerichtet. Der Spannungsfall im Gleichrichter wird mit 1 V angenommen.

   Berechnen Sie
   a) den Scheitelwert $\hat{u}_1$ der Wechselspannung
   b) den Scheitelwert $\hat{u}_2$ der gleichgerichteten Spannung
   c) den Effektivwert der Einpulswechselspannung
   d) das Spannungsverhältnis $U_1 : \bar{u}$

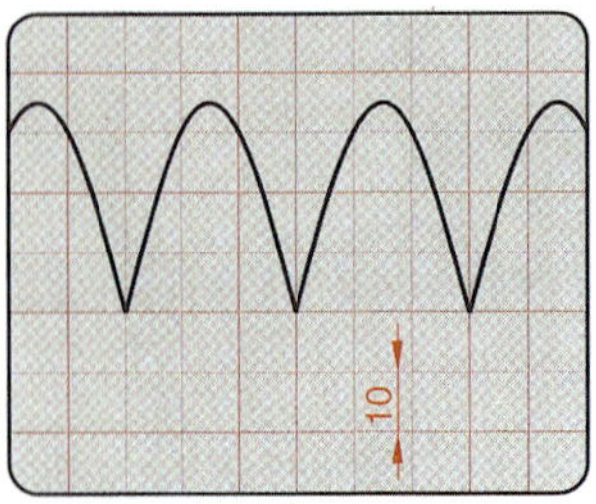

Abb. 8.2.4

4. Mit einem Oszilloskop wird eine Zweipulswechselspannung gemessen (Abb. 8.2.4). Der Ablenkkoeffizient in y-Richtung beträgt 50 V/cm.

   Bestimmen Sie
   a) den Scheitelwert der Spannung
   b) den Effektivwert
   c) den Mittelwert

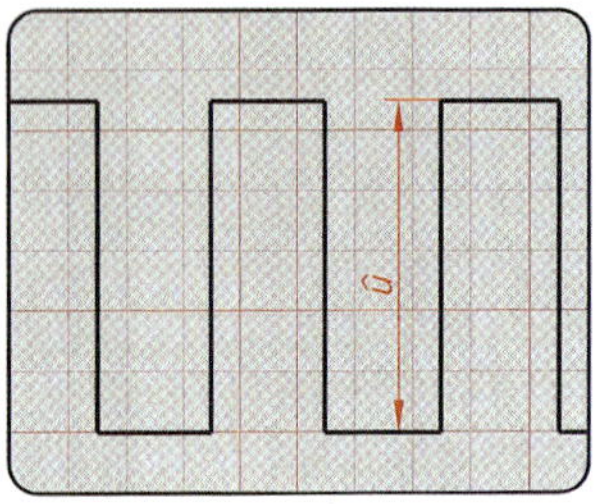

Abb. 8.2.5

5. Eine Rechteckspannung wird mit einem Oszilloskop untersucht. Zum Ablesen wird die Nulllinie der Spannung 3 cm aus der Normallage nach unten verschoben (Abb. 8.2.5).

   Ablenkkoeffizient in x-Richtung: 25 ms/cm.
   Ablenkkoeffizient in y-Richtung: 2 V/cm.

   Wie groß sind
   a) die Periodendauer und die Frequenz,
   b) die Impulsdauer,
   c) der Maximalwert,
   d) der Effektivwert,
   e) der Mittelwert der Rechteckspannung,
   f) das Puls-Pausenverhältnis?

6. Mit einem Drehspul-Messinstrument wird der Mittelwert einer Rechteckspannung $\bar{u} = 3{,}75$ V gemessen. Die Rechteckspannung hat eine Frequenz von 25 Hz. Die Pulsdauer beträgt $t_1 = 15$ ms.

   Berechnen Sie
   a) die Periodendauer
   b) die Pausenzeit zwischen zwei Impulsen
   c) den Maximalwert der Spannung
   d) den Effektivwert

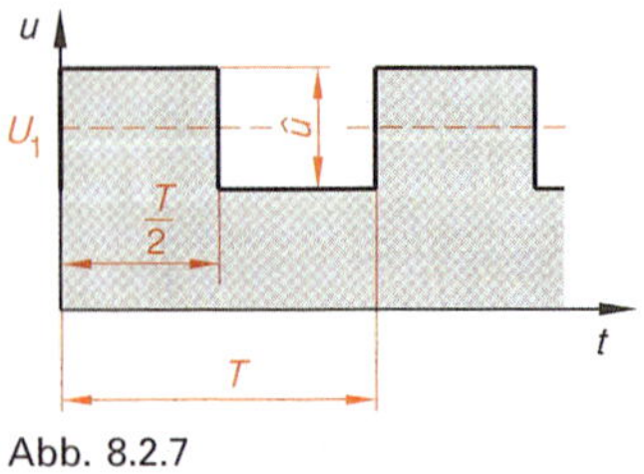

Abb. 8.2.7

7. Einer Gleichspannung $U_1 = 15$ V ist eine symmetrische Rechteckspannung mit $\hat{u} = 12$ V überlagert (Abb. 8.2.7).

   Welchen Wert zeigt
   a) ein Dreheiseninstrument,
   b) ein Drehspulinstrument an?

8. Eine Spannung mit Sägezahnform (Abb. 8.2.8) hat den Spitze-Spitze-Wert $\hat{u}=4\,\text{V}$.

Berechnen Sie

a) den Mittelwert
b) den Effektivwert der Spannung

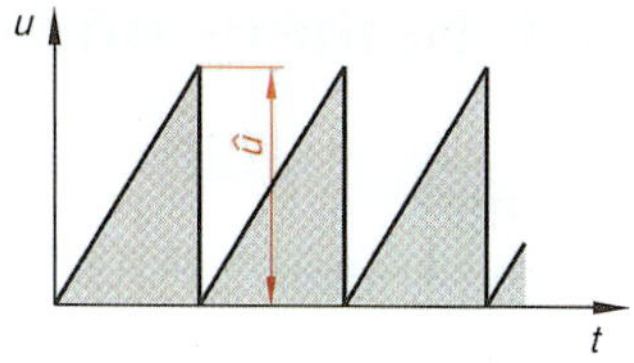

Abb. 8.2.8

9. Berechnen Sie für die Rechtschwingung (Abb. 8.2.9)

a) den Mittelwert
b) den Effektivwert der Spannung

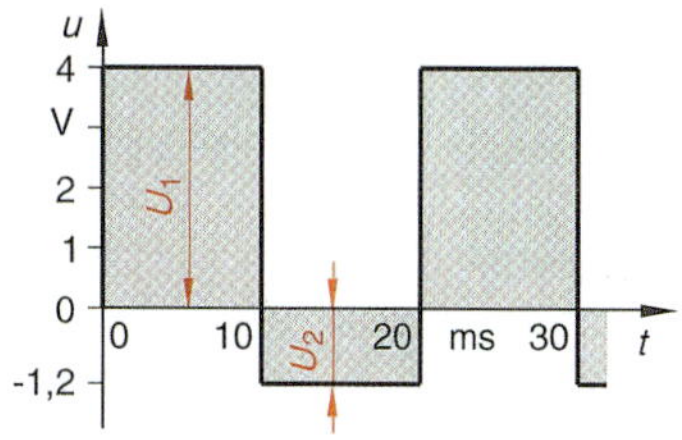

Abb. 8.2.9

10. Bei einer rechteckigen Impulsspannung (Abb. 8.2.10) ist der Effektivwert dreimal so groß wie der Mittelwert der Spannung.

In welchem Verhältnis steht die Impulsdauer t_1 zur Pausendauer t_2?

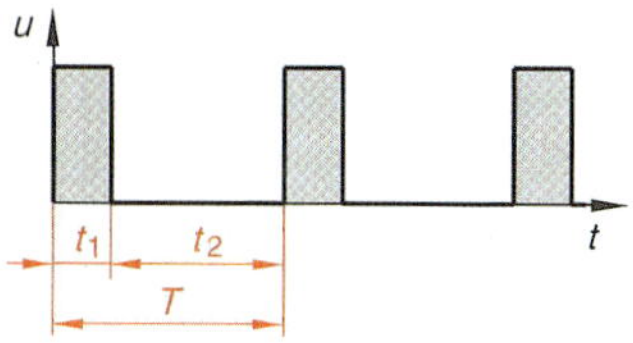

Abb. 8.2.10

9.1 Reihen- und Parallelschaltung

Beispiele:

1. Induktivitäten

Zwei Spulen mit den Induktivitäten $L_1 = 25$ mH und $L_2 = 50$ mH sollen in Reihe bzw. parallel geschaltet werden.

Berechnen Sie die Ersatzinduktivität

a) bei Reihenschaltung
b) bei Parallelschaltung

Lösung:

a) $L = L_1 + L_2 = 25\text{ mH} + 50\text{ mH} = \mathbf{75\text{ mH}}$

b) $L = \dfrac{L_1 \cdot L_2}{L_1 + L_2} = \dfrac{25\text{ mH} \cdot 50\text{ mH}}{25\text{ mH} + 50\text{ mH}} = \mathbf{16{,}7\text{ mH}}$

2. Kapazitäten

Drei MKL-Kondensatoren mit den Kapazitäten $C_1 = 22$ nF, $C_2 = 47$ nF und $C_3 = 68$ nF sollen in Reihe bzw. parallel geschaltet werden.

Berechnen Sie die Ersatzkapazität

a) bei Reihenschaltung
b) bei Parallelschaltung

Lösung:

a) $\dfrac{1}{C} = \dfrac{1}{C_1} + \dfrac{1}{C_2} + \dfrac{1}{C_3} = \dfrac{1}{22\text{ nF}} + \dfrac{1}{47\text{ nF}} + \dfrac{1}{68\text{ nF}}$

$= 0{,}0454 \dfrac{1}{\text{nF}} + 0{,}0213 \dfrac{1}{\text{nF}} + 0{,}0147 \dfrac{1}{\text{nF}} = 0{,}0814 \dfrac{1}{\text{nF}}$

$C = \mathbf{12{,}3\text{ nF}}$

b) $C = C_1 + C_2 + C_3 = 22\text{ nF} + 47\text{ nF} + 68\text{ nF} = \mathbf{137\text{ nF}}$

Aufgaben

1. Wandeln Sie um.

a	b	c	d	e	f
2 H	32 mH	2580 µH	0,049 µH	870 nH	0,6 mH
? **mH**	? **H**	? **mH**	? **nH**	? **µH**	? **µH**

2. Wandeln Sie die Kapazitätsangaben aus der Normalreihe E12 um.

a	b	c	d	e	f
0,0015 F	33 µF	0,047 µF	100 nF	6,8 nF	820 pF
? **µF**	? **F**	? **nF**	? **µF**	? **pF**	? **nF**

3. Drei Spulen mit den Induktivitäten $L_1=300$ mH, $L_2=1{,}8$ H und $L_3=70$ mH sind in Reihe geschaltet (Abb. 9.1.3).

Berechnen Sie die Gesamtinduktivität.

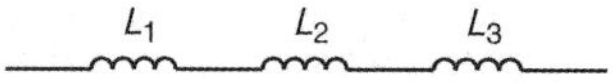

Abb. 9.1.3

4. Zu einer Spule mit der Induktivität $L_1=500$ mH wird eine Spule mit $L_2=0{,}3$ H parallel geschaltet.

Berechnen Sie die Ersatzinduktivität.

5. Drei Spulen mit den Induktivitäten L_1, L_2 und L_3 sind parallel geschaltet (Abb. 9.1.5).

Berechnen Sie die Ersatzinduktivität.

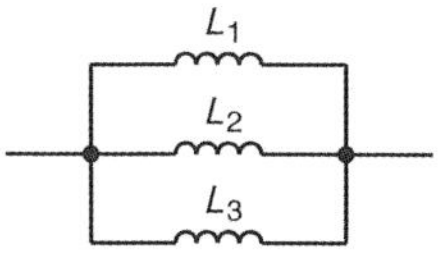

Abb. 9.1.5

$L_1=150$ µH
$L_2=0{,}2$ mH
$L_3=600$ µH

6. Zwei Spulen sind parallel geschaltet. Die Gesamtinduktivität beträgt 120 mH. Die Spule 1 hat die Induktivität $L_1=250$ mH.

Wie groß ist die Induktivität der zweiten Spule?

7. Drei Kunststofffolien-Kondensatoren (MKT) sind parallel geschaltet (Abb. 9.1.7).

Berechnen Sie die Gesamtkapazität.

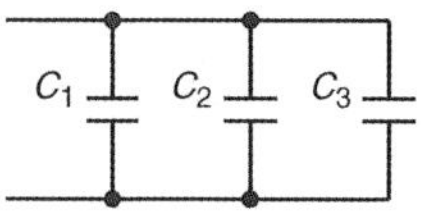

Abb. 9.1.7

$C_1=2200$ pF
$C_2=3300$ pF
$C_3=4700$ pF

8. Eine Parallelschaltung besteht aus fünf MP-Kondensatoren mit je 3 µF.

Wie groß ist ihre Gesamtkapazität?

9. Drei Lackfolienkondensatoren (MKL) mit den Kapazitäten $C_1=0{,}25$ µF, $C_2=0{,}5$ µF und $C_3=0{,}1$ µF (Abb. 9.1.9) sind in Reihe geschaltet.

Berechnen Sie die Ersatzkapazität.

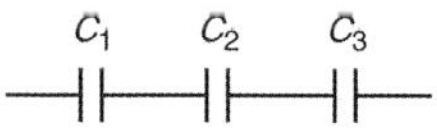

Abb. 9.1.9

10. Zu einem Keramikkondensator mit $C_1=56$ pF ist ein zweiter Kondensator mit $C_2=100$ pF in Reihe geschaltet.

Berechnen Sie die Ersatzkapazität.

11. In einem Hochspannungsgerät wird ein Kondensator mit 2,2 µF benötigt. Der Kondensator soll an eine Spannung von 2000 V angeschlossen werden. Vorhanden sind MP-Kondensatoren mit einer Nennspannung von 500 V und der Kapazität 10 µF.

a) Wie müssen Sie die Kondensatoren schalten, damit diese die hohe Spannung aushalten?
b) Berechnen Sie die Ersatzkapazität.

12. In der Schaltung eines Kurzwellenempfängers befindet sich eine Kondensatorkombination (Abb. 9.1.12).

Berechnen Sie die Ersatzkapazität

a) für $C_3=20$ pF,
b) für $C_3=250$ pF

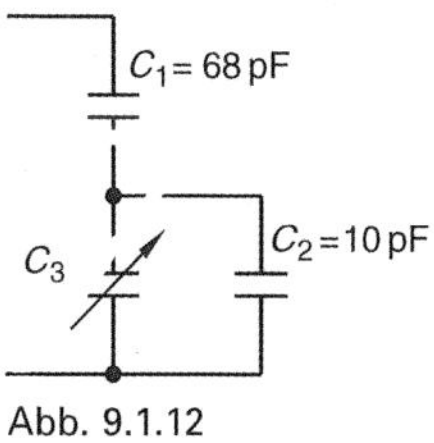

Abb. 9.1.12

13.

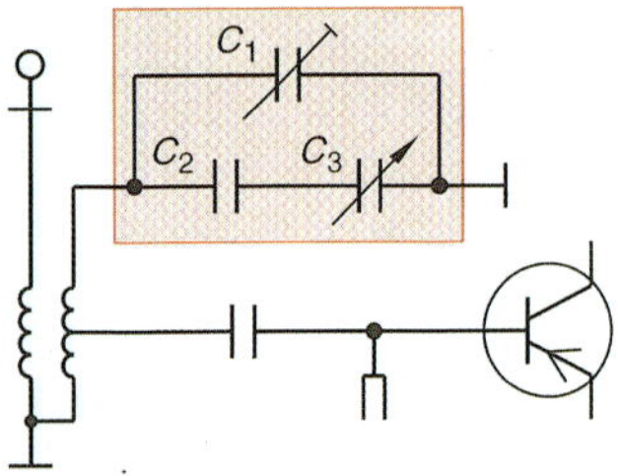

Abb. 9.1.13

Zur Senderabstimmung im Eingangskreis eines Transistor-Rundfunkgeräts sind 3 Kondensatoren (Abb. 9.1.13) vorgesehen.

Berechnen Sie die Ersatzkapazität

a) $C_1 = 40$ pF, $C_2 = 620$ pF, $C_3 = 20$ pF,
b) $C_1 = 40$ pF, $C_2 = 620$ pF, $C_3 = 250$ pF.

9.2 Elektrisches Feld, Kondensator an Gleichspannung

Beispiele:

1. Ladung

Zwei Kondensatoren $C_1 = 10\ \mu F$ und $C_2 = 8\ \mu F$ sind parallel geschaltet und an 250 V Gleichspannung angeschlossen.

Berechnen Sie

a) die Ersatzkapazität
b) die Gesamtladung

Lösung:

Gegeben: $C_1 = 10\ \mu F$; $C_2 = 8\ \mu F$; $U = 250$ V
Gesucht: C; Q

a) $C = C_1 + C_2 = 10\ \mu F + 8\ \mu F = \mathbf{18\ \mu F}$

b) $Q = C \cdot U = 18 \cdot 10^{-6}\ F \cdot 250\ V = 18 \cdot 10^{-6}\ \frac{As}{V} \cdot 250\ V = 0{,}0045\ As = \mathbf{4{,}5\ mAs}$

2. Zeitkonstante

Zwei MKL-Kondensatoren mit $C_1 = 220$ nF und $C_2 = 470$ nF sind in Reihe geschaltet. Sie werden über einen Widerstand von 33 kΩ aufgeladen.

Berechnen Sie

a) die Ersatzkapazität
b) die Zeitkonstante

Lösung:

Gegeben: $C_1 = 220$ nF; $C_2 = 470$ nF; $R = 33$ kΩ
Gesucht: C; τ

a) $C = \frac{C_1 \cdot C_2}{C_1 + C_2} = \frac{220\ nF \cdot 470\ nF}{220\ nF + 470\ nF} = \mathbf{150\ nF}$

b) $\tau = R \cdot C = 33 \cdot 10^3\ \Omega \cdot 150 \cdot 10^{-9}\ F$
$= 33 \cdot 10^3\ \Omega \cdot 150 \cdot 10^{-9}\ \frac{s}{\Omega} = 0{,}00495\ s = \mathbf{4{,}95\ ms}$

3. Laden von Kondensatoren

Ein Kondensator mit $C=0{,}68\ \mu F$ wird über einen Widerstand $R=2{,}2\ M\Omega$ aufgeladen. Die Schaltung liegt an einer Gleichspannung $U=12\ V$.

a) Wie groß ist die Zeitkonstante τ?
b) Wie groß ist die Spannung u_C am Kondensator nach $t_1=3\ s$?
c) Wie groß ist der Ladestrom nach $t_2=4{,}5\ s$?

Lösung:

a) $\tau = R \cdot C = 2{,}2\ M\Omega \cdot 0{,}68\ \mu F = \mathbf{1{,}5\ s}$

b) $u_C = U\left(1-e^{-\frac{t_1}{\tau}}\right) = 12\ V \cdot \left(1-e^{-\frac{3\ s}{1{,}5\ s}}\right) = 12\ V\,(1-e^{-2})$

$= 12\ V\,(1-0{,}135) = 12\ V \cdot 0{,}865 = \mathbf{10{,}4\ V}$

c) $I = \frac{U}{R} e^{-\frac{t_2}{\tau}} = \frac{12\ V}{2{,}2\ M\Omega} \cdot e^{-\frac{4{,}5\ s}{1{,}5\ s}} = \frac{12\ V}{2{,}2\ M\Omega} \cdot e^{-3} = \frac{12\ V}{2{,}2\ M\Omega} \cdot 0{,}0498 = \mathbf{0{,}272\ \mu A}$

Aufgaben

1. Der Blitzkondensator in einem Elektronenblitzgerät hat die Kapazität 1500 μF. Er wird auf 360 V aufgeladen.

Berechnen Sie die Ladung des Kondensators.

2. In einer Zeitschaltung wird der Kondensator aus einer Konstantstromquelle geladen. Es fließt ein Strom von 12 mA.

Wie groß ist die Ladung des Kondensators nach 150 ms?

3. Ein MP-Kondensator wurde 9,5 s lang mit durchschnittlich 2,1 mA aufgeladen. Dabei stieg die Spannung auf 520 V an.

Berechnen Sie die Kapazität des Kondensators.

4. Die zwei kreisförmigen Platten eines Versuchskondensators haben einen Durchmesser von 20 cm. Der Plattenabstand beträgt 4 mm.

Berechnen Sie die Kapazität des Kondensators
a) für das Dielektrikum Luft,
b) für das Dielektrikum Hartpapier ($\varepsilon_r=5$).

5. Die Beläge eines Styroflexkondensators (Abb. 9.2.5) haben einen Abstand von 10 μm. Für Styroflex ist die Permittivitätszahl 2,6. Die Kapazität des Kondensators beträgt 1 μF.
a) Berechnen Sie die wirksame Plattenfläche.
b) Welche Länge haben die Folien?

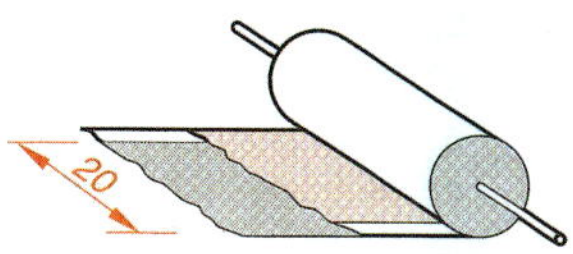

Abb. 9.2.5

6. Ein Tantalkondensator mit der Kapazität 33 μF wird über einen Widerstand von 51 kΩ entladen.

Berechnen Sie die Zeitkonstante.

7. In einer Kippschaltung soll das zeitbestimmende RC-Glied eine Zeitkonstante von 250 μs haben. Der MKL-Kondensator hat eine Kapazität von 2,2 nF.

Welchen Widerstandswert hat der Trimmwiderstand?

8. Beim Laden eines Kondensators über einen Widerstand steigt die Spannung nach einer e-Funktion an, der Ladestrom nimmt nach einer e-Funktion ab (Abb. 9.2.8A). Nach der Zeit τ ist die Spannung am Kondensator auf 63% der Endspannung angestiegen und der Ladestrom auf 37% des Stroms bei Ladebeginn abgesunken.

Ein MKT-Kunststoff-Kondensator mit $C=6{,}8\ \mu F$ soll nach 200 ms auf 3,8 V aufgeladen sein (Abb. 9.2.8B).

a) Welcher Ladewiderstand ist erforderlich?
b) Wie groß ist der Strom bei Ladebeginn?
c) Welcher Strom fließt nach 200 ms?

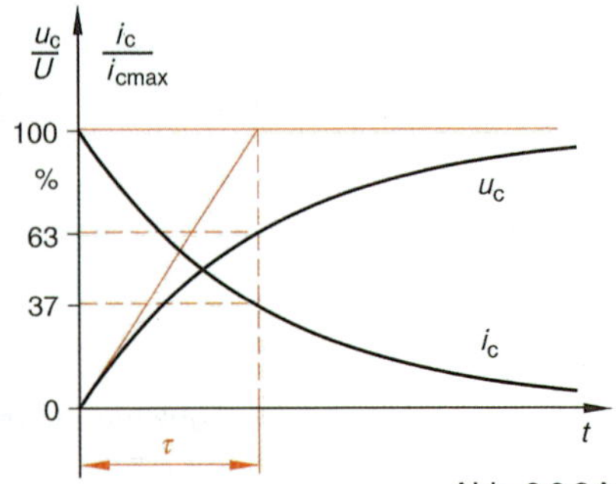

Abb. 9.2.8A

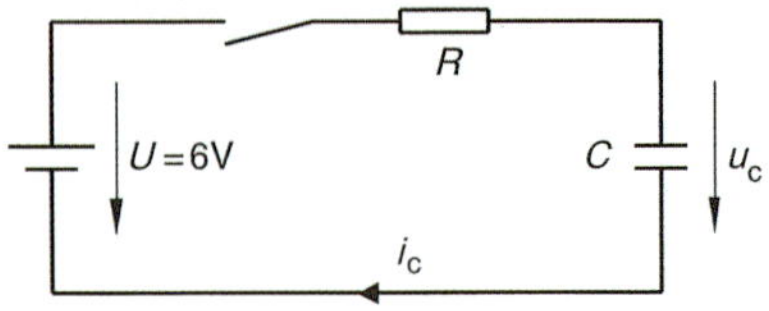

Abb. 9.2.8B

9. Nach VDE 0100 müssen Kondensatoren innerhalb von 60 s auf die ungefährliche Berührungsspannung $U_B=50$ V entladen werden. Bei Parallelkompensation einer Leuchtstofflampe liegt der Kompensationskondensator an der Netzspannung $U=230$ V ~ 50 Hz. Er hat eine Kapazität von 4,5 μF. Der Entladewiderstand R_1 hat den Widerstandswert 1 MΩ.

a) Wie groß ist die Spannung bei Entladebeginn im ungünstigsten Fall?
b) Nach welcher Zeit ist er dann auf 50 V entladen?
c) Bestimmen Sie den höchstzulässigen Entladewiderstand R_2.

10. In einem Zeitglied wird ein Kondensator mit $C=220$ nF über den Widerstand $R=560\ k\Omega$ aufgeladen. Das R – C-Glied liegt an der Spannung $U=50$ V.

Wie groß ist die Spannung u_C am Kondensator nach 100 ms?

11. Ein Kondensator mit $C=10\ \mu F$ ist auf 24 V aufgeladen. Er wird über einen Widerstand $R=1\ M\Omega$ entladen.

Nach welcher Zeit ist die Spannung am Kondensator auf $u_C=3$ V abgesunken?

12. Ein MP-Kondensator mit $C=3{,}9\ \mu F$ ist auf 250 V aufgeladen. Parallel zum Kondensator ist ein Entladewiderstand von 1 MΩ geschaltet.

a) Wie groß ist der Strom zu Beginn der Entladung?
b) Welcher Strom fließt nach $t_1=1\ \tau$?
c) Auf welchen Wert ist die Spannung u_C am Kondensator nach $t_2=20$ s abgesunken?

13. Ein Kondensator mit $C=4{,}7\ \mu F$ wird über den Widerstand $R_L=100\ k\Omega$ aufgeladen. Er soll über den Entladewiderstand R_E in $t_2=0{,}1$ s auf $u_{C2}=0{,}5$ V entladen werden (Abb. 9.2.13).

a) Wie groß ist die Ladezeit-Konstante τ_L?
b) Nach welcher Zeit ist der Kondensator auf $u_{C1}=8$ V aufgeladen?
c) Wie groß ist die Lade-Endspannung u_{C3}?
d) Welchen Widerstandswert muss R_E haben?
e) Wie groß ist die Entlade-Zeitkonstante τ_E?

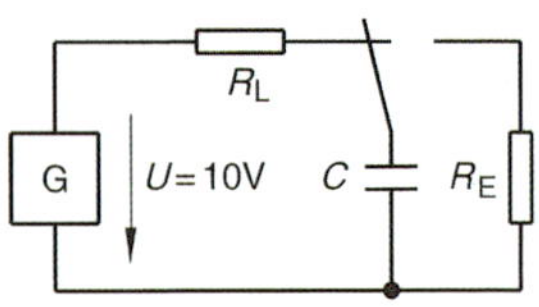

Abb. 9.2.13

9.3 Induktivität und Kapazität im Wechselstromkreis

Beispiele:

1. Induktivitäten

2 Spulen mit den Induktivitäten $L_1 = 0{,}8$ H und $L_2 = 0{,}35$ H sind in Reihe geschaltet.

a) Wie groß ist die Gesamtinduktivität?
b) Wie groß ist der induktive Blindwiderstand bei 50 Hz?

Lösung:

Gegeben: $L_1 = 0{,}8$ H; $L_2 = 0{,}35$ H; $f = 50$ Hz
Gesucht: L; X_L

a) $L = L_1 + L_2 = 0{,}8\,\text{H} + 0{,}35\,\text{H} = \mathbf{1{,}15\,H}$

b) $X_L = \omega \cdot L = 2 \cdot \pi \cdot 50\,\frac{1}{\text{s}} \cdot 1{,}15\,\Omega\text{s} = \mathbf{361\,\Omega}$

2. Kapazitäten

Drei Kondensatoren mit den Kapazitäten $C_1 = 47$ nF, $C_2 = 22$ nF und $C_3 = 15$ nF sind parallel geschaltet und werden an 1,4 V ~ 400 Hz angeschlossen.

Berechnen Sie

a) die Ersatzkapazität,
b) den kapazitiven Blindwiderstand,
c) den kapazitiven Blindstrom.

Lösung:

Gegeben: $C_1 = 47$ nF; $C_2 = 22$ nF; $C_3 = 15$ nF; $U = 1{,}4$ V; $f = 400$ Hz
Gesucht: C; X_C; I_{bC}

a) $C = C_1 + C_2 + C_3 = 47\,\text{nF} + 22\,\text{nF} + 15\,\text{nF} = \mathbf{84\,nF}$

b) $X_C = \dfrac{1}{\omega \cdot C} = \dfrac{1}{2 \cdot \pi \cdot 400\,\frac{1}{\text{s}} \cdot 84 \cdot 10^{-9}\,\frac{\text{s}}{\Omega}} = \mathbf{4{,}74\,k\Omega}$

c) $I_{bC} = \dfrac{U}{X_C} = \dfrac{1{,}4\,\text{V}}{4{,}74\,\text{k}\Omega} = \mathbf{0{,}296\,mA}$

Aufgaben

1. Eine Spule mit der Induktivität 0,5 H ist an Wechselspannung mit der Frequenz 50 Hz angeschlossen.

   Berechnen Sie den induktiven Blindwiderstand.

2. Eine Spule hat bei 50 Hz einen induktiven Blindwiderstand von 24 Ω.

   Wie groß ist die Induktivität der Spule?

3. Bei welcher Frequenz hat eine Spule mit der Induktivität 320 mH einen induktiven Blindwiderstand von 50 Ω?

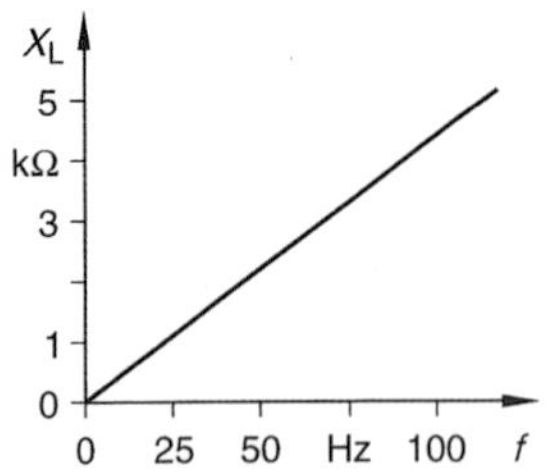

Abb. 9.3.4

4. In einem Schaubild (Abb. 9.3.4) ist die Abhängigkeit des induktiven Blindwiderstands einer Spule von der Frequenz dargestellt. Bestimmen Sie die Induktivität der Spule.

5. Eine Spule hat bei 50 Hz einen induktiven Blindwiderstand von 370 Ω.
   Wie groß ist der induktive Blindwiderstand dieser Spule bei 800 Hz?

6. Bei einer Frequenz von 1,5 MHz hat eine Spule einen induktiven Blindwiderstand von 2,2 kΩ.
   Wie groß ist die Induktivität der Spule?

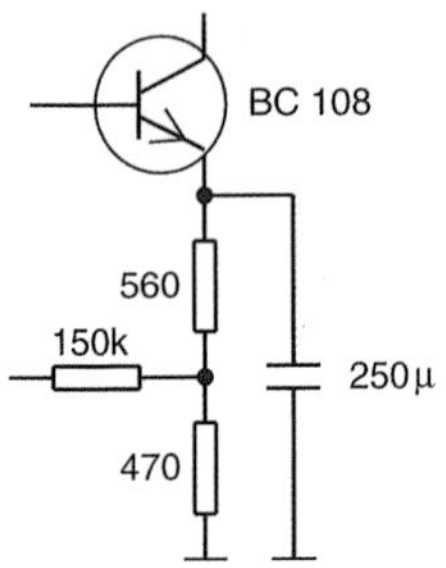

Abb. 9.3.9

7. Ein Kondensator mit einer Kapazität von 0,1 μF ist an Wechselspannung mit einer Frequenz von 50 Hz angeschlossen.
   Berechnen Sie den kapazitiven Blindwiderstand.

8. Ein Glimmerkondensator hat eine Kapazität von 150 pF. Er ist an eine Hochfrequenz-Wechselspannung mit 3,6 MHz angeschlossen.
   Wie groß ist der kapazitive Blindwiderstand des Kondensators?

9. In einer Transistorstufe ist wegen des Frequenzgangs ein Kondensator eingebaut (Abb. 9.3.9).
   Berechnen Sie den Wechselstromwiderstand des Emitterkondensators C_E
   a) bei 1 kHz, b) bei 40 Hz.

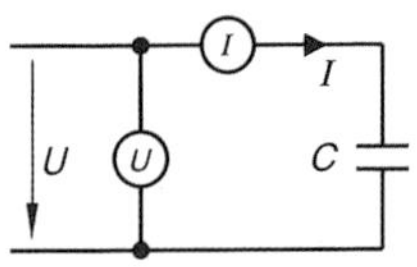

Abb. 9.3.11

10. Ein MP-Kondensator hat bei 50 Hz einen kapazitiven Blindwiderstand von 3 183 Ω.
    Berechnen Sie die Kapazität des Kondensators.

11. Mithilfe einer Strom-Spannungsmessung (Abb. 9.3.11) soll die Kapazität eines Papierkondensators bestimmt werden. Bei Anschluss an 230 V ~ 50 Hz fließt ein Strom von 15 mA. Die Verluste im Kondensator bleiben unberücksichtigt. Berechnen Sie die Kapazität.

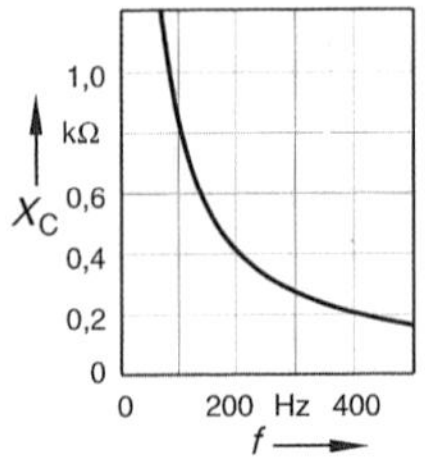

Abb. 9.3.14

12. Bei welcher Frequenz hat ein Kondensator mit einer Kapazität von 10 nF einen kapazitiven Blindwiderstand von 2 kΩ?

13. Ein Kondensator hat bei 50 Hz einen kapazitiven Blindwiderstand von 3000 Ω.
    Bei welcher Frequenz ist der kapazitive Blindwiderstand nur noch 100 Ω?

14. In einem Schaubild (Abb. 9.3.14) ist die Abhängigkeit des kapazitiven Blindwiderstandes von der Frequenz dargestellt. Bestimmen Sie die Kapazität des Kondensators.

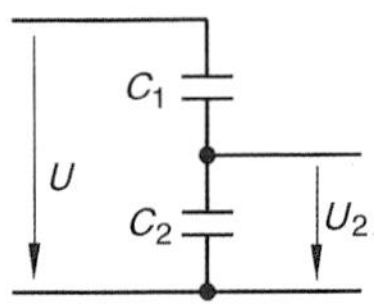

Abb. 9.3.15

15. Ein kapazitiver Spannungsteiler (Abb. 9.3.15) mit den Kondensatoren $C_1 = 220$ nF und $C_2 = 1$ μF ist an die Wechselspannung $U = 4{,}2$ V mit der Frequenz 2450 Hz angeschlossen.
    Berechnen Sie die Teilspannung U_2.

9.4 Magnetisches Feld

Beispiele:

1. Feldstärke und Induktion

Die Spule eines Schaltschützes hat 2000 Windungen und nimmt einen Haltestrom von 0,05 A auf. Der Kern ist aus Elektroblech V 300-35 A hergestellt. Die mittlere Feldlinienlänge beträgt 14 cm, der Eisenquerschnitt 1,5 cm².

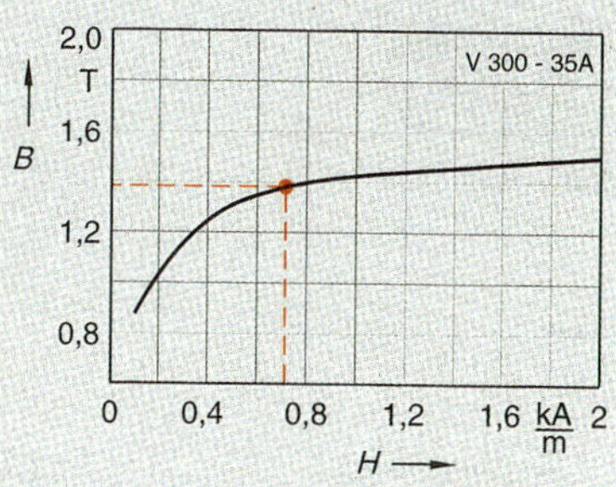

Bestimmen Sie

a) die magnetische Feldstärke bei geschlossenem Eisenkreis

b) die magnetische Induktion

c) die Haltekraft

Lösung:

Gegeben: $N=2000$; $I=0{,}05\ \text{A}$; $l_m=14\ \text{cm}$; $A=1{,}5\ \text{cm}^2$

Gesucht: H; B; F

a) $H=\dfrac{I\cdot N}{l_m}=\dfrac{0{,}05\ \text{A}\cdot 2000}{0{,}14\ \text{m}}=\mathbf{714\ \dfrac{A}{m}}$

b) Aus der Magnetisierungskurve: $B=\mathbf{1{,}38\ T}$

c) $F=\dfrac{B^2\cdot A}{2\mu_0}=\dfrac{(1{,}38\ \text{T})^2\cdot 1{,}5\cdot 10^{-4}\ \text{m}^2}{2\cdot 1{,}257\cdot 10^{-6}\ \dfrac{\text{Vs}}{\text{Am}}}=\dfrac{1{,}9\ \text{V}^2\cdot\text{s}^2\cdot 1{,}5\cdot 10^{-4}\ \text{m}^2\cdot\text{Am}}{2\cdot 1{,}257\cdot 10^{-6}\ \text{Vs}\cdot\text{m}^4}=114\ \dfrac{\text{VAs}}{\text{m}}=\mathbf{114\ N}$

2. Zeitkonstante

Eine Spule mit der Induktivität $L=120\ \text{mH}$ und einem Wicklungswiderstand $R_1=40\ \Omega$ wird an eine Gleichspannungsquelle mit $U_0=6\ \text{V}$ und dem Innenwiderstand $R_i=20\ \Omega$ angeschlossen.

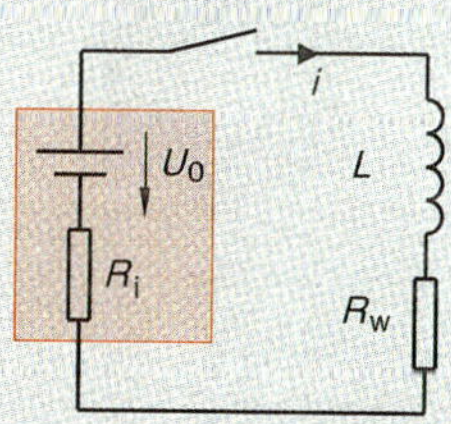

Berechnen Sie a) die Zeitkonstante τ_{sp} der Spule,
b) die Zeitkonstante τ der Schaltung,
c) die Stromstärke i_1 nach $t_1=1\ \text{ms}$.

Lösung:

Gegeben: $L=120\ \text{mH}$; $R_w=40\ \Omega$; $U_0=6\ \text{V}$;
$R_i=20\ \Omega$; $t_1=1\ \text{ms}$

Gesucht: τ_{sp}; τ; i_1

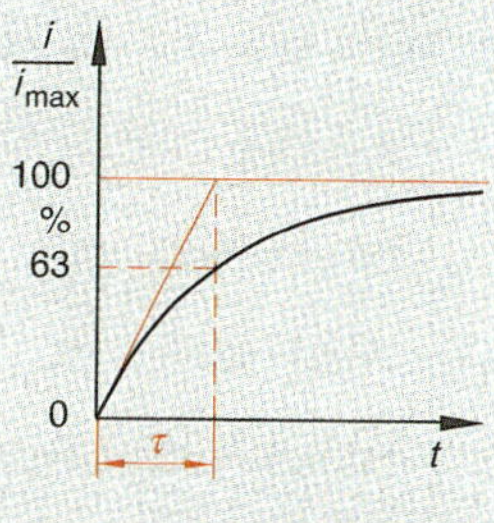

a) $\tau_{sp}=\dfrac{L}{R_w}=\dfrac{120\ \text{mH}}{40\ \Omega}=\dfrac{0{,}12\ \Omega\text{s}}{40\ \Omega}=\mathbf{0{,}003\ s}$

b) $\tau=\dfrac{L}{R_w+R_i}=\dfrac{120\ \text{mH}}{40\ \Omega+20\ \Omega}=\mathbf{0{,}002\ s}$

c) $i_1=\dfrac{U_0}{R_1+R_i}\left(1-e^{-\frac{t_1}{\tau}}\right)=\dfrac{6\ \text{V}}{40\ \Omega+20\ \Omega}\left(1-e^{-\frac{1\ \text{ms}}{2\ \text{ms}}}\right)$

$=\dfrac{6\ \text{V}}{60\ \Omega}(1-0{,}607)=\dfrac{6\ \text{V}}{60\ \Omega}\cdot 0{,}393=\mathbf{3{,}93\ mA}$

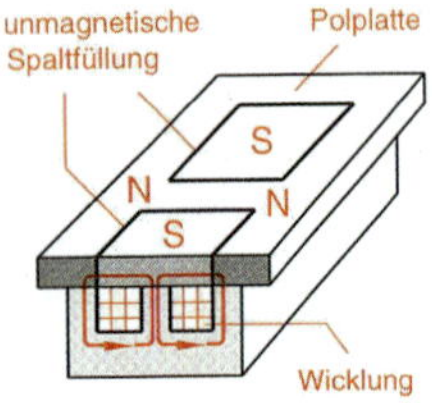

Abb. 9.4.2

Aufgaben

1. Ein Hufeisenmagnet aus Hartferrit 7/21 hat eine magnetische Flussdichte von 0,19 T. Der Querschnitt beträgt 6 cm^2.

   Berechnen Sie den magnetischen Fluss.

2. Die magnetische Spannplatte einer Flachschleifmaschine (Abb. 9.4.2) hat eine wirksame Fläche von 0,5 m^2. Die durchschnittliche magnetische Flussdichte beträgt 0,9 T.

   Wie groß ist die maximale Haftkraft, wenn das Werkstück die ganze Spannplatte bedeckt?

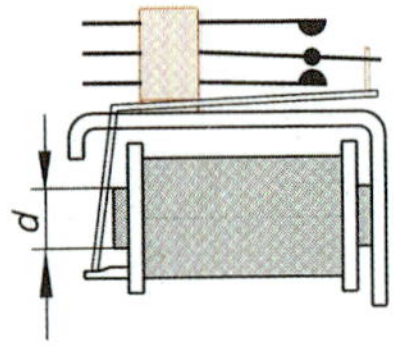

Abb. 9.4.3

3. Bei einem Rundrelais (Abb. 9.4.3) wird zur Erzeugung des notwendigen Kontaktdruckes der Anker mit einer Kraft von 1,2 N festgehalten. Die wirksame Polfläche hat einen Durchmesser von 10 mm. Der verbleibende Luftspalt wird nicht berücksichtigt.

   Berechnen Sie
   a) die Polfläche
   b) die magnetische Flussdichte

4. Berechnen Sie die mittlere Feldlinienlänge der Kerne (Abb. 9.4.4).

   a) Ringkern 59 DIN 41285
   b) Kernblech UI90 DIN 41302
   c) Kernblech EI150 DIN 41302

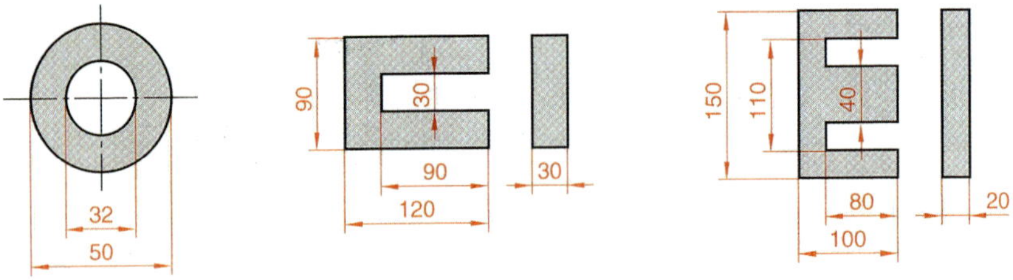

Abb. 9.4.4

5. Berechnen Sie die fehlenden Werte.

Aufgabe	a	b	c	d
Stromstärke I in A	0,4	0,012	0,03	?
Windungszahl N	300	?	900	1900
Mittlere Feldlinienlänge l_m in cm	20	15	?	25
Durchflutung Θ in A	?	?	?	950
Magnetische Feldstärke H in $\frac{A}{m}$	?	320	200	?

6. Im Eisenkern einer Drosselspule soll die magnetische Flussdichte 1,25 T nicht überschreiten. Der Kern ist aus kaltgewalztem Elektroblech V 300-35 A geschichtet. Die Spule hat 150 Windungen und die mittlere Feldlinienlänge 200 mm.

Ermitteln Sie aus der Magnetisierungskurve (Abb. 9.4.6)

a) die magnetische Feldstärke
b) und berechnen Sie die Stromstärke.

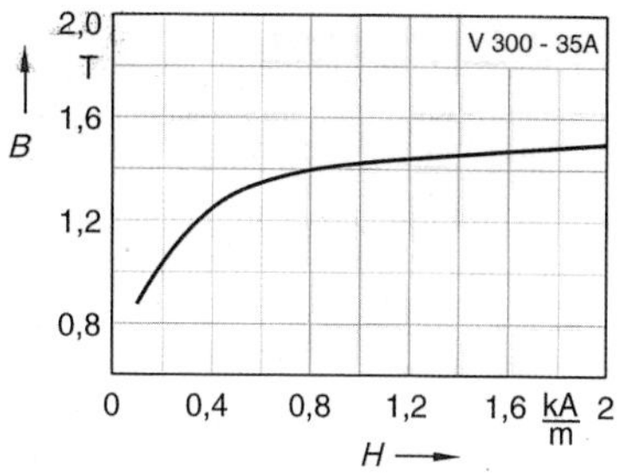

Abb. 9.4.6

7. Hochlegiertes Elektroblech hat bei der Feldstärke $4\,\frac{\text{A}}{\text{cm}}$ die magnetische Flussdichte 1,2 T.

Berechnen Sie die Permeabilitätszahl bei dieser Feldstärke.

8. Der Eisenkern einer Spule aus Permenorm hat eine mittlere Feldlinienlänge von 23 cm und den Querschnitt 5,4 cm². Die Wicklung mit der Windungszahl 2010 wird von 30 mA durchflossen. Verwenden Sie die Permeabilitätskurve (Abb. 9.4.8).

Berechnen Sie

a) die Durchflutung Θ,
b) die Feldstärke H,
c) den magnetischen Widerstand R_m,
d) den magnetischen Fluss Φ.

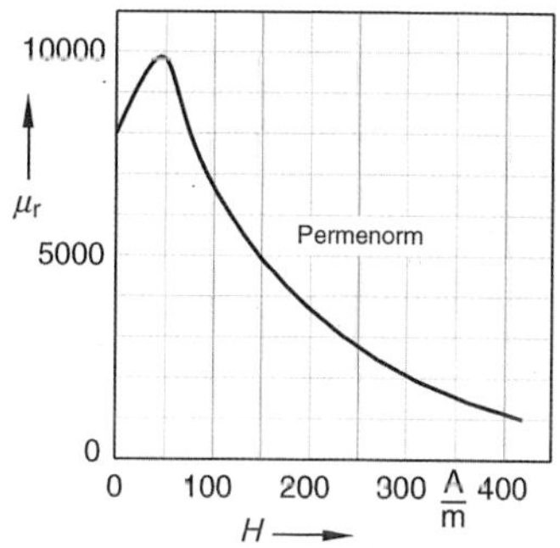

Abb. 9.4.8

9. Eine Spule mit $L = 18$ mH hat den Wicklungswiderstand $R = 4{,}2\ \Omega$.

Berechnen Sie die Zeitkonstante der Spule.

10. Ein Relais mit der Induktivität $L = 175$ mH hat einen Wicklungswiderstand $R_w = 48\ \Omega$. Sie liegt an einer Spannungsquelle mit der Leerlaufspannung 12 V und dem Innenwiderstand $R_i = 10\ \Omega$.

Berechnen Sie

a) die Zeitkonstante τ_R des Relais,
b) die Zeitkonstante τ der Schaltung,
c) den Strom im Betriebszustand,
d) den Strom i_1 nach $t_1 = 1{,}5$ ms.

11. Ein Relais mit $L = 250$ mH und $R_w = 32\ \Omega$ zieht bei 20 mA an. Es wird von einer Gleichspannungsquelle mit $U_0 = 6$ V und $R_i = 100\ \Omega$ erregt.

Nach welcher Zeit spricht das Relais an?

10.1 Zeigerdiagramme

Beispiel:

Ein Kondensator mit $C=6{,}3\ \mu F$ und eine Spule mit $L=10$ mH, Wicklungswiderstand $R=14\ \Omega$ sind in Reihe geschaltet.

Bestimmen Sie für die Frequenz 1 kHz

a) den Scheinwiderstand,
b) den Phasenverschiebungswinkel φ.

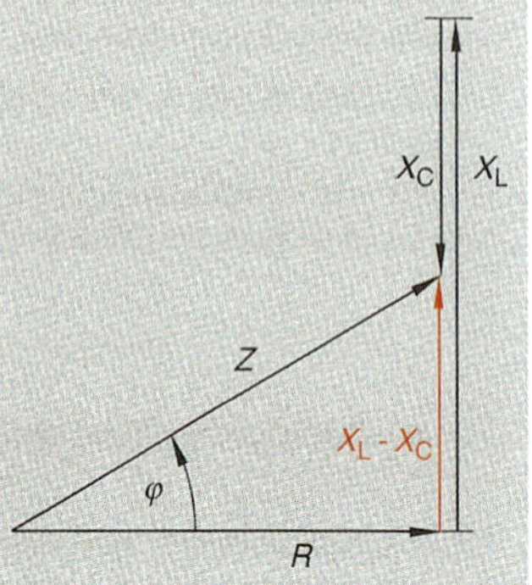

Lösung:

Gegeben: $C=6{,}3\ \mu F$; $L=10$ mH; $R=14\ \Omega$; $f=1$ kHz
Gesucht: Z; φ

a) $X_L=\omega\cdot L=2\pi\cdot 1000\ \text{Hz}\cdot 10\cdot 10^{-3}\ \text{H}=62{,}8\ \Omega$

$$X_C=\frac{1}{\omega\cdot C}=\frac{1}{2\pi\cdot 1000\ \text{Hz}\cdot 6{,}3\cdot 10^{-6}\ \text{F}}=25{,}3\ \Omega$$

$$X_L-X_C=62{,}8\ \Omega-25{,}3\ \Omega=37{,}5\ \Omega$$

$$Z=\sqrt{R^2+(X_L-X_C)^2}=\sqrt{(14\ \Omega)^2+(37{,}5\ \Omega)^2}=\mathbf{40\ \Omega}$$

b) $\cos\varphi=\frac{R}{Z}=\frac{14\ \Omega}{40\ \Omega}=0{,}35 \Rightarrow \varphi=69{,}51°=\mathbf{69°\ 31'}$

Aufgaben

1. Spannungen und Ströme in einem Wechselstromkreis sind als Zeigerdiagramme dargestellt.

Berechnen Sie die fehlenden Spannungen und Ströme.

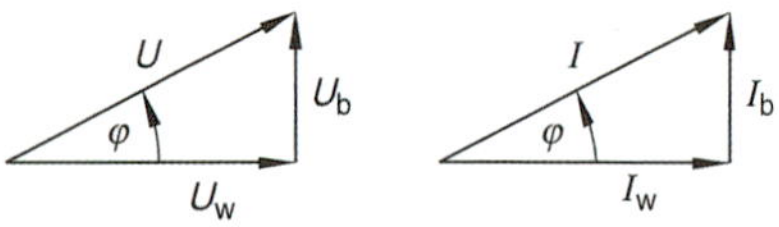

a	b	c	d
$U_b=10$ V	$U_b=170$ V	$I_b=$? mA	$I_b=1{,}2$ A
$U_w=$ 4 V	$U_w=$? V	$I_w=$ 300 mA	$I_w=1{,}4$ A
$U=$? V	$U=230$ V	$I=1200$ mA	$I=$? A

2. Berechnen Sie die fehlenden Widerstände und Leistungen.

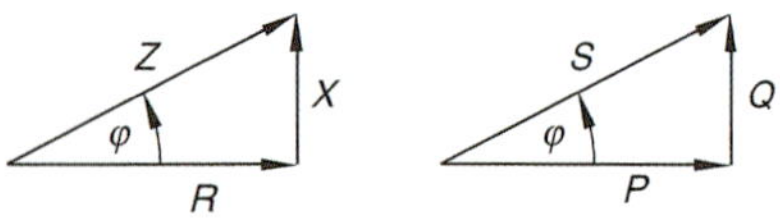

a	b	c	d
$R=2{,}4$ kΩ	$R=150$ Ω	$P=400$ W	$P=$? W
$X=1{,}5$ kΩ	$X=$? Ω	$Q=610$ var	$Q=3{,}2$ kvar
$Z=$? kΩ	$Z=420$ Ω	$S=$? VA	$S=$ 11 kVA

3. Berechnen Sie die fehlenden Größen.

Aufgabe	a	b	c	d	e
U_w	12 V	?	42 mV	?	3,1 kV
U_b	?	?	?	180 V	6,2 kV
U	?	1,2 kV	100 mV	?	?
$\cos\varphi$	?	0,84	?	?	?
φ	32°	?	?	72°	?

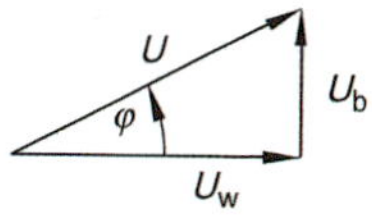

4. Berechnen Sie die fehlenden Größen.

Aufgabe	a	b	c	d	e
R	470 Ω	?	?	15 kΩ	?
X	210 Ω	7,1 kΩ	?	?	?
Z	?	?	130 Ω	4 kΩ	12 kΩ
$\cos\varphi$	?	?	0,74	?	?
φ	?	12°	?	?	67°

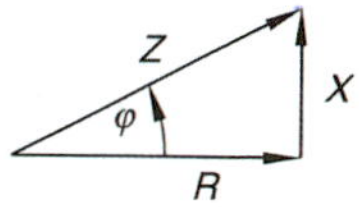

5. Berechnen Sie die fehlenden Größen.

Aufgabe	a	b	c	d	e
P	?	1600 W	?	?	6 kW
Q	?	?	12 kvar	1,3 kvar	?
S	42 kVA	?	?	7,1 kVA	?
$\cos\varphi$	0,85	?	?	?	?
$\sin\varphi$	?	?	0,31	?	0,28
φ	?	35°	?	?	?

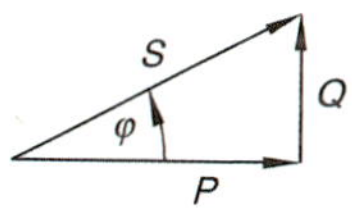

6. Eine Spule mit der Induktivität $L = 120$ mH hat einen Verlustwiderstand $R = 15\ \Omega$.

Berechnen Sie für die Frequenz $f = 50$ Hz

a) den induktiven Blindwiderstand X_L,
b) den Scheinwiderstand Z,
c) den Leistungsfaktor $\cos\varphi$,
d) den Phasenverschiebungswinkel φ.

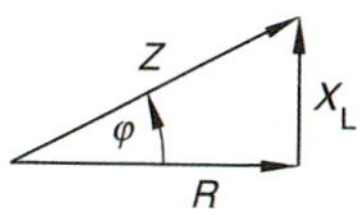

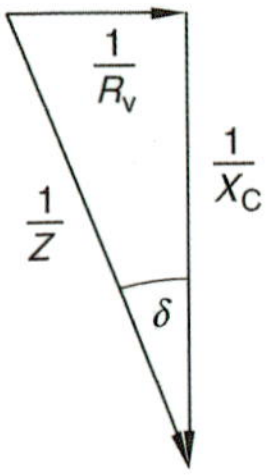

Abb. 10.1.7

7. Ein Kondensator mit der Kapazität $C = 2{,}2$ nF hat bei der Frequenz $f = 0{,}8$ MHz einen Verlustfaktor $\tan\delta = 7 \cdot 10^{-4}$ (Abb. 10.1.7).

Berechnen Sie

a) den kapazitiven Blindwiderstand X_C,
b) den Verlustwiderstand R_V,
c) den Scheinwiderstand Z.

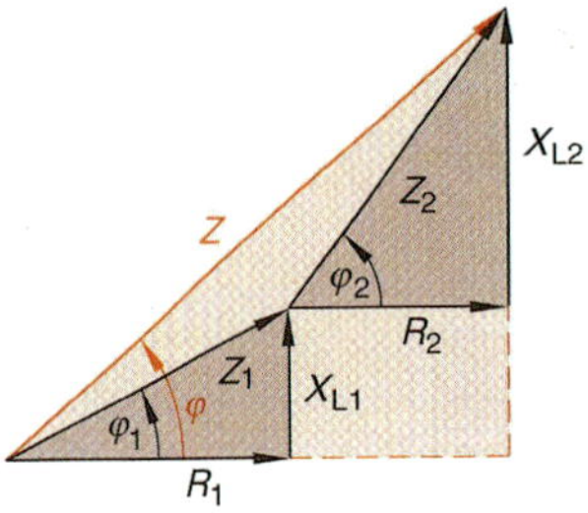

Abb. 10.1.8

8. Zwei Spulen mit $L_1 = 0{,}06$ H, $R_1 = 12\ \Omega$ und $L_2 = 45$ mH, $R_2 = 8{,}7\ \Omega$ sind in Reihe geschaltet. Sie liegen an einer Wechselspannung mit der Frequenz 100 Hz (Abb. 10.1.8).

Berechnen Sie

a) X_{L1}, b) X_{L2}, c) Z_1,
d) Z_2, e) Z, f) φ.

10.2 Kapazität und Wirkwiderstand

Beispiele:

1. Reihenschaltung

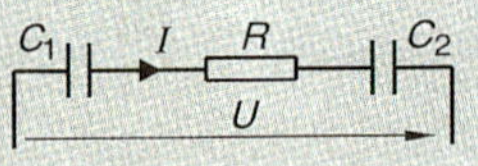

$C_1 = 0{,}68\ \mu$F
$C_2 = 0{,}33\ \mu$F
$R = 400\ \Omega$
$U = 12$ V ~ 100 Hz

Berechnen Sie

a) den Scheinwiderstand
b) die Stromstärke
c) den Phasenverschiebungswinkel zwischen Strom und Spannung

Lösung:

a) $$C = \frac{C_1 \cdot C_2}{C_1 + C_2} = \frac{0{,}68\ \mu\text{F} \cdot 0{,}33\ \mu\text{F}}{0{,}68\ \mu\text{F} + 0{,}33\ \mu\text{F}} = \frac{0{,}2244\ (\mu\text{F})^2}{1{,}01\ \mu\text{F}} = 0{,}222\ \mu\text{F}$$

$$X_C = \frac{1}{\omega C} = \frac{1}{2\pi \cdot 100\ \text{s}^{-1} \cdot 0{,}222 \cdot 10^{-6}\ \frac{\text{s}}{\Omega}} = 7\,170\ \Omega$$

$$Z = \sqrt{R^2 + X_C^2} = \sqrt{(400\ \Omega)^2 + (7\,170\ \Omega)^2} = \mathbf{7\,181\ \Omega}$$

b) $$I = \frac{U}{Z} = \frac{12\ \text{V}}{7\,181\ \Omega} = \mathbf{1{,}67\ mA}$$

c) $$\cos\varphi = \frac{R}{Z} = \frac{400\ \Omega}{7\,181\ \Omega} = 0{,}0557 \Rightarrow \varphi = \mathbf{86°\ 48'}$$

2. Parallelschaltung

Ein Lackfolienkondensator (MKL) mit einer Kapazität von 68 nF ist mit einem Wirkwiderstand von 1000 Ω parallel geschaltet. Die Schaltung ist an 3,4 V ~ 2,3 kHz angeschlossen.

Berechnen Sie

a) den Wirkstrom
b) den kapazitiven Blindstrom
c) den Gesamtstrom
d) den Scheinwiderstand
e) den Phasenverschiebungswinkel zwischen Strom und Spannung

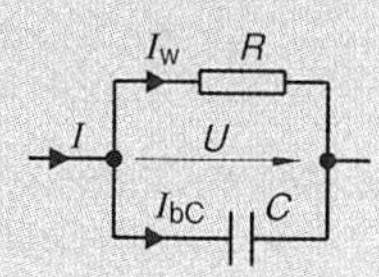

Lösung:

Gegeben: $C = 68$ nF; $R = 1000\,\Omega$; $U = 3{,}4$ V; $f = 2{,}3$ kHz
Gesucht: I_w; I_{bC}; I; Z; φ.

a) $I_w = \frac{U}{R} = \frac{3{,}4\,\text{V}}{1000\,\Omega} = \mathbf{3{,}4\,mA}$

b) $X_C = \frac{1}{\omega \cdot C} = \frac{1}{2\pi \cdot 2{,}3 \cdot 10^3\,\text{s}^{-1} \cdot 68 \cdot 10^{-9}\,\frac{\text{s}}{\Omega}} = 1{,}02\,\text{k}\Omega$

$I_{bC} = \frac{U}{X_C} = \frac{3{,}4\,\text{V}}{1{,}02\,\text{k}\Omega} = \mathbf{3{,}34\,mA}$

c) $I = \sqrt{I_w^2 + I_{bC}^2} = \sqrt{(3{,}4\,\text{mA})^2 + (3{,}34\,\text{mA})^2} = \mathbf{4{,}77\,mA}$

d) $Z = \frac{U}{I} = \frac{3{,}4\,\text{V}}{4{,}77\,\text{mA}} = \mathbf{713\,\Omega}$

e) $\cos\varphi = \frac{I_w}{I} = \frac{3{,}4\,\text{mA}}{4{,}77\,\text{mA}} = 0{,}713 \Rightarrow \varphi = \mathbf{44° 30'}$

Aufgaben

1. Die Reihenschaltung eines Kondensators mit einem Schichtwiderstand (Abb. 10.2.1) liegt an 1,4 V. Die Spannung am Kondensator beträgt 1,1 V.

   Berechnen Sie

   a) die Spannung am ohmschen Widerstand
   b) den Leistungsfaktor $\cos\varphi$
   c) den Phasenverschiebungswinkel φ

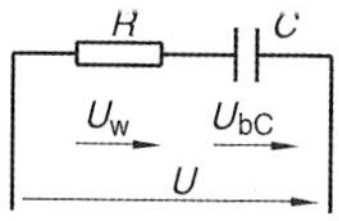

Abb. 10.2.1

2. Aus einem Widerstand und einem Kondensator ist ein Spannungsteiler aufgebaut (Abb. 10.2.2). Er ist an 72 V Wechselspannung angeschlossen. Am ohmschen Widerstand werden 70 V gemessen.

   a) Wie groß ist die Spannung am Kondensator?
   b) Wie groß ist die Phasenverschiebung zwischen U und U_w?

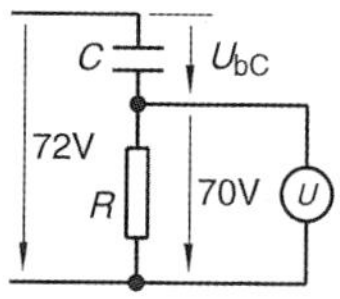

Abb. 10.2.2

3. Die Reihenschaltung eines kapazitiven Blindwiderstandes von 7,4 kΩ mit einem ohmschen Widerstand soll einen Scheinwiderstand von 10 kΩ haben. Die Schaltung ist an 24 V ~ 50 Hz angeschlossen.

Berechnen Sie

a) den erforderlichen ohmschen Widerstand,
b) die Wirkspannung,
c) die kapazitive Blindspannung.

4. Ein Kondensator hat eine Kapazität von 2,7 nF. Um bei einer Frequenz von 20 kHz einen Scheinwiderstand von 8 kΩ zu erreichen, wird ein Schichtwiderstand in Reihe geschaltet.

Welchen Wert muss der ohmsche Widerstand haben?

5. Ein Tantalkondensator ist mit einem Drahtwiderstand in Reihe geschaltet (Abb. 10.2.5).

Bestimmen Sie

a) den kapazitiven Blindwiderstand
b) die Kapazität des Kondensators

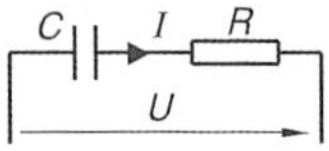

Abb. 10.2.5

$R = 50\ \Omega$
$I = 0{,}16$ A
$U = 12$ V ~ 50 Hz

6. Ein Lötkolben nimmt bei Anschluss an 230 V ~ 50 Hz eine Leistung von 60 W auf. Durch Vorschalten eines Kondensators (Abb. 10.2.6) soll der Strom in den Lötpausen auf die Hälfte herabgesetzt werden. Die Widerstandsänderung des Heizkörpers im Lötkolben infolge Temperaturänderung bleibt unberücksichtigt.

a) Berechnen Sie die Kapazität des Kondensators.
b) Wählen Sie den geeigneten Kondensator aus. Vorhanden sind Kondensatoren mit den Kapazitäten 1 µF, 2,2 µF und 4,7 µF.
c) Berechnen Sie den Strom für den gewählten Kondensator.

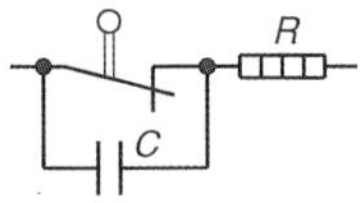

Abb. 10.2.6

7. Eine RC-Schaltung (Abb. 10.2.7) nimmt bei Anschluss an 230 V ~ 50 Hz einen Strom von 0,11 A auf. Die Wirkleistung wird mit einem Leistungsmesser bestimmt, sie beträgt 21 W.

Berechnen Sie

a) die Blindleistung
b) die Phasenverschiebung

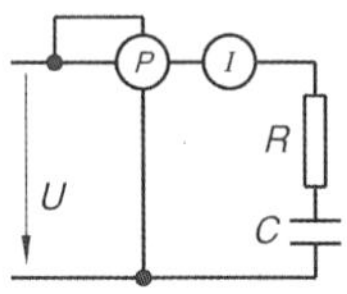

Abb. 10.2.7

8. Ein Kondensator mit einer Kapazität von 8 µF ist mit einem Wirkwiderstand von 160 Ω in Reihe geschaltet. Die Schaltung ist an 230 V ~ 50 Hz angeschlossen.

Berechnen Sie

a) den kapazitiven Widerstand
b) den Scheinwiderstand
c) die Stromstärke
d) die Wirkleistung
e) die Blindleistung
f) die Phasenverschiebung

9. Mithilfe einer RC-Schaltung (Abb. 10.2.9) soll eine Phasenverschiebung von 60° zwischen der angelegten Spannung *U* und der Spannung U_2 erzielt werden.

Auf welchen Wert muss der Widerstand *R* eingestellt werden?

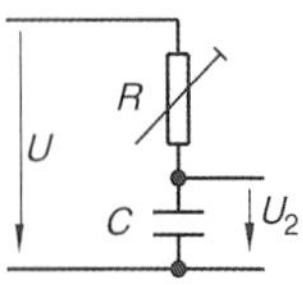

Abb. 10.2.9

$C = 160$ nF
$U = 0{,}4$ V
$f = 10$ kHz

10. Eine Reihenschaltung aus R und C hat bei 20 kHz einen Scheinwiderstand von 820 Ω. Die Schaltung ist an U=0,8 V angeschlossen. Der Phasenverschiebungswinkel zwischen Strom und Spannung beträgt 35°.

Berechnen Sie

a) den Wirkwiderstand
b) den kapazitiven Blindwiderstand
c) die Kapazität des Kondensators
d) die Stromstärke
e) die Leistung an R

11. Ein Kondensator mit einer Kapazität von 0,22 μF ist mit einem ohmschen Widerstand parallel geschaltet. Durch den Kondensator fließt ein Strom von 30 mA, durch den Widerstand ein Strom von 40 mA.

Berechnen Sie den Gesamtstrom.

12. Ein Kohleschichtwiderstand und ein MP-Kondensator sind parallel geschaltet (Abb. 10.2.12).

a) Zeichnen Sie das Stromdreieck.
b) Berechnen Sie den Gesamtstrom.
c) Wie groß ist die Phasenverschiebung?

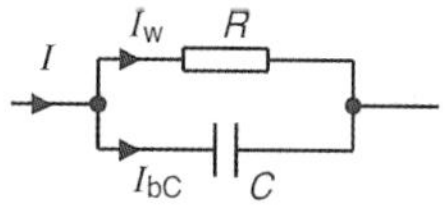

Abb. 10.2.12

I_w = 1,4 A
I_{bC} = 0,65 A

13. Ein Wirkwiderstand von 2,7 kΩ ist mit einem Kondensator parallel geschaltet. Bei Anschluss an 24 V ~ 50 Hz nimmt die Schaltung einen Strom von 12 mA auf.

Berechnen Sie

a) den Strom im Wirkwiderstand
b) den Strom im Kondensator

14. Zu einem schaltfesten Elektrolytkondensator mit einer Kapazität von 25 μF ist ein Schichtwiderstand von 100 Ω parallel geschaltet. Die Spannung hat eine Frequenz von 100 Hz.

Berechnen Sie den Scheinwiderstand.

15. Zu einem veränderbaren Widerstand R ist ein Kondensator C parallel geschaltet (Abb. 10.2.15). Die Schaltung liegt an U=6 V ~ 800 Hz.
Der stetig veränderbare Widerstand soll so eingestellt werden, dass die Schaltung einen Strom von 4 mA aufnimmt.

Berechnen Sie den einzustellenden Widerstandswert.

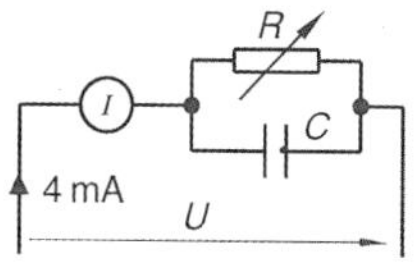

Abb. 10.2.15

C = 100 nF
R = 5 kΩ

16. Ein Kunststofffolien-Kondensator mit einer Kapazität von 0,33 μF ist mit einem Wirkwiderstand von 500 Ω parallel geschaltet. Die Schaltung wird an 10 V ~ 1 kHz angeschlossen.

Ermitteln Sie

a) den Scheinwiderstand
b) den Strom in der Zuleitung
c) den Leistungsfaktor
d) den Phasenverschiebungswinkel zwischen Spannung und Strom

17. Ein veränderbarer Widerstand soll so eingestellt werden, dass zwischen Strom und Spannung ein Phasenverschiebungswinkel von 60° auftritt. Die Schaltung wird an eine Wechselspannung 10 V~300 Hz angeschlossen (Abb. 10.2.17).

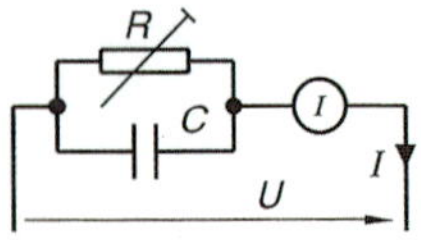

Abb. 10.2.17

$R = 10\ \text{k}\Omega$
$C = 0{,}1\ \mu\text{F}$

Bei welchem Strom wird die geforderte Phasenverschiebung erreicht?

18.

MP-KONDENSATOREN	
Temp.-Bereich:	−40 ... +70°C
Kap.-Toleranz:	±20%
Verlustfaktor:	$\tan\delta \leqq 15 \cdot 10^{-3}$
Prüfspannung:	Nennspann. × 1,5
Kapazität	**Nennspannung**
0,03 μF	150 V – /50 V ~
0,04 μF	150 V – /50 V ~
0,1 μF	150 V – /50 V ~

Abb. 10.2.18

Bestimmen Sie aus den Angaben eines Datenblatts über MP-Kondensatoren (Abb. 10.2.18) für einen Kondensator mit der Kapazität 0,1 μF bei der Frequenz 50 Hz

a) den Verlustwiderstand,
b) die Verlustleistung bei Nennwechselspannung.

19. Verluste bei Kondensatoren werden durch Parallelwiderstände berücksichtigt (Abb. 10.2.19). Der Verlustfaktor $\tan\delta$ ist von der Frequenz abhängig und beträgt bei 1 MHz für Keramikkondensatoren $0{,}15 \cdot 10^{-3}$.

Berechnen Sie den Verlustwiderstand für einen Keramikkondensator mit der Kapazität 400 pF.

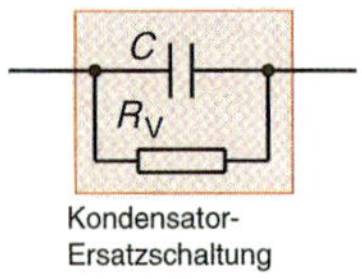

Abb. 10.2.19

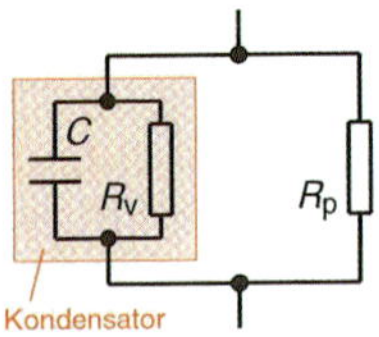

Abb. 10.2.20

20. Auf einer Platine ist ein Keramikkondensator mit $C = 820$ pF und dem Verlustfaktor $0{,}2 \cdot 10^{-3}$ eingelötet. Die Verschmutzung der Platine wirkt wie ein parallel geschalteter Widerstand $R_p = 250\ \text{k}\Omega$ (Abb. 10.2.20).

Berechnen Sie für die Frequenzen $f_1 = 2{,}5$ MHz und $f_2 = 10$ MHz den verschlechterten $\tan\delta$.

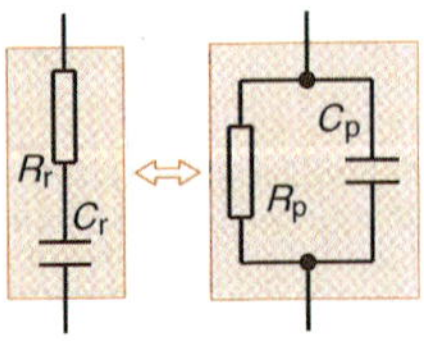

Abb. 10.2.21

21. Eine Reihenschaltung von $R_r = 10\ \text{k}\Omega$ und $C_r = 100$ nF (Abb. 10.2.21) soll in eine Parallelschaltung umgewandelt werden, die bei 100 Hz den gleichen Scheinwiderstand und den gleichen $\cos\varphi$ besitzt.

Berechnen Sie R_p und C_p.

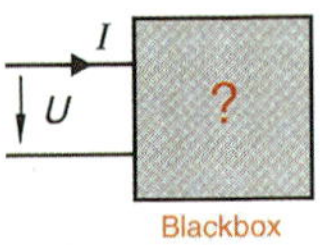

Abb. 10.2.22

22. Bei einer Messung an einer RC-Schaltung, die vergossen ist (Abb. 10.2.22), fließen bei 4 V Gleichspannung 10 mA und bei 4 V Wechselspannung mit der Frequenz 1000 Hz 15 mA.

a) Welche Schaltung liegt vor?
b) Berechnen Sie den Widerstand und die Kapazität des Kondensators.

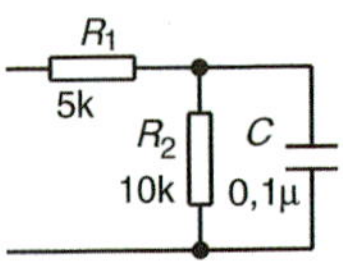

Abb. 10.2.23

23. Zu der Parallelschaltung R_2 mit C ist ein Widerstand R_1 in Reihe geschaltet (Abb. 10.2.23).

Berechnen Sie

a) den Scheinwiderstand der Schaltung bei 100 Hz,
b) den Phasenverschiebungswinkel φ.

10.3 Induktivität und Wirkwiderstand

Beispiele:

1. Reihenschaltung

Ein Wirkwiderstand von 80 Ω ist mit einer Induktivität von 240 mH in Reihe geschaltet. Die Schaltung ist an 42 V ~ 50 Hz angeschlossen.

Bestimmen Sie

a) den induktiven Blindwiderstand,
b) den Scheinwiderstand,
c) die Stromstärke,
d) den Phasenverschiebungswinkel zwischen Strom und Spannung,
e) die Scheinleistung,
f) die Wirkleistung,
g) die induktive Blindleistung,
h) den Scheinwiderstand und den Phasenverschiebungswinkel zeichnerisch.

Lösung:

Gegeben: $R = 80\ \Omega$; $L = 240\ \text{mH}$; $U = 42\ \text{V}$; $f = 50\ \text{Hz}$
Gesucht: X_L; Z; I; φ; S; P; Q

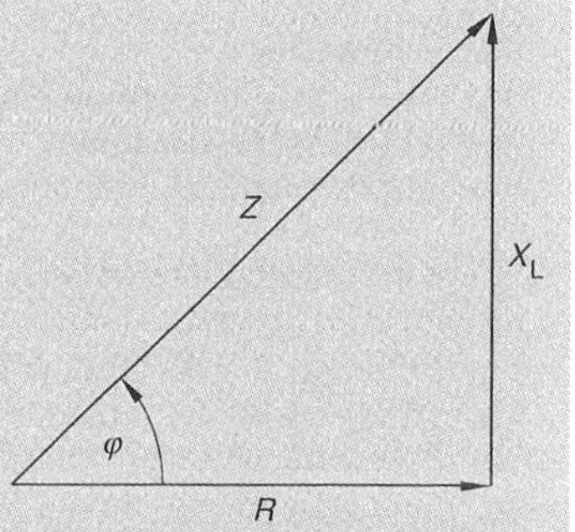

a) $X_L = \omega \cdot L = 2\pi \cdot 50\ \text{s}^{-1} \cdot 0{,}24\ \Omega\text{s} = \mathbf{75{,}4\ \Omega}$

b) $Z = \sqrt{R^2 + X_L^2} = \sqrt{(80\ \Omega)^2 + (75{,}4\ \Omega)^2} = \mathbf{110\ \Omega}$

c) $I = \dfrac{U}{Z} = \dfrac{42\ \text{V}}{110\ \Omega} = \mathbf{0{,}382\ A}$

d) $\cos\varphi = \dfrac{R}{Z} = \dfrac{80\ \Omega}{110\ \Omega} = 0{,}727 \Rightarrow \varphi = \mathbf{43°\ 20'}$

e) $S = U \cdot I = 42\ \text{V} \cdot 0{,}382\ \text{A} = \mathbf{16\ VA}$

f) $P = S \cdot \cos\varphi = 16\ \text{VA} \cdot 0{,}727 = \mathbf{11{,}7\ W}$

g) $Q = \sqrt{S^2 - P^2} = \sqrt{(16\ \text{VA})^2 - (11{,}7\ \text{W})^2} = \mathbf{11\ var}$

h) Maßstab $2\ \Omega \mathrel{\hat=} 1\ \text{mm}$
$R = 80\ \Omega \mathrel{\hat=} 40\ \text{mm}$ — $Z \mathrel{\hat=} 55\ \text{mm} \Rightarrow Z = \mathbf{110\ \Omega}$
$X_L = 75{,}4\ \Omega \mathrel{\hat=} 37{,}7\ \text{mm}$ — $\varphi = \mathbf{43°}$

2. Parallelschaltung

$L = 0{,}75\ \text{H}$
$R = 340\ \Omega$
$U = 42\ \text{V} \sim 50\ \text{Hz}$

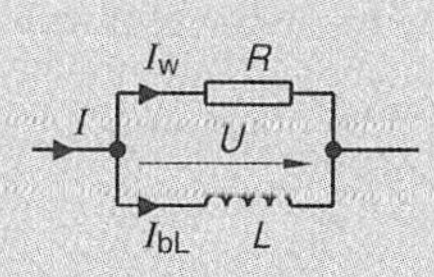

Berechnen Sie X_L; I_w; I_{bL}; I; $\cos\varphi$; Z; S; P; Q

Lösung:

Gegeben: $L = 0{,}75\ \text{H}$; $R = 340\ \Omega$; $U = 42\ \text{V}$; $f = 50\ \text{Hz}$
Gesucht: X_L; I_w; I_{bL}; $\cos\varphi$; Z; S; P; Q

$X_L = \omega \cdot L = 2\pi \cdot 50\ \text{s}^{-1} \cdot 0{,}75\ \Omega\text{s} = \mathbf{236\ \Omega}$

$I_w = \dfrac{U}{R} = \dfrac{42\ \text{V}}{340\ \Omega} = \mathbf{0{,}1235\ A}$

$I_{bL} = \dfrac{U}{X_L} = \dfrac{42\ \text{V}}{236\ \Omega} = \mathbf{0{,}178\ A}$

$I = \sqrt{I_w^2 + I_{bL}^2} = \sqrt{(0{,}1235\ \text{A})^2 + (0{,}178\ \text{A})^2} = \mathbf{0{,}217\ A}$

$\cos\varphi = \dfrac{I_w}{I} = \dfrac{0{,}1235\ \text{A}}{0{,}217\ \text{A}} = \mathbf{0{,}569}$

$Z = \dfrac{U}{I} = \dfrac{42\ \text{V}}{0{,}217\ \text{A}} = \mathbf{194\ \Omega}$

$S = U \cdot I = 42\ \text{V} \cdot 0{,}217\ \text{A} = \mathbf{9{,}11\ VA}$

$P = U \cdot I_w = 42\ \text{V} \cdot 0{,}1235\ \text{A} = \mathbf{5{,}19\ W}$

$Q = U \cdot I_{bL} = 42\ \text{V} \cdot 0{,}178\ \text{A} = \mathbf{7{,}48\ var}$

Aufgaben

1. Zu einem induktiven Blindwiderstand ist ein Wirkwiderstand in Reihe geschaltet. Wenn die Schaltung an 42 V ~ angeschlossen ist, wird eine Wirkspannung von 36 V gemessen.

   Berechnen Sie

   a) die induktive Blindspannung U_{bL},
   b) den Phasenverschiebungswinkel φ.

2. Die Reihenschaltung einer Induktivität mit einem ohmschen Widerstand liegt an 230 V ~. Die Spannung an der Induktivität beträgt 185 V.

   a) Berechnen Sie die Spannung am ohmschen Widerstand.
   b) Lösen Sie die Aufgabe zeichnerisch.
   c) Ermitteln Sie den Phasenverschiebungswinkel φ.

3. Ein Wirkwiderstand von 250 Ω liegt in Reihe mit einer Induktivität von 0,8 H an 230 V ~ 50 Hz.

   Berechnen Sie

   a) den induktiven Blindwiderstand,
   b) den Scheinwiderstand,
   c) den Phasenverschiebungswinkel.

4. Eine Induktivität ist mit einem Wirkwiderstand von 3,3 kΩ in Reihe geschaltet. Bei der Frequenz 3 kHz beträgt der Scheinwiderstand 3,75 kΩ.

   a) Ermitteln Sie den induktiven Blindwiderstand.
   b) Wie groß ist die Induktivität?
   c) Berechnen Sie den Phasenverschiebungswinkel φ.

5. Das Ersatzschaltbild einer Spule mit Verlusten ist eine Reihenschaltung (Abb. 10.3.5).
   Eine Spule hat bei 50 Hz einen induktiven Blindwiderstand von 230 Ω und hat einen Scheinwiderstand von 300 Ω.

   Berechnen Sie den Verlustwiderstand R.

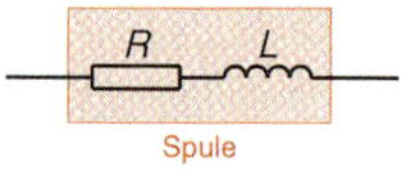

Abb. 10.3.5

6. Eine Spule mit einer Induktivität von 200 mH hat bei 3,4 kHz einen Scheinwiderstand von 4,3 kΩ.

   a) Berechnen Sie den induktiven Blindwiderstand.
   b) Berechnen Sie den Verlustwiderstand.
   c) Zeichnen Sie das Widerstandsdreieck.
   d) Weshalb ist die zeichnerische Lösung ungeeignet?

7. Bei einer Drosselspule soll der Scheinwiderstand und der induktive Blindwiderstand bei 50 Hz bestimmt werden. Legt man die Spule an 6,3 V ~ 50 Hz, so fließt ein Strom von 23 mA. Mit einem Widerstandsmesser wird der Widerstand der Wicklung mit 36 Ω gemessen.

   Die Eisenverluste bleiben unberücksichtigt.

   a) Berechnen Sie den Scheinwiderstand.
   b) Wie groß ist der induktive Blindwiderstand?
   c) Ermitteln Sie die Scheinleistung.

8. Ein Motor nimmt 1650 W auf. Die Blindleistung beträgt 1500 var.

   a) Berechnen Sie die Scheinleistung.
   b) Wie groß ist der Leistungsfaktor?

9. Bei Anschluss einer Spule an $U = 60\ \mathrm{V}\sim$ fließt der Strom $I = 0{,}25\ \mathrm{A}$. Der Leistungsfaktor beträgt 0,28.

Berechnen Sie

U_w, U_{bL}, Z, R.

10. Ein Wechselstrommotor nimmt bei 230 V ~ 50 Hz eine Scheinleistung von 400 VA auf. Der $\cos\varphi$ beträgt 0,8.

Berechnen Sie

a) die aufgenommene Wirkleistung,
b) die Blindleistung,
c) die Stromstärke.

11. Eine Schützspule nimmt bei Anschluss an 230 V ~ 50 Hz eine Wirkleistung von 4 W auf. Es fließt ein Strom von 42 mA.

a) Berechnen Sie den $\cos\varphi$.
b) Wie groß ist die Blindleistung?

12. Ein Universalmotor ist an ein Netz 230 V ~ 50 Hz angeschlossen. Er nimmt einen Strom von 4,2 A auf. Mit einem Leistungsmesser wird eine Wirkleistungsaufnahme von 640 W gemessen (Abb. 10.3.12).

a) Berechnen Sie den $\cos\varphi$.
b) Zeichnen Sie das Leistungsdreieck und entnehmen Sie daraus die Blindleistung.

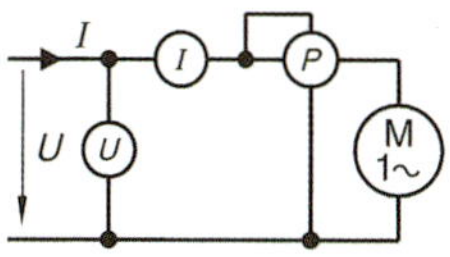

Abb. 10.3.12

13. Eine Reihenschaltung eines Widerstands $R = 130\ \Omega$ mit der Induktivität $L = 2{,}5\ \mathrm{H}$ ist an $U = 24\ \mathrm{V}\sim 50\ \mathrm{Hz}$ angeschlossen (Abb. 10.3.13).

Berechnen Sie

a) die Stromaufnahme,
b) den Leistungsfaktor,
c) die Wirkleistung,
d) die Blindleistung.

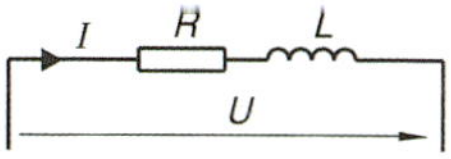

Abb. 10.3.13

14. Zwei Spulen mit Verlusten sind in Reihe geschaltet (Abb. 10.3.14).

Berechnen Sie

a) den Scheinwiderstand der Spule 1,
b) den Scheinwiderstand der Spule 2,
c) den Scheinwiderstand der Reihenschaltung,
d) den Strom.

$R_1 = 100\ \Omega$ $L_2 = 1\ \mathrm{H}$
$L_1 = 0{,}3\ \mathrm{H}$ $U = 230\ \mathrm{V}\sim 50\ \mathrm{Hz}$
$R_2 = 150\ \Omega$

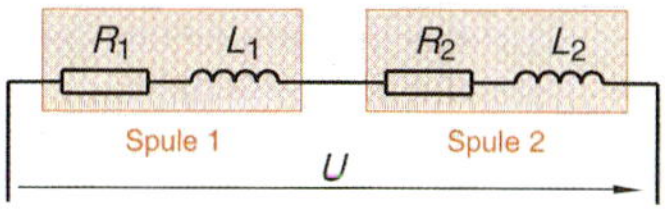

Abb. 10.3.14

15. Eine Spule mit 60 Ω und 100 mH ist mit einer zweiten Spule mit 120 Ω und 400 mH in Reihe geschaltet.
Zeigerbild (Abb. 10.3.15).

Berechnen Sie für 50 Hz

a) den Scheinwiderstand der Reihenschaltung.
b) den Leistungsfaktor.

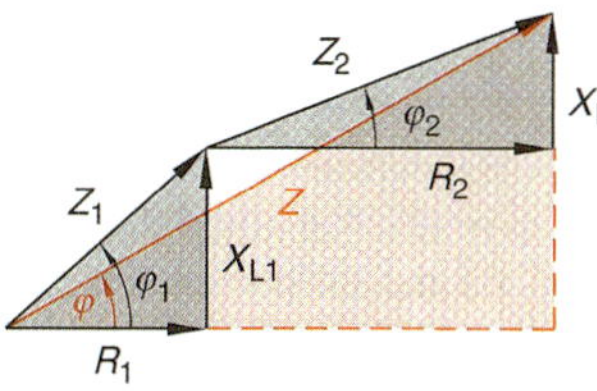

Abb. 10.3.15

16. Eine Parallelschaltung aus R und L (Abb. 10.3.16) ist an $U = 230\,\text{V} \sim 50\,\text{Hz}$ angeschlossen.

$L = 0{,}7\,\text{H}$
$R = 250\,\Omega$

Berechnen Sie I_w; I_b; I; $\cos\varphi$.

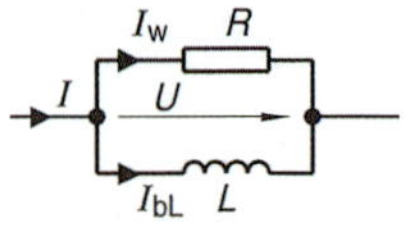

Abb. 10.3.16

17. Eine Spule mit dem induktiven Blindwiderstand $X_L = 2{,}5\,\text{k}\Omega$ ist mit einem Wirkwiderstand $R = 1\,\text{k}\Omega$ parallel geschaltet (Abb. 10.3.17).

Berechnen Sie den Scheinwiderstand.

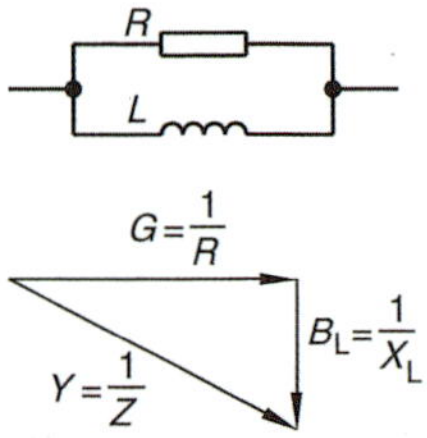

Abb. 10.3.17

18. Der Scheinwiderstand einer Parallelschaltung von R und L (Abb. 10.3.18) beträgt $30\,\text{k}\Omega$, der Phasenverschiebungswinkel 30°.

Berechnen Sie
a) den Wirkwiderstand,
b) den induktiven Blindwiderstand.

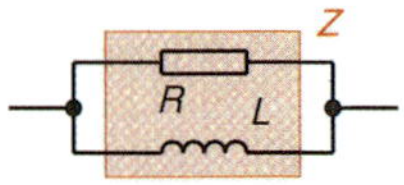

Abb. 10.3.18

19. Die Parallelschaltung eines Wirkwiderstandes von $50\,\Omega$ mit einem induktiven Blindwiderstand von $80\,\Omega$ ist an $24\,\text{V}\sim$ angeschlossen.

Berechnen Sie
a) den Scheinwiderstand,
b) den Strom in der Zuleitung,
c) die Scheinleistung.

20. Zu einer Induktivität mit einem Blindwiderstand von $15\,\Omega$ ist ein Schichtwiderstand parallel geschaltet. Die Schaltung nimmt bei $12\,\text{V} \sim 50\,\text{Hz}$ einen Strom von 1,5 A auf.

Berechnen Sie
a) den Wirkstrom,
b) den Leistungsfaktor,
c) die Wirkleistung,
d) die induktive Blindleistung,
e) die Scheinleistung.

21. Die Parallelschaltung (Abb. 10.3.21) ist an $U = 24\,\text{V} \sim 50\,\text{Hz}$ angeschlossen.

Berechnen Sie I, I_w, I_{bL}, S, P, Q.

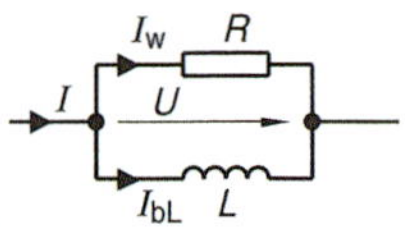

Abb. 10.3.21

22. Die Nennleistung eines Induktionsmotors für Einphasen-Wechselstrom beträgt 0,37 kW. Der Motor nimmt bei Nennlast an $230\,\text{V} \sim 50\,\text{Hz}$ einen Strom von 4,2 A auf und hat einen Leistungsfaktor von 0,8.

Berechnen Sie
a) die Scheinleistung,
b) die aufgenommene Wirkleistung,
c) die Blindleistung,
d) den Blindstrom,
e) den Wirkungsgrad.

23. Berechnen Sie aus den Angaben auf dem Leistungsschild (Abb. 10.3.23)

a) die Scheinleistung,
b) die Blindleistung,
c) den Wirkungsgrad,
d) den Blindstrom.

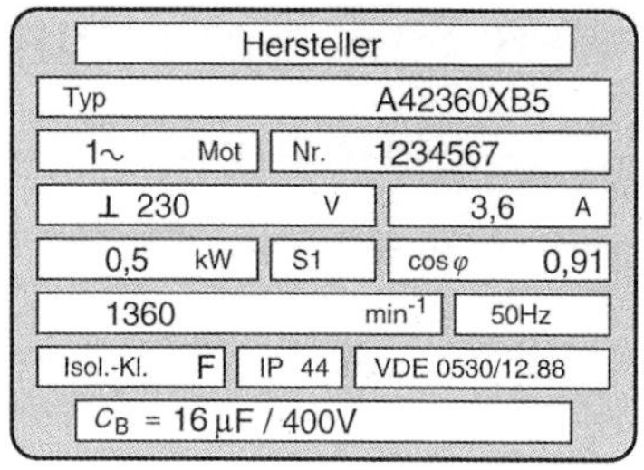

Abb. 10.3.23

24. Eine Leuchtstofflampe 58 W nimmt an 230 V ~ 50 Hz einen Strom von 0,7 A auf. Die Leistungsaufnahme mit Vorschaltgerät beträgt 74 W.

Berechnen Sie

a) den Leistungsfaktor,
b) den induktiven Blindstrom,
c) die Blindleistung.

25. Eine Parallelschaltung einer Induktivität $L_p = 70$ mH und einem Widerstand $R_p = 3{,}3$ kΩ soll in eine Reihenschaltung umgerechnet werden, die bei 5 kHz den gleichen Scheinwiderstand und den gleichen Phasenverschiebungswinkel hat.

Wie groß ist

a) der Widerstand R_r,
b) die Induktivität L_r?

26. Zwei Einphasen-Wechselstrommotore M1 und M2 sind an 230 V ~ 50 Hz angeschlossen (Abb. 10.3.26).

Ermitteln Sie den Strom in der Zuleitung.

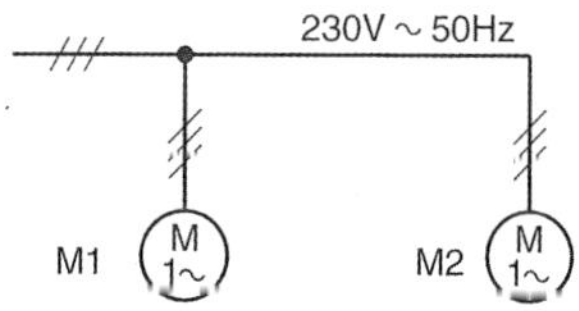

Abb. 10.3.26

M1: $I_1 = 12$ A $\cos\varphi_1 = 0{,}8$
M2: $I_2 = 8{,}5$ A $\cos\varphi_2 = 0{,}65$

10.4 RLC-Schaltungen

Beispiele:

1. Reihenschaltung

Ein Kondensator mit einer Kapazität von 2 µF ist mit einer Spule in Reihe geschaltet. Die Spule hat eine Induktivität von 2,5 H und einen Wirkwiderstand von 120 Ω. Die Reihenschaltung ist an 24 V ~ 50 Hz angeschlossen.

Berechnen Sie

a) den Scheinwiderstand,
b) die Stromstärke,
c) den Leistungsfaktor,
d) die Scheinleistung.

Lösung:

Gegeben: $C = 2\ \mu F$; $L = 2{,}5\ H$; $R = 120\ \Omega$; $U = 24\ V$; $f = 50\ Hz$
Gesucht: Z; I; $\cos\varphi$; Q

a) $X_L = \omega \cdot L = 2\pi \cdot 50\ s^{-1} \cdot 2{,}5\ \Omega s = 785\ \Omega$

$$X_C = \frac{1}{\omega \cdot C} = \frac{1}{2\pi \cdot 50\ s^{-1} \cdot 2 \cdot 10^{-6}\ F} = 1{,}59\ k\Omega$$

$$Z = \sqrt{R^2 + (X_L - X_C)^2} = \sqrt{(120\ \Omega)^2 + (785\ \Omega - 1\,590\ \Omega)^2} = \mathbf{814\ \Omega}$$

b) $$I = \frac{U}{Z} = \frac{24\ V}{814\ \Omega} = \mathbf{0{,}0295\ A}$$

c) $$\cos\varphi = \frac{R}{Z} = \frac{120\ \Omega}{814\ \Omega} = \mathbf{0{,}147}$$

d) $\cos\varphi = 0{,}147 \Rightarrow \sin\varphi = 0{,}989$

$Q = U \cdot I \cdot \sin\varphi = 24\ V \cdot 0{,}0295\ A \cdot 0{,}989 = \mathbf{0{,}7\ var}$

2. Parallelschaltung

Eine Induktivität von 0,6 H, ein Kondensator mit einer Kapazität von 1,3 µF und ein Wirkwiderstand mit 200 Ω sind parallel geschaltet. Die Schaltung ist an 24 V ~ 50 Hz angeschlossen.

Berechnen Sie

a) den Wirkstrom,
b) den induktiven Blindstrom,
c) den kapazitiven Blindstrom,
d) den Gesamtstrom,
e) den Scheinwiderstand,
f) den Leistungsfaktor.

Lösung:

Gegeben: $L = 0{,}6\ H$; $C = 1{,}3\ \mu F$; $R = 200\ \Omega$; $U = 24\ V$; $f = 50\ Hz$
Gesucht: I_w; I_{bL}; I_{bC}; I; Z; $\cos\varphi$

a) $$I_w = \frac{U}{R} = \frac{24\ V}{200\ \Omega} = \mathbf{0{,}12\ A}$$

b) $X_L = \omega \cdot L = 2\pi \cdot 50\ s^{-1} \cdot 0{,}6\ \Omega s = 188\ \Omega$

$$I_{bL} = \frac{U}{X_L} = \frac{24\ V}{188\ \Omega} = \mathbf{127\ mA}$$

c) $X_C = \frac{1}{\omega \cdot C} = \frac{1}{2\pi \cdot 50\ \text{s}^{-1} \cdot 1{,}3 \cdot 10^{-6}\ \text{F}} = 2{,}45\ \text{k}\Omega$

$I_{bC} = \frac{U}{X_C} = \frac{24\ \text{V}}{2{,}45\ \text{k}\Omega} = \mathbf{9{,}8\ mA}$

d) $I = \sqrt{I_w^2 + (I_{bL} - I_{bC})^2} = \sqrt{(120\ \text{mA})^2 + (127\ \text{mA} - 9{,}8\ \text{mA})^2} = \mathbf{168\ mA}$

e) $Z = \frac{U}{I} = \frac{24\ \text{V}}{0{,}168\ \text{A}} = \mathbf{143\ \Omega}$

f) $\cos\varphi = \frac{I_w}{I} = \frac{120\ \text{mA}}{168\ \text{mA}} = \mathbf{0{,}714}$

Aufgaben

1. Ein induktiver Blindwiderstand mit 1,5 kΩ, ein Kondensator mit einem kapazitiven Blindwiderstand von 2 kΩ und ein ohmscher Widerstand mit 1,2 kΩ sind in Reihe geschaltet.

a) Berechnen Sie den Scheinwiderstand.
b) Ermitteln Sie den Scheinwiderstand durch Zeichnung.

2. Eine Induktivität $L = 1$ H, ein Kondensator mit der Kapazität 8 µF und ein ohmscher Widerstand $R = 100\ \Omega$ liegen in Reihe an einer Wechselspannung mit der Frequenz 100 Hz.

Bestimmen Sie den Scheinwiderstand.

3. Berechnen Sie für die Reihenschaltung (Abb. 10.4.3)

$L = 250$ mH
$R = 80\ \Omega$
$C = 40$ µF
$U = 12$ V ~ 50 Hz

a) den Scheinwiderstand,
b) die Stromstärke,
c) die Einzelspannungen,
d) die Spannung zwischen den Klemmen 1 und 3.

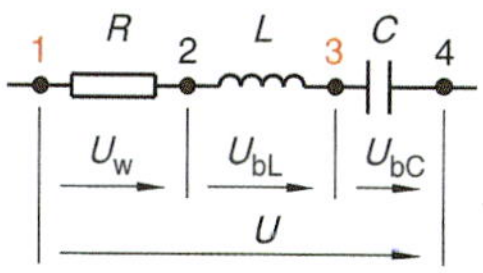

Abb. 10.4.3

4. Ein induktiver Blindwiderstand mit 1200 Ω, ein kapazitiver Blindwiderstand mit 1800 Ω und ein ohmscher Widerstand mit 1 kΩ sind parallel an 230 V ~ 50 Hz angeschlossen (Abb. 10.4.4).

a) Skizzieren Sie das Zeigerbild der Ströme.
b) Berechnen Sie die Einzelströme.
c) Wie groß ist der Gesamtstrom?
d) Berechnen Sie den Strom I_p.

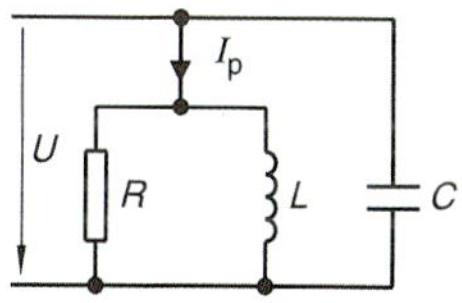

Abb. 10.4.4

5. Ein Kondensator mit der Kapazität 5 µF und eine Spule mit der Induktivität 2,5 H sowie ein ohmscher Widerstand sind parallel geschaltet. Die Schaltung ist an 230 V ~ 50 Hz angeschlossen und nimmt einen Strom von 0,42 A auf. Der Verlustwiderstand der Spule wird vernachlässigt.

Berechnen Sie den Widerstandswert des ohmschen Widerstands.

6. Eine Spule mit einer Induktivität von 700 mH hat einen Wirkwiderstand von 65 Ω. Sie wird an 230 V ~ 50 Hz angeschlossen. Wird vor die Spule ein Kondensator mit der Kapazität 10 µF geschaltet (Abb. 10.4.6), so fließt ein größerer Strom.

Berechnen Sie

a) die Stromstärke ohne Kondensator,
b) die Stromstärke mit vorgeschaltetem Kondensator.

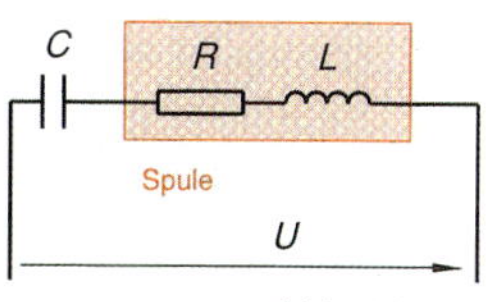

Abb. 10.4.6

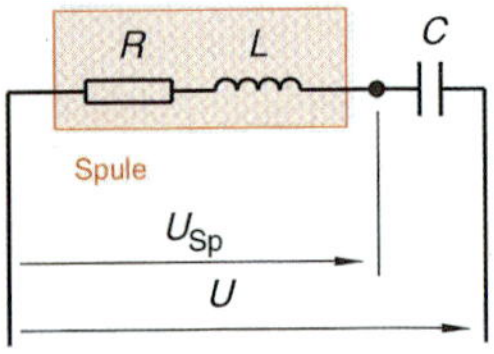

Abb. 10.4.7

7. Eine Spule hat eine Induktivität von 1,3 H und einen Wirkwiderstand von 60 Ω. Durch Vorschalten eines Kondensators soll der Scheinwiderstand auf 200 Ω herabgesetzt werden. Die Schaltung liegt an 24 V ~ 50 Hz (Abb. 10.4.7).

Berechnen Sie

a) den Scheinwiderstand der Spule,
b) den erforderlichen Kondensator,
c) die Spannung an der Spule.

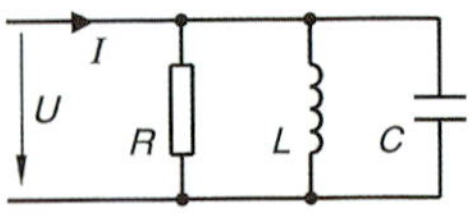

Abb. 10.4.8

$L = 400$ mH
$C = 20$ µF
$R = 1$ kΩ
$U = 24$ V ~ 50 Hz

8. Berechnen Sie für die Parallelschaltung (Abb. 10.4.8)

a) den Gesamtstrom,
b) den Leistungsfaktor.

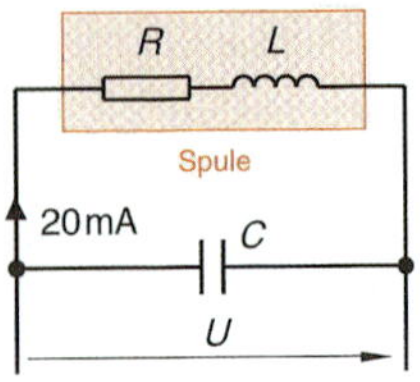

Abb. 10.4.9

9. Zu einer Relaisspule für 60 V ~ 50 Hz ist ein Kondensator mit 470 nF parallel geschaltet (Abb. 10.4.9). Der Wicklungswiderstand der Relaisspule beträgt 870 Ω. Bei Nennspannung fließt ein Strom von 20 mA durch die Spule.
Die Eisenverluste werden nicht berücksichtigt.

Wie groß ist der Gesamtstrom?

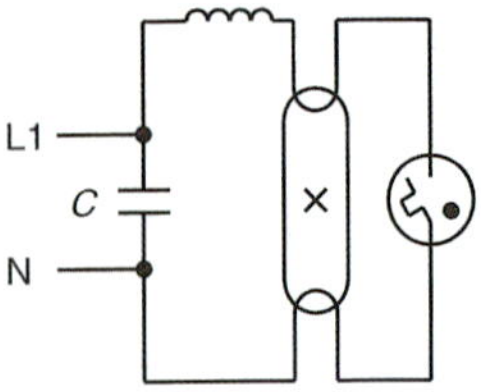

Abb. 10.4.10

10. Eine Leuchte mit einer Leuchtstofflampe 230 V/36 W nimmt bei Nennspannung eine Wirkleistung von 46 W auf. Die Stromstärke beträgt 0,425 A. Zur Kompensation wird ein Kondensator mit 4,5 µF parallel geschaltet (Abb. 10.4.10).

Berechnen Sie

a) den Leistungsfaktor ohne Kondensator,
b) die Stromaufnahme mit Kondensator.

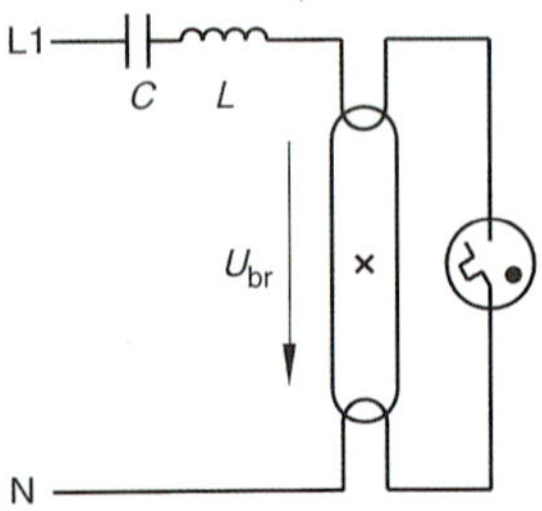

Abb. 10.4.11

11. Der kapazitive Zweig einer Duoschaltung 2 × 36 W (Abb. 10.4.11) nimmt bei einem Anschluss an 230 V ~ 50 Hz einen Strom von 0,42 A auf. Der Kondensator hat eine Kapazität von 3,6 µF. Die Brennspannung der Leuchtstofflampe beträgt 130 V.
Der Wirkwiderstand der Drosselspule wird nicht berücksichtigt.

Berechnen Sie

a) die Spannung am Kondensator,
b) die Spannung an der Drosselspule,
c) die Induktivität der Drosselspule.

12. Der kapazitive Zweig einer Leuchtstofflampe 230 V/58 W nimmt bei Anschluss an Nennspannung eine Wirkleistung von 71 W auf. Es fließt ein Strom von 0,67 A. Der Vorschaltkondensator hat die Kapazität 5,7 µF.

Berechnen Sie

a) den Leistungsfaktor,
b) die Blindleistung,
c) die kapazitive Blindleistung,
d) die induktive Blindleistung,
e) die Stromaufnahme bei Kurzschluss im Kondensator.

13. Zwei Leuchtstofflampen 230 V/58 W nehmen einschließlich der Vorschaltgeräte je 71 W auf. Im induktiven Zweig fließt ein Strom von 0,67 A und im kapazitiven Zweig ein Strom von 0,6 A (Abb. 10.4.13).

Berechnen Sie

a) den Gesamtstrom,

b) den Gesamtleistungsfaktor.

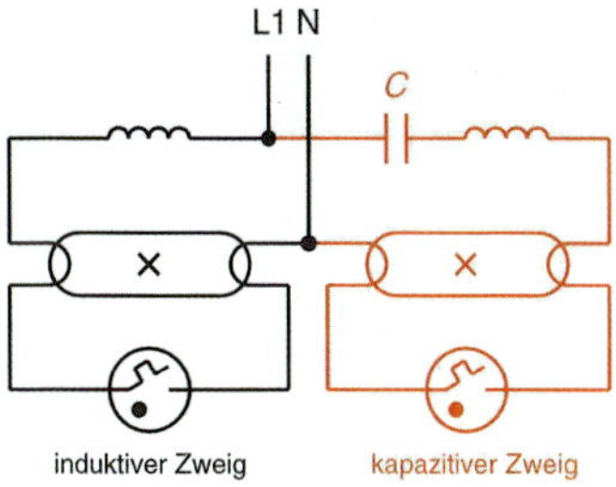

Abb. 10.4.13

14. Ein Wechselstromrelais hat einen Ansprechstrom von 4 mA. Dazu ist eine Anschlussspannung von 140 V ~ 50 Hz erforderlich. Der Wicklungswiderstand beträgt 20 kΩ. Damit der Ansprechstrom schon bei 100 V ~ 50 Hz erreicht wird, muss ein Kondensator vorgeschaltet werden.

Berechnen Sie die Kapazität des Kondensators.

10.5 Resonanz und Kompensation

Beispiele:

1. Resonanz

Ein Parallelschwingkreis, dessen Spule eine Induktivität $L = 120\ \mu H$ besitzt und die einen Verlustwiderstand $R_v = 4\ \Omega$ hat, ist mit einem veränderbaren Kondensator auf 900 kHz abgestimmt.

Berechnen Sie

a) die Kapazität des Kondensators,

b) den Resonanzwiderstand.

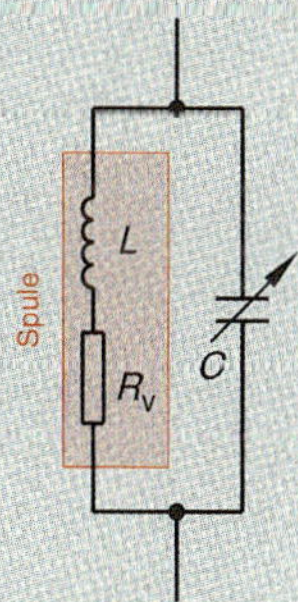

Lösung:

Gegeben: $L = 120\ \mu H$; $R_v = 4\ \Omega$; $f = 900$ kHz.
Gesucht: C; R_{res}.

a) $f_{res} = \dfrac{1}{2\pi \cdot \sqrt{L \cdot C}}$

$$C = \frac{1}{(2\pi \cdot f_{res})^2 \cdot L} = \frac{1}{(2\pi \cdot 0{,}9 \cdot 10^6\ s^{-1})^2 \cdot 120 \cdot 10^{-6}\ \Omega s} = \mathbf{261\ pF}$$

b) $R_v = 4\ \Omega \ll X_L = \omega \cdot L = 2\pi \cdot 900\ kHz \cdot 120\ \mu H = 679\ \Omega$, also gilt die Näherungsformel

$$R_{res} = \frac{L}{C \cdot R_v} = \frac{120 \cdot 10^{-6}\ \Omega s}{261 \cdot 10^{-12} \frac{s}{\Omega} \cdot 4\ \Omega} = \mathbf{115\ k\Omega}$$

2. Güte und Bandbreite

Die Spule eines Reihenschwingkreises hat die Induktivität $L=480\ \mu H$ und den Verlustwiderstand $R_v=32\ \Omega$. Sie ist mit einem Keramikkondensator mit $C=6{,}8\ nF$ in Reihe geschaltet.

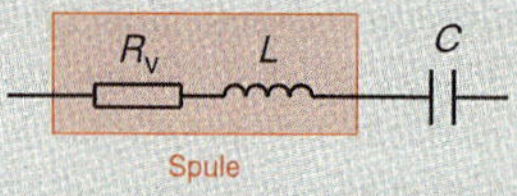

Berechnen Sie
a) die Resonanzfrequenz,
b) die Güte des Schwingkreises,
c) die Bandbreite.

Lösung:

Gegeben: $L=480\ \mu H$; $R_v=32\ \Omega$; $C=6{,}8\ nF$
Gesucht: f_{res}; Q; Δf

a) $$f_{res}=\frac{1}{2\pi\cdot\sqrt{L\cdot C}}=\frac{1}{2\pi\cdot\sqrt{480\cdot 10^{-6}\ \Omega s\cdot 6{,}8\cdot 10^{-9}\ \frac{s}{\Omega}}}=\mathbf{88{,}1\ kHz}$$

b) $$Q=\frac{1}{R_v}\sqrt{\frac{L}{C}}=\frac{1}{32\ \Omega}\cdot\sqrt{\frac{480\cdot 10^{-6}\ \Omega s}{6{,}8\cdot 10^{-9}\ \frac{s}{\Omega}}}=\mathbf{8{,}3}$$

c) $$\Delta f=\frac{f_{res}}{Q}=\frac{88{,}1\ kHz}{8{,}3}=\mathbf{10{,}6\ kHz}$$

3. Parallelkompensation

Eine Leuchtstofflampe 230 V/36 W hat einen Leistungsfaktor von 0,5. Sie nimmt einen Betriebsstrom von 0,425 A auf. Durch Parallelkompensation soll der Leistungsfaktor auf $\cos\varphi_2=1$ verbessert werden.

Berechnen Sie
a) die Wirkleistungsaufnahme der Leuchte,
b) die erforderliche Blindleistung des Kondensators,
c) die Kapazität des Kondensators,
d) die Stromaufnahme nach der Kompensation.

Lösung:

Gegeben: $U=230\ V$; $P_L=36\ W$; $\cos\varphi_1=0{,}5$; $I=0{,}425\ A$; $\cos\varphi_2=1$.
Gesucht: P_1; Q_C; C; I_2.

a) $$P_1=U\cdot I\cdot\cos\varphi_1=230\ V\cdot 0{,}425\ A=\mathbf{48{,}9\ W}$$

b) $$Q_C=P_1\cdot\tan\varphi_1=48{,}9\ W\cdot 1{,}732=\mathbf{84{,}7\ var}$$

c) $$C=\frac{Q_C}{\omega\cdot U^2}=\frac{84{,}7\ var}{2\pi\cdot 50\ s^{-1}\cdot(230\ V)^2}=\mathbf{5{,}1\ \mu F}$$

d) $$I_2=\frac{I_1\cdot\cos\varphi_1}{\cos\varphi_2}=\frac{0{,}425\ A\cdot 0{,}5}{1}=\mathbf{0{,}213\ A}$$

Aufgaben

1. Ein Reihenschwingkreis (Abb. 10.5.1) besteht aus einer Spule mit der Induktivität 160 mH und einem Verlustwiderstand von 150 Ω. Der Kondensator hat die Kapazität 22 nF.

   Berechnen Sie
   a) die Resonanzfrequenz,
   b) den Widerstand bei Resonanz.

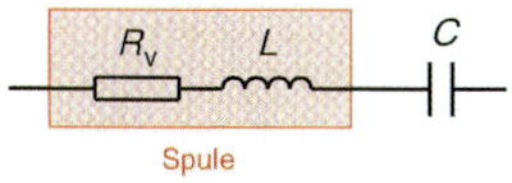

Abb. 10.5.1

2. Der Reihenschwingkreis mit einer Spule (180 μH/40 Ω) soll eine Resonanzfrequenz von 1,2 MHz haben (Abb. 10.5.2).

   Auf welche Kapazität muss der Drehkondensator eingestellt werden?

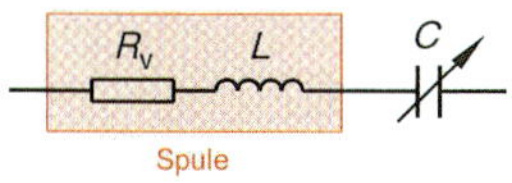

Abb. 10.5.2

3. Zu Versuchszwecken wird ein Reihenschwingkreis an einen Frequenzgenerator angeschlossen (Abb. 10.5.3). Die Spule hat die Induktivität $L = 1{,}3$ mH und den Verlustwiderstand $R_V = 12\ \Omega$. Die Kapazität des Kondensators beträgt 2,2 nF. Bei Resonanz liegen 3 V am Schwingkreis.

   Berechnen Sie
   a) die Resonanzfrequenz,
   b) die Stromstärke bei Resonanz,
   c) die Spannung am Kondensator bei Resonanz.

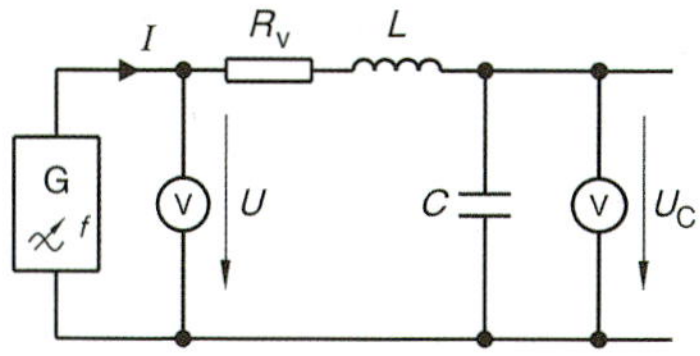

Abb. 10.5.3

4. Ein Parallelschwingkreis (Abb. 10.5.4) besteht aus einem Kunststofffolienkondensator mit einer Kapazität von 470 pF und einer Luftspule mit einer Induktivität von 70 μH.

   Berechnen Sie die Resonanzfrequenz.

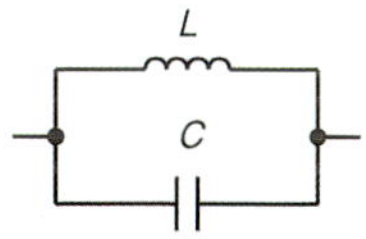

Abb. 10.5.4

5. Im Ersatzschaltbild eines Parallelschwingkreises wird der Verlust in der Spule durch einen parallel geschalteten Wirkwiderstand ersetzt (Abb. 10.5.5).

   Berechnen Sie
   a) die Resonanzfrequenz,
   b) den Widerstand bei Resonanz und skizzieren Sie das Zeigerbild der Leitwerte.

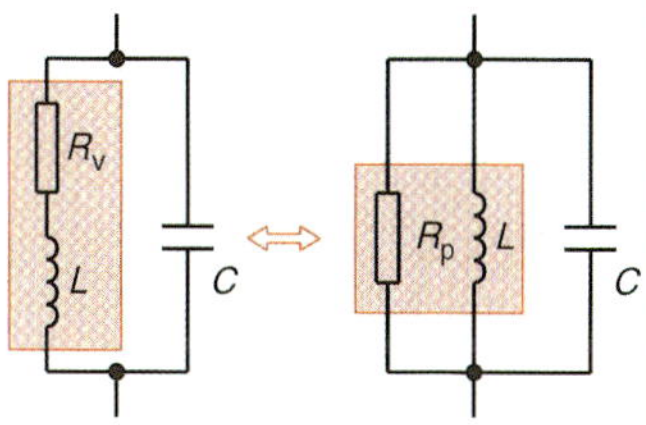

Ersatzschaltung

$R_p = 80\ \text{k}\Omega$
$L = 180\ \mu\text{H}$
$C = 560\ \text{pF}$

Abb. 10.5.5

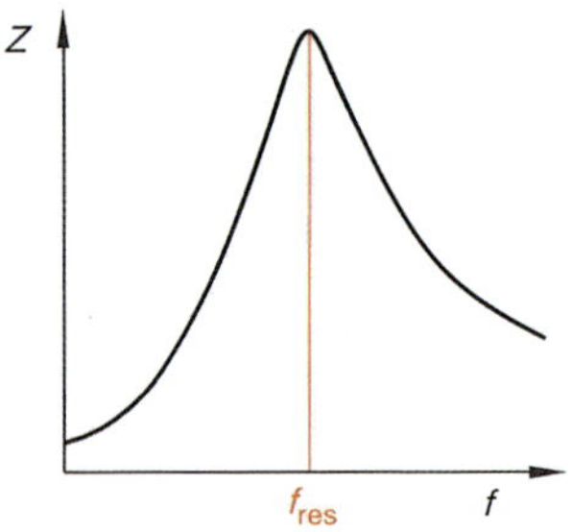

Abb. 10.5.6

6. Ein Parallelschwingkreis besteht aus einer Spule mit 120 mH und einem MKT-Kondensator. Der Wirkwiderstand beträgt 60 kΩ. Die Resonanzfrequenz soll 1 kHz betragen. Resonanzkurve (Abb. 10.5.6)

Berechnen Sie

a) den erforderlichen Kondensator,
b) den Scheinwiderstand des Schwingkreises bei 200 Hz.

7. Ein Parallelschwingkreis in einem Rundfunkgerät hat eine Spule mit der Induktivität $L = 0{,}2$ mH und dem Verlustwiderstand $R_v = 5\ \Omega$. Die Kapazität des Drehkondensators ist zwischen 45 pF und 500 pF veränderbar.

a) Bei welcher Kondensatoreinstellung ergibt sich die obere bzw. untere Frequenzgrenze?
b) In welchen Grenzen ist die Resonanzfrequenz einstellbar?
c) Wie groß ist der Resonanzwiderstand an der oberen Frequenzgrenze?
d) Wie groß ist der Resonanzwiderstand an der unteren Frequenzgrenze?

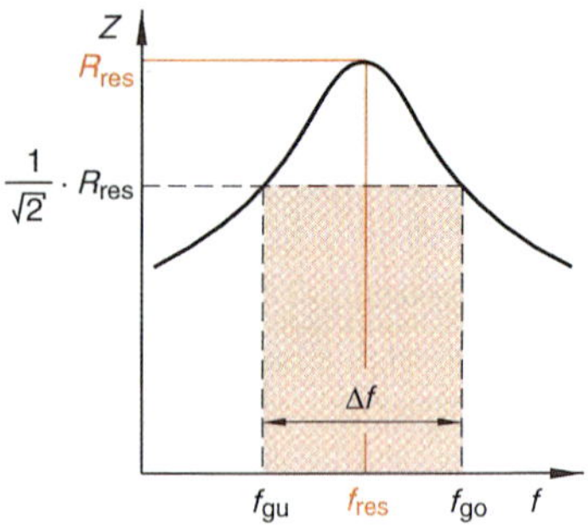

Abb. 10.5.8

8. Bei einem Parallelschwingkreis mit $C = 370$ pF wird durch Messung die Resonanzfrequenz $f_{res} = 765$ kHz, die untere Grenzfrequenz $f_{gu} = 760$ kHz und die obere Grenzfrequenz $f_{go} = 770$ kHz ermittelt (Abb. 10.5.8).

Berechnen Sie

a) die Bandbreite Δf,
b) die Güte Q,
c) den Verlustwiderstand R_v,
d) den Resonanzwiderstand R_{res}.

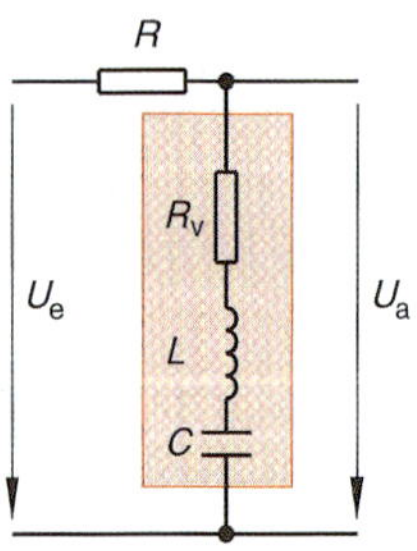

Abb. 10.5.9

$R_v = 14\ \Omega$
$C = 420$ pF
$L = 250\ \mu$H

9. Mit einem Saugkreis (Abb. 10.5.9) soll die Frequenz $f = 1{,}25$ MHz unterdrückt werden. Die Spule hat die Induktivität $L = 120\ \mu$H und den Verlustwiderstand $R_v = 6{,}7\ \Omega$.

Berechnen Sie

a) den erforderlichen Kondensator,
b) die Güte des Saugkreises,
c) die Bandbreite.

10. Ein Parallelschwingkreis (Abb. 10.5.10) besteht aus einer Spule mit Siferitkern und einem Keramikkondensator.
a) Rechnen Sie den Verlustwiderstand R_v in einen Widerstand R_p um, der parallel zum Kondensator liegt.
b) Zeichnen Sie das Ersatzschaltbild.
c) Wie groß ist der Resonanzwiderstand?
d) Berechnen Sie die Resonanzfrequenz.
e) Welche Güte besitzt der Schwingkreis?
f) Wie groß ist die Bandbreite?

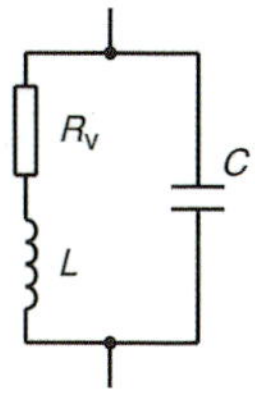

Abb. 10.5.10

11. Ein Parallelschwingkreis mit $C = 185$ pF soll die Resonanzfrequenz 1,2 MHz und eine Güte von mindestens 120 haben.

Berechnen Sie
a) die Bandbreite,
b) die erforderliche Induktivität,
c) den Resonanzwiderstand,
d) den zulässigen Verlustwiderstand der Spule.

12. Eine Blindleistung von 1 kvar soll kompensiert werden. Die Netzspannung beträgt 230 V ~ 50 Hz.

Berechnen Sie die Kapazität des Kondensators.

13. Ein Kondensator mit einer Kapazität von 17,7 μF nimmt bei 60 V ~ eine Blindleistung von 20 var auf.

Berechnen Sie
a) die Frequenz der angelegten Wechselspannung,
b) die Blindleistung bei 230 V ~ 50 Hz.

14. An eine Wechselspannung 230 V ~ 50 Hz wird ein Kondensator mit einer Kapazität von 8 μF gelegt.

Berechnen Sie
a) die Stromstärke in der Zuleitung,
b) die kapazitive Blindleistung.

15. Die Wirkleistungsaufnahme einer Leuchtstofflampe 230 V/58 W beträgt mit Drosselspule 71 W. In der Zuleitung fließt ein Strom von 0,67 A. Durch Parallelkompensation (Abb. 10.5.15) soll
a) der Leistungsfaktor auf 1,
b) der Leistungsfaktor auf 0,95 gebracht werden.
Welche Kapazität ist jeweils erforderlich?

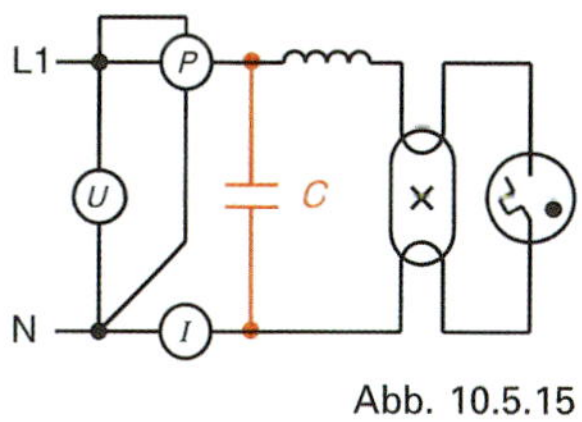

Abb. 10.5.15

16. Eine Leuchtstofflampe 230 V/18 W nimmt bei einem Leistungsfaktor von 0,38 einen Betriebsstrom von 0,39 A auf. Der Lampe wird ein Kondensator mit 4,5 μF parallel geschaltet.

Berechnen Sie
a) die Leistungsaufnahme der Lampe,
b) die Blindleistung des Kondensators,
c) den Leistungsfaktor nach der Kompensation,
d) die Stromaufnahme nach der Kompensation.

17. Ein Einphasen-Wechselstrommotor für 230 V ~ 50 Hz nimmt bei 2,2 kW Nennleistung einen Strom von 18 A auf. Der Wirkungsgrad beträgt 0,7. Der Leistungsfaktor soll auf 0,95 verbessert werden.

Bestimmen Sie

a) die Wirkleistungsaufnahme des Motors,
b) den Leistungsfaktor vor der Kompensation,
c) die Stromaufnahme nach der Kompensation,
d) um wie viel % die Stromstärke in der Zuleitung durch die Kompensation absinkt.

18. Die Stromaufnahme eines Einphasen-Wechselstrommotors 230 V/1,5 kW beträgt 14 A. Der Motor hat einen Leistungsfaktor von 0,8. Durch Parallelkompensation soll der Leistungsfaktor auf 0,95 verbessert werden.

Wie groß ist

a) die Leistungsaufnahme des Motors,
b) der Wirkungsgrad des Motors,
c) die Blindleistung des Kondensators,
d) die Kapazität des Kondensators,
e) der Strom in der Zuleitung nach der Kompensation?

19. Der Antriebsmotor einer Pumpe liegt an 230 V und nimmt einen Strom von 10,5 A auf. Bei dieser Belastung beträgt der Wirkungsgrad 0,6 und der Leistungsfaktor 0,8. Dem Motor wird ein Kompensationskondensator von 30 µF parallel geschaltet.

Berechnen Sie

a) die Leistungsaufnahme des Motors,
b) die Blindleistung des Kondensators,
c) den Leistungsfaktor nach der Kompensation,
d) die Stromaufnahme nach der Kompensation.

20. Eine Leuchte mit einer Leuchtstofflampe L36 nimmt an 230 V ~ 50 Hz einen Strom von 0,44 A auf und hat eine Leistung von 48 W. Sie wird erforderlichenfalls mit einem Parallelkondensator $C_p = 4{,}5$ µF kompensiert.
Bei Duoschaltung von 2 Leuchtstofflampen L36 wird ein Zweig durch einen Reihenkondensator $C_r = 3{,}5$ µF kompensiert; dieser kapazitive Zweig nimmt einen Strom von 0,44 A auf.

Berechnen Sie

a) den $\cos\varphi_1$ der unkompensierten Lampe,
b) die induktive Blindleistung der unkompensierten Lampe,
c) die kapazitive Blindleistung des Parallelkondensators C_p und des Reihenkondensators C_r,
d) Blindleistung und Leistungsfaktor des Parallelkondensators, des kapazitiven Zweigs der Duoschaltung und der ganzen Duoschaltung.

21. In einem EVU werden die Tarifschaltgeräte mit überlagerten Steuerimpulsen von $f_r = 415$ Hz gesteuert.
Untersuchen Sie die Auswirkung der Kompensation auf die Rundsteuereinrichtung mithilfe der Angaben aus Aufgabe 20.

Bestimmen Sie dazu den Scheinwiderstand bei 415 Hz

a) der unkompensierten Lampe,
b) des Parallelkondensators,
c) des kapazitiven Zweigs der Duoschaltung.

Nehmen Sie Stellung zu den Ergebnissen.

10.6 Filterschaltungen

Beispiele:

1. Tiefpass

Einer Wechselstrom-Verstärkerstufe ist ein RC-Tiefpass nachgeschaltet. Er unterdrückt bei einer Steuerschaltung mit 1000 Hz-Impulsen höherfrequente Störspannungen.

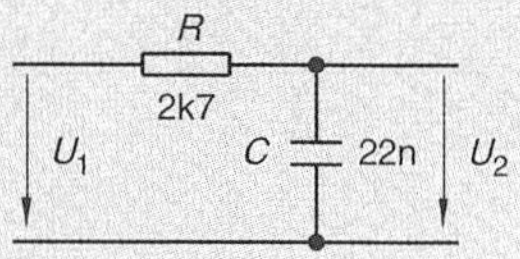

a) Berechnen Sie die Grenzfrequenz des Tiefpasses, bei der die Ausgangsspannung U_2 auf 70,7% der Eingangsspannung U_1 abgesunken ist.
b) Wie groß ist der Spannungsrückgang einer Störspannung mit 15000 Hz?
c) Welchen Einfluss hat der Tiefpass auf die Signalspannung mit 1000 Hz.

Lösung:

Gegeben: $f_1 = 1000$ Hz; $f_2 = 15000$ Hz; $R = 2{,}7$ kΩ; $C = 22$ nF

Gesucht: f_g; $\frac{U_2}{U_1}$; $\frac{U_2'}{U_1}$.

a) $f_g = \frac{1}{2\pi \cdot R \cdot C} = \frac{1}{2\pi \cdot 2{,}7 \cdot 10^3\,\Omega \cdot 22 \cdot 10^{-9}\,\text{F}} = \mathbf{2{,}68\ kHz}$

b) $\frac{U_2}{U_1} = \frac{1}{\sqrt{\left(\frac{f_2}{f_g}\right)^2 + 1}} = \frac{1}{\sqrt{\left(\frac{15\,\text{kHz}}{2{,}68\,\text{kHz}}\right)^2 + 1}} = \frac{1}{5{,}69} = \mathbf{0{,}176}$

Der Spannungsrückgang beträgt **82,4%**.

c) $\frac{U_2'}{U_1} = \frac{1}{\sqrt{\left(\frac{f_1}{f_g}\right)^2 + 1}} = \frac{1}{\sqrt{\left(\frac{1000\,\text{Hz}}{2680\,\text{Hz}}\right)^2 + 1}} = \frac{1}{1{,}07} = \mathbf{0{,}937}$

Die Signalspannung wird nur um **6,3%** herabgesetzt.

2. Hochpass

Bei einem RC-Hochpass soll die Grenzfrequenz 800 Hz betragen. Der verwendete Kondensator hat die Kapazität 33 nF.

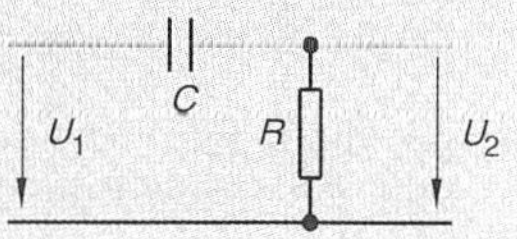

a) Welcher Widerstand ist erforderlich?
b) Bei welcher Frequenz f_1 wird die Ausgangsspannung U_2 auf 20% der Eingangsspannung U_1 abgesenkt?
c) Wie groß sind Phasenverschiebungswinkel und Dämpfungsfaktor bei 100 Hz?

Lösung:

Gegeben: $f_g = 800$ Hz; $C = 33$ nF; $U_2 = 0{,}2 \cdot U_1$; $f_2 = 100$ Hz.
Gesucht: R; f_1; φ_2; D.

a) $R = \frac{1}{2\pi \cdot f_g \cdot C} = \frac{1}{2\pi \cdot 800\,\text{Hz} \cdot 33 \cdot 10^{-9}\,\text{F}} = \mathbf{6{,}03\ k\Omega}$

b) $\frac{U_2}{U_1} = \frac{1}{\sqrt{\left(\frac{f_g}{f_1}\right)^2 + 1}} \Rightarrow \frac{f_g}{f_1} = \sqrt{\left(\frac{U_1}{U_2}\right)^2 - 1} \Rightarrow f_1 = \frac{f_g}{\sqrt{\left(\frac{U_1}{U_2}\right)^2 - 1}} = \frac{800\,\text{Hz}}{\sqrt{\left(\frac{U_1}{0{,}2\,U_1}\right)^2 - 1}} = \frac{800\,\text{Hz}}{4{,}9} = \mathbf{163\,Hz}$

c) $\frac{U_2'}{U_1} = \frac{1}{\sqrt{\left(\frac{f_g}{f_2}\right)^2 + 1}} = \frac{1}{\sqrt{\left(\frac{800\,\text{Hz}}{100\,\text{Hz}}\right)^2 + 1}} = 0{,}124$

$\cos\varphi_2 = \frac{U_2'}{U_1} = 0{,}124 \Rightarrow \varphi_2 = \mathbf{82{,}9°}$ $D = \frac{U_1}{U_2'} = \frac{1}{0{,}124} = \mathbf{8{,}06}$

Aufgaben

1. Bei einem RC-Tiefpass (Abb. 10.6.1) soll die Grenzfrequenz 10 kHz betragen. Zur Verfügung steht ein Kondensator mit der Kapazität 6,8 nF und ein einstellbarer Widerstand mit 2,7 kΩ.

Auf welchen Wert ist der Widerstand R einzustellen?

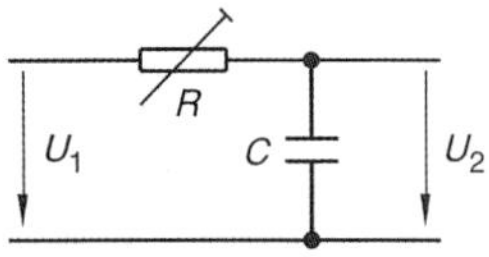

Abb. 10.6.1

2. Ein Tiefpass mit $R = 9{,}1$ kΩ und $C = 4{,}7$ nF ist an eine sinusförmige Wechselspannung $U_1 = 2{,}4$ V angeschlossen.

Berechnen Sie

a) die Grenzfrequenz,

b) Dämpfungsfaktor und Ausgangsspannung bei $f_2 = 800$ Hz und bei $f_2' = 10$ kHz.

3. Die Induktivität L einer Spule wirkt mit dem Belastungswiderstand R als Tiefpass (Abb. 10.6.3). Die Eingangsspannung U_1 ist sinusförmig.

Berechnen Sie

a) die Grenzfrequenz f_g,

b) die Frequenz f, bei der die Spannung U_2 auf 25% der Eingangsspannung U_1 abgesunken ist.

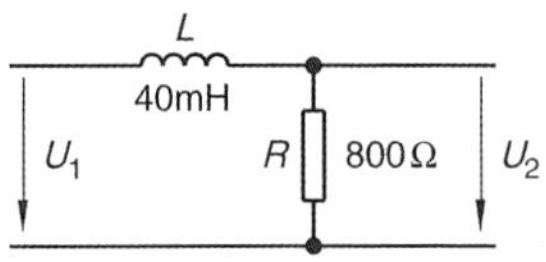

Abb. 10.6.3

4. Bei einem RC-Tiefpass mit $R = 20$ kΩ und $C = 470$ pF ist die Ausgangsspannung U_2 gegenüber der Eingangsspannung U_1 um 60° phasenverschoben.

Berechnen Sie die Frequenz der Eingangsspannung.

5. Ein RC-Hochpass ist an einen Sinusgenerator angeschlossen (Abb. 10.6.5).

a) Berechnen Sie U_2 für 0,5 kHz; 1 kHz; 2 kHz; 5 kHz; 10 kHz; 15 kHz.

b) Zeichnen Sie die Durchlasskurve.

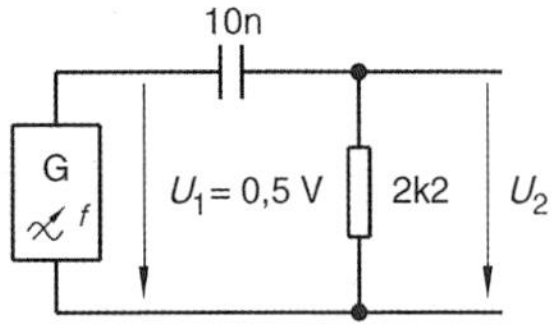

Abb. 10.6.5

6. Ein RC-Hochpass mit $C = 4{,}7$ nF und $R = 6{,}8$ kΩ ist einer Transistorstufe nachgeschaltet.

Berechnen Sie für $U_1 = 0{,}8$ V ~ 1200 Hz

a) den Scheinwiderstand,

b) die Ausgangsspannung U_2,

c) den Dämpfungsfaktor D,

d) die Phasenverschiebung zwischen U_2 und U_1.

7. Ein RL-Hochpass mit $L = 150$ mH und der Grenzfrequenz 3500 Hz soll durch einen RC-Hochpass ersetzt werden.

Wie muss der RC-Hochpass dimensioniert sein, damit er die gleichen elektrischen Eigenschaften besitzt?

8. Berechnen Sie für das Tiefpass-π-Filter (Abb. 10.6.8) mit der Induktivität 40 mH und den Kapazitäten 2,2 nF

a) die Grenzfrequenz,
b) den Schwingungswiderstand Z.

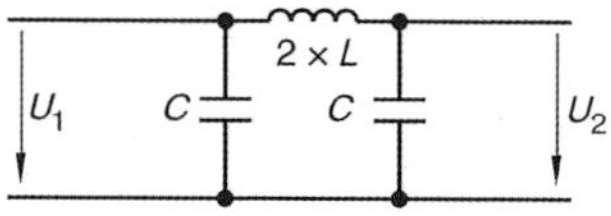

Abb. 10.6.8

9. In einer Übertragungsstrecke (Abb. 10.6.9) ist ein Hochpass eingebaut. Die Eingangsspannung am Hochpass beträgt $U_1 = 250$ mV; an seinem Ausgang wird $U_2 = 84$ mV gemessen.

Berechnen Sie

a) den Dämpfungsfaktor D,
b) das Dämpfungsmaß a.

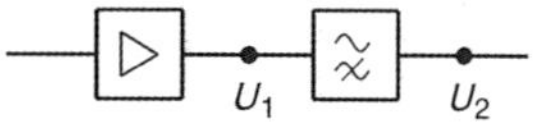

Abb. 10.6.9

10. Am Eingang eines Tiefpass-π-Filters (Abb. 10.6.10) liegt eine Spannung von 1,4 V. Der Abschlusswiderstand ist gleich groß wie der Eingangswiderstand, er beträgt 600 Ω. Der Tiefpass soll die Grenzfrequenz 1 kHz und bei 2,5 kHz das Dämpfungsmaß $a = 14$ dB haben. Angenommen: $Z = 1{,}25\,R$.

Berechnen Sie

a) die Bauteile,
b) die Ausgangsspannung U_2.

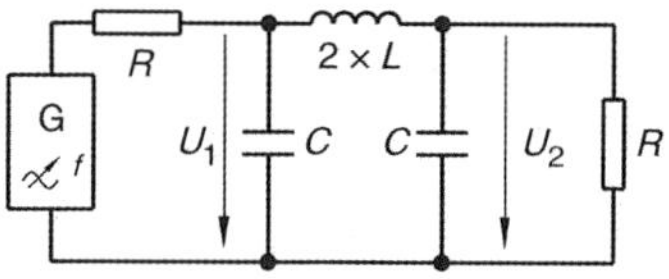

Abb. 10.6.10

11. Ein Steuersignal $U = 18$ mV wird um 30 dB verstärkt. Dem Verstärker ist ein Hochpass nachgeschaltet, an dessen Ausgang eine Spannung $U_2 = 75$ mV gemessen wird.

Berechnen Sie das Dämpfungsmaß des Hochpasses.

11.1 Spannung, Strom, Wirkleistung

Beispiel:

Ein Härteofen nimmt in Dreieckschaltung an einem Netz 3/N/PE ~ 400 V eine Leistung von 9 kW auf. Zur Leistungsabsenkung ist eine Umschaltung auf Stern möglich.
Zeichnen Sie die Schaltbilder und tragen Sie die elektrischen Größen ein.

Berechnen Sie
a) die Strangleistung in Dreieck,
b) den Strangwiderstand,
c) die Strangleistung in Sternschaltung,
d) die Gesamtleistung bei Sternschaltung.

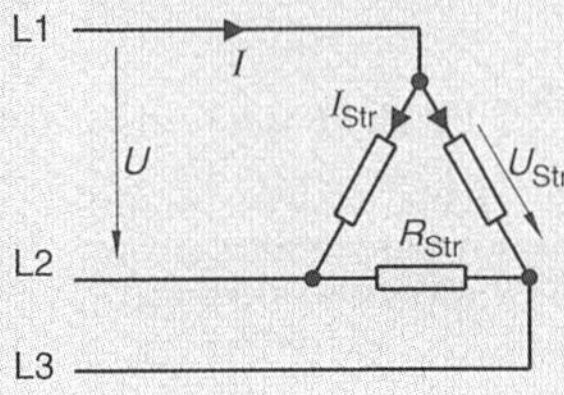

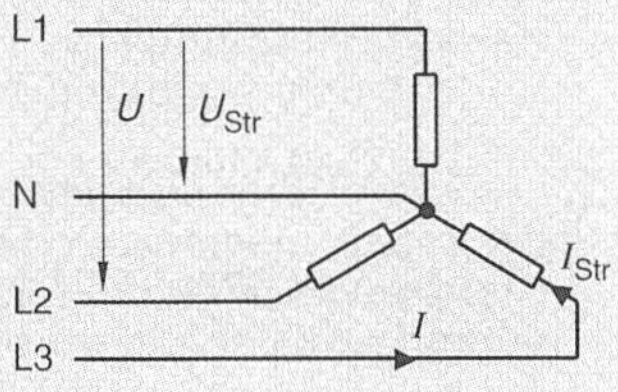

Lösung:

Gegeben: $U = 400$ V; $P_\Delta = 9$ kW.
Gesucht: $P_{Str\Delta}$; R_{Str}; P_{StrY}; P_Y.

a) $P_\Delta = 3 \cdot P_{Str\Delta} \Rightarrow P_{Str\Delta} = \dfrac{P_\Delta}{3} = \dfrac{9\ \text{kW}}{3} = \mathbf{3\ kW}$

b) $P_{Str} = \dfrac{U^2}{R_{Str}} \Rightarrow R_{Str} = \dfrac{U^2}{P_{Str}} = \dfrac{(400\ \text{V})^2}{3000\ \text{W}} = \mathbf{53{,}3\ \Omega}$

c) $P_{StrY} = \dfrac{U_{Str}{}^2}{R_{Str}} = \dfrac{(230\ \text{V})^2}{53{,}3\ \Omega} = \mathbf{992\ W}$

d) $P_Y = 3 \cdot P_{StrY} = 3 \cdot 992\ \text{W} = \mathbf{2{,}98\ kW}$

Hinweis

Nach DIN IC 38 ist die Netzspannung international auf 400 V/230 V festgelegt. Während der Übergangszeit bis zum Jahr 2003 darf die Abweichung −10% bis +6% betragen.
In den nachfolgenden Lösungen wird mit den Spannungen 230 V und 400 V gerechnet. Dadurch ergeben sich bei Spannungen, Strömen und Leistungen geringe Abweichungen.

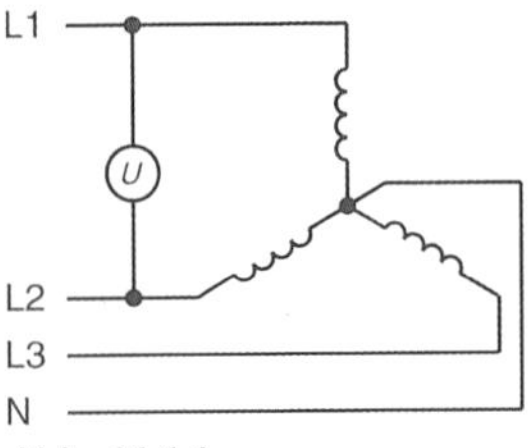

Abb. 11.1.1

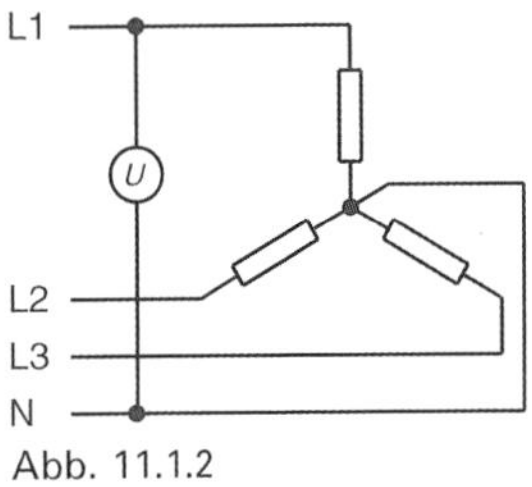

Abb. 11.1.2

Aufgaben

1. Ein Drehstromgenerator, dessen Wicklungsstränge in Stern geschaltet sind, erzeugt eine Außenleiterspannung von 400 V (Abb. 11.1.1).

Wie groß ist die in jedem Strang induzierte Spannung?

2. Am Strang eines in Stern geschalteten Industrieheizofens werden 290 V gemessen (Abb. 11.1.2).

Berechnen Sie die Leiterspannung.

3. Beim Anschluss an ein Netz 3/N/PE ~ 50 Hz 400/230 V nimmt das Gerät in Y-Schaltung einen Strom von 9,5 A auf.

Berechnen Sie
a) die Strangspannung
b) den Widerstand eines Strangs

4. Ein Speicherofen nimmt in Sternschaltung an einem Netz 3/N/PE ~ 50 Hz 400/230 V einen Strom von 6 A auf.

Berechnen Sie die Leistung des Ofens.

5. Ein Härteofen nimmt in Sternschaltung an einem Netz 3/N/PE ~ 400 V eine Leistung von 12 kW auf.

Berechnen Sie

a) den Außenleiterstrom, b) die Strangspannung, c) den Strangwiderstand,
d) die Strangleistung.

6. Die drei Widerstände eines Backofens haben je 32 Ω und sind in Stern geschaltet. Die Nennspannung beträgt 400 V.

Berechnen Sie

a) die Strangspannung, b) den Strangstrom, c) die Strangleistung,
d) die Gesamtleistung.

7. Die Oberspannungsseite eines Drehstrom-Transformators ist in Dreieck geschaltet und nimmt 100 A auf (Abb. 11.1.7).

Berechnen Sie den Strangstrom.

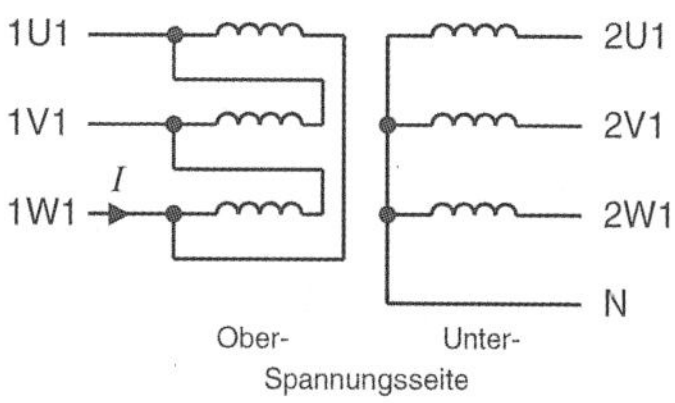

Abb. 11.1.7

8. Eine Fußbodenheizung ist in Dreieck an eine Spannung von 400 V ~ angeschlossen. Der Widerstand eines Stranges beträgt 50 Ω.

Berechnen Sie

a) den Strangstrom, b) den Außenleiterstrom, c) die Gesamtleistung.

9. Ein Durchlauferhitzer ist an 3/PE ~ 50 Hz 400 V angeschlossen. Er nimmt in Dreieckschaltung 34,6 A auf.

Wie groß ist

a) die Gesamtleistung, b) die Strangleistung.

10. Ein Heißwasserspeicher wird in Dreieckschaltung an ein Netz 3/N/PE ~ 400 V angeschlossen. Die Nennleistung beträgt 6 kW.

Berechnen Sie den Leiterstrom.

11. Drei Heizwiderstände mit je 44 Ω sind über einen YΔ-Schalter an ein 400-V-Drehstromnetz angeschlossen.

Bestimmen Sie für beide Schaltungen

a) die Strang- und die Außenleiterspannung, c) die Strang- und die Gesamtleistung.
b) den Strang- und den Außenleiterstrom,

In welchem Verhältnis stehen die Leistungen bei Stern- und bei Dreieckschaltung zueinander?

12. Drei Heizwiderstände nehmen in Dreieckschaltung bei 400 V einen Strom von 26 A auf.

Wie groß ist die Leistungsaufnahme bei Sternschaltung?

13. Ein Industriebackofen hat drei Heizwiderstände mit je 20 Ω. Sie sind in Dreieck an 400 V Drehstrom angeschlossen.

Berechnen Sie

a) den Strangstrom, b) den Außenleiterstrom, c) die Gesamtleistung,
d) die Leistung des Ofens, wenn eines der drei vorgeschalteten Überstromschutzorgane auslöst.

14. Die drei Widerstände eines 6-kW-Boilers sind in Sternschaltung an 400 V angeschlossen. Aufgrund wesentlich längerer Aufheizzeit wird festgestellt, dass ein Strang ausgefallen ist (Abb. 11.1.14).

Berechnen Sie die Leistungsaufnahme nach Ausfall eines Stranges

a) wenn der N-Leiter angeschlossen ist,

b) wenn der N-Leiter nicht angeschlossen ist.

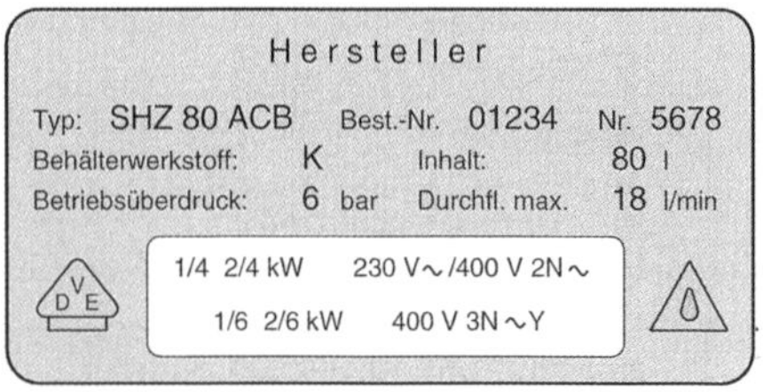

Abb. 11.1.14

11.2 Wirkleistung und Blindleistung

Beispiel:

Ein Drehstrommotor wird an einem 400-V-Netz betrieben. In einem bestimmten Betriebszustand gibt er an der Motorwelle ein Drehmoment von 65 Nm ab, dabei beträgt der Wirkungsgrad 89%, der Leistungsfaktor 0,88.
Mit einem Zähler wird die Wirkleistungsaufnahme bestimmt. Die Zählerscheibe dreht sich 45mal in 2 Minuten; die Zählerkonstante C_Z beträgt $120\,\frac{1}{\text{kWh}}$.

Berechnen Sie

a) die aufgenommene Wirkleistung, b) die Stromaufnahme, c) die Blindleistung,
d) die abgegebene Leistung, e) die Motorumdrehungsfrequenz.

Lösung:

Gegeben: $U = 400\text{ V};\ M = 65\text{ Nm};\ \eta = 0{,}89;\ \cos\varphi = 0{,}88;\ C_Z = 120\,\frac{1}{\text{kWh}};\ t = 2\text{ min}.$

Gesucht: $P_1;\ I;\ Q;\ P_2;\ n.$

a) $$P_1 = \frac{N}{t \cdot C_Z} = \frac{45}{\frac{2\text{ min}\cdot\text{h}}{60\text{ min}} \cdot 120\,(\text{kWh})^{-1}} = \mathbf{11{,}3\ kW}$$

b) $$I = \frac{P_1}{\sqrt{3}\cdot U \cdot \cos\varphi} = \frac{11\,250\text{ W}}{\sqrt{3}\cdot 400\text{ V}\cdot 0{,}88} = \mathbf{18{,}5\ A}$$

c) $\cos\varphi = 0{,}88 \Rightarrow \varphi = 28{,}36° \Rightarrow \sin\varphi = 0{,}475$

$$Q = \sqrt{3}\cdot U \cdot I \cdot \sin\varphi = \sqrt{3}\cdot 400\text{ V}\cdot 18{,}5\text{ A}\cdot 0{,}475 = \mathbf{6{,}09\ kvar}$$

d) $$P_2 = P_1 \cdot \eta = 11{,}3\text{ kW}\cdot 0{,}89 = \mathbf{10\ kW}$$

e) $$n = \frac{P_2}{2\pi\cdot M} = \frac{10\text{ kW}\cdot 60\,\frac{\text{s}}{\text{min}}}{2\pi\cdot 65\text{ Nm}} = \mathbf{1470\ min^{-1}}$$

Aufgaben

1. Eine Grundwasserpumpe wird mit einem Drehstrommotor 400 V angetrieben. Bei einer Stromaufnahme von 2,2 A beträgt der Leistungsfaktor 0,79.

Berechnen Sie die Wirkleistungsaufnahme.

2. Ein Drehstrom-Kurzschlussläufer-Motor 400 VΔ/7,5 kW hat bei Nennlast einen Leistungsfaktor von 0,8 und einen Wirkungsgrad von 0,86.

Berechnen Sie die Stromaufnahme des Motors.

3. Der Antriebsmotor einer Fräsmaschine nimmt an einem Netz 400/230 V~ eine Wirkleistung von 2,2 kW auf. Der Leistungsfaktor beträgt 0,81.

Wie groß ist der Strom in der Zuleitung?

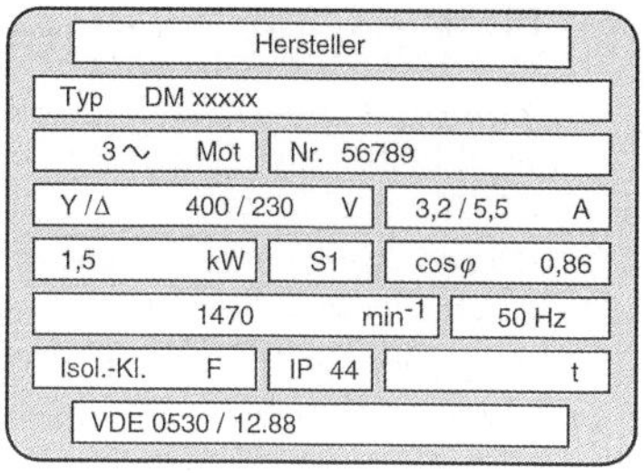

Abb. 11.2.4

4. Eine Ständerbohrmaschine ist an ein 400-V-Netz angeschlossen (Abb. 11.2.4).

Berechnen Sie den Wirkungsgrad des Motors bei Nennlast.

5. Von einem Motor (Abb. 11.2.5) sind folgende Werte bekannt. $U = 400$ V, $I = 6{,}4$ A, $\cos\varphi = 0{,}84$.

Berechnen Sie S, P, Q.

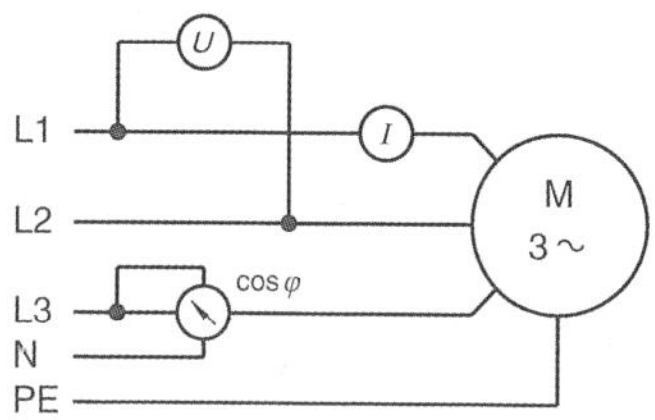

Abb. 11.2.5

6. Berechnen Sie aus den Angaben auf dem Leistungsschild (Abb. 11.2.6)

a) die Scheinleistung,
b) die aufgenommene Wirkleistung,
c) die Blindleistung,
d) den Wirkungsgrad.

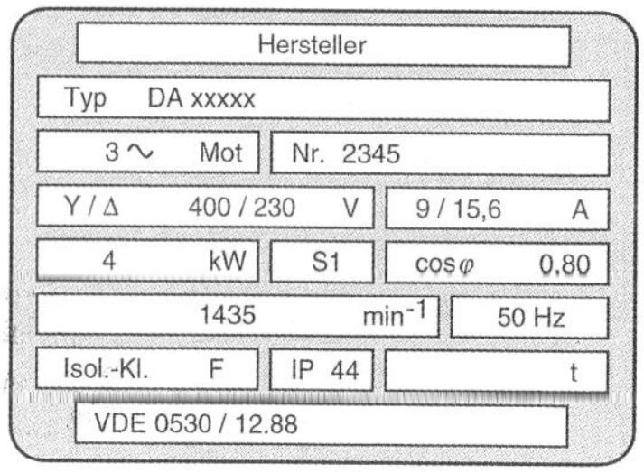

Abb. 11.2.6

7. Mit Hilfe eines Spannungsmessers, eines Strommessers und eines Elektrizitätszählers $\left(C_Z = 750 \frac{1}{\text{kWh}}\right)$ soll die Blindleistung eines Drehstrommotors bestimmt werden. Es werden folgende Werte gemessen:

Spannung 400 V, Strom 3,5 A.

Die Zählerscheibe macht in 30 Sekunden 4 Umdrehungen (Abb. 11.2.7).

8. Auf einem Prüfstand wird ein Schleifringläufermotor untersucht. Der Messreihe werden folgende Werte entnommen:

Spannung 400 V, Strom 33 A, Leistungsaufnahme 18,1 kW, Umdrehungsfrequenz 1460 min^{-1}, Drehmoment 105 Nm.

Berechnen Sie

a) den Wirkungsgrad,
b) den Leistungsfaktor.

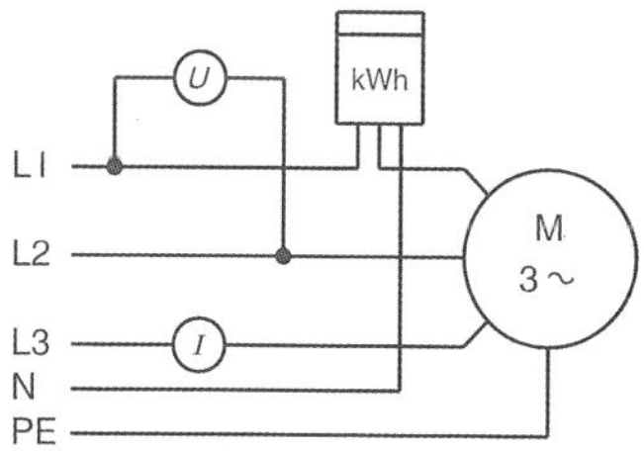

Abb. 11.2.7

9. Der Antrieb des Knetwerks in einer Bäckerei benötigt ein Drehmoment von 70 Nm bei einer Umdrehungsfrequenz von 980 min^{-1}. Der Motor wird an einem 400-V-Drehstromnetz betrieben. Bei diesem Betriebszustand wird ein Wirkungsgrad von 80% und ein Leistungsfaktor von 0,75 angenommen.

a) Welche Leistung muss der Motor abgeben?
b) Wählen Sie aus der DIN-Reihe einen geeigneten Motor.
c) Welchen Strom nimmt der Motor in Dreieckschaltung auf?

11.3 Kompensation bei Drehstrom

Beispiel:

Ein Drehstrom-Asynchronmotor 400 V/8 kW hat bei Nennlast einen Leistungsfaktor von 0,78. Bei dieser Belastung beträgt der Wirkungsgrad 0,85. Durch 3 in Dreieck geschaltete Kondensatoren soll der Leistungsfaktor auf 0,95 verbessert werden.

Ermitteln Sie zeichnerisch und rechnerisch

a) die erforderliche Kondensator-Blindleistung,
b) die Gesamtkapazität der Kondensatorbatterie.

Lösung:

Gegeben: $U = 400\ \text{V};\ P_2 = 8\ \text{kW};\ \cos\varphi_1 = 0{,}78;\ \cos\varphi_2 = 0{,}95;\ \eta = 0{,}85$
Gesucht: $Q_C;\ C$

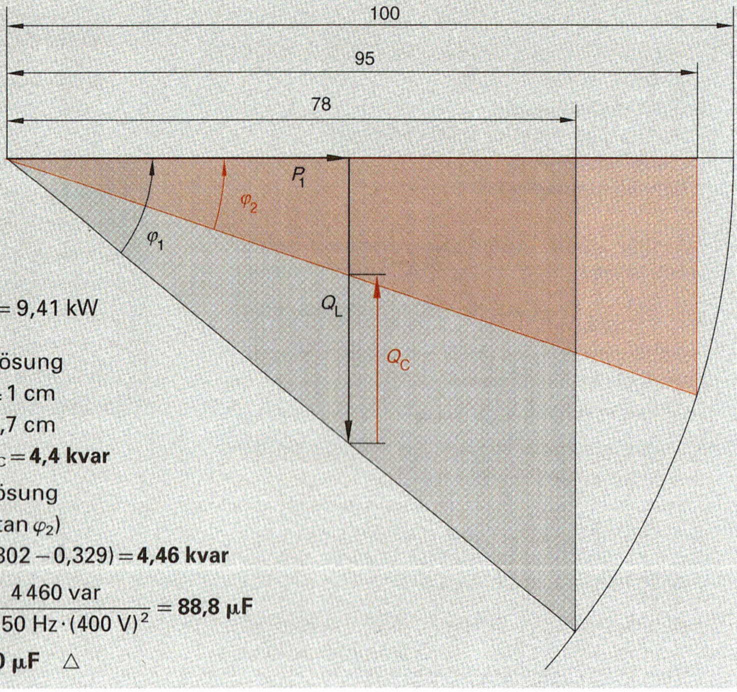

a) $P_1 = \frac{P_2}{\eta} = \frac{8\ \text{kW}}{0{,}85} = 9{,}41\ \text{kW}$

Zeichnerische Lösung
Maßstab 2 kW ≙ 1 cm
$P_1 = 9{,}41\ \text{kW} \mathrel{\widehat{=}} 4{,}7\ \text{cm}$
$Q_C \mathrel{\widehat{=}} 2{,}2\ \text{cm} \Rightarrow Q_C = \mathbf{4{,}4\ kvar}$

Rechnerische Lösung
$Q_C = P_1 (\tan\varphi_1 - \tan\varphi_2)$
$= 9{,}41\ \text{kW}\,(0{,}802 - 0{,}329) = \mathbf{4{,}46\ kvar}$

b) $C = \frac{Q_C}{\omega \cdot U^2} = \frac{4\,460\ \text{var}}{2\pi \cdot 50\ \text{Hz} \cdot (400\ \text{V})^2} = \mathbf{88{,}8\ \mu F}$

Kapazität: **3 × 30 µF** △

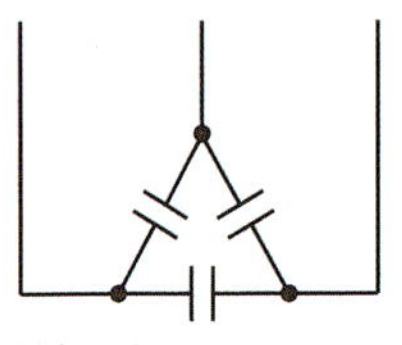

Abb. 11.3.1

Aufgaben

1. Drei Kondensatoren nehmen in Dreieckschaltung (Abb. 11.3.1) an einem Drehstromnetz 3/N/PE ~ 50 Hz 400 V eine Blindleistung von 1 kvar auf.

   Berechnen Sie

   a) die Blindleistung je Strang,
   b) den Blindstrom je Strang,
   c) den Blindwiderstand je Strang,
   d) die Strangkapazität,
   e) die Gesamtkapazität.

2. In einer Drehstromanlage 3/N/PE ~ 50 Hz/400 V ist eine Blindleistung von 36 kvar zu kompensieren.

Berechnen Sie

a) den Strangstrom bei Dreieckschaltung,
b) die Gesamtkapazität bei Dreieckschaltung,
c) den Strangstrom bei Sternschaltung,
d) die Gesamtkapazität bei Sternschaltung.

3. In einer Werkstätte sind drei Lichtbänder mit je 12 Leuchtstofflampen 58 W installiert. Eine Lampe nimmt an 230 V ~ 50 Hz einschließlich Drosselspule 71 W auf. Der Betriebsstrom einer Lampe beträgt 0,67 A. Der Leistungsfaktor der Lichtanlage soll durch eine in Dreieck geschaltete Kondensatorbatterie auf 0,95 verbessert werden (Abb. 11.3.3).

Berechnen Sie

a) den Leistungsfaktor ohne Kompensation,
b) den Anschlusswert der Lichtanlage,
c) die Blindleistung der Kondensatorbatterie,
d) die Gesamtkapazität der Kondensatorbatterie,
e) die Strangkapazität.

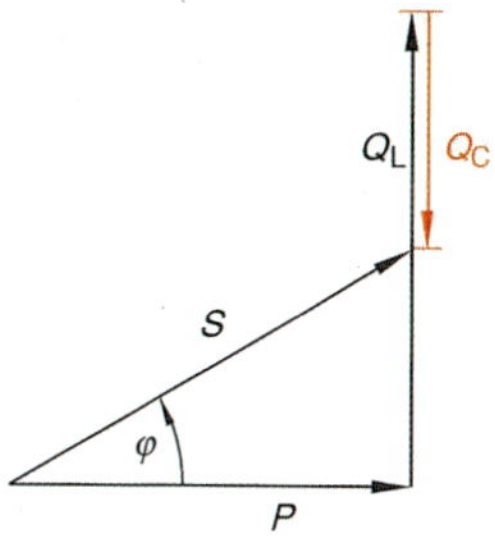

Abb. 11.3.3

4. Die 3 Leuchtenbänder der Aufgabe 11.3.3 sollen als Duo-Schaltung einzeln kompensiert werden. Für je 2 Lampen wird 1 Kompensationskondensator verwendet. Bei der Bestimmung der Kondensatoren wird rechnerisch auf $\cos\varphi = 1$ kompensiert.

a) Wie viele Kondensatoren sind erforderlich?
b) Berechnen Sie die Kapazität jedes Kondensators.

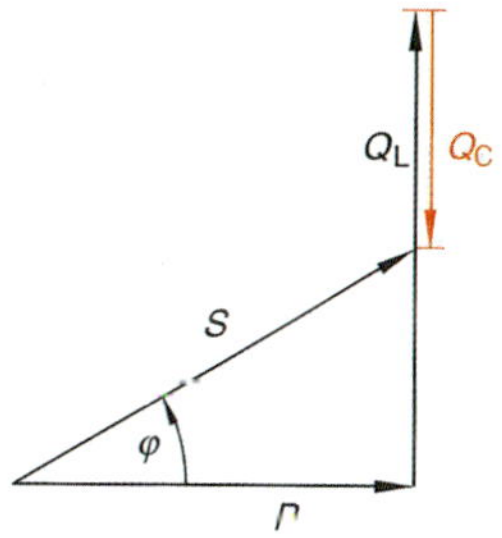

Abb. 11.3.5

5. Ein Drehstrom-Asynchronmotor 12 kW/400 V hat bei Nennlast einen Leistungsfaktor von 0,84 und einen Wirkungsgrad von 0,8. Der Leistungsfaktor soll durch Kompensation auf 0,95 verbessert werden (Abb. 11.3.5).

Ermitteln Sie

a) die erforderliche Kondensator-Blindleistung,
b) die Gesamtkapazität der in Dreieck geschalteten Kondensatoren.

6. Ein Gebläse wird von einem Drehstrom-Asynchronmotor 7,5 kW/400 V angetrieben. Das zuständige Elektrizitätswerk schreibt die Größe der Kondensatorblindleistung in Abhängigkeit von der Motorleistung vor (Abb. 11.3.6).

Berechnen Sie die Gesamtkapazität der in Dreieck geschalteten Kondensatoren.

Motor-Nennleistung (kW)	Motor-Nennleistung (PS)	Kondensator-Nennleistung (kvar)
3,0 … 4,9	4,0 … 6,9	2
5,0 … 6,9	7,0 … 9,4	3
7,0 … 8,9	9,5 … 11,9	4
9,0 … 11,9	12,0 … 16,4	5
12,0 … 13,9	16,5 … 18,9	6
14,0 … 15,9	19,0 … 21,9	7
16,0 … 19,9	22,0 … 26,9	8

Abb. 11.3.6

7. Der Antriebsmotor eines Kompressors hat bei 400 V ~ 50 Hz eine Nennleistung von 15 kW. Das EVU schreibt für Motoren dieser Größe eine Kondensator-Blindleistung von 45% der Motor-Nennleistung vor.

Berechnen Sie

a) die Blindleistung der Kondensatorbatterie,
b) die Gesamtkapazität der in Dreieck geschalteten Kondensatoren.

8. Der Leistungsfaktor des Antriebsmotors einer Werkzeugmaschine (Abb. 11.3.8) soll durch Kompensation auf 0,95 verbessert werden.

Ermitteln Sie

a) die Kapazität der in Dreieck geschalteten Kondensatorbatterie,

b) die Stromaufnahme bei Nennleistung nach der Kompensation.

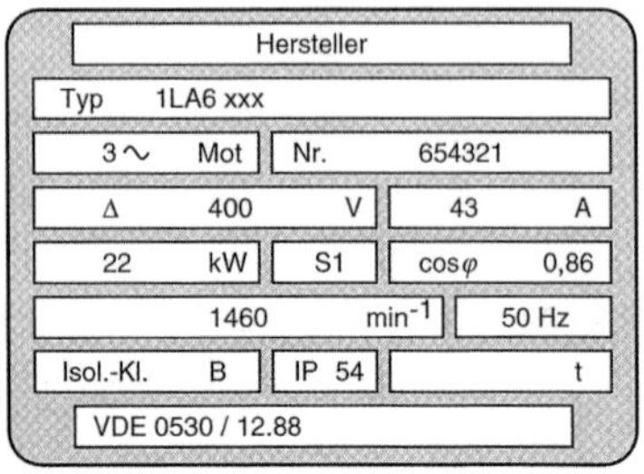

Abb. 11.3.8

9. Ein Industriebetrieb hat einen Anschlusswert von 1200 kW. Der Leistungsfaktor beträgt 0,82. Zusätzlich soll eine elektrisch beheizte Härtereianlage mit einer Leistung von 300 kW/$\cos\varphi = 1$ angeschlossen werden.

Berechnen Sie den Leistungsfaktor nach Anschluss der Härtereianlage.

10. In einer Drehstromanlage werden am Zähler ($C_Z = 120$ 1/kWh) in 32 Sekunden 12 Scheibenumdrehungen gezählt. Bei einer verketteten Spannung von 400 V beträgt die Stromaufnahme 22 A. Der Leistungsfaktor soll auf 0,95 verbessert werden.

Bestimmen Sie

a) die aufgenommene Wirkleistung,

b) den Leistungsfaktor ohne Kompensation,

c) die Blindleistung der Kondensatorbatterie.

11. Ein Transformator hat eine Nennleistung von 250 kVA. Bei einer Last von 180 kW fließt der Nennstrom. Zusätzlich sollen 40 kW mit einem Leistungsfaktor von 0,6 angeschlossen werden (Abb. 11.3.11).

Berechnen Sie

a) den Leistungsfaktor vor Übernahme der Zusatzlast,

b) die benötigte Kondensatorblindleistung,

c) den Leistungsfaktor mit Kompensation.

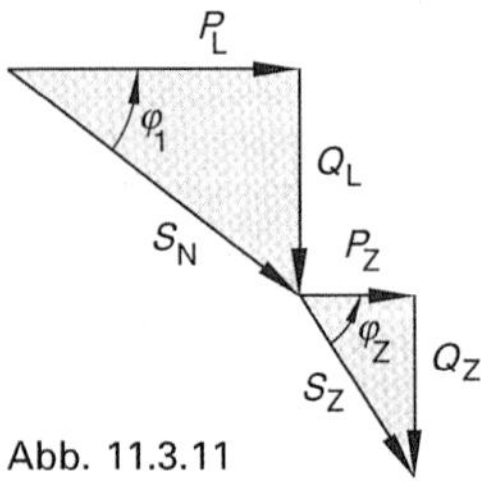

Abb. 11.3.11

12. Der Leistungsfaktor soll durch Kompensation an der Verteilung auf $\cos\varphi_{m2} = 0{,}95$ gebracht werden.

Berechnen Sie

a) den mittleren Leistungsfaktor ohne Kompensation,

b) die Blindleistung der Kondensatorbatterie,

c) die Gesamtkapazität und die Strangkapazität.

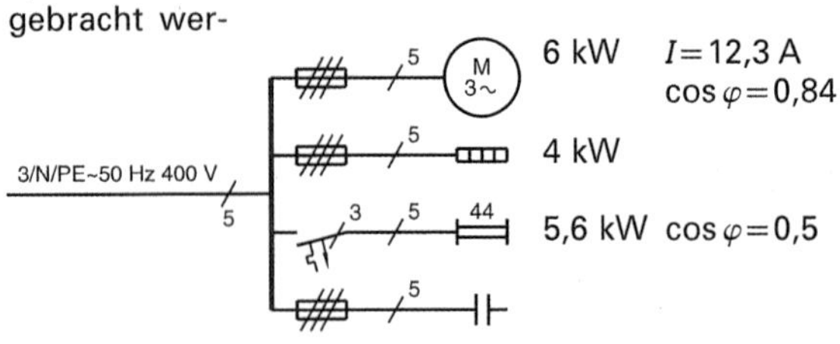

Abb. 11.3.12

11.4 Unsymmetrische Last

Beispiele:

1. Sternschaltung

In einer Zuleitung zu einem Drehstromverbraucher werden folgende Werte gemessen:

$I_1 = 12$ A; $I_2 = 8$ A; $I_3 = 6$ A.

Bestimmen Sie zeichnerisch den Strom im N-Leiter.

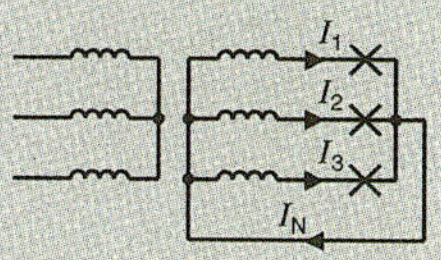

Maßstab: 1 cm ≙ 3 A

$I_1 = 12$ A ≙ 4 cm
$I_2 = 8$ A ≙ 2,7 cm
$I_3 = 6$ A ≙ 2 cm

I_N ≙ 1,8 cm
$I_N =$ **5,4 A**

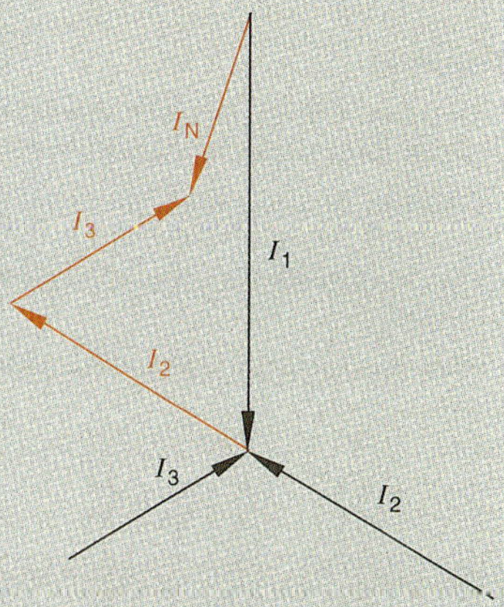

2. Dreieckschaltung

In den Strängen eines Drehstromverbrauchers werden folgende Ströme gemessen:

$I_{12} = 12$ A; $I_{23} = 8$ A; $I_{31} = 6$ A.

Die Strangströme sind phasengleich mit den Spannungen.

Bestimmen Sie zeichnerisch die Leiterströme I_1, I_2 und I_3.

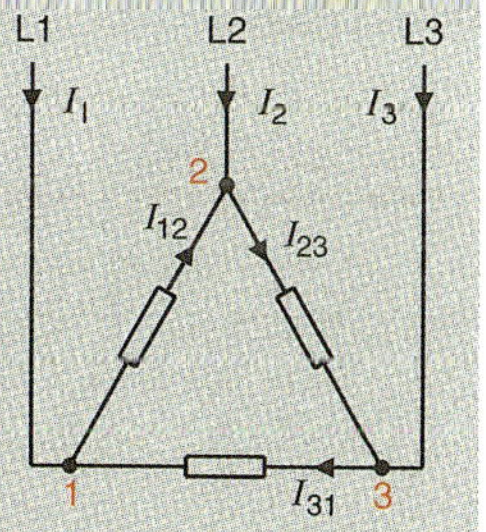

Maßstab: 1 cm ≙ 5 A

$\vec{I}_1 = \vec{I}_{12} - \vec{I}_{31}$
$\vec{I}_2 = \vec{I}_{23} - \vec{I}_{12}$
$\vec{I}_3 = \vec{I}_{31} - \vec{I}_{23}$

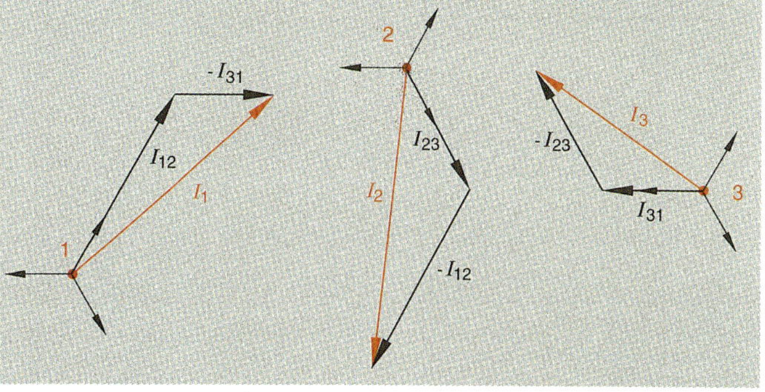

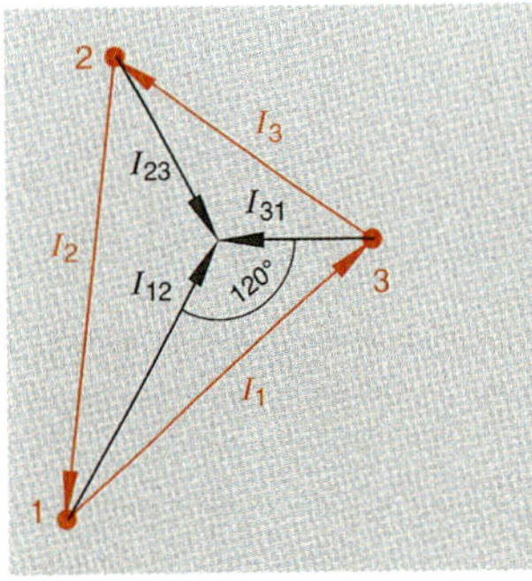

$\vec{I}_1 = \vec{I}_{12} - \vec{I}_{31}$
$\vec{I}_2 = \vec{I}_{23} - \vec{I}_{12}$
$\vec{I}_3 = \vec{I}_{31} - \vec{I}_{23}$

$I_1 \triangleq 3{,}2$ cm
$I_1 = \mathbf{16\ A}$

$I_2 \triangleq 3{,}5$ cm
$I_2 = \mathbf{17{,}5\ A}$

$I_3 \triangleq 2{,}4$ cm
$I_3 = \mathbf{12\ A}$

Aufgaben

1. In einem Stromkreis fließen die Leiterströme $I_1 = 16$ A, $I_2 = 6$ A; I_3 ist stromlos. Die Verbraucher sind in Stern geschaltet. Der Leistungsfaktor beträgt $\cos\varphi = 1$.

Bestimmen Sie den Strom im N-Leiter. Maßstab: 1 cm ≙ 4 A

2. In den Strängen einer Sternschaltung werden die Ströme $I_1 = 9$ A, $I_2 = 6$ A und $I_3 = 3$ A gemessen.

Welcher Strom fließt im N-Leiter? Maßstab: 1 cm ≙ 3 A

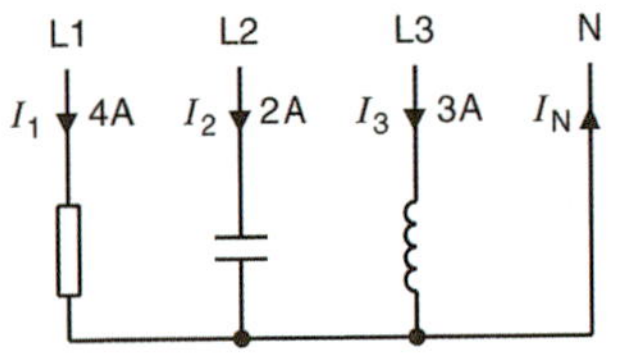

Abb. 11.4.3

3. Ermitteln Sie den Strom im Neutralleiter bei unsymmetrischer Last. Maßstab: 1 cm ≙ 1 A (Abb. 11.4.3).

4. Der Kondensator und die Spule aus Aufgabe 3 werden miteinander vertauscht; der Kondensator wird an L3 und die Spule an L2 angeschlossen.

Auf welchen Wert ändert sich der Strom I_N?

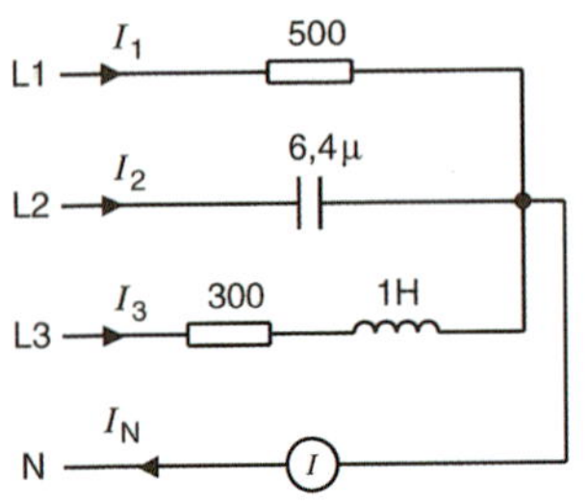

Abb. 11.4.5

5. Netz: 3/PE/N ~ 50 Hz 400 V
Verbraucher: (Abb. 11.4.5)

Gesucht: I_1; I_2; I_3; I_N

12.1 Transformatoren und Wandler

Beispiele:

1. Transformator ohne Verluste

Ein Einphasen-Transformator hat eine Eingangswicklung mit $N_1 = 2000$ Windungen und bei Anschluss an 230 V eine Ausgangsspannung von $U_2 = 24$ V. In der Ausgangswicklung fließt ein Strom $I_2 = 8$ A.

Berechnen Sie

a) das Übersetzungsverhältnis $ü$,
b) die Windungszahl der Ausgangswicklung,
c) die Stromaufnahme,
d) die Eingangsimpedanz Z_1 und die Ausgangsimpedanz Z_2.

Lösung:

Gegeben: $N_1 = 2000$; $U_1 = 230$ V; $U_2 = 24$ V; $I_2 = 8$ A.
Gesucht: $ü$; N_2; I_1; Z_1; Z_2.

a) $ü = \frac{U_1}{U_2} = \frac{230\ \text{V}}{24\ \text{V}} = \mathbf{9{,}58}$

b) $N_2 = \frac{U_2}{U_1} \cdot N_1 = \frac{24\ \text{V}}{230\ \text{V}} \cdot 2000 = \mathbf{209}$

c) $I_1 = \frac{U_2}{U_1} \cdot I_2 = \frac{24\ \text{V}}{230\ \text{V}} \cdot 8\ \text{A} = \mathbf{835\ mA}$

d) $Z_2 = \frac{U_2}{I_2} = \frac{24\ \text{V}}{8\ \text{A}} = \mathbf{3\ \Omega}$

$Z_1 = ü^2 \cdot Z_2 = \frac{U_1}{U_2} \cdot Z_2 = \frac{230\ \text{V}}{24\ \text{V}} \cdot 3\ \Omega = \mathbf{276\ \Omega}$

Hinweis

Das Nennübersetzungsverhältnis nach VDE ist das ungekürzte Verhältnis $\frac{\text{Nennoberspannung}}{\text{Nennunterspannung}}$, z. B. $ü_N = \frac{230\ \text{V}}{24\ \text{V}}$.

2. Drehstrom-Transformator mit Verlusten

Ein Drehstromtransformator 10 kV/400 V hat eine Nennleistung von 50 kVA. Die Verluste betragen bei Nennleistung insgesamt 1440 W. Die Kurzschlussspannung ist mit 5% angegeben.

Berechnen Sie

a) das Übersetzungsverhältnis,
b) den Strom in der Ausgangswicklung,
c) den Strom in der Eingangswicklung bei $\cos\varphi = 1$,
d) den Kurzschlussstrom in der Eingangswicklung,
e) den Strom in der Eingangswicklung bei $\cos\varphi' = 0{,}8$,
f) den Wirkungsgrad des Transformators bei $\cos\varphi' = 0{,}8$.

Lösung:

Gegeben: $U_1 = 10$ kV; $U_1 = 400$ V; $S_2 = 50$ kVA; $P_v = 1440$ W; $u_k = 5\%$; $\cos\varphi = 1$; $\cos\varphi' = 0{,}8$.
Gesucht: $ü$; I_2; I_1; I_{1k}; I_1'; η'.

a) $ü = \frac{U_1}{U_2} = \frac{10\ \text{kV}}{400\ \text{V}} = \mathbf{25}$

b) $I_2 = \frac{S_2}{\sqrt{3} \cdot U_2} = \frac{50\,000\ \text{VA}}{\sqrt{3} \cdot 400\ \text{A}} = \mathbf{72{,}2\ A}$

c) $P_2 = S_2 \cdot \cos\varphi = 50\text{ kVA} \cdot 1 = 50\text{ kW}$

$P_1 = P_2 + P_v = 50\text{kW} + 1{,}44\text{kW} = 51{,}44\text{kW}$

$$I_1 = \frac{P_1}{\sqrt{3} \cdot U_1 \cdot \cos\varphi} = \frac{51{,}44\text{kW}}{\sqrt{3} \cdot 10\text{kV} \cdot 1} = \mathbf{2{,}97\ A}$$

d) $$I_{1k} = \frac{I_{1N} \cdot 100\%}{u_k} = \frac{2{,}97\text{ A} \cdot 100\%}{5\%} = \mathbf{59{,}4\ A}$$

e) $P_2' = S_2 \cdot \cos\varphi' = 50\text{ kVA} \cdot 0{,}8 = 40\text{ kW}$

$P_1' = P_2' + P_v = 40\text{ kW} + 1{,}44\text{ kW} = 41{,}44\text{ kW}$

$$I_1' = \frac{P_1'}{\sqrt{3} \cdot U_1 \cdot \cos\varphi'} = \frac{41{,}4\text{ kW}}{\sqrt{3} \cdot 10\text{ kV} \cdot 0{,}8} = \mathbf{2{,}99\ A}$$

f) $$\eta' = \frac{P_2'}{P_1'} = \frac{40\text{ kW}}{41{,}4\text{ kW}} = \mathbf{0{,}965}$$

Aufgaben

1. Die Eingangswicklung eines Steuertransformators 280 VA hat 950 Windungen und liegt an einer Spannung von 400 V. Die Ausgangswicklung hat 57 Windungen (Abb. 12.1.1).
Die Verluste im Transformator bleiben unberücksichtigt.

Wie groß ist die Steuerspannung U_2?

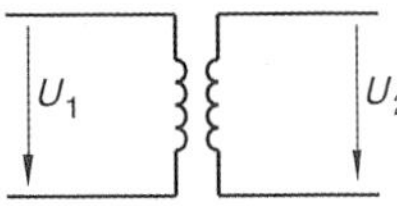

Abb. 12.1.1

2. Eine Niedervolt-Projektionslampe 12 V/250 W ist über einen Transformator an 230 V angeschlossen. Die Eingangswicklung hat 550 Windungen.
Die Transformatorverluste bleiben unberücksichtigt.

Berechnen Sie

a) das Übersetzungsverhältnis, b) die Windungszahl der Ausgangswicklung.

3. Ein Klingeltransformator hat eine Ausgangswicklung mit 120 Windungen (Abb. 12.1.3).
Die Verluste bleiben unberücksichtigt.

Berechnen Sie

a) die Übersetzungsverhältnisse,
b) die Windungszahl der Eingangswicklung,
c) die Windungszahl für die Teilspannung 3 V.

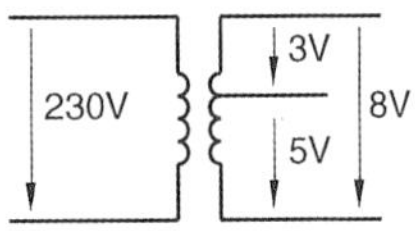

Abb. 12.1.3

4. Bei einem Trenntransformator 230 V/230 V mit der Nennleistung 150 VA steigt die Ausgangsspannung im Leerlauf um 7%.

Berechnen Sie das Übersetzungsverhältnis bei verlustfreier Betrachtung

a) bei Nennlast, b) im Leerlauf.

5. Bei Arbeiten in einem Kessel wird für die Handleuchte 24 V/60 W die Schutzmaßnahme Schutzkleinspannung angewendet. Die Leuchte wird an einen Schutzkleinspannungstransformator 230 V/24 V 100 VA angeschlossen.
Die Verluste bleiben unberücksichtigt.

Berechnen Sie

a) den Strom in der Ausgangswicklung, b) den Strom in der Eingangswicklung.

6. Bestimmen Sie aus den Angaben der Leistungsschilder (Abb. 12.6.1 A/B)

a) das Übersetzungsverhältnis des Spannungswandlers,
b) den kleinsten, zulässigen Belastungswiderstand,
c) das Übersetzungsverhältnis des Stromwandlers,
d) den maximal zulässigen Belastungswiderstand.

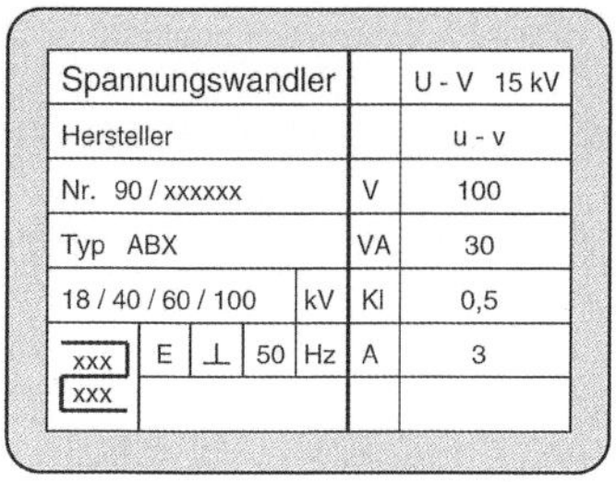

Abb. 12.1.6A

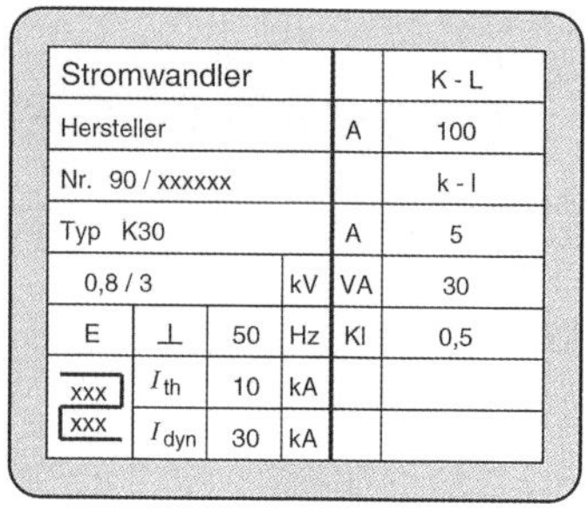

Abb. 12.1.6B

7. Die Spannung eines 10-kV-Netzes soll überwacht werden. Dazu ist ein Messwandler mit einer Nennleistung von 25 VA erforderlich (Abb. 12.1.7).

a) Berechnen Sie das Übersetzungsverhältnis.

b) Welcher Messstrom darf höchstens fließen?

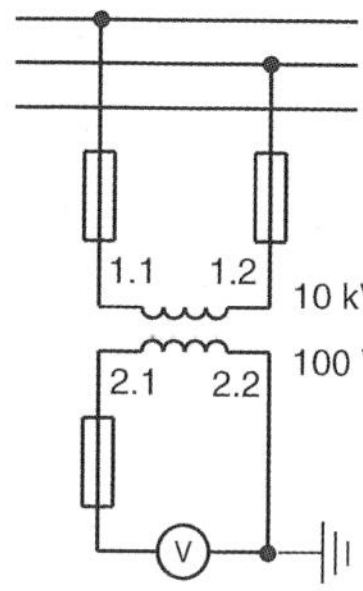

Abb. 12.1.7

8. Eine Wandlerbank für 20-kV-Netz (Abb. 12.1.8) besteht aus drei Spannungswandlern, die mit jeweils 5 mS belastet sind.

a) Für welche Nennlast muss jeder Wandler mindestens ausgelegt sein?

b) Wie groß sind die Ströme bei Nennlast?

9. Ein Zangen-Stromwandler (Abb. 12.1.9) trägt die Aufschrift $\frac{60\ \text{A}}{5\ \text{A}}$.

Wie viel Windungen hat die Ausgangswicklung?

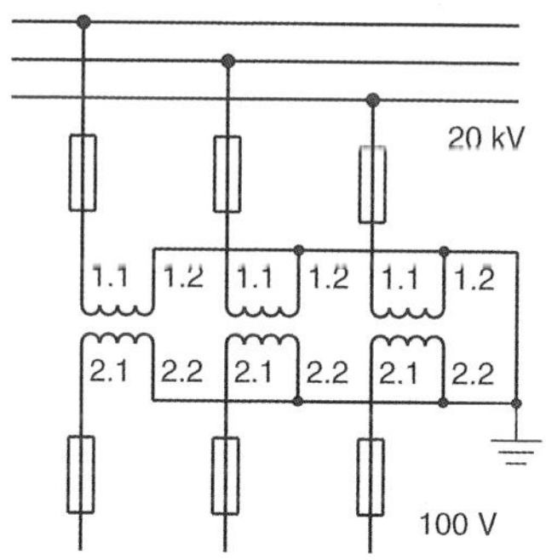

Abb. 12.1.8

10. Ein Drehstrommotor 400 V/15 kW hat einen Nennstrom von 30 A. Mit einem Durchsteck-Stromwandler und einem Strommesser soll die Stromaufnahme bei Nennlast gemessen werden. Als Strommesser steht ein Mehrbereich-Messinstrument mit den Messbereich-Endwerten 0,3 A, 1,5 A und 6 A zur Verfügung (Abb. 12.1.10).

Welcher Messbereich muss gewählt werden, wenn einer der 3 Außenleiter

a) einmal, durch den Wandler

b) zweimal durch den Wandler gefädelt wird?

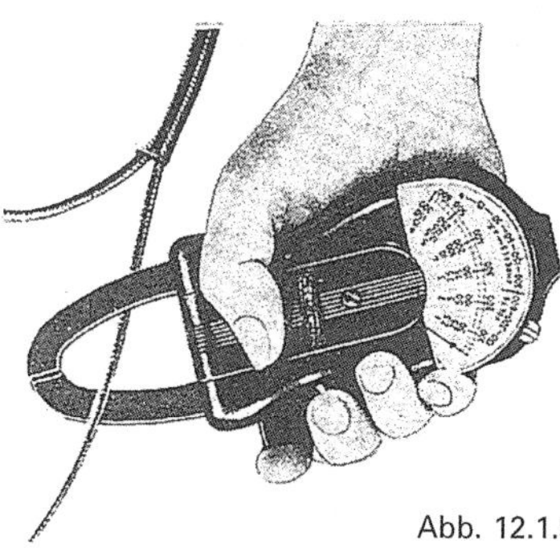

Abb. 12.1.9

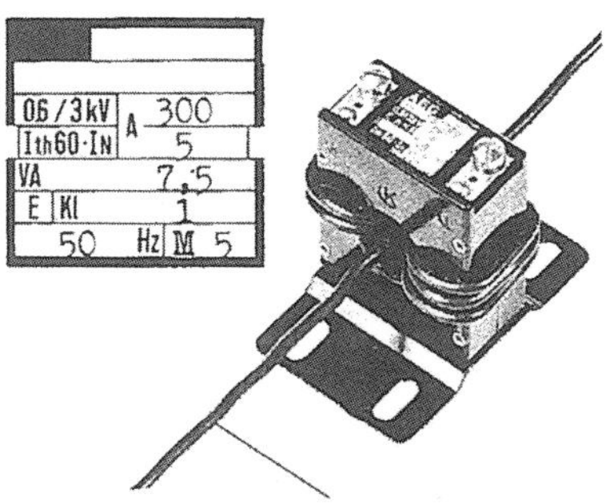

Abb. 12.1.10

11. Die Stromaufnahme eines Drehstrommotors 400 V/5,5 kW soll überwacht werden. Der Nennstrom beträgt 11,5 A. Die Messung soll mit einem Strommesser, Messbereich 1 A über einen Durchsteck-Stromwandler 150/5 A, durchgeführt werden. Der Zeigerausschlag soll möglichst groß sein.

Wie oft muss ein Außenleiter auf der Eingangsseite des Stromwandlers durchgefädelt werden?

12. Ein Industriebetrieb darf einem 20-kV-Netz laut Anschlussvertrag eine Leistung von 1 MVA entnehmen, sonst werden hohe Vertragsstrafen an das EVU fällig. Der Maximumwächter signalisiert über Melderelais ($I=5$ A und $Z=0{,}5\ \Omega$) eine drohende Überschreitung und schaltet automatisch ausgewählte Betriebsmittel ab. Der 3-polige Messwandler hat eine Nennleistung von 30 VA pro Strang (Abb. 12.1.12).

a) Prüfen Sie durch Rechnung, ob die Relais an diesem Wandler betrieben werden dürfen.
b) Wie groß ist die Spannung an den Wandlerklemmen?

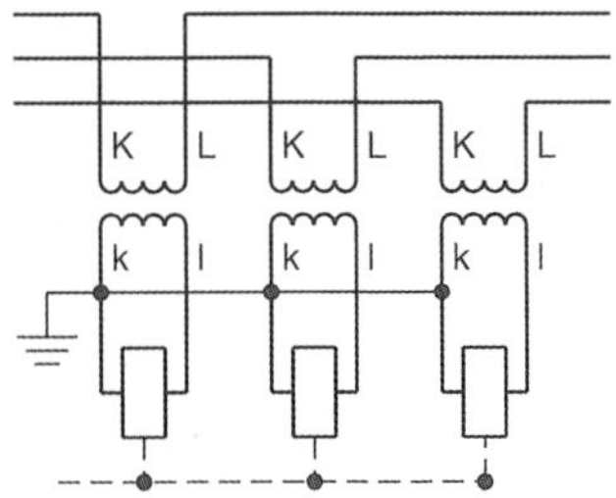

Abb. 12.1.12

13. In einer Wertetafel für Kleintransformatoren ist für den Kern EI 150 a (Abb. 12.1.13) eine Nennleistung von 350 VA angegeben. Bei reiner Wirklast beträgt der Wirkungsgrad 0,92.

Berechnen Sie
a) die aufgenommene Wirkleistung,
b) die Verluste im Transformator.

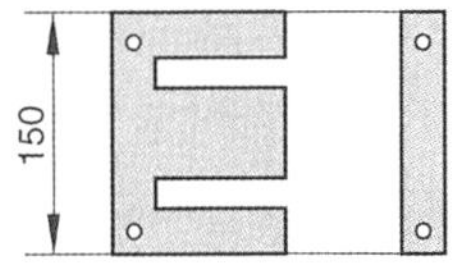

Abb. 12.1.13

14. Der Transformator 230 V/24 V für die Beleuchtung eines Großbackofens hat eine Nennleistung von 160 VA. Sein Wirkungsgrad beträgt 0,89.
Die Blindleistung des Transformators bleibt unberücksichtigt.

Berechnen Sie
a) die dem Transformator bei Nennlast entnommene Wirkleistung,
b) die Ströme in den Wicklungen.

15. Bei einem Kleintransformator 230 V/24 V 60 VA betragen die Eisenverluste 5 W und die Kupferverluste 7 W.

Bestimmen Sie bei ohmscher Nennbelastung des Transformators
a) die Wirkleistungsabgabe, b) die Wirkleistungsaufnahme, c) den Wirkungsgrad.

16. Ein Transformator 100 VA hat bei Nennbelastung und $\cos\varphi=1$ einen Wirkungsgrad von 88%. Es wird ein Verbraucher mit einem Leistungsfaktor von 0,5 angeschlossen.

Berechnen Sie
a) die Verluste im Transformator, b) den Wirkungsgrad bei $\cos\varphi=0{,}5$.

17. Eine Handbohrmaschine nimmt an 230 V eine Leistung von 400 W auf. Dabei fließt ein Strom von 1,9 A. Die Bohrmaschine wird über einen Trenntransformator 230 V/230 V an Spannung gelegt. Der Wirkungsgrad des Transformators beträgt bei dieser Belastung 85%, der Leistungsfaktor in der Eingangswicklung 0,93.

Ermitteln Sie
a) die aufgenommene Wirkleistung des Transformators,
b) den Strom in der Eingangswicklung,
c) den Leistungsfaktor in der Ausgangsseite.

18. In einer Steuerungsanlage werden 5 Schützspulen aus einem Transformator 400 V/230 V 100 VA gespeist. Jede Schützspule nimmt 20 VA bei einem Leistungsfaktor von 0,42 auf. Bei Nennbelastung mit $\cos\varphi = 1$ beträgt der Wirkungsgrad des Transformators 70%. Es wird angenommen, dass der Leistungsfaktor auf der Eingangs- und auf der Ausgangsseite gleich groß ist.

Berechnen Sie

a) die Verluste im Transformator bei Nennbelastung,
b) die Wirkleistungsaufnahme des Transformators bei $\cos\varphi = 0{,}42$,
c) den Wirkungsgrad bei $\cos\varphi = 0{,}42$,
d) die Ströme in den beiden Wicklungen bei $\cos\varphi = 0{,}42$.

19. Ein Transformator 230 V/20 V soll neu gewickelt werden. Die Belastung beträgt 150 W bei $\cos\varphi = 1$. Zur Verfügung steht ein Kern M 102b. Die Blindverluste des Transformators bleiben unberücksichtigt.

Berechnen Sie für die Eingangs- und für die Ausgangswicklung mit Hilfe der Wickeltabelle im Anhang

a) die Windungszahl,
b) die Wirkleistung,
c) den Nennstrom,
d) den Drahtquerschnitt,
e) den Drahtdurchmesser.

20. Die Wicklungen eines Kleintransformators 230 V/12 V 350 VA haben folgende Werte:

Wicklung	Windungszahl	Draht
Eingang	600	1,2 CuL
Ausgang	110	4,4 CuL

Durch Umwickeln soll eine Ausgangsspannung von 18 V erreicht werden. Nennleistung und Stromdichte bleiben erhalten. Die Eingangswicklung, die innen liegt, wird belassen.

Berechnen Sie

a) die neue Windungszahl,
b) den neuen Drahtdurchmesser

21. Eine elektronische Schaltung benötigt eine Spannung von 50 V~. Sie nimmt eine Leistung von 180 W bei $\cos\varphi = 1$ auf und soll über einen Netztransformator an einem 230-V-Netz betrieben werden.

a) Wählen Sie aus der Tabelle im Anhang einen geeigneten Kern aus.
b) Welche Ströme fließen bei dieser Belastung in den Wicklungen?
c) Berechnen Sie die Drahtdurchmesser d_1 und d_2 der Wicklungen.

22. Die Steuerung einer Maschine soll an einen Transformator 400 V/230 V angeschlossen werden. Sie benötigt eine Leistung von 52 W bei $\cos\varphi = 0{,}6$.

Bestimmen Sie

a) den erforderlichen Kern,
b) die Ströme in den Wicklungen,
c) die Windungszahlen,
d) die Drahtdurchmesser.

23. Ein Einphasen-Schweißtransformator ist an 400 V angeschlossen. Die höchstzulässige Stromaufnahme beträgt bei Dauerschweißbetrieb 34 A. Der Transformator hat eine Kurzschlussspannung von 75%.

Wie groß ist in der Eingangswicklung

a) die Kurzschlussspannung,
b) der Kurzschlussstrom?

24. Ein Schweißtransformator wird an einem 230-V-Netz betrieben und gibt bei einer Spannung $U_2 = 26$ V einen Strom von 180 A ab. Der Wirkungsgrad des Transformators bei dieser Belastung wird mit 0,8, der Leistungsfaktor mit 0,7 angenommen.

a) Welche Wirkleistung gibt der Transformator dabei ab?
b) Wie groß sind die Verluste?
c) Welchen Strom nimmt der Transformator vom Netz auf?

25. An einem Einphasentransformator wurden bei Nennstrom folgende Werte gemessen:

Berechnen Sie
a) das Nenn-Übersetzungsverhältnis,
b) den Wirkungsgrad,
c) die Kurzschlussspannung in Prozent,
d) den Kurzschlussstrom in der Eingangswicklung.

Wicklung	Eingang	Ausgang
Nennspannung in V	230	60
Nennstrom in A	2,5	8,3
Leistungsfaktor	1	1
Kurzschlussspannung in V	16,5	—

26. Eine Schule wird über einen Transformator (Abb. 12.1.26) 10 kV/400 V 160 kVA mit elektrischer Energie versorgt. Das Verbrauchernetz ist auf $\cos\varphi = 1$ kompensiert. Die Blindleistung des Transformators bleibt unberücksichtigt.

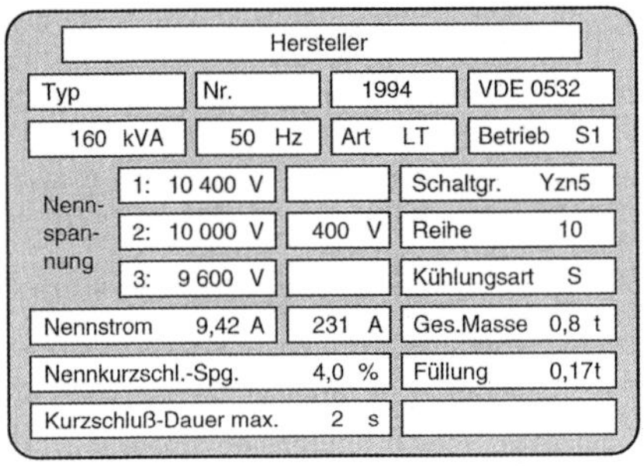

Abb. 12.1.26

Bestimmen Sie
a) die abgegebene Wirkleistung,
b) die aufgenommene Wirkleistung,
c) die Verluste,
d) den Wirkungsgrad,
e) den Kurzschlussstrom in der Eingangswicklung,
f) die Ausgangsspannung, wenn bei einer Spannung von 10 kV von Stufe 2 auf Stufe 3 (9,6 kV) umgeschaltet wird.

27. Zwei Aussiedlerhöfe werden über einen Transformator Schaltgruppe Yzn5 aus einer Hochspannungsleitung 20 kV mit elektrischer Energie versorgt. Die Ausgangsspannung beträgt 400 V. Bei Nennbelastung mit 100 kW hat der Transformator einen Wirkungsgrad von 0,97. Die Kurzschlussspannung beträgt 4%. Die Blindleistung des Transformators bleibt unberücksichtigt (Abb. 12.1.27).

Berechnen Sie
a) die Verluste im Transformator bei $\cos\varphi_2 = 1$,
b) die Wirkleistungsaufnahme des Transformators bei Nennlast mit $\cos\varphi_2 = 0{,}8$,
c) den Strom in der Zuleitung bei $\cos\varphi_2 = 0{,}8$.

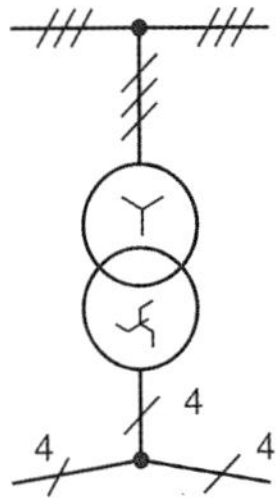

Schaltung vereinfacht dargestellt
Abb. 12.1.27

28. Ein Hochspannungstransformator 16 MVA in Schaltgruppe Yy0 transformiert die Generatorspannung von 6,3 kV auf die Spannung des Übertragungsnetzes von 110 kV. Der Transformator hat bei Nennstrom 15 kW Eisenverluste und 120 kW Kupferverluste. Seine Kurzschlussspannung beträgt 6%. Das Hochspannungsnetz wird mit einem Leistungsfaktor von 0,9 betrieben. Die Blindleistung des Transformators bleibt unberücksichtigt.

Berechnen Sie
a) die abgegebene Wirkleistung,
b) die aufgenommene Wirkleistung,
c) den Strom in der Eingangswicklung,
d) den Strom in der Ausgangswicklung,
e) den Wirkungsgrad,
f) den Kurzschlussstrom.

29. Zur Versorgung eines Industriebetriebs dient ein Transformator 20 kV/0,4 kV 250 kVA in Schaltgruppe Dyn5. Das Niederspannungsnetz wird auf $\cos\varphi = 0{,}95$ kompensiert. Es werden $U_2 = 405$ V und $I_2 = 337$ A gemessen. Auf der Oberspannungsseite sind Spannungswandler 20 kV/100 V, Stromwandler 10 A/1 A, ein Spannungsmesser, ein Strommesser, ein Zweitarif-Maximumzähler für Wirkverbrauch und ein Zweitarif-Blindverbrauchzähler eingebaut. Messwerte: 20 kV; 7,0 A; 4 Scheibenumdrehungen des Wirkverbrauchszählers in 3 min 30 s bei $C_z = 600\ (\text{kWh})^{-1}$; 2 Scheibenumdrehungen des Blindverbrauchszählers in 3 min 20 s bei $C_z = 900\ (\text{kvar h})^{-1}$.

Berechnen Sie

a) den Leistungsfaktor auf der Oberspannungsseite,

b) die Wirkverluste und die Blindverluste im Transformator.

30. Ein Abspanntransformator 20 kV/0,4 kV hat eine Nennleistung von 400 kVA. Die Eisenverluste betragen 1 kW, die Kupferverluste 7 kW. Das Netz hat einen mittleren Leistungsfaktor von 0,7. Der Transformator ist jährlich 2000 Stunden voll belastet, 3000 Stunden ist er halb belastet, die restliche Zeit ohne Belastung.

Wie groß ist der Jahreswirkungsgrad?

31. Parallelbetrieb von zwei Transformatoren

Transformator	Aufgabe	a	b	c	d
I	Nennlast S_{NI}	8 MVA	50 kVA	50 kVA	50 kVA
	Kurzschlussspannung u_{kI}	3,5%	3%	4%	5%
	Lastanteil S_I	8 MVA	?	?	?
II	Nennlast S_{NII}	3,5 MVA	35 kVA	40 kVA	40 kVA
	Kurzschlussspannung u_{kII}	3,5%	3%	5%	4%
	Lastanteil S_{II}	?	?	?	?
I+II	Gesamtlast S	?	68 kVA	82 kVA	82 kVA
	resultierende Kurzschlussspannung u_k	?	?	?	?

Berechnen Sie die fehlenden Werte.

12.2 Drehstrom-Motoren

Beispiele:

1. Kurzschlussläufer

In einem Firmenprospekt für Drehstrommotoren sind für einen 3 kW-Motor folgende Nennwerte angegeben:

$U = 400\,\text{V}$; $I = 8{,}1\,\text{A}$; $n = 720\,\text{min}^{-1}$; $\cos\varphi = 0{,}7$.

Der Anzugstrom beträgt bei direktem Einschalten das 4fache des Nennstroms, das Anzugmoment das 1,9fache des Nennmoments.

Berechnen Sie

a) die Polpaarzahl, b) den Schlupf, c) die aufgenommene Wirkleistung,
d) den Wirkungsgrad, e) die Scheinleistung, f) die Blindleistung des Motors,
g) den Anzugstrom, h) das Nennmoment des Motors, i) das Anzugmoment.

Lösung:

Gegeben: $P_2 = 3\,\text{kW}$; $U = 400\,\text{V}$; $I = 8{,}1\,\text{A}$; $n = 720\,\text{min}^{-1}$, $\cos\varphi = 0{,}7$; $I_{\text{Anz}} = 4 \cdot I_{\text{N}}$;
$M_{\text{Anz}} = 1{,}9 \cdot M_{\text{N}}$.

Gesucht: p; s; P_1; η; S; Q; I_{Anz}; M_{N}; M_{Anz}.

a) $n_1 = 750\,\text{min}^{-1}$ $\quad p = \dfrac{f}{n_1} = \dfrac{50\,\text{s}^{-1} \cdot 60\,\dfrac{\text{s}}{\text{min}}}{750\,\text{min}^{-1}} = \mathbf{4}$

b) $n_\text{s} = n_1 - n = 750\,\text{min}^{-1} - 720\,\text{min}^{-1} = 30\,\text{min}^{-1}$

$s = \dfrac{n_\text{s}}{n_1} \cdot 100\% = \dfrac{30\,\text{min}^{-1}}{750\,\text{min}^{-1}} \cdot 100\% = \mathbf{4\%}$

c) $P_1 = \sqrt{3} \cdot U \cdot I \cdot \cos\varphi = \sqrt{3} \cdot 400\,\text{V} \cdot 8{,}1\,\text{A} \cdot 0{,}7 = \mathbf{3{,}93\,kW}$

d) $\eta = \dfrac{P_2}{P_1} = \dfrac{3\,\text{kW}}{3{,}93\,\text{kW}} = \mathbf{0{,}763}$

e) $S = \sqrt{3} \cdot U \cdot I = \sqrt{3} \cdot 400\,\text{V} \cdot 8{,}1\,\text{A} = \mathbf{5{,}61\,kVA}$

f) $Q = \sqrt{S^2 - P_1{}^2} = \sqrt{(5{,}61\,\text{kVA})^2 - (3{,}93\,\text{kW})^2} = \mathbf{4\,kvar}$

g) $I_{\text{Anz}} = 4 \cdot I_{\text{N}} = 4 \cdot 8{,}1\,\text{A} = \mathbf{32{,}4\,A}$

h) $M_{\text{N}} = \dfrac{P_2}{2\pi \cdot n} = \dfrac{3000\,\text{W}}{2\pi \cdot 720\,\text{min}^{-1} \cdot \dfrac{1\,\text{min}}{60\,\text{s}}} = \mathbf{39{,}8\,Nm}$

i) $M_{\text{Anz}} = 1{,}9 \cdot M_{\text{N}} = 1{,}9 \cdot 39{,}8\,\text{Nm} = \mathbf{75{,}6\,Nm}$

2. Schleifringläufer

Ein Schleifringläufermotor mit einer Nennleistung von 450 kW nimmt bei Nennlast an einem 690-V-Netz einen Strom von 445 A auf. Die Umdrehungsfrequenz beträgt dabei $1492\,\text{min}^{-1}$. Im Läuferkreis wird eine Läuferstillstandspannung von 510 V und ein Strom von 530 A gemessen.

Der Hersteller gibt einen Leistungsfaktor von 0,88 und ein Kippmoment $M_\text{k} = 2{,}8 \cdot M_\text{N}$ an. Der Anlassspitzenstrom im Läufer darf das 1,5fache des Nennstroms betragen.

Berechnen Sie

a) das Nennmoment des Motors, b) das Kippmoment, c) den Läuferwiderstand,

d) den Läufervorwiderstand,
e) den Schlupf des Motors bei Stillstand und bei Nennlast,
f) die induzierte Spannung des Läufers bei Nennlast,
g) die Läuferfrequenz bei Stillstand und bei Nennlast,
h) den Wirkungsgrad bei Nennlast.

Gegeben: $P_{2N} = 450$ kW; $U = 690$ V; $I_{1N} = 445$ A; $n = 1492\ \text{min}^{-1}$; $U_{20} = 510$ V; $I_2 = 530$ A; $\cos\varphi = 0{,}88$; $M_k = 2{,}8 \cdot M_N$.
Gesucht: M_N; M_k; R_2; R_V; s_0; s_N; U_{2N}; f_0; f_{2N}; η_N.

Lösung:

a) $M_N = \frac{P_2}{2\pi \cdot n} = \frac{450\,000\ \text{W} \cdot 60\ \text{s/min}}{2\pi \cdot 1492\ \text{min}^{-1}} = \mathbf{2880\ Nm}$

b) $M_k = 2{,}8 \cdot M_N = 2{,}8 \cdot 2880\ \text{Nm} = \mathbf{8064\ Nm}$

c) $I_Z = 1{,}5 \cdot I_2 = 1{,}5 \cdot 530\ \text{A} = 795\ \text{A}$

$U_a = \frac{2}{3} \cdot \frac{U_{20}}{\sqrt{3}} \cdot (1 - \eta) = \frac{2}{3} \cdot \frac{510\ \text{V}}{\sqrt{3}} \cdot (1 - 0{,}966) = 6{,}67\ \text{V}$

$R_2 = \frac{U_a}{I_2} = \frac{6{,}67\ \text{V}}{530\ \text{A}} = \mathbf{12{,}6\ m\Omega}$

d) $R_V = \frac{U_{20}}{\sqrt{3} \cdot I_Z} - R_A = \frac{510\ \text{V}}{\sqrt{3} \cdot 795\ \text{A}} - 12{,}6\ \text{m}\Omega = \mathbf{358\ m\Omega}$

e) $s_0 = \frac{n_1 - n}{n_1} \cdot 100\% = \frac{1500\ \text{min}^{-1} - 0\ \text{min}^{-1}}{1500\ \text{min}^{-1}} \cdot 100\% = \mathbf{100\%}$

$s_N = \frac{n_1 - n}{n_1} \cdot 100\% = \frac{1500\ \text{min}^{-1} - 1492\ \text{min}^{-1}}{1500\ \text{min}^{-1}} \cdot 100\% = \mathbf{0{,}533\%}$

f) $U_{2N} = U_{20} \cdot \frac{s_N}{100\%} = 510\ \text{V} \cdot \frac{0{,}533\%}{100\%} = \mathbf{2{,}72\ V}$

g) $f_{20} = f_1 \cdot \frac{s_0}{100\%} = 50\ \text{Hz} \cdot \frac{100\%}{100\%} = \mathbf{50\ Hz}$

$f_{2N} = f_1 \cdot \frac{s_N}{100\%} = 50\ \text{Hz} \cdot \frac{0{,}53\%}{100\%} = \mathbf{0{,}27\ Hz}$

h) $\eta_N = \frac{P_{2N}}{\sqrt{3} \cdot U_N \cdot I_N \cdot \cos\varphi} = \frac{450\,000\ \text{W}}{\sqrt{3} \cdot 690\ \text{V} \cdot 445\ \text{A} \cdot 0{,}88} = \mathbf{0{,}96}$

Aufgaben

1. Ein Drehstrommotor ist an ein TN-C-S-Netz 3/N/PE ~ 50 Hz 400 V angeschlossen. Die Nenn-Umdrehungsfrequenz beträgt $1450\ \text{min}^{-1}$.

Bestimmen Sie

a) die Polzahl, b) den Schlupf bei Nennlast.

2. Die Nenn-Umdrehungsfrequenz eines Drehstrom-Schleifringläufer-Motors beträgt $960\ \text{min}^{-1}$ bei Anschluss an das Netz 3/N/PE ~ 50 Hz 400 V.

Wie groß sind die Läuferfrequenz und der Schlupf

a) beim Einschalten, b) bei Nenn-Umdrehungsfrequenz?

3. Bestimmen Sie die fehlenden Werte. Netzfrequenz 50 Hz.

Aufgabe	a	b	c	d	e
Nenn-Umdrehungsfrequenz des Läufers n in min^{-1}	1440	?	2870	?	950
Polpaarzahl p	?	4	?	2	?
Schlupf s in %	?	4	?	3	?

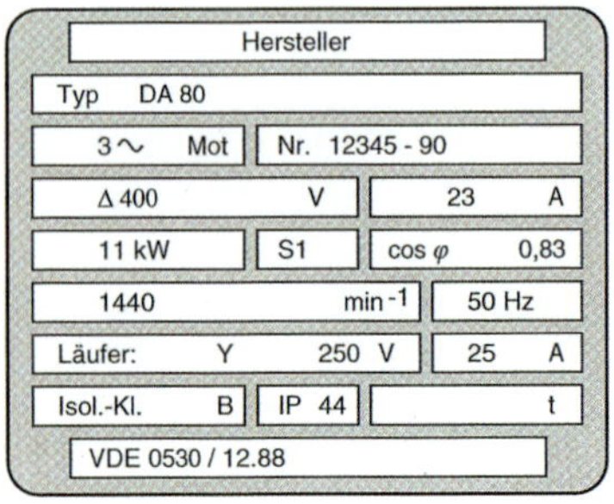

Abb. 12.2.4

4. Berechnen Sie aus den Angaben des Leistungsschildes eines Drehstrom-Schleifringläufer-Motors für Nennbetrieb (Abb. 12.2.4).

a) die Läuferfrequenz,
b) die im Läufer induzierte Spannung.

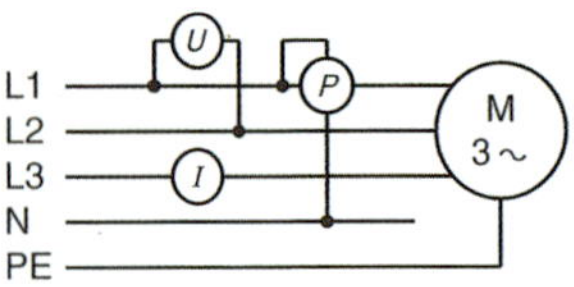

Abb. 12.2.5 $U = 400$ V
$I = 3{,}7$ A
$P_{Str} = 650$ W

5. Ein Drehstrommotor wird mit einer Wirbelstrombremse belastet. Die Umdrehungsfrequenz beträgt 1410 min^{-1}, das Moment an der Welle 10,2 Nm (Abb. 12.2.5).

Berechnen Sie

a) die aufgenommene Wirkleistung,
b) den Leistungsfaktor,
c) die abgegebene Leistung,
d) den Wirkungsgrad,
e) den Schlupf.

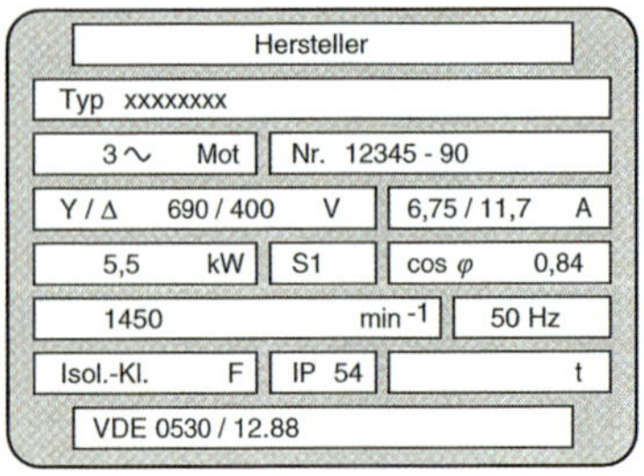

Abb. 12.2.6A

6. Bestimmen Sie für beide Motoren (Abb. 12.2.6A und Abb. 12.2.6B) bei Nennleistung

a) den Strangstrom,
b) die Blindleistung,
c) den Wirkungsgrad,
d) die Polpaarzahl und den Schlupf,
e) das Drehmoment.

Können die Motoren an einem Netz 3/N/PE ~ 50 Hz 400 V in Y△-Anlauf betrieben werden?

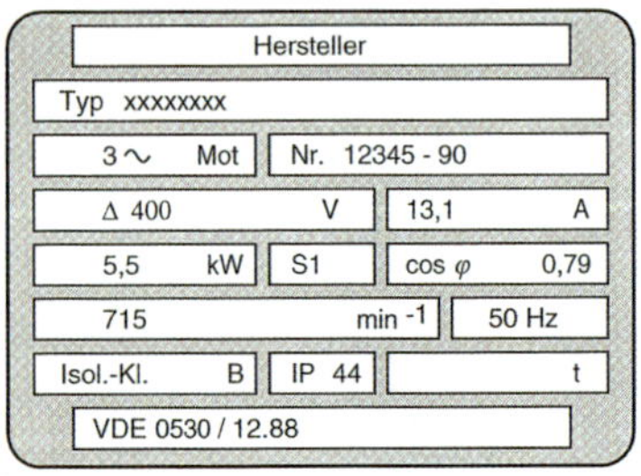

Abb. 12.2.6B

7. Drehstrom-Rundstabläufer-Motoren haben Anzugströme bis zum 8fachen ihres Nennstroms. Der Nennstrom eines Drehstrom-Rundstabläufer-Motors ist mit 6,3 A angegeben.

Mit welchem größtmöglichen Anzugstrom muss gerechnet werden

a) bei Anlauf in △-Schaltung,
b) bei Y△-Anlauf?

8. Das Anzugmoment eines Stromverdrängungsläufer-Motors beträgt nach Angabe des Herstellers 160% des Nennmoments.

Berechnen Sie aus den Angaben auf dem Leistungsschild (Abb. 12.2.8)

a) das Nennmoment, b) das Anzugmoment.

Hersteller			
Typ R15 / 6 / 4 - 76 PR			
3~ Mot		Nr. xxxxxxx	
Y / Δ 400 / 230 V		9,5 / 16,4 A	
4 kW	S1	cos φ 0,76	
965 min⁻¹		50 Hz	
Isol.-Kl. B	IP 54	t	
VDE 0530 / 12.88			

Abb. 12.2.8

9. Zum Antrieb eines Knetwerks (Extruder) ist ein Drehmoment von etwa 900 Nm bei einer Umdrehungsfrequenz von etwa 500 min^{-1} erforderlich. Das Drehstromnetz hat eine Spannung von 400/230 V.

a) Welche Leistung wird benötigt und welchen Motor aus der Normreihe wählen Sie?

b) Wie groß sind für diese Maschinenleistung der Wirkungsgrad und der Leistungsfaktor (Schätzwerte, Firmenliste)?

c) Berechnen Sie die Stromaufnahme.

Hersteller			
Typ AM 315 SM 4			
3~ Mot		Nr. xxxxxxx	
Δ 400 V		194 A	
110 kW	S1	cos φ 0,86	
1485 min⁻¹		50 Hz	
Isol.-Kl. E	IP 54	0,78 t	
VDE 0530 / 12.88			

Abb. 12.2.10 A

10. Ein Drehstrommotor 110 kW (Abb. 12.2.10 A) hat nach den Angaben des Herstellers das Betriebsverhalten nach Abb. 12.2.10 B.

Bestimmen Sie für Y△-Anlauf

a) das Nennmoment M_N,

b) das Kippmoment M_K und das Verhältnis $M_K:M_N$,

c) das kleinste Drehmoment (Sattelmoment) bei Y△-Anlauf,

d) den Anzugstrom bei Y- und bei △-Schaltung,

e) das Verhältnis $I_{Anz}:I_N$ bei Y- und bei △-Schaltung.

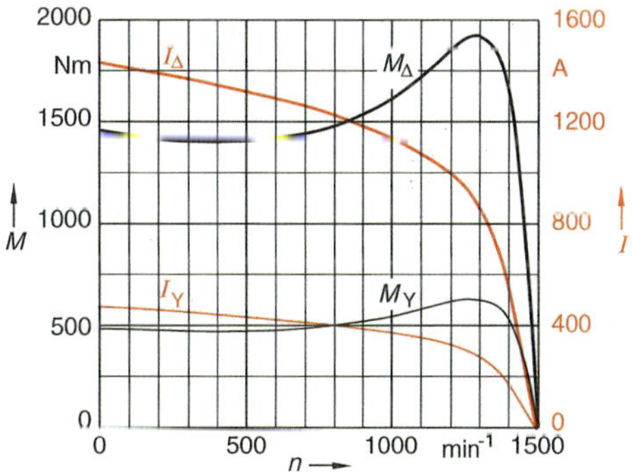

Abb. 12.2.10 B

11. Ein Schleifringläufermotor hat bei Nennlast eine Umdrehungsfrequenz von 985 min^{-1} und entwickelt dabei ein Drehmoment von 727 Nm. Das Verhältnis M_K/M_N beträgt 3,6.

Berechnen Sie

a) die Polpaarzahl,

b) den Schlupf,

c) das Kippmoment,

d) die Nennleistung.

12. Ein vierpoliger Drehstrommotor hat einen Schlupf von 1,5% und eine Läuferstillstandsspannung von 230 V.

a) Welche Spannung wird dabei im Läufer induziert?

b) Wie groß ist die Frequenz des Läuferstromes?

c) Berechnen Sie die Umdrehungsfrequenz des Motors.

13. Bei einem Schleifringläufermotor mit 75 kW wurde im Stillstand eine Spannung von 235 V und ein Läuferstrom von 195 A gemessen. Der Wirkungsgrad wird mit 93,5% angenommen.

Ermitteln Sie

a) den Widerstand R_A der Läuferwicklung,
b) den erforderlichen Anlasserwiderstand R_v.

14. Rührschüsseln einer Großbäckerei müssen unter Last angefahren werden. Sie benötigen ein Drehmoment von 780 Nm. Zum Antrieb wird ein Schleifringläufermotor mit 735 min^{-1} an einem 400-V-Netz verwendet. Es stehen nebenstehende Motoren zur Verfügung (Tab. 12.2.14):

a) Wählen Sie den geeigneten Motor aus.
b) Welchen Wirkungsgrad hat der Motor?
c) Bestimmen Sie die Läuferspannung und die Läuferfrequenz bei Nennlast.
d) Berechnen Sie den Läuferwiderstand und die Läuferanlasswiderstände.

Leistung	60 kW	75 kW	95 kW	120 kW
Leistungsfaktor	0,82	0,82	0,85	0,85
Nennstrom I_{1N}	114 A	142 A	171 A	219 A
Nennstrom I_{2N}	135 A	130 A	160 A	160 A
Läuferspannung	280 V	350 V	360 V	460 V

Tab. 12.2.14

12.3 Gleichstrom-Motoren

Beispiele:

1. Reihenschlussmotor

Ein Reihenschlussmotor nimmt an einem 220-V-Netz im Nennbetrieb einen Strom von 10 A auf. Der Spannungsfall an jeder Kohlebürste beträgt 1 V. Der Widerstand der Feldwicklung R_f ist mit 0,5 Ω und der Widerstand der Ankerwicklung R_a mit 0,8 Ω gemessen worden. Der Anlass-Spitzenstrom I_{zul} darf das 1,5fache des Nennstromes nicht übersteigen, der Schaltstrom I_s soll gleich I_N sein.

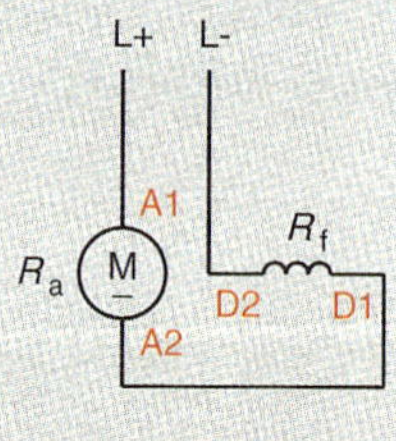

Ermitteln Sie

a) den maximalen Einschaltstrom I_{max},
b) den zulässigen Einschaltstrom I_{zul},
c) die im Anker induzierte Spannung bei Nenn-Umdrehungsfrequenz,
d) den Anlasserwiderstand R_v,
e) rechnerisch und grafisch die Werte der einzelnen Anlasserstufen.

Lösung:

Gegeben: $U = 220\ V$; $I_N = 10\ A$; $U_B = 2 \times 1\ V$; $R_f = 0{,}5\ \Omega$; $R_a = 0{,}8\ \Omega$; $I_{zul} = 1{,}5 \cdot I_N$; $I_s = I_N$.
Gesucht: I_{max}; I_{zul}; U_i; R_v; ΔR grafisch und rechnerisch.

a) $I_{max} = \frac{U - U_B}{R_a + R_f} = \frac{220\ V - 2\ V}{0{,}8\ \Omega + 0{,}5\ \Omega} = \mathbf{168\ A}$ b) $I_{zul} = 1{,}5 \cdot I_N = 1{,}5 \cdot 10\ A = \mathbf{15\ A}$

Hinweis

Der Strom I_{max} im Einschaltmoment ist wesentlich größer als der zulässige Einschaltstrom I_{zul}, deshalb muss ein Vorwiderstand (Anlasser) zugeschaltet werden.

c) $U_i \;= U - I_N(R_a + R_f) - U_B = 220\text{ V} - 10\text{ A} \cdot (0{,}8\,\Omega + 0{,}5\,\Omega) - 2\text{ V} = \mathbf{205\ V}$

d) $R_{ges} = \dfrac{U - U_B}{I_{zul}} = \dfrac{220\text{ V} - 2\text{ V}}{15\text{ A}} = 14{,}5\,\Omega$

$R_v \;= R_{ges} - R_a - R_f = 14{,}5\,\Omega - 0{,}8\,\Omega - 0{,}5\,\Omega = \mathbf{13{,}2\ \Omega}$

e) Rechnerische Lösung

Das Schaltverhältnis $\lambda = \dfrac{I_{zul}}{I_s} = \dfrac{15\text{ A}}{10\text{ A}} = 1{,}5$

$R_1 \;= \dfrac{R_{ges}}{\lambda} = \dfrac{14{,}5\,\Omega}{1{,}5} = 9{,}7\,\Omega$

$\Delta R_1 = R_{ges} - R_1 = 14{,}5\,\Omega - 9{,}7\,\Omega = \mathbf{4{,}8\ \Omega}$

$R_2 \;= \dfrac{R_1}{\lambda} = \dfrac{9{,}7\,\Omega}{1{,}5} = 6{,}5\,\Omega$

$\Delta R_2 = R_1 - R_2 = 9{,}7\,\Omega - 6{,}5\,\Omega = \mathbf{3{,}2\ \Omega}$

$R_3 = 4{,}3\,\Omega$ $\quad \Delta R_3 = \mathbf{2{,}2\ \Omega}$
$R_4 = 2{,}9\,\Omega$ $\quad \Delta R_4 = \mathbf{1{,}4\ \Omega}$
$R_5 = 1{,}9\,\Omega$ $\quad \Delta R_5 = \mathbf{1{,}0\ \Omega}$
$R_6 = 1{,}3\,\Omega$ $\quad \Delta R_6 = \mathbf{0{,}6\ \Omega}$

f) Grafische Lösung

In das I-R-Diagramm wird die Arbeitsgerade g_1 eingezeichnet; sie geht einerseits durch den Nullpunkt und andererseits durch den Punkt A_1 mit den Koordinaten $(R_v + R_a + R_f)/I_{zul}$.
Im Schnittpunkt der Geraden g_1 mit dem Schaltstrom I_s kann frühestens umgeschaltet werden (Schaltpunkt S_1). Der Schnittpunkt der Senkrechten durch S_1 mit I_{zul} ergibt den Punkt A_2 für die Gerade g_2, usw.
Der restliche Anlasserwiderstand verringert sich bei jeder Schaltstufe um die immer kleiner werdenden Beträge ΔR_n.

Anlasserstufen:

$\Delta R_1 = \mathbf{4{,}8\ \Omega}$
$\Delta R_2 = \mathbf{3{,}2\ \Omega}$
$\Delta R_3 = \mathbf{2{,}2\ \Omega}$
$\Delta R_4 = \mathbf{1{,}4\ \Omega}$
$\Delta R_5 = \mathbf{\ \ 1\ \Omega}$
$\Delta R_6 = \mathbf{0{,}6\ \Omega}$

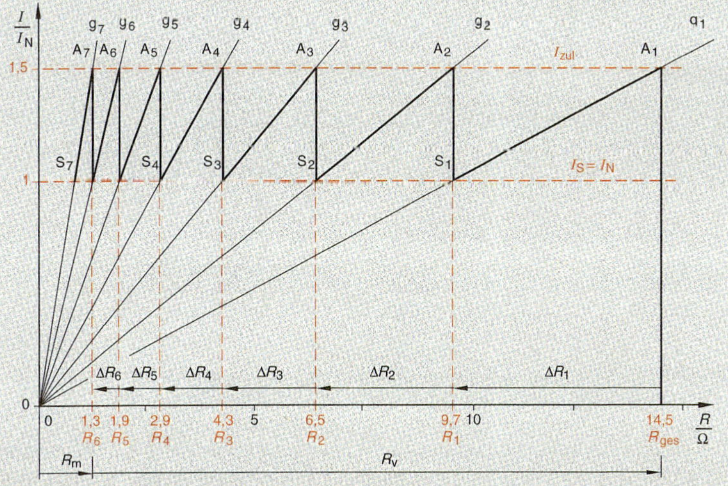

Hinweis

Da $R_6 = R_M$, ist keine weitere Schaltstufe erforderlich, der Motor kann beim nächsten Schalten im Direktbetrieb laufen. Je größer $I_s : I_N$, desto mehr Anlasserstufen werden benötigt.

2. Nebenschlussmotor

Für den Antrieb einer Werkzeugmaschine wird ein Nebenschlussmotor an einem 220-V-Gleichstromnetz eingesetzt. Der Ankerwiderstand beträgt $R_a = 1\,\Omega$, der Widerstand der Feldwicklung $R_f = 1\,k\Omega$. An den Kohlebürsten fällt eine Spannung von 2 V an. Der Nennstrom I_N beträgt 12 A. Der Anzugstrom I_{zul} darf das 8fache des Nennstromes nicht überschreiten.

a) Berechnen Sie den Anzugstrom I_{max}, den Strom in der Feldwicklung I_f und Ankerstrom I_a bei Nennbetrieb.
b) Welche Spannung wird bei Nennbetrieb im Anker reduziert?
c) Wie groß muss der Anlasswiderstand sein?

Lösung:

Gegeben: $U = 220\,V$; $R_a = 1\,\Omega$; $R_f = 1\,k\Omega$; $U_B = 2\,V$; $I_N = 12\,A$; $I_{zul} = 8 \cdot I_N$.
Gesucht: I_{max}; I_f; I_a; U_i; R_v.

a) $$I_{max} = \frac{U - U_B}{R_a} + \frac{U}{R_f} = \frac{220\,V - 2\,V}{1\,\Omega} + \frac{220\,V}{1000\,\Omega} = \mathbf{218\,A}$$

$$I_f = \frac{U}{R_f} = \frac{220\,V}{1000\,\Omega} = \mathbf{0{,}22\,A}$$

$$I_a = I_N - I_f = 12\,A - 0{,}22\,A = \mathbf{11{,}8\,A}$$

b) $$U_i = (U - U_B) - I_a \cdot R_a = (220\,V - 2\,V) - 11{,}8\,A \cdot 1\,\Omega = \mathbf{206\,V}$$

c) $$R_{ges} = \frac{U - U_B}{I_{zul}} = \frac{U - U_B}{8 \cdot I_N} = \frac{220\,V - 2\,V}{8 \cdot 12\,A} = 2{,}27\,\Omega$$

$$R_v \approx R_{ges} - R_a = 2{,}27\,\Omega - 1\,\Omega = \mathbf{1{,}27\,\Omega}$$

Hinweis

Da in der Parallelschaltung $R_a \ll R_f$ ist, kann mit der vereinfachten Formel gerechnet werden.

Aufgaben

1. Ein Gleichstrom-Reihenschlussmotor 220 V/2,8 kW hat einen Ankerwiderstand von 1,2 Ω und einen Feldwiderstand von 0,6 Ω. Der Nennstrom beträgt 16 A. Der Anzugstrom darf das 1,5fache des Nennstroms nicht überschreiten (Abb. 12.3.1).

Wie groß muss der Widerstand des Anlassers sein?

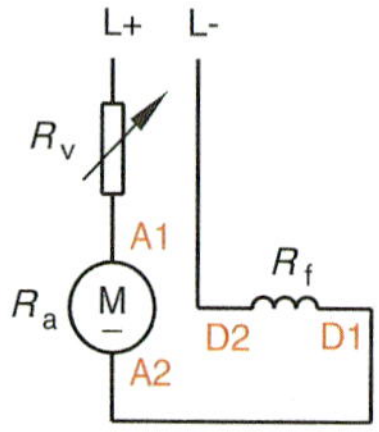

Abb. 12.3.1

2. Bei einem Lkw-Anlassermotor wird zwischen den Klemmen ein Widerstand von 6 mΩ gemessen. Beim Anlassvorgang sinkt die Klemmenspannung von 24 V auf 8 V.

Welchen Strom nimmt der Anlasser auf?
Berechnen Sie den Innenwiderstand R_i der Batterie.

3. In einen Elektrokarren ist ein Reihenschlussmotor 48 V/2,2 kW eingebaut. Der Wirkungsgrad wird mit 80% angenommen. Der Widerstand zwischen den Motorklemmen beträgt $R_M = 336\,m\Omega$. Der maximale Anlaufstrom darf das 1,5fache des Nennstromes nicht überschreiten.

a) Wie groß ist der Nennstrom?
b) Welcher Widerstand ist beim Anfahren des Elektrokarrens erforderlich?

4. An ein 500-V-Gleichstromnetz wird ein Reihenschlussmotor für eine Hebevorrichtung angeschlossen. Bei Nennlast werden 20 A und beim direkten Einschalten 220 A aufgenommen.

Bestimmen Sie

a) den ohmschen Widerstand des Motors,
b) die im Anker induzierte Spannung,
c) den Vorwiderstand des Anlassers, damit der Nennstrom höchstens um 20% überschritten wird.

5. Der 0,5-kW-Anlasser für einen Vierzylinder Ottomotor in einem Mittelklassewagen nimmt einen Strom von 390 A auf. Der Innenwiderstand der 12-V-Fahrzeugbatterie beträgt 9 mΩ.

a) Auf welchen Wert sinkt die Spannung beim Anlassen ab?
b) Welchen ohmschen Widerstand hat der Anlassermotor?
c) Wie groß ist die Leistungsaufnahme des Anlassers und die Verlustleistung der Batterie?

6. Das Fährschiff Carl Carstens der Deutschen Bundesbahn ist nahezu 165 m lang. Es wird durch 2 Reihenschlussmotoren mit je 4,75 MW angetrieben, die direkt aus einem 1,2-kV-Netz versorgt werden. Bei Nennleistung nimmt jeder Motor 4220 A auf. Die Umdrehungsfrequenz wird durch Spannungsänderung eingestellt (Abb. 12.3.6). Aus dem Datenblatt der Maschine ist zu entnehmen:

$R_a = 20\ \text{m}\Omega$, $R_f = 25\ \text{m}\Omega$, $R_{wp} = 1{,}4\ \text{m}\Omega$ und $R_k = 1\ \text{m}\Omega$.

Berechnen Sie

a) den Wirkungsgrad der Motoren bei Nennbelastung,
b) die im Anker bei Nennbelastung induzierte Spannung,
c) die Spannung U' bei Anlauf, damit der 1,4fache Nennstrom nicht überschritten wird?

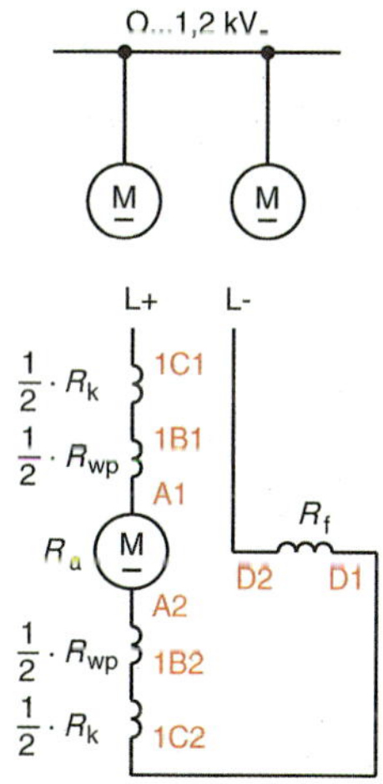

Abb. 12.3.6

7. Der Gleichstrom-Reihenschlussmotor 220 V/20 kW hat eine Nenn-Umdrehungsfrequenz von 565 min^{-1}. Der Nennstrom beträgt 113 A, der Wirkungsgrad 0,76. Der Anker hat einen Widerstand von 320 mΩ, die geteilte Erregerwicklung 2 × 60 mΩ. Der Anzugstrom soll den Nennstrom um höchstens 40% übersteigen, der Schaltstrom soll gleich dem Nennstrom sein.

a) Wie groß muss der Anlasswiderstand mindestens sein?
b) Ermitteln Sie grafisch die Anlasserstufen.

8. Dem Leistungsschild eines Gleichstrommotors werden die folgenden Werte entnommen: $U_N = 220$ V; $I_f = 0{,}5$ A; $I_N = 10$ A. Der Ankerwiderstand $R_a = 1\ \Omega$ wurde durch Messung bestimmt (Abb. 12.3.8).

Berechnen Sie

a) den Widerstand der Feldwicklung,
b) den Ankerstrom,
c) die im Anker induzierte Spannung.

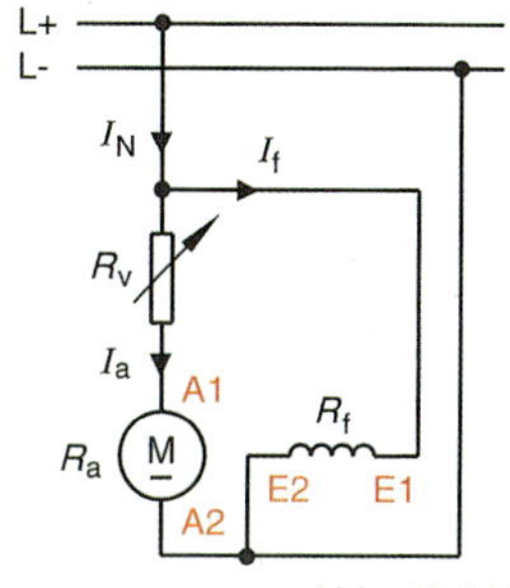

Abb. 12.3.8

9. Ein fremderregter Gleichstrommotor nimmt an einem 220-V-Netz einen Strom von 10 A auf. Der Widerstand R_a des Ankerkreises beträgt 2,5 Ω. Bei $R_f = 360\ \Omega$ darf die Leistung in der Erregerwicklung maximal 10 W betragen.

a) Welche Erreger-Gleichspannung wird benötigt?
b) Wie groß ist der Einschaltstrom?
c) Auf welchen Wert muss die Spannung gesenkt werden, damit im Einschaltaugenblick maximal der zweifache Nennstrom fließt?

10. Ein Nebenschlussmotor 1,5 kW/220 V hat bei Betriebstemperatur einen Widerstand im Ankerkreis von 3,25 Ω und im Erregerkreis von 183 Ω. Der Wirkungsgrad des Motors beträgt 79%.

Berechnen Sie

a) den Erregerstrom,
b) die Stromaufnahme bei Nennlast,
c) den Ankerstrom,
d) den Strom im Einschaltaugenblick.

11. Der Gleichstrommotor 220 V/2,2 kW mit dem Nennstrom $I_N = 12$ A nimmt beim Einschalten einen maximalen Strom von 120 A auf. Der Widerstand der Feldwicklung beträgt 180 Ω.

a) Welcher Motortyp liegt vor?
b) Berechnen Sie den Widerstand des Ankerkreises.
c) Wie groß ist die im Anker bei Nennlast induzierte Spannung?

12. An einem Gleichstrom-Nebenschlussmotor 220 V/4 kW werden folgende Widerstandswerte gemessen: Erregerwicklung 200 Ω, Ankerwicklung 0,41 Ω und Wendepolwicklung in 2 Hälften mit je 0,12 Ω. Der Nennstrom beträgt 21,9 A. Der Anzugstrom soll das 1,7fache des Motor-Nennstroms nicht überschreiten (Abb. 12.3.12).

Berechnen Sie

a) den Nennstrom in der Feldwicklung,
b) den Nennstrom in der Ankerwicklung,
c) den höchstzulässigen Anzugstrom im Anker,
d) den Widerstand des Anlassers.

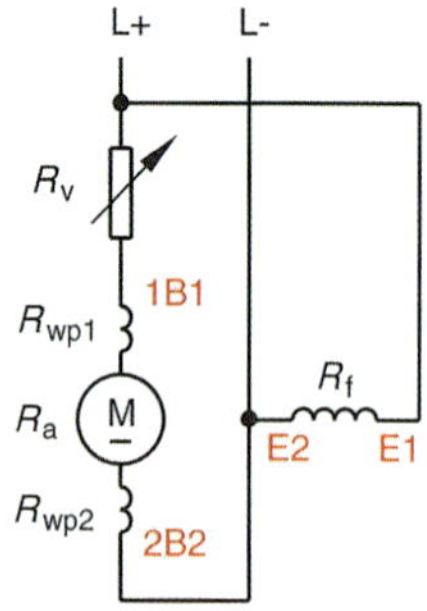

Abb. 12.3.12

13. Eine Förderanlage wird von einem Nebenschlussmotor 440 V/4 kW angetrieben. Er nimmt einen Nennstrom von 11 A auf; der Anlaufstrom darf das Zweifache des Nennstromes nicht übersteigen. In der Feldwicklung fließen 5% des Nennstromes. Die Widerstände im Ankerstromkreis betragen $R_a = 3{,}8\ \Omega$ und $R_{wp} = 0{,}2\ \Omega$.

Berechnen Sie

a) den Motorwirkungsgrad bei Nennlast,
b) den Widerstand der Feldwicklung,
c) den maximalen Anlaufstrom ohne Anlasser,
d) den erforderlichen Anlasserwiderstand.

14. Eine Akku-Handbohrmaschine mit Permanentmagnet entnimmt aus dem 6-V-Akku mit 35 mΩ Innenwiderstand bei Nennlast einen Nennstrom von 2 A. Der Anlaufstrom beträgt 8 A.

a) Zeichnen Sie die Schaltung.
b) Wie groß ist der Widerstand des Ankerkreises?

15. Eine Werkzeugmaschine wird durch einen fremderregten 220-V-Gleichstrommotor angetrieben. Der Ankerwiderstand wurde mit 5 Ω und der Widerstand der Wendepolwicklung mit 2 × 0,25 Ω gemessen. Bei dem Ankerstrom $I_a = 4$ A wird der Spannungsfall an jeder Kohlebürste mit 0,5 V angenommen. Die Erregerspannung kann durch ein Steuergerät zwischen 2 V und 12 V verändert werden. Bei dem maximalen Erregerstrom $I_f = 0{,}2$ A und dem Ankerstrom $I_a = 4$ A wird im Anker eine Spannung von 55 V induziert.

a) Berechnen Sie den Widerstand und die maximale Leistung der Feldwicklung.
b) Welcher maximale Strom fließt beim Einschalten in der Ankerwicklung?
c) Welcher Anlasserwiderstand ist erforderlich, damit der zweifache Nennstrom nicht überschritten wird?

16. In einer modernen Waschmaschine wird als Schleuderantrieb ein Gleichstrommotor verwendet. Die Motorspannung wird durch einen Mikroprozessor zwischen 0 V und 187 V geregelt und mit einem Tachogenerator überwacht. Bei Nennlast und maximaler Spannung beträgt die Stromaufnahme des 1,1-kW-Motors 7,35 A. Der zulässige Anlaufstrom darf das 1,5fache des Nennstroms nicht überschreiten. Am Motorklemmbrett (Abb. 12.3.16) wurden zwischen den Klemmen B1 und B2 4 Ω und zwischen D1 und D2 3 Ω gemessen.

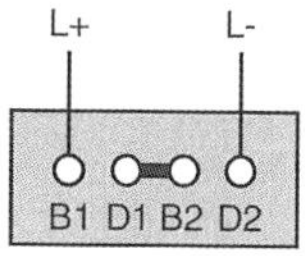

Abb. 12.3.16

a) Welche Motorart ist eingebaut?
b) Welche Spannung U' darf im Einschaltmoment am Motor anliegen?
c) Berechnen Sie den Einschaltstrom, wenn im Störfall die maximale Spannung anliegt.
d) Welche Spannung wird im Anker induziert, wenn bei der maximalen Spannung der Nennstrom fließt?
e) Berechnen Sie den Motorwirkungsgrad bei Nennlast.

13.1 Leitungsberechnungen

Beispiele:

1. Gleichstrom, unverzweigt

Zur Versorgung eines Wochenendhauses sind 5 Solargeneratoren mit einer Leistung von je 384 W montiert. Vom Dach bis zur Batterie ist eine Leitung von 2,5 m erforderlich. Die maximale Ladespannung der Generatoren beträgt bei voller Sonneneinstrahlung im Ladebetrieb 29,2 V.

a) Welcher Querschnitt ist zu verlegen, wenn 3% Spannungsfall nicht überschritten werden soll?
b) Wie groß ist dabei die Verlustleistung?

Lösung:

Gegeben: $n = 5$; $P_n = 384$ W; $l = 2{,}5$ m; $U_{max} = 29{,}2$ V.
Gesucht: A; P_v.

a) $P = n \cdot P_n = 5 \cdot 384\ \text{W} = 1{,}92\ \text{kW}$

$$I = \frac{P_n}{U} = \frac{1920\ \text{W}}{29{,}2\ \text{V}} = 65{,}8\ \text{A}$$

$$U_a = u_a \cdot U = \frac{3}{100} \cdot 29{,}2\ \text{V} = 0{,}876\ \text{V} \qquad A = \frac{2 \cdot l \cdot I}{\gamma \cdot U_a} = \frac{2 \cdot 2{,}5\ \text{m} \cdot 65{,}8\ \text{A}}{56\ \frac{\text{m}}{\Omega\text{mm}^2} \cdot 0{,}876\ \text{V}} = 6{,}71\ \text{mm}^2$$

Zu verlegen $A = \mathbf{10\ mm^2}$

b) $$P_v = I^2 \cdot R_L = I^2 \cdot \frac{2 \cdot l}{\gamma \cdot A} = (65{,}8\ \text{A})^2 \cdot \frac{2 \cdot 2{,}5\ \text{m}}{56\ \frac{\text{m}}{\Omega\text{mm}^2} \cdot 10\ \text{mm}^2} = \mathbf{38{,}7\ W}$$

2. Wechselstrom, unverzweigt bei $\cos\varphi = 1$

Die Zuleitung zu einem Warmwasserbereiter 230 V/4 kW hat eine Länge von 32 m. Der Spannungsfall darf 1,5% nicht übersteigen.

Ermitteln Sie

a) den Nennstrom und den Mindestquerschnitt nach DIN VDE 0100 Verlegegruppe C,
b) den Mindestquerschnitt unter Berücksichtigung des Spannungsfalls,
c) den zu verlegenden Querschnitt,
d) den Nennstrom des erforderlichen Schutzorgans.

Lösung:

Gegeben: $U = 230$ V; $P = 4$ kW; $l = 32$ m; $u_a = 1{,}5\%$; Verlegeart C.
Gesucht: I, A_I; A_U; A; I_N.

a) $$I = \frac{P}{U \cdot \cos\varphi} = \frac{4000\ \text{W}}{230\ \text{V} \cdot 1} = \mathbf{17{,}4\ A}$$

Nach DIN VDE 0100 ist in Verlegegruppe C ein Querschnitt von $A_I = \mathbf{1{,}5\ mm^2}$ erforderlich.

b) $$U_a = u_a \cdot U = \frac{1{,}5}{100} \cdot 230\ \text{V} = 3{,}45\ \text{V}$$

$$A_U = \frac{2 \cdot l \cdot I}{\gamma \cdot U_a} = \frac{2 \cdot 32\ \text{m} \cdot 17{,}4\ \text{A}}{56\ \frac{\text{m}}{\Omega\text{mm}^2} \cdot 3{,}45\ \text{V}} = \mathbf{5{,}76\ mm^2}$$

$A = \mathbf{6\ mm^2}$ bei $I = 17{,}4$ A

c) Da nach DIN 18015 Teil 1 der zulässige Spannungsfall vom Nennstrom des Überstromschutzorgans abhängt, ergibt sich:

$$U_a = \frac{2 \cdot l \cdot I_N}{\gamma \cdot A} = \frac{2 \cdot 32\,\text{m} \cdot 20\,\text{A}}{56\,\frac{\text{m}}{\Omega\text{mm}^2} \cdot 6\,\text{mm}^2} = 3{,}81\,\text{V} > 3{,}45\,\text{V zul. Spannungsfall}$$

Zu verlegen $\mathbf{A = 10\,mm^2}$

d) $I_N = \mathbf{20\,A}$

Hinweis

Nach DIN VDE 0100 darf eine Leitung 10 mm² bei Verlegegruppe C mit 63 A abgesichert werden. Da der Nennstrom nur 17,4 A beträgt, ist ein Überstromschutzorgan mit $I_N = 20$ A zu wählen.

3. Wechselstrom, unverzweigt bei cos $\varphi \neq 1$

Die Zuleitung zu einem Wechselstrommotor in NYM hat eine Länge von 29 m und ist in einem Installationsrohr auf der Wand verlegt. Der Motor 230 V/2 kW hat einen Leistungsfaktor von 0,8 und einen Wirkungsgrad von 0,65. Der Spannungsfall soll 2% nicht überschreiten.

Ermitteln Sie

a) die Stromstärke und den Mindestquerschnitt nach DIN VDE 0100,
b) den Mindestquerschnitt unter Berücksichtigung des Spannungsfalls,
c) den zu verlegenden Querschnitt,
d) den prozentualen Leistungsverlust in der Zuleitung.

Lösung:

Gegeben: $U = 230$ V; $P_2 = 2$ kW, $l = 29$ m; cos $\varphi = 0{,}8$; $\eta = 0{,}65$; $u_a = 2\%$.
Gesucht: A_I; A_U; A; p_v.

a) $$P_1 = \frac{P_2}{\eta} = \frac{2\,\text{kW}}{0{,}65} = 3{,}08\,\text{kW}$$

$$I = \frac{P_1}{U \cdot \cos\varphi} = \frac{3{,}08\,\text{kW}}{230\,\text{V} \cdot 0{,}8} = \mathbf{16{,}7\,A}$$

Nach DIN VDE 0100 Verlegegruppe B2 mit 2 belasteten Aderleitungen $A_I = \mathbf{2{,}5\,mm^2}$

b) $$U_a = u_a \cdot U = \frac{2}{100} \cdot 230\,\text{V} = 4{,}6\,\text{V}$$

$$A_U = \frac{2 \cdot l \cdot I \cdot \cos\varphi}{\gamma \cdot U_a} = \frac{2 \cdot 29\,\text{m} \cdot 16{,}7\,\text{A} \cdot 0{,}8}{56\,\frac{\text{m}}{\Omega\text{mm}^2} \cdot 4{,}6\,\text{V}} = \mathbf{3{,}01\,mm^2}$$

c) Nach Spannungsfall $A = \mathbf{4\,mm^2}$

d) $$P_v = \frac{2 \cdot l \cdot I^2}{\gamma \cdot A} = \frac{2 \cdot 29\,\text{m} \cdot (16{,}7\,\text{A})^2}{56\,\frac{\text{m}}{\Omega\text{mm}^2} \cdot 4\,\text{mm}^2} = 72{,}2\,\text{W}$$

$$p_v = \frac{P_v \cdot 100\%}{P_1} = \frac{72{,}2\,\text{W} \cdot 100\%}{3080\,\text{W}} = \mathbf{2{,}35\%}$$

4. Wechselstrom, verzweigt

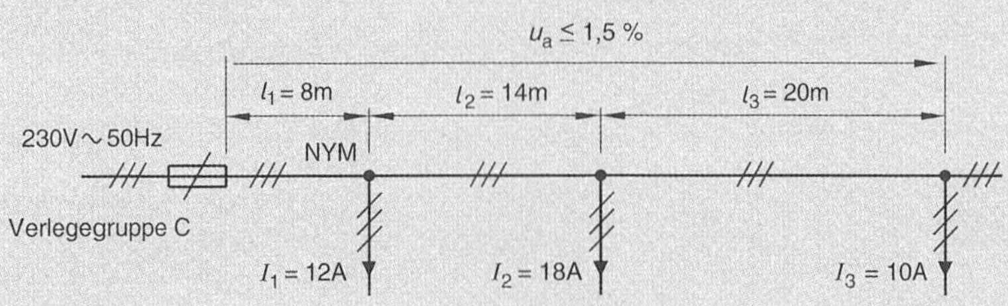

Ermitteln Sie

a) den Mindestquerschnitt der Hauptleitung unter Berücksichtigung des höchstzulässigen Spannungsfalls,
b) den Mindestquerschnitt nach DIN VDE 0100 unter Berücksichtigung des Höchststroms,
c) den zu verlegenden Querschnitt,
d) den Nennstrom des erforderlichen Überstrom-Schutzorgans.

Lösung:

Gegeben: Übersichtsschaltplan.
Gesucht: A_U; $A_{I\,max}$; A; I_N.

a) $U_a = u_a \cdot U = \frac{1{,}5}{100} \cdot 230\ \text{V} = 3{,}45\ \text{V}$

$$A_U = \frac{2 \cdot \sum (l \cdot I)}{\gamma \cdot U_a} = \frac{2 \cdot [8\ \text{m} \cdot (12\ \text{A} + 18\ \text{A} + 10\ \text{A}) + 14\ \text{m} \cdot (18\ \text{A} + 10\ \text{A}) + 20\ \text{m} \cdot 10\ \text{A}]}{56\ \frac{\text{m}}{\Omega\text{mm}^2} \cdot 3{,}45\ \text{V}} = \mathbf{9{,}44\ mm^2}$$

b) $I_{max} = I_1 + I_2 + I_3 = 12\ \text{A} + 18\ \text{A} + 10\ \text{A} = 40\ \text{A}$ (bei $\varphi_1 = \varphi_2 = \varphi_3$)
Nach DIN VDE 0100 Verlegegruppe C $A_I = \mathbf{6\ mm^2}$

c) Zu verlegen $A = \mathbf{10\ mm^2}$

d) Überstromschutzorgan: LS-Schalter Typ B $I_N = \mathbf{40\ A}$ oder **50 A** bzw. Schmelzsicherung Funktionsklasse gL $I_N = \mathbf{50\ A}$

5. Drehstrom

Der Drehstrom-Asynchronmotor 400 V/6 kW hat bei Nennleistung einen Leistungsfaktor von 0,8 und einen Wirkungsgrad von 85%. Der Spannungsfall in der 30 m langen Zuleitung NYM in Verlegegruppe B1 darf höchstens 3% betragen.

Ermitteln Sie

a) den Mindestquerschnitt unter Berücksichtigung des Spannungsfalls,
b) den Mindestquerschnitt nach DIN VDE 0100 Verlegegruppe B1 unter Berücksichtigung des Nennstroms,
c) den zu verlegenden Querschnitt,
d) den Nennstrom des vorgeschalteten Überstrom-Schutzorgans,
e) den Leistungsverlust in der Zuleitung.

Lösung:

Gegeben: $U = 400\ \text{V}$; $P_2 = 6\ \text{kW}$; $\cos\varphi = 0{,}8$; $\eta = 0{,}85$; $u_a = 3\%$; $l = 60\ \text{m}$.
Gesucht: I_N; A_U; A_I; A; P_v.

a) $P_1 = \frac{P_2}{\eta} = \frac{6\,\text{kW}}{0{,}85} = 7{,}06\,\text{kW}$

$I_N = \frac{P_1}{\sqrt{3}\cdot U\cdot \cos\varphi} = \frac{7{,}06\,\text{kW}}{\sqrt{3}\cdot 400\,\text{V}\cdot 0{,}8} = 12{,}7\,\text{A}$

$U_a = u_a\cdot U = \frac{3}{100}\cdot 400\,\text{V} = 12\,\text{V}$

$A_U = \frac{\sqrt{3}\cdot l\cdot I\cdot \cos\varphi}{\gamma\cdot U_a} = \frac{\sqrt{3}\cdot 30\,\text{m}\cdot 12{,}7\,\text{A}\cdot 0{,}8}{56\,\frac{\text{m}}{\Omega\text{mm}^2}\cdot 12\,\text{V}} = \mathbf{0{,}786\,mm^2}$

b) Nach DIN VDE 0100 Verlegegruppe B1 $A_I = \mathbf{1{,}5\,mm^2}$

c) Zu verlegen $A = \mathbf{1{,}5\,mm^2}$

d) Überstrom-Schutzorgan $I_N = \mathbf{16\,A}$

e) $P_v = \frac{3\cdot l\cdot I^2}{\gamma\cdot A} = \frac{3\cdot 30\,\text{m}\cdot (12{,}7\,\text{A})^2}{56\,\frac{\text{m}}{\Omega\text{mm}^2}\cdot 1{,}5\,\text{mm}^2} = \mathbf{173\,W}$

Aufgaben

1. Der Gleichstrommotor eines Regelantriebs nimmt bei 220 V einen Strom von 21 A auf. Die Zuleitung NYM Verlegegruppe C hat eine Länge von 50 m. Der Spannungsfall soll 3% nicht überschreiten.

Ermitteln Sie

a) den Mindestquerschnitt unter Berücksichtigung des Spannungsfalls,
b) den Mindestquerschnitt nach DIN VDE 0100,
c) den zu verlegenden Querschnitt,
d) den Nennstrom des erforderlichen Überstrom-Schutzorgans.

2. Die Zuleitung zu einem schutzisolierten Studioscheinwerfer 230 V/2 kW ist in H 07 RN-F $2\times 1{,}5\,\text{mm}^2$ ausgeführt. Der Spannungsfall darf 1,5% nicht übersteigen. Die Umgebungstemperatur beträgt 40 °C.

Berechnen Sie

a) die Stromstärke in der Zuleitung,
b) die höchstzulässige Leitungslänge.

3. Am Anfang eines 100 m langen Freileitungs-Netzausläufers Cu $2\times 50\,\text{mm}^2$ wird eine Spannung von 240 V gemessen. Die vollständig kompensierte Anlage nimmt einen Strom von 54 A auf.

Berechnen Sie

a) den Spannungsfall U_a in der Leitung,
b) den prozentualen Spannungsfall u_a,
c) die Spannung am Ende der Leitung.

4. Die Spannung am Anfang einer 150 m langen NYY Leitung Cu $2\times 35\,\text{mm}^2$ beträgt 240 V. Der Spannungsfall darf nicht größer als 1,5% sein.

Berechnen Sie den höchstzulässigen Strom in der Leitung.

5. $P_2 = 3$ kW; $\eta = 0{,}6$; $u_a \leq 3\%$ (Abb. 13.1.5).

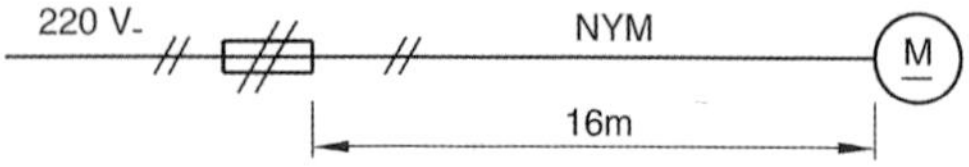

Abb. 13.1.5

Ermitteln Sie

a) den Spannungsfall U_a und den Mindestquerschnitt A_U,
b) den Motornennstrom und den Mindestquerschnitt A_I, nach DIN VDE 0100 Verlegegruppe C,
c) den zu verlegenden Querschnitt,
d) den Nennstrom des erforderlichen Überstrom-Schutzorgans.

6. In der Zuleitung eines Elektroherdes fließen 24 A. Der Herd ist an 230 V/50 Hz angeschlossen. Die Zuleitung hat eine Länge von 12 m und einen Querschnitt von 4 mm^2.

Berechnen Sie

a) den Spannungsfall in Prozent, b) den Leistungsverlust in Prozent.

7. Ein Speicherofen 230 V/4 kW ist an eine 28 m lange Leitung NYM $3 \times 2{,}5$ mm^2 angeschlossen.

Berechnen Sie

a) die Stromaufnahme, b) den Spannungsfall in V und in %,
c) den Leistungsverlust in W und in %.

8. Die Zuleitung zu einem Gleichstrom-Motor 220 V/3,5 kW, $\eta = 0{,}64$ hat eine Länge von 42 m und ist in einem Installationsrohr verlegt. Der Leistungsverlust in der Zuleitung soll 2% nicht übersteigen.

Ermitteln Sie

a) den Nennstrom des Motors, b) den zulässigen Leistungsverlust in W,
c) den erforderlichen Querschnitt unter Berücksichtigung des zulässigen Leistungsverlustes,
d) den Mindestquerschnitt A_I nach DIN VDE 0100, e) den zu verlegenden Querschnitt.

9. Am Anfang eines 80 m langen Netzausläufers Cu 2×25 mm^2 werden 245 V gemessen. Der Leistungsfaktor beträgt 0,74. Der Spannungsfall darf höchstens 1,5% betragen.

Berechnen Sie den höchstzulässigen Strom in der Leitung.

10. $P = 1{,}5$ kW; $I = 14$ A;
$\cos\varphi = 0{,}74$; $u_a \leq 3\%$ (Abb. 13.1.10)

Abb. 13.1.10

Ermitteln Sie

a) den Nennstrom des erforderlichen Überstrom-Schutzorgans,
b) den Mindestquerschnitt A_U,
c) den Mindestquerschnitt A_I nach DIN VDE 0100,
d) den zu verlegenden Querschnitt.

11. Der Anschluss einer Hauswasserversorgung erfordert eine 60 m lange Zuleitung NYY 3×6 mm^2. Der Antriebsmotor hat bei 230 V/50 Hz eine Leistung von 3 kW. Der Leistungsfaktor beträgt 0,82, der Wirkungsgrad 0,7. Am Anfang der Leitung wird eine Spannung von 240 V gemessen.

Berechnen Sie

a) den Spannungsfall in der Leitung,
b) den Spannungsfall in %,
c) die Spannung am Ende der Leitung.

12. $P_2 = 1$ kW, $\eta = 0{,}6$, $\cos\varphi = 0{,}74$ (Abb. 13.1.12)

Berechnen Sie den Spannungsfall in der Leitung in V und in %.

Abb. 13.1.12

13. In der Zuleitung zu einem Wechselstrommotor 230 V/50 Hz fließen bei Nennleistung 6,2 A. Der Motor hat einen Leistungsfaktor von 0,8. Die Zuleitung ist 16 m lang und hat einen Querschnitt von 1,5 mm².

Berechnen Sie

a) den Spannungsfall in V und in %, b) den Leistungsverlust in W und in %.

14. Eine Drehmaschine in einer Feinmechaniker-Werkstätte ist über eine 25 m lange, in einem Installationsrohr verlaufende NYM-Zuleitung angeschlossen. Der Leistungsverlust soll 2% nicht übersteigen (Abb. 13.1.14).

Ermitteln Sie

a) die Wirkleistungsaufnahme des Motors,
b) den erforderlichen Querschnitt unter Berücksichtigung des Leistungsverlusts,
c) den erforderlichen Querschnitt nach DIN VDE 0100,
d) den zu verlegenden Querschnitt.

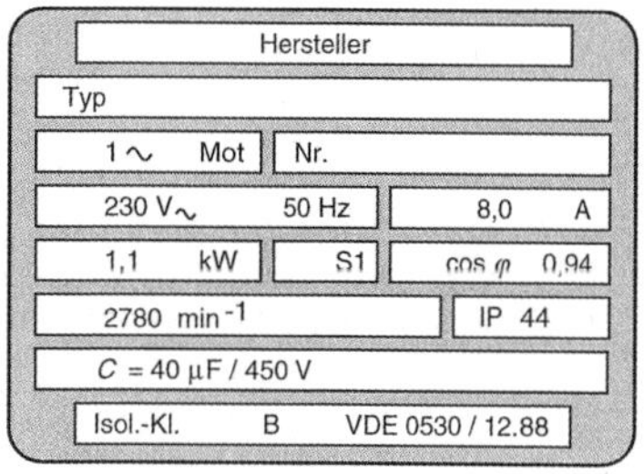

Abb. 13.1.14

15. Ermitteln Sie aus Abb. 13.1.15

a) den Leiterquerschnitt der Hauptleitung unter Berücksichtigung des höchstzulässigen Spannungsfalls,
b) den Querschnitt nach DIN VDE 0100,
c) den zu verlegenden Querschnitt,
d) den Nennstrom des Überstrom-Schutzorgans am Anfang der Leitung.

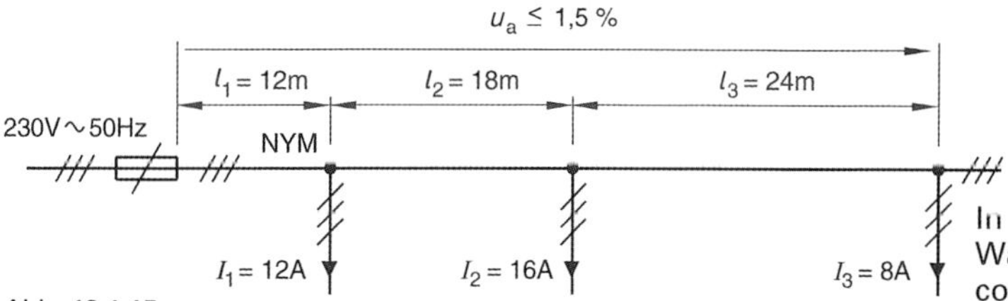

In wärmegedämmter Wand verlegt, $\cos\varphi = 1$

Abb. 13.1.15

16. Berechnen Sie aus Abb. 13.1.16 bei $\cos\varphi = 1$

a) den Spannungsfall in V und in % bis zum letzten Abzweig,
b) den Leistungsverlust in der Hauptleitung.

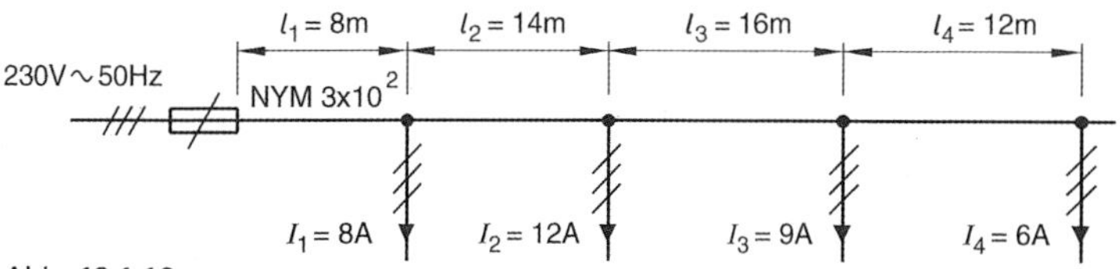

Abb. 13.1.16

17. Ermitteln Sie aus Abb. 13.1.17

a) den zulässigen Leistungsverlust und den erforderlichen Querschnitt,
b) den Querschnitt der Hauptleitung nach DIN VDE 0100,
c) den zu verlegenden Querschnitt,
d) den Spannungsfall bei dem verlegten Querschnitt.

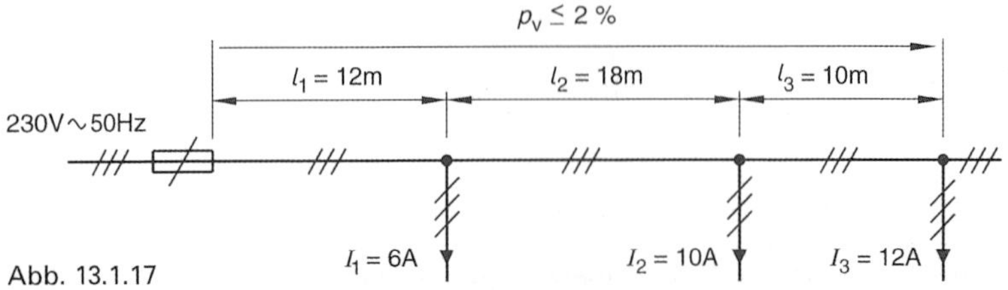

NYM im Installationsrohr auf der Wand, $\cos\varphi = 1$

Abb. 13.1.17

18. Ermitteln Sie aus Abb. 13.1.18

a) den zulässigen Spannungsfall und den erforderlichen Querschnitt A_U,
b) den Querschnitt der Hauptleitung nach DIN VDE 0100,
c) den zu verlegenden Querschnitt,
d) den Leistungsverlust bei dem verlegten Querschnitt.

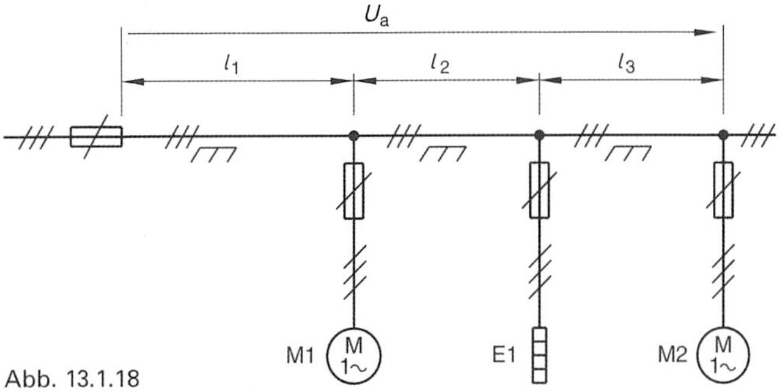

230 V ~ 50 Hz, NYM

$u_a \leq 3\%$ M1: 2 kW
$l_1 = 20$ m 15,2 A
$l_2 = 16$ m $\cos\varphi = 0{,}75$
$l_3 = 12$ m E1: 2 kW
M2: 1,5 kW
13,9 A
$\cos\varphi = 0{,}7$

Abb. 13.1.18

19. Ermitteln Sie aus Abb. 13.1.19

a) den zulässigen Leistungsverlust und den erforderlichen Querschnitt,
b) den Querschnitt der Hauptleitung nach DIN VDE 0100,
c) den zu verlegenden Querschnitt,
d) den Spannungsfall bei dem verlegten Querschnitt.

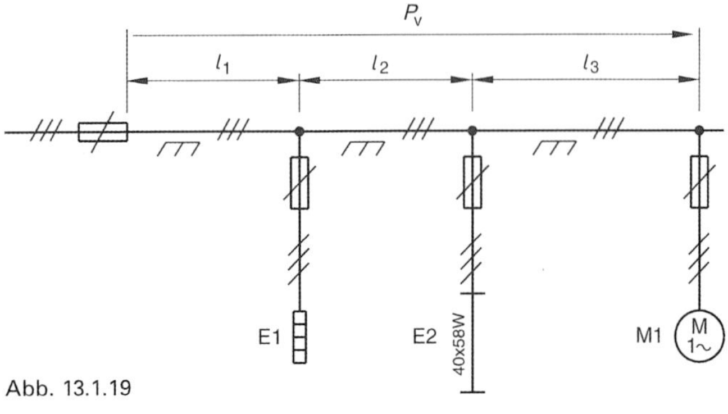

230 V ~ 50 Hz
NYM im Installationsrohr auf der Wand

$p_V \leq 3\%$ E1: 2 kW
$l_1 = 14$ m E2: 2,84 kW
$l_2 = 16$ m $\cos\varphi = 0{,}5$
$l_3 = 20$ m M1: 2,5 kW
18,9 A
$\cos\varphi = 0{,}8$

Abb. 13.1.19

20. Die Anschlussleitung NYM 5×2,5 mm² einer stationären Kompressoranlage hat eine Länge von 24 m. Zum Antrieb wird ein Drehstrom-Asynchronmotor 400 V/5,5 kW verwendet. Der Motor hat einen Leistungsfaktor von 0,86. Der Nennstrom beträgt 13 A.

Berechnen Sie den Spannungsfall in V und in %.

21. Ein 6-kW-Raumspeicherofen soll an ein Drehstromnetz 3/N/PE ~ 400/230 V angeschlossen werden. Die NYM-Zuleitung hat eine Länge von 21 m und ist in einer wärmedämmenden Wand verlegt. Der Spannungsfall soll 3% nicht übersteigen.

Ermitteln Sie

a) den Spannungsfall und den Mindestquerschnitt,
b) den Mindestquerschnitt nach DIN VDE 0100,
c) den zu verlegenden Querschnitt,
d) den Nennstrom des erforderlichen Überstrom-Schutzorgans.

22. Eine Drehmaschine wird von einem Drehstrom-Asynchronmotor 400 V/4 kW angetrieben. Bei Nennleistung nimmt der Motor bei einem Leistungsfaktor von 0,8 einen Strom von 9,5 A auf. Die NYY-Zuleitung ist 32 m lang. Der Spannungsfall darf 3% nicht überschreiten.

Ermitteln Sie

a) den Spannungsfall und den Mindestquerschnitt,
b) den Mindestquerschnitt nach DIN VDE 0100,
c) den zu verlegenden Querschnitt,
d) den Nennstrom des erforderlichen Überstrom-Schutzorgans.

23. Ermitteln Sie aus Abb. 13.1.23

a) den Spannungsfall und den Mindestquerschnitt A_U,
b) den Mindestquerschnitt nach DIN VDE 0100,
c) den zu verlegenden Querschnitt,
d) den Nennstrom des erforderlichen Überstrom-Schutzorgans.

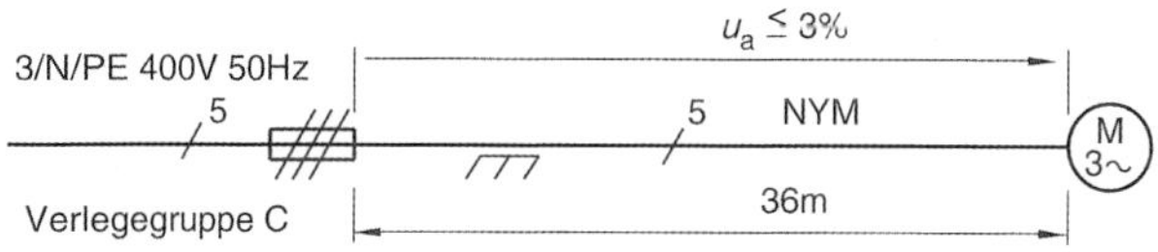

$P_2 = 7{,}5$ kW
$\eta = 0{,}8$
$\cos\varphi = 0{,}84$

Abb. 13.1.23

24. Berechnen Sie aus Abb. 13.1.24 den Spannungsfall in V und in %.

$P_2 = 11$ kW
$I = 26$ A
$\cos\varphi = 0{,}82$

Abb. 13.1.24

25. Die Zuleitung NYM 5×16 mm² zu einer Drehstromverteilung 400/230 V ist 42 m lang. Der mittlere Leistungsfaktor beträgt 0,74. Der Spannungsfall darf 0,5% nicht übersteigen.

Berechnen Sie

a) den höchstzulässigen Strom in der Zuleitung,
b) die übertragbare Leistung,
c) den Leistungsverlust in W und in %.

26. Eine Werkzeugmaschine wird von einem Drehstrom-Asynchronmotor 400 V/5,5 kW angetrieben. Der Motor nimmt bei einem Leistungsfaktor von 0,76 einen Nennstrom von 14 A auf. Die Mantelleitung NYM ist mit 2 weiteren Leitungen in einem Installationskanal verlegt. Der Leistungsverlust der 19 m langen Zuleitung soll 2% nicht übersteigen.

Berechnen Sie

a) den Leistungsverlust und den Mindestquerschnitt nach DIN VDE 0100,
b) den Spannungsfall bei dem verlegten Querschnitt in V und in %.

27. Berechnen Sie bei Verlegung im Installationskanal aus Abb. 13.1.27

a) den Leistungsverlust und den Mindestquerschnitt nach DIN VDE 0100,
b) den Leistungsfaktor des Motors,
c) den Spannungsfall bei dem verlegten Querschnitt in V und in %.

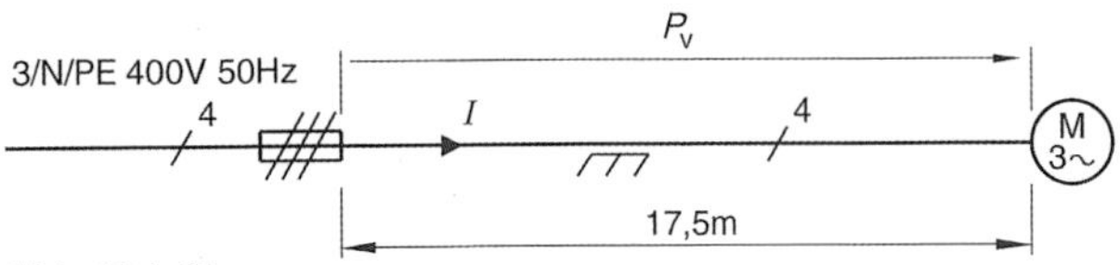

$P_2 = 15$ kW
$I = 31$ A
$\eta = 0{,}85$
$p_v \leq 2\%$

Abb. 13.1.27

28. Ermitteln Sie aus Abb. 13.1.28

a) den Hauptleiterquerschnitt A_U,
b) den Hauptleiterquerschnitt nach DIN VDE 0100,
c) den tatsächlich verlegten Querschnitt,
d) das Überstromschutzorgan.

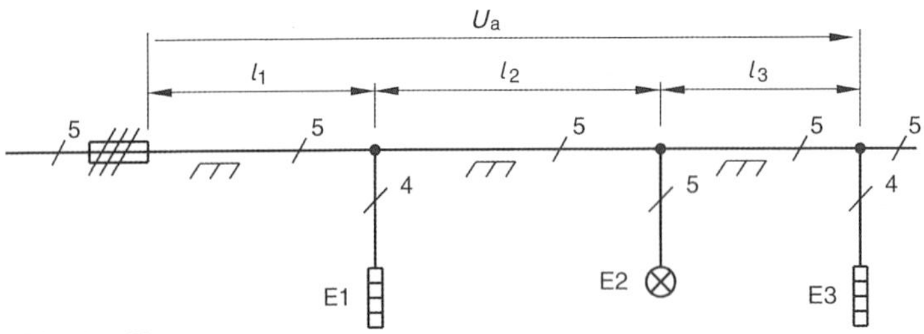

400/230 V ~ 50 Hz
NYM
$u_a \leq 3\%$
$l_1 = 24$ m
$l_2 = 30$ m
$l_3 = 18$ m
E1: 6 kW
E2: 4 kW
E3: 8 kW

Abb. 13.1.28

29. Prüfen Sie durch Rechnung nach, ob der verlegte Querschnitt (Abb. 13.1.29) ausreicht.

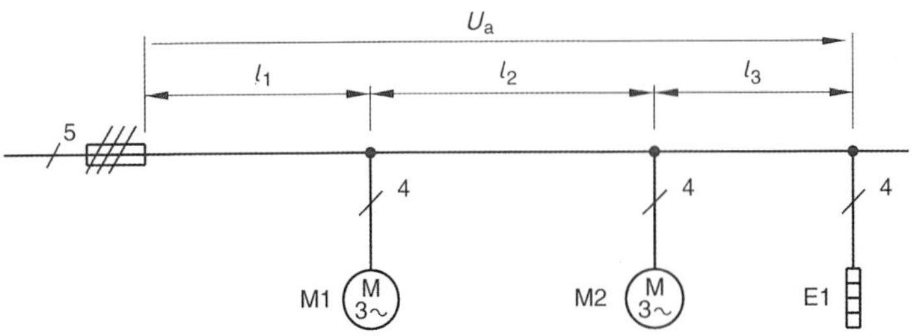

400/230 V ~ 50 Hz
NYM 5×6^2
$u_a \leq 3\%$
$l_1 = 25$ m
$l_2 = 40$ m
$l_3 = 28$ m
M1: 5,5 kW/12,5 A
$\cos \varphi = 0{,}84$
M2: 7,5 kW/16,2 A
$\cos \varphi = 0{,}86$
E1: 8 kW

Abb. 13.1.29

30. Berechnen Sie aus Abb. 13.1.30
a) den Leistungsverlust in W und den dadurch erforderlichen Querschnitt der Hauptleitung,
b) den Querschnitt nach DIN VDE 0100.

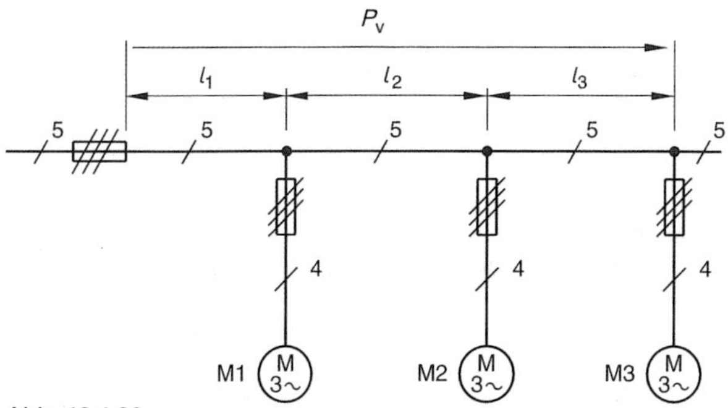

400/230 V ~ 50 Hz
NYM Verlegegruppe C

$p_v \leq 3\%$	M1: 7,5 kW
$l_1 = 30$ m	17 A
$l_2 = 40$ m	$\cos\varphi = 0,84$
$l_3 = 35$ m	M2: 12 kW
	29,4 A
	$\cos\varphi = 0,74$
	M3: 16 kW
	37 A
	$\cos\varphi = 0,8$

Abb. 13.1.30

13.2 Beleuchtungstechnik

Beispiel:

Zur Beleuchtung einer Vierplatz-Tennisanlage 36 m × 72 m sind auf 9 Lichtmasten insgesamt 48 Natriumdampf-Hochdrucklampen 400 W installiert. Der Anschlusswert der Beleuchtungseinrichtung beträgt 20,7 kW. Die Lampen haben einen Lichtstrom von 47 000 lm. Die Mindestbeleuchtungsstärke für Wettkämpfe muss 400 lx betragen.

Berechnen Sie
a) den Beleuchtungswirkungsgrad,
b) den Anschlusswert einer Leuchte,
c) die Lichtausbeute einer Leuchte,
d) den Verlust in jedem Vorschaltgerät.

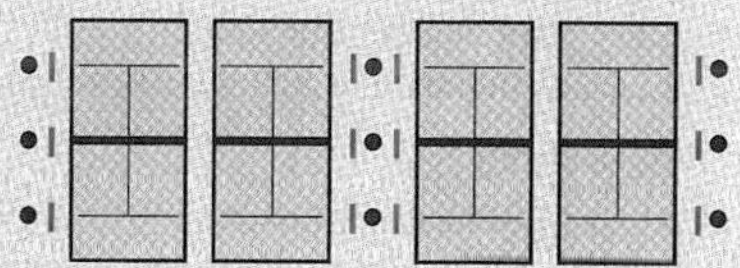

Lösung:

Gegeben: $A = 36\text{ m} \times 72\text{ m}$; $n = 48$; $P_2 = 400\text{ W}$; $P_{48} = 20{,}7\text{ kW}$; $\Phi_{L1} = 47\,000\text{ lm}$; $E = 400\text{ lx}$.
Gesucht: η_B; P_1; η; P_{VG}.

a) $A = 36\text{ m} \cdot 72\text{ m} = 2592\text{ m}^2$

$$n = \frac{E \cdot A}{\Phi_{L1} \cdot \eta_B} \Rightarrow \eta_B = \frac{E \cdot A}{\Phi_{L1} \cdot n} = \frac{400\text{ lx} \cdot 2592\text{ m}^2}{47\,000\text{ lm} \cdot 48} = \frac{400\,\frac{\text{lm}}{\text{m}^2} \cdot 2592\text{ m}^2}{47\,000\text{ lm} \cdot 48} = \mathbf{0{,}46}$$

b) $$P_1 = \frac{P_{48}}{n} = \frac{20\,700\text{ W}}{48} = \mathbf{431\text{ W}}$$

c) $$\eta = \frac{\Phi_{1L}}{P_2} = \frac{47\,000\text{ lm}}{400\text{ W}} = \mathbf{118\,\frac{lm}{W}}$$

d) $P_{VG} = P_1 - P_2 = 431\text{ W} - 400\text{ W} = \mathbf{31\text{ W}}$

Aufgaben

1. Die Allgemeinbeleuchtung eines Labors mit 30 m² beleuchteter Grundfläche soll 700 lx betragen.

   Welcher Nutzlichtstrom ist erforderlich?

2. In einem Klassenzimmer 11 m×8 m sind 14 Leuchtstofflampen mit je 58 W, $\Phi_{L1}=5400$ lm, Lichtfarbe Warmton (31, 83, 183, je nach Hersteller) installiert. Der Beleuchtungswirkungsgrad wird nicht berücksichtigt.

   Wie groß ist die mittlere Beleuchtungsstärke?

3. Die Arbeitsplatzbeleuchtung mit einer Kompaktleuchtstofflampe liefert einen Lichtstrom von 900 lm. Die mittlere Beleuchtungsstärke zur Montage und Kontrolle elektronischer Bauteile muss mindestens 1500 lx betragen. Die Verluste bleiben unberücksichtigt.

   Berechnen Sie die beleuchtbare Fläche.

4. In einem hell gestrichenen Büroraum mit 30 m² beleuchteter Grundfläche sind 12 Leuchtstofflampen 230 V/36 W/83 (Lichtfarbe Warmton) mit je 3450 lm in die Decke eingelassen und durch Metallraster abgedeckt. Der Beleuchtungswirkungsgrad beträgt 60%.

   Berechnen Sie
   a) den Nutzlichtstrom,
   b) die mittlere Beleuchtungsstärke.

5. Eine Flurbeleuchtung muss erneuert werden. Aus Sicherheitsgründen muss die mittlere Beleuchtungsstärke 150 lx betragen. Zur Wahl stehen Glühlampen 60 W in Reflektorleuchten oder Leuchtstofflampen 36 W mit der Verlustleistung $P_{VG}=13$ W im Vorschaltgerät. Die beleuchtete Grundfläche beträgt 26 m².

Lampenart	Glühlampe	Leuchtstoff-lampe
Lichtstrom Φ_{L1}	730 lm	3450 lm
Beleuchtungswirkungsgrad η_B	0,7	0,6
Planungsfaktor p	1,2	1,3

   Berechnen Sie
   a) die jeweils notwendige Lampenzahl,
   b) die spezifische Anschlussleistung in W/m².

6. Ein Wohnraum ist mit 6 Glühlampen je 60 W beleuchtet. Aus Energiespargründen sollen Kompaktleuchtstofflampen eingesetzt werden. Die Beleuchtungsstärke soll etwa gleich groß bleiben.

   Daten: Glühlampe 60 W, $\Phi_{GL}=730$ lm, SL-Lampe 18 W, $\Phi_{LL}=900$ lm
   a) Wie viele Energiesparlampen werden benötigt?
   b) Wie groß ist der prozentuale Rückgang p der benötigten Lampenleistung?

7. Eine Sporthalle 45 m·27 m ist mit 50 Hochdruck-Metallhalogendampflampen (250 W, $\Phi_L=20000$ lm) ausgerüstet. Bei der Planung wurde unter Berücksichtigung der Raumabmessungen, der Reflexionsgrade und der Art der Beleuchtungskörper ein Beleuchtungs-Wirkungsgrad von 0,55 ermittelt. Nach Fertigstellung wurde eine mittlere Beleuchtungsstärke von 420 lx gemessen. Nach mehrjährigem Betrieb ist die Beleuchtungsstärke auf 350 lx zurückgegangen.

Berechnen Sie
a) die erwartete Beleuchtungsstärke,
b) die prozentuale Abweichung des errechneten Werts vom tatsächlichen Wert,
c) den tatsächlichen Beleuchtungswirkungsgrad,
d) den Verminderungsfaktor *v* und den Planungsfaktor *p*.

8. Als Verkaufshilfe für die Umstellung auf Energiesparlampen soll ein Kostenvergleich von Glühlampen mit Kompaktleuchtstofflampen erstellt werden.
Als Verbrauchspreis werden 0,16 €/kWh zugrunde gelegt.

Leuchtmittel	Glühlampe	Kompakt-Leuchtstofflampe Sockel E27
Leistung	75 W	18 W
Lichtstrom	960 lm	1 000 lm
Lebensdauer	1 000 h	15 000 h
Lampenpreis	1,00 €	10,00 €

a) Berechnen Sie für beide Leuchtmittel die gesamten Kosten für 10 000 Betriebsstunden.
b) Wie groß ist die prozentuale Kostenersparnis gegenüber der Glühlampe?

9. Einer Firmenliste für Lampen sind folgende Angaben entnommen:

Aufgabe	Art	Bezeichnung	U in V	P in W ohne VG	P in W mit VG	Φ_1 in lm	η in $\frac{\text{lm}}{\text{W}}$
a	Glühlampen	E 27	230	25	—	230	?
b		E 27	230	60	—	730	?
c		E 27	230	100	—	?	13,8
d		BA 15s	12	?	—	2 800	28
e	Halogenlampen	GY 9,5	230	500	—	14 000	?
f		HPI-T	230	400	422	31 500	?
g	Leuchtstofflampen	TL-D 18 W/82	230	18	?	1 450	55,8
h		TL-D 36 W/83	230	36	44	?	78,4
i		TL-D 58 W/84	230	58	64	?	84,4
j	Kompakt-LS-Lampen	SL 18	230	—	18	?	50
k		PL 11	230	11	?	900	60

Berechnen Sie die fehlenden Werte.

10. In einer Fabrikhalle 80 m × 25 m sollen 120 Quecksilberdampflampen HPL 250 W/14000 lm und einem Leuchtenbetriebswirkungsgrad $\eta_{LB} = 0{,}8$ installiert werden. Die mittlere Beleuchtungsstärke beträgt 600 lx. Der Raum ist mit dunklen Farben ausgestrichen und wird mit direkten Leuchten beleuchtet.

a) Berechnen Sie den Beleuchtungswirkungsgrad η_B.
b) In welcher Höhe sind die Leuchten zu montieren?

11. Die Küche eines Gasthofes ist durch 6 Glühlampen 230 V/150 W mit $\Phi_{GL} = 2200$ lm ausgeleuchtet. Bei der Erneuerung der Beleuchtungsanlage werden Leuchtstofflampen 230 V/36 W mit $\Phi_{LL} = 3450$ lm und $P_{VG} = 13$ W verwendet. Die Beleuchtungsstärke soll um 50% erhöht werden.

a) Wie viele Leuchtstofflampen sind erforderlich?
b) Um wie viel Prozent wird dabei der Anschlusswert gesenkt?
c) Berechnen Sie die Steigerung der Lichtausbeute Δp. Der Beleuchtungswirkungsgrad ist mit 0,53 gegeben und soll auch für das Leuchtstofflampenband gelten.

12. Eine Glühlampe 230 V/40 W hat bei einer Versorgungsspannung von 230 V einen Lichtstrom von 430 lm und eine mittlere Lebensdauer von 1000 Brennstunden (Abb. 13.2.12). In der Nähe einer Transformatorenstation beträgt die Netzspannung 253 V.

Bestimmen Sie

a) die prozentuale Erhöhung der Spannung,
b) den Lichtstrom der Lampe bei 253 V,
c) die prozentuale Erhöhung des Lichtstroms,
d) die Lebensdauer der Lampe bei 253 V,
e) die prozentuale Abnahme der Lebensdauer,
f) die Lichtausbeute bei 230 V und bei 253 V,
g) die prozentuale Erhöhung der Lichtausbeute bei 253 V.

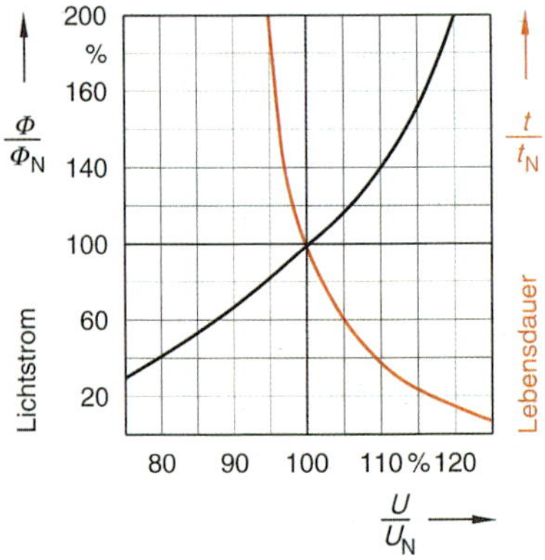

Abb. 13.2.12

13. Für eine 10 m lange, 6 m breite und 3 m hohe Kantine wird die Beleuchtung mit Reflektorlampen projektiert. Es wird eine Beleuchtungsstärke von 300 lx auf der Arbeitsfläche in 85 cm Höhe gefordert. Die Reflektorleuchten werden mit Kompakt-Leuchtstofflampen 11 W/900 lm bestückt und haben den Leuchten-Betriebswirkungsgrad $\eta_{LB} = 75\%$. Der Planungsfaktor beträgt 1,25.

a) Berechnen Sie den Raumindex k.
b) Ermitteln Sie aus der Tabelle den Raumwirkungsgrad η_R.
c) Wie groß ist der Beleuchtungswirkungsgrad η_B?
d) Berechnen Sie die erforderliche Lampenzahl n.

14. Ein Arbeitsraum mit einer Grundfläche von 3 m × 4 m ist 2,5 m hoch und wird mit 2 Dreibanden-Leuchtstofflampen (36 W/2350 lm/$\eta_{LB} = 80\%$) beleuchtet. An dem Arbeitstisch mit 1,6 m × 0,8 m und 0,85 m Höhe soll gezeichnet werden (Abb. 13.2.14).

a) Wie groß ist die mittlere Beleuchtungsstärke E des Raumes?
b) Auf welchen Wert ändert sie sich in Höhe des Arbeitstisches?
c) Wie groß muss die Beleuchtungsstärke beim technischen Zeichnen sein?
d) Welche Beleuchtungsstärke würde entstehen, wenn mit einer Lampe ausschließlich der Tisch beleuchtet würde?

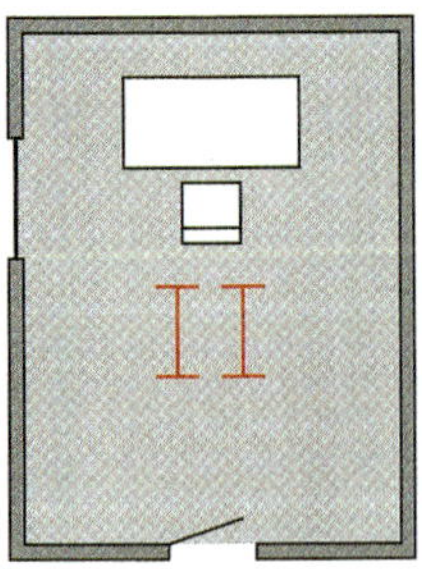

Abb. 13.2.14

13.3 Wärme- und Kältetechnik

Beispiele:

1. Erwärmen

Mit einem Tauchsieder 230 V/1 000 W sollen 2 l Wasser zum Kochen (100 °C) gebracht werden. Die Anfangstemperatur beträgt 14 °C. Der Wirkungsgrad wird mit 90% angenommen.

Berechnen Sie die Aufheizzeit.

Lösung:

Gegeben: $U = 230\,\text{V}$; $P = 1\,000\,\text{W}$; $m = 2\,\text{kg}$; $\vartheta_k = 14\,°\text{C}$; $\vartheta_w = 100\,°\text{C}$;

$\eta = 0{,}9$; $c = 4{,}19\,\frac{\text{kJ}}{\text{kg}\cdot\text{K}}$.

Gesucht: t.

$$\Delta\vartheta = \vartheta_w - \vartheta_k = 100\,°\text{C} - 14\,°\text{C} = 86\,\text{K}$$

$$Q_2 = c \cdot m \cdot \Delta\vartheta = 4{,}19\,\frac{\text{kJ}}{\text{kg}\cdot\text{K}} \cdot 2\,\text{kg} \cdot 86\,\text{K} = 721\,\text{kJ}$$

$$Q_1 = \frac{Q_2}{\eta} = \frac{721\,\text{kJ}}{0{,}9} = 801\,\text{kJ} = 801\,\text{kWs}$$

$$W = 801\,\text{kWs} \cdot \frac{1}{3600}\,\frac{\text{h}}{\text{s}} = 0{,}222\,\text{kWh}$$

$$t = \frac{W}{P} = \frac{0{,}222\,\text{kWh}}{1\,\text{kW}} = 0{,}222\,\text{h} \cdot 60\,\frac{\text{min}}{\text{h}} = 13{,}3\,\text{min} = \mathbf{13\,min\,20\,s}$$

2. Mischen von Wasser

In eine Badewanne sind 60 l Wasser mit einer Temperatur von 55 °C eingefüllt. Durch Zulauf von Kaltwasser mit 15 °C wird eine Mischungstemperatur von 38 °C erreicht.

Berechnen Sie, wie viel l Badewasser sich in der Wanne befinden.

Lösung:

Gegeben: $m_w = 60\,\text{kg}$; $\vartheta_w = 55\,°\text{C}$; $\vartheta_m = 38\,°\text{C}$; $\vartheta_k = 15\,°\text{C}$.
Gesucht: m_m bei 38 °C.

$$\frac{m_k}{m_w} = \frac{\vartheta_w - \vartheta_m}{\vartheta_m - \vartheta_k} \Rightarrow m_k = \frac{m_w(\vartheta_w - \vartheta_m)}{\vartheta_m - \vartheta_k} = \frac{60\,\text{kg}\,(55\,°\text{C} - 38\,°\text{C})}{38\,°\text{C} - 15\,°\text{C}} = 44{,}3\,\text{kg}$$

$$m_m = m_w + m_k = 60\,\text{kg} + 44{,}3\,\text{kg} = 104{,}3\,\text{kg}$$

Es befinden sich **104 l** Wasser in der Wanne.

3. Ausdehnen

Bei der Befestigung Cu-Sammelschiene muss die Längenausdehnung ($\alpha = 17 \cdot 10^{-6}\,\text{K}^{-1}$) berücksichtigt werden, da sich die Temperatur zwischen 5 °C und 50 °C ändert. Die Schiene ist bei 20° 7,4 m lang.

Ermitteln Sie

a) die Länge bei 5 °C, b) die Länge bei 50 °C, c) die gesamte Längenänderung.

Lösung:

Gegeben: $l = 7{,}4\,\text{m}$; $\alpha = 17 \cdot 10^{-6}\,\text{K}^{-1}$; $\vartheta_1 = 5\,°\text{C}$; $\vartheta_2 = 50\,°\text{C}$.
Gesucht: l_5, l_{50}, Δl.

a) $\Delta l_5 = l \cdot \alpha \cdot \Delta\vartheta = 7{,}4\,\text{m} \cdot 17 \cdot 10^{-6}\,\text{K}^{-1} \cdot (5\,°\text{C} - 20\,°\text{C}) = -1{,}89\,\text{mm}$
$l_5 = l + \Delta l_5 = 7{,}4\,\text{m} + (-1{,}89\,\text{mm}) = \mathbf{7\,398{,}11\,mm}$

b) $\Delta l_{50} = l \cdot \alpha \cdot \Delta\vartheta = 7{,}4\,\text{m} \cdot 17 \cdot 10^{-6}\,\text{K}^{-1} \cdot (50\,°\text{C} - 20\,°\text{C}) = 3{,}77\,\text{mm}$
$l_{50} = l + \Delta l_{50} = 7{,}4\,\text{m} + 3{,}77\,\text{mm} = \mathbf{7\,403{,}77\,mm}$
$\Delta l = l_{50} - l_5 = 7\,403{,}77\,\text{mm} - 7\,398{,}11\,\text{mm} = \mathbf{5{,}66\,mm}$

Die Befestigung muss so gewählt werden, dass sich die Sammelschiene um 5,66 mm ausdehnen kann.

Aufgaben

1. In einem Einfamilienhaus erfolgt die Warmwasserbereitung in den Sommermonaten durch eine Wärmepumpe mit 330 W Leistungsaufnahme. Beim erstmaligen Aufheizen des 200-l-Speichers wird das Wasser in 18 Stunden von 14°C auf 55°C erwärmt. Der Wirkungsgrad der Wärmepumpe wird mit 60% angenommen.

Berechnen Sie die Leistungszahl ε als Verhältnis der abgegebenen Leistung zur zugeführten Leistung.

2. Mit einem Mikrowellenherd 230 V/1000 W werden in 3 Minuten 0,2 l Wasser in einem Teeglas von 12°C auf 95°C erwärmt.

Berechnen Sie

a) die erforderliche Wärmemenge, b) die aufgenommene Wärmemenge,
c) den Wirkungsgrad.

3. Ein Warmwasserspeicher heizt während der Nacht 120 l Wasser auf 85°C auf. Die Kaltwassertemperatur beträgt 15°C. Die Verluste bleiben unberücksichtigt.

Wie viel Liter Badewasser von 37°C können bereitet werden?

4. Ein 120-l-Heißwasserspeicher ist in einem Damenfriseursalon installiert. Das Wasser wird während der Nacht von 14°C auf 85°C aufgeheizt. Zu einer Kopfwäsche werden durchschnittlich 5 l Wasser von 35°C benötigt. Die Verluste bleiben unberücksichtigt.

Wie viele Kopfwäschen können ohne Nachheizung ausgeführt werden?

5. Ein Durchlauferitzer mit 24 kW soll zum Füllen einer Badewanne Wasser von 14°C auf 38°C erwärmen. Sein Wirkungsgrad beträgt 99%. Für ein Vollbad sind 180 l Wasser erforderlich.

Wie lange dauert eine Füllung der Wanne?

6. Zum Spülen werden aus einem Kleinspeicher 5 l Wasser von 80°C mit 3 l Wasser von 16°C gemischt.

Berechnen Sie

a) die Wärmemenge des 80°C warmen Wassers,
b) die Wärmemenge des 16°C warmen Wassers, c) die Temperatur des Spülwassers.

7. Ein Schwimmbecken ist 5 m lang, 4 m breit und 1,5 m tief. Der Wasserstand beträgt 1,2 m, die Wassertemperatur 18°C. Die Verluste bleiben unberücksichtigt.

a) Welche Warmwassermenge von 55°C muss beigemischt werden, damit eine Temperatur von 21°C erreicht wird?
b) Auf welche Höhe steigt der Wasserspiegel?

8. Ein Netzgerät mit einem Gehäuse hat eine Verlustleistung von 60 W. Um eine unzulässige Erwärmung zu vermeiden, wird durch ein Gebläse gekühlt. Die Temperatur im Netzgerät darf maximal von 25 °C auf 45 °C ansteigen. Luft hat die Dichte $\varrho = 1{,}29\ \mathrm{kg/m^3}$ und die spezifische Wärmekapazität $c = 1\ \mathrm{kJ/kg \cdot K}$.

Wie groß ist die Luftmenge, die zur Kühlung pro Stunde benötigt wird?

9. Die Masten einer Freileitung haben einen Abstand $a = 500$ m (Abb. 13.3.9A). Im Winter, bei −25 °C, beträgt der Durchhang $D = 3$ m (Abb. 13.3.9B). Die Temperatur steigt im Sommer auf 65 °C an. Das Stahlseil hat den Längenausdehnungskoeffizienten $\alpha = 11{,}5 \cdot 10^{-6}\ \mathrm{K^{-1}}$.

Auf welchen Wert vergrößert sich der Durchhang im Sommer?

Fassen Sie zur Vereinfachung die durchhängende Leitung als gleichschenkliges Dreieck auf.

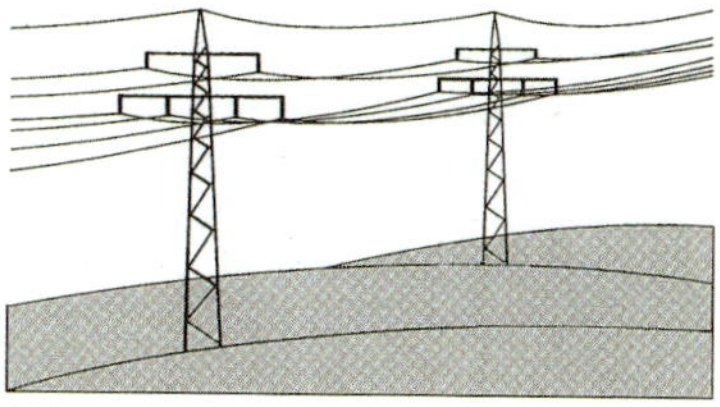

Abb. 13.3.9A

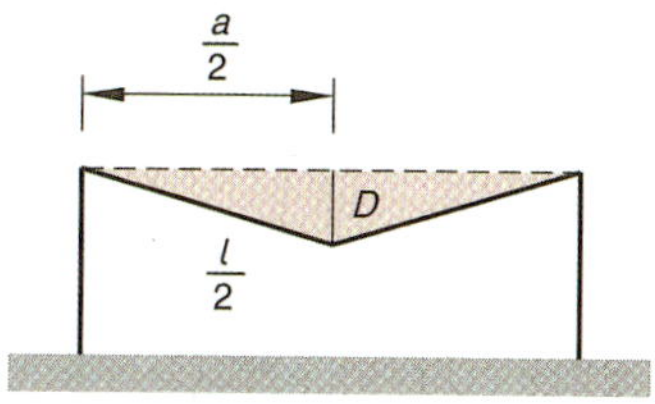

Abb. 13.3.9B

10. In einem Ortsnetz ist ein ölgekühlter 40-MVA-Transformator eingebaut. Die Ölfüllung hat bei 20 °C eine Masse von 6500 kg. Die zulässige Betriebstemperatur beträgt 85 °C.
Trafoöl: $\varrho = 0{,}87\ \mathrm{kg/dm^3}$; $\gamma = 0{,}0001\ \mathrm{K^{-1}}$;
$c = 1{,}88\ \mathrm{kJ/kg \cdot K}$.

Bestimmen Sie

a) das Ölvolumen bei 25 °C,
b) das Ölvolumen bei 85 °C,
c) die Wärmemenge, die das Trafoöl bei der Temperaturerhöhung von 20 °C auf 85 °C aufnimmt.

14.1 Auslösekennlinien

Beispiel:

Infolge eines Fehlers fließt durch die Schmelzsicherung F2 mit $I_n = 20$ A Betriebsklasse gL ein Betriebsstrom von 50 A.

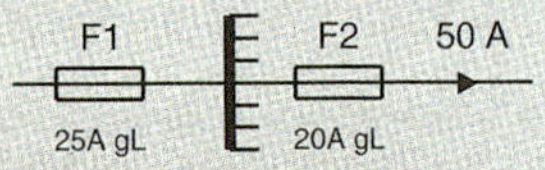

a) Bestimmen Sie mithilfe der Haltekennlinie die Zeitdauer t_h, die mindestens vergehen kann, ohne dass die Sicherung F2 anspricht.
b) Welche Zeitdauer t_a darf höchstens vergehen, bis die Sicherung F2 ausgelöst hat?
c) Prüfen Sie nach, ob bei der Vorsicherung F1 gleicher Betriebsklasse mit $I_n = 25$ A Selektivität vorhanden ist?

Lösung:

Gegeben: $I_{n1} = 25$ A; $I_{n2} = 20$ A; $I_B = 50$ A; Kennlinien Betriebsklasse gL.
Gesucht: t_{h2}; t_{a2}; Selektivität.

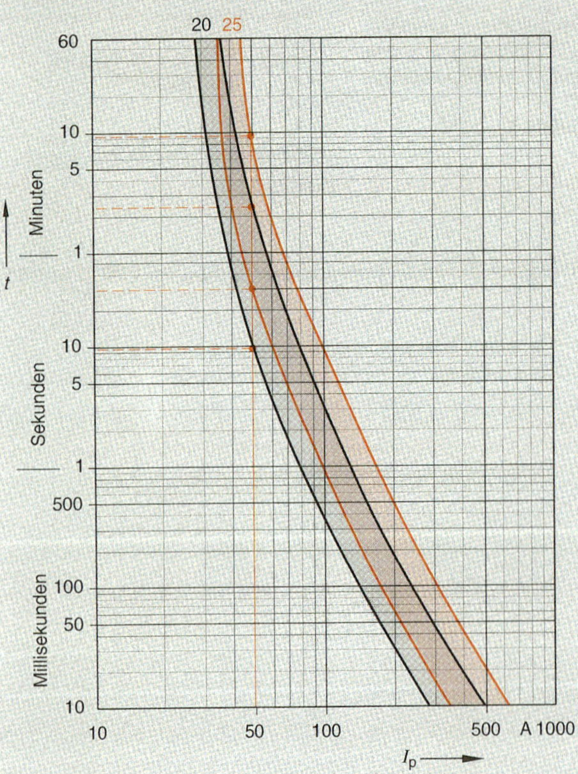

a) Aus der Haltekennlinie (Haltezeitkennlinie) für $I_{n2} = 20$ A

$t_{h2} \geq$ **9,5 s**

b) Aus der Auslösekennlinie (Schmelzzeitkennlinie) für $I_{n2} = 20$ A

$t_{a2} \leq$ **2,2 min**

c) Aus den Kennlinien für $I_{n1} = 25$ A

$t_{h1} \geq 30$ s
$t_{a1} \leq 9{,}5$ min

Die beiden Toleranzbänder überdecken sich teilweise, so dass F1 auch auslösen kann. Selektivität ist nicht gewährleistet.

Aufgaben

1. Das Auslöseverhalten von Schmelzsicherungen Betriebsklasse gL mit $I_n = 16$ A ... 35 A soll bei einem Betriebsstrom $I_B = 100$ A untersucht werden.
   a) Bestimmen Sie aus den Kennlinien die (Mindest-)Haltezeit t_h und die (höchstzulässige) Auslösezeit t_a.
   b) Warum ist in den Kennlinien ein Auslöse-Band und keine Auslöse-Linie angegeben?

2. Das Auslöseverhalten von Schmelzsicherungen der Betriebsklasse gL mit $I_n = 16$ A bis 35 A soll für die Haltezeit $t_h = 30$ s und die Auslösezeit $t_a = 0{,}5$ s untersucht werden.

   Bestimmen Sie aus den Kennlinien die zugehörigen Ströme.

3. Das verzögerte Auslöseverhalten des thermischen Auslösers von Leitungsschutzschaltern der Typen B, C und K mit einem Nennstrom von 20 A soll untersucht werden.

   Bestimmen Sie aus den Kennlinien den Betriebsstrom, wenn der Schalter nach 20 s
   a) noch nicht ausgelöst haben soll,
   b) ausgelöst haben muss.

LS-Schalter	nicht ausgelöst		ausgelöst	
	Haltezeitfaktor $f_h = \frac{I_h}{I_n}$	maximaler Betriebsstrom $I_B \leq I_h$	Auslösezeitfaktor $f_a = \frac{I_a}{I_n}$	minimaler Betriebsstrom $I_B \geq I_a$
Typ B	?	?	?	?
Typ C	?	?	?	?
Typ K	?	?	?	?

4. Die verschiedenen Typen von Leitungsschutzschaltern werden auch nach dem Betriebsstrom unterschieden, der den Schalter nach einer Belastungsdauer von 1 h zum Abschalten bringt.
   a) Wie wird dieser Kennwert des Stroms bezeichnet?
   b) Entnehmen Sie den Kennlinien jeweils das Stromverhältnis $f_a = I_2/I_n$ bei der Auslösezeit 1 Stunde (I_2-Faktor).

5. Der elektromagnetische Schnellauslöser von LS-Schaltern löst den Schalter bei hohen Strömen, z. B. bei Kurzschlüssen, „unverzögert" aus.
   a) Das Wievielfache des Nennstroms, z. B. beim Anlauf von Motoren, können die verschiedenen Typen von LS-Schaltern führen, ohne auszulösen?
   b) Das Wievielfache des Nennstroms muss fließen, damit die Schnellauslösung, z. B. bei einem Kurzschluss, unverzögert anspricht?
   c) Warum eignet sich der LS-Schalter Typ K am besten für Motoranschluss?

6. In elektrischen Anlagen sollen Vorsicherungen (Abb. 14.1.6) so ausgewählt werden, dass bei Überlast oder bei Kurzschluss nur der unmittelbar betroffene Stromkreis abgeschaltet wird.

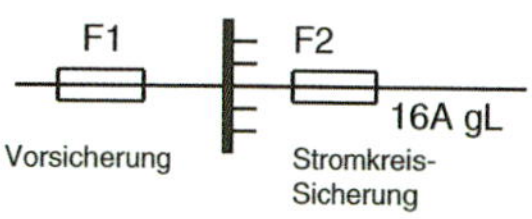

Abb. 14.1.6

   a) Wie heißt diese Eigenschaft?
   b) Wie müssen Haltekennlinie und Auslösekennlinie der beiden Schutzeinrichtungen verlaufen, damit diese Eigenschaft erfüllt ist?
   c) Wählen Sie für eine Schmelzsicherung 16 A Betriebsklasse gL (Abb. 14.1.6) aus der Kennlinie und durch Rechnung geeignete Vorsicherungen gleichen Typs aus.

7. In einer Verteilung sind die angeschlossenen Stromkreise mit LS-Schaltern B 16 A abgesichert.

   Wie groß muss der Nennstrom einer selektiven Vorsicherung der Betriebsklasse gL mindestens sein?

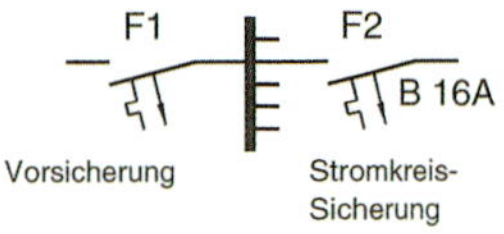

Abb. 14.1.8

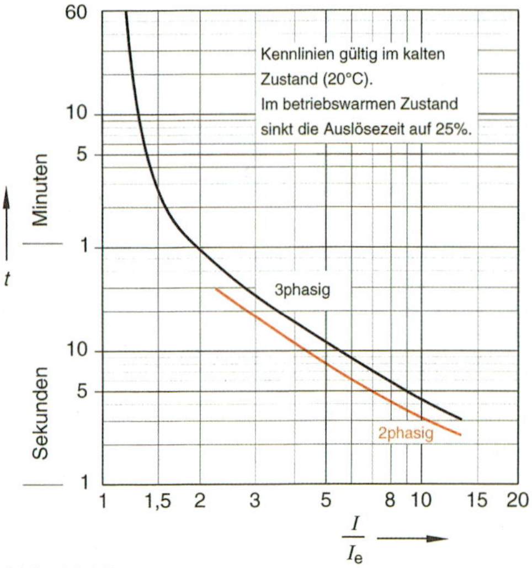

Abb. 14.1.9

8. In einer Hausinstallation (Abb. 14.1.8) soll zu dem LS-Schalter F2 B16A ein selektiver Leitungsschutzschalter F1 ausgewählt werden.

a) Bestimmen Sie für verzögertes Abschalten, z. B. $t = 1$ h, jeweils einen selektiven LS-Schalter vom Typ B, C bzw. K als Vorsicherung.

b) Bestimmen Sie für unverzögertes Abschalten, z. B. $t = 0{,}1$ s, jeweils einen selektiven LS-Schalter vom Typ B, C bzw. K als Vorsicherung.

c) Wählen Sie Leitungsschutzschalter F1 aus, so dass bei beiden Auslösearten Selektivität gegeben ist.

9. Das Auslöseverhalten der Überstromeinrichtungen in Schaltschützen und Motorschutzschaltern soll untersucht werden.

Bestimmen Sie aus der Kennlinie (Abb. 14.1.9) die Auslösezeit bei 5fachem Nennstrom, wenn die Überlastung

a) unmittelbar nach dem Einschalten im „kalten" Zustand,

b) nach längerem Nennbetrieb erfolgt.

10. Bei Verwendung von 3-poligen, serienmäßigen Überstromauslösern in Wechselstromkreisen werden üblicherweise alle 3 Strombahnen belegt (Abb. 14.1.10).

Bestimmen Sie mithilfe der Kennlinien von Aufgabe 14.1.9 die Auslösezeit bei einem 4fachen Überstrom,

a) wenn durch Schlaufen alle 3 Strombahnen,

b) wenn nur 2 Strombahnen belegt sind.

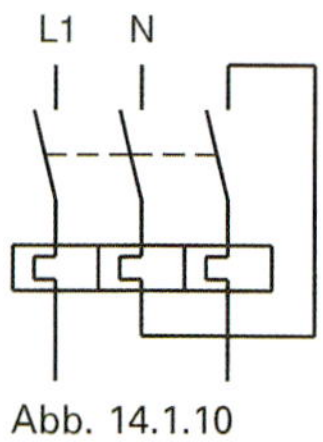

Abb. 14.1.10

11. In einem Waschautomaten ist ein Schleudermotor 230 V/500 W eingebaut. Er hat einen Leistungsfaktor von 0,64 und einen Wirkungsgrad von 0,78. Im Anlauf beträgt die Stromaufnahme das 7fache des Nennstroms.

a) Prüfen Sie mit Hilfe der Auslösekennlinie, ob ein LS-Schalter Typ B $I_n = 16$ A zur Absicherung geeignet ist.

b) Wie lange darf der Anlauf höchstens dauern, ohne dass der Überlastschutz des Schalters anspricht?

12. Ein Wechselstrom-Motor 230 V/1,2 kW/$\cos\varphi = 0{,}6$/$\eta = 0{,}8$ soll mit einem LS-Schalter Typ B abgesichert werden. Sein Anlaufstrom beträgt das 7fache des Nennstroms.

Bestimmen Sie den Nennstrom des LS-Schalters.

14.2 Überlastschutz

Beispiel:

Die 5-adrige Zuleitung zum Steuerschrank einer Heizungsanlage führt einen Betriebsstrom von 17 A. Sie ist in NYM ausgeführt und in einem Installationskanal verlegt. Trotz geöffnetem Fenster steigt die Raumtemperatur auf maximal 35 °C an.

Ermitteln Sie

a) die zu wählende Schmelzsicherung in Betriebsklasse gL,
b) den zu verlegenden Leitungsquerschnitt, wenn durch zusätzliche Wärmedämmung die Raumtemperatur nur auf maximal 25 °C ansteigt,
c) den zu verlegenden Querschnitt, wenn die Raumtemperatur auf 35 °C ansteigen kann.

Lösung:

Gegeben: $I_B = 17$ A; NYM 5-adrig in Installationskanal; $\vartheta_1 = 25$ °C; $\vartheta_2 = 35$ °C.
Gesucht: I_n; A_1 bei 25 °C; A_2 bei 35 °C.

a) Sicherung $I_n = $ **20 A**

b) Nach Tabelle 4, Verlegeart B2 bei 3 belasteten Adern: $A_1 = $ **2,5 mm²**

c) Bei $\vartheta_u > 25$ °C muss über die Strombelastbarkeit gerechnet werden.
Großer Prüfstrom nach Auslösekennlinie gL 20 A: $I_2 = 35$ A
Korrekturfaktor wegen Temperatur nach Tabelle 6: $k_1 = 0{,}94$

Erforderliche Strombelastbarkeit bei $\vartheta_u \leq 30$ °C

$$I_Z \leq \frac{I_2}{1{,}45} = \frac{35\text{ A}}{1{,}45} = 24{,}1\text{ A}$$

Erforderliche Strombelastbarkeit bei $\vartheta_u = 35$ °C

$$I_Z \geq \frac{I_2}{1{,}45 \cdot k_1} = \frac{35\text{ A}}{1{,}45 \cdot 0{,}94} = 25{,}7\text{ A}$$

Nach Tabelle 5, Verlegeart B2 bei 3 belasteten Adern:

$A_2 = $ **4 mm²** (I_Z max. 26 A)

Aufgaben

1. In einem Haus in Holzskelettbauweise verlaufen alle Leitungen NYM von Erdgeschoss und Dachgeschoss in der Wärmedämmschicht. Wählen Sie Nennstrom und Typ der LS-Schalter aus und bestimmen Sie die erforderlichen Leitungsquerschnitte

a) für Licht- und Steckdosenstromkreise 16 A,
b) für einen Herdanschluss 7,5 kW Drehstrom.

2. In einem Einfamilienhaus sollen für 1-phasige und 3-phasige Stromkreise LS-Schalter 16 A Typ B verwendet werden. Folgende Verlegungsarten sind vorgesehen:

Dachgeschoss: NYM direkt in der Wand bzw. in der Wärmedämmung der Decke,
Erdgeschoss: NYM direkt in der Wand bzw. in einbetonierten Rohren,
Untergeschoss: NYM in Rohren auf der Wand bzw. in einbetonierten Rohren.

a) Geben Sie die Verlegegruppen an und kennzeichnen Sie die „bestimmende" Gruppe.
b) Bestimmen Sie für eine Umgebungstemperatur von maximal 25 °C die erforderlichen Leitungsquerschnitte.

3. Bei Hausinstallationen werden viele Stromkreise mit LS-Schaltern 16 A Typ B geschützt.

Geben Sie für alle 5 Verlegearten und 25 °C Umgebungstemperatur die erforderlichen Leitungsquerschnitte an:

a) bei 2 Strom führenden Leitern,
b) bei 3 Strom führenden Leitern.

4. Im Heizraum eines Wohngebäudes muss die Elektroinstallation erneuert werden. Die Steuerungsanlage der Heizung ist mit LS-Schalter L 3 × 16 A abgesichert. Die Raumtemperatur beträgt 30 °C. Die Leitungen NYM sollen auf Putz in Rohren verlegt werden.

Wie groß muss der Querschnitt der Zuleitung bemessen werden, wenn

a) die LS-Schalter erneuert und Typ B 16 A verwendet werden,
b) die LS-Schalter nicht erneuert werden.

5. Die Zuleitung zum Steuerschrank der Heizungsanlage von Aufgabe 14.2.4 soll statt LS-Schaltern Typ L bzw. Typ B mit LS-Schaltern Typ K abgesichert werden.

Prüfen Sie durch Rechnung nach, ob bei LS-Schaltertyp K der vorhandene Leitungsquerschnitt ausreicht und damit auf eine Nachinstallation von Leitungen verzichtet werden kann.

6. In einem Industriebetrieb ist ein Motor mit einem Nennstrom von 27 A zu installieren. Die Zuleitung NYM soll teilweise mit 4 anderen Leitungen in einem Installationskanal, teilweise als Einzelleitung mit Kabelschellen direkt an der Wand befestigt werden. Im Sommer muss mit einer Raumtemperatur von 35 °C gerechnet werden.

a) Wählen Sie einen geeigneten LS-Schalter aus.
b) Bestimmen Sie den erforderlichen Leitungsquerschnitt.

7. Bei der Besprechung des Installationsauftrags nach Aufgabe 14.2.6 an Ort und Stelle zeigt sich, dass das kurze Stück Kabelkanal besser durch eine perforierte Kabelwanne ersetzt wird.

Prüfen Sie durch Rechnung nach, ob damit auch der Leitungsquerschnitt verändert werden muss bzw. kann.

8. In einem Wohnhaus erhalten Waschmaschine und Wäschetrockner jeweils einen separaten Stromkreis. Die Zuleitung in NYM hat bis zur Wandauslassdose eine Länge von 20 m.

Bestimmen Sie

a) den erforderlichen Leitungsquerschnitt A_1 unter Berücksichtigung des zulässigen Spannungsfalls von 3%,
b) den erforderlichen Querschnitt A_2, wenn jede Leitung in einem Rohr geführt und einbetoniert ist,
c) den erforderlichen Querschnitt A_3, wenn beide Leitungen zusammen in einem Rohr geführt und einbetoniert sind.

14.3 Kurzschlussschutz

Beispiel:

Ein Lüfter wird von einem 2-poligen Drehstrom-Asynchronmotor 400 V/5,5 kW angetrieben. Die Zuleitung ist 25 m lang und in NYM 4×4 mm² ausgeführt. Die Anlage ist mit einem 3-poligen LS-Schalter 20 A Typ K gesichert. Die Impedanz des ganzen vorgeschalteten Netzes beträgt 1 Ω.
Prüfen Sie durch Rechnung, ob die Anlage auch bei einem einpoligen Kurzschluss gegen unzulässige Erwärmung geschützt ist.

Lösung:

Gegeben: DASM; $U=400$ V; $P_2=5{,}5$ kW; $p=1$; $l=25$ m; NYM 4×4 mm²; $I_n=20$ A Typ K; $Z_N=1\,\Omega$.
Gesucht: t_a; t_w; Kurzschlussschutz.

$$R_L=\frac{\varrho\cdot l}{A}=\frac{0{,}027\,\frac{\Omega\cdot\text{mm}^2}{\text{m}}\cdot 25\text{ m}}{4\text{ mm}^2}=0{,}169\,\Omega$$

$$Z_S=Z_N+2\cdot R_L=1\,\Omega+2\cdot 0{,}169\,\Omega=1{,}34\,\Omega$$

$$I_k=\frac{U_0}{Z_S}=\frac{230\text{ V}}{1{,}34\,\Omega}=172\text{ A}$$

$$f_a=\frac{I_k}{I_n}=\frac{172\text{ A}}{20\text{ A}}=8{,}6$$

Aus der Abschaltkennlinie für LS-Schalter Typ K: $t_a\approx 4$ s ⇒ Abschaltbedingung ($t_a\leq 5$ s) erfüllt.

Erwärmung der Leitung

$$t_w=\left(k\cdot\frac{A}{I_k}\right)^2=\left(115\,\frac{\text{A}\cdot\sqrt{\text{s}}}{\text{mm}^2}\cdot\frac{4\text{ mm}^2}{172\text{ A}}\right)^2=7{,}15\text{ s}$$ Erwärmungsbedingung ($t_a\leq t_w$) erfüllt.

Die Leitung ist bei einpoligem Kurzschluss gegen unzulässige Erwärmung geschützt.

Aufgaben

1. In die Zuleitung NYM 4×4 mm² zu einem Speicherofen sind Schmelzsicherungen 25 A Betriebsklasse gL eingebaut. Die höchstzulässige Abschaltzeit bei Kurzschluss beträgt $t_a=5$ s (Abschaltbedingung), bei unzulässiger Erwärmung der Leitung muss jedoch früher abgeschaltet werden (Erwärmungsbedingung).
a) Wie groß muss der Kurzschlussstrom mindestens sein?
b) Prüfen Sie, ob die Leitung während der Abschaltzeit unzulässig warm wird.

2. In der Zuleitung NYM 3×1,5 mm² ist mit einem *genauen* Schleifenwiderstands-Messgerät der Schleifenwiderstand $Z_S=1{,}75\,\Omega$ ermittelt worden. Die Leitung ist mit einem LS-Schalter 16 A Typ B gegen Überlast geschützt.

Prüfen Sie, ob die Leitung auch bei Kurzschluss geschützt ist.

3. Der Schleifenwiderstand eines Steckdosenstromkreises ist mit einem auf Montage üblichen *ungenauen* Schleifenwiderstands-Messgerät (Messunsicherheit $u=\pm 30\%$) bestimmt worden; er beträgt 1,4 Ω. Die Leitung NYM 3×2,5 mm² soll mit einem LS-Schalter 16 A geschützt werden.

Prüfen Sie, ob bei einem LS-Schalter Typ C der Kurzschlussschutz gegeben ist.

4. Der Zusammenhang zwischen Kurzschlussstrom, Auslösedauer und Erwärmung der Leitung soll bei verschiedenen Überstrom-Schutzorganen untersucht werden.

a) Bestimmen Sie die Kurzschlussströme bei $I_n = 20$ A und einer zulässigen Abschaltdauer von maximal 5 Sekunden.

b) Wie lange dürfen die Kurzschlussströme anstehen, ohne dass sich eine Leitung NYM 2,5 mm² unzulässig erwärmt?

c) Wie lange dauert die Abschaltzeit tatsächlich und wird die Erwärmungsbedingung erfüllt?

Frage	Überstrom-Schutzorgane	Schmelz-sicherung	LS-Schalter Typ B	Typ C	Typ L	Typ G	Typ K
a	$f_a = \frac{I_k}{I_n}$	—	?	?	?	?	?
	I_k	?	?	?	?	?	?
b	t_w	?	?	?	?	?	?
c	tatsächliche Abschaltzeit t_a	?	?	?	?	?	?
	Erwärmungsbedingung erfüllt	?	?	?	?	?	?

5. Für einen 4-poligen 7,5-kW-Drehstrom-Asynchron-Motor ist die Anschlussleitung in NYY Cu zu planen. Die Leitung ist 56 m lang und wird direkt auf massiven Wänden befestigt.

a) Bestimmen Sie aus Tabellen über DASM den Nennstrom des Motors bei einer Nennspannung von 400 V.

b) Wählen Sie einen geeigneten LS-Schalter.

c) Bestimmen Sie den Leitungsquerschnitt unter der Bedingung des Überlastschutzes ($\vartheta \leq 25\,°C$).

d) Überprüfen Sie, ob 1-poliger Kurzschlussschutz vorliegt. Falls dies nicht der Fall ist, so ändern Sie die gewählten Werte entsprechend ab.

6. Der Antriebsmotor einer ortsveränderlichen Entwässerungspumpe wird über eine 20 m lange Gummischlauchleitung HO7RN-F 5×4 mm² mit elektrischer Energie versorgt. Die Leitung ist mit LS-Schaltern 25 A Typ C abgesichert. Die Impedanz des vorgeschalteten Netzes beträgt 900 mΩ.

a) Prüfen Sie, ob Schutz bei 1-poligem Kurzschluss vorliegt.

b) Falls dies nicht der Fall ist (wäre), geben Sie 2 Möglichkeiten an, wie der Kurzschlussschutz gewährleistet werden kann (könnte).

7. Der Antriebsmotor einer Speisewasserpumpe hat einen Nennstrom von 21 A. Er soll über eine Mantelleitung NYM, Verlegegruppe C, versorgt und über Schmelzsicherungen Betriebsklasse gL geschützt werden. Die Umgebungstemperatur beträgt 40 °C. Das Netz hat eine Impedanz von 0,8 Ω.

Bestimmen Sie

a) den Nennstrom der Sicherungen,

b) den zu verlegenden Querschnitt unter Berücksichtigung des Überlastschutzes,

c) die maximal zulässige Leitungslänge, so dass einpoliger Kurzschlussschutz noch gegeben ist.

14.4 Körperströme

Beispiele:

1. TN-Netz

Der Schleifenwiderstand eines Steckdosen-Stromkreises soll ermittelt werden. Mit einem Prüfgerät werden folgende Werte gemessen:

Netzspannung ohne Belastung: $U_0 = 228\ \text{V}$
Netzspannung mit Belastung: $U_1 = 220\ \text{V}$
Messstrom: $I = 6{,}5\ \text{A}$.

a) Bestimmen Sie den Schleifenwiderstand und den Kurzschlussstrom.
b) Prüfen Sie, ob durch einen LS-Schalter 16 A Typ B Schutz gegen gefährliche Körperströme gegeben ist.

Lösung:

Gegeben: $U_0 = 228\ \text{V}$; $U_1 = 220\ \text{V}$; $I = 6{,}5\ \text{A}$; LS-Schalter 16 A Typ B.
Gesucht: Z_S; I_k; Schutz gegen gefährliche Körperströme.

a) $Z_S = \dfrac{U_0 - U_1}{I} = \dfrac{228\ \text{V} - 220\ \text{V}}{6{,}5\ \text{A}} = \mathbf{1{,}23\ \Omega}$; $\quad I_k = \dfrac{U_0}{Z_S} = \dfrac{228\ \text{V}}{1{,}23\ \Omega} = \mathbf{185\ A}$

b) Abschaltstrom des LS-Schalters bei $t_a = 0{,}2\ \text{s}$: $I_a = f_a \cdot I_n = 5 \cdot 16\ \text{A} = 80\ \text{A}$

$$\left.\begin{array}{r} Z_S \cdot I_a = 1{,}23\ \Omega \cdot 80\ \text{A} = 98{,}4\ \text{V} \\ U_0 = 228\ \text{V} \end{array}\right\} \Rightarrow Z_S \cdot I_a \leq U_0$$ **Schutzbedingung erfüllt.**

2. TT-Netz

Mit einem Banderder von 10 m Länge wird in einem lehmigen Boden ein Erdungswiderstand von 20 Ω erreicht. Nach DIN VDE 0100 darf zwischen diesem Erder und den zu schützenden Anlageteilen die Berührspannung 50 V nicht überschreiten.

a) Berechnen Sie den bei der höchstzulässigen Berührspannung auftretenden Fehlerstrom in einem TT-Netz.
b) Bestimmen Sie für einen Steckdosenstromkreis den Nennstrom des vorgeschalteten LS-Schalters.
c) Geben Sie die zulässigen Fehlerstrom-Schutzschalter an.

Lösung:

Gegeben: $l = 10\ \text{m}$; $R_A = 20\ \Omega$; $U_L = 50\ \text{V}$.
Gesucht: I_a; I_n; $I_{\Delta n}$.

a) $I_a \leq \dfrac{U_L}{R_A} = \dfrac{50\ \text{V}}{20\ \Omega} = \mathbf{2{,}5\ A}$

b) Bei Körperschluss müssen die Stromkreise nach spätestens 5 s abgeschaltet werden. **LS-Schalter mit $I_a \leq 2{,}5$ A gibt es nicht.**

c) Bei FI-Schutzschaltern ist $I_a = I_{\Delta n} \leq 2{,}5\ \text{A}$ Nennfehlerströme: **1 A; 0,5 A; 0,3 A; 0,03 A.**

Aufgaben

1. Durch Unachtsamkeit berührt eine Person einen Außenleiter des TN-Netzes 400 V/230 V 50 Hz. Mit folgenden Widerständen kann gerechnet werden: Menschlicher Körper: 1 kΩ, PVC-Fußboden: 200 kΩ, Standortübergangswiderstand: 10 kΩ.

Wie groß ist

a) der Fehlerstrom im menschlichen Körper, b) die Berührspannung der Person?

2. Ein Elektrowärmegerät der Schutzklasse I wird an 230 V 1 ~ 50 Hz betrieben. Infolge häufiger Benutzung ist der Schutzleiter in der Anschlussleitung unterbrochen; dieser Fehler wird jedoch nicht erkannt. Zusätzlich tritt ein vollkommener Körperschluss auf.

Wie groß sind Fehlerstrom und Berührspannung, wenn eine Person mit einem Körperwiderstand von 1,2 kΩ

a) Berührung mit einem isolierenden Fußboden (150 kΩ),
b) Berührung mit einem feuchten Fußboden (500 Ω),
c) Berührung mit einer Wasserleitung (10 Ω) hat?

3. Steckdosenstromkreise sind üblicherweise mit LS-Schaltern 16 A Typ B bzw. L abgesichert. Im TN-Netz darf in solchen Stromkreisen nach DIN VDE 0100 die Ausschaltzeit bei einem vollkommenen Körperschluss 0,2 s nicht überschreiten.

Bestimmen Sie den Mindest-Kurzschlussstrom

a) bei einem LS-Schalter Typ B bzw. Typ L,
b) wenn ein LS-Schalter Typ K verwendet würde.

4. In einem Lichtstromkreis ist ein LS-Schalter 16 A Typ B bzw. L eingebaut. Die Ausschaltzeit darf höchstens 5 s betragen.

Prüfen Sie, ob ein Ausschaltstrom von 100 A ausreicht, um in der höchstzulässigen Zeit abzuschalten.

5. In einem TN-C-S-Netz soll die Wirksamkeit der Schutzmaßnahme an einem gemischten Licht- und Steckdosenstromkreis durch Messen überprüft werden. Folgende Werte werden dabei an der entferntesten Steckdose gemessen:
Spannung im unbelasteten Zustand $U_0 = 229$ V, Spannung bei einer Belastung mit einem Widerstand von 50 Ω $U_1 = 224$ V.

a) Ermitteln Sie den Schleifenwiderstand.
b) Prüfen Sie, ob bei einem LS-Schalter 16 A Typ B Schutz gegen gefährliche Körperströme vorliegt.

6. Die Leerlaufspannung in einem TN-C-S-Netz beträgt 235 V. An den Klemmen eines Motors wird bei einem Betriebsstrom von 10 A eine Spannung von 223 V gemessen.

Prüfen Sie, ob der 3-polige LS-Schalter 16 A Typ C bei Körperschluss in der zulässigen Zeit auslöst.

7. Der Schleifenwiderstand eines Gerätestromkreises ohne Steckdosen in einem TN-S-Netz 400 V beträgt 0,5 Ω.

a) Berechnen Sie den höchstzulässigen Abschaltstrom der Überstromschutz-Einrichtung, damit beim Auftreten eines vollkommenen Körperschlusses innerhalb der vorgeschriebenen Zeit abgeschaltet wird.
b) Erfüllt ein LS-Schalter 20 A Typ K diese Forderung?

8. Der Widerstand eines Staberders soll mit einer Strom-Spannungs-Messung bestimmt werden. Die Messschaltung ist über einen Widerstand von 120 Ω an die Netzspannung angeschlossen. Der Messstrom über den Erder beträgt 1,2 A, der Spannungsmesser zwischen Erder und Sonde zeigt 31 V.

Bestimmen Sie den Ausbreitungswiderstand R_A des Staberders.

9. Baustromverteiler, die mit FI-Schaltern als TT-Netz betrieben werden, können mit Staberdern von etwa 2 m Länge oder Banderdern von etwa 10 m Länge geerdet werden.
Im Bereich des Erders ist lehmiger Boden vorhanden, bei dem mit einem spezifischen Widerstand von etwa 70 Ω·m gerechnet werden kann.

Wie groß ist der Erderwiderstand in beiden Fällen?

10. In das Streifenfundament eines Hauses ist in einem Anteil von 12 m³ ein Banderder eingebracht worden. Der umgebende feuchte Sand wird mit einem spezifischen Widerstand von 240 $\Omega \cdot m$ angenommen.

a) Mit welchem Ausbreitungswiderstand des Fundamenterders kann gerechnet werden?

b) Wie groß müsste bei der Überprüfung des Erders die Messspannung bei einem Messstrom von 1 A sein?

11. In einem Einfamilienhaus soll für die Räume im Untergeschoss ein 4-poliger FI-Schutzschalter installiert werden. Sein Nennfehlerstrom beträgt 30 mA.

Welchen höchstzulässigen Erdungswiderstand darf die Betriebserde der Anlage haben,

a) wenn der PE der Fehlerstrom-Schutzeinrichtung mit dem PEN des Netzes verbunden wird,

b) wenn der PE für die UG-Räume getrennt geerdet wird?

Geben Sie jeweils an, welche Netzart vorliegt.

12. In einem TT-Netz 400 V soll ein Brauchwasserspeicher 12 kW/6 kW (Abb. 14.4.12) mit einer 40 m langen Zuleitung in NYM $4 \times 2{,}5\ mm^2$ angeschlossen werden. Im Verteiler sind Schmelzsicherungen 3×20 A Betriebsklasse gL vorgesehen. Die Erdungsanlage hat einen Widerstand von $R_A = 2\ \Omega$.

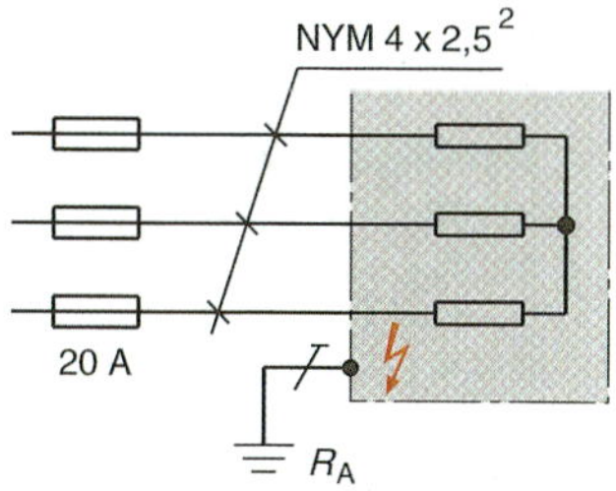

Abb. 14.4.12

a) Wie groß ist der Fehlerstrom, der bei vollkommenem Körperschluss auftritt?

b) Nach welcher Zeit löst die Sicherung aus?

c) Wie groß darf der Fehlerstrom höchstens sein, damit die Berührspannung von 50 V nicht überschritten wird?

d) Prüfen Sie nach, ob die Sicherung mit dem zulässigen Fehlerstrom von Frage c) nach 5 s auslöst?

e) Durch welche Maßnahme kann, falls erforderlich, vor gefährlichen Körperströmen geschützt werden?

13. Landwirtschaftliche Betriebsstätten sind an einem TT-Netz mit einer Fehlerstrom-Schutzeinrichtung zu betreiben. Die Nennfehlerströme dürfen in Gerätestromkreisen 500 mA und in Steckdosenstromkreisen 30 mA nicht überschreiten.
In die Stromkreise für die Stallungen eines Hofes sind 3 FI-Schalter mit $I_{\Delta n} = 300$ mA und 1 FI-Schalter mit $I_{\Delta n} = 30$ mA eingebaut.

Wie groß darf der Widerstand der Erdungsanlage sein?

14. Ein Aussiedlerhof wird aus einem TN-C-Netz mit Drehstrom 400 V versorgt. Am Hausanschlusskasten beträgt die Netzimpedanz 1,5 Ω. Der Energiefluss ist aus dem dargestellten Übersichtsschaltplan (Abb. 14.4.14) zu entnehmen.

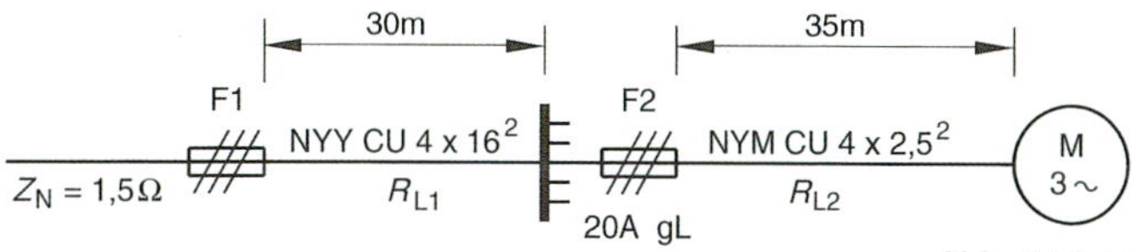

Abb. 14.4.14

a) Prüfen Sie, ob bei vollkommenem Körperschluss die Sicherung F1 den Schutz vor gefährlichen Körperströmen gewährleistet.

b) Welche Änderungen in der Anlage sind erforderlich, falls die Schutzbedingungen nicht erfüllt werden?

15. Ein Drehstrommotor 400 V/5 kW mit einem Leistungsfaktor von 0,84 und einem Wirkungsgrad von 0,8 ist an die Verteilung angeschlossen. Die Netzimpedanz wird vernachlässigt. Bei einem Sturm bricht der PEN-Leiter an der angegebenen Stelle (Abb. 14.4.15).

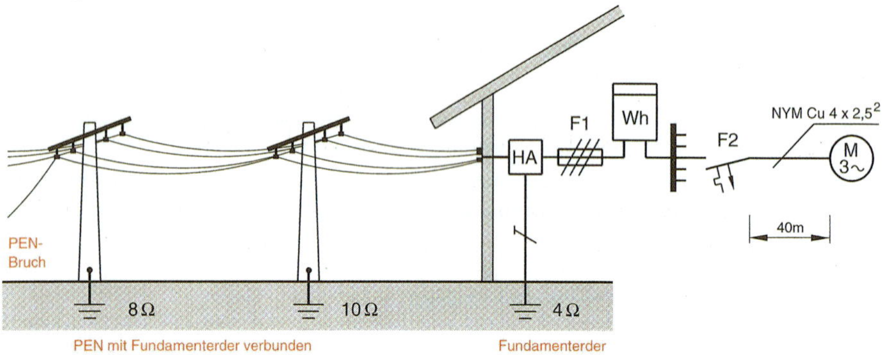

Abb. 14.4.15

Ermitteln Sie

a) den Nennstrom des Überstrom-Schutzorgans F2,

b) den Gesamt-Erdungswiderstand bei Bruch des PEN-Leiters, der nach DIN VDE 0100 den Wert 2 Ω nicht überschreiten soll,

c) den Kurzschlussstrom bei PEN-Leiterbruch und vollständigem Körperschluss im Motor,

d) ob F2 in der vorgeschriebenen Zeit abschaltet,

e) Abhilfemaßnahmen, falls die Abschaltzeit zu lange ist.

15.1 Kennwerte und Kennlinien

Beispiele:

1. Arbeitspunkt

Eine Silizium-Allzweckdiode BAV19 liegt in Reihe mit einem Widerstand von 10 Ω an einer Betriebsspannung von 6 V.

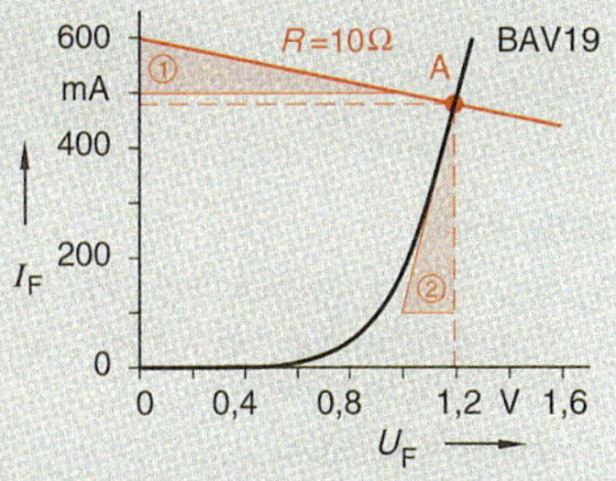

Bestimmen Sie
a) den Arbeitspunkt der Diode,
b) die Verlustleistung der Diode im Arbeitspunkt,
c) den statischen Widerstand R der Diode im Arbeitspunkt,
d) den differenziellen Widerstand r im Arbeitspunkt.

Lösung:

Gegeben: Kennlinie; $R = 10\ \Omega$; $U_B = 6$ V.
Gesucht: Arbeitspunkt, P_v, R, r.

a) Arbeitsgerade mit Hilfe des Kurzschlusspunkts $\left(0\ \text{V} \Big/ \frac{6\ \text{V}}{10\ \Omega} = 600\ \text{mA}\right)$ und des Steigungsdreiecks 1 mit $\Delta U = 1\ \text{V}/\Delta I = 100$ mA zeichnen.
Der Schnittpunkt der Arbeitsgeraden mit der Kennlinie der Diode ist der Arbeitspunkt A mit den Koordinaten **1,2 V/480 mA.**

b) $P_v = U \cdot I - 1{,}2\ \text{V} \cdot 480\ \text{mA} = \mathbf{576\ mW}$

c) $R = \frac{U}{I} = \frac{1{,}2\ \text{V}}{400\ \text{mA}} = \mathbf{2{,}5\ \Omega}$

d) Der differenzielle Widerstand r der Diode im Arbeitspunkt A entspricht der Steigung der Kennlinie im Arbeitspunkt; diese kann mithilfe einer Tangente ermittelt werden.
Aus Steigungsdreieck 2 im Arbeitspunkt: $r = \frac{\Delta U}{\Delta I} = \frac{0{,}2\ \text{V}}{380\ \text{mA}} = \mathbf{0{,}53\ \Omega}$

2. Wärmewiderstand

Die Z-Diode BZW03/C12 wird zur Stabilisierung einer Spannung verwendet. In einem Datenblatt sind für diese Diode folgende Kennwerte angegeben: $U_Z = 12$ V; $I_{Z\,Nenn} = 100$ mA; $P_{tot} = 6$ W bei $\vartheta_U = 25\,°C$; höchstzulässige Sperrschichttemperatur 175 °C.
Die Umgebungstemperatur $\vartheta_U{}'$ der Diode beträgt 40 °C.

Berechnen Sie
a) den zulässigen Strom $I_{Z\,max}$ bei 25 °C,
b) den thermischen Widerstand R_{th},
c) den maximalen Strom bei 40 °C,
d) den thermischen Gesamtwiderstand einer Diode mit Kühlfahne, so dass auch bei 40 °C Umgebungstemperatur die Gesamtverlustleistung 6 W beträgt.

Lösung:

Gegeben: $U_Z = 12$ V; $I_{Z\,Nenn} = 100$ mA; $\vartheta_J = 25\,°C$; $P_{tot} = 6$ W; $\vartheta_U = 25\,°C$; $\vartheta_J = 175\,°C$; $\vartheta_U{}' = 40\,°C$.
Gesucht: I_Z; R_{th}; I'; R'_{th}.

a) $I_Z = \frac{P_{tot}}{U_Z} = \frac{6\ \text{W}}{12\ \text{V}} = \mathbf{0{,}5\ A}$

b) $R_{th} = \dfrac{\vartheta_J - \vartheta_U}{P_{tot}} = \dfrac{175\,°C - 25\,°C}{6\,W} = \dfrac{150\,K}{6\,W} = \mathbf{25\,\dfrac{K}{W}}$

c) $P' = \dfrac{\vartheta_J - \vartheta_U'}{R_{th}} = \dfrac{175\,°C - 40\,°C}{25\,\dfrac{K}{W}} = \dfrac{135\,K}{25\,\dfrac{K}{W}} = 5{,}4\,W;$ $\quad I' = \dfrac{P_{40}}{U} = \dfrac{5{,}4\,W}{12\,V} = \mathbf{0{,}45\,A}$

d) $R_{th}' = \dfrac{\vartheta_J - \vartheta_U'}{P_{tot}} = \dfrac{175\,°C - 40\,°C}{6\,W} = \dfrac{135\,K}{6\,W} = \mathbf{22{,}5\,\dfrac{K}{W}}$

Aufgaben

1. Die Siliziumdiode BA 221 hat einen Nennstrom von 100 mA; dabei tritt an der Diode ein Spannungsfall von 0,95 V auf. Bei der Sperrspannung von 30 V kann ein Strom bis maximal 200 nA fließen.

Berechnen Sie

a) den statischen Widerstand R_F in Durchlassrichtung,
b) den statischen Widerstand R_R in Sperrichtung,
c) die maximalen Verluste P_{vF} in Durchlassrichtung,
d) die maximalen Verluste P_{vR} in Sperrichtung.

2. Durch eine Messreihe werden für eine Gleichrichterdiode folgende Werte ermittelt:

Durchlassrichtung				Sperrichtung		
U_F I_F	0,63 V 1 mA	0,95 V 100 mA	1,05 V 200 mA	U_R I_R	10 V 50 nA	30 V 200 nA

Bestimmen Sie aus den Messwerten

a) die Gleichstromwiderstände,
b) die Verlustleistungen der Diode.

3. Aus der Kennlinie der Z-Diode BZV 85/C15 in einem Datenbuch können folgende Werte abgelesen werden:

Durchlassrichtung				Sperrichtung			
U_F I_F	0,8 V 10 mA	0,9 V 100 mA	0,95 V 200 mA	U_R I_R	15 V 5 mA	16 V 40 mA	16,5 V 75 mA

Die Verlustleistung ist mit maximal 1,3 W angegeben.

Bestimmen Sie

a) die Gleichstromwiderstände der Z-Diode,
b) die Verlustleistungen der Z-Diode.

4. Eine Z-Diode hat die Z-Spannung 30 V und die maximale Verlustleistung 6 W. Der Nennstrom I_N beträgt 50 mA; der differenzielle Widerstand ist im Datenblatt mit $r_Z = 2\,\Omega$ angegeben.

Berechnen Sie nach Abb. 15.1.4

a) den maximalen Strom $I_{Z\,max}$,
b) die Spannung an der Diode in Sperrichtung bei $I_{Z\,max}$,
c) den prozentualen Spannungsanstieg an der Diode bei $I_{Z\,max}$.

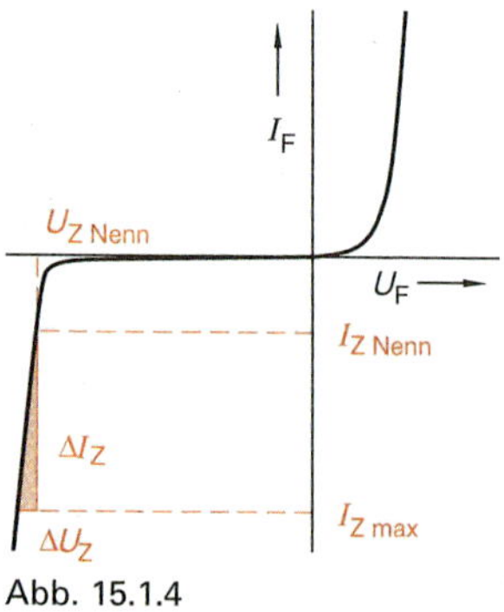

Abb. 15.1.4

5. Die statischen und differenziellen Widerstände zweier Dioden sollen bei den folgenden 4 Arbeitspunkten bestimmt werden:

A_1: Gleichrichterdiode BAX 18 in Durchlassrichtung, $I_F = 250$ mA,
A_2: Gleichrichterdiode BAX 18 in Durchlassrichtung, $I_F = 1$ A,
A_3: Z-Diode BZV 85/C5V1 in Sperrichtung, $I_Z = 40$ mA,
A_4: Z-Diode BZV 85/C5V1 in Sperrichtung, $I_Z = 250$ mA.

Bestimmen Sie mithilfe der Kennlinien auf Seite 317 für jeden Arbeitspunkt

a) den statischen Widerstand,
b) den differenziellen Widerstand,
c) die prozentuale Änderung der Spannung, wenn sich der Strom um 10 mA ändert.

6. Die höchstzulässigen Sperrschichttemperaturen ϑ_J von Si-Dioden liegen zwischen 125 °C und 190 °C.
Eine Siliziumdiode mit der Verlustleistung 2 W soll bei der Umgebungstemperatur $\vartheta_U = 25$ °C betrieben werden.

Wie groß ist der thermische Widerstand R_{th} der Diode (einschließlich Kühlblech), wenn die Sperrschichttemperatur ϑ_J

a) nur 125 °C,
b) 190 °C beträgt.

7. Eine Siliziumdiode hat zusammen mit dem blanken Aluminium-Kühlkörper einen thermischen Widerstand von 6 K/W, so dass eine Verlustleistung von 25 W zulässig ist.

a) Wie hoch darf die Sperrschichttemperatur sein, wenn von einer Umgebungstemperatur von 25 °C ausgegangen wird?
b) Wie hoch kann die Verlustleistung sein, wenn ein schwarzer Kühlkörper den Gesamtwärmewiderstand auf 5,2 K/W reduziert?

8. In der Sperrschicht einer Gleichrichter-Leistungsdiode darf eine Temperatur von 155 °C auftreten. Die Abfuhr der Verlustleistung von maximal 30 W über Diodengehäuse und Kühlblech ist als Ersatzschaltbild (Abb. 15.1.8) mit folgenden Wärmewiderständen angegeben:

Formelzeichen	Wärmewiderstand zwischen ...	Wert
$R_{th\,JG}$	Sperrschicht und Gehäuse	0,7 K/W
$R_{th\,GU}$	Gehäuse und Umgebung	200 K/W
$R_{th\,GK}$	Gehäuse und Kühlblech	0,3 K/W

Bestimmen Sie

a) den Gesamtwärmewiderstand $R_{th\,JU}$ bei 25 °C Umgebungstemperatur,
b) den Wärmewiderstand $R_{th\,KU}$ des Kühlblechs,
c) mithilfe des Diagramms Abb. 15.1.8 die Mindest-Kantenlänge des blanken, quadratischen Aluminium-Kühlblechs.

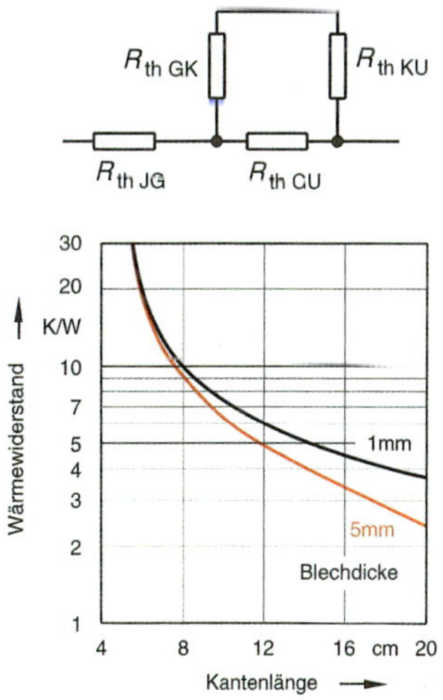

Abb. 15.1.8

15.2 Gleichrichtung

Beispiel:

Ein Lastwiderstand von 100 Ω liegt an einer pulsierenden Gleichspannung (Mischspannung) von 50 V. Die Zweipuls-Brückenschaltung wird über einen Transformator aus dem Wechselstromnetz 230 V/50 Hz gespeist. Die Verluste in den Dioden bleiben unberücksichtigt.

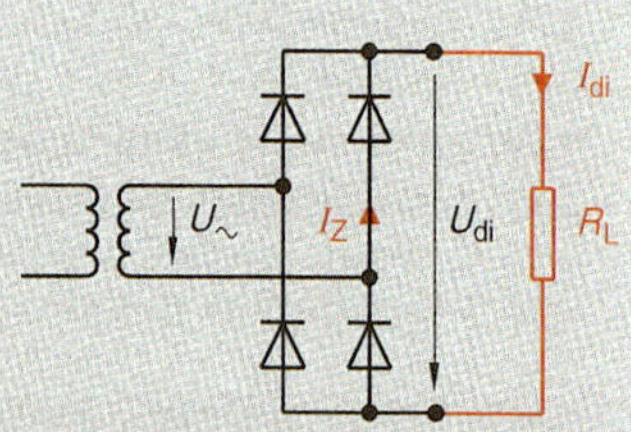

Bestimmen Sie

a) den Gleichstrom I_{di} im Lastwiderstand,
b) den Strom I_Z in jedem Gleichrichterzweig,
c) die Anschluss-Wechselspannung U der Gleichrichterschaltung,
d) die Bauleistung P_T des Transformators,
e) die Sperrspannung U_{RM} an den Dioden,
f) den Effektivwert der überlagerten Wechselspannung U_p und die Frequenz der ersten Oberwelle.

Lösung:

Gegeben: $R_L = 100\ \Omega$; $U_{di} = 50$ V; $f = 50$ Hz;
aus der Tabelle für die Schaltung B2U: $U_{di}/U_{\sim} = 0{,}9$; $w = 0{,}483$; $P_T/P_d = 1{,}23$.
Gesucht: I_{di}; I_Z; $U_{\sim}$; P_T; U_{RM}; U_p; f_p.

a) $I_{di} = \frac{U_{di}}{R_L} = \frac{50\ \text{V}}{100\ \Omega} = \mathbf{0{,}5\ A}$ b) $I_Z = \frac{I_{di}}{2} = \frac{0{,}5\ \text{A}}{2} = \mathbf{0{,}25\ A}$

c) $\frac{U_{di}}{U_{\sim}} = 0{,}90 \Rightarrow U_{\sim} = \frac{U_{di}}{0{,}9} = \frac{50\ \text{V}}{0{,}9} = \mathbf{55{,}6\ V}$

d) $\frac{P_T}{P_d} = 1{,}23 \Rightarrow P_T = 1{,}23 \cdot P_d = 1{,}23 \cdot U_{di} \cdot I_{di} = 1{,}23 \cdot 50\ \text{V} \cdot 0{,}5\ \text{A} = \mathbf{30{,}8\ VA}$

e) $U_{RM} = \sqrt{2} \cdot U_{\sim} = \sqrt{2} \cdot 55{,}6\ \text{V} = \mathbf{78{,}6\ V}$ oder

$U_{RM} = \sqrt{2} \cdot U_{\sim} = \sqrt{2} \cdot \frac{U_{di}}{\frac{2\sqrt{2}}{\pi}} = \frac{\pi}{2} \cdot U_{di} = \frac{\pi}{2} \cdot 50\ \text{V} = \mathbf{78{,}6\ V}$

f) $U_p = w \cdot U_{di} = 0{,}483 \cdot 50\ \text{V} = \mathbf{24{,}2\ V}$; $f_p = 2 \cdot f = 2 \cdot 50\ \text{Hz} = \mathbf{100\ Hz}$

Aufgaben

1. Mit einer Silizium-Gleichrichterdiode BY 298 wird eine Wechselspannung 60 V/50 Hz gleichgerichtet.

a) Welche Schaltung liegt vor?
b) Wie groß ist die ideelle Gleichspannung?
c) Bestimmen Sie den Effektivwert und die Frequenz der überlagerten Wechselspannung.
d) Für welche Sperrspannung muss die Diode ausgelegt sein?

2. Ein einfaches Netzgerät (Abb. 15.2.2) hat im Leerlauf eine Ausgangsspannung von 9 V.
   a) Skizzieren Sie das Liniendiagramm der Eingangsspannung $U_\sim$ und der (unbelasteten) Ausgangsspannung U_-.
   b) Wie groß ist der Effektivwert der Eingangswechselspannung?
   c) Welche Sperrspannung tritt an der Diode auf?

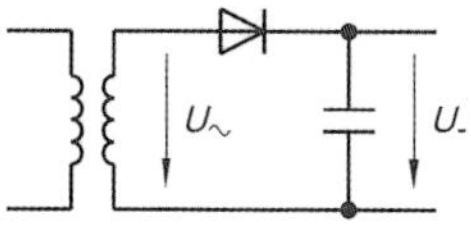

Abb. 15.2.2

3. Über einen Transformator und eine Gleichrichterschaltung M2U wird eine Gleichspannung von 12 V aus einem Wechselstromnetz 230 V/50 Hz erzeugt. Die Dioden sollen bis 3 A belastet werden.

   Bestimmen Sie
   a) die Wechselspannung am Transformator-Ausgang,
   b) Frequenz und Spannung des Wechselstromanteils der pulsierenden Gleichspannung,
   c) die erforderliche Transformator-Bauleistung.

4. Eine Zweipuls-Brückenschaltung wird an eine Wechselspannung 24 V/50 Hz angeschlossen.

   Bestimmen Sie
   a) die ideelle Gleichspannung,
   b) die Größe der Brummspannung,
   c) die Frequenz und die Spannung der ersten überlagerten Grundschwingung.

5. Über einen Transformator mit einer Mittelanzapfung auf der Ausgangsseite und einer Gleichrichterschaltung soll eine Gleichspannung von 20 V bei einer Belastung von 2 A erzeugt werden. Als Spannungsverlust in den Dioden kann von einem Wert von 1 V pro Diode ausgegangen werden. Zur Wahl stehen eine Mittelpunktsschaltung oder eine Brückenschaltung.
   a) Welche Ausgangsspannung muss der Transformator in jeder Schaltung haben, wenn die Verluste in den Dioden unberücksichtigt bleiben?
   b) Wie groß muss die Transformatorspannung sein, wenn die Verluste berücksichtigt werden?

6. In der Versuchsschaltung Abb. 15.2.6 wird mit dem Drehspulinstrument P2 ein Strom von 1 A (Wahlschalter auf Gleichstrom) und mit dem Drehspulinstrument P3 eine Spannung von 12 V (Wahlschalter auf Gleichspannung) gemessen.

   Welcher Wert ist an dem Messinstrument P1 zu erwarten, wenn
   a) ein Dreheiseninstrument,
   b) ein Drehspulinstrument, Wahlschalter auf Gleichstrom,
   c) ein Drehspulinstrument, Wahlschalter auf Wechselstrom, verwendet wird?

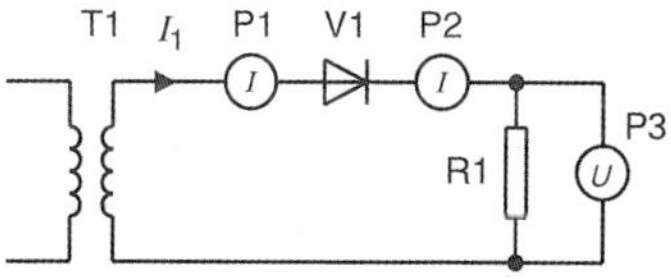

Abb. 15.2.6

7. Über eine Zweipuls-Mittelpunktsschaltung soll eine Leerlaufspannung von 100 V erzeugt werden, die mit maximal 1,5 A belastet werden soll. Der Transformator hat das Übersetzungsverhältnis $\ddot{u}=1$. Die Verluste im Transformator und in den Dioden bleiben unberücksichtigt.

   Berechnen Sie
   a) die Ströme in den Dioden,
   b) die Ausgangsspannung des Transformators,
   c) die Bauleistung des Transformators,
   d) den Strom in der Eingangswicklung des Transformators.

8. Mithilfe eines Transformators, der auf seiner Ausgangsseite eine Spannung von 2 × 17 V und eine Bauleistung von 60 VA hat, soll ein Batterie-Ladegerät gebaut werden. Zur Gleichrichtung sollen Dioden mit der Aufschrift 50 V/1,5 A verwendet werden.

Bestimmen Sie für die Gleichrichterschaltungen M1 und M2

a) die ideelle Gleichspannung,
b) den maximalen Laststrom in den Dioden,
c) die auftretende Sperrspannung.

9. An einen Transformator 230 V/24 V/100 VA ist eine Brückenschaltung mit Dioden 30 V/2 A angeschlossen.

a) Welche Gleichstromleistung kann unter Berücksichtigung der Transformatorleistung entnommen werden?
b) Welche Gleichstromleistung kann unter Berücksichtigung der Dioden entnommen werden?
c) Welches Bauteil begrenzt die Leistung der Gleichrichterschaltung?

10. Die 3 Gleichrichterschaltungen M1, M2 und B2 für Einphasen-Wechselstrom sollen miteinander verglichen werden. Als Basis soll die Spannung U_{di} und der Strom I_{di} an einem Lastwiderstand R_L dienen. Die Verluste bleiben unberücksichtigt.

Geben Sie als fortlaufende Proportionen an

a) die Welligkeiten $w_{M1} : w_{M2} : w_{B2}$ der Gleichspannungen,
b) die Ströme $I_{M1} : I_{M2} : I_{B2}$ in den Dioden,
c) die Eingangswechselspannungen $U_{M1} : U_{M2} : U_{B2}$,
d) die Bauleistungen $P_{M1} : P_{M2} : P_{B2}$ der Transformatoren.

11. In einem Versuchsfeld wird die erforderliche Gleichspannung von maximal 200 V über einen Drehstrom-Stelltransformator und eine Drehstrom-Mittelpunktschaltung erzeugt (Abb. 15.2.11).

Bestimmen Sie

a) die Strangspannung am Ausgang des Transformators,
b) die Welligkeit des Gleichstroms,
c) den Effektivwert des Wechselstromanteils.

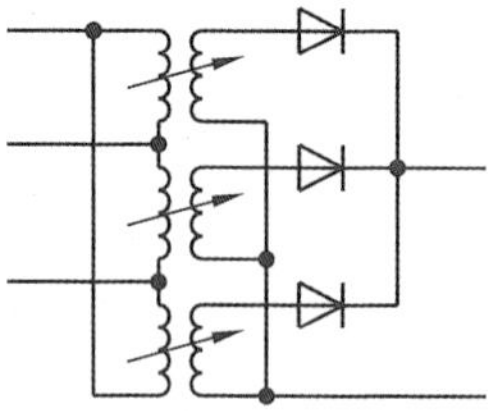

Abb. 15.2.11

12. In einer kleinen Galvanisieranlage kann ein Strom bis 500 A bei einer Spannung von 15 V fließen. Die Gleichrichtung erfolgt über einen Transformator in Schaltgruppe Dyn5 und Dioden in Schaltung M3U.

a) Für welchen Nennstrom muss der Transformator gebaut sein?
b) Wie groß ist seine Bauleistung?

13. Ein Gleichstromnetz 220 V wird über Gleichrichter in Schaltung B6U erzeugt. An den Dioden wird mit einem Spannungsfall von jeweils 1 V gerechnet.

Bestimmen Sie

a) die Leiterspannung am Ausgang des Transformators,
b) den Effektivwert der überlagerten Wechselspannung.

14. In einer Eloxieranlage soll bei einer Spannung von 18 V ein Strom von 2000 A fließen.

Bestimmen Sie jeweils für die Gleichrichterschaltung M3U und B6U

a) die Ströme in den Gleichrichterventilen,
b) die Bauleistung des Transformators.

15. Vergleichen Sie die beiden Gleichrichterschaltungen M3 und B6 hinsichtlich

a) der Gleichspannungen,
b) der Gleichströme,
c) der Diodenströme.

Geben Sie die Ergebnisse als Proportionen an und verwenden Sie die Eingangsgrößen $U_\sim$ und $I_\sim$ als Bezugsgrößen.

15.3 Glättung und Siebung

Hinweis In allen Aufgaben beträgt die Frequenz des Wechselstroms 50 Hz.

Beispiele:

1. Glättung

Über eine Gleichrichter-Brückenschaltung wird eine Gleichspannung erzeugt und mit einem Kondensator von 250 µF geglättet. Am Belastungswiderstand von 200 Ω liegt eine Spannung von 50 V.

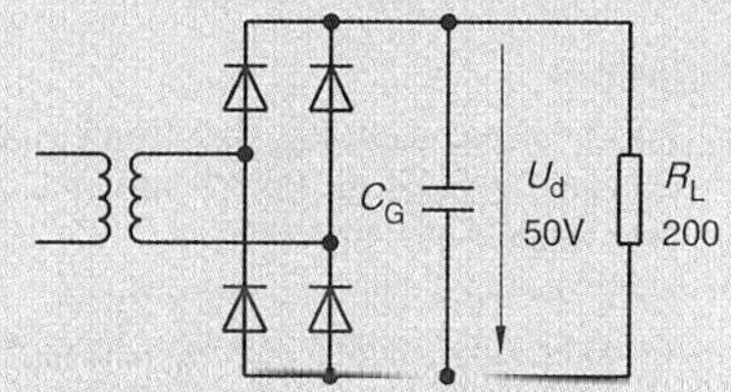

Berechnen Sie

a) den Laststrom,
b) den Effektivwert und den Spitze-Tal-Wert der Brummspannung.

Lösung:

Gegeben: $C_G = 250\ \mu F$; $R_L = 200\ \Omega$; $U_d = 50$ V; Schaltung B2U.
Gesucht: I_L; U_p; $\hat{\check{u}}_p$.

a) $I_L = \frac{U_d}{R_L} = \frac{50\text{ V}}{200\ \Omega} = \mathbf{0{,}25\ A}$

b) $U_p \approx \frac{k \cdot I_L}{C_G} = \frac{1{,}8 \cdot 10^{-3}\text{ s} \cdot 0{,}25\text{ A}}{250 \cdot 10^{-6}\ \frac{\text{As}}{\text{V}}} = \mathbf{1{,}8\ V}$; $\hat{\check{u}}_p \approx 2 \cdot \sqrt{3} \cdot U_d = 2 \cdot \sqrt{3} \cdot 1{,}8\text{ V} = \mathbf{6{,}24\ V}$

2. Siebung

Die Glättungseinrichtung von Beispiel 1 wird durch einen zusätzlichen Widerstand und einen weiteren Kondensator zu einer Siebeinrichtung erweitert.

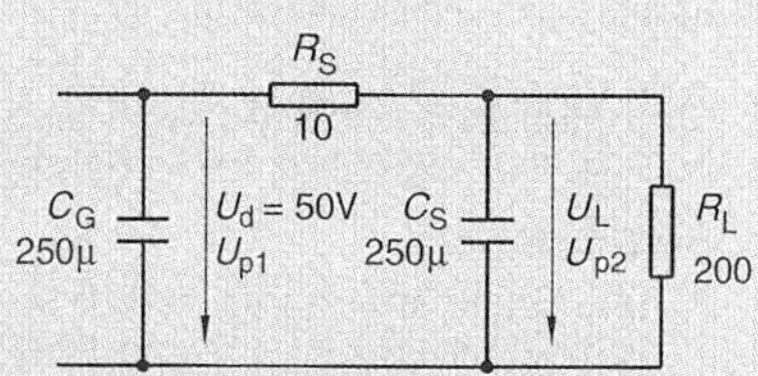

Bestimmen Sie

a) den Laststrom und die Spannung am Lastwiderstand unter der Annahme, dass $U_d = 50$ V unverändert bleibt,
b) die Brummspannung am Glättungskondensator,
c) die Brummspannung am Lastwiderstand.

Lösung:

Gegeben: $U_d = 50\ V$; $C_G = 250\ \mu F$; $C_S = 250\ \mu F$; $R_S = 10\ \Omega$; $R_L = 200\ \Omega$.
Gesucht: I_L; U_L; U_{p1}; U_{p2}.

a) $I_L = \frac{U_d}{R_S + R_L} = \frac{50\ V}{10\ \Omega + 200\ \Omega} = \mathbf{0{,}238\ A}$ (Ladestrom von C_S vernachlässigt)

$U_L = I_L \cdot R_L = 0{,}238\ A \cdot 200\ \Omega = \mathbf{47{,}6\ V}$

b) $U_{p1} = \frac{k \cdot I_L}{C_G} = \frac{1{,}8 \cdot 10^{-3}\ s \cdot 0{,}238\ A}{250 \cdot 10^{-6}\ \frac{As}{V}} = \mathbf{1{,}71\ V}$

c) $X_S = \frac{1}{\omega_p \cdot C_S} = \frac{1}{2\pi \cdot 100\ s^{-1} \cdot 250 \cdot 10^{-6}\ \frac{As}{V}} = 6{,}37\ \Omega$

Näherungsformel für s nicht anwendbar, da R_S und X_S in der gleichen Größenordnung liegen.

$$s = \frac{\sqrt{{R_S}^2 + {X_S}^2}}{X_S} = \frac{\sqrt{(10\ \Omega)^2 + (6{,}37\ \Omega)^2}}{6{,}37\ \Omega} = 1{,}86 \Rightarrow U_{p2} = \frac{U_{p1}}{s} = \frac{1{,}71\ V}{1{,}86} = \mathbf{0{,}92\ V}$$

Aufgaben

1. Die Mischspannung aus einer Einpuls-Mittelpunktschaltung wird mit einem Kondensator, dessen Kapazität 500 µF beträgt, geglättet. Die Spannung am Lastwiderstand beträgt 18 V, der Laststrom 100 mA.

a) Zeichnen Sie die Schaltung.
b) Wie groß wäre die Brummspannung ohne Glättungskondensator?
c) Wie groß ist die Brummspannung mit dem Kondensator?

2. Eine Einpuls-Gleichrichterschaltung (Abb. 15.3.2) soll bei einer Spannung von 30 V mit einem Strom von 0,5 A belastet werden. Der Spitze-Tal-Wert der Brummspannung darf maximal 10% der Gleichspannung betragen.

Berechnen Sie

a) den Effektivwert der Brummspannung,
b) die erforderliche Kapazität des Glättungskondensators.

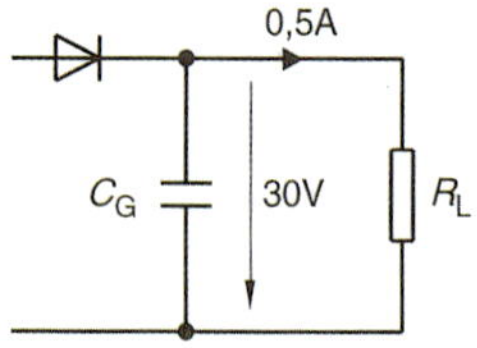

Abb. 15.3.2

3. Eine Einpuls-Mittelpunktschaltung mit Ladekondensator hat eine Brummspannung von 3 V.

Um wie viel Prozent ändert sich die Brummspannung, wenn die Belastung verdoppelt wird? Die Veränderung der Spannung U_d am Lastwiderstand soll unberücksichtigt bleiben.

4. Eine Gleichrichterdiode wird an eine Wechselspannung von 12 V angeschlossen (Abb. 15.3.4). Der Lastwiderstand beträgt 500 Ω.

Berechnen Sie

a) die Gleichspannung, wenn in der Diode mit einem Spannungsverlust von 1 V gerechnet werden kann,
b) die Gleichspannung, wenn durch einen Glättungskondensator der Spitze-Tal-Wert der Brummspannung nur 10% der Gleichspannung beträgt,
c) den Laststrom,
d) die Kapazität des Kondensators.

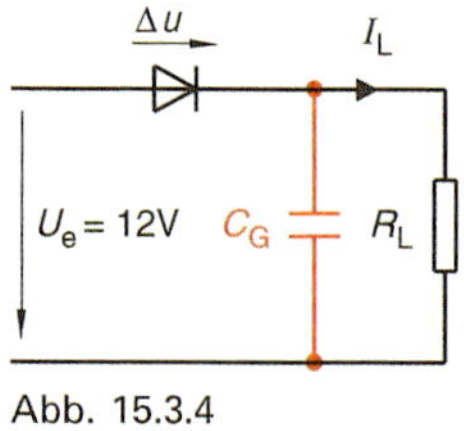

Abb. 15.3.4

5. Einer M2-Gleichrichterschaltung ist ein Glättungskondensator mit einer Kapazität von 1000 µF nachgeschaltet. Der Laststrom beträgt 1,2 A.

Wie groß ist der Spitze-Tal-Wert der Brummspannung?

6. Eine Brückenschaltung hat eine Gleichspannung von 24 V. Bei einem Strom von 2,5 A wird der Spitze-Tal-Wert der Brummspannung mit einem Oszilloskop gemessen; er beträgt 30% der Gleichspannung.

Berechnen Sie die Kapazität des Glättungskondensators.

7. In einer Brückenschaltung mit Glättungskondensator beträgt der Effektivwert der überlagerten Wechselspannung 3 V bei einem Strom von 0,8 A. Der Belastungsstrom soll auf 1 A erhöht werden, ohne dass die Brummspannung dabei größer wird.

Berechnen Sie die Kapazität des parallel zu schaltenden Glättungskondensators.

8. Bei einer Brückenschaltung mit Glättungskondensator fließt über den Belastungswiderstand ein Strom von 0,2 A. Die Ausgangsspannung wird mit einem Oszilloskop dargestellt (Abb. 15.3.8), dessen Verstärkung auf 2 V/cm bzw. 2 ms/cm eingestellt ist.

Bestimmen Sie

a) den Scheitelwert der Ausgangsspannung,
b) den Spitze-Tal-Wert der Brummspannung,
c) die Gleichspannung,
d) die Kapazität des Glättungskondensators.

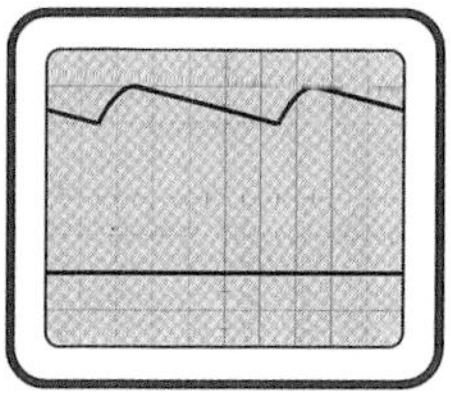

Abb. 15.3.8

9. Eine Gleichrichterbrücke mit Ladekondensator liegt an 90 V 50 Hz. Der Belastungswiderstand beträgt 750 Ω, die Kapazität des Kondensators 125 µF.

Berechnen Sie

a) den Scheitelwert der Mischspannung, wenn der Spannungsverlust in den Gleichrichterdioden mit jeweils 1 V gerechnet wird,
b) die Gleichspannung,
c) den Belastungsstrom,
d) den Spitze-Tal-Wert der Brummspannung.

10. Das Siebglied, das einer Zweipuls-Brückenschaltung nachgeschaltet ist, besteht aus Glättungskondensator, Siebwiderstand und Siebkondensator (Abb. 15.3.10).

a) Wie groß ist die Frequenz der ersten Grundschwingung der Brummspannung?
b) Berechnen Sie X_S und prüfen Sie, ob der Siebfaktor mit der Näherungsformel berechnet werden darf?
c) Wie groß ist der Siebfaktor?

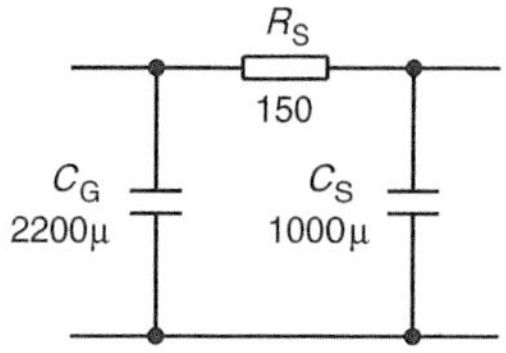

Abb. 15.3.10

11. Bei einem Netzgerät wird die Wechselspannung durch eine Brückenschaltung gleichgerichtet. Am Glättungskondensator tritt die Brummspannung $U_{p1} = 1{,}3$ V auf. Der Siebwiderstand hat 180 Ω. Die Brummspannung am Ausgang darf höchstens $U_{p2} = 25$ mV betragen.

Wie groß muss die Kapazität des Siebkondensators mindestens sein?

12. Ein Netzgerät hat Gleichrichter in Schaltung M2U, einen Glättungskondensator mit $C_G = 4400\ \mu F$, einen Siebwiderstand von $15\ \Omega$ und einen Siebkondensator mit $C_S = 2200\ \mu F$. Dem Netzgerät kann ein Strom von 0,5 A entnommen werden.

Berechnen Sie

a) die Brummspannung U_{p1} am Glättungskondensator,
b) den Siebfaktor,
c) die Brummspannung U_{p2} am Siebkondensator.

13. Die Gleichrichterschaltung mit Siebeinrichtung (Abb. 15.3.13) wird aus einem Transformator mit 20 V gespeist. Die Belastung der Schaltung entspricht einem Widerstand von $500\ \Omega$. In den Dioden wird mit einem Spannungsverlust von jeweils 1 V gerechnet.

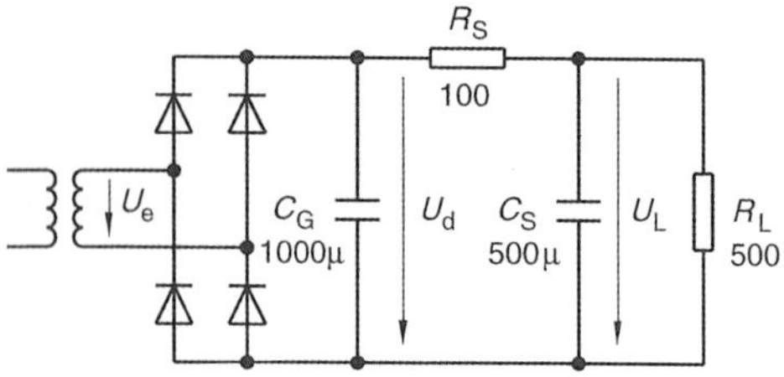

Abb. 15.3.13

Berechnen Sie

a) die Ausgangsspannung,
b) den Laststrom,
c) den Spitze-Tal-Wert der Brummspannung am Ausgang.

14. Einem Transformator mit 30 V Ausgangsspannung ist eine Gleichrichterbrücke mit Siebung nachgeschaltet. Die beiden Kondensatoren haben die Kapazitäten $C_G = 2500\ \mu F$ und $C_S = 1250\ \mu F$; der Siebwiderstand beträgt $5\ \Omega$. Das Netzgerät soll mit einem Strom von 1,5 A belastet werden. Der Spannungsverlust in den Dioden wird mit jeweils 1 V angenommen.

Bestimmen Sie

a) den Scheitelwert der Mischspannung am Ausgang der Gleichrichterschaltung,
b) die Ausgangsspannung U_a des Netzgeräts,
c) die Brummspannung $\hat{\check{u}}_p$ des Netzgeräts.

15. Der Einfluss der Kapazitäten der beiden Kondensatoren einer Siebschaltung auf die Brummspannung soll untersucht werden. Dazu werden die Kondensatoren von Aufgabe 15.3.14 miteinander vertauscht.

Wie groß sind nunmehr Ausgangsspannung U_a und Brummspannung $\hat{\check{u}}_p$?

15.4 Stabilisierung mit Z-Dioden

Beispiel:

Mit der Z-Diode BZD 23/C12 mit $P_{tot} = 2{,}5$ W wird eine Versuchsschaltung zur Spannungsstabilisierung aufgebaut.
Prüfen Sie durch Rechnung nach, ob die Bauteile überlastet sind,

a) bei Leerlauf ($R_{L1} = \infty\ \Omega$),
b) bei Kurzschluss der Ausgangsklemmen ($R_{L2} = 0\ \Omega$),
c) bei dem Lastwiderstand $R_{L3} = 75\ \Omega$.

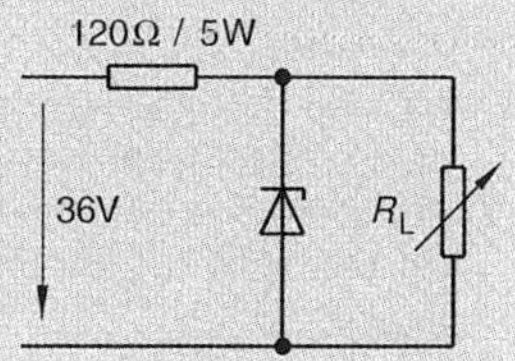

Lösung:

Gegeben: $U = 36$ V; $U_Z = 12$ V; $R_V = 120\ \Omega/5$ W; $P_{tot} = 2{,}5$ W; $R_{L1} = \infty\ \Omega$; $R_{L2} = 0\ \Omega$; $R_{L3} = 75\ \Omega$.
Gesucht: P_V; P_Z.

a) $R_{L1} = \infty\ \Omega$

$U_{V1} = U - U_Z = 36\text{ V} - 12\text{ V} = 24\text{ V}$

$P_{V1} = \frac{U_{V1}^2}{R_V} = \frac{(24\text{ V})^2}{120\ \Omega} = \mathbf{4{,}8\ W}$ Der Vorwiderstand wird nicht überlastet.

$I_{Z1} = \frac{U_{V1}}{R_V} = \frac{24\text{ V}}{120\ \Omega} = 0{,}2\text{ A}$

$P_{Z1} = U_Z \cdot I_{Z1} = 12\text{ V} \cdot 0{,}2\text{ A} = \mathbf{2{,}4\ W}$ Die Z-Diode wird nicht überlastet.

b) $R_{L2} = 0\ \Omega$

$U_{V2} = 36\text{ V} \Rightarrow P_{V2} = \frac{U_{V2}^2}{R_V} = \frac{(36\text{ V})^2}{120\ \Omega} = \mathbf{10{,}8\ W}$ Der Vorwiderstand wird überlastet.

$P_{Z2} = \mathbf{0\ W}$ Durch die Diode fließt kein Strom.

c) $R_{L3} = 75\ \Omega$ $\left(\text{Annahme für die Rechnung: } U_Z = 12\text{ V};\ U_{V3} = 24\text{ V};\ I_{V3} = \frac{U_{V3}}{R_V} = \frac{24\text{ V}}{120\ \Omega} = 0{,}2\text{ A}\right)$

$P_{V3} = U_{V3} \cdot I_{V3} = 24\text{ V} \cdot 0{,}2\text{ A} = 4{,}8\text{ W}$; $I_{L3} = \frac{U_Z}{R_{L3}} = \frac{12\text{ V}}{75\ \Omega} = 0{,}16\text{ A}$

$P_{L3} = U_L \cdot I_{L3} = 12\text{ V} \cdot 0{,}16\text{ A} = \mathbf{1{,}92\ W}$ Der Lastwiderstand muss mit 2 W belastbar sein.

$I_{Z3} = I_{V3} - I_{L3} = 0{,}2\text{ A} - 0{,}16\text{ A} = 0{,}04\text{ A}$

$P_{Z3} = U_Z \cdot I_{Z3} = 12\text{ V} \cdot 0{,}04\text{ A} = \mathbf{0{,}48\ W}$ Die Diode ist gering belastet.

Hinweis

Solange der Laststrom I_L nicht größer ist als der Leerlaufstrom der Stabilisierungsschaltung, ist die Lastspannung gleich der Z-Spannung 12 V.

Aufgaben

1. Eine Z-Diode soll bei einer Z-Spannung von 8,2 V einen Arbeitsstrom von 90 mA haben. Zur Verfügung steht die Z-Diode BZX55/C8V2 mit $P_{tot} = 500$ mW bei 25 °C Umgebungstemperatur.
   a) Erläutern Sie die Typenbezeichnung der Diode.
   b) Berechnen Sie den höchstzulässigen Strom $I_{Z\max}$.
   c) Wie groß ist die Verlustleistung in der Diode?

2. Eine Z-Diode ZD 13 soll zur Spannungsstabilisierung verwendet werden. Ihre Z-Spannung beträgt 13 V, ihre Gesamtverlustleistung darf 1 W nicht überschreiten. Der Strom in der Z-Diode soll 70 mA betragen.

Prüfen Sie, ob die Diode überlastet wird.

3. Bei der Parallelstabilisierung mit einer Z-Diode nach Abb. 15.4.3 beträgt die Eingangsspannung 36 V, die Spannung an der Z-Diode 16 V. Der Strom in der Z-Diode I_Z beträgt 42 mA, der Laststrom I_L 85 mA.

Berechnen Sie

a) den Strom durch den Vorwiderstand,
b) den Widerstandswert des erforderlichen Vorwiderstands,
c) den Verlust im Vorwiderstand.

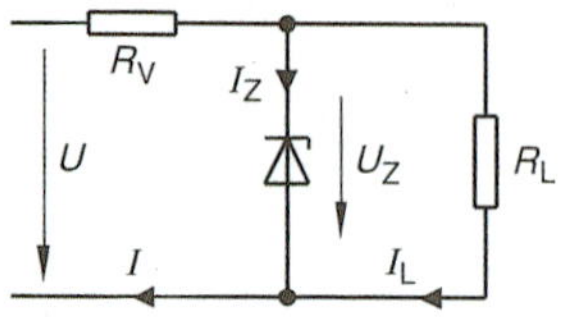

Abb. 15.4.3

4. Die Spannung an einem Lastwiderstand soll durch Parallelstabilisierung konstant auf 24 V gehalten werden. Die Eingangsspannung beträgt 60 V, der Vorwiderstand 39 Ω. Die Z-Diode BZY93/C24 hat eine zulässige Verlustleistung von 20 W.

a) Wie groß muss der Lastwiderstand mindestens sein, damit die stabilisierte Spannung nicht unter 24 V absinkt?
b) Wie groß darf der Lastwiderstand höchstens sein, damit die Z-Diode nicht überlastet wird?

5. In der Parallelstabilisierung von Aufgabe 15.4.4 wird der Vorwiderstand von 39 Ω durch einen Widerstand von 68 Ω ersetzt.

a) In welcher Richtung ändern sich die Grenzwerte $R_{L\,min}$ und $R_{L\,max}$ für den Lastwiderstand gegenüber der vorangegangenen Aufgabe?
b) Berechnen Sie die Grenzwerte.

6. Die Betriebsspannung für eine Zeitschaltung soll von den Schwankungen der Netzspannung und der Belastung möglichst unabhängig sein. Sie wird deshalb mit einer Z-Diode 12 V/1 W (Abb. 15.4.6) stabilisiert. Die Spannung am Eingang beträgt 24 V ± 10%. Der minimale Strom durch die Z-Diode soll wegen des Stabilisierungseffekts 10% ihres Maximalstroms betragen. Der Laststrom schwankt zwischen 20 mA und 40 mA.

a) Berechnen Sie den erforderlichen Vorwiderstand.
b) Wählen Sie den Widerstand aus der Normreihe E12 aus.
c) Wie groß ist die Belastung des gewählten Widerstands?

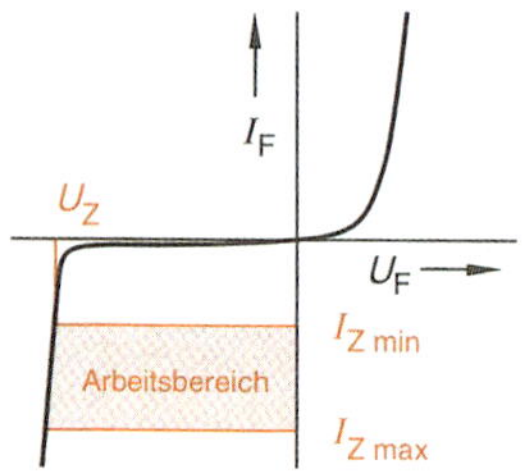

Abb. 15.4.6

7. Die Stabilisierungsschaltung von Aufgabe 15.4.6 soll für andere Belastungsfälle untersucht werden.

Prüfen Sie durch Rechnung, ob eine Stabilisierung auf 12 V möglich ist für den Fall, dass

a) die Belastung zwischen 20 mA und 60 mA und die Eingangsspannung um 10% schwankt,
b) die Belastung zwischen 20 mA und 70 mA und die Eingangsspannung um 10% schwankt,
c) die Belastung zwischen 20 mA und 50 mA und die Eingangsspannung aber um 20% schwankt.

16.1 Kennwerte bipolarer Transistoren

Beispiele:

1. Spannungen

Ein NPN-Transistor vom Typ BC337 ist in einer Endstufe eingebaut. Bei der Basis-Emitter-spannung $U_{BE} = 0{,}8$ V fließt der Basisstrom $I_B = 1{,}8$ mA, der den Kollektorstrom $I_C = 450$ mA verursacht. Die Spannung zwischen Kollektor und Emitter beträgt dabei 1,2 V.

Berechnen Sie
a) die Gleichstromverstärkung B,
b) die Kollektor-Basis-Spannung U_{CB},
c) den Emitterstrom I_E,
d) die gesamte Verlustleistung P_v des Transistors.

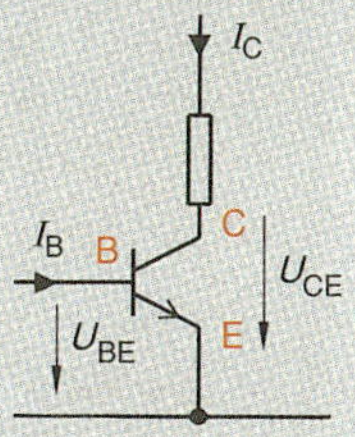

Lösung:

Gegeben: $U_{BE} = 0{,}8$ V; $U_{CE} = 1{,}2$ V; $I_B = 1{,}8$ mA; $I_C = 450$ mA.
Gesucht: B; U_{CB}; I_E; P_v.

a) $B = \frac{I_C}{I_B} = \frac{450 \text{ mA}}{1{,}8 \text{ mA}} = \mathbf{250}$

b) $U_{CB} = U_{CE} - U_{BE} = 1{,}2 \text{ V} - 0{,}8 \text{ V} = \mathbf{0{,}4\ V}$

c) $I_C + I_B + I_E = 0 \Rightarrow I_E = -(I_C + I_B) = -(450 \text{ mA} + 1{,}8 \text{ mA}) = \mathbf{-452\ mA}$

d) $P_v = U_{CE} \cdot I_C + U_{BE} \cdot I_B = 1{,}2 \text{ V} \cdot 450 \text{ mA} + 0{,}8 \text{ V} \cdot 1{,}8 \text{ mA}$
$= 540 \text{ mW} + 1{,}44 \text{ mW} = \mathbf{541\ mW}$

Die Basis-Emitter-Verluste können meist vernachlässigt werden, z. B. bei großer Stromverstärkung.

2. Kennlinien

Ein NPN-Transistor BC414 führt bei einer Basis-Emitter-Spannung von 0,62 V einen Kollektorstrom von 65 mA.

Bestimmen Sie aus den Kennlinien
a) den Basisstrom I_B,
b) die Kollektor-Emitter-Spannung U_{CE},
c) die Gleichstromverstärkung B,
d) die Stromsteuerkurve des Transistors für $U_{CE} = 5$ V und $U_{CE} = 15$ V.

Lösung:

Gegeben: Eingangskennlinie; Ausgangskennlinien; $U_{BE} = 0{,}62$ V; $I_C = 65$ mA.
Gesucht: I_B; U_{CE}; B; Stromsteuerkennlinie $I_C = f(I_B)$.

a) Aus der Eingangskennlinie Seite 260: Für $U_{BE} = 0{,}62$ V ist $I_B = \mathbf{0{,}25\ mA}$

b) Aus der Ausgangskennlinie Seite 260: Für $I_B = 0{,}25$ mA und $I_C = 65$ mA ist $U_{CE} = \mathbf{7{,}4\ V}$

c) $B = \frac{I_C}{I_B} = \frac{65 \text{ mA}}{0{,}25 \text{ mA}} = \mathbf{260}$

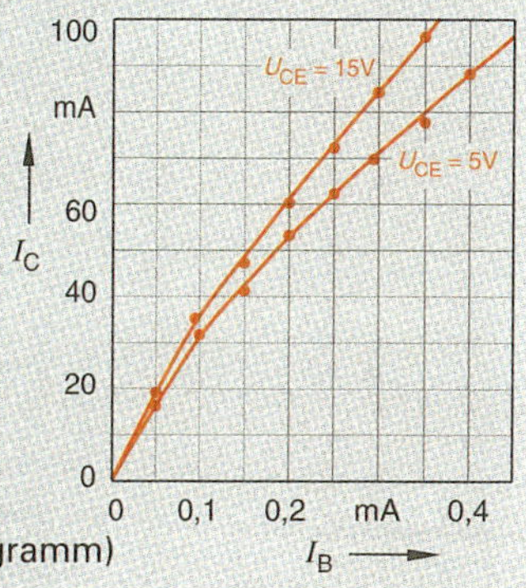

d) Stromsteuerkennlinien (nebenstehendes Diagramm)

Aus den Ausgangskennlinien:

U_{CE}	I_B in mA	0,05	0,1	0,15	0,2	0,25	0,3	0,35	0,4
5 V	I_C in mA	17	32	42	53	62	70	78,5	87,5
15 V	I_C in mA	19	35	47	60,5	73	85	96,5	—

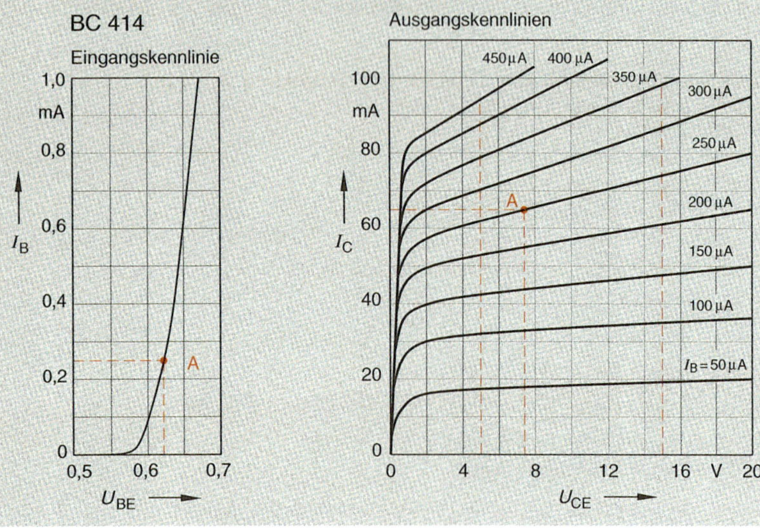

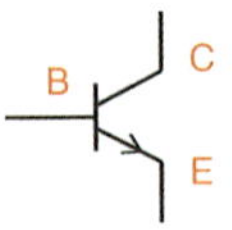

Abb. 16.1.1

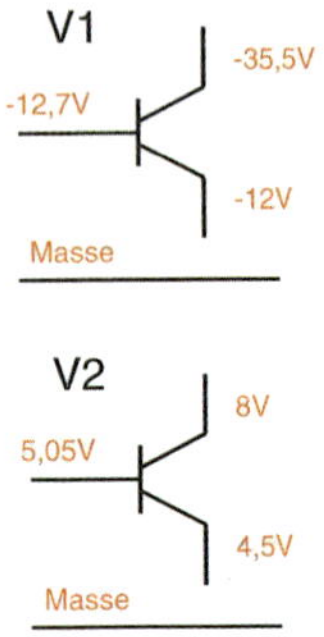

Abb. 16.1.3

Aufgaben

1. An einem Transistor (Abb. 16.1.1) werden folgende Werte gemessen: $U_{BE} = 0{,}75$ V; $U_{CE} = 4$ V.
   a) An welchem Anschluss (C oder E) liegt das positive Potential?
   b) Berechnen Sie die Spannungen U_{CB} und U_{BC}.

2. An einem Transistor wird die Kollektor-Emitter-Spannung $U_{CE} = -11$ V und die Basis-Emitter-Spannung $U_{BE} = -0{,}78$ V gemessen.
   a) Skizzieren Sie das Schaltzeichen des Transistors und zeichnen Sie die Spannungspfeile ein.
   b) Welcher Transistortyp liegt hier vor?
   c) Wie groß ist die Kollektor-Basis-Spannung?

3. Die Spannungen an den Anschlüssen der beiden Transistoren V1 und V2 (Abb. 16.1.3) sind gegen Masse gemessen und als Potentiale angegeben.
   a) Welcher Transistor-Typ liegt jeweils vor?
   b) Geben Sie die vollständigen Schaltzeichen und die Spannungen durch Spannungspfeile an.
   c) Berechnen Sie die Spannungen zwischen den Anschlüssen und geben Sie diese als positive Werte an.

4. Geben Sie die Ströme I_B, I_C und I_E aus Abb. 16.1.4 an.

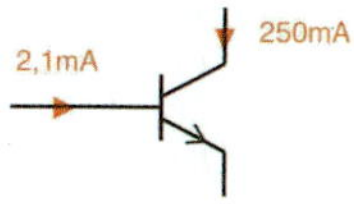

Abb. 16.1.4

5. Ein Leistungstransistor BDT81 hat bei Kollektorströmen zwischen 300 mA und 800 mA den größten Stromverstärkungsfaktor $B_{max} = 160$.

Wie groß sind Basisstrom und Emitterstrom bei einem Kollektorstrom von 500 mA?

6. Ein NF-Transistor BC327 hat bei der Basis-Emitter-Spannung $U_{BE} = -0{,}8$ V einen Kollektorstrom von 286 mA und eine Gleichstromverstärkung von 110.

a) Welcher Transistortyp liegt hier vor?
b) Wie groß sind Basisstrom und Emitterstrom?

7. Ein PNP-Transistor BF606A (Abb. 16.1.7) ist in der Oszillatorstufe eines VHF-Tuners eingebaut. Die Gleichstromverstärkung wird im Datenblatt mit 50 angegeben.

a) Welche Verlustleistung verursacht der Kollektorstrom?
b) Welche Verlustleistung verursacht der Basisstrom?
c) Wie groß ist die Gesamtverlustleistung?

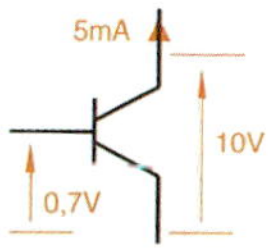

Abb. 16.1.7

8. An einem Transistor BCY58C werden folgende Werte gemessen:
$I_B = 0{,}2$ mA; $I_C = 70$ mA; $U_{BE} = 0{,}73$ V; $U_{CE} = 4$ V.
Der Hersteller gibt für diesen Transistor in einem Gehäuse TO-18 bei einer Umgebungstemperatur von 25 °C die Gesamtverlustleistung $P_{tot} = 390$ mW an.

Prüfen Sie durch Rechnung nach, ob der Transistor bei den angegebenen Betriebswerten überlastet ist.

9. Ein Transistor BD135 hat bei $U_{BE} = 0{,}9$ V und $U_{CE} = 7{,}5$ V einen Kollektorstrom von 800 mA. Der Basisstrom beträgt in diesem Betriebszustand 9 mA. Die zulässige Gesamtverlustleistung P_{tot} des Transistors in einem Gehäuse SOT-32 (TO-126) beträgt 8 W bei einer Gehäusetemperatur von 70 °C.

a) Bestimmen Sie die Verlustleistung mit der Näherungsformel.
b) Ermitteln Sie die Verlustleistung unter Berücksichtigung von Kollektor- und Basisstrom.
c) Prüfen Sie mithilfe des zulässigen Arbeitsbereichs im I_C-U_{CE}-Diagramm, ob der Transistor überlastet ist.

10. Die Basis-Emitter-Spannung eines Transistors BCY59 schwankt zwischen 0,73 V und 0,75 V.

Bestimmen Sie aus der Eingangskennlinie die Schwankung des Basisstroms.

11. In einem Transistor BCY59 fließt bei $I_B = 100$ µA ein Kollektorstrom von 45 mA.

Bestimmen Sie aus dem Ausgangskennlinienfeld die Kollektor-Emitter-Spannung.

12. In einem Transistor BCY59 soll bei $U_{CE} = 8$ V ein Kollektorstrom von 60 mA fließen.

Wie groß muss der Basisstrom für diesen Betriebszustand sein?

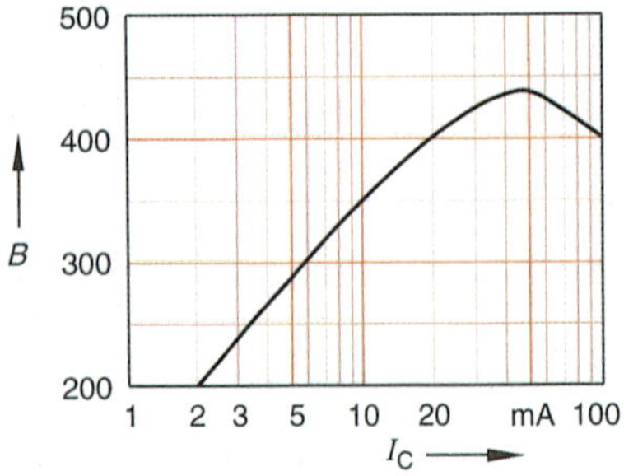

Abb. 16.1.13

13. Die Kollektor-Emitter-Spannung an einem Transistor BCY59 beträgt 10 V.

Bestimmen Sie aus der Strom-Verstärkungskennlinie (Abb. 16.1.13) die Stromverstärkung

a) für $I_C = 10$ mA,
b) für $I_C = 50$ mA.

14. In einer Verstärkerschaltung hat der Transistor BC327 eine Kollektor-Emitter-Spannung von 15 V.

a) Ermitteln Sie mithilfe der Ausgangskennlinien den Kollektorstrom in Abhängigkeit vom Basisstrom.
b) Zeichnen Sie die Strom-Steuerkennlinie $I_C = f(I_B)$.

16.2 Arbeitspunkt und Arbeitsgerade

Beispiele:

1. Basisspannungsteiler

Bei einem Leistungstransistor beträgt der Basisstrom 180 µA. Der Querstrom soll das 4fache von I_B sein. Die Eingangsspannung U beträgt 2 V, die Betriebsspannung der Verstärkerstufe 9 V.

Berechnen Sie die Widerstände R_1 und R_2 des Basisspannungsteilers.

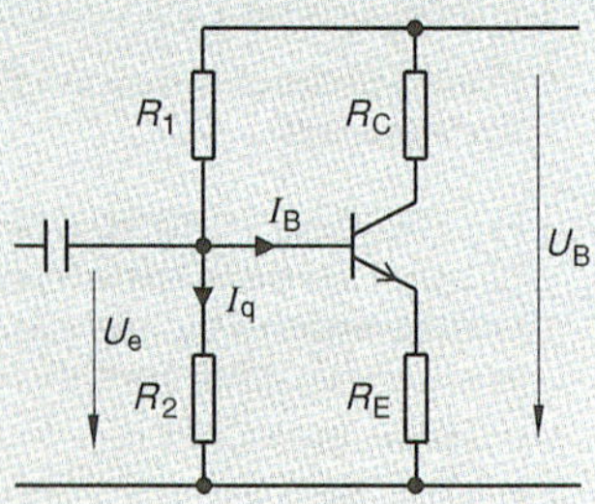

Lösung:

Gegeben: $I_B = 180\ \mu A$; $q = 4$; $U_E = 2$ V; $U_B = 9$ V.
Gesucht: R_1; R_2.

$I_q = q \cdot I_B = 4 \cdot 180\ \mu A = 720\ \mu A$

$$R_2 = \frac{U_E}{I_q} = \frac{2\ V}{0{,}72\ mA} = \mathbf{2{,}78\ k\Omega}; \qquad R_1 = \frac{U_B - U_E}{I_q + I_B} = \frac{9\ V - 2\ V}{0{,}72\ mA + 0{,}18\ mA} = \mathbf{7{,}78\ k\Omega}$$

2. Arbeitsgerade

In einer Verstärkerschaltung mit einem PNP-Transistor BC327 beträgt die Betriebsspannung 30 V. Der Arbeitspunkt ist durch $-I_C = 30$ mA und $-U_{CE} = 10$ V festgelegt. Als maximale Verlustleistung ist $P_{tot} = 500$ mW bei 25 °C Umgebungstemperatur angegeben. Mit dem Basisspannungsteiler soll ein Querstromverhältnis von $q = 10$ erreicht werden.

a) Zeichnen Sie die Verlustleistungshyperbel in das Ausgangskennlinienfeld ein.
b) Tragen Sie den Arbeitspunkt A ein und legen Sie dann die Arbeitsgerade g fest.
c) Bestimmen Sie den Basisstrom I_B und die Spannung U_{BE}.
d) Berechnen Sie die Widerstände des Basisspannungsteilers.
e) Wie groß muss der Lastwiderstand sein?

Lösung:

Gegeben: Eingangskennlinie; Ausgangskennlinien; $U_B = 30$ V; A: -10 V/-30 mA; $q = 10$; $P_{tot} = 500$ mW.

Gesucht: Verlustleistungshyperbel; Arbeitspunkt A; Arbeitsgerade g; I_B, U_{BE}; R_1; R_2; R_L.

a) Wertepaare $-U_{CE}/-I_C$ für $P_{tot} = 500$ mW bestimmen; Hyperbel in das Ausgangskennlinienfeld eintragen.

b) Arbeitspunkt A (-10 V/-30 mA) in das Ausgangskennlinienfeld eintragen. Die Arbeitsgerade verläuft durch den Arbeitspunkt A und den Leerlaufpunkt -30 V/0 mA.

c) Der Arbeitspunkt im Ausgangskennlinienfeld liefert $I_B = $ **−0,2 mA**
Die Eingangskennlinie ergibt bei $I_B = -0{,}2$ mA die Spannung $U_{BE} = $ **−0,615 V**

d) Bei der Widerstandsberechnung kann mit den Beträgen der Ströme und Spannungen gerechnet werden.

$$R_2 = \frac{U_{BE}}{q \cdot I_B} = \frac{0{,}615\ \text{V}}{10 \cdot 0{,}2\ \text{mA}} = \mathbf{308\ \Omega} \qquad R_1 = \frac{U_B - U_{BE}}{(q+1) \cdot I_B} = \frac{30\ \text{V} - 0{,}615\ \text{V}}{11 \cdot 0{,}2\ \text{mA}} = \mathbf{13{,}4\ k\Omega}$$

e) $$R_L = \frac{U_B - U_{CE}}{I_C} = \frac{30\ \text{V} - 10\ \text{V}}{30\ \text{mA}} = \mathbf{667\ \Omega}$$

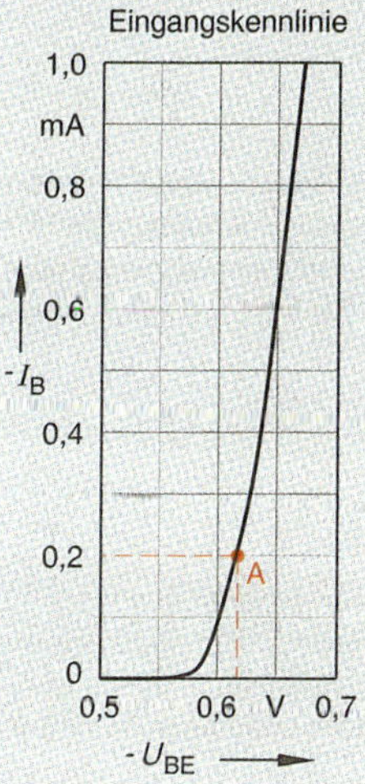

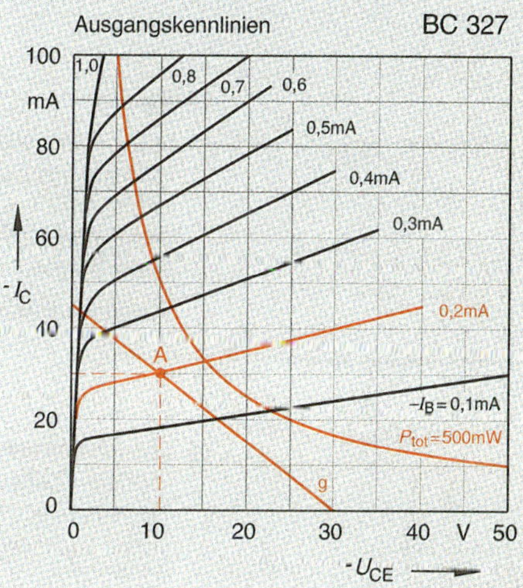

3. Stromgegenkopplung

Zur Verringerung des Temperatureinflusses auf Kollektorstrom und Ausgangsspannung wird in die Schaltung nach Beispiel 2 ein Emitterwiderstand eingebaut. Die Vorgabedaten (U_B, I_C, U_{CE}, P_{tot}, q) sollen unverändert bleiben. Der Gegenkopplungsfaktor soll $k = 0{,}2$ betragen.

Bestimmen Sie

a) mithilfe des Arbeitspunkts den Last- und den Emitterwiderstand,

b) die Eingangsspannung U_e,

c) die Widerstände des Basisspannungsteilers.

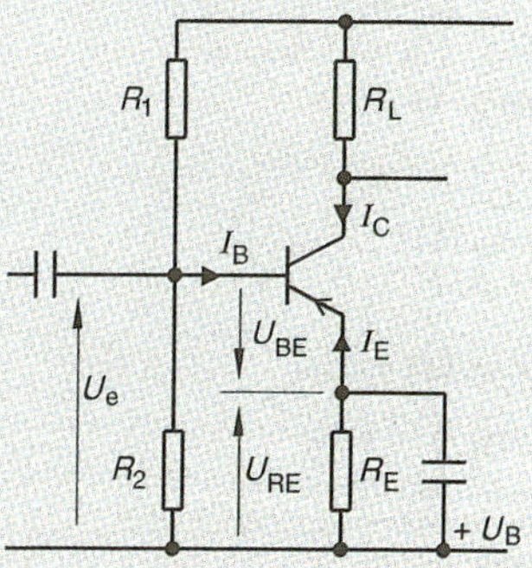

Lösung:

Gegeben: $k=0{,}2$.
Aus Beispiel 2: $U_B=30\,V$; $I_C=-30\,mA$; $U_{CE}=-10\,V$; $P_{tot}=500\,mW$; $q=10$.
Aus Lösung Beispiel 2: $I_B=-0{,}2\,mA$; $U_{BE}=-0{,}615\,V$.

Gesucht: R_L; R_E; U_{RE}; R_1; R_2.

a) Bei den Widerstandsberechnungen wird mit den Beträgen der Spannungen und Ströme gerechnet.

$$R_L=\frac{U_B-U_{CE}}{(1+k)\cdot I_C}=\frac{30\,V-10\,V}{(1+0{,}2)\cdot 30\,mA}=\mathbf{556\,\Omega}$$

$$R_E=k\cdot R_L=0{,}2\cdot 556\,\Omega=\mathbf{111\,\Omega}$$

b) $I_B+I_C+I_E=0 \Rightarrow$

$I_E=-(I_C-I_B)=-I_C+(-I_B)=30\,mA+0{,}2\,mA=30{,}2\,mA$

$U_{RE}=I_E\cdot R_E=30{,}2\,mA\cdot 111\,\Omega=3{,}35\,V$

$U_e=U_{RE}+(-U_{BE})=3{,}35\,V+0{,}615\,V=\mathbf{3{,}97\,V}$

c) $R_2=\dfrac{U_e}{q\cdot I_B}=\dfrac{3{,}97\,V}{10\cdot 0{,}2\,mA}=\mathbf{1{,}99\,k\Omega}$; $R_1=\dfrac{U_B-U_e}{(q+1)\cdot I_B}=\dfrac{30\,V-3{,}97\,V}{11\cdot 0{,}2\,mA}=\mathbf{11{,}8\,k\Omega}$

Aufgaben

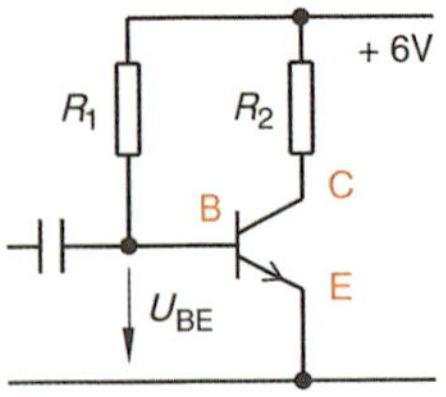

Abb. 16.2.1

1. Eine Transistor-Verstärkerstufe (Abb. 16.2.1) hat eine Versorgungsspannung von 6 V. Der Arbeitspunkt soll so eingestellt werden, dass die Basisvorspannung des Transistors $U_{BE}=0{,}65\,V$ beträgt. Es fließt dann ein Basisstrom von 80 µA.

Welchen Basisvorwiderstand R_1 wählen Sie?

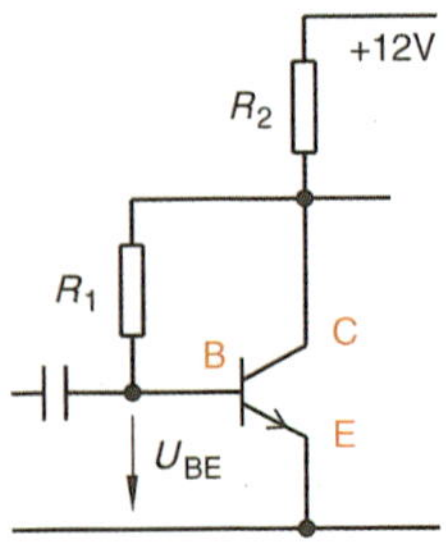

Abb. 16.2.2

2. Ein NPN-Transistor wird an einer Spannung von 12 V betrieben (Abb. 16.2.2). Mit den beiden Widerständen R_1 und R_2 wird der Arbeitspunkt so eingestellt, dass $U_{CE}=1{,}5\,V$ und $U_{BE}=580\,mV$ betragen. Dabei fließen $I_B=40\,\mu A$ und $I_C=5\,mA$.

Berechnen Sie

a) die Widerstände R_1 und R_2,
b) die Gleichstromverstärkung B.

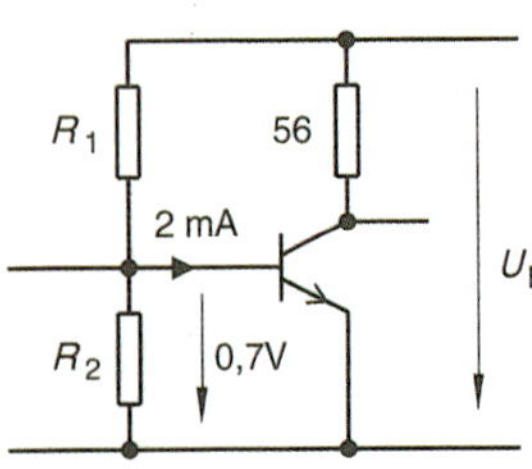

Abb. 16.2.3

3. Ein Transistor, der an einer Betriebsspannung von 24 V liegt, hat eine Stromverstärkung von 150. Das Querstromverhältnis beträgt $q=2$ (Abb. 16.2.3).

Berechnen Sie

a) die Widerstände R_1 und R_2,
b) den Kollektorstrom I_C,
c) die Kollektor-Emitterspannung U_{CE}.

4. Ein Transistor BC 140-10 in Emitterschaltung liegt an der Betriebsspannung 30 V. Die Kollektor-Emitter-Spannung beträgt 2 V. Bei einem Kollektorstrom von 0,75 A hat der Transistor eine Gleichstromverstärkung von 30. Die Basis-Emitter-Spannung wird mit 0,65 V angenommen. Das Querstromverhältnis beträgt 5.

   Wie groß sind Widerstandswert und Belastung
   a) der Widerstände des Basisspannungsteilers,
   b) des Lastwiderstands.

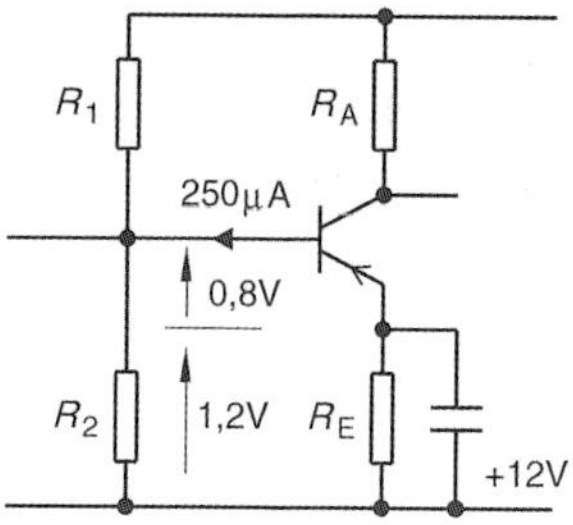

Abb. 16.2.5

5. Mit einem Transistor BF450 (Abb. 16.2.5) soll ein HF-Signal verstärkt werden. Das Querstromverhältnis soll 3 betragen.

   Berechnen Sie die Widerstände R_1 und R_2.

6. Ein 3-stufiger NF-Verstärker (Abb. 16.2.6) hat eine Betriebsspannung von 12 V. Die Basisvorspannungen werden durch Spannungsteiler erzeugt.
   Im Transistor V1 der Eingangsstufe fließt bei $U_{BE} = 730$ mV und $I_B = 14$ μA ein Kollektorstrom von 2,5 mA. Die Kollektor-Emitter-Spannung beträgt 6,9 V.

   Bestimmen Sie für die 1. Stufe
   a) den Spannungsfall am Kollektorwiderstand,
   b) den Emitterwiderstand,
   c) die Spannung an R3,
   d) den Querstrom und das Querstromverhältnis,
   e) die Gleichstromverstärkung.

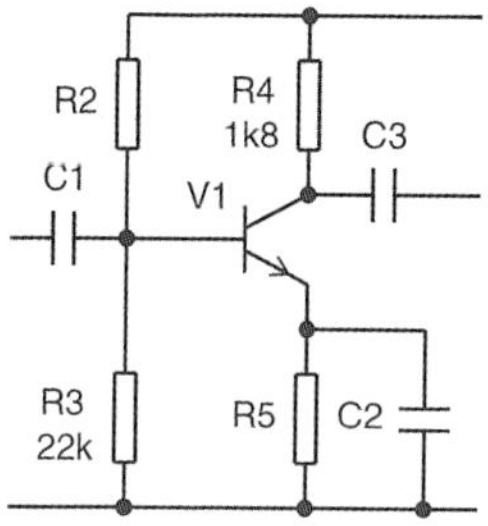

Abb. 16.2.6

7. In einer Verstärkerstufe mit einem Transistor BC238B soll der Arbeitswiderstand 300 Ω betragen. Nach dem Datenblatt wird der Arbeitspunkt bei folgenden Werten festgelegt: $I_C = 60$ mA, $U_{CE} = 4$ V, $I_B = 0{,}25$ mA.
   Zur Stabilisierung des Arbeitspunkts dient ein Emitterwiderstand, wobei das Verhältnis Arbeitswiderstand zu Emitterwiderstand $m = 9$ betragen soll.

   Berechnen Sie
   a) die Spannung am Lastwiderstand,
   b) den Emitterwiderstand,
   c) die Spannung am Emitterwiderstand,
   d) die Betriebsspannung.

8. Ein Transistor BCY59 ist mit einem Basisspannungsteiler auf den Arbeitspunkt 10 V/45 mA eingestellt. Die Betriebsspannung beträgt 18 V (Abb. 16.2.8).
   a) Wie groß ist der Kollektorwiderstand?
   b) Bestimmen Sie mit Hilfe der Kennlinien die Widerstände des Basisspannungsteilers, wenn das Querstromverhältnis 4 betragen soll.

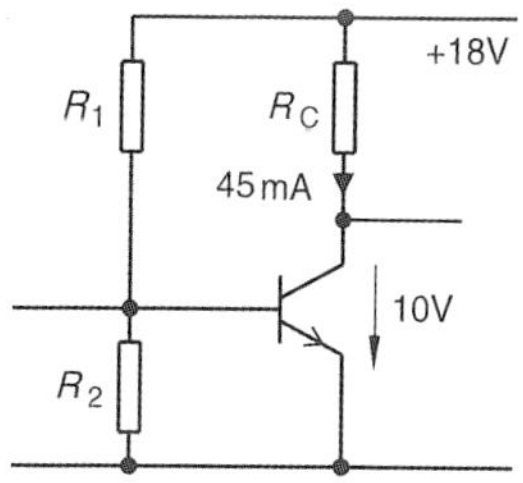

Abb. 16.2.8

9. Ein Transistor BCY59 wird mit einer Betriebsspannung von 9 V versorgt. Der Kollektorstrom soll 100 mA, die Verlustleistung 300 mW nicht übersteigen.
   a) Zeichnen Sie die Verlustleistungshyperbel $P_v = 300$ mW und die Arbeitsgerade g_1 für $I_{C\,max} = 100$ mA.
   b) Wird die Verlustleistung überschritten?
   c) Wie groß darf die Betriebsspannung bei $I_{C\,max} = 100$ mA sein, ohne dass die Verlustleistung größer als 300 mW wird?
   d) Legen Sie für $U_B = 12$ V den Arbeitspunkt so fest, dass $U_{CE} = 6$ V beträgt, und bestimmen Sie dann den erforderlichen Lastwiderstand.

10. Ein Verstärker soll mit einem Transistor BCY 59 ohne Emitterwiderstand aufgebaut werden. Arbeitspunkt: $U_{CE} = 8$ V, $I_C = 50$ mA.
Der Lastwiderstand soll 150 Ω, das Querstromverhältnis 3 betragen.

Bestimmen Sie
a) die Lage des Arbeitspunkts im Ausgangskennlinienfeld,
b) die Arbeitsgerade,
c) die Betriebsspannung,
d) den maximalen Kollektorstrom,
e) den Basisstrom und die Basis-Emitter-Spannung.

11. Der NF-Transistor BCY 59 wird an $U_B = 15$ V betrieben. Es soll ein Kollektorstrom von 60 mA über den Kollektorwiderstand $R_C = 130$ Ω fließen.

Bestimmen Sie den Arbeitspunkt im Ausgangskennlinienfeld und auf der Eingangskennlinie.

12. Ein Transistorverstärker arbeitet mit einer Betriebsspannung von 30 V. Der Transistor BD 135 zieht bei einem Lastwiderstand von 24 Ω einen Strom von 0,8 A. Zum Ausgleich des Einflusses von Temperatur und Exemplarstreuung ist ein Emitterwiderstand zur Gegenkopplung eingebaut; das Widerstandsverhältnis beträgt $m = 4$.

Bestimmen Sie
a) den Emitterwiderstand,
b) den Arbeitspunkt,
c) die Eingangs- und die Ausgangsspannung.

13. Im Transistorverstärker von Aufgabe 16.2.12 soll die Stromgegenkopplung verringert werden. Dazu wird das Widerstandsverhältnis auf $m = 8$ erhöht. Basisstrom und Kollektorwiderstand sollen mit 10 mA bzw. 24 Ω unverändert bleiben.

Bestimmen Sie die Eingangs- und die Ausgangsspannung.

16.3 Stabilisierung mit Transistoren

Beispiele:

1. Spannungsstabilisierung mit Transistor

Für einen Digitalzähler wird eine stabilisierte Spannung von 5 V und ein Strom von 0,8 A benötigt. Die Eingangsspannung beträgt 12 V. Zur Stabilisierung wird ein Siliziumtransistor BDY 15B mit Kühlstern mit einer Stromverstärkung von $B = 200$ verwendet. Der Strom in der Z-Diode ZD 5,6/1,3 W soll das 10fache des Basisstroms sein.

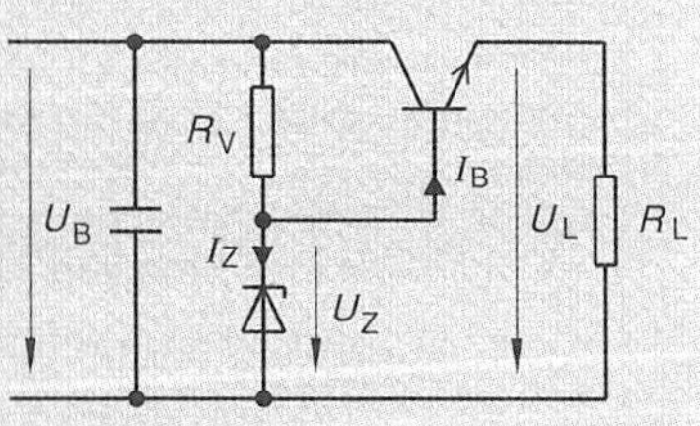

Berechnen Sie
a) den Basisstrom,
b) den Strom in der Z-Diode,
c) den erforderlichen Vorwiderstand und seine Belastung,
d) den Leistungsverlust in der Z-Diode,
e) den Leistungsverlust im Längstransistor bei Volllast.

Lösung:

Gegeben: $U_B = 12$ V; $U_L = 5$ V; $I_L = 0{,}8$ A; $B = 200$; $U_Z = 5{,}6$ V; $P_{Ztot} = 1{,}3$ W; $q = 10$.
Gesucht: I_B; I_Z; R_V; P_V; P_Z; P_T.

a) Bei $B = 200$ wird näherungsweise mit $I_C = I_L$ gerechnet.

$$I_B = \frac{I_C}{B} = \frac{0{,}8\text{ A}}{200} = \mathbf{4\ mA}$$

b) $I_Z = q \cdot I_B = 10 \cdot 4\text{ mA} = \mathbf{40\ mA}$

c) $R_V = \dfrac{U_B - U_Z}{(q+1) \cdot I_B} = \dfrac{12\text{ V} - 5{,}6\text{ V}}{11 \cdot 4\text{ mA}} = \dfrac{6{,}4\text{ V}}{44\text{ mA}} = \mathbf{145\ \Omega}$; $\quad P_V = U_V \cdot I_V = 6{,}4\text{ V} \cdot 44\text{ mA} = \mathbf{282\ mW}$

d) $P_Z = U_Z \cdot I_Z = 5{,}6\text{ V} \cdot 40\text{ mA} = \mathbf{224\ mW}$

Aus Sicherheitsgründen sollte die Diode so bemessen sein, dass sie sich auch bei $I_B = 0$ mA nicht unzulässig erwärmt.

$$I_{Z\max} = \frac{U_B - U_Z}{R_V} = \frac{12\text{ V} - 5{,}6\text{ V}}{145\ \Omega} = 44{,}1\text{ mA} \Rightarrow P_{Z\max} = U_Z \cdot I_{Z\max} = 5{,}6\text{ V} \cdot 44{,}1\text{ mA} = \mathbf{247\ mW}$$

Die Diode ist bei $I_B = 0$ mA nicht überlastet.

e) $P_T = (U_B - U_L) \cdot I_L = (12\text{ V} - 5\text{ V}) \cdot 0{,}8\text{ A} = \mathbf{5{,}6\ W}$

2. Stromstabilisierung

Eine Konstantstromquelle ist mit einer Stromstabilisierung ausgestattet. Sie liefert einen konstanten Strom von 100 mA. Am Eingang der Stabilisierung liegt eine Spannung von 30 V. Der Transistor hat eine Stromverstärkung von 25; seine Basis-Emitter-Spannung beträgt $U_{BE} = 0{,}7$ V. Die Z-Diode im Basisspannungsteiler hat eine Z-Spannung von 5,7 V und wird von einem Strom von 10 mA durchflossen.

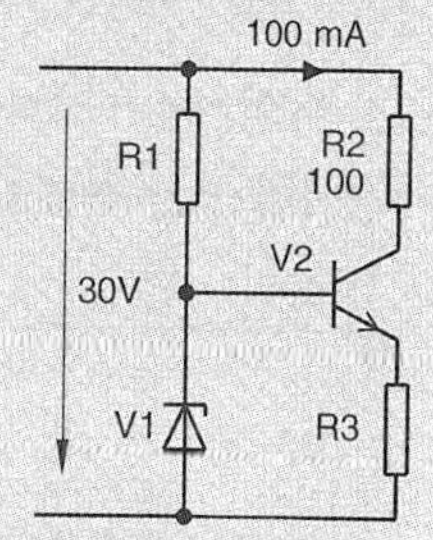

Berechnen Sie
a) den Vorwiderstand R1 der Z-Diode,
b) die Spannung am Lastwiderstand R2,
c) den Emitterwiderstand R3.

Lösung:

Gegeben: $I_L = 100$ mA; $U_B = 30$ V; $B = 25$; $U_{BE} = 0{,}7$ V; $U_Z = 5{,}7$ V; $I_Z = 10$ mA; $R_2 = 100\ \Omega$.
Gesucht: R_V; U_L; R_E.

a) $I_B = \dfrac{I_L}{B} = \dfrac{100\text{ mA}}{25} = 4\text{ mA}$

$$R_1 = \frac{U_B - U_Z}{I_B + I_Z} = \frac{30\text{ V} - 5{,}7\text{ V}}{4\text{ mA} + 10\text{ mA}} = \mathbf{1{,}74\ k\Omega}$$

b) $U_L = I_L \cdot R_2 = 100\text{ mA} \cdot 100\ \Omega = \mathbf{10\ V}$

c) $R_3 = \dfrac{U_Z - U_{BE}}{I_L + I_B} = \dfrac{5{,}7\text{ V} - 0{,}7\text{ V}}{100\text{ mA} + 4\text{ mA}} = \mathbf{48\ \Omega}$

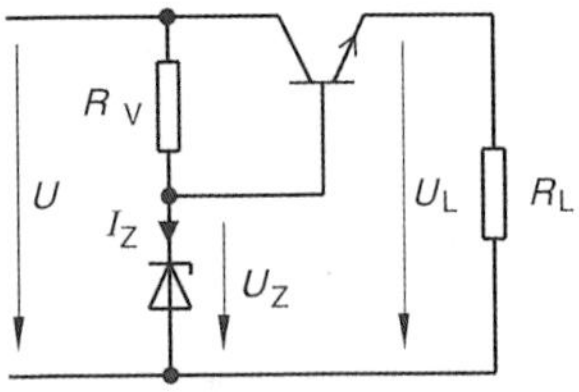

Abb. 16.3.1

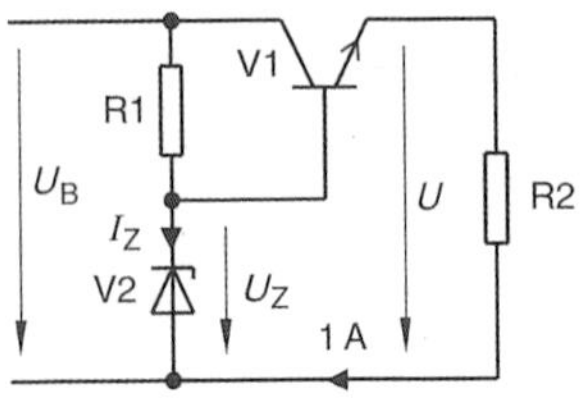

Abb. 16.3.2

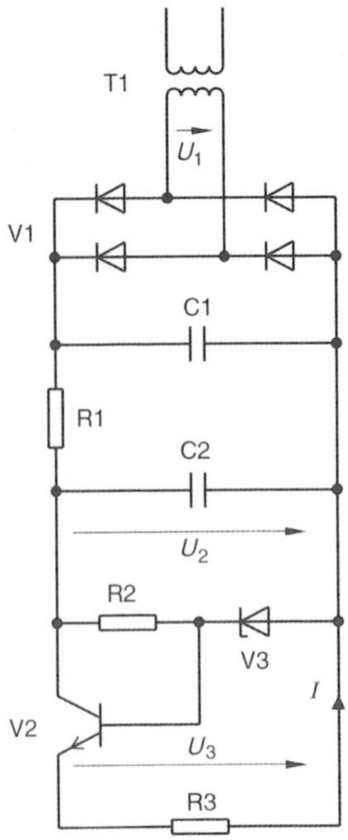

Abb. 16.3.4

Aufgaben

1. Eine Stabilisierungsschaltung (Abb. 16.3.1) ist aus einem Längstransistor und einer Z-Diode aufgebaut und wird aus einem Gleichspannungsnetz mit 24 V gespeist. Am Belastungswiderstand werden 5 V bei 100 mA benötigt. Der Z-Strom I_Z beträgt 25 mA. Der Transistor hat die Stromverstärkung $B=50$ und die Basis-Emitter-Spannung $U_{BE}=0{,}65$ V.

   Berechnen Sie
   a) die Spannung und die Verlustleistung der Z-Diode,
   b) den Vorwiderstand.

2. Der Transistor V1 in Kollektorschaltung mit der Gleichstromverstärkung $B=30$ stabilisiert die Betriebsspannung von $U_B=20$ V auf $U=12$ V. Die Schaltung (Abb. 16.3.2) soll einen Strom von 1 A abgeben. Der Basisspannungsteiler hat das Querstromverhältnis $q=2$. Die Basis-Emitter-Spannung wird mit 0,7 V angenommen.

   Bestimmen Sie
   a) die Z-Spannung,
   b) den Widerstandswert und die Belastung von R1,
   c) die Verlustleistung in der Diode und im Transistor.

3. Die Schaltung von Aufgabe 16.3.2 soll untersucht werden, ob sie auch im Leerlauf ($R_L=\infty\ \Omega$) bzw. im Kurzschluss ($R_L=0\ \Omega$) betrieben werden kann. Im Kurzschlussfall wird die Basis-Emitter-Spannung mit 1 V angenommen.

   Wie groß sind die Verlustleistungen im Transistor, in der Diode und im Vorwiderstand
   a) bei Leerlauf,
   b) bei Kurzschluss?

   Beurteilen Sie die Ergebnisse von a) und b).

4. Ein stabilisiertes Netzgerät (Abb. 16.3.4) soll bei einer Ausgangsspannung von 30 V einen maximalen Strom von 750 mA abgeben können. Zur Stabilisierung der Ausgangsspannung wird ein Transistor BD 135 verwendet. Z-Dioden der Reihe BZV 85/C ... haben eine Verlustleistung von 1,3 W; zur Stabilisierung der Transistor-Eingangsspannung soll $I_{Z\,min}=0{,}1\cdot I_{Z\,max}$ sein.
   a) Berechnen Sie die Kennwerte der Z-Diode V3.
   b) Wählen Sie aus der Reihe E24 eine passende Z-Dioden-Kombination aus.
   c) Wie groß ist die Spannung U_2 am Eingang der Stabilisierung?
   d) Bestimmen Sie die Kennwerte des Widerstands R2.

5. Für eine elektronische Schaltung wird die stabilisierte Spannung $U_3=9$ V benötigt. Die Belastung liegt zwischen 200 mA und 1 A. Zur Stabilisierung soll ein Transistor BD 135 in Verbindung mit der Z-Diode BZV 85/C10

mit $P_{tot} = 1{,}3$ W verwendet werden (Abb. 16.3.5). Die Spannung U_2 beträgt 12 V und schwankt infolge ihres Wechselstromanteils um 5%.

Bestimmen Sie

a) mithilfe der Transistorkennlinien die minimalen und maximalen Basisströme,

b) den Vorwiderstand R_V.

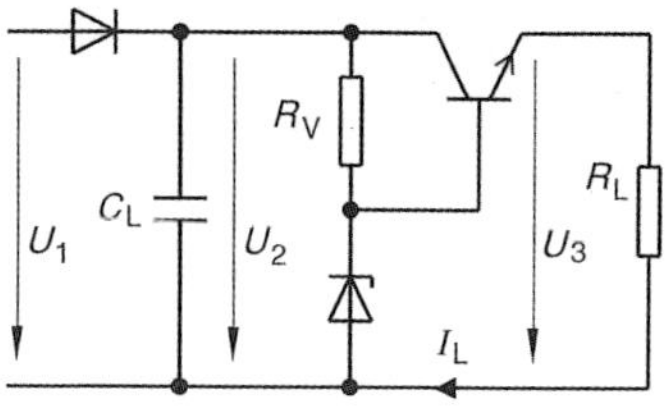

Abb. 16.3.5

6. Ein stromstabilisiertes Netzgerät (Abb. 16.3.6) liegt an einer Versorgungsspannung von 20 V und soll einen Strom $I_L = 100$ mA liefern. Der Reihentransistor hat die Stromverstärkung $B = 20$. Die Z-Spannung der Diode beträgt 5,6 V.

Wie groß sind

a) die Spannung am Lastwiderstand R1,

b) der Strom und die Verlustleistung in der Z-Diode,

c) die Verluste im Transistor?

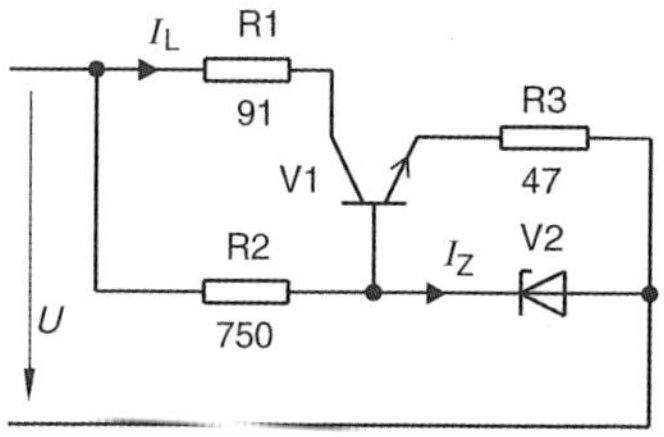

Abb. 16.3.6

7. Die Schaltung von Aufgabe 16.3.6 wird so abgeändert, dass der Belastungswiderstand nicht mehr am Kollektor des Transistors liegt (Abb. 16.3.7).

a) Welche Widerstandswerte müssen verändert werden, wenn Laststrom I_L und Z-Strom I_Z unverändert bleiben sollen? Begründen Sie Ihre Antwort.

b) Berechnen Sie die Widerstände.

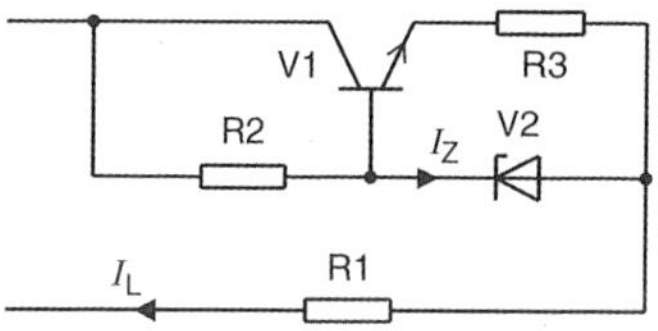

Abb. 16.3.7

16.4 Wechselstrom-Verstärkung

Beispiel:

Ein Transistor BC414 führt einen Basisstrom von 200 μA. Die Eingangswechselspannung $U_{1\sim}$ erzeugt eine Basisstromänderung von ±50 μA.

Bestimmen Sie

a) den Arbeitspunkt A im Ausgangskennlinienfeld,

b) die Änderung der Kollektor-Emitter-Spannung $\Delta U_{CE} = U_{2\sim}$,

c) die Änderung des Kollektorstroms ΔI_C,

d) den Stromverstärkungsfaktor V_i.

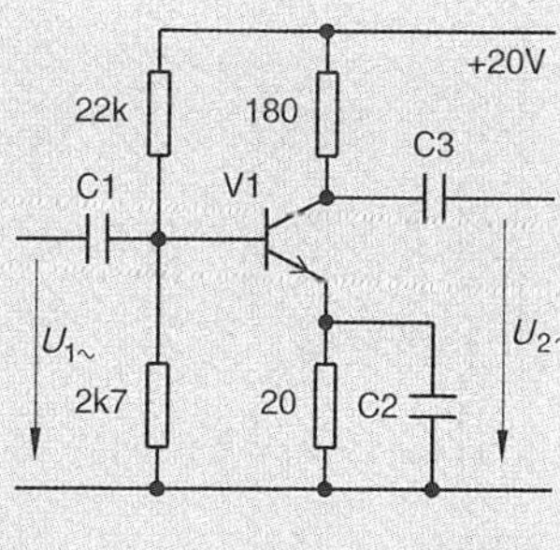

Lösung:

Gegeben: $U_B = 20$ V; $R_L = 180\ \Omega$; $R_E = 20\ \Omega$; $R_1 = 22$ kΩ; $R_2 = 2{,}7$ kΩ; $I_B = 200$ μA; $\Delta I_B = \pm 50$ μA.
Gesucht: Arbeitspunkt A; $U_{2\sim}$; ΔI_C; V_i.

a) Arbeitsgerade mit Hilfe von Leerlaufpunkt (20 V/0 A) und Kurzschlusspunkt (0 V/I_k) bestimmen.

$$I_k = \frac{U_B}{R_L + R_E} = \frac{20\ \text{V}}{200\ \Omega} = 0{,}1\ \text{A} \Rightarrow \text{Arbeitspunkt A } \mathbf{(8{,}8\ V/56\ mA)}$$

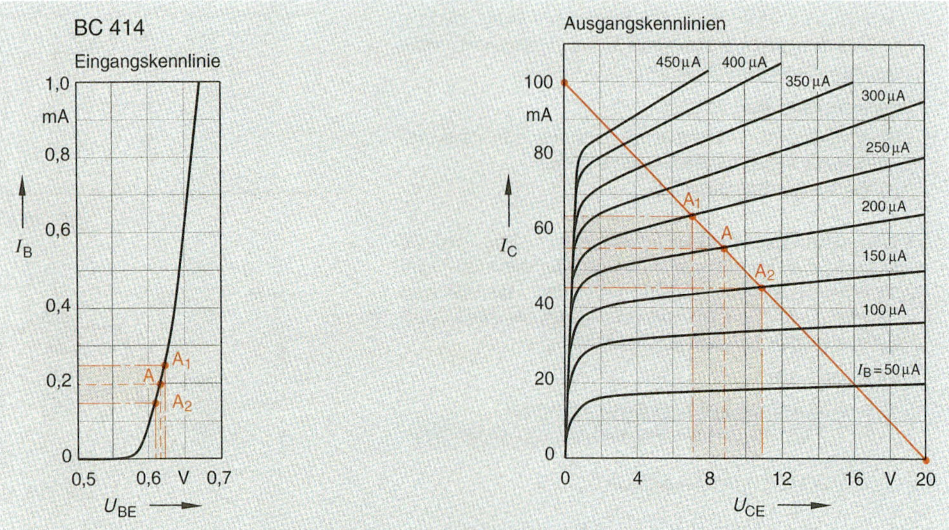

b) Die Änderung des Basisstroms auf die Werte $I_1 \leq 250\ \mu A$ und $I_2 \geq 150\ \mu A$ führt zu den Schnittpunkten A_1 und A_2 auf der Widerstandsgeraden.

$U_{CE1} = 7{,}1\ V \quad U_{CE2} = 10{,}9\ V \Rightarrow \Delta U_{CE} = U_{2\sim} = \mathbf{3{,}8\ V}$

c) $I_{C1} = 64{,}6\ mA \quad I_{C2} = 45{,}6\ mA \Rightarrow \Delta I_C = \mathbf{19\ mA}$

d) $V_i = \frac{\Delta I_C}{\Delta I_B} = \frac{19\ mA}{0{,}2\ mA} = \mathbf{95}$

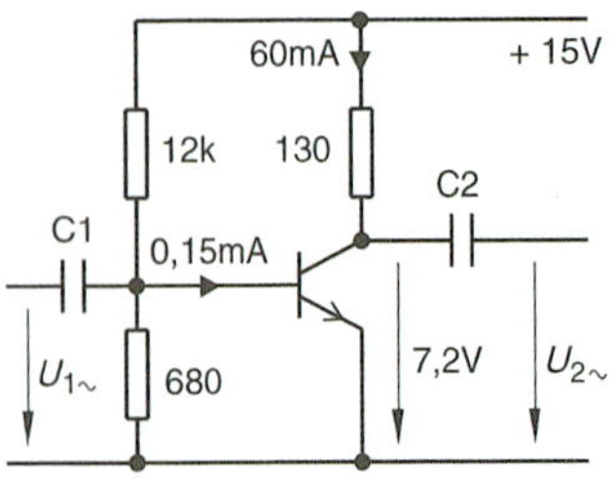

Abb. 16.4.1

Aufgaben

1. In die Verstärkerschaltung (Abb. 16.4.1) mit einem Transistor BCY 59 sind die Spannungen, Ströme und Widerstände eingetragen (vgl. Aufgabe 16.2.11). Die Eingangswechselspannung beträgt $U_{1\sim} \approx \Delta U_{BE} = 20$ mV.

a) Bestimmen Sie mit Hilfe der Eingangskennlinie die Basisstromänderung ΔI_B.

b) Zeichnen Sie in das Ausgangskennlinienfeld den Arbeitspunkt und die Arbeitsgerade ein.

c) Bestimmen Sie mit Hilfe der Basisstromänderung ΔI_B die Änderung des Kollektorstroms ΔI_C und der Kollektor-Emitter-Spannung ΔU_{CE}.

d) Berechnen Sie die Verstärkungsfaktoren V_i, V_u und V_p.

2. In der Verstärkerschaltung nach Aufgabe 16.4.1 wird der Lastwiderstand von 130 Ω durch den neuen Lastwiderstand mit $R_L = 200\ \Omega$ ersetzt.

a) Bestimmen Sie den neuen Arbeitspunkt.

b) Wie groß sind ΔU_{CE} und ΔI_C?

c) Berechnen Sie die neuen Verstärkungsfaktoren.

3. In der Endstufe eines Verstärkers (Abb. 16.4.3) mit einem Transistor BD 135 ist der Lautsprecher mit dem Übertrager T1 angepasst. Der Basisstrom ist auf 20 mA eingestellt. Die Wechselspannung an der Basis des Transistors verursacht eine Basisstromänderung von ±10 mA.

a) Bestimmen Sie den Arbeitspunkt mithilfe des ohmschen Widerstands *R*.

b) Zeichnen Sie im Arbeitspunkt die Arbeitsgerade für den Scheinwiderstand *Z*.

c) Bestimmen Sie die Änderungen ΔU_{CE} und ΔI_C.

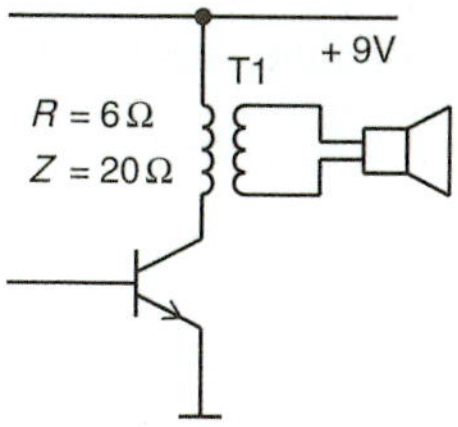

Abb. 16.4.3

16.5 Transistor als Schalter

Beispiele:

1. Nicht getaktetes Schalten

Ein Relais 24 V/0,1 A soll mit einem Transistor BCY 59 geschaltet werden. Für den Transistor sind im Datenblatt bei Schalterbetrieb folgende Werte angegeben:

Kollektor-Emitter-Sättigungsspannung	$U_{CE\,sat} \leq 0{,}7$ V;
Kollektor-Emitter-Reststrom	$I_{CES} \leq 10$ µA;
Stromverstärkung	$B = 200 \ldots 450$;
Gesamtverlustleistung	$P_{tot} = 1$ W.

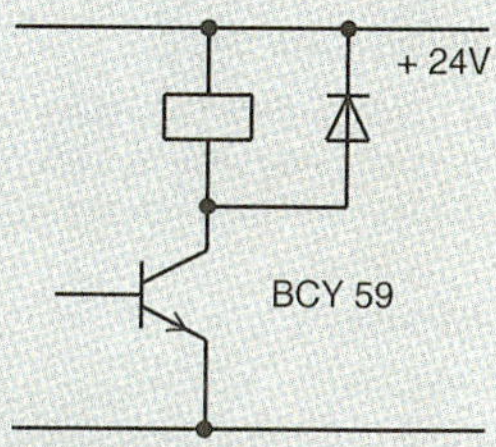

Zum schnellen Durchschalten des Transistors soll mit dem doppelten Basisstrom ($ü = 2$) geschaltet werden. Die Verlustleistung im Transistor soll nur 0,5 W betragen.

a) Zeichnen Sie in das Ausgangskennlinienfeld den Arbeitspunkt für EIN und den Arbeitspunkt für AUS.

b) Bestimmen Sie den Basisstrom für die beiden Betriebszustände EIN und AUS.

c) Wird der Transistor thermisch überlastet?

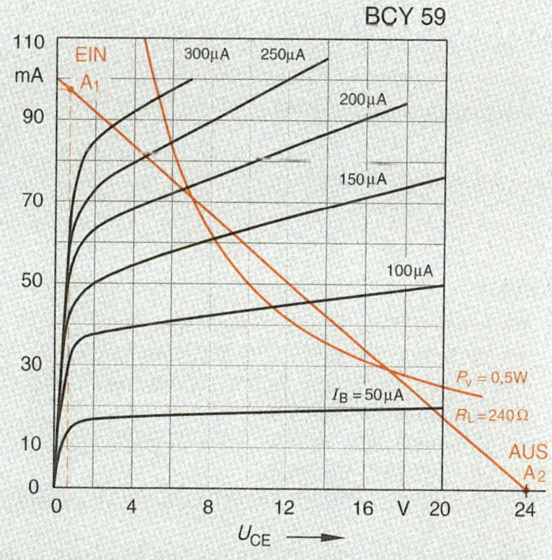

Lösung:

Gegeben: $U_B = 24$ V; $U_L = 24$ V;
$I_L = 0{,}1$ A; $U_{CE\,sat} \leq 0{,}7$ V;
$I_{CES} \leq 10$ µA; $B = 200 \ldots 450$;
$P_{tot} = 1$ W; $P_v \leq 0{,}5$ W;
Ausgangskennlinienfeld.

Gesucht: Arbeitspunkt EIN;
Arbeitspunkt AUS;
P_v; I_B für EIN und AUS.

a) Arbeitsgerade durch die Punkte (24 V/0 mA) und (0 V/100 mA).

Betriebszustand EIN: **Arbeitspunkt A_1 (0,7 V/100 mA)**
Betriebszustand AUS: **Arbeitspunkt A_2 (24 V/10 µA).**

b) Zum sicheren Schalten muss mit $B = 200$ gerechnet werden.

Betriebszustand EIN: $I_B = \frac{\ddot{u} \cdot I_C}{B} = \frac{2 \cdot 100\ \text{mA}}{200} = \mathbf{1\ mA}$

Betriebszustand AUS: $I_B = \mathbf{0\ mA}$

c) Die Arbeitspunkte liegen zwischen den Koordinatenachsen und der Verlustleistungshyperbel $P_v = 0{,}5$ W; der Transistor wird thermisch nicht überlastet.

Betriebszustand EIN: $P_v \approx P_{CE} = U_{CE\,sat} \cdot I_C = 0{,}7\ \text{V} \cdot 0{,}1\ \text{A} = \mathbf{70\ mW}$

Betriebszustand AUS: $P_v = \mathbf{0\ mW}$

2. Getaktetes Schalten

Ein Schalttransistor soll den Strom $\hat{i} = 500$ mA impulsförmig schalten. Die Taktfrequenz beträgt $f = 200$ Hz, die Impulsdauer $t_i = 2$ ms. Die Schaltung liegt an einer Betriebsspannung von 12 V. Die Übersteuerung soll $\ddot{u} = 4$ betragen. Aus dem Datenblatt sind folgende Transistor-Kennwerte entnommen: $U_{CE\,sat} \leq 0{,}8$ V; $B = 150$; $P_{tot} = 1$ W.

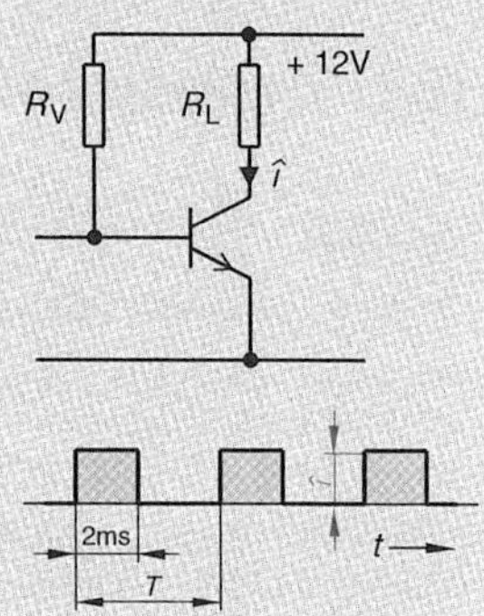

Bestimmen Sie

a) den Lastwiderstand,

b) den Basisvorwiderstand,

c) die mittlere Verlustleistung des Transistors.

Lösung:

Gegeben: $\hat{i} = 500$ mA; $f = 200$ Hz; $t_i = 2$ ms; $U_B = 12$ V; $U_{CE\,sat} \leq 0{,}8$ V; $B = 150$; $P_{tot} = 1$ W; $\ddot{u} = 4$.

Gesucht: R_L; R_V; P_m.

a) $R_L = \frac{U_B - U_{CE\,sat}}{\hat{i}} = \frac{12\ \text{V} - 0{,}8\ \text{V}}{500\ \text{mA}} = \mathbf{22{,}4\ \Omega}$

b) $I_B = \frac{\ddot{u} \cdot I_C}{B} = \frac{4 \cdot 500\ \text{mA}}{150} = 13{,}3\ \text{mA}$

Annahme: $U_{BE} = 0{,}7\ \text{V} \Rightarrow R_V = \frac{U_B - U_{BE}}{I_B} = \frac{12\ \text{V} - 0{,}7\ \text{V}}{13{,}3\ \text{mA}} = \mathbf{850\ \Omega}$

c) $T = \frac{1}{f} = \frac{1}{200\ \text{Hz}} = 5\ \text{ms} \Rightarrow P_m = U_{CE\,sat} \cdot I_C \cdot \frac{t_i}{T} = \frac{0{,}8\ \text{V} \cdot 0{,}5\ \text{A} \cdot 2\ \text{ms}}{5\ \text{ms}} = \mathbf{160\ mW}$

Aufgaben

1. Eine Meldeleuchte 24 V/2 W (Abb. 16.5.1) wird über einen Transistor BCY59 geschaltet. Die Betriebsspannung beträgt 24 V. Die Verluste im Transistor sollen unberücksichtigt bleiben. Die Stromverstärkung beträgt 200.

a) Zeichnen Sie in das Ausgangskennlinienfeld die Arbeitspunkte für EIN und für AUS.

b) Bestimmen Sie den Basisstrom I_B für beide Betriebszustände.

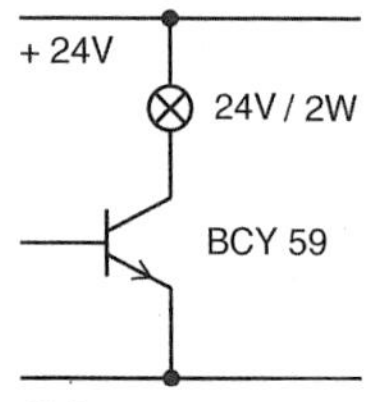

Abb. 16.5.1

2. Bei dem Transistor BCY59 in Aufgabe 16.5.1 sollen die Verluste berücksichtigt werden. Er hat im durchgeschalteten Zustand die Restspannung $U_{CE\,sat} = 0{,}65$ V und im gesperrten Zustand den Reststrom $I_{CES} = 5\ \mu$A. Damit der Transistor schnell schaltet, soll er mit dem 3fachen Basisstrom ($\ddot{u} = 3$) übersteuert werden.

a) Zeichnen Sie die beiden Arbeitspunkte in das Diagramm von Aufgabe 1 ein.
b) Wie groß ist die Schalter-Verlustleistung P_v der Kollektor-Emitter-Strecke in beiden Schaltzuständen? Wird der Transistor thermisch überlastet?
c) Wie groß ist die Steuer-(Verlust)-Leistung P_{St} in beiden Schaltzuständen?

3. Ein Relais 12 V/100 Ω wird mit einem Transistor (Abb. 16.5.3) geschaltet. In seinen Datenblättern sind für Schalterbetrieb folgende Werte angegeben: $U_{CE\,sat} = 0{,}6$ V; $U_{BE\,sat} \leq 0{,}8$ V; $B = 25$. Der Übersteuerungsfaktor beträgt 3.

Bestimmen Sie
a) den Kollektorstrom,
b) den Basisstrom,
c) die Verlustleistungen P_{CE} und P_{BE} im Transistor.

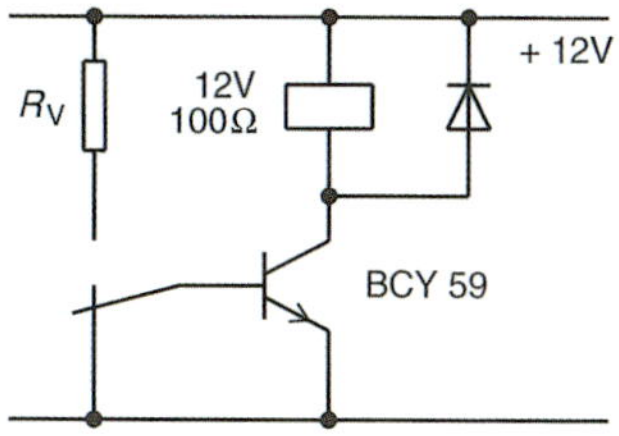

Abb. 16.5.3

4. Eine Last 30 V/1 A soll mit einem Transistor geschaltet werden. Die Basis-Emitter-Sättigungsspannung wird mit 0,9 V angenommen. Die Stromverstärkung ist mit 30 ... 150 angegeben. Der Übersteuerungsfaktor soll $ü = 4$ betragen.
a) Wie groß muss der Basisstrom mindestens sein?
b) Berechnen Sie den Vorwiderstand R_V und wählen Sie aus der Normreihe E24 einen geeigneten Widerstand aus.

5. Ein Transistor BC140 soll einen Strom von 800 mA impulsförmig schalten. Die Taktfrequenz beträgt $f = 500$ Hz, die Impulsdauer $t_i = 0{,}5$ ms (Abb. 16.5.5). Der Transistor hat eine Stromverstärkung von 25 und eine maximale Verlustleistung von 750 mW. Er soll 2fach übersteuert werden. Für Schalterbetrieb sind $U_{CE\,sat} = 0{,}6$ V und $U_{BE} \approx 1{,}1$ V angegeben. Die Betriebsspannung beträgt 9 V, die Eingangsspannung an der Basis 5 V.

Berechnen Sie
a) den Tastgrad des Stroms,
b) den Kollektorwiderstand,
c) den Basisvorwiderstand,
d) die mittlere Verlustleistung des Transistors.

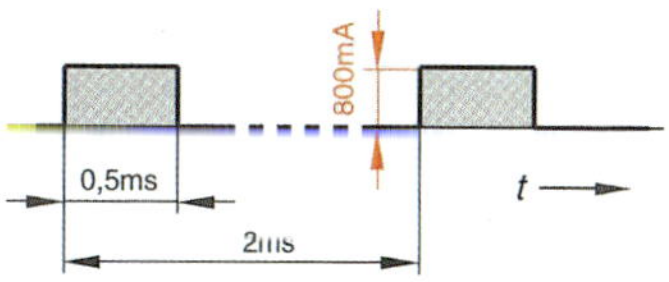

Abb. 16.5.5

6. In einer Temperatur-Warneinrichtung schaltet der Transistor V1, der über einen Basisspannungsteiler mit dem PTC-Widerstand R2 angesteuert wird, die Meldeleuchte H1 (Abb. 16.5.6). Folgende Bedingungen sollen erfüllt sein:
1. Bei 140 °C soll die Lampe nur schwach leuchten ($U_L \approx 12$ V).
2. Bei 160 °C soll die Lampe volle Helligkeit haben ($U_L = 24$ V).

Der Kennlinie des PTC sind folgende Wertepaare entnommen:
(140 °C/100 Ω); (150 °C/550 Ω); (160 °C/5000 Ω).

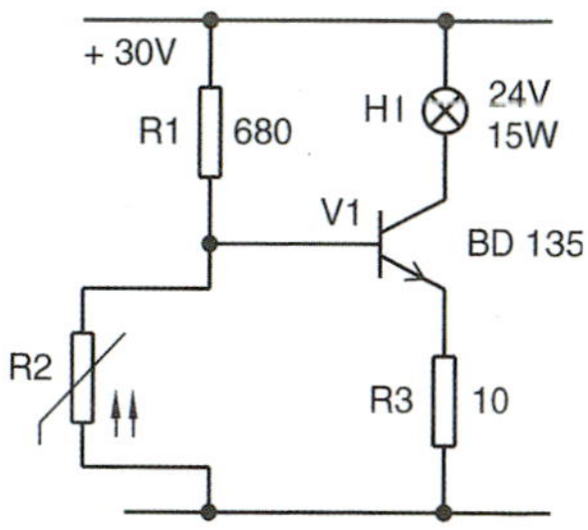

Abb. 16.5.6

a) Zeichnen Sie die Arbeitsgerade in das Ausgangskennlinienfeld für $U_{CE} = 0 \ldots 15$ V ein.
b) Prüfen Sie mithilfe der Ausgangskennlinie nach, ob bei 140 °C an der Lampe höchstens eine Spannung von 12 V anliegt, damit die Lampe wenig leuchtet.
c) Prüfen Sie, ob der Transistor bei 160 °C durchgesteuert ist.

Die Widerstandsänderung der Glühlampe infolge Temperaturänderung bleibt unberücksichtigt.

7. Die Impulse (Abb. 16.5.7) aus einer astabilen Kippschaltung werden mit einem Transistor BCY59 verstärkt. Bei einer Betriebsspannung von 24 V beträgt der Kollektorstrom 0,2 A. Der Transistor soll mit $\ddot{u}=3$ übersteuert werden.

a) Bestimmen Sie die Einschaltzeit t_i, die Pausenzeit t_p und die Frequenz der Wechselspannung.

b) Prüfen Sie durch Rechnung nach, ob der Transistor überlastet ist.

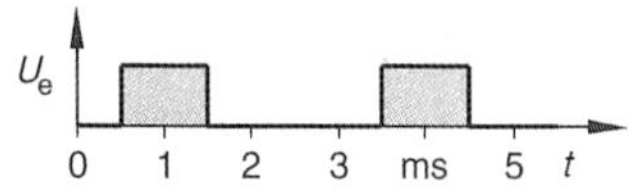

Abb. 16.5.7

16.6 Kippschaltungen

Beispiele:

1. Transistor bei RC-Ansteuerung

In einer Versuchsschaltung soll das Verhalten eines Transistors bei RC-Ansteuerung untersucht werden. Der Schalttransistor mit der Stromverstärkung $B=80$ soll mit $\ddot{u}=2$ übersteuert werden. Die Basis-Emitter-Spannung wird mit $U_{BE}=0{,}6$ V und die Sättigungsspannung mit $U_{CE\,sat}=0{,}8$ V angenommen.

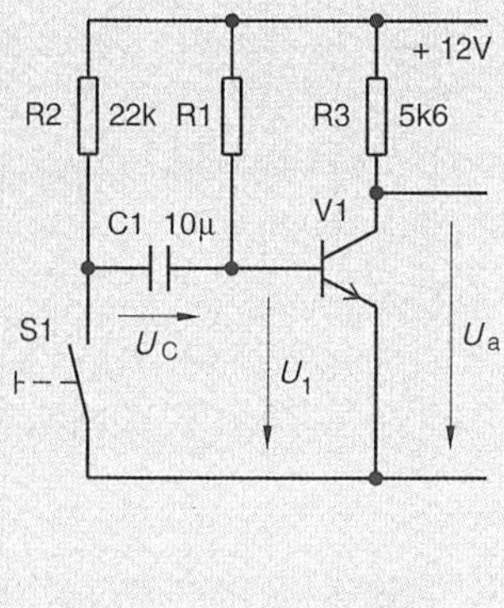

a) Wie groß ist der Kollektorstrom?

b) Welche Aufgabe hat der Widerstand R1 und wie groß muss er sein?

c) Skizzieren Sie den Verlauf der Spannung U_1 an der Basis des Transistors V1, der Spannung U_C am Kondensator und der Ausgangsspannung U_a, wenn der Schalter S1 geschlossen und einige Zeit später wieder geöffnet wird.

d) Wie lange bleibt der Transistor gesperrt (Impulsdauer t_i), wenn U_{BE} zur Vereinfachung nicht berücksichtigt wird?

e) Welche Zeitspanne t_v (Vorbereitungszeit) muss zwischen dem Öffnen des Schalters S1 und dem erneuten Schließen mindestens vergehen (U_{BE} nicht berücksichtigt)?

Lösung:

Gegeben: $B=80$; $\ddot{u}=2$; $U_{BE}=0{,}6$ V; $U_{CE\,sat}=0{,}8$ V; $U_B=12$ V; $R_2=22$ kΩ; $R_3=5{,}6$ kΩ; $C_1=10$ µF.

Gesucht: I_C; R_1; Verlauf von U_1, U_C, U_a; t_i; t_v.

a) $$I_C=\frac{U_B-U_{CE\,sat}}{R_3}=\frac{12\text{ V}-0{,}8\text{ V}}{5{,}6\text{ k}\Omega}=\mathbf{2\text{ mA}}$$

b) R1 bestimmt einerseits den Arbeitspunkt des Transistors und andererseits zusammen mit C1 die Sperrzeit des Transistors.

$$I_B=\frac{\ddot{u}\cdot I_C}{B}=\frac{2\cdot 2\text{ mA}}{80}=0{,}05\text{ mA}$$

$$R_1=\frac{U_B-U_{BE}}{I_B}=\frac{12\text{ V}-0{,}6\text{ V}}{0{,}05\text{ mA}}=\mathbf{228\text{ k}\Omega}$$

c)

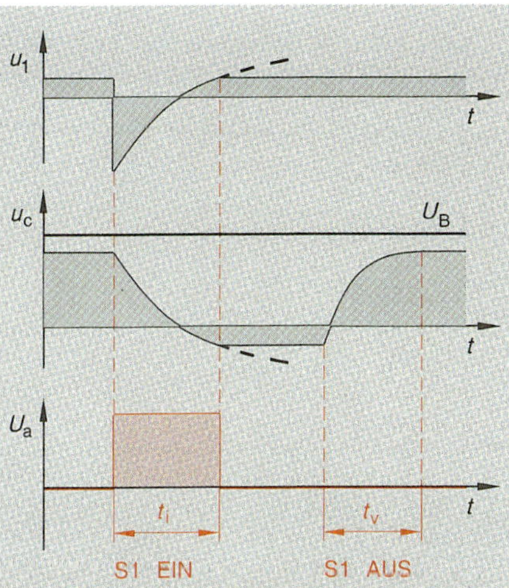

d)

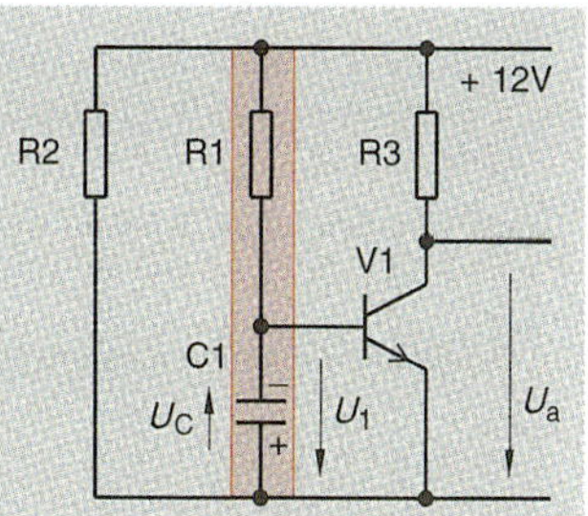

$t_i = R_1 \cdot C_1 \cdot \ln 2 = 228\ \text{k}\Omega \cdot 10\ \mu\text{F} \cdot \ln 2 = \mathbf{1{,}58\ s}$

e)

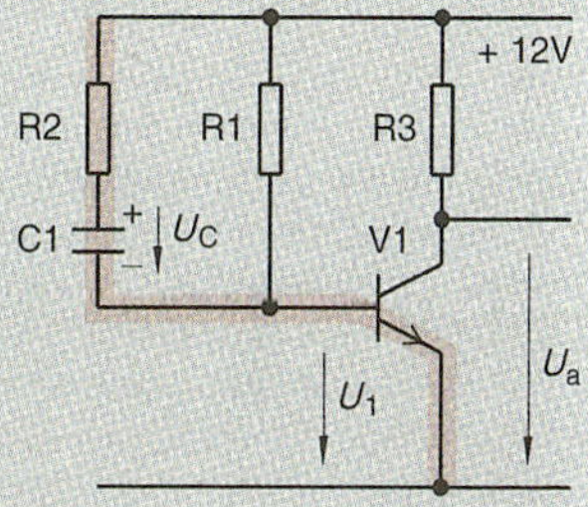

$t_v = 5 \cdot R_2 \cdot C_1 = 5 \cdot 22\ \text{k}\Omega \cdot 10\ \mu\text{F} = \mathbf{1{,}1\ s}$

2. Astabile Kippschaltung

Für einen Taktgeber ist eine Rechteckspannung mit $t_i = 0{,}8$ ms und $t_p = 1{,}2$ ms erforderlich.

a) Wie groß ist die Frequenz der Schwingung?

b) Wie groß müssen die Basiswiderstände sein?

c) Wie groß dürfen die Belastungswiderstände höchstens sein, damit die Koppelkondensatoren voll geladen werden?

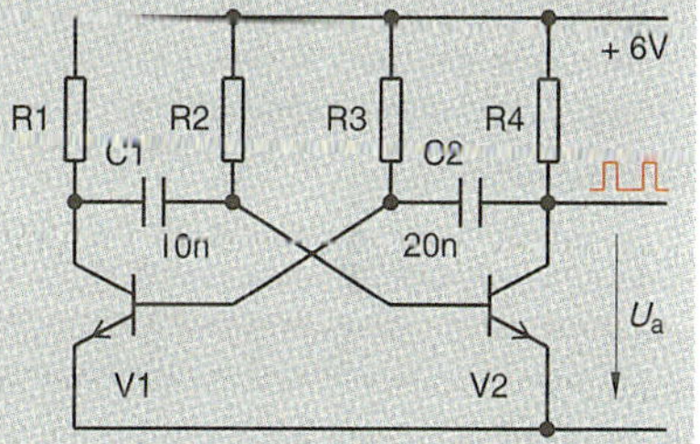

Lösung:

Gegeben: $t_i = 0{,}8$ ms; $t_p = 1{,}2$ ms; $C_1 = 10$ nF; $C_2 = 20$ nF; $U_B = 6$ V.
Gesucht: f; R_2; R_3; R_1; R_4.

a) $T = t_i + t_p = 0{,}8\ \text{ms} + 1{,}2\ \text{ms} = 2\ \text{ms} \Rightarrow f = \frac{1}{T} = \frac{1}{2\ \text{ms}} = \mathbf{500\ Hz}$

b) Ist V2 gesperrt, so tritt am Ausgang ein Impuls auf. C1 wird dabei über R2 und V1 entladen.

$$t_i = R_2 \cdot C_1 \cdot \ln 2 \Rightarrow R_2 = \frac{t_i}{C_1 \cdot \ln 2} = \frac{0{,}8\ \text{ms}}{10\ \text{nF} \cdot \ln 2} = \mathbf{115\ k\Omega}$$

Während der Pausenzeit ist V2 durchgesteuert und V1 gesperrt.

$$t_p = R_3 \cdot C_2 \cdot \ln 2 \Rightarrow R_3 = \frac{t_p}{C_2 \cdot \ln 2} = \frac{1{,}2\ \text{ms}}{20\ \text{nF} \cdot \ln 2} = \mathbf{86{,}6\ k\Omega}$$

c) Während der Impulszeit t_i muß C2 über R4 vollständig geladen werden. Die Vorbereitungszeit t_v für Transistor V2 (Laden von C2) darf höchstens so groß sein wie die Impulszeit t_i.

$$t_{v2} \leq t_i \Rightarrow 5 \cdot C_2 \cdot R_4 \leq t_i \Rightarrow R_4 \leq \frac{t_i}{5 \cdot C_2} = \frac{0{,}8\ \text{ms}}{5 \cdot 20\ \text{nF}} = \mathbf{8\ k\Omega}$$

Während der Pausenzeit t_p muss C1 über R1 vollständig geladen werden.

$$t_{v1} \leq t_p \Rightarrow 5 \cdot C_1 \cdot R_1 \leq t_p \Rightarrow R_1 \leq \frac{t_p}{5 \cdot C_1} = \frac{1{,}2\ \text{ms}}{5 \cdot 10\ \text{nF}} = \mathbf{24\ k\Omega}$$

3. Monostabile Kippschaltung

Die digitalen Signale aus einem Drehzahlmesser werden über eine monostabile Kippschaltung in eine analoge Anzeige umgewandelt. Je größer die Anzahl der Impulse pro Zeiteinheit ist, desto größer ist der Mittelwert der Ausgangsspannung und damit die Anzeige. Die Impulsdauer soll 3 ms betragen. Beide Transistoren haben die Stromverstärkung $B = 50$ und sollen mit der Übersteuerung $ü = 2$ betrieben werden. Es soll in beiden Transistoren ein Kollektorstrom von 10 mA fließen. Zur Vereinfachung der Berechnung sollen U_{BE} und $U_{CE\,sat}$ vernachlässigt werden.

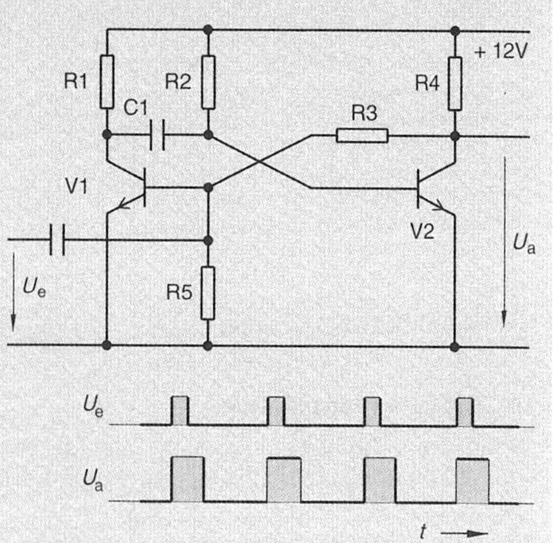

Berechnen Sie

a) die Kollektorwiderstände R1 und R4,
b) den Basisvorwiderstand R2,
c) den Koppelkondensator C1,
d) die höchstzulässige Pulsfrequenz des Drehzahlmessers.

Lösung:

Gegeben: $t_i = 3$ ms; $B = 50$; $ü = 2$; $I_C = 10$ mA; $U_B = 12$ V.
Gesucht: R_1; R_4; R_2; C_1; f_{max}.

a) $R_1 = R_4 = \dfrac{U_B}{I_C} = \dfrac{12\ \text{V}}{10\ \text{mA}} = \mathbf{1{,}2\ k\Omega}$

b) $I_B = \dfrac{ü \cdot I_C}{B} = \dfrac{2 \cdot 10\ \text{mA}}{50} = 0{,}4\ \text{mA} \Rightarrow R_2 = \dfrac{U_B}{I_B} = \dfrac{12\ \text{V}}{0{,}4\ \text{mA}} = \mathbf{30\ k\Omega}$

c) $t_i = R_2 \cdot C_1 \cdot \ln 2 \Rightarrow C_1 = \dfrac{t_i}{R_2 \cdot \ln 2} = \dfrac{3\ \text{ms}}{30\ \text{k}\Omega \cdot \ln 2} = \mathbf{0{,}144\ \mu F}$

d) $t_v = t_p = 5 \cdot R_1 \cdot C_1 = 5 \cdot 1{,}2\ \text{k}\Omega \cdot 0{,}144\ \mu\text{F} = 0{,}866\ \text{ms}$

$T = t_i + t_p = 3\ \text{ms} + 0{,}866\ \text{ms} = 3{,}87\ \text{ms}$

$f_{max} = \dfrac{1}{T} = \dfrac{1}{3{,}87\ \text{ms}} = \mathbf{258\ Hz}$

Aufgaben

1. Mit einer symmetrischen, astabilen Kippschaltung (Abb. 16.6.1) soll eine rechteckförmige Wechselspannung von 1 kHz erzeugt werden. Die Kapazität der beiden Koppelkondensatoren beträgt je 0,1 μF. Die Lastwiderstände betragen jeweils 680 Ω.

Bestimmen Sie

a) die Taktdauer *T*,
b) die Impulsdauer t_i und die Pausendauer t_p,
c) den Tastgrad *g*,
d) die Basiswiderstände R1 und R2.

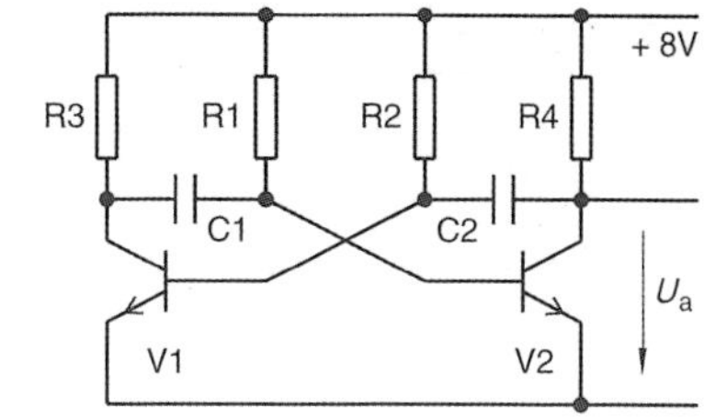

Abb. 16.6.1

2. Eine Blinkschaltung (Abb. 16.6.2) soll mit einer Frequenz von 1 Hz bei einem Tastgrad von 0,4 arbeiten. Die Transistoren haben eine Stromverstärkung von 100. Die Blinklampe nimmt einen Strom von 100 mA auf.

Bestimmen Sie

a) die Pulsdauer (Lampe EIN) und die Pausendauer (Lampe AUS),
b) in welchem Schaltzustand die Transistoren sind, wenn die Lampe eingeschaltet ist,
c) R1 und C1 zur Ansteuerung von V2,
d) R2 und C2 zur Ansteuerung von V1.

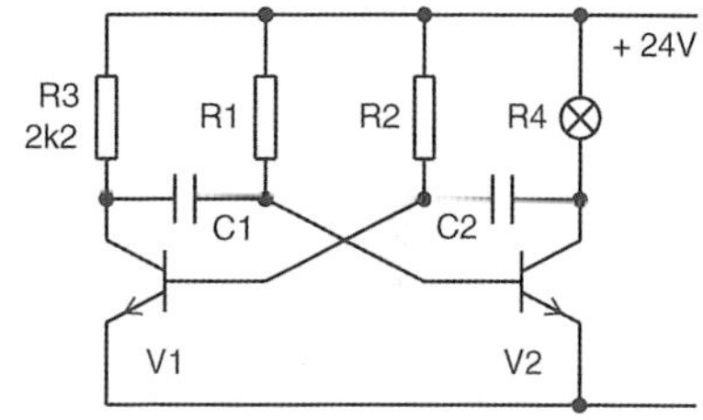

Abb. 16.6.2

3. In den Schaltplan eines Taktgenerators (Abb. 16.6.3) sind die Werte der Widerstände und Kondensatoren eingetragen. Die beiden Dioden schützen die Basis-Emitter-Strecke gegen eine zu hohe Sperrspannung.

a) Welche Art von Kippschaltung liegt vor?
b) Wie groß sind Pulsdauer, Pausendauer und Frequenz der Rechteckspannung U_a?
c) Berechnen Sie die maximalen Kollektorströme; gehen Sie dazu von $U_{CE} = 1$ V aus und lassen Sie die Kondensator-Ladeströme unberücksichtigt.
d) Welche Verlustleistung verursacht der impulsförmige Kollektorstrom in jedem Transistor?

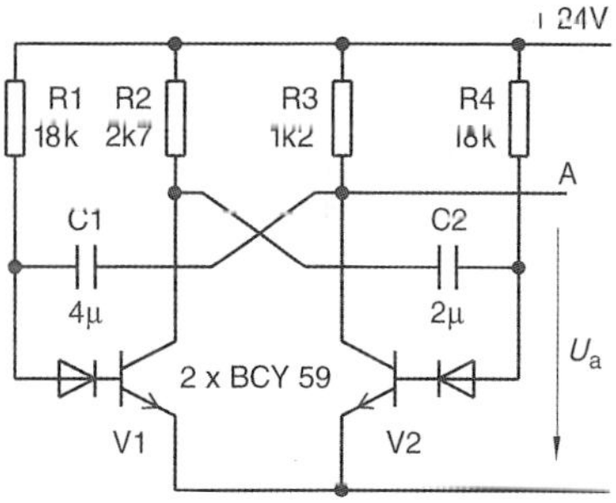

Abb. 16.6.3

4. Eine monostabile Kippschaltung (Abb. 16.6.4) soll mit der Taktfrequenz 0,5 Hz angesteuert werden.

a) Welcher der beiden Transistoren ist im Ruhezustand der Schaltung durchgeschaltet?
b) Mit welcher Eingangsspannung kann die Schaltung aus dem Ruhezustand gekippt werden?
c) Wie groß sind Impulszeit und Pausenzeit?
d) Prüfen Sie, ob die Taktfrequenz eingehalten werden kann.

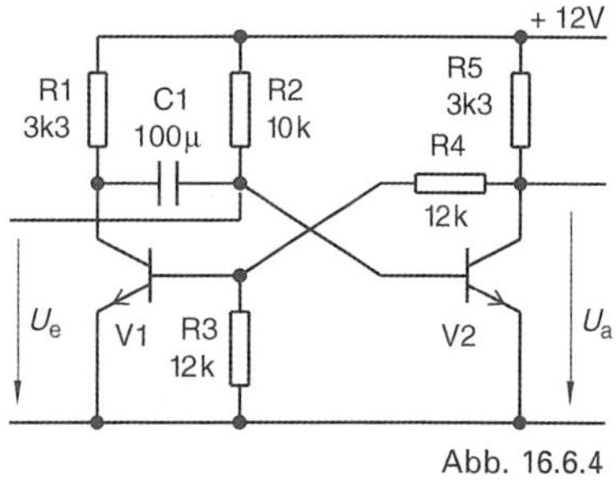

Abb. 16.6.4

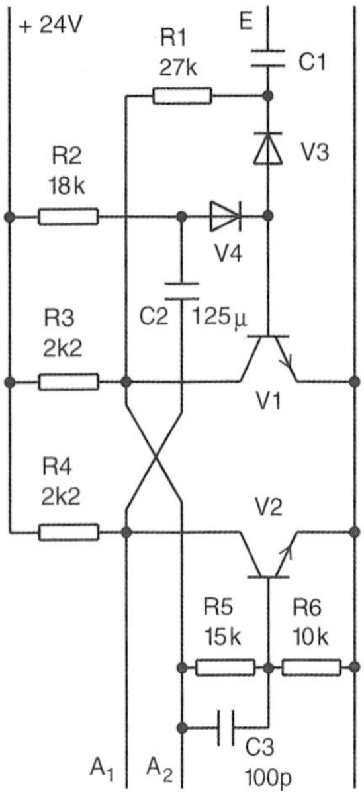

Abb. 16.6.5

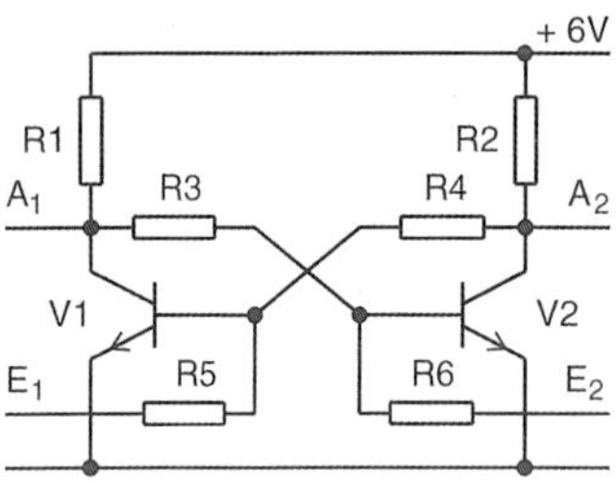

Abb. 16.6.6

5. In der vorgegebenen Schaltung (Abb. 16.6.5) soll das Signal am Ausgang A_1 untersucht werden.

a) Welche Art Kippschaltung liegt vor?
b) Welche Polarität muss das Signal am Eingang E zum Sperren von Transistor V1 haben?
c) Welches RC-Glied beeinflusst die Impulsdauer am Ausgang A_1?
d) Berechnen Sie die Impulsdauer und die Mindest-Pausendauer.

6. Für die Transistoren in der bistabilen Kippschaltung (Abb. 16.6.6) gelten folgende Werte: $I_C = 100$ mA; $B = 100$; $U_{BE} = 0{,}6$ V; $U_{CE\,sat} = 0{,}5$ V. Der Übersteuerungsfaktor soll $ü = 4$ betragen.

a) Zeichnen Sie ein Diagramm der Eingangs- und der Ausgangsimpulse.
b) Bestimmen Sie die Kollektorwiderstände und die Basiswiderstände.

7. In der Schaltung nach Aufgabe 16.6.6 ist ein Transistor defekt. Wegen der Symmetrie sollen beide Transistoren ausgetauscht werden. Die neuen Bauteile unterscheiden sich nur durch die Stromverstärkung $B = 50$.

Überprüfen Sie durch Rechnung, ob die abgeänderte Schaltung einwandfrei arbeitet.

16.7 Feldeffekt-Transistoren

Beispiele:

1. Kennwerte

In einem Datenbuch sind für einen Feldeffekttransistor vom Typ BF 245C die Kennlinien dargestellt und die Kennwerte angegeben.

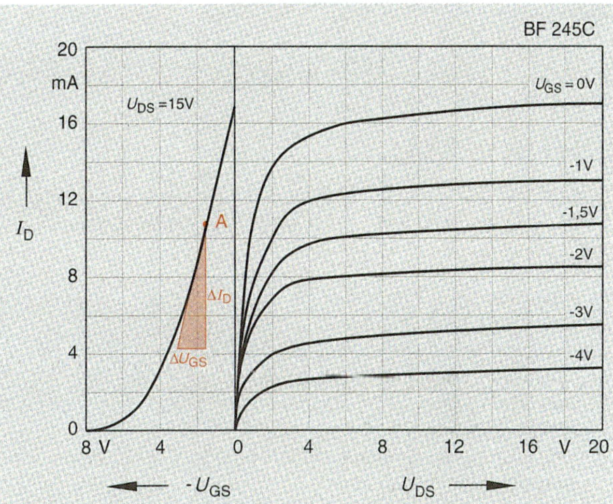

Drain-Source-Spannung: U_{DS} = max. 30 V
Drain-Gate-Spannung bei $I_S = 0$: U_{DG} = max. 30 V
Gate-Source-Spannung bei $I_D = 0$: $-U_{GS}$ = max. 30 V
Drainstrom: I_D = max. 25 mA
Gatestrom: I_G = max. 10 mA
Gesamtverlustleistung bei $\vartheta_U < 75\,°C$: P_{tot} = max. 300 mW
Wärmewiderstand: $R_{thU} \leq 0{,}25$ K/mW
Gate-Reststrom bei $-U_{GS} = 20$ V, $U_{DS} = 0$: $-I_{GSS} \leq 5$ nA
Gate-Source-Abschnürspannung bei $U_{DS} = 15$ V, $I_D = 10$ nA: $-U_{GS(OFF)} = 0{,}5 \ldots 0{,}8$ V

Bestimmen Sie

a) den Transistortyp und geben Sie das zugehörige Schaltzeichen an,
b) die Abschnürspannung $U_{GS(OFF)}$,
c) die Drain-Source-Sättigungsspannung $U_{DS\,sat}$ bei $-U_{GS} = 1{,}5$ V,
d) die Steilheit S der Stromsteuerkennlinie bei $-U_{GS} = 1{,}5$ V,
e) den Gate-Source-Widerstand R_{GS}.

Lösung:

Gegeben: Kennlinien; Kennwerte.
Gesucht: Transistortyp; Schaltzeichen; $U_{GS(OFF)}$; $U_{DS\,sat}$ bei $-U_{GS} = 1{,}5$ V; S; R_{GS}.

a) Aus der I_D-U_{GS}-Kennlinie

Stromfluss bei $U_{GS} = 0$ V ⇒ selbstleitend
Stromfluss bei negativer U_{GS} ⇒ N-Kanal
Keine Angabe für $U_{GS} > 0$ V ⇒ Kein IG-FET
⇒ BF 245C ist ein **J-FET**
Schaltzeichen:

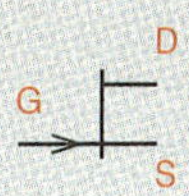

b) Aus der I_D-U_{GS}-Kennlinie: $U_{GS(OFF)} = -\mathbf{7{,}5\ V}$

c) $U_{DS\,sat} = U_{GS} - U_{GS(OFF)} = -1{,}5\ V - (-7{,}5\ V) = \mathbf{6\ V}$

d) $S = \frac{\Delta I_D}{\Delta U_{GS}} = \frac{6{,}5\ mA}{1{,}5\ V} = \mathbf{4{,}33\ mS}$

e) $R_{GS} = \frac{U_{GS}}{I_{GSS}} = \frac{-20\ V}{-5\ nA} = \mathbf{4 \cdot 10^9\ \Omega}$

2. FET als Verstärker

In eine Verstärkerschaltung ist ein Feldeffekt-Transistor BF 245C eingebaut. Mit einer Gate-Source-Spannung von -2 V liegt der Arbeitspunkt bei $U_{DS} = 15\ V / I_D = 8{,}5\ mA$.

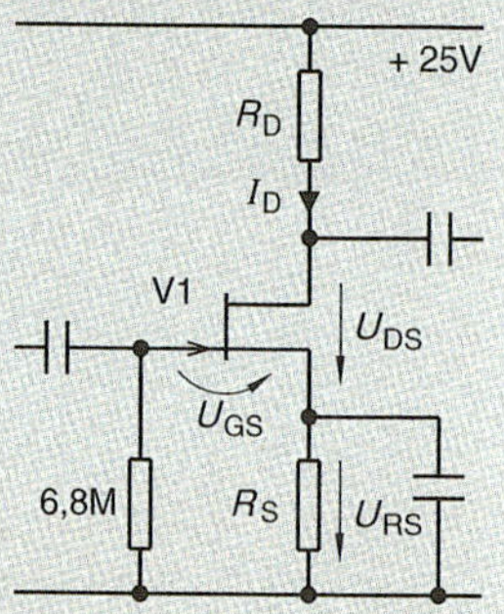

Berechnen Sie

a) den Source-Widerstand R_S,
b) den Drain-Widerstand R_D,
c) die Steilheit mithilfe der Transistorkennlinien,
d) die Spannungsverstärkung V_u,
e) den statischen Gate-Source-Widerstand R_{GS} des Feldeffekt-Transistors,
f) näherungsweise den differenziellen Eingangswiderstand r_e der Schaltung,
g) näherungsweise den differenziellen Ausgangswiderstand r_a der Schaltung.

Lösung:

Gegeben: Kennlinien; $-U_{GS} = 2\ V$; $U_{DS} = 15\ V$; $I_D = 8{,}5\ mA$.
Gesucht: R_S; R_D; S; V_u; R_{GS}; r_e; r_a.

a) $R_S = \frac{U_{RS}}{I_D} = \frac{-U_{GS}}{I_D} = \frac{-(-2\ V)}{8{,}5\ mA} = \mathbf{235\ \Omega}$

b) $R_D = \frac{U_B - U_{DS} - U_{RS}}{I_D} = \frac{U_B - U_{DS} + U_{GS}}{I_D} = \frac{25\ V - 15\ V - 2\ V}{8{,}5\ mA} = \mathbf{941\ \Omega}$

c) $S = \frac{\Delta I_D}{\Delta U_{GS}} = \frac{6\ mA}{1{,}75\ V} = \mathbf{3{,}43\ mS}$

d) Bestimmung der Spannungsverstärkung V_u mithilfe der Arbeitsgeraden. Steigung der Arbeitsgeraden aus der Hilfsgeraden durch die Punkte (20 V/0 mA) und

$\left(0\ V \middle/ \frac{20\ V}{1176\ \Omega} = 17\ mA\right)$.

$V_u = \frac{\Delta U_{DS}}{\Delta U_{GS}} = \frac{18{,}5\ V - 10\ V}{2\ V} = \mathbf{4{,}25}$

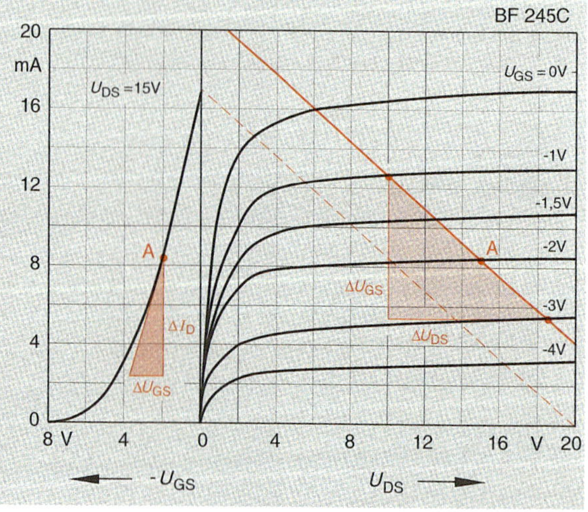

e) $R_{GS} = \frac{U_{GS}}{I_{GSS}} = \frac{-20\ V}{-5\ nA} = \mathbf{4 \cdot 10^9\ \Omega}$

f) $r_e \approx R_G = \mathbf{6{,}8\ M\Omega}$

g) $r_a \approx R_D = \mathbf{941\ \Omega}$

Aufgaben

1. In einem Datenbuch für N-Kanal-FET-Transistoren sind folgende Angaben gemacht:

BFW 12: $-U_{GS} = 10$ V/$-I_{GSS} \leq 0{,}1$ nA bei 25 °C bzw. $-I_{GSS} \leq 0{,}1$ µA bei 125 °C;
BST70A: $U_{GS} = 20$ V/$I_{GSS} \leq 100$ nA bei 25 °C.

a) Welche Typen von Transistoren liegen vor?
b) Wie groß sind die Gate-Source-Widerstände R_{GS}?

2. Der FET-Transistor vom Typ BFW 12 hat eine zulässige Gesamtverlustleistung von 150 mW. In einer Versuchsschaltung sollen folgende Arbeitspunkte eingestellt werden:

	A_1	A_2	A_3
$-U_{GS}$	0,2 V	0,4 V	0,6 V
U_{DS}	5 V	8 V	10,7 V
I_D	1,85 mA	1,3 mA	0,8 mA

Bestimmen Sie die Verlustleistungen im Transistor.

3. Von den drei N-Kanal-Feldeffekt-Transistoren BFW 13, BF 981 und BSS 83 sind die I_D-U_{GS}-Kennlinien dargestellt (Abb. 16.7.3).

a) Geben Sie jeweils den Transistortyp und dessen Schaltzeichen an.
b) Bestimmen Sie die Abschnürspannung $U_{GS(OFF)}$.
c) Berechnen Sie die Steilheit in den angegebenen Arbeitspunkten.

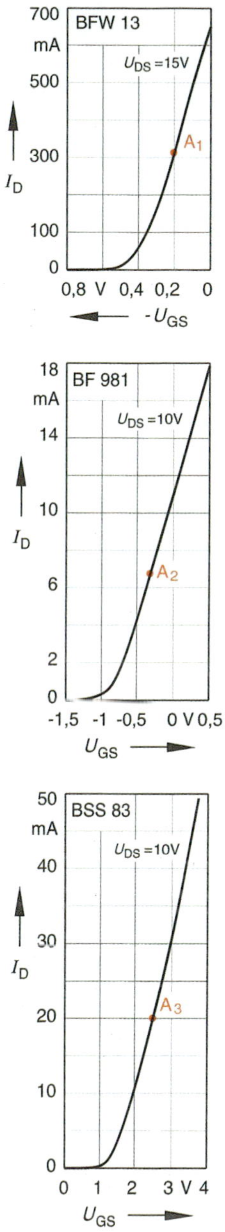

Abb. 16.7.3

4. Die Kennlinien des Transistors BF 245C sind im Anhang dargestellt.

a) Bestimmen Sie die Drain-Source-Sättigungsspannung $U_{DS\,sat}$ für $-U_{GS} = 0$ V; 1 V; 1,5 V; 2 V; 3 V; 4 V.
b) Zeichnen Sie das Ausgangskennlinienfeld ab und tragen Sie die Abschnürgrenze ein.
c) Kennzeichnen Sie in Ihrem Kennlinienfeld den „ohmschen" und den „aktiven" Bereich durch Farbe.
d) Bestimmen Sie den statischen Widerstand R_{DS} und den differenziellen Widerstand r_{DS} bei $-U_{GS} = 1$ V für $U_{DS} \approx 1$ V bzw. 10 V.

5. Ein Feldeffekttransistor wird mit einer Gatevorspannung von $-1{,}5$ V betrieben. Der Drainwiderstand beträgt 3,3 kΩ, der Sourcewiderstand 1,2 kΩ.

Wie groß ist der Drainstrom I_D?

6. Eine FET-Verstärkerstufe liegt an einer Betriebsspannung von 30 V. Es fließt der Drainstrom $I_D = 5$ mA; die Drain-Source-Spannung beträgt $U_{DS} = 12$ V, die Gate-Source-Spannung $-U_{GS} = 2$ V.

Berechnen Sie den Arbeitswiderstand und den Stabilisierungswiderstand.

7. Der N-Kanal-MOS-FET BSV 81 soll bei $-U_{GS} = 0{,}5$ V den Arbeitspunkt $U_{DS} = 10$ V/$I_D = 8$ mA haben.

Bestimmen Sie aus der Normreihe E24 einen Drain- und einen Source-Widerstand, wenn

a) die Betriebsspannung 20 V, b) die Betriebsspannung 30 V beträgt.

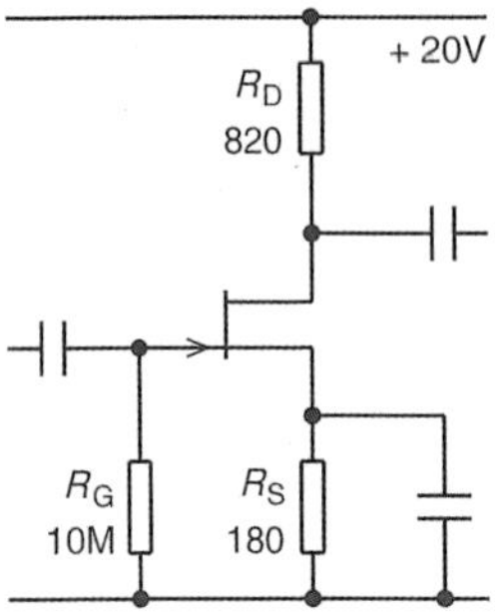

Abb. 16.7.8

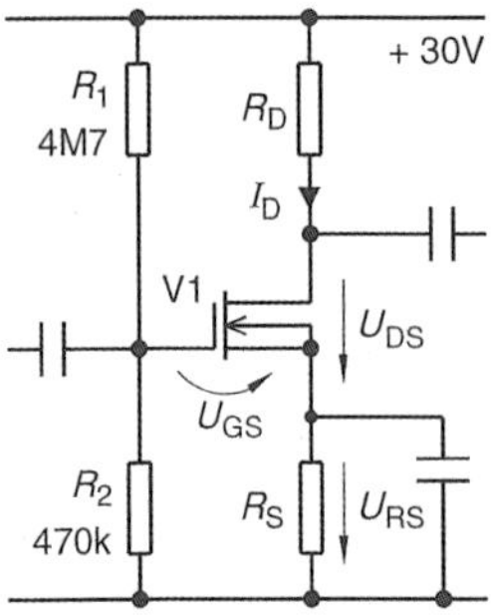

Abb. 16.7.10

8. Der Transistor BF245C ist als Verstärker geschaltet (Abb. 16.7.8). Der Arbeitswiderstand R_D beträgt 820 Ω, der Source-Widerstand R_S 180 Ω. Der Arbeitspunkt ist mit der Gate-Source-Vorspannung $-U_{GS} = 1{,}5$ V eingestellt.

Bestimmen Sie

a) die Arbeitsgerade,
b) den Arbeitspunkt im Ausgangskennlinienfeld,
c) die Spannungsverstärkung im Arbeitspunkt,
d) den differenziellen Eingangs- und Ausgangswiderstand.

9. Die Schaltung nach Aufgabe 16.7.8 soll mit einer anderen Gate-Source-Vorspannung betrieben werden.

Bestimmen Sie mithilfe der Arbeitsgeraden den Arbeitspunkt und die Spannungsverstärkung, wenn

a) die Gate-Source-Vorspannung -1 V,
b) die Gate-Source-Vorspannung -2 V beträgt.

10. Der Arbeitspunkt eines N-Kanal-IG-FET BSV81 wird über einen Spannungsteiler mit $R_1 = 4{,}7$ MΩ und $R_2 = 470$ kΩ erzeugt (Abb. 16.7.10). Er soll bei $U_{GS} = 0{,}5$ V, $U_{DS} = 5$ V und $I_D = 15$ mA liegen. Die Betriebsspannung beträgt 30 V.

Berechnen Sie den Drainwiderstand und den Sourcewiderstand.

16.8 Operationsverstärker

Beispiele:

1. Unbeschalteter Operationsverstärker

Am Eingang eines unbeschalteten Operationsverstärkers µA 148 liegt die Eingangswechselspannung $U_e = 80$ µV. Am Ausgang des Verstärkers beträgt die Spannung $U_a = 7$ V.

a) Wie groß ist der Leerlaufverstärkungsfaktor V_0?
b) Wie groß ist das Leerlaufverstärkungsmaß v_0 in dB?

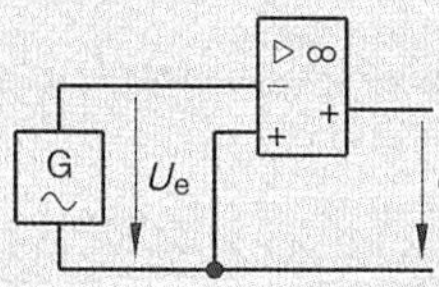

Lösung:

Gegeben: $U_e = 80$ µV; $U_a = 7$ V.
Gesucht: V_0; v_0.

a) $V_0 = \frac{U_a}{U_e} = \frac{7\ \text{V}}{80\ \mu\text{V}} = \mathbf{87\,500}$

b) $v_0 = 20 \cdot \lg \frac{U_a}{U_e} = 20 \cdot \lg \frac{7\ \text{V}}{80\ \mu\text{V}} = 20 \cdot \lg 87\,500 = 20 \cdot 4{,}94\ \text{dB} = \mathbf{98{,}8\ dB}$

2. Invertierender Verstärker

Bei einem Operationsverstärker wird der Ausgang über den Rückkopplungswiderstand $R_K = 0{,}2\ \mathrm{M\Omega}$ mit dem invertierenden Eingang (−) verbunden. Der Eingangswiderstand R_e beträgt 5 kΩ, die Eingangsspannung $U_e = 1{,}5$ mV.

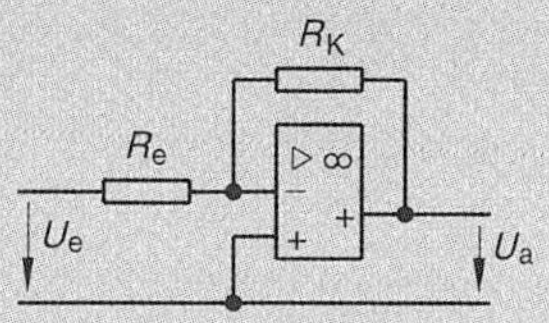

Berechnen Sie

a) den Verstärkungsfaktor V,
b) das Verstärkungsmaß v in dB,
c) die Ausgangsspannung U_a.

Lösung:

Gegeben: $R_K = 0{,}2\ \mathrm{M\Omega}$; $R_e = 5\ \mathrm{k\Omega}$; $U_e = 1{,}5$ mV.
Gesucht: V; v; U_a.

a) $V = \frac{R_K}{R_e} = \frac{0{,}2\ \mathrm{M\Omega}}{5\ \mathrm{k\Omega}} - \mathbf{40}$

b) $v = 20 \cdot \lg \frac{R_K}{R_e} = 20 \cdot \lg \frac{0{,}2\ \mathrm{M\Omega}}{5\ \mathrm{k\Omega}} = 20 \cdot \lg 40 = 20 \cdot 1{,}6\ \mathrm{dB} = \mathbf{32\ dB}$

c) $U_a = -V \cdot U_e = -40 \cdot 1{,}5\ \mathrm{mV} = \mathbf{-60\ mV}$

3. Summierverstärker

Ein Operationsverstärker ist als Summierverstärker mit den Widerständen $R_K = 120\ \mathrm{k\Omega}$, $R_{e1} = 100\ \mathrm{k\Omega}$ und $R_{e2} = 12\ \mathrm{k\Omega}$ beschaltet.
Die Eingangsspannungen sind $U_{e1} = -3$ V und $U_{e2} = 0{,}5$ V.

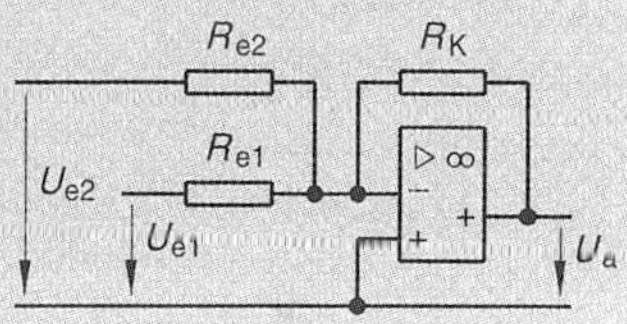

Berechnen Sie die Ausgangsspannung U_a.

Lösung:

Gegeben: $R_K = 120\ \mathrm{k\Omega}$; $R_{e1} = 100\ \mathrm{k\Omega}$; $R_{e2} = 12\ \mathrm{k\Omega}$; $U_{e1} = -3$ V; $U_{e2} = 0{,}5$ V.
Gesucht: U_a.

$$-U_a = \frac{R_K}{R_{e1}} \cdot U_{e1} + \frac{R_K}{R_{e2}} \cdot U_{e2} = \frac{120\ \mathrm{k\Omega}}{100\ \mathrm{k\Omega}} \cdot (-3\ \mathrm{V}) + \frac{120\ \mathrm{k\Omega}}{12\ \mathrm{k\Omega}} \cdot 0{,}5\ \mathrm{V}$$

$$= -3{,}6\ \mathrm{V} + 5\ \mathrm{V} = 1{,}4\ \mathrm{V}$$

$$U_a = \mathbf{-1{,}4\ V}$$

4. Nichtinvertierender Verstärker

Ein Operationsverstärker mit dem Rückkopplungswiderstand $R_K = 150\ \mathrm{k\Omega}$ und dem Eingangsquerwiderstand $R_Q = 3{,}6\ \mathrm{k\Omega}$ ist als Nichtinvertierer beschaltet. Die Ausgangsspannung beträgt 4,5 V.

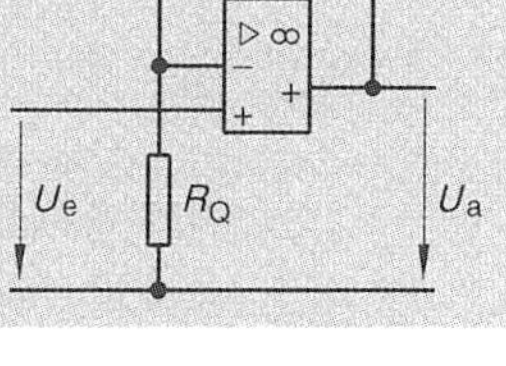

Berechnen Sie

a) den Verstärkungsfaktor,
b) die Eingangsspannung.

Lösung:

Gegeben: $R_K = 150\ \text{k}\Omega$; $R_Q = 3{,}6\ \text{k}\Omega$; $U_a = 4{,}5$ V.
Gesucht: V; U_e.

Weil $\frac{R_K}{R_Q} = 41{,}7 \ll V_0$ (z. B. $V_0 = 10^5$) ist, gilt

$$V = 1 + \frac{R_K}{R_Q} = 1 + \frac{150\ \text{k}\Omega}{3{,}6\ \text{k}\Omega} = 1 + 41{,}7 = \mathbf{42{,}7}$$

$$V = \frac{U_a}{U_e} \Rightarrow U_e = \frac{U_a}{V} = \frac{4{,}5\ \text{V}}{42{,}7} = \mathbf{105\ mV}$$

5. Differenzverstärker

Mit einem Operationsverstärker soll der Spannungsunterschied zwischen den Spannungen $U_{e1} = 200$ mV und $U_{e2} = 0{,}8$ V zu Regelzwecken benutzt werden.

Berechnen Sie U_a.

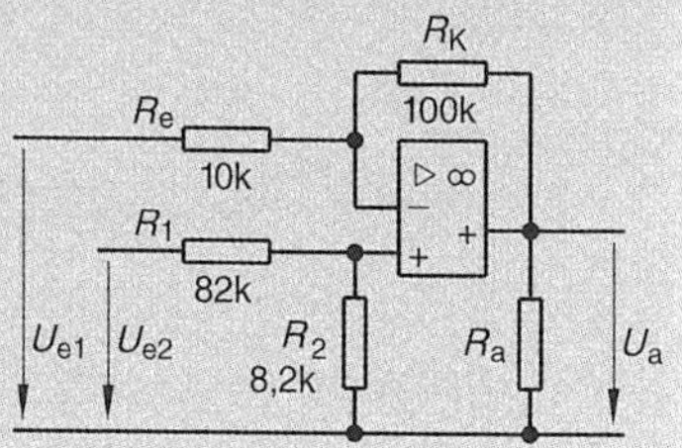

Lösung:

Gegeben: $U_{e1} = 200$ mV; $U_{e2} = 0{,}8$ V; $R_K = 100\ \text{k}\Omega$; $R_e = 10\ \text{k}\Omega$; $R_1 = 82\ \text{k}\Omega$; $R_2 = 8{,}2\ \text{k}\Omega$.
Gesucht: U_a.

$$V_1 = \frac{R_K}{R_e} = \frac{100\ \text{k}\Omega}{10\ \text{k}\Omega} = 10 \qquad V_2 = \frac{1 + \frac{R_K}{R_e}}{1 + \frac{R_1}{R_2}} = \frac{1 + \frac{100\ \text{k}\Omega}{10\ \text{k}\Omega}}{1 + \frac{82\ \text{k}\Omega}{8{,}2\ \text{k}\Omega}} = \frac{11}{11} = 1$$

$$U_a = V_2 \cdot U_{e2} - V_1 \cdot U_{e1} = 1 \cdot 0{,}8\ \text{V} - 10 \cdot 0{,}2\ \text{V} = \mathbf{-1{,}2\ V}$$

Aufgaben

1. Mit einem unbeschalteten Operationsverstärker MC3403 wird die Eingangsspannung $U_e = 150\ \mu V_{\sim}$ auf die Ausgangsspannung $U_a = 3\ V_{\sim}$ verstärkt.

Welches Leerlaufverstärkungsmaß v_0 in dB hat der Operationsverstärker?

2. Ein unbeschalteter Operationsverstärker TBA 222 hat ein Leerlaufverstärkungsmaß $v_0 = 94$ dB.

Auf welche Spannung U_a wird die Eingangsspannung $U_e = 100\ \mu V_{\sim}$ verstärkt?

3. Ein Invertierer hat den Rückkopplungswiderstand $R_K = 1\ \text{M}\Omega$ und den Eingangswiderstand $R_e = 10\ \text{k}\Omega$. Die Eingangsspannung beträgt 250 µV.

Berechnen Sie

a) den Spannungsverstärkungsfaktor,
b) die Ausgangsspannung.

4. Bei einem invertierenden Operationsverstärker soll die Eingangsspannung um 45 dB verstärkt werden. Der Eingangswiderstand R_e beträgt 3,8 kΩ.

Auf welchen Wert ist der veränderbare Rückkopplungswiderstand R_K einzustellen?

5. Bei einem Operationsverstärker (Abb. 16.8.5) wird der nichtinvertierende Eingang (+) über einen Widerstand von 5,1 kΩ an Masse gelegt. Das Eingangssignal wird auf $U_a = 1{,}7$ V verstärkt.

a) Welche Schaltung liegt vor?
b) Wie groß ist die Eingangsspannung U_e?

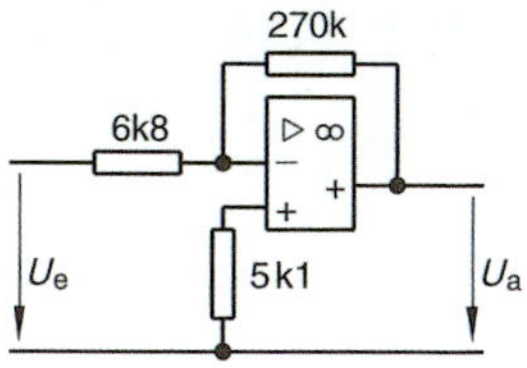

Abb. 16.8.5

6. Bei einem Summierverstärker (Abb. 16.8.6) sind die Widerstände $R_K = 150$ kΩ, $R_{e1} = 10$ kΩ und $R_{e2} = 6{,}8$ kΩ eingebaut. Die Spannung U_{e2} beträgt 0,5 V.

Bei welcher Spannung U_{e1} ist die Ausgangsspannung $U_a = 0$ V?

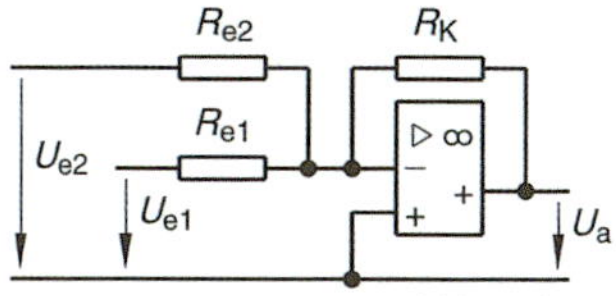

Abb. 16.8.6

7. Den drei Eingängen eines Summierverstärkers (Abb. 16.8.7) werden Rechtecksignale mit dem Höchstwert 50 mV zugeführt.

Berechnen Sie die Ausgangsspannungen, wenn

a) alle drei Eingangsspannungen 1-Signal führen,
b) U_{e1} und U_{e3} 1-Signal (High) haben und U_{e2} 0-Signal (Low) hat.

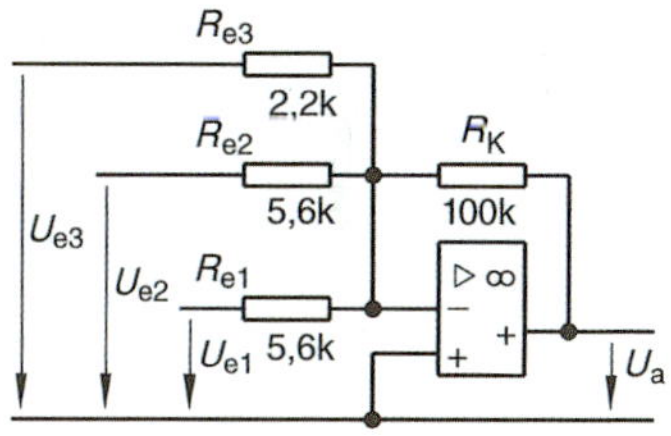

Abb. 16.8.7

8. Ein nichtinvertierender Verstärker ist mit $R_K = 820$ kΩ und $R_Q = 10$ kΩ beschaltet. Die Ausgangsspannung beträgt 4,2 V.

Berechnen Sie

a) den Verstärkungsfaktor,
b) die Eingangsspannung.

9. Bei einem Operationsverstärker (Abb. 16.8.9) kann die Eingangsspannung zwischen +1,2 V und −1,2 V schwanken. Der lineare Bereich der Ausgangsspannung liegt dabei zwischen +7 V und −7 V. Der Eingangsquerwiderstand R_Q hat den Widerstandswert 15 kΩ.

Berechnen Sie

a) den Verstärkungsfaktor,
b) den zulässigen Rückkopplungswiderstand.

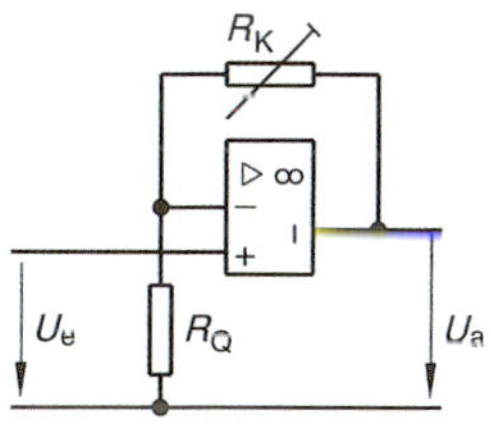

Abb. 16.8.9

10. An den Eingängen eines Differenzverstärkers (Abb. 16.8.10) liegen die Spannungen $U_{e1} = 17$ mV und $U_{e2} = 100$ mV.

Berechnen Sie die Ausgangsspannung.

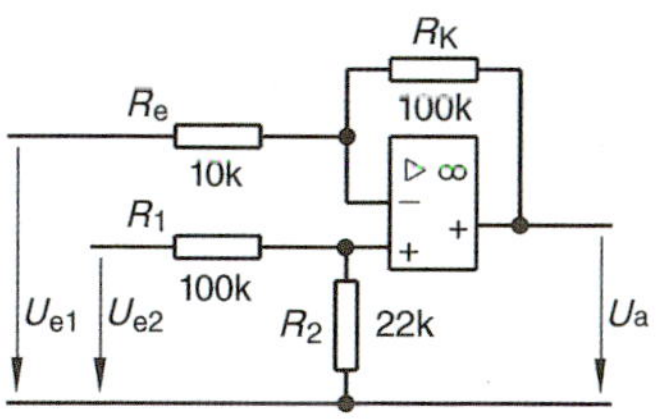

Abb. 16.8.10

11. Mit einem Differenzverstärker (Abb. 16.8.11) wird die Spannung U_{AB} im Brückenzweig einer Messbrücke verstärkt. Bei Temperaturanstieg tritt am Ausgang des Verstärkers eine Spannung von $U_a = 320$ mV auf.

Berechnen Sie die Spannung zwischen den Klemmen A und B.

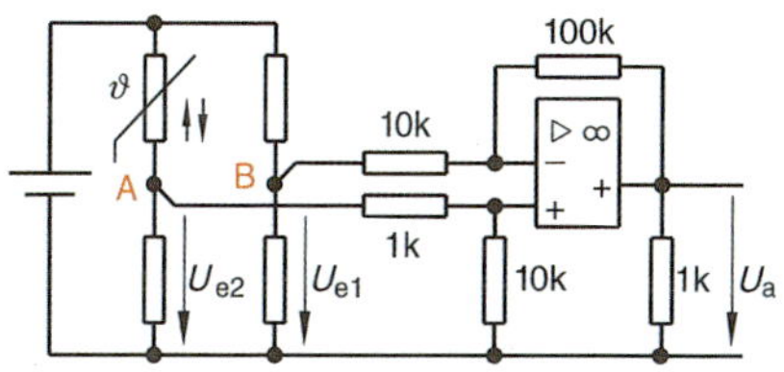

Abb. 16.8.11

17.1 KV-Diagramme

Beispiele:

1. KV-Schema und Nachbar-Felder

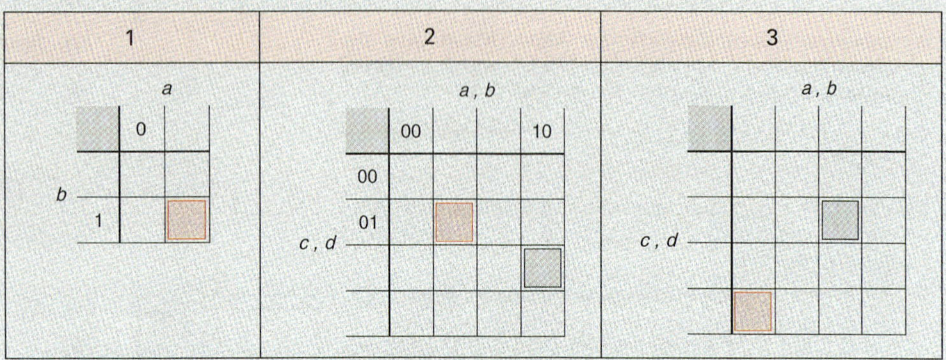

a) Vervollständigen Sie die Randleisten der KV-Schemata. Beachten Sie dabei, dass sich benachbarte Felder nur an einer Stelle unterscheiden.
b) Kennzeichnen Sie die Nachbar-Felder des rot bzw. schwarz umrandeten Feldes, d. h. Felder, die sich in Ihrer Belegung vom markierten Feld nur an einer Stelle unterscheiden.
c) Tragen Sie in diese Felder die Belegungen ein.

Lösung:

Gegeben: Unvollständige KV-Schemata.
Gesucht: Vollständige KV-Schemata; Nachbar-Felder; Belegungen.

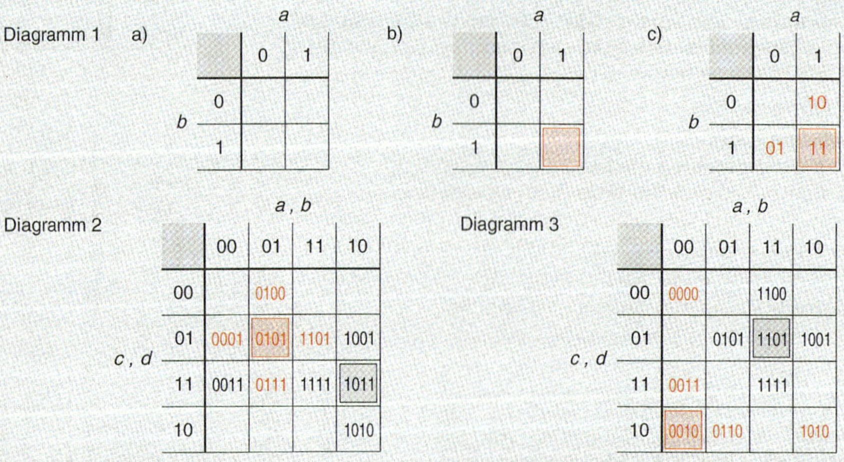

2. Funktionsgleichung aus KV-Diagramm

1

Q	c = 0	1
d = 0	1	1
1	0	1

2

Q	a, b = 00	01	11	10
c = 0	1	0	0	1
1	1	1	1	1

3

Q	a, b = 00	01	11	10
c = 0	0	1	0	0
1	1	1	1	1

a) Ermitteln Sie eine möglichst einfache Funktionsgleichung für Q, indem Sie benachbarte Felder mit dem Eintrag „1" in möglichst große Gruppen mit 1, 2, 4, 8, ... Feldern (allg. 2^n) zusammenfassen.
b) Leiten Sie durch Zusammenfassen benachbarter Felder mit dem Eintrag „0" die Funktionsgleichung für Q ab.
c) Führen Sie die Ergebnisse aus a) und b) mit den Rechengesetzen der Boolschen Algebra ineinander über.

Lösung:

Gegeben: KV-Diagramme.
Gesucht: Funktionsgleichungen.

KV-Diagramm 1

a)

Q	c = 0	1
d = 0	1	1
1	0	1

G_2, G_1

$Q = G_1 \vee G_2 = \boldsymbol{c} \vee \boldsymbol{\bar{d}}$

Funktionsgleichungen können mit dem KV-Diagramm graphisch ermittelt werden. 2^n benachbarte Felder mit gleichem Eintrag – in diesem Fall mit Eintrag 1 – werden dazu in möglichst große Gruppen zusammengefasst. Jede 1 muss in mindestens einer Gruppe vorkommen. So können im Diagramm 1 die drei Felder mit dem Eintrag 1 in zwei Gruppen (G_1, G_2) zu je 2 Feldern zusammengefasst werden.
Variable, die innerhalb einer Gruppe im Zustand 0 und 1 auftreten, haben keinen Einfluss auf die Gruppe und werden deswegen weggelassen.
Die Gruppen untereinander werden mit „ ∨ " verknüpft.

b) $\bar{Q} = \bar{c} \wedge d$

Q	c = 0	1
d = 0	1	1
1	0	1

$\bar{c} \wedge d$

c) $\bar{Q} = \bar{c} \wedge d$

$Q = \overline{\bar{c} \wedge d} = \bar{\bar{c}} \vee \bar{d} = \boldsymbol{c} \vee \boldsymbol{\bar{d}}$

KV-Diagramm 2

a) $Q = \boldsymbol{\bar{b}} \vee \boldsymbol{c}$

Q	a, b = 00	01	11	10
c = 0	1	0	0	1
1	1	1	1	1

$\bar{b}$, c

b) $\bar{Q} = \boldsymbol{b} \wedge \boldsymbol{\bar{c}}$

Q	a, b = 00	01	11	10
c = 0	1	0	0	1
1	1	1	1	1

$b \wedge \bar{c}$

c) $\bar{Q} = b \wedge \bar{c}$

$Q = \overline{b \wedge \bar{c}} = \boldsymbol{\bar{b}} \vee \boldsymbol{c}$

KV-Diagramm 3

a) (Spalten: a, b; Zeilen: c)

Q	00	01	11	10
0	0	1	0	0
1	1	1	1	1

Markierte Blöcke: c; $\bar a \wedge b$

$Q = (\bar{a} \wedge b) \vee c$

b) (Spalten: a, b; Zeilen: c)

Q	00	01	11	10
0	0	1	0	0
1	1	1	1	1

Markierte Blöcke: $\bar b \wedge \bar c$; $a \wedge \bar c$

$\overline{Q} = (a \wedge \bar{c}) \vee (\bar{b} \wedge \bar{c})$

c) $\overline{Q} = (a \wedge \bar{c}) \vee (\bar{b} \wedge \bar{c}) = (a \vee \bar{b}) \wedge \bar{c}$

$Q = \overline{(a \vee \bar{b}) \wedge \bar{c}} = \overline{(a \vee \bar{b})} \vee c = (\bar{a} \wedge b) \vee c$

3. Entwurf einer Schaltung

In einem Kühlhaus soll die Temperatur überwacht werden. Zur Sicherheit sind 3 voneinander unabhängige Temperaturfühler eingebaut. Gibt nur ein Fühler Alarm, so geht man davon aus, dass ein Messfehler vorliegt oder einer der Fühler defekt ist. Nur wenn 2 oder alle 3 Fühler eine Übertemperatur signalisieren, soll automatisch das Kühlaggregat K eingeschaltet werden.

a) Entwerfen Sie eine Wahrheitstabelle.
b) Leiten Sie mit Hilfe eines KV-Diagramms eine möglichst einfache Funktionsgleichung ab.
c) Realisieren Sie Ihre Schaltung mit NAND-Gattern.

T_3	T_2	T_1	K
0	0	0	
0	0	1	

Temperaturfühler T_1, T_2, T_3:
0 Normaltemperatur
1 Übertemperatur

Kühlaggregat K:
0 Ausgeschaltet
1 Eingeschaltet

Lösung:

Gegeben: Temperaturfühler T_1, T_2, T_3; Kühlaggregat K; Bedingungen.
Gesucht: Wahrheitstabelle; Funktionsgleichung; Realisierung mit NAND-Gattern.

a)

T_3	T_2	T_1	K
0	0	0	0
0	0	1	0
0	1	0	0
0	1	1	1
1	0	0	0
1	0	1	1
1	1	0	1
1	1	1	1

b) (Spalten: T_3, T_2; Zeilen: T_1)

K	00	01	11	10
0	0	0	1	0
1	0	1	1	1

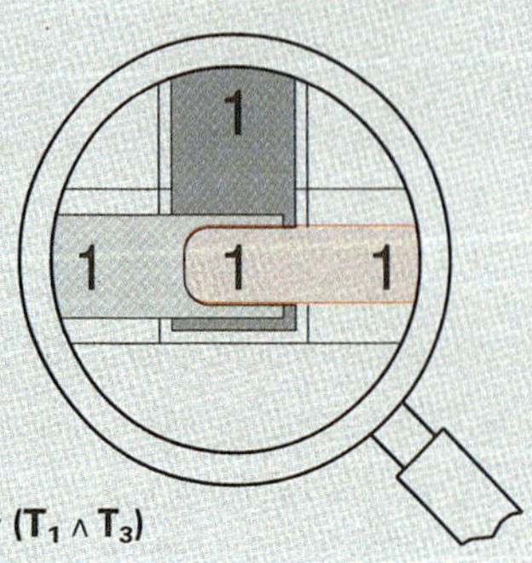

zu b)
$K = (T_3 \wedge T_2) \vee (T_1 \wedge T_2) \vee (T_1 \wedge T_3)$

c)

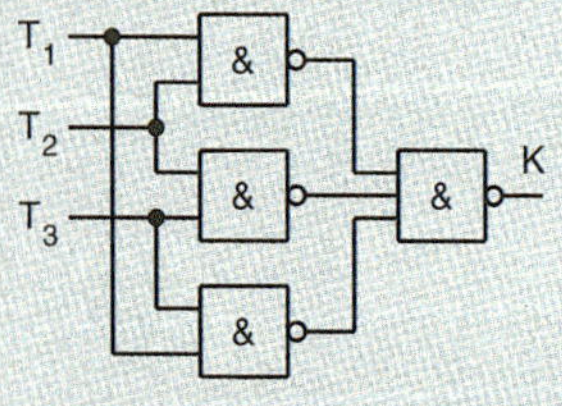

$K = (T_3 \wedge T_2) \vee (T_1 \wedge T_2) \vee (T_1 \wedge T_3)$
$= \overline{\overline{(T_3 \wedge T_2) \vee (T_1 \wedge T_2) \vee (T_1 \wedge T_3)}}$
$= \overline{\overline{(T_3 \wedge T_2)} \wedge \overline{(T_1 \wedge T_2)} \wedge \overline{(T_1 \wedge T_3)}}$

Aufgaben

1. Erstellen Sie das KV-Schema für 2 Variable (a, b), 3 Variable (b, d, e) und 4 Variable (a, b, c, d).
   a) Zeichnen Sie ein leeres KV-Diagramm.
   b) Tragen Sie in jedes Feld die zugehörige Belegung ein.
   c) Prüfen Sie anhand Ihrer Diagramme, dass benachbarte Belegungen sich nur in einer Stelle unterscheiden.

2. Die Funktion einer logischen Schaltung ist durch eine Wahrheitstabelle (Abb. 17.1.2) dargestellt.

   Erstellen Sie ein KV-Schema und übertragen Sie die Werte aus der Wertetabelle.

a	b	c	$x = f(a, b, c)$
0	0	0	0
0	0	1	1
0	1	0	0
0	1	1	1
1	0	0	0
1	0	1	0
1	1	0	1
1	1	1	1

Abb. 17.1.2

3. Aus KV-Diagrammen (Abb. 17.1.3) sollen die Funktionsgleichungen abgeleitet werden.
   a) Prüfen Sie, ob Felder mit dem Eintrag 1 zusammengefasst werden können?
   b) Geben Sie die Variablen an, die keinen Einfluss auf das Ergebnis haben.
   c) Leiten Sie die Funktionsgleichungen aus den KV-Diagrammen ab.

1

	x	00	01	11	10
		a, b			
c	0	0	0	0	0
	1	0	1	0	0

2

	x	00	01	11	10
		p, q			
s	0	0	1	1	0
	1	0	0	0	0

3

	x	00	01	11	10
		a, b			
c	0	0	1	1	0
	1	0	1	1	0

4

	x	00	01	11	10
		d, e			
a	0	1	0	0	1
	1	0	0	0	0

Abb. 17.1.3

4. Fassen Sie Felder mit gleichem Eintrag zusammen und ermitteln Sie eine möglichst einfache Form der Funktionsgleichung.

a)

	F	0	1
		d	
e	0	1	0
	1	1	1

b)

	Q	00	01	11	10
		a, b			
c	0	1	1	0	0
	1	1	1	1	1

c)

	A	00	01	11	10
		a, b			
c, d	00	1	0	0	1
	01	1	0	0	0
	11	1	0	0	0
	10	1	0	0	1

Abb. 17.1.4

5. Übertragen Sie die Funktionsgleichungen in entsprechende KV-Diagramme.
   a) $x = f(a, b) = \overline{a} \wedge b$
   b) $x = f(b, d, e) = b \vee d$
   c) $x = f(a, b, c) = a \wedge c \vee \overline{b}$
   d) $x = f(p, q, z) = p \vee q \wedge (p \vee z)$
   e) $x = f(a, b, c, d) = c$

6. Folgende Funktionsgleichung ist gegeben.

$x = (\overline{a} \wedge \overline{b} \wedge \overline{c}) \vee (a \wedge \overline{b} \wedge c) \vee (a \wedge \overline{b} \wedge \overline{c}) \vee (\overline{a} \wedge \overline{b} \wedge c)$

a) Vereinfachen Sie die gegebene Funktionsgleichung mithilfe der Rechengesetze der Bool'schen Algebra.
b) Erstellen Sie für die Funktion das KV-Diagramm.
c) Vereinfachen Sie die Funktionsgleichung mithilfe des Diagramms.

7.

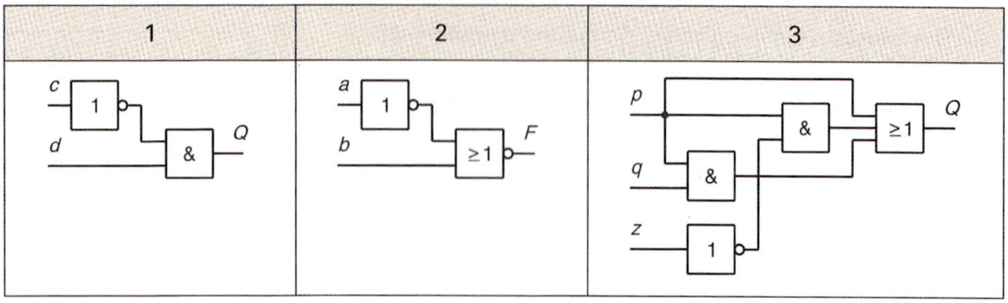

Abb. 17.1.7

a) Stellen Sie für alle drei Schaltungen (Abb. 17.1.7) die Funktionsgleichungen auf.
b) Erstellen Sie jeweils ein eigenes KV-Diagramm.
c) Leiten Sie aus den Diagrammen möglichst einfache Funktionsgleichungen ab.
d) Überprüfen Sie, wie viele Gatter eingespart werden können?

8. Zu jeder unvollständigen Schaltung ist ein KV-Diagramm gegeben (Abb. 17.1.8). Vervollständigen Sie die Schaltungen. Hierzu stehen Ihnen AND-, NAND-, OR- und NOR-Gatter zur Verfügung.

1

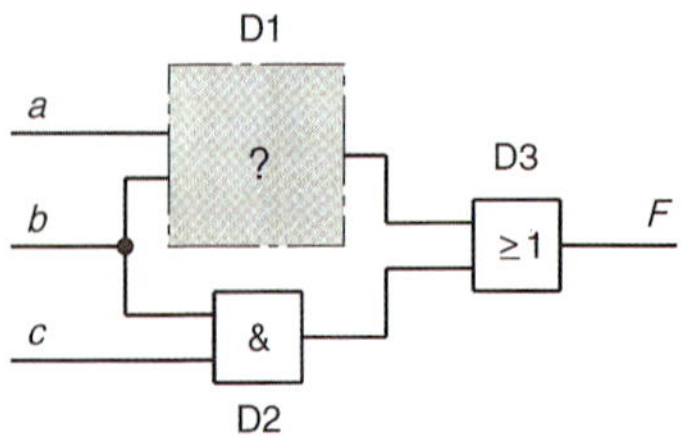

	a, b			
F	00	01	11	10
c = 0	0	0	1	0
c = 1	0	1	1	0

2

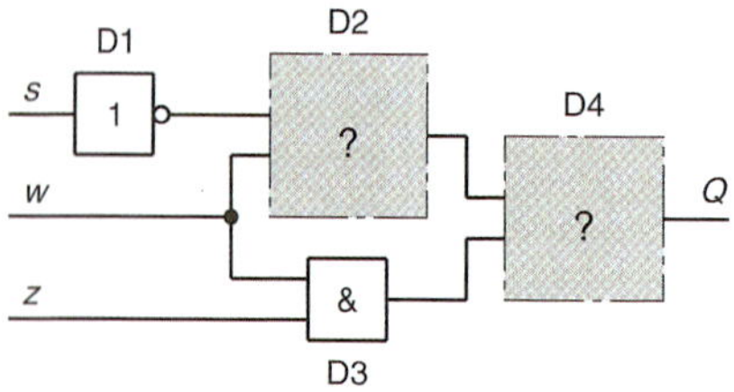

	s, w			
Q	00	01	11	10
z = 0	1	0	1	1
z = 1	1	0	0	1

Abb. 17.1.8

9. Ein Signalflussplan (Abb. 17.1.9) ist gegeben.

a) Leiten Sie die Funktionsgleichung ab.
b) Vereinfachen Sie die Gleichung mittels eines KV-Diagramms.
c) Wie viele Gatter können eingespart werden?

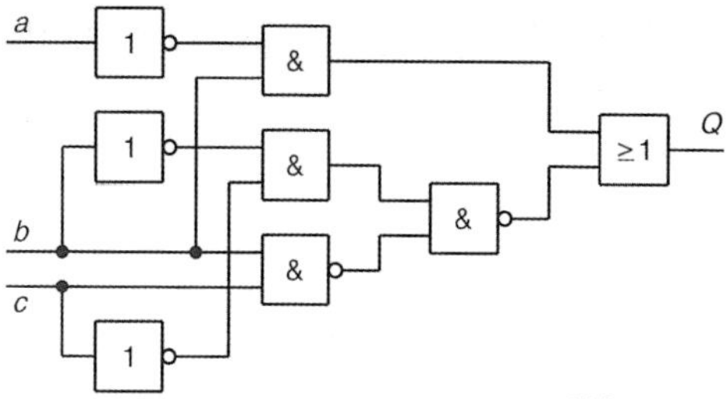

Abb. 17.1.9

10. Mit einem Logik-Analysator ist das Impulsdiagramm (Abb. 17.1.10) einer Logikschaltung aufgenommen.

a) Entnehmen Sie dem Impulsdiagramm die Belegungen im KV-Diagramm.
b) Ermitteln Sie eine möglichst einfache Form der Funktionsgleichung.
c) Realisieren Sie die Funktionsgleichung mit NAND-Gattern und zeichnen Sie den Signalflussplan.

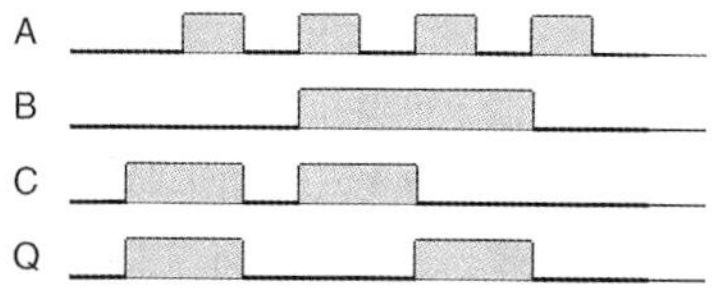

Abb. 17.1.10

11. In einer Versuchsschaltung sind die vier NOR-Gatter des IC 7402 (Abb. 17.1.11 A) nach Plan (Abb. 17.1.11 B) beschaltet.

a) Zeichnen Sie den Signalflussplan der Schaltung.
b) Analysieren Sie die Schaltung und bestimmen Sie die Funktionsgleichung.
c) Erstellen Sie das KV-Diagramm.
d) Prüfen Sie, ob Vereinfachungen möglich sind, und geben Sie gegebenenfalls die neue Schaltung an.

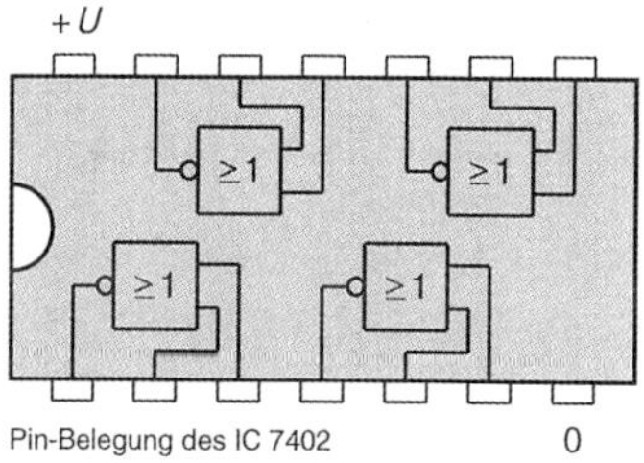

Abb. 17.1.11 A

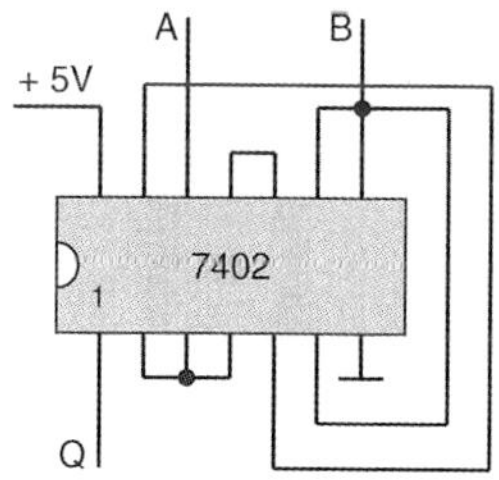

Abb. 17.1.11 B

17.2 Zahlensysteme, Codes

Beispiele:

1. 1-Bit Halbaddierer

Der 1-Bit Halbaddierer summiert die zwei Dualziffern *a* und *b*.

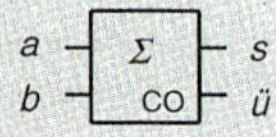

a) Berechnen Sie für alle 4 Ziffernkombinationen die Summe und den Übertrag.
b) Erstellen Sie die Wahrheitstabelle für den 1-Bit Halbaddierer.
c) Ermitteln Sie die Funktionsgleichungen für *s* und *ü*.
d) Zeichnen Sie den Signalflussplan.

Lösung:

Gegeben: Schaltsymbol eines 1-Bit Halbaddierers.
Gesucht: Wahrheitstabelle; Funktionsgleichungen für *s* und *ü*; Signalflussplan.

a)

a	0	0	1	1
b	$+_0$ 0	$+_0$ 1	$+_0$ 0	$+_1$ 1
s	0	1	1	0
ü	Übertrag 0	Übertrag 0	Übertrag 0	Übertrag 1

b)

a	*b*	*s* = *a* + *b*	*ü*
0	0	0	0
0	1	1	0
1	0	1	0
1	1	0	1

c) Summe *s*

s (*b* \ *a*)	0	1
0	0	1
1	1	0

$s = (\bar{a} \wedge b) \vee (a \wedge \bar{b})$

Übertrag *ü*

ü (*b* \ *a*)	0	1
0	0	0
1	0	1

$ü = a \wedge b$

d) Die Funktionsgleichung für die Summe *s* entspricht der logischen Funktion Exklusiv-ODER. Wird bei der Realisierung des Halbaddierers ein XOR-Gatter verwendet, z. B. IC vom Typ 7486, so ergibt sich ein sehr einfacher Signalflussplan.

XOR-Gatter

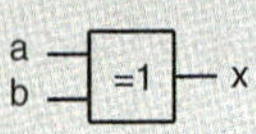

a	*b*	*x*
0	0	0
0	1	1
1	0	1
1	1	0

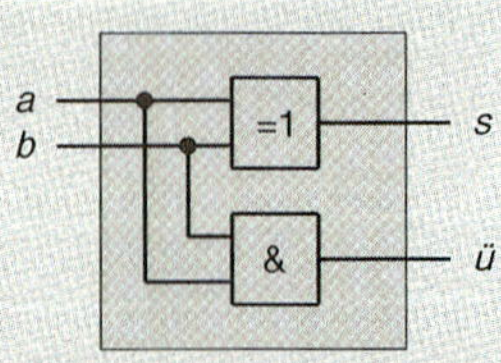

2. 1-Bit Volladdierer

Der 1-Bit Volladdierer summiert die zwei Dualziffern *a* und *b* sowie den Übertrag einer vorangegangenen Rechenstufe $ü_V$. Damit errechnet der Volladdierer die Summe *s* und gegebenenfalls einen erneuten Übertrag *ü*.

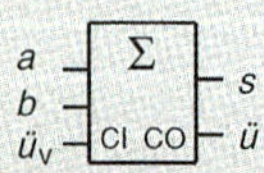

a) Berechnen Sie für alle 8 Ziffern-Kombinationen die Summe und den Übertrag.
b) Stellen Sie eine Wahrheitstabelle auf.
c) Wie lauten die Funktionsgleichungen für *s* und *ü*.

Lösung:

Gegeben: 1-Bit Volladdierer.
Gesucht: Wahrheitstabelle; Funktionsgleichungen für s und $ü$.

a)

a	0	0	0	0	1	1	1	1
b	0	0	1	1	0	0	1	1
$ü_v$	$+_0$ 0	$+_0$ 1	$+_0$ 0	$+_1$ 1	$+_0$ 0	$+_1$ 1	$+_1$ 0	$+_1$ 1
s	0	1	1	0	1	0	0	1
$ü$	Übertrag 0	Übertrag 0	Übertrag 0	Übertrag 1	Übertrag 0	Übertrag 1	Übertrag 1	Übertrag 1

b)

$ü_v$	a	b	$s = ü_v + a + b$	$ü$
0	0	0	0	0
0	0	1	1	0
0	1	0	1	0
0	1	1	0	1
1	0	0	1	0
1	0	1	0	1
1	1	0	0	1
1	1	1	1	1

c) Summe s

$ü_v, a$

s (b)	00	01	11	10
0	0	1	0	1
1	1	0	1	0

$$s = (\bar{ü}_v \wedge \bar{a} \wedge b) \vee (ü_v \wedge a \wedge b) \vee (ü_v \wedge a \wedge b) \vee (u_v \wedge a \wedge \bar{b})$$

Übertrag $ü$

$ü_v, a$

$ü$ (b)	00	01	11	10
0	0	0	1	0
1	0	1	1	1

$$ü = (a \wedge b) \vee (ü_v \wedge a) \vee (ü_v \wedge b)$$

3. Anzeigendecoder

Ein Bastler will für seine Modelleisenbahnanlage eine Anzeige bauen, welche ihm die von der Weichenstellung abhängige Fahrstrecke anzeigt.

a) Stellen Sie eine Wahrheitstabelle auf.
b) Ermitteln Sie aus KV-Diagrammen die Funktionsgleichungen für die Anzeigen a, b, c, d und e.
c) Zeichnen Sie den Signalflussplan für den Decoder.

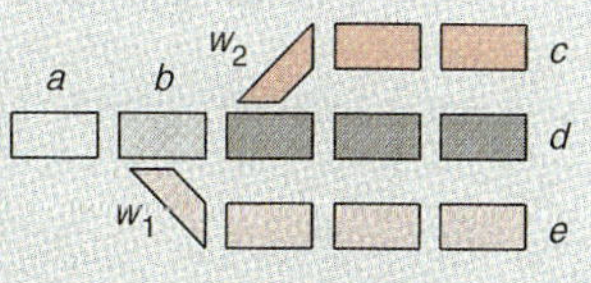

w_1, w_2: 0 geradeaus
1 abbiegen

a, b, c, d, e: 0 Anzeige leuchtet nicht
1 Anzeige leuchtet

Lösung:

Gegeben: Gleisplan.
Gesucht: Wahrheitstabelle; Funktionsgleichungen für a, b, c, d und e; Signalflussplan.

a)

w_1	w_2	a	b	c	d	e
0	0	1	1	0	1	0
0	1	1	1	1	0	0
1	0	1	0	0	0	1
1	1	1	0	0	0	1

Fahrstrecke

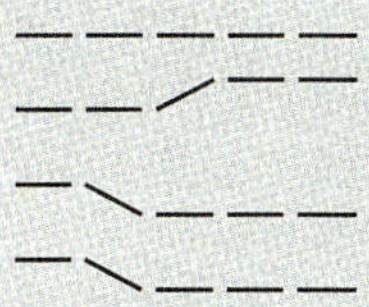

b)

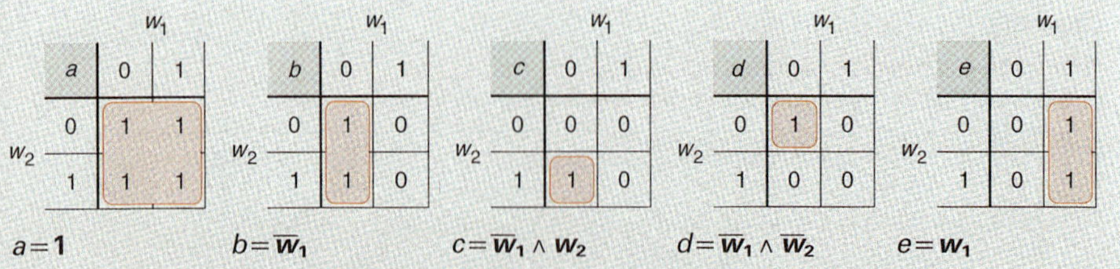

c)

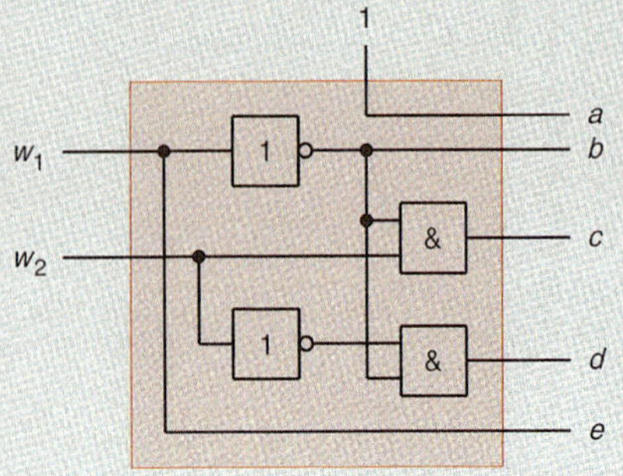

Aufgaben

1. Verschiedene arithmetische Operationen sollen im Dualsystem ausgeführt werden.

1	2	3	4	5	6
11+01	1011+1001	100101+1001	11−01	100−10	10·11

a) Führen Sie die Rechnungen im Dualsystem aus.
b) Kontrollieren Sie Ihre Rechnungen, indem Sie die Dualzahlen in Dezimalzahlen umrechnen und die Rechnungen im Dezimalsystem ausführen.

2. Zwei 2-stellige Dualzahlen (a_1, a_0) und (b_1, b_0) sollen addiert werden (Abb. 17.2.2). Dazu sollen 1 Halbaddierer und 1 Volladdierer verwendet werden.

a) Für welche der beiden Stellen muss der Volladdierer verwendet werden? Begründen Sie Ihre Antwort.
b) Zeichnen Sie den Signalflussplan.

	a_1	a_0	1. Zahl
+	b_1	b_0	2. Zahl
+	$ü_1$	$ü_0$	Überträge
	s_1	s_0	Summe

Abb. 17.2.2

3. Zwei mehrstellige Dualzahlen (... a_2, a_1, a_0) und (... b_2, b_1, b_0) sollen addiert werden. Zur Realisierung stehen ICs vom Typ 7482 zur Verfügung. Ein IC vom Typ 7482 enthält 2 Volladdierer.

a) Wie viele ICs benötigt man zur Addition von zwei 3-stelligen Dualzahlen?
b) Zeichnen Sie den Signalflussplan.

4. Subtraktion von zwei Dualziffern *a* und *b* ergibt die Differenz *d* und den Übertrag *ü*. Dies ist mit einem 1-Bit Halbsubtrahierer möglich, falls der Übertrag einer vorangehenden Rechenoperation nicht berücksichtigt werden muss.

a) Berechnen Sie für alle 4 Ziffern-Kombinationen die Differenz *d* und den Übertrag *ü*.
b) Stellen Sie eine Wahrheitstabelle auf.
c) Ermitteln Sie die Funktionsgleichungen für *d* und *ü*.
d) Zeichnen Sie den Signalflussplan mit 3 Gattern.

5. Ein Netzwerk soll zwei 2-stellige Dualzahlen vergleichen. Am Ausgang k des Netzwerks (Abb. 17.2.5) soll angezeigt werden, ob die erste Dualzahl (x_1, x_0) kleiner als die zweite Dualzahl (y_1, y_0) ist.

a) Stellen Sie die Wahrheitstabelle für das Netzwerk auf.
b) Ermitteln Sie mithilfe eines KV-Diagramms die Funktionsgleichung von k und den Signalflussplan.

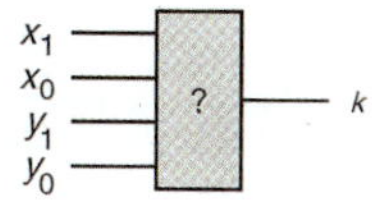

$k = 1: x_1, x_0 < y_1, y_0$

$k = 0: x_1, x_0 \geq y_1, y_0$

Abb. 17.2.5

6. Ein Netzwerk, welches Worte aus dem 8–4–2–1-Code in Worte im Aiken-Code umwandelt, soll aufgebaut werden.

a) Erstellen Sie mithilfe der Codetabelle (Abb. 17.2.6A) eine Wertetabelle für die 4 Ausgänge des Codewandlers (Abb. 17.2.6B).
b) Übertragen Sie die Wertetabelle in KV-Diagramme. Kennzeichnen Sie die unbelegten Felder durch den Buchstaben „x".
c) Ermitteln Sie die Funktionsgleichungen für die Ausgänge. Beachten Sie dabei, dass die Belegung eines mit „x" gekennzeichneten Feldes frei gewählt werden darf.

Codetabelle

Dezimal	8-4-2-1	Aiken
0	0000	0000
1	0001	0001
2	0010	0010
3	0011	0011
4	0100	0100
5	0101	1011
6	0110	1100
7	0111	1101
8	1000	1110
9	1001	1111

Abb. 17.2.6A

Codewandler

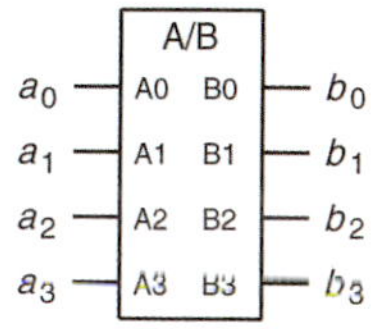

Abb. 17.2.6B

7. Zur parallelen Übertragung von Daten wird ein Code der Länge 8 verwendet. Ein Codewort (Abb. 17.2.7) besteht aus dem eigentlichen 7-stelligen Codewort und dem sog. Paritätsbit. Das Paritätsbit dient zur Fehlerkennung. Senderseitig wird an jedes eigentlich 7-stellige Codewort entweder eine 0 oder eine 1 als Paritätsbit angefügt, so dass die Quersumme des nun 8-stelligen Wortes gerade ist, d. h. gerade Parität besitzt. Somit verlassen nur Codeworte mit gerader Parität den Sender.
Jedes empfangene Wort wird hinsichtlich seiner Parität und damit auf Fehler überprüft.

a) Geben Sie ein Gatter an, welches zur Bestimmung der Parität P eines Wortes X der Länge 2 geeignet ist.
b) Zeichnen Sie den Signalflussplan eines Netzwerkes, bei welchem man zur Bestimmung der Parität P eines Codewortes Y der Länge 8 mit 7 Gattern auskommt.
c) Welche Art von Fehlern in einem Wort können mit der Methode der Paritätsprüfung nicht erkannt werden?

Beispiel

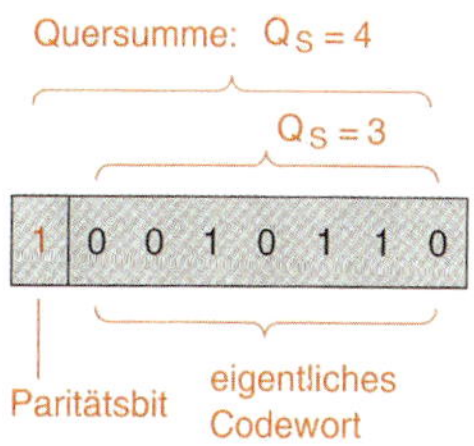

P = 0: gerade Parität, gerade Quersumme
P = 1: unger. Parität, unger. Quersumme
X: $x_1\ x_0$
Y: $y_7\ y_6\ y_5\ y_4\ y_3\ y_2\ y_1\ y_0$

Abb. 17.2.7

8. Mit einem logischen Netzwerk sollen einfache Fehler erkannt und angezeigt werden. Zur Datenübertragung soll der tetradische BCD-Code (8-4-2-1-Code) verwendet werden. Ein Wort eines tetradischen Codes hat die Länge 4, besteht also aus einer vierstelligen Kombination der Dualzahlen 0 und 1 (Abb. 17.2.8). Der 8–4–2–1-Code verwendet aber nur die ersten zehn der sechzehn möglichen Kombinationen. Die restlichen sechs Möglichkeiten, die sog. Pseudotetraden, sind ungültige Zeichen. Jedes empfangene Zeichen soll auf seine Gültigkeit hin überprüft werden.

a) Stellen Sie die Wahrheitstabelle auf.
b) Übertragen Sie die Tabelle in ein KV-Diagramm und leiten Sie daraus eine Funktionsgleichung für die Fehlerkennung ab.
c) Zeichnen Sie den Signalflussplan der Fehlerkennungsschaltung.

Gültiges Zeichen: F = 0
Ungültiges Zeichen: F = 1

x_3	x_2	x_1	x_0	F
0	0	0	0	0
0	0	0	1	
0	0			

Abb. 17.2.8

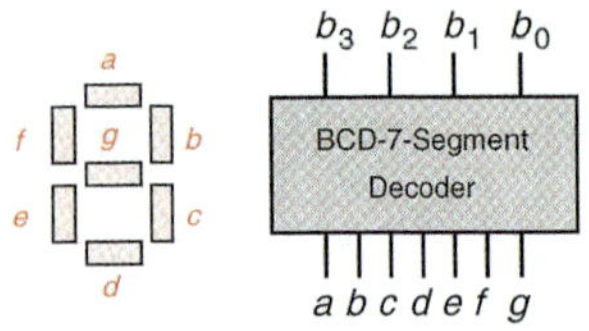

Abb. 17.2.9

9. Ziffern zwischen 0 und 9, die 8–4–2–1 codiert sind, sollen auf einer 7-Segment-Anzeige mit gemeinsamer Katode (Abb. 17.2.9) angezeigt werden. Dazu benötigt man einen BCD-7-Segment-Decoder.

a) Erstellen Sie die Wahrheitstabelle für den Decoder.
b) Ermitteln Sie mithilfe von KV-Diagrammen die Funktionsgleichungen für *a, b, c, d, e, f* und *g*.

17.3 Schaltnetze und Schaltwerke

Beispiele:

1. Verhalten eines JK-Flipflops

Das Schaltverhalten eines negativ-flankengetriggerten JK-Flipflops soll untersucht werden.

a) Zeichnen Sie das Schaltsymbol des negativ-flankengetriggerten JK-Flipflops und bezeichnen Sie die Ein- und Ausgänge.
b) Vervollständigen Sie die Impulsdiagramme mithilfe der gegebenen Wahrheitstabelle.
c) Erläutern Sie das Verhalten des JK-Flipflops.

J K	Q_n
0 0	Q_v bleibt erhalten
0 1	0
1 0	1
1 1	Q_v wird invertiert

Q_v: Ausgangspegel *vor* dem Takt
Q_n: Ausgangspegel *nach* dem Takt

Lösung:

Gegeben: Wahrheitstabelle für JK-Flipflops.
Gesucht: Schaltsymbol; Impulsdiagramme; Funktionsbeschreibung.

a)

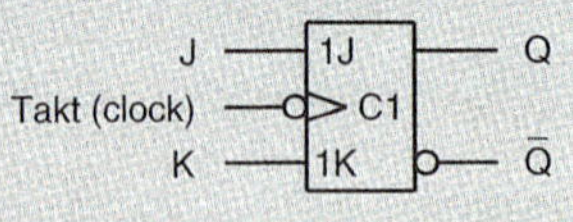

b) Anfangszustand Q=0

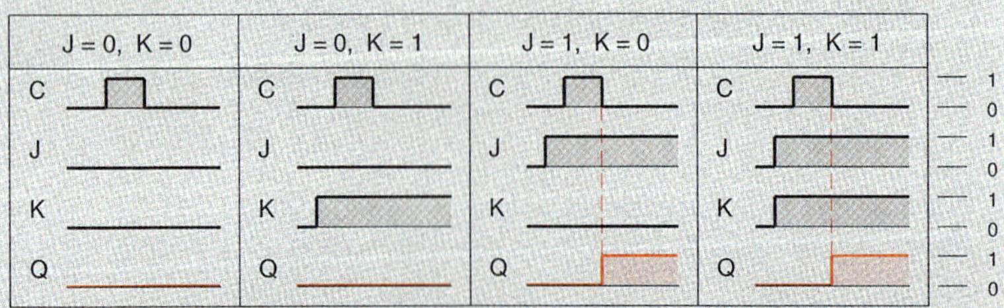

Anfangszustand Q=1

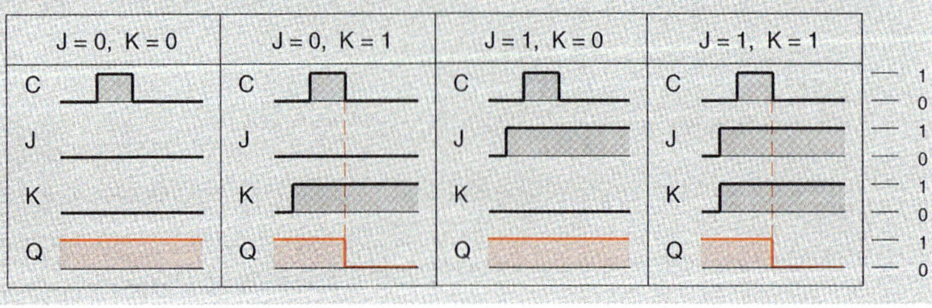

c)

Falls J = 0 und K = 0 während der fallenden Flanke ist, bleibt der Anfangszustand erhalten.	Falls J = 0 und K = 1 während der fallenden Flanke ist, wird Q = 0 unabhängig vom Anfangszustand.	Falls J = 1 und K = 0 während der fallenden Flanke ist, wird Q = 1 unabhängig vom Anfangszustand.	Falls J = 1 und K = 1 bei der fallenden Flanke ist, wechselt das Signal an Q.

2. Synchron-Zähler 0 ... 3

Ein zweistufiger Synchronzähler soll von 0 bis 3 zählen. Dazu sind die J- und K-Eingänge zu beschalten.

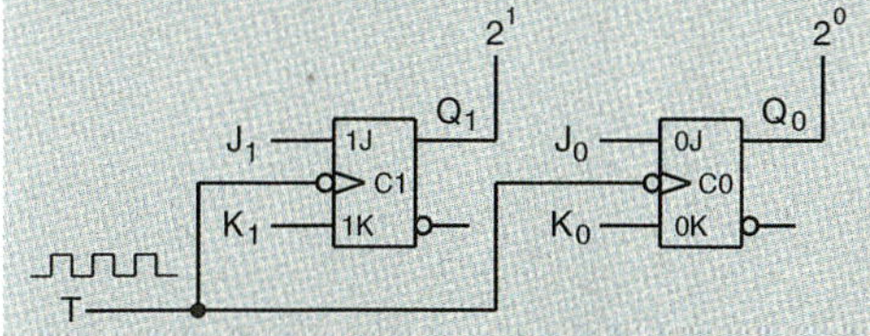

J	K	Q_n
0	0	Q_v bleibt erhalten
0	1	0
1	0	1
1	1	Q_v wird invertiert

Q_v: Ausgangspegel *vor* dem Takt
Q_n: Ausgangspegel *nach* dem Takt

a) Stellen Sie ein Ablaufdiagramm in Tabellenform auf.
b) Entwerfen Sie die Wahrheitstabelle für die Eingänge J_0, K_0, J_1, K_1.
c) Erstellen Sie für J_0, K_0, J_1, K_1 jeweils ein KV-Diagramm.
d) Entnehmen Sie den Diagrammen die Funktionsgleichungen für J_0, K_0, J_1, K_1.
e) Zeichnen Sie den Signalflussplan des Zählers.

Lösung:

Gegeben: Unvollständiger Signalflussplan; Wahrheitstabelle für JK-Flipflops.
Gesucht: Ablaufdiagramm; Wahrheitstabelle; KV-Diagramme; Funktionsgleichungen und Signalflussplan.

a) Ablaufdiagramm:

Dezimal	Q_1	Q_0
$0 = 0 \cdot 2^1 + 0 \cdot 2^0$	0	0
$1 = 0 \cdot 2^1 + 1 \cdot 2^0$	0	1
$2 = 1 \cdot 2^1 + 0 \cdot 2^0$	1	0
$3 = 1 \cdot 2^1 + 1 \cdot 2^0$	1	1
0 ...	0	0
⋮	⋮	

b) Die voreingestellten Potentiale an den J- und K-Eingängen werden bei der fallenden Flanke (von 1 nach 0) des Taktsignals wirksam.
Damit der Ausgang Q_0 z. B. von 0 nach 1 wechselt (⇩), muss $J_0 = 1$ und $K_0 = 0$ sein. Der gewünschte Wechsel erfolgt aber auch bei $J_0 = 1$ und $K_0 = 1$, denn bei dieser Kombination springt das Ausgangssignal auf den entgegengesetzten logischen Pegel. Bei beiden Möglichkeiten muss $J_0 = 1$ sein, der logische Pegel am K_0-Eingang ist jedoch beliebig. In der Wahrheitstabelle kennzeichnet man dies mit „x".

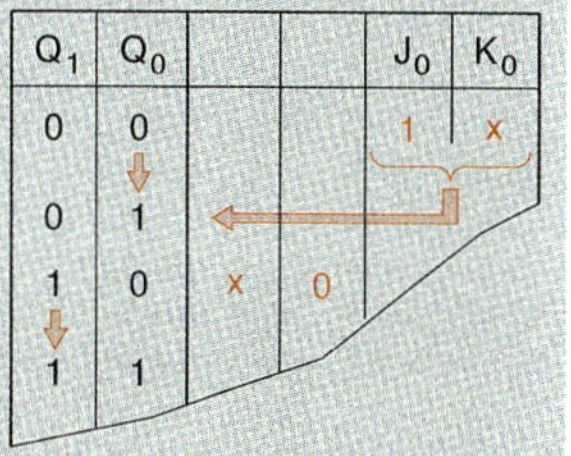

Dezimal	Q_1	Q_0	J_1	K_1	J_0	K_0
0	0	0	0	x	1	x
1	0	1	1	x	x	1
2	1	0	x	0	1	x
3	1	1	x	1	x	1
0	0	0				

c)

J_1	Q_1 = 0	Q_1 = 1
Q_0 = 0	0	x
Q_0 = 1	1	x

K_1	Q_1 = 0	Q_1 = 1
Q_0 = 0	x	0
Q_0 = 1	x	1

J_0	Q_1 = 0	Q_1 = 1
Q_0 = 0	1	1
Q_0 = 1	x	x

K_0	Q_1 = 0	Q_1 = 1
Q_0 = 0	x	x
Q_0 = 1	1	1

d) $J_1 = \mathbf{Q_0}$ $K_1 = \mathbf{Q_0}$ $J_0 = \mathbf{1}$ $K_0 = \mathbf{1}$

e)

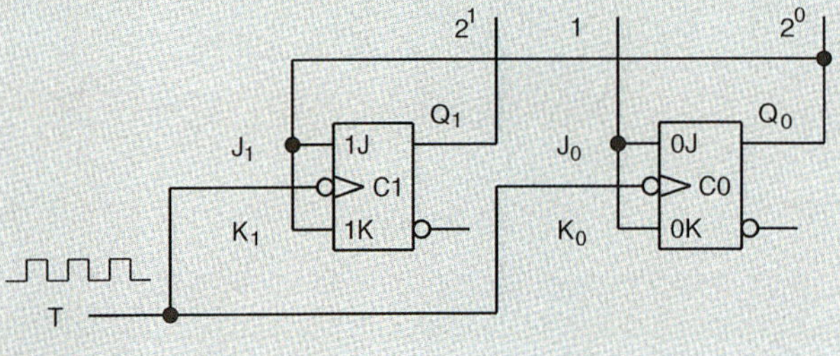

3. Ampelsteuerung

Eine Steuerschaltung für eine Modell-Verkehrsampel soll aufgebaut werden. Nachdem die Ampel 3 Takte lang rot geleuchtet hat, soll das gleichzeitige Leuchten des roten und gelben Lichtes während eines Taktes den Übergang zur Grünphase signalisieren. Die Grünphase soll 2 Takte lang dauern. Der anschließende Wechsel zur erneuten Rotphase wird durch das gelbe Licht angezeigt, welches dazu einen Takt eingeschaltet ist.

a) Zeichnen Sie ein Impulsdiagramm.
b) Wie viele Zustände sind für einen Zyklus notwendig?
c) Welcher Zähler ist für die Steuerung geeignet?
d) Stellen Sie die Wahrheitstafel für die drei Lampen auf.
e) Ermitteln Sie mithilfe von KV-Diagrammen die Funktionsgleichungen für rt, gb, gn.
f) Zeichnen Sie den Signalflussplan.

rt = 0: rotes Licht aus
rt = 1: rotes Licht an

gb = 0: gelbes Licht aus
gb = 1: gelbes Licht an

gn = 0: grünes Licht aus
gn = 1: grünes Licht an

Lösung:

Gegeben: Signalablauf.
Gesucht: Impulsdiagramm; Takte pro Zyklus; Zählerart; Funktionsgleichungen für rt, gb, gn; Signalflussplan.

a)

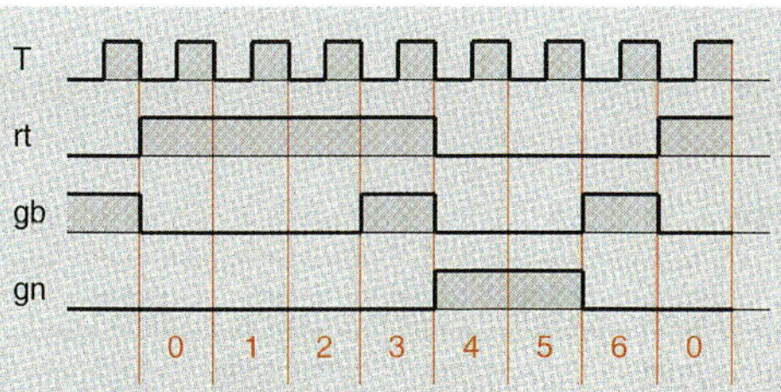

d)

Takt	Q_2	Q_1	Q_0	rt	gb	gn
0	0	0	0	1	0	0
1	0	0	1	1	0	0
2	0	1	0	1	0	0
3	0	1	1	1	1	0
4	1	0	0	0	0	1
5	1	0	1	0	0	1
6	1	1	0	0	1	0

b) Man kann dem Impulsdiagramm entnehmen, dass sich der gesamte Ablauf nach 7 Takten wiederholt.

c) Da ein Zyklus aus 7 Takten besteht, ist ein 3-stufiger 0 … 6-Zähler geeignet.

e)

Q_2, Q_1

rt	00	01	11	10
Q_0 0	1	1	0	0
1	1	1	x	0

$rt = \overline{Q_2}$

Q_2, Q_1

gb	00	01	11	10
Q_0 0	0	0	1	0
1	0	1	x	0

$gb = (Q_2 \wedge Q_1) \vee (Q_1 \wedge Q_0)$

Q_2, Q_1

gn	00	01	11	10
Q_0 0	0	0	0	1
1	0	0	x	1

$gn = (Q_2 \wedge \overline{Q_1})$

f) Nach Teil c) benötigt man einen 0 … 6-Zähler. Zur Realisierung eines solchen Zählers kann man einen 4-stufigen 0 … 15-Zähler (IC 74293) verwenden, wenn man dessen Rücksetzeingang geeignet beschaltet. Nach dem Zählerstand (0110) muss der Zählerstand (0000) folgen, d. h. der Zähler rückgesetzt werden.
Damit ergibt sich die Rücksetzbedingung:
$R = \overline{Q_3} \wedge Q_2 \wedge Q_1 \wedge Q_0$

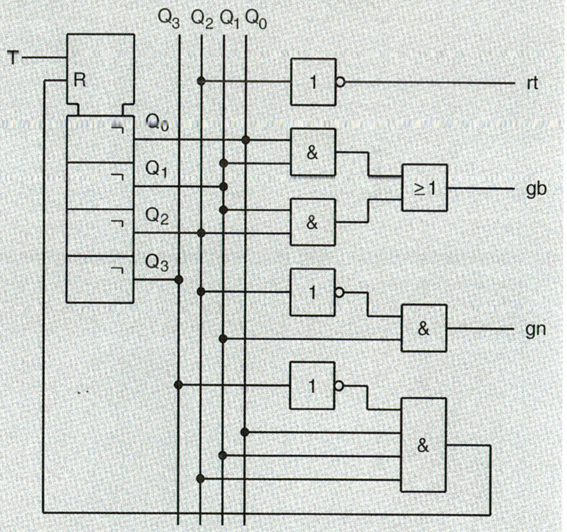

Aufgaben

1. Das Schaltverhalten von 2 verschiedenen JK-Flipflops soll mithilfe eines Impulsdiagramms untersucht werden (Abb. 17.3.1).

Schaltbilder Impulsdiagramm

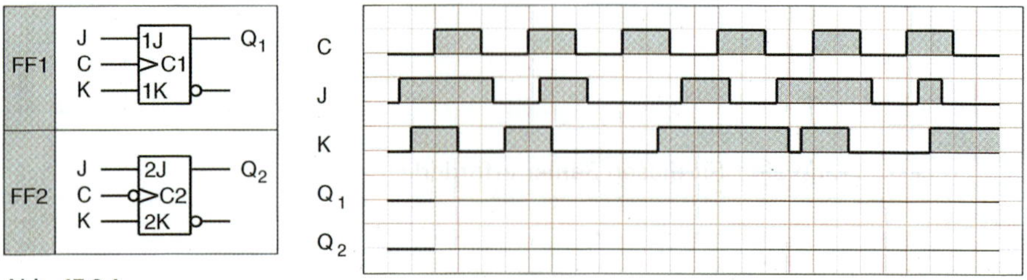

Abb. 17.3.1

a) Um welche Art von Flipflop handelt es sich?
b) Zeichnen Sie den Impulsverlauf für die Ausgänge Q_1 und Q_2.

2. Vervollständigen Sie die Impulsdiagramme eines negativ-flankengetriggerten JK-Flipflops.

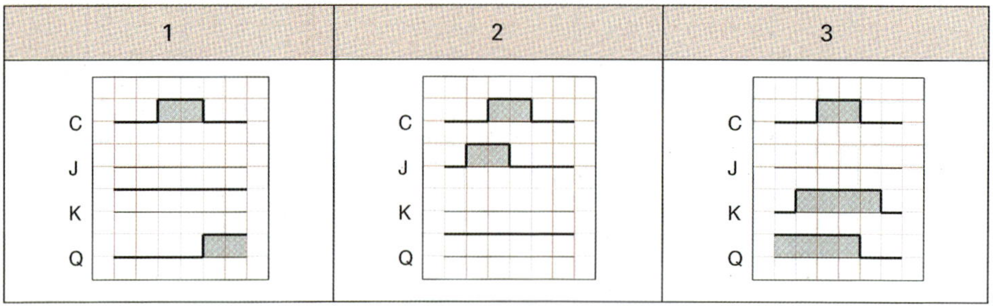

3. Vervollständigen Sie die Wertetabellen für zweistufige Synchronzähler.

1

Q_1	Q_0	J_1	K_1	J_0	K_0
0	0	1	x	0	x
?	?	x	1	1	x
0	1	0	x	?	?
0	0				

2

Q_1	Q_0	J_1	K_1	J_0	K_0
1	0	?	?	1	x
0	1	0	x	x	1
?	?	1	x	?	?
1	0				

3

Q_1	Q_0	J_1	K_1	J_0	K_0
?	?	?	?	x	1
1	0	x	1	?	?
0	1	1	x	x	0
?	?				

4. Ein zweistufiger Synchronzähler, der von 0 bis 2 zählt, soll mit zwei JK-Flipflops realisiert werden.
   a) Stellen Sie das Ablaufdiagramm für den Zähler auf.
   b) Erstellen Sie die Wertetabelle für die vier Eingänge der Flipflops.
   c) Ermitteln Sie mithilfe von KV-Diagrammen möglichst einfache Funktionsgleichungen für die Eingänge.
   d) Zeichnen Sie den Signalflussplan des Zählers.

5. Ein synchrones Schaltwerk (Abb. 17.3.5) mit 2 JK-Flipflops soll analysiert werden.

a) Erstellen Sie die Wertetabelle und das Ablaufdiagramm für das Schaltwerk. Gehen Sie dabei vom Zustand $Q_1 = 1$ und $Q_0 = 0$ aus.

b) Um welche Art von Zähler handelt es sich bei diesem Schaltwerk?

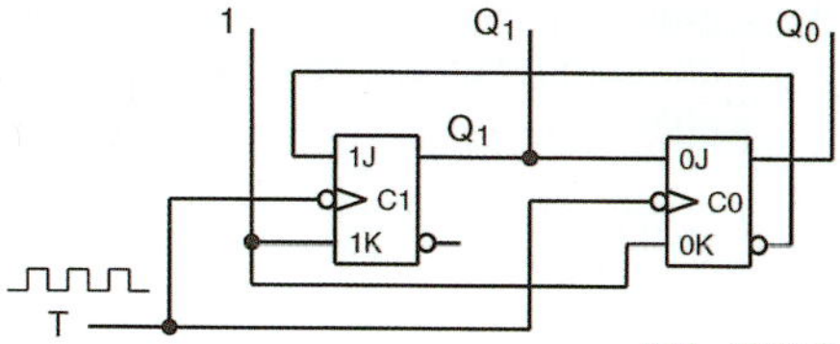

Abb. 17.3.5

6. Mit JK-Flipflops soll ein Synchronzähler, der von 1 bis 4 im BCD-Code zählt, entwickelt werden.

a) Wie viele Stufen sind für diesen Zähler erforderlich?

b) Erstellen Sie das Ablaufdiagramm für den Zähler.

c) Stellen Sie die Wertetabelle für die Flipflop-Eingänge auf.

d) Ermitteln Sie möglichst einfache Funktionsgleichungen für die Eingänge.

e) Zeichnen Sie den Signalflussplan des Zählers.

7. In einer Schraubenfabrik soll die Verpackung von Schrauben automatisiert werden. Jeweils 6 Schrauben müssen in eine Schachtel gepackt werden. Dazu fallen die Schrauben einzeln in die Verpackung; sie durchqueren hierbei eine Lichtschranke und erzeugen jeweils einen Impuls (Abb. 17.3.7). Dieser Impuls wird als Taktsignal für JK-Flipflops verwendet, mit deren Hilfe die Schrauben gezählt werden. Sind 6 Schrauben in der Verpackung, soll durch Band 2 eine neue leere Schachtel unter Band 1 gestellt werden.

a) Legen Sie die Art des Zählers fest.

b) Wie viele JK-Flipflops werden zur Realisierung benötigt?

c) Erstellen Sie ein Ablaufdiagramm des Zählers.

d) Stellen Sie die Wahrheitstabelle auf.

e) Ermitteln Sie mithilfe von KV-Diagrammen die Funktionsgleichungen für die J- und K-Eingänge der Flipflops.

f) Geben Sie die Funktionsgleichung für B_2 an.

$B_2 = 0$: Band 2 steht
$B_2 = 1$: neue Schachtel

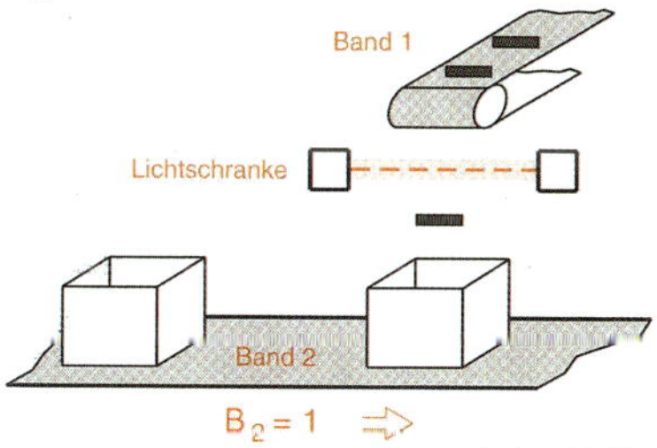

Abb. 17.3.7

8. Eine unterirdische Garage bietet Parkmöglichkeiten für 3 Fahrzeuge. Wenden in der Garage ist nicht möglich. Mittels Induktionsschleifen wird zuerst die Fahrtrichtung (Signal R) registriert und festgehalten, dann werden durchfahrende Fahrzeuge (Signal F) gezählt (Abb. 17.3.8A). Wenn alle Parkplätze besetzt sind, soll eine Schranke (Signal S) am Garageneingang geschlossen werden. Die Steuerung der Schranke soll durch ein synchrones Schaltwerk mit JK-Flipflops realisiert werden, wobei F als Taktsignal verwendet werden soll.

a) Erstellen Sie ein Ablaufdiagramm wie in Abb. 17.3.8B. Beachten Sie dabei, dass sich für $R = 0$ und $R = 1$ unterschiedliche Abläufe ergeben.

b) Stellen Sie die Wahrheitstabelle für die J- und K-Eingänge der beiden Flipflops auf.

c) Ermitteln Sie die zugehörigen Funktionsgleichungen mittels KV-Diagrammen.

d) Geben Sie die Funktionsgleichung für die Schranke an.

Signalzustände	
$F = 0$:	Kein Fahrzeug
$F = 1$:	Fahrzeug passiert Einfahrt
$R = 0$:	Einfahrt
$R = 1$:	Ausfahrt
$S = 0$:	Schranke geöffnet
$S = 1$:	Parkplätze belegt, Schranke geschlossen

Abb. 17.3.8A

Einfahrt

R	Q_1	Q_0
0	0	0
0		

Ausfahrt

R	Q_1	Q_0
1	0	0

Ablaufdiagramm

Abb. 17.3.8B

9. Zähler sollen mithilfe eines ICs vom Typ 74293, der einen 4-stufigen 0 ... 15-Zähler enthält, aufgebaut werden. Wie lauten die jeweiligen Rücksetzbedingungen R für folgende Zähler: 0 ... 3, 0 ... 7, 0 ... 10, 0 ... 14, 0 ... 15.

10. Die Steuerung für eine Fußgängerampel soll aufgebaut werden. Die Rotphase soll 36 s und die Grünphase 24 s dauern. rt = 0: rotes Licht aus, rt = 1: rotes Licht an; gn = 0: grünes Licht aus, gn = 1: grünes Licht an.

a) Zeichnen Sie das Impulsdiagramm.
b) Bestimmen Sie aus der Anzahl der Takte pro Zyklus einen geeigneten Zähler.
c) Stellen Sie die Wahrheitstabelle auf.
d) Ermitteln Sie die Funktionsgleichungen für rt und gn.
e) Bestimmen Sie die Rücksetzbedingung.
f) Berechnen Sie die erforderliche Frequenz des Taktsignals.

18 Regelungstechnik

Beispiele:

1. Bleibende Regelabweichung

Ein Regelkreis mit P-Regler arbeitet nicht ohne bleibende Regelabweichung.
Gegeben sind die Proportionalbeiwerte der Regelstrecke $K_S = 2{,}5$ und des Reglers $K_R = 8{,}5$.

Bestimmen Sie für eine Störgrößenänderung $\Delta z = 0{,}5$

a) die bleibende Regelabweichung ohne P-Regeleinrichtung x_0,
b) die bleibende Regelabweichung mit P-Regeleinrichtung x_z,
c) den Regelfaktor R,
d) die Kreisverstärkung V_0.

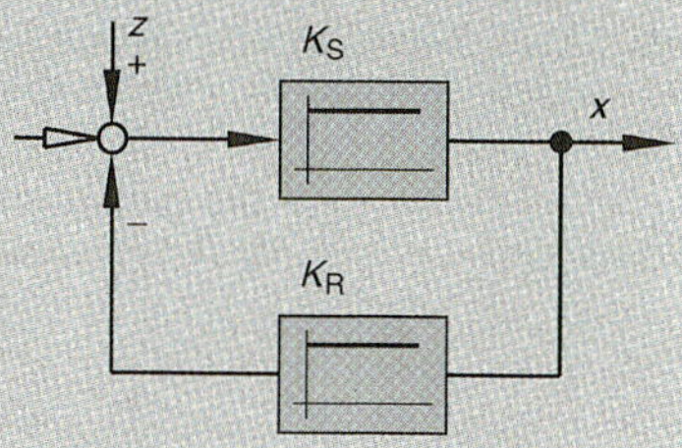

Lösung:

Gegeben: Wirkungsplan; $K_S = 2{,}5$; $K_R = 8{,}5$; $\Delta z = 0{,}5$.
Gesucht: x_0, x_z, R, V_0.

a) $x_0 = K_S \cdot \Delta z = 2{,}5 \cdot 0{,}5 = \mathbf{1{,}25}$

b) $y = K_R \cdot x_z$

$$x_z = (\Delta z - y) \cdot K_S$$
$$= (\Delta z - (K_R \cdot x_z)) \cdot K_S$$
$$= \Delta z \cdot K_S - K_R \cdot K_S \cdot x_z$$
$$x_z = \frac{K_S \cdot \Delta z}{1 + K_R \cdot K_S} = \frac{2{,}5 \cdot 0{,}5}{1 + 8{,}5 \cdot 2{,}5} = \mathbf{0{,}0562}$$

c) $R = \dfrac{x_z}{x_0} = \dfrac{0{,}0562}{1{,}25} = \mathbf{0{,}045}$

d) $V_0 = K_R \cdot K_S = 8{,}5 \cdot 2{,}5 = \mathbf{21{,}25}$

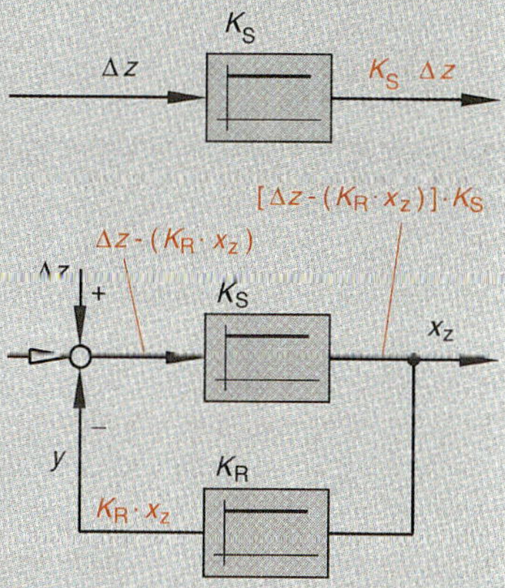

2. Zweipunkt-Regelung

Der Regler für die Lufttemperatur in einem Gehäuse besteht aus einer Brückenschaltung, einem Komparator und einer nachgeschalteten Transistorstufe. Mit der Transistorstufe soll ein Lüftermotor ein- bzw. ausgeschaltet werden.

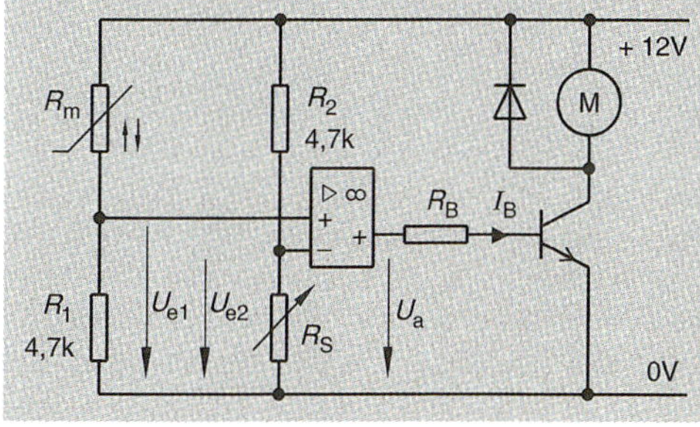

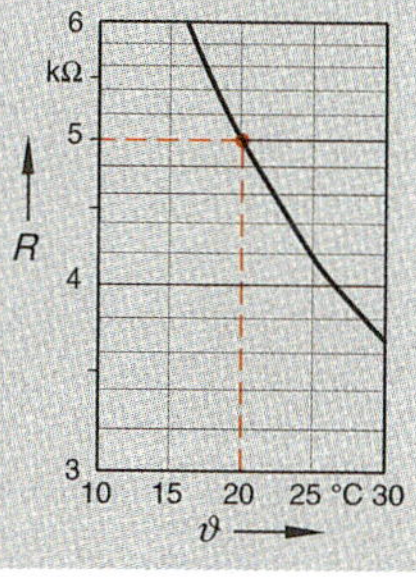

a) Beschreiben Sie die Temperaturregelung mit den Begriffen der Regelungstechnik.
b) Auf welchen Widerstandswert muss R_m eingestellt werden, damit die Brücke bei einer Temperatur von 20 °C abgeglichen ist?
c) Wie groß muss der Basisstrom mindestens sein, wenn zum schnellen Durchschalten des Transistors ein Übersteuerungsfaktor $\ddot{u}=2$ gewählt wird? Die Stromverstärkung beträgt 150 und der Kollektorstrom im eingeschalteten Zustand 420 mA.
d) Berechnen Sie den erforderlichen Basisvorwiderstand, wenn die maximale Ausgangsspannung des Operationsverstärkers mit TTL-Ausgang $U_a = 5$ V beträgt. Die Basis-Emitter-Spannung wird mit 0,7 V angenommen.

Lösung:

Gegeben: Schaltplan, Kennlinie des NTC-Widerstands; $\ddot{u}=2$; $B=150$; $I_C = 420$ mA; $U_a = 5$ V; $U_{BE} = 0{,}7$ V.
Gesucht: Funktionsbeschreibung; R_s; I_B; R_B.

a) Die Temperatur (Regelgröße) im Gehäuse (Regelstrecke) wird ständig über den NTC-Widerstand (Messeinrichtung) erfasst. Die Solltemperatur (Führungsgröße) wird mithilfe des Potentiometers R_s eingestellt. Falls die gemessene Temperatur höher als der Sollwert ist, tritt eine entsprechende Spannungsdifferenz (Regeldifferenz) an den Eingängen des Operationsverstärkers auf. Dies hat zur Folge, dass über den Operationsverstärker und die Transistorstufe (Stelleinrichtung) der Lüftermotor (Stellglied) eingeschaltet wird, bis die Temperatur unter den Sollwert gefallen ist.

b) Die Brücke ist abgeglichen, falls

$$\frac{R_m}{R_1} = \frac{R_2}{R_s}$$

Aus der Kennlinie ergibt sich der Widerstandswert des NTC bei 20 °C

$$R_m = 5\ \text{k}\Omega$$

$$R_s = \frac{R_1}{R_m} \cdot R_2 = \frac{4{,}7\ \text{k}\Omega}{5\ \text{k}\Omega} \cdot 4{,}7\ \text{k}\Omega = \mathbf{4{,}42\ k\Omega}$$

Der Operationsverstärker mit TTL-Ausgang wird als Komparator betrieben. Die Ausgangsspannung zeigt daher nach dem Abgleich der Brücke folgendes Verhalten

$$U_a = \begin{cases} 0\ \text{V} & \text{für } U_{e1} < U_{e2} \quad \text{(Temperaturen unter 20 °C)} \\ 5\ \text{V} & \text{für } U_{e1} > U_{e2} \quad \text{(Temperaturen über 20 °C)} \end{cases}$$

c) $$I_B = \frac{\ddot{u} \cdot I_C}{B} = \frac{2 \cdot 420\ \text{mA}}{150} = \mathbf{5{,}6\ mA}$$

d) $$R_B = \frac{U_a - U_{BE}}{I_B} = \frac{5\ \text{V} - 0{,}7\ \text{V}}{5{,}6\ \text{mA}} = \mathbf{768\ \Omega}$$

Aufgaben

1. Zwei P-Glieder mit den Proportionalbeiwerten K_1 und K_2 sind parallel geschaltet (Abb. 18.1).

Berechnen Sie die fehlenden Größen.

Aufgabe	a	b	c	d	e
K_1	2	3	?	−3	5
K_2	4	−1	2	2	2
u	0,7	0,1	0,2	?	Δz
v_1	?	?	0,8	?	?
v_2	?	?	?	1	?
v	?	?	?	?	?

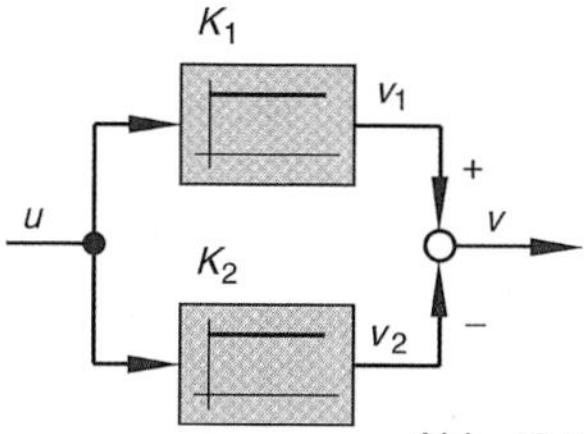

Abb. 18.1

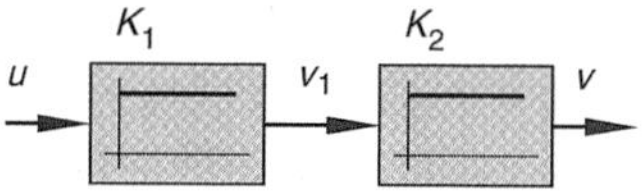

Abb. 18.2

2. Zwei P-Glieder mit den Proportionalbeiwerten K_1 und K_2 sind in Reihe geschaltet (Abb. 18.2).

Berechnen Sie die fehlenden Größen.

Aufgabe	a	b	c	d	e
K_1	3	?	2	?	5
K_2	2	3	−2,5	?	2
u	0,3	0,2	?	0,7	Δz
v_1	?	0,8	1	1,05	?
v	?	?	?	2,1	?

3. Die nebenstehende Schaltung (Abb. 18.3) ist eine mögliche Realisierung eines P-Gliedes.

a) Berechnen Sie den Proportionalbeiwert für die Einstellung $R_1 = 470\ \Omega$.

b) Zeichnen Sie das Blockschaltzeichen.

c) Bestimmen Sie den Wert für R_1 so, dass sich ein Proportionalbeiwert von $K = 0,1$ ergibt.

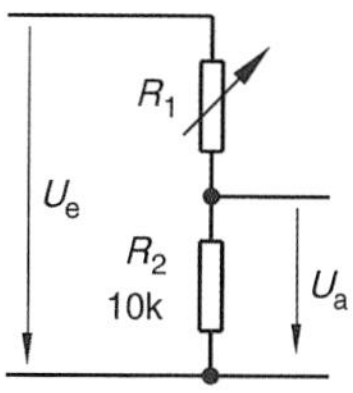

Abb. 18.3

4. Die nebenstehende Schaltung (Abb. 18.4) mit einem Operationsverstärker ist eine mögliche Realisierung eines P-Gliedes.

a) Bestimmen Sie allgemein den Proportionalbeiwert dieses P-Gliedes. (Hinweis: Kapitel 16.8)
b) Zeichnen Sie das Blockschaltzeichen.
c) Berechnen Sie den Proportionalbeiwert für $R_1 = 390\ \Omega$ und $R_K = 47\ k\Omega$.
d) Bestimmen Sie die Widerstandskombination, bei welcher der Proportionalbeiwert $K = +2$ beträgt.

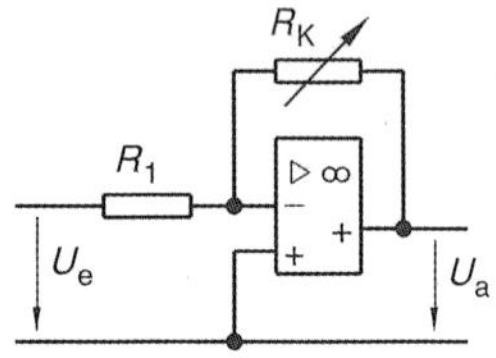

Abb. 18.4

5. Die nebenstehende Schaltung (Abb. 18.5) ist eine mögliche Realisierung eines häufig auftretenden Übertragungsgliedes.

a) Berechnen Sie die Ausgangsspannung U_a für den Fall, dass $U_{e1} = 5$ V, $U_{e2} = 3$ V und $R_{e1} = R_{e2} = R_K$. (Hinweis: Kapitel 16.8)
b) Um welches Übertragungsglied handelt es sich?
c) Zeichnen Sie das Blockschaltzeichen.

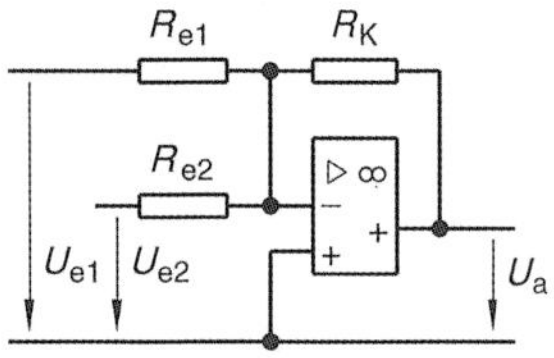

Abb. 18.5

6. Der Wirkungsplan eines Regelkreises ist in Abb. 18.6 gegeben.

Berechnen Sie für eine Störgrößenänderung $\Delta z = 0{,}8$

a) die Kreisverstärkung V_0,
b) den Regelfaktor R,
c) die bleibende Abweichung ohne P-Regler x_0,
d) die bleibende Abweichung mit P-Regler x_z.

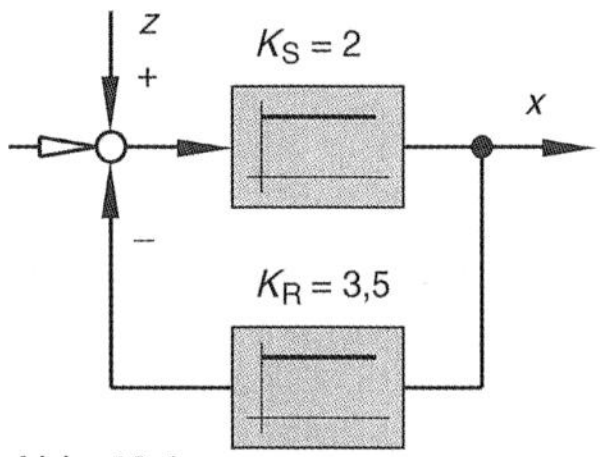

Abb. 18.6

7. Bei einem Regelkreis, dessen Regelstrecke und Regler jeweils aus einem P-Glied bestehen, sind die beiden Proportionalbeiwerte $K_S = 2$ und $K_R = 4{,}5$ gegeben. Die Störgröße greift am Anfang der Regelstrecke an. Die bleibende Abweichung mit Regler soll den Wert von $x_z = 0{,}02$ nicht überschreiten.

a) Zeichnen Sie den Wirkungsplan.
b) Ermitteln Sie den Regelfaktor R.
c) Berechnen Sie die maximal zulässige Störgrößenänderung Δz.

8. Für einen Regelkreis, bei dem sowohl Regelstrecke als auch Regler jeweils aus einem P-Glied bestehen, ist der Proportionalbeiwert der Regelstrecke mit $K_S = 2$ vorgegeben. Die bleibende Abweichung mit Regler soll 5% der bleibenden Abweichung ohne Regler betragen.

Berechnen Sie a) den Regelfaktor R,
b) den erforderlichen Proportionalbeiwert des Reglers K_R.

9. Die bleibende Regelabweichung eines Regelkreises (Abb. 18.9) mit P-Regler soll genauer untersucht werden. Der Proportionalbeiwert der Regelstrecke ist mit $K_S = 2$ und die Störgrößenänderung mit $\Delta z = 1{,}0$ fest vorgegeben.

a) Berechnen Sie die bleibende Regelabweichung mit Regler x_z bei folgenden Werten für $K_R = 0$; 0,5; 1; 2; 4; 6; 8; 10; 20.
b) Skizzieren Sie mithilfe der errechneten Werte die bleibende Regelabweichung in Abhängigkeit von K_R.

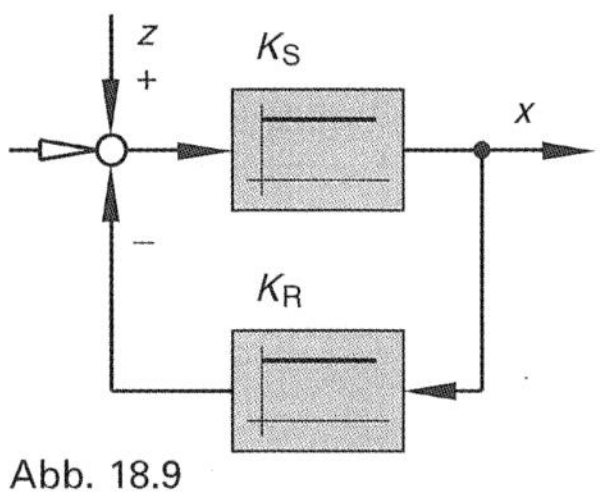

Abb. 18.9

10. Bei einem Regelkreis (Abb. 18.9) mit dem gleichen Wirkungsplan wie in Aufgabe 18.9 stellt man ein Störverhalten wie in Abb. 18.10 fest.

Berechnen Sie

a) den Proportionalbeiwert der Regelstrecke K_S,
b) den Regelfaktor R,
c) den Proportionalbeiwert des Reglers K_R,
d) die Kreisverstärkung V_0.

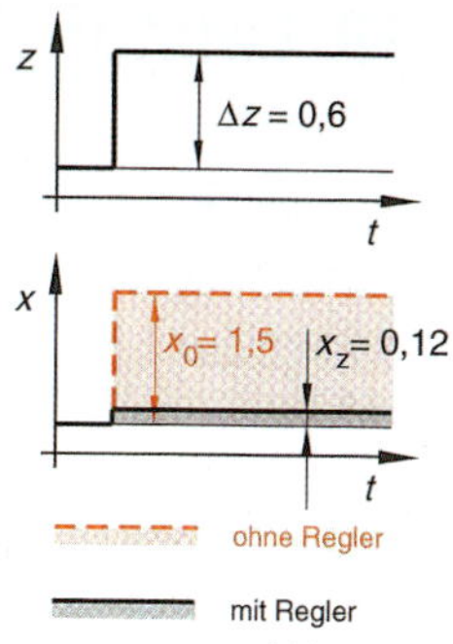

Abb. 18.10

11. Der Temperaturregler (Abb. 18.11 A) für ein chemisches Bad besteht aus einer Brückenschaltung und einem nachgeschalteten Differenzverstärker. Die Verstärkerstufe steuert ein Relais an, welches die Badheizung ein- bzw. ausschaltet.

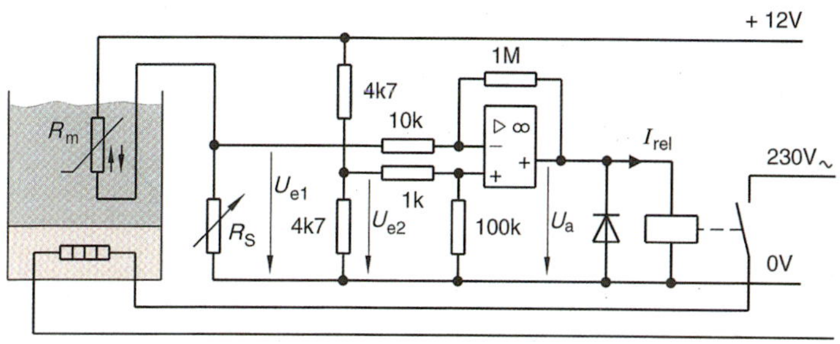

Abb. 18.11 A

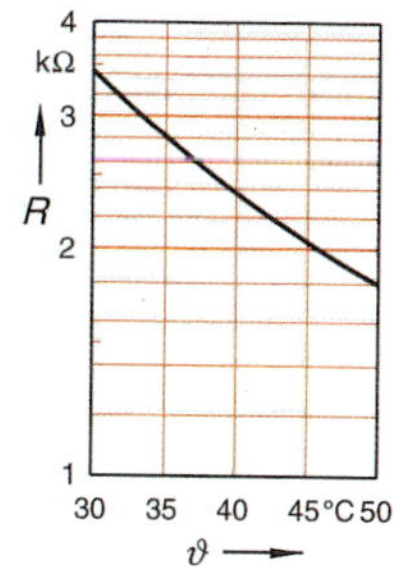

Abb. 18.11 B

a) Berechnen Sie die Ausgangsspannung U_a, wenn die Eingangsspannungen $U_{e2} = 5{,}9$ V und $U_{e1} = 6$ V betragen (Hinweis: Kapitel 16.8).
b) Wie groß muss die Ausgangsspannung U_a sein, damit das Relais sicher anzieht, wenn zum sicheren Anzug des Relais 20 mA erforderlich sind? Der Relaiswiderstand R_{rel} beträgt 500 Ω.
c) Welchen Wert muss die Spannung U_a dann haben?
d) Die Heizung soll bei 40 °C einschalten. Auf welchen Wert muss der Widerstand R_s eingestellt werden (Abb. 18.11 B)?
e) Das Relais fällt bei einem Strom $I_{rel} = 10$ mA sicher ab. Bei welcher Ausgangsspannung ist dies der Fall?
f) Bei welcher Temperatur schaltet die Badheizung wieder ab?
g) Geben Sie den Bereich an, in welchem die Regelgröße schwankt.

12. Der Wirkungsplan (Abb. 18.12) eines Regelkreises ist gegeben.

Berechnen Sie für eine Störgrößenänderung $\Delta z = 1{,}2$

a) die bleibende Regelabweichung ohne P-Regeleinrichtung x_0,
b) die bleibende Regelabweichung mit Regeleinrichtung x_z.

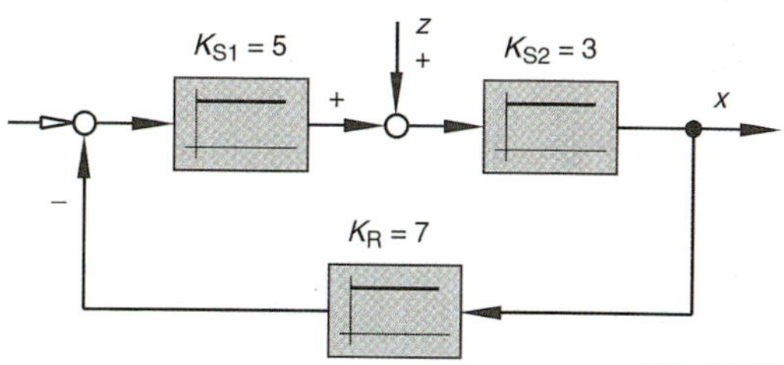

Abb. 18.12

19 Leistungselektronik

Beispiele:

1. Thyristor

Einem Datenblatt für einen Thyristor sind das Eingangskennlinienfeld und nebenstehende Größen entnommen.
Der Thyristor wird netzsynchron mit einem Zündimpuls $I_G = 100$ mA, $U_G = 6$ V bei dem Zündwinkel $\alpha = 30°$ gezündet.

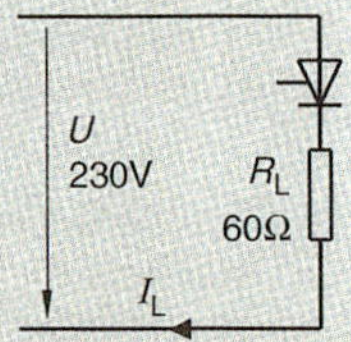

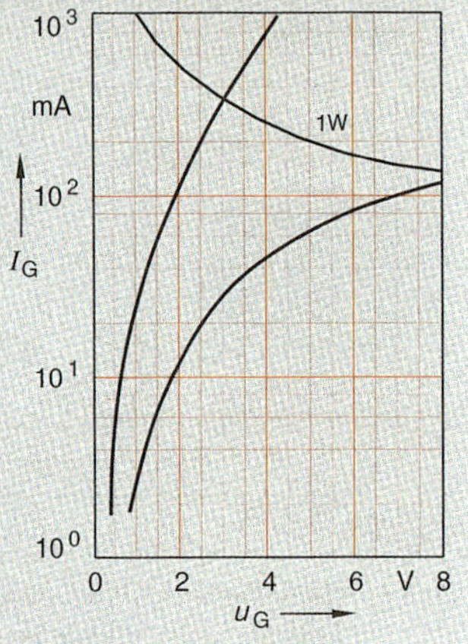

a) Kennzeichnen Sie den Bereich der sicheren Zündung im Eingangskennlinienfeld und prüfen Sie, ob der Thyristor bei den angegebenen Zündgrößen sicher zündet.
b) Berechnen Sie die Zündleistung.
c) Bei welchem Augenblickswert der Eingangsspannung wird der Thyristor gelöscht?
d) Bestimmen Sie den maximalen Laststrom $\hat{\imath}_L$.
e) Zeichnen Sie den Strom- und Spannungsverlauf am Lastwiderstand.

Lösung:

Gegeben: Eingangskennlinienfeld, $U = 230$ V; $R_L = 60\ \Omega$; $U_{GT} = 2{,}5$ V; $I_{GT} = 30$ mA; $\alpha = 30°$; $I_G = 100$ mA; $U_G = 6$ V; $I_H = 80$ mA.
Gesucht: Bereich sicherer Zündung; P_G; u_H; $\hat{\imath}_L$; Strom- und Spannungsverlauf.

a) Infolge Fertigungstoleranzen kann für die Eingangskennlinie nur ein Streubereich angegeben werden. Um zu gewährleisten, dass alle Thyristoren eines Typs sicher zünden, muss entweder der Zündstrom I_G größer als der obere Zündstrom I_{GT} oder die Zündspannung U_G höher als die obere Zündspannung U_{GT} gewählt werden. Aus diesen Bedingungen ergibt sich der Bereich der sicheren Zündung, welcher nach oben durch die höchstzulässige Steuerleistung begrenzt wird. Die gewählten Zündgrößen liegen im Bereich der sicheren Zündung.

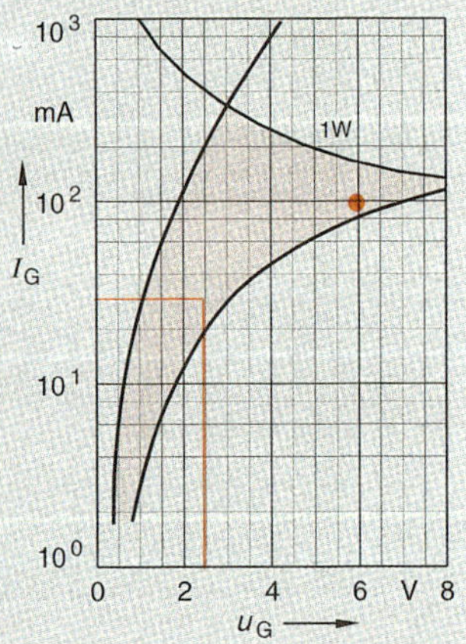

b) $P_G = U_G \cdot I_G = 6\ \text{V} \cdot 0{,}1\ \text{A} = \mathbf{0{,}6\ W}$

c) $u_H = R_L \cdot I_H = 60\ \Omega \cdot 0{,}08\ \text{A} = \mathbf{4{,}8\ V}$

d) $\hat{u} = \sqrt{2} \cdot U = 1{,}414 \cdot 230\ \text{V} = 325\ \text{V}$

$$\hat{\imath}_L = \frac{\hat{u}}{R_L} = \frac{325\ \text{V}}{60\ \Omega} = \mathbf{5{,}42\ A}$$

e)
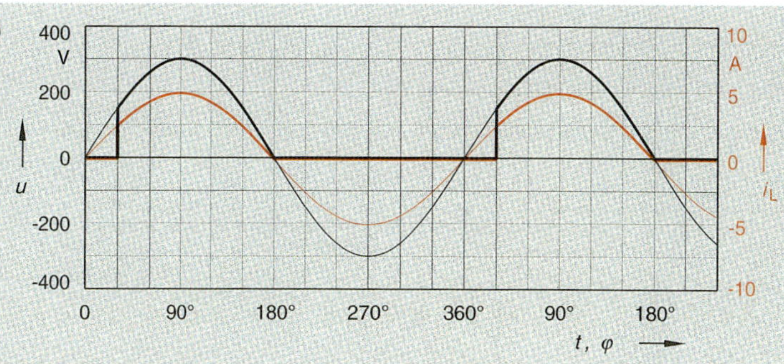

2. Wechselstromsteller

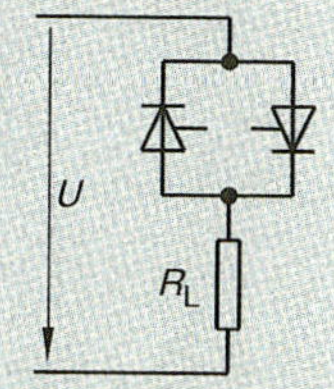

Die Abhängigkeit der Verlustleistung im ohmschen Widerstand von dem Zündwinkel α soll untersucht werden.

a) Berechnen Sie das Verhältnis $\frac{P}{P_0}$ für die Zündwinkel $\alpha = 0°$; 30°; 60°; 90°; 120°; 150°; 180°.

b) Zeichnen Sie den Verlauf von $\frac{P_\alpha}{P_0}$ als Funktion des Zündwinkels α.

c) Bei welchem Zündwinkel α_1 wird die Verlustleistung auf 70% ihres maximalen Werts gesenkt?

Lösung:

Gegeben: Schaltung.

Gesucht: $\frac{P_\alpha}{P_0}$, Funktionsverlauf $\frac{P_\alpha}{P_0} = f(\alpha)$.

a) Erfolgt die Berechnung des Verhältnisses mithilfe der Formel

$$\frac{P_\alpha}{P_0} = 1 - \frac{\alpha}{\pi} + \frac{1}{2\pi}\sin(2\alpha),$$

so muss der Zündwinkel α im Bogenmaß eingesetzt werden,

z. B. $\alpha = 30° = \frac{\alpha}{180°} \cdot \pi = \frac{30°}{180°} \cdot \pi = \frac{\pi}{6}$

$$\frac{P_\alpha}{P_0}\left(\frac{\pi}{6}\right) = 1 - \frac{\frac{\pi}{6}}{\pi} + \frac{1}{2\pi}\sin\left(2 \cdot \frac{\pi}{6}\right) = \mathbf{0{,}971}$$

α in Grad	0°	30°	60°	90°	120°	150°	180°
α im Bogenmaß	0	$\frac{\pi}{6}$	$\frac{\pi}{3}$	$\frac{\pi}{2}$	$\frac{2\pi}{3}$	$\frac{5\pi}{6}$	π
$\frac{P_\alpha}{P_0}$	**1,0**	**0,971**	**0,804**	**0,5**	**0,196**	**0,029**	**0**

b)

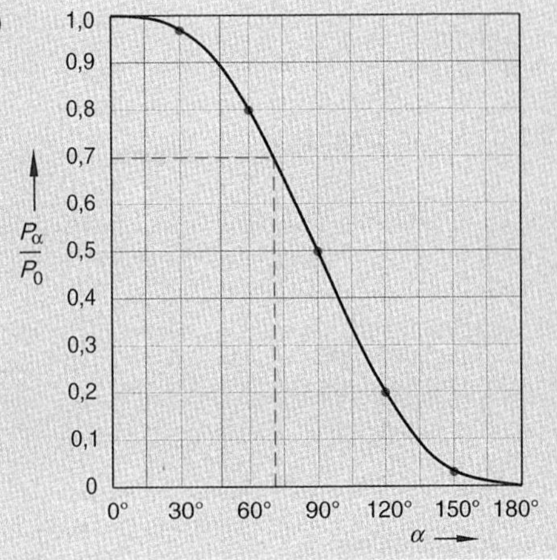

c) $\frac{P_\alpha}{P_0} = 0{,}7$

Aus dem Diagramm: $\alpha_1 = \mathbf{71°}$

Aufgaben

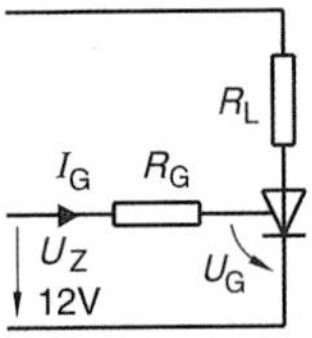

Abb. 19.1

1. Der Hersteller gibt für einen Thyristor vom Typ BTW42 einen oberen Zündstrom $I_{GT} = 50$ mA an. Um eine sichere Zündung zu gewährleisten, soll der Thyristor mit dem 3fachen oberen Zündstrom gezündet werden. Beim Zünden geht man von einer Gatespannung von 1,5 V aus.

   Berechnen Sie mithilfe von Abb. 19.1

   a) den erforderlichen Gatewiderstand R_G,
   b) die Verlustleistung im Gatewiderstand P_{RG},
   c) die Gate-Steuerleistung P_G.

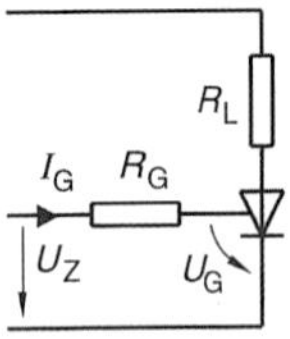

Abb. 19.2A

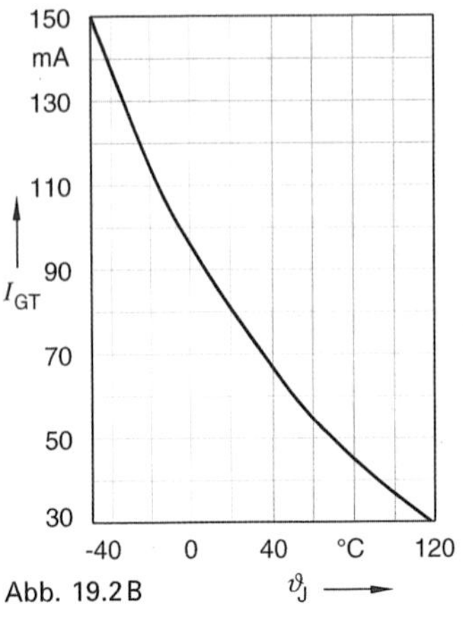

Abb. 19.2B

2. Ein Thyristor vom Typ BTW40 soll bei verschiedenen Sperrschichttemperaturen ϑ_j sicher zünden. Die Kennlinie (Abb. 19.2B) für den oberen Zündstrom ist dem Datenblatt entnommen. Der Gatewiderstand beträgt 100 Ω und die Zündspannung wird mit 1,5 V angenommen (Abb. 19.2A).

   a) Wie groß muss die Zündspannung mindestens sein, damit der Thyristor bei Sperrschichttemperaturen über 0 °C sicher zündet?
   b) Ab welcher Sperrschichttemperatur zündet der Thyristor sicher, wenn die Zündspannung $U_{Zü} = 7{,}5$ V gewählt wird?

3. In einer Versuchsschaltung wird ein Thyristor vom Typ BSt25 in Reihe mit einem Widerstand von 10 Ω an eine Gleichspannung von 130 V angeschlossen. Der Zündstrom beträgt 600 mA. Der Wert für den oberen Haltestrom $I_H = 80$ mA und die Kennlinie (Abb. 19.3) sind dem Datenblatt entnommen. In früheren Versuchen wurde die Durchschaltzeit für diese Versuchsbedingungen mit 4 μs ermittelt.

a) Welche Zeit vergeht vom Beginn des Zündens, bis der Thyristor 10% des endgültigen Laststroms durchlässt?
b) Nach welcher Zeit beträgt der Thyristorstrom 90% seines endgültigen Wertes?
c) Berechnen Sie den Thyristorstrom, welcher nach 1 ms fließt.
d) Nach welcher Zeitspanne wird der Thyristor wieder gelöscht?

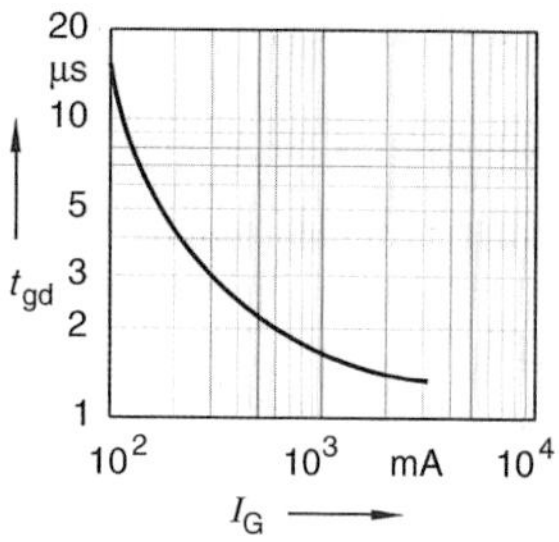

Abb. 19.3

4. Für einen Thyristor sind der Ersatzwiderstand mit 0,02 Ω und die Schleusenspannung mit 1 V bekannt.

Berechnen Sie die Durchlassspannung und die Verlustleistung, die bei einem Durchlassstrom von 40 A auftreten.

5. Die Durchlasskennlinie eines Thyristors vom Typ BT 152 ist in Abb. 19.5 gegeben.

a) Bestimmen Sie anhand der Kennlinie die Durchlassspannung für $I_T = 10$ A.
b) Ermitteln Sie den Ersatzwiderstand r_i und die Schleusenspannung U_{T0}.
c) Berechnen Sie die Durchlassspannung für $I_T = 10$ A mithilfe der ermittelten Kennwerte.

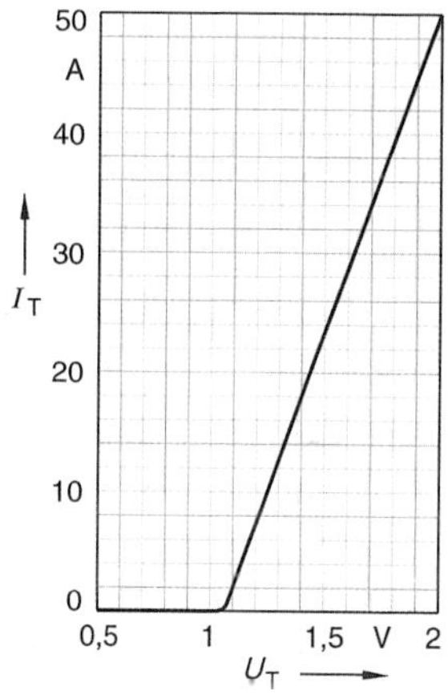

Abb. 19.5

6. Die Drehzahl eines Lüftermotors wird mittels einer Phasenanschnittsteuerung verändert. Der Zündwinkel der netzsynchronen Zündimpulse kann im Bereich von 0° bis 180° eingestellt werden. Der Lüftermotor wird als Wirkwiderstand aufgefasst und die Durchlassspannung vernachlässigt (Abb. 19.6).

a) Skizzieren Sie den Verlauf von Strom und Spannung für die Zündwinkel $\alpha_0 = 0°$ und $\alpha_1 = 45°$.
b) Berechnen Sie die Leistung P_0 im Verbraucher bei $\alpha_0 = 0°$.
c) Bestimmen Sie mit Hilfe des Diagramms in Beispiel 2 den Zündwinkel α_2, bei dem die Leistung die Hälfte von P_0 beträgt.
d) Ermitteln Sie den maximalen Laststrom im Verbraucher, welcher bei einem Zündwinkel von $\alpha_3 = 120°$ auftritt.

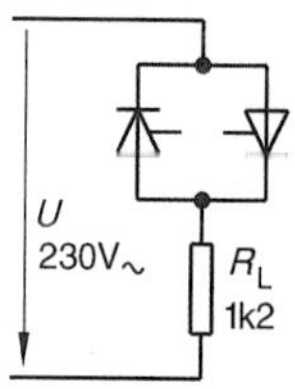

Abb. 19.6

7. Ein ohmscher Widerstand nimmt bei einem Zündwinkel des Thyristors von $\alpha_0 = 0°$ einen Strom von 7 A auf (Abb. 19.7).

Welcher Zündwinkel α_1 muss eingestellt werden, damit die Leistung im Verbraucher nur noch 1 kW beträgt?

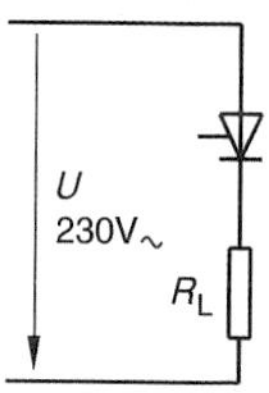

Abb. 19.7

Anhang

Wickeldaten von Kleintransformatoren

Tabelle 1

Kern	S_n in VA	N_1 pro Volt in V^{-1}	J_1 in $\frac{A}{mm^2}$	N_2 pro Volt in V^{-1}	J_2 in $\frac{A}{mm^2}$	η in %
M 85	62	4,18	3,0	4,58	3,4	84
M 102 a	120	3,26	2,5	3,50	2,8	88
M 102 b	180	2,19	2,3	2,30	2,7	89
M 130 a	230	3,22	1,7	3,44	2,2	90
M 130 b	280	2,52	1,7	2,65	2,1	91

S_n Nennleistung
N_1 Windungszahl der Eingangswicklung
J_1 Stromdichte in der Eingangswicklung
η Wirkungsgrad
N_2 Windungszahl der Ausgangswicklung
J_2 Stromdichte in der Ausgangswicklung

Empfohlene Beleuchtungsstärken *E*

Tabelle 2

Treppen	100 lx	Technisches Zeichnen	750 lx
Verkaufsräume	300 lx	Kosmetik	750 lx
Büroräume	500 lx	Feinmechanik	1000 lx
Haarpflege	500 lx	Montage elektronischer Bauteile	1500 lx
Montagearbeiten	500 lx	Optiker	1500 lx

Nach DIN 5035

Raumwirkungsgrad η_R in %

Tabelle 3

Raumindex *k*	Art der Beleuchtung: direkt – helle Farben	direkt – dunkle Farben	überwiegend direkt – helle Farben	überwiegend direkt – dunkle Farben	gleichmäßig – helle Farben	gleichmäßig – dunkle Farben	indirekt – helle Farben	indirekt – dunkle Farben
0,2	55	40	42	30	25	15	18	8
0,7	66	55	63	45	58	20	25	15
1	76	60	65	50	45	30	35	20
1,25	80	65	70	55	50	35	40	25
1,5	85	70	80	60	55	40	50	30
1,75	95	80	85	75	70	50	55	35
2	100	90	90	80	75	55	60	40

Strombelastbarkeit I_Z und Nennstrom I_n der Leitungsschutzschalter Typ B und Typ C bei $\vartheta_u \leq 25\,°C$

Tabelle 4

Belastete Adern	Ströme I_Z, I_n in A	Querschnitte in mm²							Verlegearten	
		1,5	2,5	4	6	10	16	25		
2	I_Z	16,5	21	28	36	49	65	85	A	Alle Leitungen in wärmedämmenden Wänden
	I_n	16	20	25	35	40	63	80		
3	I_Z	14	19	25	33	45	59	77		
	I_n	13	16	25	32	40	50	63		
2	I_Z	18,5	25	34	43	60	81	107	B 1	Aderleitungen in Rohren, Mantelleitungen im Mauerwerk in Rohren
	I_n	16	25	32	40	50	80	100		
3	I_Z	16,5	22	30	38	53	72	94		
	I_n	16	20	25	35	50	63	80		
2	I_Z	16,5	22	30	39	53	72	95	B 2	Mantelleitungen in Rohren oder Installationskanälen auf der Wand
	I_n	16	20	25	35	50	63	80		
3	I_Z	15	20	28	35	50	65	82		
	I_n	13	20	25	35	50	63	80		
2	I_Z	21	28	37	49	67	90	119	C	Mantelleitungen auf oder in der Wand, Stegleitungen
	I_n	20	25	35	40	63	80	100		
3	I_Z	18,5	25	35	43	63	81	102		
	I_n	16	25	35	40	63	80	100		
2	I_Z	21	29	39	51	70	94	125	E	Alle Leitungen frei in der Luft mit ungehinderter Wärmeabgabe
	I_n	20	25	35	50	63	80	125		
3	I_Z	19,5	27	36	46	64	85	107		
	I_n	16	25	35	40	63	80	100		

Hinweise zur Anwendung

1. Die Zuordnung von LS-Schaltern Typ K und Typ G ist nach obiger Tabelle möglich; die Strombelastbarkeit der Leitung wird dabei jedoch nicht voll ausgenutzt, da $I_2 = 1{,}2$ bzw. $1{,}35 \times I_n$ ist (I_2 ist der große Prüfstrom).
2. Die Zuordnung von LS-Schaltern Typ H und Typ L darf nach obiger Tabelle *nicht* vorgenommen werden, da $I_2 > 1{,}45 \times I_n$ ist.
3. Die Kennlinien der Schmelzsicherungen Funktionsklasse gL sollen der Strombelastbarkeit der Leitungen angepasst werden und können damit zukünftig nach dieser Tabelle ausgewählt werden.
4. Nicht alle angegebenen Nennströme von LS-Schaltern sind z. Z. im Handel erhältlich.
5. Einzelheiten zu den Verlegearten siehe DIN VDE 0298 Teil 4.

Strombelastbarkeit I_Z für fest verlegte Leitungen $\vartheta_u \leq 30\,°C$

Tabelle 5

Anzahl der belasteten Adern		1,5	2,5	4	6	10	16	25	Verlegearten	
		Querschnitte in mm²								
Strombelastbarkeit I_Z in A	2	15,5	19,5	26	34	46	61	80	A	Alle Leitungen in wärmedämmenden Wänden
	3	13	18	24	31	42	56	73		
	2	17,5	24	32	41	57	76	101	B 1	Aderleitungen in Rohren, Mantelleitungen im Mauerwerk in Rohren
	3	15,5	21	28	36	50	68	89		
	2	15,5	21	28	37	50	68	90	B 2	Mantelleitungen in Rohren/Installationskanälen auf der Wand
	3	14	19	26	33	46	61	77		
	2	19,5	26	35	46	63	85	112	C	Mantelleitungen auf oder in der Wand, Stegleitungen
	3	17,5	24	32	41	57	76	96		
	2	20	27	37	48	66	89	118	E	Alle Leitungen frei in der Luft mit ungehinderter Wärmeabgabe
	3	18,5	25	34	43	60	80	101		

Korrektur für abweichende Temperatur $\vartheta_u \neq 30\,°C$

Tabelle 6

Umgebungstemperatur bis	10 °C	15 °C	20 °C	25 °C	30 °C	35 °C	40 °C	45 °C	50 °C
	Korrekturfaktor k_1								
Gummi*)-Isolierung	1,29	1,22	1,15	1,08	1,0	0,91	0,82	0,71	0,58
PVC-Isolierung	1,22	1,17	1,12	1,06	1,0	0,94	0,87	0,79	0,71
EPR**)-Isolierung	1,18	1,14	1,10	1,05	1,0	0,95	0,89	0,84	0,77

*) Kennzeichen NR oder SR **) Ethylen-Propylen-Kautschuk

Korrektur für Häufung von Leitungen

Tabelle 7

1	2	3	4	5	6	7	8	9	10	Verlegeart		
Korrekturfaktor k_2 Anzahl der Leitungen oder Stromkreise												
1,00	0,80	0,70	0,65	0,60	0,57	0,54	0,52	0,50	0,48	A B 1 B 2 C	Gebündelt auf der Wand oder im Rohr	
1,00	0,85	0,79	0,75	0,73	0,72	0,72	0,71	0,70	—		Einlagig auf Wand oder Fußboden	mit Berührung
1,00	0,94	0,90	0,90	0,90	0,90	0,90	0,90	0,90	0,90			mit Abstand*)
0,95	0,81	0,72	0,68	0,66	0,64	0,63	0,62	0,61	—		Einlagig unter der Decke	mit Berührung
0,95	0,85	0,85	0,85	0,85	0,85	0,85	0,85	0,85	0,85			mit Abstand*)
0,97	0,84	0,78	0,75	—	0,71	—	—	0,68	—	E	1 Kabelwanne, unperforiert	
1,00	0,87	0,81	0,78	—	0,75	—	—	0,73	—		1 Kabelwanne, Perforation ≥30%	
1,00	0,88	0,83	0,81	—	0,79	—	—	0,78	—		1 Kabelpritsche, Auflagefläche ≤10%	

*) Abstand mindestens so groß wie der Durchmesser der Leitungen

Auslösekennlinien von Schmelzsicherungen

Betriebsklasse gL
Größe D0 (Neozet)

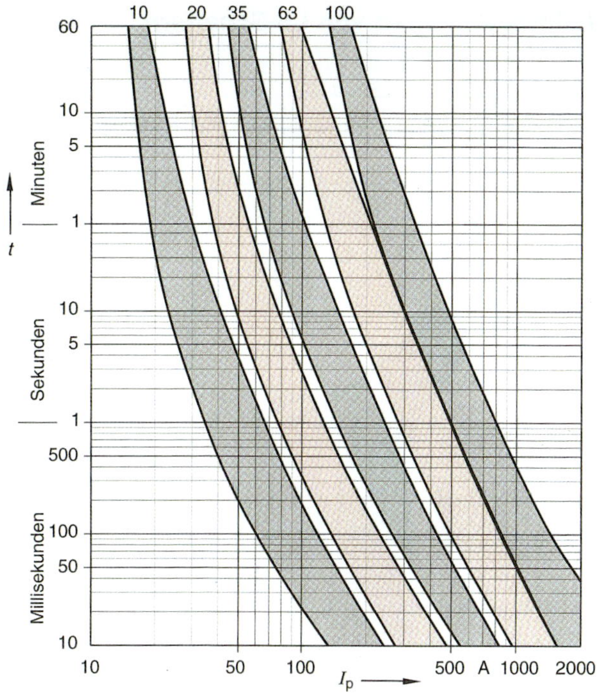

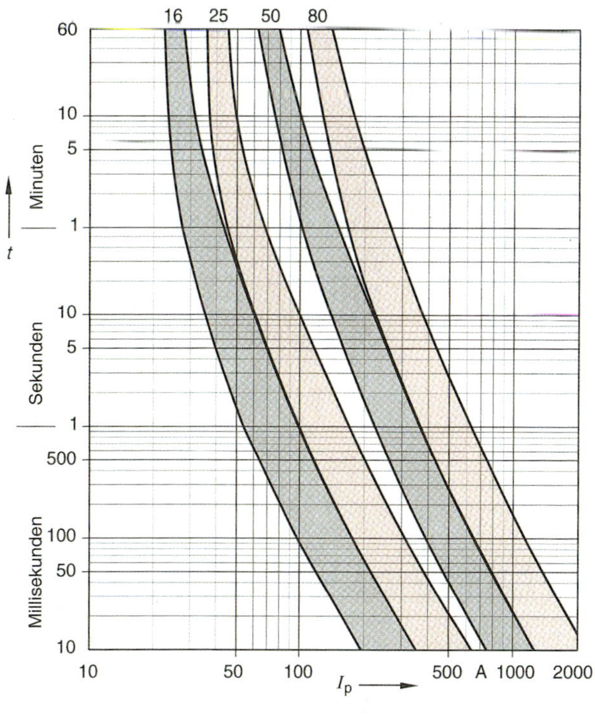

Hinweis

Im Zuge der Harmonisierung wird das Auslöseverhalten der Schmelzsicherungen der Strombelastbarkeit der Leitungen angepasst.

Auslösekennlinien von LS-Schaltern

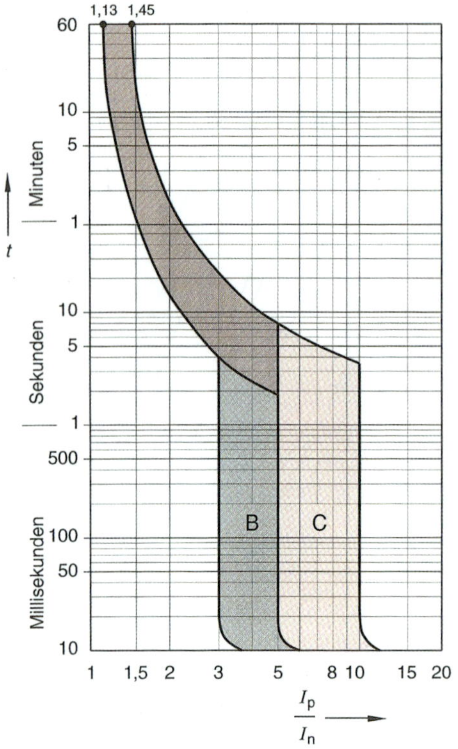

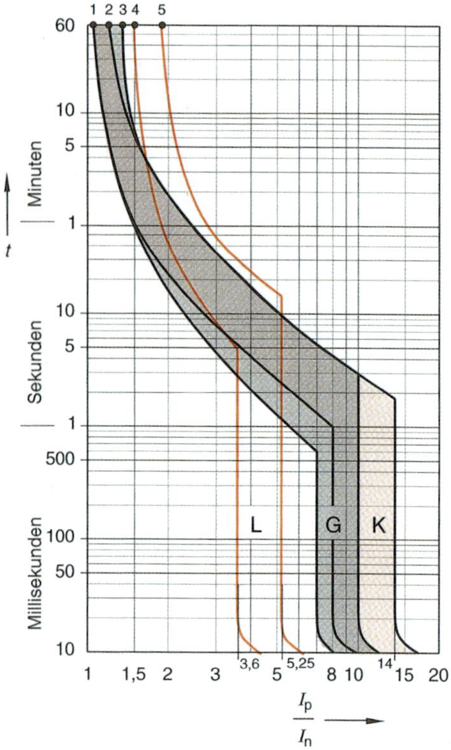

Typ B

Kleiner Prüfstrom $I_1 = 1{,}13 \times I_n$
Großer Prüfstrom $I_2 = 1{,}45 \times I_n$

Typ C

Kleiner Prüfstrom $I_1 = 1{,}13 \times I_n$
Großer Prüfstrom $I_2 = 1{,}45 \times I_n$

Typ L

Kleiner Prüfstrom (4) $I_1 = 1{,}5 \times I_n$
Großer Prüfstrom (5) $I_2 = 1{,}9 \times I_n$

Typ G

Kleiner Prüfstrom (1) $I_1 = 1{,}05 \times I_n$
Großer Prüfstrom (3) $I_2 = 1{,}35 \times I_n$

Typ K

Kleiner Prüfstrom (1) $I_1 = 1{,}05 \times I_n$
Großer Prüfstrom (2) $I_2 = 1{,}2 \times I_n$

Auslösezeit-Faktoren f_a (I_2-Faktoren) von LS-Schaltern

Tabelle 8

LS-Schaltertyp	B	C	L	G	K
Auslösezeit-Faktor f_a	1,45	1,45	1,9	1,35	1,2

BAX 18

Silizium-Allzweck-Diode
(vorwiegend für Gleichrichter-Anwendung)

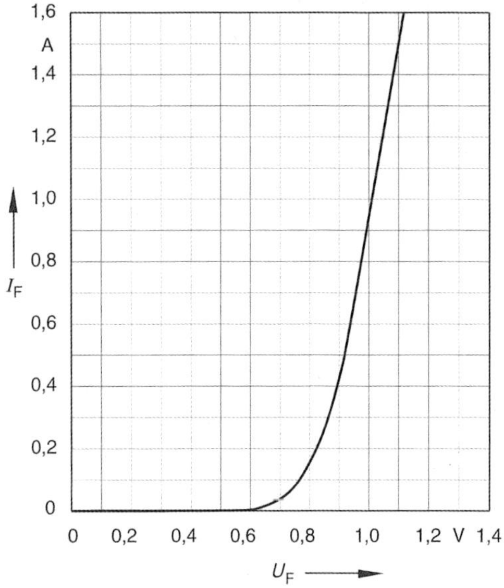

Gehäuse

Glas, JEDEC DO-35
1. Farbstreifen braun, Katode
2. Farbstreifen grau

Grenzwerte

Sperrspannung	U_R	= 75 V
Durchlassstrom, Mittelwert	I_{FAV}	= 400 mA
Durchlass-Gleichstrom	I_F	= 500 mA
Durchlassstrom, Spitzenwert	I_{FM}	= 2 A
Sperrschichttemperatur	ϑ_J	= 200 °C

Wärmewiderstand

zwischen Sperrschicht und Umgebung $R_{thU} \leq 0{,}38$ K/mW

Kennwerte ($\vartheta_J = 150$ °C)

in Durchflussrichtung bei $I_F = 2$ A: $U_F \leq 1{,}5$ V
in Sperrichtung bei $U_R = 75$ V: $I_R \leq 100$ µA

BZV 85/C ...

Silizium-Planar-Z-Diode

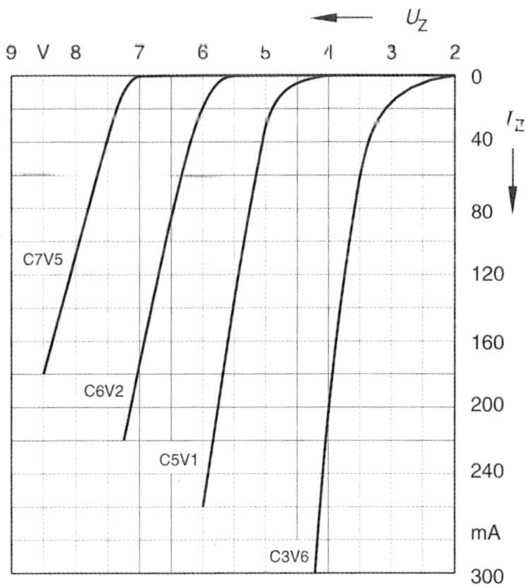

Gehäuse

Glas, JEDEC DO-41
Farbring: Katode

Grenzwerte

Durchlassstrom, Scheitelwert I_{FM} = 250 mA
Durchbruchstrom, Mittelwert
I_Z begrenzt durch P_{tot}
Verlustleistung bei $\vartheta_B \leq 55$ °C $P_{tot} = 1{,}3$ W
(ϑ_B an der Gehäuse-Befestigungsstelle)
Verlustleistung bei $\vartheta_U \leq 25$ °C $P_{tot} = 1{,}0$ W
(Befestigung nur mit den eingelöteten Anschlussdrähten)
Sperrschichttemperatur ϑ_J = 200 °C

Wärmewiderstand

bei $\vartheta_B \leq 55$ °C $R_{thB} \leq 110$ K/W
bei $\vartheta_U \leq 55$ °C $R_{thU} \leq 175$ K/W

Kennwerte

Durchbruchspannung nach Reihe E24 $U_Z = 3{,}6 \ldots 75$ V
Toleranz der Durchbruchspannung $\approx \pm 5\%$

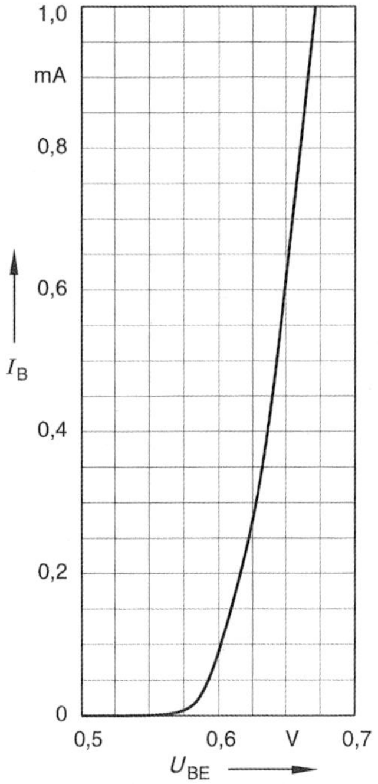

BC 414

Silizium-NPN-Planar-Epitaxial-Transistor (für rauscharme NF-Vorstufen- und Gleichspannungsverstärkung)

Gehäuse

Metall, 10D3 nach DIN 41868 (≈TO-92)

Grenzwerte

Kollektor-Emitter-Sperrspannung bei $I_B = 0$ V	U_{CE0}	= 45 V
Emitter-Sperrspannung bei $I_C = 0$ mA	U_{EB0}	= 5 V
Kollektorstrom	I_C	= 100 mA
Basisstrom	I_B	= 20 mA
Gesamtverlustleistung	P_{tot}	= 0,5 W
Sperrschichttemperatur	ϑ_J	= 150 °C

Wärmewiderstand

zwischen Sperrschicht und Umgebung	R_{thU}	≤ 250 K/W

Kennwerte

Kollektor-Emitter-Sättigungsspannung		
bei $I_C = 10$ mA, $I_B = 0,5$ mA	$U_{CE\,sat}$	≤ 75 mV
bei $I_C = 100$ mA, $I_B = 5$ mA	$U_{CE\,sat}$	≤ 250 mV
Gleichstromverstärkung		
bei $U_{CE} = 5$ V, $I_C = 2$ mA, Gruppe B	B	= 290
bei $U_{CE} = 5$ V, $I_C = 2$ mA, Gruppe C	B	= 500

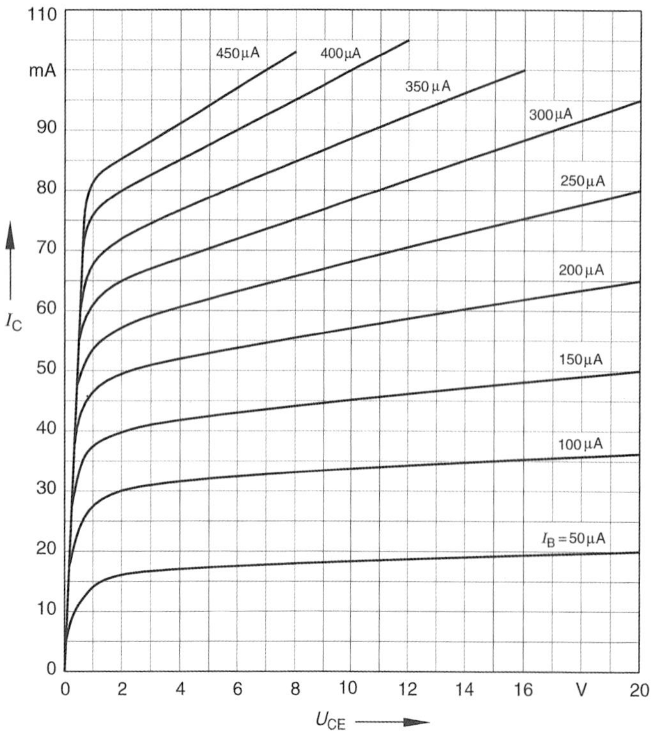

BCY 59

Silizium-NPN-Planar-Epitaxial-Transistor
(für Verstärker und Schalteranwendung)

Gehäuse
Metall, JEDEC TO-18
Kollektor mit Gehäuse
leitend verbunden

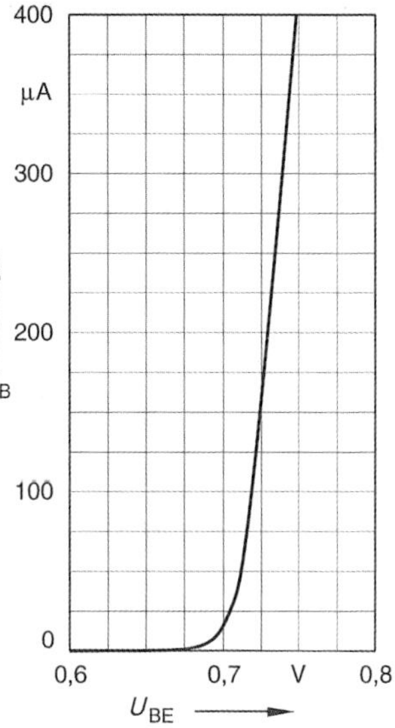

Grenzwerte

Kollektor-Emitter-Sperrspannung bei $I_B = 0$ V	U_{CE0}	$= 45$ V
Emitter-Sperrspannung bei $I_C = 0$ mA	U_{EB0}	$= 7$ V
Kollektorstrom	I_C	$= 200$ mA
Basisstrom	I_B	$= 50$ mA
Gesamtverlustleistung	P_{tot}	$= 1$ W
Sperrschichttemperatur	ϑ_J	$= 200$ °C

Wärmewiderstand

zwischen Sperrschicht und Umgebung	R_{thU}	$\leq 0{,}45$ K/mW
zwischen Sperrschicht und Gehäuse	R_{thG}	$\leq 0{,}15$ K/mW

Kennwerte

Kollektor-Emitter-Sättigungsspannung		
bei $I_C = 10$ mA, $I_B = 0{,}25$ mA	U_{CEsat}	≤ 350 mV
bei $I_C = 100$ mA, $I_B = 2{,}5$ mA	U_{CEsat}	≤ 700 mV
Kollektor-Emitter-Reststrom		
bei $U_{BE} = 0$ V, $U_{CE} = 45$ V, $\vartheta_J = 25$ °C	I_{CES}	≤ 10 nA
bei $U_{BE} = 0$ V, $U_{CE} = 45$ V, $\vartheta_J = 150$ °C	I_{CES}	≤ 10 µA
bei $U_{BE} = 0{,}2$ V, $U_{CE} = 45$ V, $\vartheta_U = 100$ °C	I_{CES}	≤ 20 µA

Gleichstromverstärkung
(Typ IX)
bei $U_{CE} = 5$ V, $I_C = 10$ µA
ist $B = 190$
bei $U_{CE} = 5$ V, $I_C = 2$ mA
ist $B = 350$
bei $U_{CE} = 1$ V, $I_C = 10$ mA
ist $B = 390$
bei $U_{CE} = 1$ V, $I_C = 100$ mA
ist $B = 60$

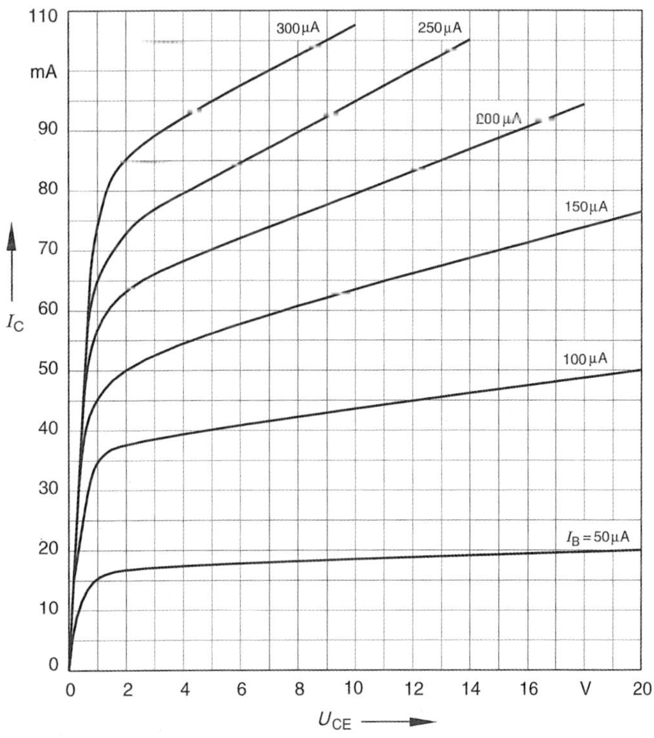

BD 135

Silizium-NPN-Planar-Epitaxial-Transistor (für NF-Leistungsverstärkung und Schalteranwendung)

Gehäuse

Kunststoff, SOT-32 (JEDEC TO-126)
Kollektor mit der metallischen Montagefläche leitend verbunden

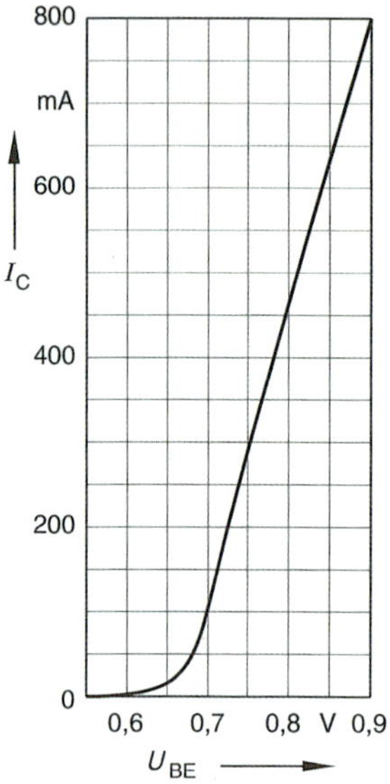

Grenzwerte

Kollektor-Emitter-Sperrspannung bei $I_B = 0$ V	U_{CE0}	= 45 V
Emitter-Sperrspannung bei $I_C = 0$ mA	U_{EB0}	= 5 V
Kollektorstrom, Scheitelwert	I_{CM}	= 1,5 A
Kollektorstrom, Mittelwert	I_{CAV}	= 1,0 A
Gesamtverlustleistung bei $\vartheta_G \leq 70\,°C$	P_{tot}	= 8 W
Sperrschichttemperatur	ϑ_J	= 150 °C

Wärmewiderstand

zwischen Sperrschicht und Umgebung	R_{thU}	≤ 100 K/W
zwischen Sperrschicht und Montagefläche	R_{thG}	≤ 10 K/W

Kennwerte

Kollektor-Emitter-Sättigungsspannung bei $I_C = 500$ mA, $I_B = 50$ mA	$U_{CE\,sat}$	≤ 0,5 V
Gleichstromverstärkung bei $U_{CE} = 2$ V, $I_C = 150$ mA	B	= 40 ... 250

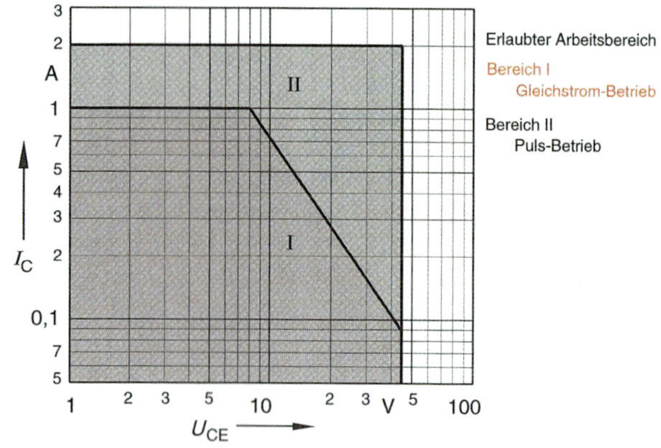

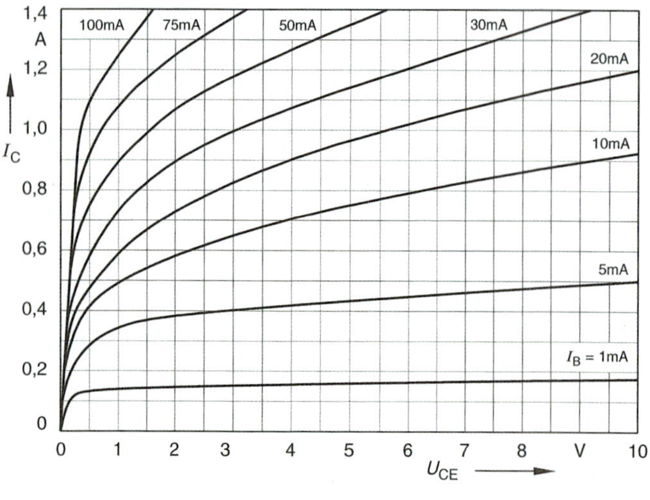

BC 327

Silizium-PNP-Planar-Epitaxial-NF-Transistor
(für Treiber- und Endstufen)

Gehäuse

Kunststoff, SOT-54

Grenzwerte

Kollektor-Emitter-Sperrspannung bei $I_B = 0$ V	$-U_{CE0}$	= 45 V
Emitter-Sperrspannung bei $I_C = 0$ mA	$-U_{EB0}$	= 5 V
Kollektorstrom, Scheitelwert	$-I_{CM}$	= 1 A
Kollektorstrom, Mittelwert	$-I_{CAV}$	= 800 mA
Basisstrom, Scheitelwert	$-I_{BM}$	= 200 mA
Basisstrom, Mittelwert	$-I_{BAV}$	= 100 mA
Gesamtverlustleistung	P_{tot}	= 625 mW
Sperrschichttemperatur	ϑ_J	= 150 °C

Wärmewiderstand

zwischen Sperrschicht und Umgebung	R_{thU}	≤ 200 K/W
zwischen Sperrschicht und Gehäuse	R_{thG}	≤ 90 K/W

Kennwerte

Kollektor-Emitter-Sättigungsspannung
bei $-I_C = 500$ mA, $-I_B = 50$ mA $\quad -U_{CE\,sat} \leq 0{,}7$ V

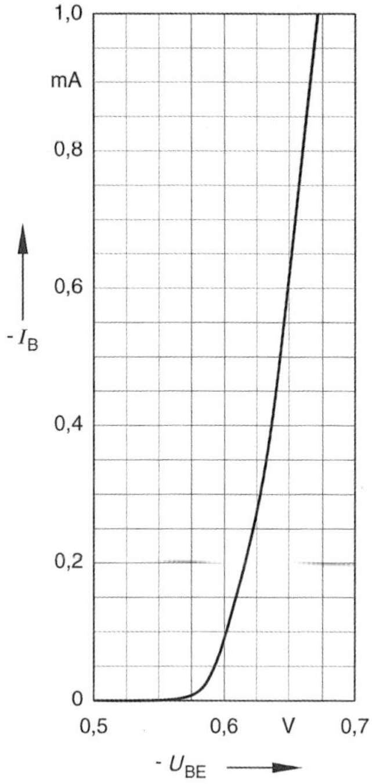

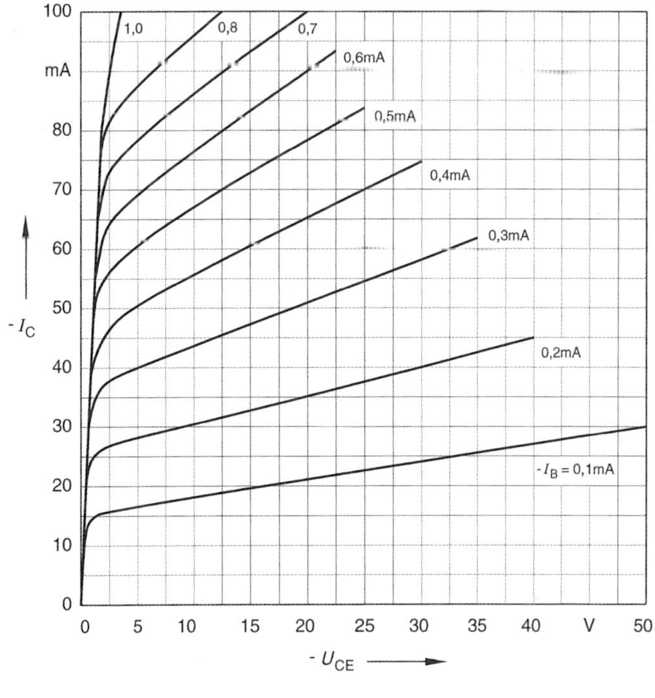

BF 245C

N-Kanal-Sperrschicht-Feldeffekt-Transistor
(für Gleichstrom-, NF- und HF-Verstärkung)

Gehäuse

Kunststoff, SOT-54

Grenzwerte

Drain-Source-Spannung	$\pm U_{DS}$	$= 30$ V
Gate-Source-Spannung bei $I_D = 0$ mA	$-U_{GS}$	$= 30$ V
Drainstrom	I_D	$= 25$ mA
Gatestrom	I_G	$= 10$ mA
Gesamtverlustleistung bei $\vartheta_U \leq 75\,°C$	P_{tot}	$= 300$ mW
Sperrschichttemperatur	ϑ_J	$= 150\,°C$

Wärmewiderstand

zwischen Sperrschicht und Umgebung	R_{thU}	≤ 250 K/W

Kennwerte

Gate-Reststrom		
bei $-U_{GS} = 20$ V, $U_{DS} = 0$ V, $\vartheta_J = 25\,°C$	I_{GSS}	≤ 5 nA
bei $-U_{GS} = 20$ V, $U_{DS} = 0$ V, $\vartheta_J = 125\,°C$	I_{GSS}	≤ 500 nA
Gate-Source-Abschnürspannung		
bei $U_{DS} = 15$ V, $I_D = 10$ nA	$U_{GS(OFF)}$	$= 0{,}5 \ldots 8{,}0$ V

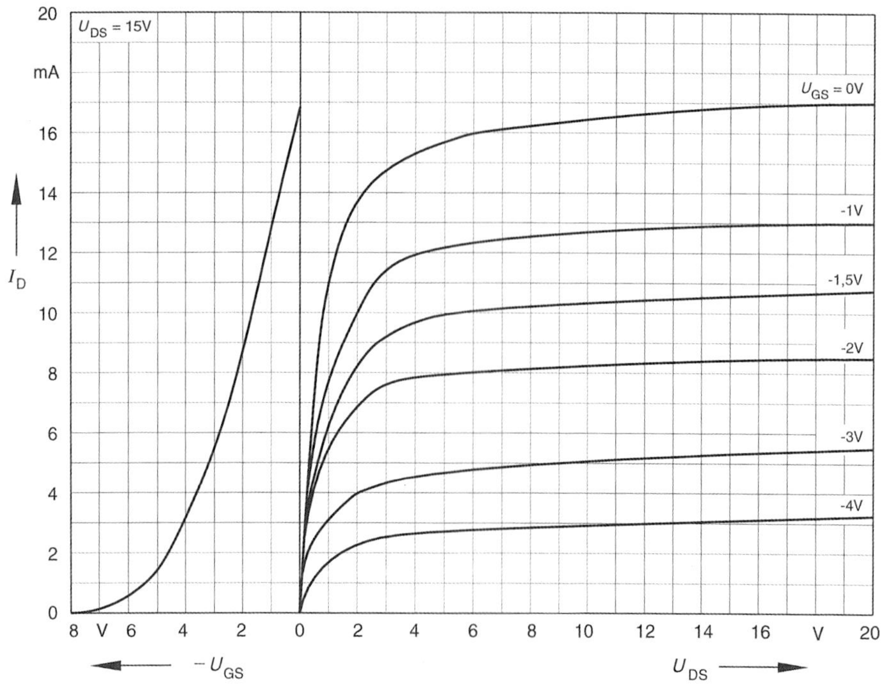

Sachwortverzeichnis

Die **fett** gedruckten Seitenzahlen weisen auf Beispiele, die *kursiven Angaben* auf Tabellen und Diagramme im Anhang (*A 312...322*) hin.

Ablaufdiagramm **297**...302
Abschaltbedingungen bei Schutzmaßnahmen **243**...246
Abschaltbedingungen bei Kurzschlussschutz **241**...242
Algebra **65**...69
Ampelsteuerung **298,** 302
Arbeit, mechanische **116**...119
Arbeit, elektrische **113**...116
Arbeitsgerade, Arbeitspunkt **140**...144, **262**...266
Ausbreitungswiderstand von Erdern 244...246
Auslösekennlinie, Auslösestrom **236**...246
Auslösekennlinien Überstromauslöser 238
Auslösekennlinien von Schmelzsicherungen A 315
Auslösekennlinien von LS-Schaltern A 316
Außenleiterspannung, Außenleiterstrom **194**...196
Auswahl von Drehstrommotoren 213, 214

Bandbreite **186,** 188
Basisspannungsteiler **262**...266
Bauleistung Transformatoren **250**...252
Beleuchtungsstärken nach DIN A 312
Beleuchtungstechnik **229**...232
Berührungsspannung 164, **243,** 245
Bestimmende Verlegeart 230
Betriebsklasse bei Schmelzsicherungen **236**...238
Betriebswirkungsgrad von Leuchten 232
Bipolare Transistoren **259**...278
Blindleistung, -spannung, -strom, -widerstand **170**...190
Blockschaltzeichen Regler **303**...307
Boolsche Algebra **287**...302
Brückenschaltung **102**...105
Brummspannung **253**...256

Code **292,** 295

Dämpfung **191**...193
Decoder **293**
Dezimalsystem **145**...147, 294, 295
Diagramme **134**...144
Dielektrikum 163
Differenzieller Widerstand **143,** 144
Digitalglieder, Gatter **150**...153
DIN-Reihe für R, C, L, Z-Spannung 76, 78, 160, 258, 268
Diode **247**...249
Dioden-Kennlinien, -Datenblätter A 317
Direktes Messen **125**...129
Drehmoment **196**
Drehstrom **194**...202
Drehstrommotor **210**...214
Drehstromtransformator **203,** 208, 209
Dreieckschaltung **194,** 195
Dualsystem **145**...147, **292**...295
Duo-Schaltung von Leuchtstofflampen 185
Durchflutung 168, 169
Durchlasskurve Filterschaltung 192

e-Funktion **163,** 164, **167,** 169
Effektivwert **156**...159
Einphasentransformator **203**...208
Elektrisches Feld **162**...164
Elektroblech **167**...169
Elektrowärme **120**...122
Emitterschaltung **262**...266
Energiekosten **123,** 124
Energiesparlampen 230, 231
Energiewandlung **116**...119, **120**...122
Entladen, Laden von Kondensatoren **160**...164
Erder **243**...246
Ersatzschaltung Kondensator 176
Ersatzschaltung Spule 178
Ersatzspannungsquelle **106**...**108,** 111, 112
Ersatzstromquelle **108, 109,** 112
Ersatzwiderstand **89**...97
Exklusiv-ODER **202**

Fehlerstrom **243**...245
Feldeffekttransistor, FET **279**...282
FI-Schutzschalter **243**...245
Filterschaltungen **191**...193
Flipflop **296**...302
Fotowiderstand 80
Frequenz **154**...159
Funktionen **72**...75
Funktionsgleichungen **150**...153, **286**...302

Gerade **72**...74
Gesamtwirkungsgrad 119
Getaktetes Schalten mit Transistoren **274**...278
Glättung **253**...256
Gleichrichtung **250**...253
Gleichstrommotor **214**...219
Gleichungen **65,** 67, 69
Glühlampen 230...232
Graph **72**...75
Grenzfrequenz **191**...193
Großer Prüfstrom **236,** 237
Gruppenschaltungen **95**...98
Güte **186,** 188

Halogenlampen **229**...232
Haltekennlinie, Haltestrom **236**, 237
Haltekraft, Haftkraft **167**, 168
Hochpass **191**...193
Hyperbel **72**, 74
Hypotenuse **69**...71

Impulsdiagramm **150**, **296**...302
Indirektes Messen **130**...133
Induktivität, Reihen-, Parallelschaltung **160**...167
Induktivität, Spule **160**, 161, **165**, 166, **177**...193

Jahreswirkungsgrad Transformator 209

Kältetechnik **233**...235
Kapazität, Reihen-, Parallelschaltung **160**...162
Kapazität, Kondensator **160**...166, **172**...176, **182**...193
Kapazitiver Spannungsteiler 166
Katheten **69**...71
Kennlinien von Widerständen **134**...144
Kennlinien von Dioden A 317
Kennlinien von Dioden **247**, 248, 258
Kennlinien, -Datenblätter Transistoren A 318...322
Kippschaltungen **274**...278
Kippschaltungen **275**...278
Kleintransformatoren **203**...208
Kleintransformatoren, Wickeldaten A 187
Kollektorschaltung **266**...269
Komparator **303**
Kompensation **186**, 189, 190, **198**...200
Kondensator **160**...166, **172**...176, **182**...193
Kondensatorbatterie Drehstrom **198**...200
Koordinatensysteme **72**...75, **134**...144
Körperströme, Körperschluss **243**...246
Korrektur für abweichende Temperatur A 314
Korrektur für Häufung von Leitungen A 314
Korrekturfaktor Häufung 240
Korrekturfaktor Temperatur **239**, 240
Kosinus 74, 75
Kosten elektr. Energie **123**, 124
Kreisfrequenz **154**...156
Kreisverstärkung **303**, 306
Kühlkörper 249
Kurzschlussläufermotor **210**, 212
Kurzschlussschutz **241**, 242
Kurzschlussspannung, Kurzschlussstrom **203**, 207...209
KV-Diagramme **286**...**302**

Laden, Entladen von Kondensatoren **160**...164
Ladung **76**, 77
Landwirtschaftliche Betriebsstätten 245
Längenänderung bei Erwärmung **233**, 235
Längstransistor **266**...269
Leistung, elektrische **86**...88, **113**...116
Leistung, mechanische **116**...119
Leistungsdreieck 170, 171
Leistungselektronik **308**...311
Leistungsfaktor **170**, 171
Leistungsmessung bei Wechselstrom 179
Leistungsmessung bei Drehstrommotor 212
Leistungsschilder
- Drehstrommotor 197, 200, 212, 213
- Warmwasserspeicher 196
- Transformator 208
- Wechselstrommotor 181, 225
- Wandler 205
Leistungszahl Wärmepumpe 234
Leiterspannung, Leiterstrom **194**...196
Leiterunterbrechung bei Drehstrom 75
Leiterwiderstand **81**...83
Leitungsberechnungen **220**...229
- Gleichstrom **220**, 223, 224
- Drehstrom **222**, 227...229
- Wechselstrom **220**...**222**, 224...226
Leitungsschutzschalter A 313, A 314, A 316
Leitungsschutzschalter 237, 238
Leitwert **76**...79
Leitwertdreieck 172, 180, 187
Leuchtstofflampen 181, 184, 185, **186**, 189, 230...232
Lichtausbeute, Lichtstrom **229**...232
Logarithmen **66**, 68, 69
Logarithmische Teilung **72**...74
Logische Verknüpfungen **150**...153, **287**...291

Magnetisches Feld, Magnetisierungskurve **167**...169
Mechanische Arbeit, Leistung **116**...119
Messbereich-Erweiterung **125**, 128, 129
Messen **125**...133
Mindestquerschnitt **220**...229
Mischspannung **250**...256
Mischungstemperatur **233**, 234
Mittelpunktschaltung 251, 252
Motorschutzschalter 238

NAND 153, **288**, 290, 291
Natriumdampf-Hochdrucklampen **229**
Nebenschlussmotor **216**, 217...219
Nennübersetzungsverhältnis **203**
Netzformen, Netzarten **243**...246
Netzimpedanz **241**...246
Nichtlineare Widerstände **136**...139
NOR 153, 190, 191
Normalreihe für R, C, L, Z-Spannung 76, 78, 160, 258, 268
Nutzlichtstrom 230

ODER 151...153, 290, 291
Ohmsches Gesetz **79**...86
Operationsverstärker (OP) **282**...285

P-Regler **303**, 305...307
Parabel 74

Parallelbetrieb Transformatoren 209
Parallelkompensation **186**, 189, 190
Parallelschaltung von 2 Motoren 181
Parallelschaltung von Induktivitäten **160**, 161
Parallelschaltung von Kapazitäten **160**, 161
Parallelschaltung von R und C **173**, 175, 176
Parallelschaltung von R und L **177**, 180, 181
Parallelschaltung von RLC **182**...184
Parallelschaltung von Widerständen **91**...94
Parallelschwingkreis **185**...189
Parität 295
Periode **155**...159
Permeabilitätszahl 169
Permittivitätszahl (Dielektrizitätszahl) 163
Phasenanschnittsteuerung 311
Phasenausfall bei Drehstrom 196
Planungsfaktor Beleuchtungstechnik 231, 232
Polarkoordinaten 75
Potenzen **65**, 67, 68
Proportionalbeiwert **303**...307
Pseudotetraden 295
Pythagoras **69**...71

Quecksilberdampflampen 232

Raumindex Beleuchtungstechnik 232
Raumwirkungsgrad Beleuchtungstechnik A 312
Raumwirkungsgrad Beleuchtungstechnik 232
RC-Umrechnung 176
Regelungstechnik **303**...307
Reihenkompensation 185, 190
Reihenschaltung von Induktivitäten **160**, 161
Reihenschaltung von Kapazitäten **160**, 161
Reihenschaltung von R und C **172**...175
Reihenschaltung von R und L **177**...179
Reihenschaltung von RLC **182**...184
Reihenschaltung von Spulen 172, 179
Reihenschaltung von Widerständen **89**...91
Reihenschlussmotor **214**...217
Reihenschwingkreis **186**, 187
Resonanz **185**...190
RL Umrechnung 183
RLC-Umrechnung 187
Rücksetzen bei Zählern **299**, 302

Saugkreis 188
Schalterbetrieb mit Transistoren **271**...278
Schaltgruppen Transformatoren 208
Schaltnetze, Schaltwerke **296**...302
Scheinleistung, -spannung, -strom, -widerstand **170**...172
Scheitelwert **154**...159
Schleifenwiderstands-Messgerät 241, **243**
Schleifenwiderstand **241**...246
Schmelzsicherungen A 315
Schmelzsicherungen **112**...114
Schutzklassen 244
Schutzmaßnahmen, Schutzbedingungen **243**...246
Schweißtransformator 207
Schwingkreis **185**, 187, 188
Selektivität **236**...238
Sieben-Segment-Anzeige 296
Siebung **253**, 255, 256
Signalflussplan **286**...302
Sinus 74, 75
Spannungsdreieck 170, 171
Spannungsfall, -verlust 82, **220**...228
Spannungsquelle **106**, 109, 110
Spannungsstabilisierung mit Transistor **266**...268
Spannungsteiler **99**...101
Spannungsteiler aus R und C 174
Spannungsteiler, kapazitiv 166
Spannungsverstärkung FET **280**, 282
Sperrspannung **250**...252
Spezifischer Widerstand **81**...83
Spitze-Tal-Wert **253**...256
Spule, Induktivität **160**, 161, **165**, 166, **177**...193
Stabilisierung **257**, 258, **266**...269
Statischer Widerstand **143**, 144
Sternschaltung **194**...197
Störgröße **303**, 306, 307
Störspannung **191**
Strangkapazität 198...200
Strangleistung, -spannung, -strom, -widerstand **194**...196
Strom-Steuerkennlinie Transistoren **259**
Strombelastbarkeit **239**, 240
Strombelastbarkeit nach Verlegearten A 313, A 314
Stromdichte **76**...78, 81, 82
Stromdreieck 170
Stromgegenkopplung mit Transistor **263**, **266**
Stromkosten **120**...124
Stromstabilisierung mit Transistor **267**, 269
Stromsteuerkennlinie FET **270**

Tachogenerator 219
Tastverhältnis **157**...159, **275**...278
Temperaturbeiwert **84**...86
Termumformungen **65**...67
Thermischer Widerstand **247**...249
Thyristor **308**...311
Tiefpass **191**...193
Transformator **203**...209
Transistor **259**...282
Transistor-Kennlinien, -Datenblätter A 318...322

Überlastschutz von Leitungen **239**, 240
Übersetzungsverhältnis **203**, 204, 208
Übersteuerungsfaktor Transistor **271**...274
Überstromschutzorgane nach Verlegearten A 188
Umdrehungsfrequenz, Drehzahl **116**, 117, **210**...214
UND 151...153, 290, 291
Unsym. Belastung bei Drehstrom **201**, 202

Verknüpfungen **150**...153
Verlegearten, -gruppen A 313, A 314

Verlegearten, -gruppen **220**...229, **239,** 240
Verluste im Kondensator 172, 176
Verminderungsfaktor Beleuchtungstechnik 231, 232
Volumenänderung bei Erwärmung 235

Wahrheitstabelle **147**...153, **286**...302
Wandler, Wandlermessung 204...206, 209
Wärmemenge, Wärmekapazität **120**...122, **233**...235
Wärmewiderstand **249**
Warmwasserspeicher 196, 234
Wechselstrom, nichtsinusförmig **157**...159
Wechselstrom, sinusförmig **154**...156
Wechselstrom-Verstärkung **269**...271
Wechselstromsteller **309**
Welligkeit **250**...252
Wickeldaten von Kleintransformatoren A 312
Wicklungsberechnung 82, 83, 207
Widerstand **79**...86
Widerstand, statischer und differenzieller **143,** 144
Widerstandsänderungen bei Temperatur **84**...86
Widerstandsbestimmung **130**...133
Widerstandsdreieck **170**...172
Widerstandsgerade, Widerstandskennlinie 80, **134**...136
Widerstandsnetzwerke **95**...105
Winkelfunktionen **69**...71
Wirkleistung, -spannung, -strom, -widerstand **170**...172
Wirkungsgrad **116**...119
Wirkungsgrad Drehstrommotor **196, 210**...214
Wirkungsgrad von Wärmegeräten **233,** 234
Wirkungsplan **303**...307
Wurzeln **65,** 68

XOR **292**

Z-Diode, Z-Spannung **247**...249, **257,** 258
Zahlensysteme **145**...147, **292**...296
Zähler, Digitalzähler **297**...302
Zähler, Elektrizitätszähler **130,** 133, 134, **196,** 197, 200
Zeichn. Lösung Kompensation **198**
Zeichn. Lösung Anlasserstufen G-Motor **213,** 217
Zeichn. Lösung unsym. Belastung **201,** 202
Zeigerdiagramm **170**...172
Zeitkonstante **162**...164, **167,** 169
Zustandsdiagramme **150, 296**...302
Zweipunktregler **303**...307